高等学校粮食工程专业教材

普通高等教育"十一五"国家级规划教材

谷物科学原理

（第二版）

朱科学　赵仁勇　邢俊杰　主编

U0219858

 中国轻工业出版社

图书在版编目（CIP）数据

谷物科学原理/朱科学，赵仁勇，邢俊杰主编 . —2 版
. —北京：中国轻工业出版社，2023.7
ISBN 978-7-5184-4397-0

Ⅰ.①谷… Ⅱ.①朱… ②赵… ③邢… Ⅲ.①谷物—
高等学校—教材 Ⅳ.①S37

中国国家版本馆 CIP 数据核字（2023）第 048608 号

责任编辑：贾　磊　　责任终审：张乃东　　封面设计：锋尚设计
版式设计：砚祥志远　　责任校对：朱燕春　　责任监印：张　可

出版发行：中国轻工业出版社（北京东长安街 6 号，邮编：100740）
印　　刷：三河市万龙印装有限公司
经　　销：各地新华书店
版　　次：2023 年 7 月第 2 版第 1 次印刷
开　　本：787×1092　1/16　印张：30
字　　数：680 千字
书　　号：ISBN 978-7-5184-4397-0　定价：78.00 元
邮购电话：010-65241695
发行电话：010-85119835　传真：85113293
网　　址：http://www.chlip.com.cn
Email：club@ chlip.com.cn
如发现图书残缺请与我社邮购联系调换
200462J1X201ZBW

第二版编写人员

主编

朱科学（江南大学）

赵仁勇（河南工业大学）

邢俊杰（江南大学）

参编

关二旗（河南工业大学）

唐培安（南京财经大学）

温纪平（河南工业大学）

李　曼（青岛农业大学）

杨　震（浙江大学）

王　沛（南京农业大学）

陈中伟（江苏大学）

第二版前言 | Preface

　　谷物科学是食品科学领域的一个重要分支。随着科学技术的发展和人们生活水平的不断提高，谷物科学理论研究和谷物加工技术也取得了巨大的进步。我国"谷物总产量稳居世界首位，十四亿多人的粮食安全、能源安全得到有效保障"。"谷物科学原理"是高等学校粮食工程专业的主干课程和必修课程，在食品科学与工程类专业中占有重要地位，该课程可使学生掌握谷物原料的基本性质，为其今后从事与谷物加工有关的研究、开发、生产和管理工作起到指导作用。

　　本教材在《谷物科学原理》第一版基础上，参考了国内外开设本课程的相关高校的培养方案和教学大纲，如美国堪萨斯州立大学、比利时鲁汶大学，我国的河南工业大学、武汉轻工大学、南京财经大学等，并结合第一版教材的内容，最终遴选确定了第二版教材的主要结构和内容。其中，教材结构上，全书由十章增加至十四章，删除了第一版教材的第十章谷物中功能性成分的提取与分离方法，增加了面团流变学、谷物安全控制、全谷物和全谷物食品、发酵面制食品、非发酵面制品"等章。教材内容上，第五章面团流变学包括了蛋白质、淀粉、膳食纤维、酶、盐等组分对小麦面团体系的影响，以及使用粉质仪、拉伸仪、混合实验仪、吹泡示功仪、快速黏度分析仪、物性分析仪、旋转流变仪等对面团流变学特性进行测定的方法，同时涵盖了面团流变学测定与面条、面包、馒头与饼干等面制品食品品质的关系；第八章谷物安全控制主要包括谷物虫害及其防治控制、谷物生物毒素及其消减控制、谷物重金属及其消减控制等；第十二章全谷物和全谷物食品主要包括全谷物的营养及功能、全谷物的定义标准及法规、全谷物食品及其加工、我国全谷物食品的消费现状及发展展望；第十三章发酵面制食品主要包括化学发酵面制食品、酵母发酵面制食品相关知识；第十四章非发酵面制品主要包括面条制品和意大利面制品的起源、发展、分类、加工工艺和生产用原辅料。

　　教育是国之大计，作为重要的育人载体，本教材为充分发挥教材育人功能，在教材建设中结合课程专业特点，在部分章节中以"思政小课堂"的形式增设了课程思政内容，将党的二十大报告精神以及其他相关思政点融入教材，如大食物观、粮食安全、三农问题、全谷物等。本教材可作为高等院校粮食工程等相关专业的学生教材，也可供相关技术人员参考。

　　本教材由朱科学、赵仁勇、邢俊杰任主编。具体编写分工：第一章由朱科学（江南大学）、杨震（浙江大学）编写；第二章由邢俊杰（江南大学）编写；第三章由王沛（南京农业大学）编写；第四章由杨震（浙江大学）编写；第五章、第十三章由关二旗（河南工业大学）、赵仁勇（河南工业大学）编写；第六章、第七章由唐培安（南京财经大学）编写；第八章由关二旗（河南工业大学）编写；第九章由温纪平（河南工业大学）编写；第十章、第十二章由朱科学（江南大学）、邢俊杰（江南大学）编写；第十一章由陈中伟（江苏大学）编写；第十四章由李曼（青岛农业大学）编写。

　　本教材的编写参阅了已出版的许多教材及国内外诸多专家、学者的优秀论著和公开发表的文献资料，对此表示诚挚的谢意。

　　由于编者水平有限，书中难免有疏漏和不妥之处，敬请读者批评指正。

编者

第一版前言 | Preface

　　谷物科学是食品科学领域中十分重要的内容，与人们的日常生活有密切的联系。谷物科学是一门古老又年轻的科学，随着科学技术的发展，谷物科学也取得了巨大的进步。食品科学与工程专业的学生了解谷物科学的基本原理，对于扩大他们的知识面、加深对食品的理解是十分重要的。

　　《谷物科学原理》是根据全国高等学校食品科学与工程专业教材编写委员会会议精神，为适应本科专业目录调整，重新制定食品科学与工程专业教学计划需要而编写的一本教材。

　　本书的第一章、第二章、第三章、第四章由钱海峰（江南大学）编写；第五章由赵学伟（国家粮食储备局郑州科学研究设计院）编写；第六章由卞科（郑州工程学院）编写；第七章由周惠明（江南大学）编写；第八章由姜元荣（江南大学）编写；第九章、第十章由陈正行（江南大学）编写。

　　本书的编写过程中，参考和引用了已出版的各种教材和教学参考书中的有关资料，在此一并表示感谢。

　　《谷物科学原理》是一本新编的教材，需要在教学实践中不断丰富和完善。由于编写时间比较紧，书中难免存在错误和疏漏，敬请读者批评指正。

周惠明

江南大学

| 目录 | Contents

第一章

CHAPTER

1

谷物籽粒的形态与结构

第一节　概述

禾谷类作物都属于单子叶的禾本科植物。一般来说，包括谷物在内的禾本科植物会产生干燥的单种子果实，这种类型的果实就是"颖果（caryopsis）"，通常称为"籽粒（kernel/grain）"，具有外果皮、果皮、种皮、胚乳、胚等基本结构。禾谷类作物种类繁多，籽粒的形状、大小、色泽等复杂多样，但它们的基本构造是相同的，都是由皮层、胚乳和胚三部分组成的。

一、　皮层

果皮（fruit coat）和种皮（seed coat）合称皮层。果实的外围皮层是果皮，种子的外围皮层为种皮。皮层的厚度、色泽、层次因籽粒的不同而有较大差异。

果皮由子房壁发育而成，一般分为外果皮、中果皮和内果皮。外果皮通常由 1~2 层表皮细胞组成，常有茸毛和气孔，可按茸毛的有无和多少来确定品种，如硬粒小麦的上端无茸毛或不明显，而普通小麦茸毛很长。中果皮一般只有一薄层，而内果皮则为一层至数层不等。稻谷、小麦、高粱、玉米等禾谷类作物的果皮分化不明显。果皮中含有花青素和其他一些杂色体，使果皮呈现颜色。未成熟的果实中含有大量叶绿素。

种皮可分为外种皮和内种皮，分别由外珠被和内珠被发育而成。外种皮革质、坚韧、质厚；内种皮多呈薄膜状。禾谷类作物籽粒到果实成熟时种皮只有残留痕迹，而豆类的种皮则比较发达。

果皮和种皮对于维护籽粒内部结构的稳定具有十分重要的作用，它们包裹着胚和胚乳，能够抵御环境中如湿、热、虫、霉等不利因素，从而起到保护胚和胚乳的作用。

二、　胚

胚（embryo）是谷物籽粒最主要、生理活动最强的部分，是由受精卵发育而成的。对于不同的谷物籽粒，胚的形状、大小等性状各不相同。通常禾谷类籽粒的胚呈扁平状，较小，位于胚乳的侧面或背面的基部。胚都是由胚根、胚茎（轴）、胚芽和子叶四个基本部分组成。种子萌发后，胚根、胚茎和胚芽分别形成植物的根、茎、叶及其过渡区。

胚根又称幼苗，为植物未发育的初生根，有一条或多条。禾本科植物的胚根外包裹着两层薄壁组织，称为胚根鞘。当种子萌发时，胚根突出根鞘而伸入泥土之中。

胚茎又称胚轴，是连接胚芽和胚根的部分。在种子发芽前大都不明显，它位于子叶着生点以下，因此也称为下胚轴。

胚芽也称幼芽，是叶和茎的原始体，位于胚茎的上端。禾本科植物的胚芽由 3~5 片胚叶组成，着生在最外部的一片呈圆筒状，称为芽鞘。

子叶，即胚的幼叶。谷物等禾本科植物只有一片较发达的子叶，称内子叶或单子叶、子叶盘。子叶在种子萌发时能分泌酶，分解并吸收胚乳中的养料，供胚利用。

三、　胚乳

胚乳（endosperm）是谷物等禾本科类植物的籽粒储存养分的场所，为将来籽粒的萌动发芽提供养料，也是人类食用的主要部分。禾本科植物籽粒的胚乳很发达，富含淀粉、蛋白质等丰富的营养物质。在胚乳贴近种皮的部位，有一层组织称为糊粉层（aleurone layer），含有较多的蛋白质，又称蛋白层。

因此，禾本科植物一般作为主食，对维持人体的生命健康和日常生产活动都具有十分重要的意义。本章介绍的谷物主要包括稻谷、小麦、玉米、大麦、燕麦、高粱和粟等。

第二节　稻谷

我国稻谷（rice）种植历史悠久，品种繁多，分布极广。稻谷作为我国重要的粮食作物，具有高产、稳产、适应性强和经济价值高等优势，在我国国民经济中占据极其重要的地位。

一、　稻谷的分类

（1）根据种植地形、土壤类型、水层厚度和气候条件，可将稻谷分为灌溉稻、天水低地稻、潮汐湿地稻、深水稻和旱稻五种类型；

（2）根据 GB 1350—2009《稻谷》，按照稻谷的收获季节、粒形和粒质进行分类，可分为早籼稻谷、晚籼稻谷、粳稻谷、籼糯稻谷和粳糯稻谷五类。

二、　稻谷的籽粒形态和结构

稻谷（图 1-1）是由颖（稻壳，hull/husk）和颖果（糙米，brown rice）两部分构成的，一般为细长型或椭圆形。稻谷在收获时，黏附着稻壳。稻壳占毛稻质量的 18%~20%，由内颖（内稃）、外颖（外稃）、护颖和颖尖四部分构成。内颖、外颖沿边缘卷起，呈钩状，互相钩合包住颖果，起保护作用。颖的表面生有针状或钩状茸毛，茸毛的疏密和长短因品种而异，有的品种颖面光滑而无毛。一般籼稻的茸毛稀而短，散生于颖面上。粳稻的茸毛多，密集于棱上，且从基部到顶部逐渐增多，顶部的茸毛也比基部的长，因此粳稻的表面一般比籼稻粗糙。稻壳富含纤维素（25%）、木质素（30%）、阿拉伯木聚糖（15%）和灰分（21%）。稻壳的灰分中含有约 95% 的二氧化硅。高含量的木质素和二氧化硅使得稻壳在营养和商业上的利用价值都不高。

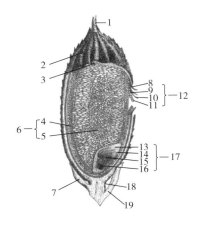

图 1-1　稻谷籽粒的结构

1—芒　2—外稃　3—内稃　4—亚糊粉层　5—淀粉质胚乳　6—胚乳　7—上部颖片
8—果皮　9—种皮　10—珠心层　11—糊粉层　12—麸皮　13—盾片　14—外胚层
15—胚芽　16—胚根　17—胚　18—小穗轴　19—下部颖片

　　糙米的形态与稻粒相似，一般为细长型或椭圆形，主要由果皮、种皮、外胚乳、胚乳和胚等部分构成（图 1-1）。果皮和种皮占稻谷质量的 1.2%~1.5%，含有较多的纤维素、脂肪、蛋白质和矿物质等。种皮极薄，厚度约为 2μm，结构不明显，有的糙米因种皮内含有色素而呈现颜色。胚乳是米粒的最大部分，占稻谷籽粒的 66%~70%，包括糊粉层和淀粉细胞。糊粉层占稻谷质量的 4%~6%，糊粉层细胞中充满了微小的糊粉粒，含有丰富的蛋白质、脂肪和维生素等，不含淀粉，其营养价值比果皮、种皮和珠心层要高。糊粉层由排列整齐的近乎方形的厚壁细胞构成，因此不易消化。淀粉细胞中充满了淀粉粒。胚占稻谷籽粒的 2%~3.5%，含有较多的脂肪、蛋白质和维生素 B_1 等，具有较高的营养价值。胚位于米粒腹面的基部，呈椭圆形，由胚芽、胚茎、胚根和盾片组成，盾片与胚乳相连接，种子发芽时分泌酶，分解胚乳中的物质以供给胚养分。近年来，我国上海、浙江等地成功培育出巨胚稻，其糙米中的营养成分含量明显高于普通稻米。因此，巨胚稻的糙米可作为保健食品的原料，制成适合儿童、老人和病人食用的天然保健食品。

　　糙米的表面平滑有光泽。在糙米米粒中，有胚的一面称腹面，为外稃所包；无胚的一面称背面，为内稃所包。糙米米粒表面共有五条纵向纹纹，背面的一条称背沟，两侧各有两条称米沟。纵沟的深浅因品种不同而异，对碾米工艺影响较大。糙米沟纹处的皮层在碾米时很难全部除去，沟纹越深的稻谷，加工时越不易精白，可以认为加工精度越低。所以大米加工精度常以粒面和背沟的留皮程度来表示。

　　糙米碾白时，米粒的果皮、种皮、外胚乳和糊粉层等被剥离而形成米糠，基本上只剩下胚乳，也就是我们平时所食用的大米（white rice）。大米是稻谷经清理除杂、砻谷、碾米、抛光及成品加工等一系列工序后制成的一次加工产品，再经过抛光、刷米、去糠、去碎等工序处理后得到不同等级的大米制品。大米营养价值较高，除淀粉含量较高外，还含有蛋白质、脂肪、维生素、矿物质和膳食纤维。但是由于稻谷中大部分的脂类、维生素、矿物质和纤维素等营养元素都存在于胚和糊粉层中，而这些营养元素在大米制作过程中很大程度上被去除，因此，大米中此类营养物质的含量均比较低。糙米的出糠率取决于米糠层的厚度和表面积。在加工同一精度的大米时，品质优良的品种及成熟而饱满的稻谷，因其纵沟较浅、糠层较薄，因此表面积相对较小，出糠率较低，出米率较高。

胚乳分为角质胚乳和粉质胚乳。胚乳淀粉细胞中充满着晶状的淀粉粒，淀粉粒的间隙中填充着蛋白质。当蛋白质含量较多时，淀粉粒挤压紧密，胚乳组织透明而坚实，这种类型的胚乳称为角质胚乳。如果蛋白类物质含量少，淀粉粒之间有空隙，则胚乳组织松散而呈粉状，此时称为粉质胚乳，表现为不透明的白斑。粉质胚乳位于糙米的腹部或中心部位，分别称为"腹白"或"心白"。不同品种的稻谷，以及同种稻谷由于种植和生产条件的不同，腹白和心白的有无和大小存在很大差异。腹白和心白结构组织松散，质地较脆，在加工时容易碾碎，因此在生产中会很大程度上影响出米率。

第三节　小麦

小麦是绿色高等植物，属于单子叶植物纲禾本科小麦族小麦属。在世界上，小麦的栽培面积超过任何其他作物，是半数以上人口的主要食物。目前，世界各地种植的小麦以普通小麦为主，其播种面积占世界小麦播种总面积的90%以上。同样，小麦是我国主要粮食作物之一，全国各地都有分布，小麦产业的发展对我国国民经济的良好运转和社会的繁荣稳定等都具有十分重要的意义。

一、　小麦的分类

目前我国种植的小麦多属于普通小麦。小麦主要根据播种期、皮色或粒质进行分类。

（1）按播种期可将小麦分为春小麦和冬小麦；

（2）按皮色可将小麦分为红皮小麦和白皮小麦；

（3）按粒质可将小麦分为硬质小麦和软质小麦，其中角质率达70%以上的小麦为硬质小麦（如杜伦麦），粉质率达70%以上的小麦为软质小麦；

（4）按照 GB 1351—2008《小麦》的规定，小麦按其皮色和粒质分为硬质白小麦（种皮为白色或黄白色的麦粒不低于90%，硬度指数不低于60）、软质白小麦（种皮为白色或黄白色的麦粒不低于90%，硬度指数不高于45）、硬质红小麦（种皮为深红色或红褐色的麦粒不低于90%，硬度指数不低于60）、软质红小麦（种皮为深红色或红褐色的麦粒不低于90%，硬度指数不高于45）和混合小麦（不符合硬质白小麦、软质白小麦、硬质红小麦、软质红小麦规定的小麦）五类。其中，硬度指数（HI）是指在规定条件下粉碎小麦样品，留在筛网上的样品占试样的质量分数。硬度指数值越高，表示小麦硬度越高。

二、　小麦的籽粒形态和结构

成熟的小麦籽粒多为卵圆形、椭圆形和长圆形等。小麦的形状与出粉率有一定关系。研究表明，小麦籽粒越接近圆形（籽粒大而饱满），越容易磨粉，其出粉率也就越高，副产品越少。此外，皮薄的小麦出粉率也要高于皮厚的小麦。小麦籽粒为不带内外稃的颖果。成熟的小麦籽粒表面较粗糙，皮层较坚韧而不透明，顶端生有或多或少的茸毛，称为"麦毛"。麦粒背面隆起，呈圆形，胚位于背面基部的皱缩部位；与胚相对的一面为腹面，腹面较平且有一条纵向的凹陷，称为"腹沟"，其长度甚至可达整个麦粒。腹沟是小麦的一项最重要的特征。麦粒大小、腹沟的深度及沟底的宽度随栽培品种及生长条件而呈现较大差异。小麦的腹沟容易积累灰尘等杂质，不易清理，且腹沟的皮层不易剥离，造成加工上的困难。腹沟越深、沟底越宽，对小麦的出粉率、小麦粉的质量以及小麦的贮藏稳定性也越大。

小麦籽粒由果皮、种皮、外胚乳、胚乳和胚等几部分组成。小麦籽粒的结构如图 1-2 所示。果皮由皮下组织、横列细胞层及管状细胞层所组成，包住整个种子。果皮分为外层和内层，分别称为"外果皮"和"内果皮"。外果皮的最内层由薄壁细胞的残余所组成，它们缺乏连续的细胞结构，从而形成一个分割的自然面。内果皮由中间细胞、横细胞和管状细胞组成。整个果皮约占籽粒质量的 5%，约含蛋白质 6%、灰分 2%、纤维素 20%、脂肪 0.5%，其余为戊聚糖。

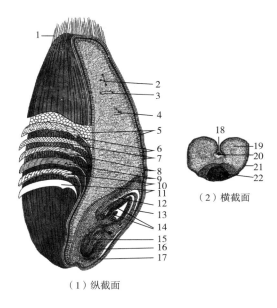

图 1-2　小麦籽粒的结构

1—茸毛　2—胚乳　3—淀粉细胞　4—细胞的纤维壁　5—糊粉细胞层　6—珠心层　7—种皮　8—管状细胞
9—横细胞　10—皮下组织　11—表皮层　12—盾片　13—胚芽鞘　14—胚芽　15—初生根
16—胚根鞘　17—根冠　18—腹沟　19—胚乳　20—色素束　21—皮层　22—胚

种皮在其远端（外侧）牢固地与管状细胞相连，并在近端（内侧）与珠心表皮紧密结合。种皮由三层组成：厚的外表皮层，色素层（有色小麦中）和薄的内表皮层。白小麦的种皮有两个压缩的细胞纤维素层，其中含有少量色素或不含色素。种皮的厚度从 5~8μm。珠心表皮或透明层约 7μm 厚，并与种皮和糊粉层紧密结合。

胚乳是由糊粉层和淀粉细胞（淀粉质胚乳）两部分组成，占麦粒总质量的 80%~90%。糊粉层是胚乳最外的一层方形厚壁细胞，不含淀粉，完全包裹着整个麦粒。糊粉层含有较高的灰分、蛋白质、总磷、植酸盐、脂肪和烟酸等物质。在制粉时，糊粉层随同珠心层、果皮和种皮一同被除去，成为麦麸。淀粉细胞是位于糊粉层内侧的大型薄壁细胞，内部充满淀粉颗粒。小麦的胚乳也分为角质胚乳和粉质胚乳两种，其分布和含量因小麦品种和栽培条件的不同而存在较大差异。角质胚乳中的淀粉粒分散于蛋白质中并被其包围，而粉质胚乳的淀粉粒相互挤压成多边形并被较少淀粉包围。

小麦的胚位于颖果背面的基部，一面紧邻胚乳，另一面为种皮和果皮所覆盖。胚占小麦籽粒的 2.5%～3.5%，由子叶、胚根、胚轴、胚芽四部分构成。胚具有较高含量的蛋白质、糖（主要是蔗糖和棉籽糖）、脂肪、B 族维生素、维生素 E（生育酚）、灰分和多种酶类，不含淀粉。

小麦具有很高的营养价值，但小麦籽粒中的营养成分的含量根据小麦品种的不同而存在一定的差异。一般而言，小麦中蛋白的含量为 10%～15%，脂质含量为 1.5%～2%，并且富含多种维生素（如维生素 B_1、维生素 B_2、烟酸、叶酸、泛酸和维生素 E 等）。此外，小麦还含有很高的矿物质，如钙、镁、铁、磷、钾、锌等元素含量较高。

第四节　玉米

玉米属禾本科蜀黍属，为一年生高大草本植物，是我国主要粮食作物之一，种植面积大，属短日照作物，主要分布在东北、华北和西南地区。与传统的水稻、小麦等粮食作物相比，玉米具有很强的耐旱性、耐寒性、耐贫瘠性以及良好的环境适应性。玉米的俗名有很多，如玉蜀黍、苞萝、苞米、棒子、苞谷、苞笋、大谷等。从总产量和单位产量来看，玉米位居全球第一位。

一、　玉米的分类

（1）根据籽粒外部形态、内部结构、直链淀粉和支链淀粉的比例，可将玉米分为硬质型、粉质型、马齿型、半马齿型、糯质型、爆裂型、甜质型和有稃型八个类型；

（2）按照生长期长短，可将玉米分为早熟品种、中熟品种和晚熟品种三类；

（3）按照用途，可将玉米分为食用、饲料用及食饲兼用三类；

（4）根据 GB 1353—2018《玉米》的规定，可将玉米按颜色分为黄玉米（种皮为黄色，或略带红色的籽粒含量不低于 95%）、白玉米（种皮为白色，或略带淡黄色或略带粉红色的籽粒含量不低于 95%）和混合玉米（不符合黄玉米或白玉米要求的玉米）三类。

全世界种植的玉米有很多类型，最常见的是马齿种，是普通谷物种子中最大的一种。目前我国产量较大、数量较多的玉米主要是硬质型、马齿型和半马齿型三种。此外，在生产上应用比较广泛的玉米还包括粉质型和甜质型等品种。

二、　玉米的籽粒形态和结构

玉米的果穗一般呈圆锥形或圆柱形，上面纵向排列着玉米籽粒。玉米颖果的植物学结构与小麦相似，籽粒颜色变化较多，从白色到黑褐色或紫红色，可能是纯色、也可能是杂色的，但白色或黄色是最普遍的颜色。玉米籽粒的形态与品种有很大关系，通常呈扁平形，靠近基部一端较窄而薄，顶部则较宽，依品种不同，有圆形、马齿形（凹陷形）、爆裂形（尖形）等。

玉米籽粒由皮层（果皮和种皮）、胚和胚乳等三个基本部分组成（图 1-3）。籽粒的基部是籽粒与玉米穗的连接点，脱粒时可能与籽粒相连，也可能被去除。玉米的皮层占籽粒质量的5%～6%；胚较大，占籽粒的10%～14%；其余部分为胚乳，占籽粒的80%～85%。

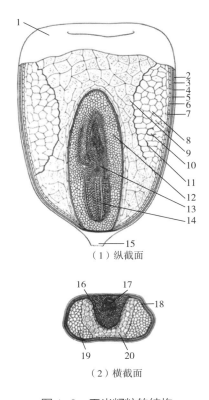

（1）纵截面

（2）横截面

图1-3 玉米籽粒的结构

1—皮壳 2—表皮层 3—中果皮 4—横细胞 5—管状细胞 6—种皮 7—糊粉层 8—角质胚乳
9—粉质胚乳 10—淀粉细胞 11—细胞壁 12—盾片 13—胚（残留的茎和叶）
14—初生根 15—基部 16—盾片 17—胚轴 18—果皮 19—角质胚乳 20—粉质胚乳

玉米的皮层果皮较厚，其中含有色素，依色素颜色和含量的不同，使籽粒呈现不同的颜色。果皮包括外果皮、中果皮、横列细胞和管状细胞；种皮、外胚乳极薄，没有明显的细胞结构。玉米的胚是由胚芽、胚根和子叶（小盾片）等组成。胚具有很高的脂肪含量（约35%），并且占到了籽粒脂肪总量的70%以上。胚乳位于皮层内，由糊粉层和淀粉细胞两部分组成。与小麦不同，玉米籽粒存在半透明和不透明的胚乳（图1-4）。半透明胚乳结构紧密，淀粉呈多边形，紧密地结合在间质蛋白质中，无空气间隙；而不透明胚乳的淀粉粒是球形的，为间质蛋白体所覆盖，有许多空气间隙。玉米胚乳中含角质淀粉较多的品种品质较好，含粉质淀粉较多的品质较差。

淀粉是玉米籽粒中含量最高的成分，为75%～80%，其中直链淀粉占淀粉总量的23%～27%，支链淀粉占73%～77%。蛋白质含量比小麦粉略低而高于大米，为10%～12%，其中以醇溶蛋白和谷蛋白含量较高，分别占40%左右，但其中缺乏赖氨酸和色氨酸，因此玉米的蛋白质为缺价蛋白质。玉米具有较高的脂肪（约4.6%）、矿物质和维生素含量，糖类的含量略低于大米和小麦粉。

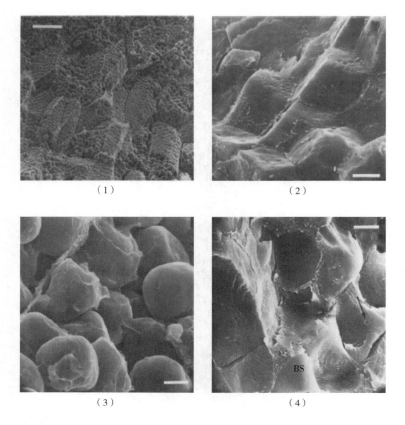

（1）　　　　　　　　　　　　（2）

（3）　　　　　　　　　　　　（4）

图 1-4　玉米籽粒的扫描电镜图（每单位长度均为 5μm）

（1）破碎籽粒，显示胚乳的细胞性质；（2）玉米籽粒半透明部分的横截面，显示淀粉颗粒的多边形形状、
淀粉凹痕及致密的组织结构；（3）籽粒不透明部分的横截面，显示淀粉颗粒的球形形状、
蛋白质及大量的空气间隙；（4）籽粒硬质胚乳的横截面及破损淀粉。

第五节　大麦

大麦为禾本科小麦族大麦属越年生（大麦）或一年生（裸麦）草本植物。大麦的生长范围很广，而且具有春、冬生长习性。我国南北各地栽培，冬大麦主要产区在长江流域。大麦在世界上具有悠久的种植历史，具有食用、饲用、酿造、药用等多种用途。

一、大麦的分类

根据小穗发育特征和结实性，可将大麦分为二棱大麦、四棱大麦、六棱大麦和多棱大麦等几个亚种。

根据大麦用途的不同，可将大麦分为啤酒大麦、饲用大麦、食用大麦（含食品加工）三个类型。

二、 大麦的籽粒形态和结构

大麦籽粒由外壳、果皮和种皮、糊粉层、胚乳、胚等部分组成。大麦籽粒的结构如图1-5所示。大麦分为有稃和无稃两种类型。有稃大麦由内外稃各一片组成外壳。稃壳的组成包括四个部分，即表皮、皮下组织、薄壁组织和内表皮。皮层成熟时会分泌一种黏性物质，将内外稃紧密黏合以至于脱粒时不易除去。外稃比较宽大，从背面包向腹面两侧，上有七条纵脉，顶端有长芒，芒宽而扁；内稃位于腹面，基部有一基刺，上有绒毛。去稃后的大麦籽粒呈纺锤形，两端尖而中间宽，背面隆起，基部着生胚，腹面有腹沟，裸大麦顶端有茸毛。

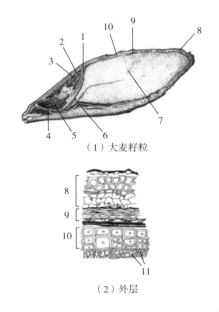

（1）大麦籽粒

（2）外层

图1-5 大麦籽粒（顶部）和外层（底部）的纵向截面
1—盾片 2—胚芽鞘 3—叶状茎 4—胚根鞘 5—根 6—盾片上皮细胞
7—淀粉质胚乳 8—稻壳 9—果皮-种皮 10—糊粉层 11—淀粉粒

大麦籽粒的颜色差异很大，有白、紫、蓝、蓝灰、紫红、棕红、黑等多种颜色。呈现这些颜色的天然色素主要包括花青素和黑色素等。花青素在酸性条件下呈红色，碱性条件下呈蓝色。大麦中的色素主要存在于稃、果皮和糊粉层中，无色素时则为白色。胚乳细胞中含有嵌入蛋白质基质的淀粉。与小麦和黑麦淀粉类似，大麦淀粉既有大的柱状颗粒，又有小的球形颗粒。胚乳细胞壁的主要成分是 β-D-葡聚糖（非淀粉多糖），它决定了大麦在麦芽加工中的功能。大麦的胚没有中胚轴和外胚叶，胚芽包于胚芽鞘之内，内含幼叶，结构与小麦胚类似。

大麦的营养成分与小麦类似，碳水化合物的比例较高。大麦中最主要的营养物质为淀粉，占籽粒质量的75%~80%，存在于胚乳细胞内。大麦中的蛋白质含量普遍高于其他谷物，与小麦相当，为8%~18%，并且氨基酸种类比较齐全。此外，大麦含有2%~3%的脂质，主要包括油酸、亚油酸和棕榈酸，不饱和脂肪酸总量约为80%。大麦中矿物质含量较为丰富，总含量为

2%～3%，以钙、铁、磷和钾为主，并且大麦富含 B 族维生素，尤其是维生素 B_1、维生素 B_2、维生素 B_6 及泛酸含量较高。

第六节　燕麦

燕麦为禾本科燕麦族燕麦属一年生或多年生草本植物。燕麦的生长环境与一般谷物不同，喜爱高寒、干燥的气候。世界上，燕麦的集中产区是北半球的温带地区，主产国有俄罗斯、加拿大、美国、澳大利亚、德国、芬兰及中国等。我国燕麦主要分布于北方的牧区和半农半牧区，主要包括内蒙古、青海、甘肃、陕西等地，以内蒙古产量最多。

一、燕麦的分类

按照外稃形状的差异，燕麦一般分为带稃型（皮燕麦）和裸粒型（裸燕麦）两大类。裸燕麦又称莜麦、油麦或香麦。

二、燕麦的籽粒形态和结构

燕麦和大麦、大米一样，都是在收获时将颖果包裹在花被内。颖果本身被称为"去壳谷粒"。燕麦籽粒一般细长，呈纺锤形，表面具有茸毛（图1-6）。燕麦穗的外观与小麦的籽粒相似，不同之处在于它有许多毛状体。胚的长度约为麦穗长度的三分之一，比小麦的胚更大，更窄。

燕麦籽粒由谷壳与皮层、胚乳、胚三部分构成。

内稃与外稃形成籽粒壳（谷壳），通常占全籽粒质量的 25%～30%，是判定燕麦质量的重要指标。除裸燕麦外，燕麦的籽粒都有内稃包围，但它们并不粘连。外稃由表皮、下皮层、薄壁组织、内表皮构成；内稃结构与外稃相似，仅下皮层较薄。皮层包括果皮和种皮。果皮包括外果皮、中果皮、横细胞和内果皮。种皮由两层内珠被产生，最后发展成为很不明显的一层。

燕麦的胚乳分为糊粉层和淀粉细胞。与所有谷物一样，糊粉层构成胚乳的外层，为一列细胞，稍呈立方形，比小麦、大麦的糊粉层细胞薄。燕麦淀粉质胚乳与小麦的粉质胚乳不同，而与大麦相似，细胞大而壁薄。燕麦淀粉呈大颗粒状，表面光滑，形状不规则，每个复合颗粒由许多小的单个颗粒组成，这些小颗粒呈多边形，有多量细小多面体淀粉粒，通常聚集成圆形或椭圆形的团块（图1-7）。燕麦不含面筋蛋白或含量极少，因此燕麦蛋白不能形成面筋质。

燕麦的胚包括子叶、胚茎（轴）、胚芽、胚根几个部分。子叶为肉质，有叶形的轮廓，比胚

图1-6　去壳燕麦外表面的扫描电镜图
（每单位长度为 500μm）

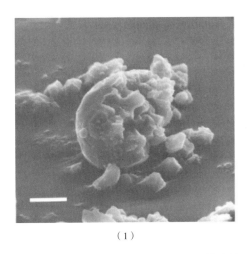

（1）　　　　　　　　　　　　　　　　　（2）

图 1-7　燕麦淀粉的扫描电镜图（每单位长度均为 10μm）

的中轴长，其背面有发达的脊背，具有单个子叶，维管束向上并分支伸达顶端。胚茎位于胚芽与胚根之间，整个胚根包在胚芽鞘内。

　　燕麦籽粒的营养成分极其丰富，富含 B 族维生素（如维生素 B_1、维生素 B_2）、少量维生素 E、叶酸、核黄素以及钙、铁、磷等矿物质元素。燕麦中含有的不饱和脂肪酸、可溶性膳食纤维（如 β-葡聚糖）等营养元素具有降低胆固醇、血脂等功效，从而减少罹患心血管疾病的风险。此外，成熟的燕麦籽粒蛋白质含量为 12%~15%，其中的氨基酸含量较为均衡；相对于其他谷物，燕麦具有较高的脂质含量，为 3%~8%，并且不饱和脂肪酸含量占脂质总量的 80% 以上；燕麦中水溶性膳食纤维含量很高，且明显高于小麦和玉米。

第七节　高粱

　　高粱，又称蜀黍、桃黍、木稷、芦粟、荻子等，是禾本科一年生草本植物，是黍属的一种。高粱在世界上广泛分布在热带、亚热带和温带地区，同时也是我国北方地区的主要粮食作物之一。

一、高粱的分类

　　高粱品种较多，分类方法不一。

　　按照高粱的用途，可分为食用高粱、糖用高粱和帚用高粱；按照高粱米粒的黏性，可分为黏性高粱和糯性高粱两类；根据 GB/T 8231—2007《高粱》，按照高粱的外种皮色泽，可将高粱分为红高粱（种皮色泽为红色）、白高粱（种皮色泽为白色）和其他高粱（不属于红高粱和白高粱的定义）三类。

二、高粱的籽粒形态和结构

　　高粱是带壳的颖果，基部有两片厚而隆起的护颖，护颖表面光滑，尖端附近有茸毛，常有红、白、黑、黄等多种颜色。高粱脱壳后，籽粒通常为圆形、椭圆形或卵圆形，也有红、白和褐等多种颜色。胚位于高粱籽粒腹部的下端，可长达籽粒的一半。

高粱籽粒由果皮、种皮、胚和胚乳组成（图1-8）。胚乳占到整个籽粒质量的80%以上。大多数品种的高粱的果皮都很厚，包括三层：外果皮、中果皮和内果皮。外果皮组织角质化，比较坚硬，有利于贮藏。与其他谷物不同的是，一些高粱品种的果皮薄壁细胞中含有淀粉颗粒，这些颗粒位于中果皮内。内果皮由横细胞和管状细胞组成。种皮与内表皮的外边缘相连。虽然所有成熟的高粱种子都有种皮，但某些品种缺乏有色的内表皮，色素沉着的内表皮通常含有大量的原花青素，也被称为"缩合单宁"，味苦。

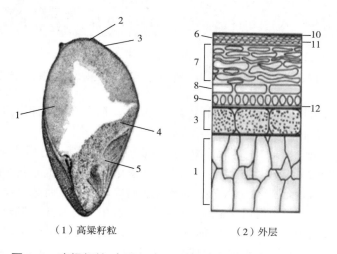

（1）高粱籽粒　　　　　　（2）外层

图1-8　高粱籽粒（顶部）和外层（底部）的纵切面

1—淀粉质胚乳　2—果皮　3—糊粉层　4—盾片　5—胚　6—外果皮　7—中果皮　8—横细胞
9—管细胞　10—角质层　11—皮下组织　12—外种皮

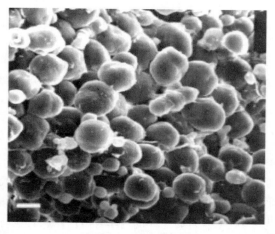

图1-9　高粱籽粒不透明部分横截面的扫描电镜图（每单位长度为10μm）

和其他谷物一样，糊粉细胞是高粱胚乳的外层。在淀粉质胚乳中，糊粉层下方的细胞具有较高含量的蛋白质和少量淀粉颗粒，大多数蛋白质以蛋白质体的形式存在。高粱的胚乳也有角质和粉质之分，一般胚乳外围为角质，中部为粉质。在单个高粱籽粒中既包含半透明的胚乳，又包含不透明的胚乳。不透明的胚乳具有较大的晶间空隙，充斥着空气，这是其不透明外观的原因（图1-9）。胚由盾片、胚芽、胚轴和胚根四部分组成。

高粱含有丰富的营养元素，具有很高的营养价值。淀粉是高粱最主要的营养成分之一。成熟的高粱籽粒含有65.3%~81%的淀粉、12%的蛋白质、1.4%~6.2%的脂质、2.7%的膳食纤维以及1.6%的矿物质等。

第八节 粟

粟为禾本科黍族狗尾草属一年生草本植物，又称谷子，去秤加工以后的颖果，因其粒小，所以也称为小米。在我国南方地区为了区别于稻谷而称其为小米，在北方地区则称为谷子。粟起源于中国，在我国有着悠久的种植历史，有很多品种和品系，是我国主要粮食作物之一。粟的种植范围很广，主要产区分布在淮河以北至黑龙江省。

一、 粟的分类

根据GB/T 8232—2008《粟》，可按照种皮的颜色将粟分为粳粟和糯粟。粳粟的种皮多为黄色（深浅不一）及白色，有光泽，粳性米质的籽粒不少于95%；糯粟的种皮多为红色（深浅不一），微有光泽，糯性米质的籽粒不少于95%。

二、 粟的籽粒形态和结构

粟是假果，带壳，粒呈卵圆形。壳即为其内外秤，有光泽，常见的有黄、乳白、红、土褐色等多种颜色。外秤较大，位于背中央而边缘包向腹面，中央有三条脉；内秤较小，位于腹面，无脉纹。粟的籽粒和外层结构如图1-10所示。

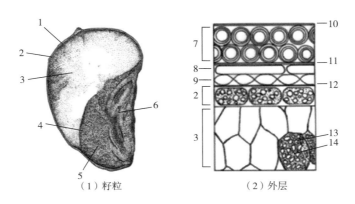

（1）籽粒　　（2）外层

图1-10 珍珠粟籽粒和外层的纵切面

1—果皮　2—糊粉层　3—淀粉质胚乳　4—盾片上皮细胞　5—盾片　6—胚　7—外果皮
8—横细胞　9—管细胞　10—角质　11—中果皮　12—种皮　13—淀粉粒　14—蛋白质体

　　粟的颖果与其他谷物相似。粟米的果皮既不像高粱的果皮那样含有淀粉，也不含有色素。粟米籽粒较小，呈泪珠状。果皮很薄，其横细胞与管状细胞相似，不含淀粉，也不含有着色的内珠被。种皮由一单层的大细胞组成。与籽粒的其他部分相比，粟的胚很大，占籽粒的17%左右。与高粱和大米的胚乳一样，粟的籽粒中同时含有半透明（玻璃质）和不透明的胚乳。不透明的胚乳含有许多空隙和球形淀粉颗粒。半透明胚乳没有空隙，并且包含嵌入蛋白质基质中的多边形淀粉颗粒。基质还包含大小为 $0.3 \sim 4 \mu m$ 的蛋白质体。蛋白质具有明确的内部结构。

　　粟米能供给人体丰富的营养。粟粒中含有较多的蛋白质、脂肪、糖类、维生素和矿物质等营养元素。粟米籽粒中含有 9.2% ~ 14.3% 的蛋白质，脂肪含量为 3% ~ 4%。胚中脂肪含量很高，约占胚质量的52%。在粮食作物中，其含量仅次于大豆。其蛋白质和维生素的含量也高于大米，尤其是维生素 A 和 B 族维生素含量较高。不过，粟米缺少一些必需氨基酸，所以应与其他谷物和豆类混合食用，就可以弥补粟米营养成分方面的不足。

本章参考文献

　　［1］国娜，和秀广. 谷物与谷物化学概论［M］. 北京：化学工业出版社，2017.

　　［2］DELCOUR J A，HOSENEY R C. Principles of cereal science and technology［M］. 3rd ed. St. Paul，USA：AACC International，2010.

　　［3］WEBSTER F H，WOOD P J. Oats：Chemistry and technology［M］. 2nd ed. St. Paul，USA：AACC International，2011.

谷物淀粉

第一节　谷物淀粉概述

淀粉广泛地分布于植物界，尤其是稻米、小麦、玉米等谷类的种子以及马铃薯和甘薯等薯类的块茎中积累着大量的淀粉，其中谷物淀粉作为人类和许多动物活动主要的能量来源，可占总摄入能量的 55%~75%，同时淀粉也是食品、医药、化工、纺织、造纸等工业的重要原料。本章主要介绍谷物淀粉的结构和特性。

一、淀粉的生成

植物中的叶绿素可以通过光合作用把二氧化碳和水合成葡萄糖，葡萄糖是植物生长和代谢的要素，其中有一部分被用作下一代生长发育的养料储备起来。葡萄糖在植物体内是以多糖的形式贮藏的，磷酸化酶可将 2 个葡萄糖分子首先缩合为麦芽糖，麦芽糖进而缩合反应生成大量的淀粉、纤维素等储能碳水化合物，其中淀粉作为主要的多糖一方面可被植物生长代谢分解为葡萄糖而消耗；另一方面作为植物中重要的储能物质，可为植物种子、根（块）茎发芽提供能量。

二、谷物中的淀粉含量

不同谷物中的淀粉颗粒形态及淀粉构造组成受谷物品种及生长条件的影响，其淀粉含量也不尽相同，一般可以占总量的 60%~75%，各种谷物的淀粉含量见表 2-1。

表 2-1　　　　　　　　　　谷物籽粒中的淀粉含量

名称	淀粉含量（干基）/%	名称	淀粉含量（干基）/%
糙米	75~80	燕麦（不带壳）	50~60
普通玉米	60~70	燕麦（带壳）	35
甜玉米	20~28	黑麦	65~75
高粱	69~70	大麦（带壳）	56~66
粟	60	大麦（不带壳）	40
小麦	58~76	小黑麦	65~72

第二节　谷物淀粉粒的结构

一、淀粉粒的形态

淀粉分子在谷物中是以白色固体淀粉粒（starch granule）的形式存在的，不同谷物淀粉粒的形状、大小和构造受遗传及生长环境的影响，一般可借助显微镜观察对其来源和种类进行鉴别。

（一）淀粉颗粒形状

淀粉粒的形状一般可分为圆形、椭圆形和多角形，一般高水分作物如马铃薯和木薯的淀粉粒比较大，形状也比较整齐，多呈现圆形、椭圆形，而禾谷类淀粉粒一般颗粒小，其中玉米淀粉粒在胚乳附近的，由于受到压力的关系呈多角形，而在顶部的则呈圆形；稻米淀粉粒呈不规则的多角形，且有颗粒聚集现象；小麦淀粉则呈扁平圆形或椭圆形，见图2-1。

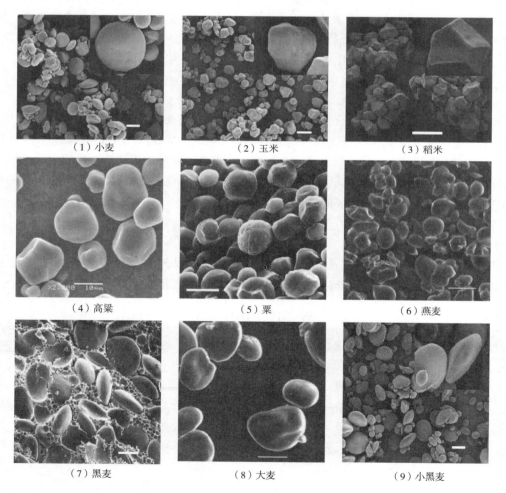

（1）小麦	（2）玉米	（3）稻米
（4）高粱	（5）粟	（6）燕麦
（7）黑麦	（8）大麦	（9）小黑麦

图2-1　谷物淀粉粒的扫描电镜图（标尺，10μm）

（二）淀粉颗粒大小

淀粉粒的大小是以长轴的长度来表示的，最小的为 $2\mu m$，最大的可达 $170\mu m$，通常用淀粉粒的大小极限范围和平均值来表示淀粉粒的大小（granule size）；也可用激光散射仪测定淀粉颗粒大小的分布（particle size）。

不同谷物来源的淀粉粒其形状和大小各不相同，其中小麦、大麦和黑麦都有两种形状和大小的淀粉粒，如小麦淀粉有大粒和小粒两种，大的淀粉颗粒（A 淀粉）呈扁平圆形，其大小为 $25\sim40\mu m$，小的淀粉颗粒（B 淀粉）呈椭圆形，其大小为 $5\sim10\mu m$；玉米、高粱和粟米淀粉在形状和大小方面很相似，均呈现多角形和圆形，其中玉米和高粱颗粒大小在 $20\mu m$ 左右，而粟米淀粉大小较小，在 $12\mu m$ 左右；稻米和燕麦淀粉均呈多角形，大小为 $2\sim10\mu m$，且两者多以复合淀粉粒的形式存在，见表 2-2。

表 2-2　　　　　　　　　　　谷物淀粉颗粒特性

淀粉来源	糊化温度/℃	颗粒形状	淀粉颗粒大小/μm
小麦	$51\sim60$	扁平圆形 圆形	$25\sim40$ $5\sim10$
玉米	$62\sim72$	多角形	$15\sim20$
大米	$68\sim78$	多角形	$2\sim10$
大麦	$51\sim60$	椭圆形 圆形	$20\sim25$ $2\sim6$
高粱	$68\sim78$	圆形	25
糯玉米	$63\sim72$	圆形	15
燕麦	$53\sim59$	多面形	$5\sim10$
黑麦	$51\sim60$	多角形、圆形	28
小黑麦	$55\sim62$	圆形	19
粟	$62\sim72$	多角形、圆形	20

二、　淀粉粒的结构

（一）淀粉粒的轮纹结构

淀粉粒具有层状轮纹结构，在显微镜下观察淀粉粒，有的可以看到明显的环纹或轮纹，其样式与树木的年轮相似（图 2-2），淀粉粒在周期性光合作用过程中形成生长环，这种层状结构在淀粉粒中客观存在，是淀粉粒内部密度不同的表现，但其形成机制尚不明确。一种观点认为这是淀粉粒在形成过程中，由于昼夜光照的差别，葡萄糖供应量不同，合成淀粉的速度受影响所致，但许多植物在恒定光照和温度下并没有形成生长环，而马铃薯淀粉粒在同样的条件下生长却仍呈现层状结构，其被认为是由于酶活力变化而产生的。

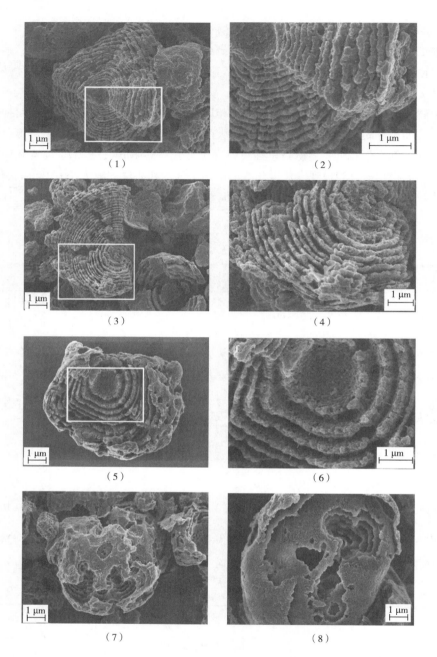

（1）　　　　　　　　　　　　（2）

（3）　　　　　　　　　　　　（4）

（5）　　　　　　　　　　　　（6）

（7）　　　　　　　　　　　　（8）

图 2-2　用 α-淀粉酶处理 24h 的糯玉米淀粉电子显微镜图

（2）、（4）、（6）分别为（1）、（3）、（5）破损淀粉粒中的轮纹结构的放大图；

（7）、（8）可观察到淀粉颗粒内部的层状结构

（二）粒心或脐

淀粉内部各轮纹层围绕的一点称作"粒心"，又称作"脐"（hilum）。禾谷类淀粉粒的粒心通常在中央，称作"中心轮纹"，马铃薯淀粉的粒心常偏于一侧，称作"偏心轮纹"。粒心的大小和显著程度随着谷物品种而有所不同。由于粒心含水分较多，比较柔软，所以在加热干

燥时，常常造成星状裂纹，根据这种裂纹的形状，可以辨别淀粉粒的来源，如玉米（corn）淀粉粒心呈星状裂纹，甘薯淀粉粒则为星状、放射状或不规则的十字裂纹。

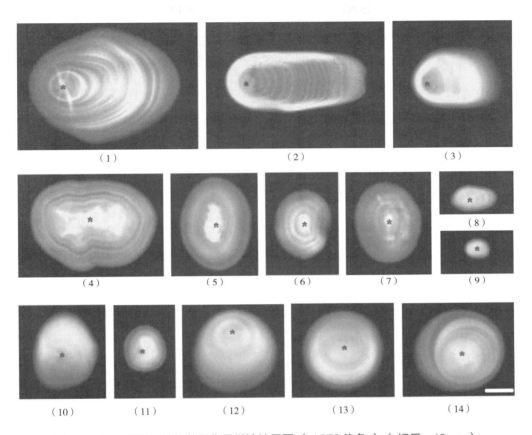

图2-3　不同淀粉颗粒的共聚焦显微镜片层图（APTS染色）（标尺，10μm）

（1）~（11）淀粉来源依次为马铃薯、莲藕、山药、豌豆、黄豆、大麦、小麦、莲子、荸荠、菱角、银杏，（12）~（14）为甘薯；中心点为淀粉粒的粒心

不同谷物淀粉粒根据粒心及轮纹情况可分为单粒、复粒和半复粒三种。单粒只有一个粒心，如玉米和小麦淀粉粒。复粒由几个单粒组成，具有几个粒心，尽管每个单粒可能原来都是多角形，但在复粒的外圈，仍然显出统一的轮廓，如大米和燕麦的淀粉粒。半复粒的内部有两个单粒，各有各的粒心和层状，但最外围的几个轮纹是共同的，因而构成的是一个整体。有些淀粉粒在开始生长时是单个的粒子，在发育中产生几个大裂缝，但仍然保持其整体性，这种淀粉团粒称为假复粒。在同一个细胞中，所有的淀粉粒可以全为单粒，也可以同时存在几种不同的类型。如燕麦淀粉粒，除大多数为复粒外，也夹有单粒；小麦淀粉粒大多数为单粒，也有复粒。单粒、半复粒、复粒的结构如图2-4所示。

三、 淀粉粒的晶体结构

（一）双折射性及偏光十字

淀粉粒由直链淀粉分子和支链淀粉分子有序结合而成。双折射是由淀粉粒的高度有序性

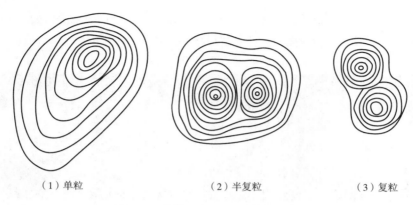

（1）单粒　　　　　　（2）半复粒　　　　　　（3）复粒

图2-4　单粒、半复粒、复粒示意图

（方向性）所引起的，高度有序结构的物质都有双折射性，而淀粉颗粒的大小、结晶度和微晶的取向决定双折射的视强度，如淀粉颗粒较大的莲藕淀粉和马铃薯淀粉的双折射现象十分明显，而玉米、大米淀粉的偏弱。用偏光显微镜观察淀粉乳，会出现以粒心为中心的黑色十字形，称为偏光十字或马耳他十字，这是淀粉粒为球晶体的重要标志。不同来源的淀粉粒的偏光十字的位置、形状和明显程度不同（图2-5），据此可以鉴别淀粉的来源。

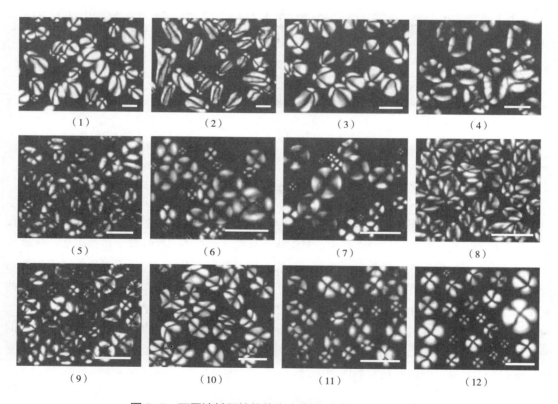

（1）　　　　　（2）　　　　　（3）　　　　　（4）

（5）　　　　　（6）　　　　　（7）　　　　　（8）

（9）　　　　　（10）　　　　　（11）　　　　　（12）

图2-5　不同淀粉颗粒的偏光十字图（标尺，10μm）

（1）～（12）淀粉来源依次为马铃薯、莲藕、山药、豌豆、黄豆、大麦、
　　　　　　小麦、莲子、荸荠、菱角、银杏、甘薯

　　淀粉粒在受热、机械损伤、物理辐射以及化学改性时，如果其有序结构受到破坏，其双折射性也会减弱或消失。刚果红染料通常用来鉴别完好的、机械损伤的及糊化的淀粉颗粒，染料若渗入到淀粉颗粒内部就会破坏其内部的有序结构。

（二）淀粉粒的晶体结构类型

　　淀粉粒由直用 X 射线衍射法也证明淀粉是有一定形态的晶体构造，并可用 X 射线衍射法及重氢置换法，测得各种淀粉粒都有一定的结晶化度，这都是因淀粉粒中直链淀粉和支链淀粉分子有序结合而成。用酸或酶处理淀粉的结果表明，淀粉粒中具有耐酸解、耐酶解作用的结晶性部分及易被酸、酶作用的非晶质部分。淀粉粒的结晶性主要由支链淀粉分子非还原端的葡萄糖链相互靠拢，呈近乎平行的位置以氢键彼此缔合，形成放射状排列的微晶束而构成，直链淀粉也参与微晶束结构之中，但分子上也有部分未参与微晶束的组成，成为无定形状态；淀粉的外层是结晶性部分，主要由支链淀粉分子的先端构成（占 90%），淀粉粒微晶束有一定的大小和密度。

　　按照 X 射线衍射图谱的差异（图 2-6），可以将完整淀粉颗粒分为四种类型的 X 射线衍射图谱，分别称为 A 型、B 型、C 型和 V 型，其特征峰如表 2-3 所示。

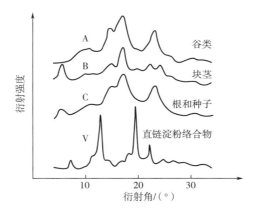

图 2-6　淀粉的 X 射线衍射图谱

表 2-3　　　　　　　　　　　　不同晶型淀粉的 X 射线衍射图谱特征值

淀粉晶型	尖峰序号	衍射角 2θ/（°）	间距/Å	强度
	1	15.3	5.78	S
	2	17.1	5.17	S
A 型	3	18.2	4.86	S-
	4	23.5	3.78	S
	1	5.6	15.8	W
	2	17.2	5.16	S
B 型	3	22.2	4.00	M
	4	24.0	3.70	M-

续表

淀粉晶型	尖峰序号	衍射角2θ/（°）	间距/Å	强度
C 型	1	5.7	15.4	W
	2	15.3	5.79	S
	3	17.3	5.12	S
	4	18.3	4.85	M
	5	23.5	3.78	M+
V 型	1	7.4	12.0	M
	2	13.1	6.75	S
	3	20.1	4.42	S

注：①1Å = 0.1nm；

②"S、M、W"分别表示强峰、中锋、弱峰，"+"表示"稍强"，"-"表示"稍弱"。

大多数禾谷类淀粉呈现 A 型，马铃薯等块茎淀粉、高直链玉米淀粉和回生淀粉显示 B 型，葛根、甘薯等块根、某些豆类淀粉呈现 C 型，也有认为 C 型可能是 A 型和 B 型的混合物。此外，淀粉与脂质物形成的复合物为 V 型，直链淀粉同各种有机极性分子形成的复合物为 V 型，叠加在 A 型或 B 型上，这种结晶形式在天然淀粉中不存在，只有在淀粉糊化后与类脂物及有关化合物形成复合物后产生。

图 2-7 表明了 A 型和 B 型淀粉的结晶结构。C 型结晶结构的豆类淀粉中心表现为 B 型结晶，而外层表现为 A 型结构。A 型结晶结构有一个带有空间组分的单斜晶系单元，每个单元有 8 个水分子。B 型结晶结构有一个六角形的结构单元，结合有 36 个水分子。在两种结构中，基本的结构物都是葡萄糖残基形成的双螺旋。

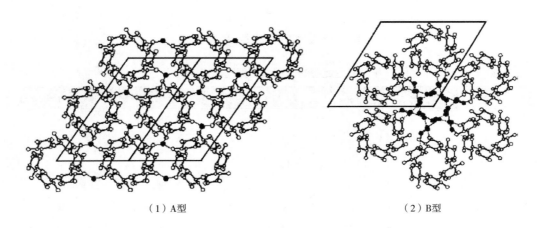

（1）A型　　　　　　　　　　　（2）B型

图 2-7　A 型和 B 型淀粉的结晶结构

A 型结晶淀粉分子在单斜晶格中形成结晶，在此晶胞内，12 个吡喃葡萄糖单元在两个左旋且平行绞合的双螺旋中以平行方式分布。每个晶胞中，4 个水分子分布在螺旋间。

淀粉颗粒中水分子参与结晶结构，这已通过 X 射线衍射图样的变化得到证实。干燥淀粉时，随水分含量的降低，X 射线衍射图样线条的明显程度降低，再将干燥淀粉于空气中吸收水分，图样线条的明显程度恢复。因此，在进行淀粉粒晶型的测定时，通常将测试淀粉粒样于测试时放置 24h，以平衡水分含量。

目前对产生 A 型和 B 型晶体构象的条件已了解得很清楚。在低温、潮湿的条件下（在马铃薯块茎中）会形成 B 型淀粉结晶，而在高温、干燥条件下（如在谷物中），A 型结晶会优先形成。图 2-8 展示了各种不同的晶型彼此之间存在相互转化作用。由于 A 型结晶具有较高的热稳定性，这使得淀粉在颗粒不被破坏的情况下就能够从 B 型变成 A 型。如马铃薯淀粉通过湿热处理可以使晶型从 B 型转化为 A 型。此外，链的长度同样也会影响晶体形成的类型，聚合度 DP<10 的链不会形成结晶，10<DP<12 的链倾向于形成 A 型结晶，而 DP>12 的链倾向于形成 B 型结晶。

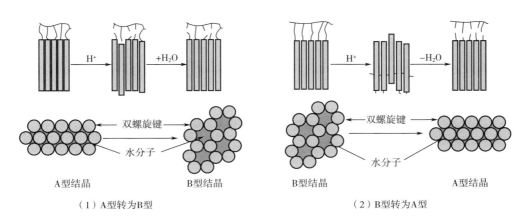

图 2-8　A 型和 B 型淀粉的结晶结构转化过程

四、 淀粉粒的结构模型

淀粉颗粒主要由有序的结晶区和无序的无定形区（非结晶区）组成，因此淀粉又称作"半结晶型"（semi-crystalline）材料。结晶区占颗粒体积的 25%~50%，其余为无定形区，结晶区和无定形区并没有明确的分界线，变化是渐进的，其中结晶区主要由支链淀粉分子组成，而无定形区主要由游离的直链淀粉分子、与脂质结合的直链淀粉分子及部分支链淀粉的支链组成，由于结晶区和无定形区的结构不同，其对酸和酶的敏感性有差异，因此可通过温和酸解法研究淀粉的结晶特性及淀粉的分子结构。

典型的淀粉粒结构生长环模型和淀粉链分布模型如图 2-9 所示，淀粉粒的粒心由无定形区、结晶生长环和无定形生长环围绕而成，在结晶生长环中，支链淀粉的侧链通过双螺旋结构相互聚集，形成分子密度较高的结晶片层（crystalline lamella），而部分支链淀粉的外侧链分子则形成分子密度较低的无定形片层（amorphous lamella），直链淀粉散布于结晶片层和无定形片层中。

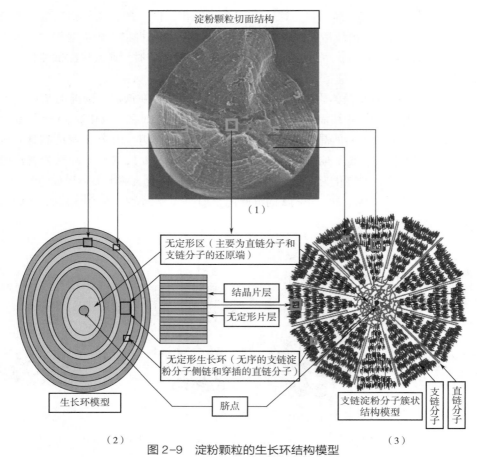

图2-9　淀粉颗粒的生长环结构模型

（1）淀粉颗粒同心圆环结构由无定形区和结晶区构成；

（2）生长环中半结晶片层结构及放大图，结晶区由无定形片层和结晶片层交替组成；

（3）生长环中直链淀粉和支链淀粉分布模型，支链淀粉分子簇状结构模型。

第三节　谷物淀粉的性质

一、淀粉的分子结构

淀粉不是单一的化合物，1940年，Mayer等用温水法将淀粉分离成两种成分，一种称为直链淀粉（amylose，AM），另一种称为支链淀粉（amylopectin，AP），二者是葡萄糖单位在淀粉分子中两种不同连接方式的表现。一般谷物种子中含有20%~25%的直链淀粉（表2-4）和75%~80%的支链淀粉。糯性谷物如糯米、糯玉米、糯高粱等的淀粉几乎都是支链淀粉，也称"蜡质淀粉"。现代育种技术也培育出了高直链淀粉的玉米，其直链淀粉含量达60%以上，但是尚无全部都是直链淀粉的谷物品种。研究还发现，在淀粉中除了直链淀粉和支链淀粉外，尚有中间形式的物质，一般含量为5%~10%。

表2-4 谷物淀粉中直链淀粉含量

淀粉来源	相对结晶度/%	直链淀粉含量（干基）/%
小麦	36	23
玉米	40	27
大米	38	17
糯米	38	—
高粱	37	25
糯玉米	40	—
燕麦	33	23
黑麦	34	26
大麦	37	23
高直链玉米	15~22	55~75

（一）直链淀粉的结构

直链淀粉是由 α-D-吡喃葡萄糖通过 α-1，4-糖苷键连接起来的直链状的高分子化合物，直链淀粉分子的结构如下：

$$\underset{n}{\left[\text{CH}_2\text{OH} \cdots \text{O} \cdots \text{OH}\right]}$$

直链淀粉没有一定的大小，分子大小通常用聚合度而不是相对分子质量来表示。不同来源、籽粒成熟度不同的淀粉，其直链淀粉聚合度差别很大，未经降解的直链淀粉分子聚合度在500~6000。玉米、小麦等谷物类直链淀粉的分子较小，其聚合度一般不超过1000。直链淀粉的聚合度可以通过光散射、特性黏度或者还原端分析等方法获得。除了直链状分子外，还存在一些带有少数分支的直链分子，这种分支点的结合键可能为 α-1，6-糖苷键，然而直链淀粉的分支很长很少，在很多方面通常将其当作未分支链。在过量水体系中，当加热温度超过淀粉糊化温度时，直链淀粉会从淀粉中浸出并溶于水；水中溶解的那部分淀粉基本上是线性的，当浸出温度继续升高时，有更大分子质量和更多分支的淀粉颗粒也从体系中分离出来。

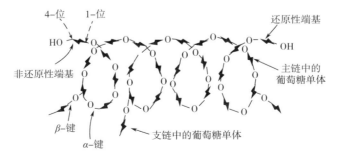

图2-10 直链淀粉结构示意图

据 X 射线衍射和核磁共振研究表明，直链淀粉分子卷曲盘旋呈左螺旋状态，每一螺旋周期中包含 6 个葡萄糖残基，如图 2-10 所示。这种结构特性使得直链淀粉分子可以与碘、有机醇或脂肪酸形成复合物，如淀粉与碘形成复合物后可呈现蓝色，正是由于碘分子可以容纳进直链淀粉分子的双螺旋结构中。在天然谷物淀粉中也存在直链淀粉-脂质复合物，这种复合物在淀粉糊化过程中可能进而形成新的复合物。

（二）支链淀粉的结构

支链淀粉是高度分支化的，主链及分支都是由 α-D-吡喃葡萄糖经 α-1，4-糖苷键连接起来的，分支点则以 α-1，6-糖苷键连接，其平均分支链长为 20~25 个葡萄糖单元，呈现束状（cluster）结构：

支链淀粉是自然界已发现的最大的分子之一，其相对分子质量比直链淀粉的高得多，一般为 10^7~10^9 量级，植物淀粉的支链淀粉聚合度为 4000~40000，大部分在 5000~13000。支链淀粉的分支程度极高，含有大约 95% 的 α-1，4-糖苷键和约 5% 的 α-1，6-糖苷键，支链淀粉分子中具有三种类型的链（图 2-11）：A 链（外链），由 α-1，4-糖苷键结合的葡萄糖链；B 链（内链），由 α-1，4-糖苷键和 α-1，6-糖苷键结合的葡萄糖链；C 链（主链），葡萄糖链中有 α-1，4 和 α-1，6-糖苷键，还有一个还原端。A 链被定义为不可替代链，B 链可被其他链替代，B 链还可进一步分为 B1 链、B2 链和 B3 链，B1 链只能有一簇支链淀粉、B2 链和 B3 链可拓展出 2~3 簇支链淀粉。谷物淀粉较之于块茎类淀粉有更短的链长且短链组分较多。不同来源的淀粉及其支链淀粉的聚合度不同，平均链长、内链和外链的平均长度也不同（表 2-5）。

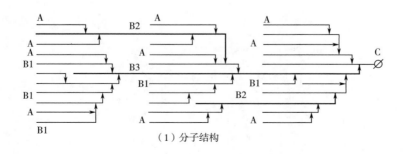

（1）分子结构

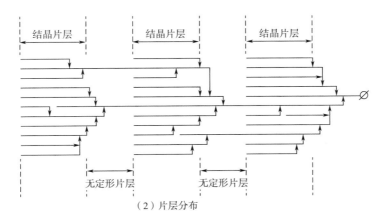

（2）片层分布

图2-11 支链淀粉分子簇状结构示意图

实线代表 α-1，4-糖苷键；箭头代表 α-1，6-糖苷键

（三）直链淀粉和支链淀粉的分离

直链淀粉和支链淀粉在分子形状、聚合度、立体结构、还原能力上都有很大的差别，也决定了它们在理化性质上的不同，两者的比较见表2-5。据此可将两种组分分离出来，分离过程淀粉应仍保持螺旋结构，且淀粉分子不发生降解。

表2-5　　　　　　　　　　　　　直链淀粉和支链淀粉分子比较

项目	直链淀粉	支链淀粉
分子形状	直链分子（少量分支分子）	分支分子
糖苷键类型	α-1，4-糖苷键（少量 α-1，6-糖苷键）	α-1，4-糖苷键；α-1，6-糖苷键
聚合度（DP）	500~6000	1000~3000000
末端基	分子一端为非还原端基，另一端为还原端基	分子具有一个非还原端基和许多还原端基
碘着色反应	深蓝色	紫红色
吸收碘量	19%~20%	<1%
糊化及凝沉性质	不易糊化，凝沉性强	易糊化，凝沉性弱
络合性质	能与极性有机物和碘生成络合物	不能
X射线衍射分析	无定形结构	高度结晶结构

常用的分离方法有温水浸出法、完全分散法、分级沉淀法等。

1．温水浸出法

温水浸出法又称丁醇沉淀法或选择沥滤法，分离过程中仍保持颗粒状。它是将充分脱脂的淀粉的水悬浮液（如玉米淀粉为2%）保持在糊化温度或稍高于糊化温度的状态下，这时，由于天然淀粉粒中的支链淀粉易溶于热水，并形成黏度很低的溶液，而直链淀粉只能在加热加压的情况下才溶解于水，同时形成非常黏稠的胶体溶液。据此，可用热水（60~80℃）处理，将淀粉粒中相对分子质量低的直链淀粉溶解出来，残留的粒状颗粒可用离心分离除去，上层清液中的直链淀粉再用正丁醇使其沉淀析出。正丁醇可与直链淀粉生成结晶性复合物，而支链淀粉也可与正丁醇生成复合物，但不结晶沉淀。将获得的复合沉淀物再用大量乙醇洗去正丁醇，可得到直链淀粉。要得到高纯度的直链淀粉，需要反复多次洗涤重结晶。

温度影响淀粉的抽提效率。一般抽提温度要稍高于淀粉的糊化温度，若温度升高，则直链淀粉的抽提效率增高，但支链淀粉也可被抽提出来，使产物纯度变低；若温度偏低，则抽提效率低，直链淀粉得率也低。玉米淀粉经上述方法处理，在70℃时，直链淀粉产率为14.3%，纯度为75%，而在85℃时，产率为25.8%，纯度则为63%。

2. 完全分散法

该法在分离过程中淀粉颗粒被完全破坏。该法是先将淀粉粒完全分散成溶液，然后添加适当的有机化合物，使直链淀粉成为一种不溶性的复合物而沉淀。常用的有机化合物为正丁醇、百里香酚及异戊醇等。

为了使淀粉尽可能均匀地分散在溶剂中，必须先进行预处理，有以下几种预处理方法。

（1）高压加热法　1%~3%脱脂玉米淀粉悬浮液，调pH为5.9~6.3以防止淀粉降解，在120℃条件下加热2h，高速离心热淀粉乳，除去分散不完全的淀粉颗粒和微量不溶杂质，再在热糊中加入饱和正丁醇水溶液或异戊醇或其混合物，用量等于其在室温下的饱和浓度（异戊醇在20℃溶解度为3.1g/100mL），在结晶器中，室温下缓慢冷却24h，此时直链淀粉与醇形成簇状细小结晶（直径15~20μm）。高速离心（5000r/min），沉淀为直链淀粉，分离效率达90%，直链淀粉碘吸附量为16.5%。母液喷雾干燥得支链淀粉（或甲醇沉淀）。得到的直链淀粉再用10%正丁醇溶液重结晶一次，碘吸附量可达19%。

（2）碱溶液增溶法　为了避免高压处理和在升温时淀粉发生降解，可以采用碱溶液增溶法，即用碱性物质处理淀粉，使淀粉在温水中完全分散，常用的碱性物质有氢氧化钠和氨液等。如2%~3%玉米淀粉乳于25℃条件下分散在1.0mol/L碱液（或氨液处理15min）中，避免强烈的搅拌作用，然后中和至pH 6.2~6.3，加热至60℃，用正丁醇沉淀。

（3）二甲基亚砜（DMSO）法　淀粉在室温下很容易分散在二甲基亚砜溶液中，二甲基亚砜不仅能破坏淀粉颗粒结构，还能完全排除脂类物质的污染（脂类物质会在升高温度时水解）；此法特别适用于直链淀粉含量特别高的淀粉。

30g谷类淀粉分散于500mL二甲基亚砜中，搅拌24h，高速离心分离15min，除去不溶性物质后加入2倍体积的正丁醇中，使直链淀粉沉淀，用正丁醇反复洗涤以除去残留的二甲基亚砜。将沉淀在隔氧条件下加入3L沸水中，煮沸1h，使之完全溶解。待分散液冷却至60℃，加入粉状百里香酚（1g/L），室温下静置3d，离心得直链淀粉-百里香酚复合物。将复合物分散于无氧气的沸水中，煮沸45min，冷却，加入正丁醇，静置过夜、离心，用乙醇洗涤后干燥，即得直链淀粉。残留液用乙醚将百里香酚抽出后，加乙醇沉淀得支链淀粉。

3. 分级沉淀法

分级沉淀法为工业提取直链淀粉的方法，它是利用直链淀粉和支链淀粉在同一盐浓度下盐析所需温度不同而将其分离。常用的无机盐有硫酸镁、硫酸铵和硫酸钠等。

（四）淀粉中的其他组分

淀粉是高分子碳水化合物，是由单一类型的糖单元组成的多糖，但从植物中提取的淀粉即使经过多次精制，仍然含有少量杂质，如蛋白质、脂肪、灰分和纤维等，淀粉产品的化学组成因原料品种和提取工艺的不同而存在差异，这些杂质对淀粉的物理化学性质有一定的影响。

1. 水分

经提取能长期存放的淀粉中水分含量一般为 10%~18%，取决于淀粉品种、储存时的相对湿度和温度等。一般在相同湿度和温度下，谷物类淀粉的安全储存水分低于薯类淀粉的水分，如玉米淀粉为 13%、马铃薯淀粉为 18%。

2. 粗蛋白

通常谷物淀粉中含有的蛋白质量较薯类淀粉的高，包括真实蛋白质和非蛋白质氮，如肽、胨、氨基酸、酶、核酸等。它们是两性物质，在生产淀粉糖时，可中和一部分无极酸，降低催化效率，增加糖化时间；在生产变性淀粉时，影响反应的 pH，同时还会参与反应，影响淀粉的变性程度，氨基酸与糖发生美拉德反应产生有色物质；水溶性蛋白质在搅拌时会包裹空气形成泡沫。因此，用于生产淀粉糖或变性淀粉的原淀粉，蛋白质含量应控制在 0.5% 以下；生产药用葡萄糖的淀粉中蛋白质含量控制在 0.4% 以下。

3. 脂质

通常谷物淀粉的脂质含量（0.65%~1.0%）较其他淀粉高，多半是溶血磷脂（小麦淀粉）或游离脂肪酸（玉米淀粉），在玉米和小麦淀粉中至少有一部分直链淀粉与脂质形成复合物。脂质含量高对淀粉的影响主要表现在：直链淀粉吸附脂肪阻止水分的掺入，淀粉粒的膨胀和溶解受抑制，淀粉的糊化温度高，淀粉糊透明度低；脂肪易氧化产生酮、醛、酸，有不良气味。

4. 灰分

淀粉中的灰分含量一般为 0.2%~0.4%，主要来自碱性无机盐、有机酸盐、磷酸盐，这些盐能中和催化的酸，影响催化效果。谷物中磷酸盐主要为植酸。

二、 淀粉的物理性质

淀粉粒的相对密度约为 1.5，不溶于冷水，这是淀粉制造工业的理论基础，所谓水磨法，就是利用这一性质，先将原料打碎成糊（若原料为玉米一类籽粒粮则必须先行浸泡，然后湿磨破坏组织，使其成糊），除去蛋白质及其他杂质，再使淀粉在水中沉淀析出。

与淀粉使用价值有关的物理性质，主要是淀粉粒的糊化及淀粉糊的凝沉作用。

（一）淀粉粒的糊化作用

1. 糊化（gelatinization）作用概述

淀粉粒不溶于冷水，若在冷水中，淀粉粒因其相对密度大而沉淀。但若把淀粉的悬浮液加热，到达一定温度时（一般在 55℃ 以上），淀粉粒突然膨胀，因膨胀后的体积达到原来体积的数百倍之大，所以悬浮液就变成黏稠的胶体溶液。这一现象称为"淀粉的糊化"，也称为 α 化。淀粉粒突然膨胀的温度称为"糊化温度"，又称糊化开始温度，因各淀粉粒的大小不一样，待所有淀粉粒全都膨胀又有一个糊化过程温度，所以糊化温度有一个范围。

不同谷物来源的淀粉糊化温度相差较大（表 2-2），如小麦、大麦、黑麦和小黑麦具有相似的糊化特性，在过量水分中，温度超过 53℃ 时，50% 的淀粉颗粒就会失去双折射现象；而玉米、高粱、粟淀粉的糊化特性则相似，要使 50% 的淀粉颗粒失去双折射现象，这三类淀粉通常需要温度升高到 67℃；燕麦淀粉的糊化温度较低（55℃ 糊化 50%），而大米淀粉的糊化温度较高（70℃ 糊化 50%）。

2. 淀粉糊化的过程及本质

（1）淀粉糊化的过程　大致可分成三个阶段。

第一阶段：淀粉粒在水中，当水温未达到糊化温度时，水分子由淀粉粒的孔隙进入淀粉粒内，与许多无定形部分的极性基相结合，或被吸附。这一阶段，淀粉粒内层虽有膨胀，但悬浮液黏度变化不大，淀粉粒外形未变，在偏光显微镜下观察，仍可看到偏光十字，这说明淀粉粒内部晶体结构没有变化，此时取出淀粉粒干燥脱水，仍可恢复成原来的淀粉粒。所以这一阶段的变化是可逆的。

第二阶段：水温达到开始糊化温度时，淀粉粒突然膨胀，大量吸水，淀粉粒的悬浮液迅速变成为黏稠的胶体溶液。这时若用偏光显微镜进行观察，则偏光十字全部消失。若将溶液迅速冷却，也不可能恢复成原来的淀粉粒了。这一变化过程是不可逆的。偏光十字的消失，就意味着晶体崩解，微晶束结构破坏。所以淀粉粒糊化的本质，是水分子进入微晶束结构，拆散淀粉分子间的缔合状态，淀粉分子或其集聚体经高度水化形成胶体体系。由于糊化，晶体结构解体，变成杂乱无章的排列，所以糊化后的淀粉无法恢复成原有的晶体状态。

第三阶段：淀粉糊化后，如果继续加热，使温度进一步升高，则会使膨胀的淀粉粒继续分离，淀粉粒成为无定形的袋状，溶液的稠度继续增高。淀粉糊化的机制如图 2-12 所示。

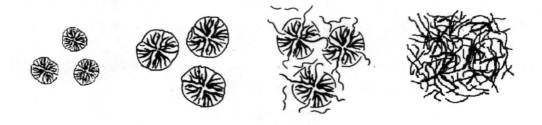

图 2-12　淀粉糊化的机制

（2）淀粉糊化的本质　淀粉糊化是无定形区和结晶区的淀粉分子之间的氢键在热量的作用下发生断裂，淀粉分子之间的缔合状态因此遭到破坏，体系处于不稳定状态，此时若有水分子进入颗粒，就会迅速与淀粉分子的羟基通过氢键结合，体系中水分减少导致黏度增加；最后随着颗粒破裂，晶体结构也逐渐解体，淀粉分子也就由有序状态最终变成无序的离散状态，完全分散到体系中。在糊化过程中，热的作用是增加分子振动的能量，以便使直链-直链、直链-支链、支链-支链淀粉分子之间的氢键断裂；湿的作用是为淀粉分子提供水分子以形成氢键，颗粒才能吸收水分发生溶胀。因此，淀粉糊化过程可以被认为是一个淀粉-淀粉分子之间的氢键在湿、热作用下被淀粉-水分子之间的氢键替换的过程。

3. 淀粉糊化的测定方法

淀粉的糊化是个复杂的过程。有关淀粉糊化过程中颗粒结构和糊化进程的测定方法主要包括偏光显微镜法、共聚焦显微镜法、黏度法（快速黏度分析仪 RVA 测定法）、分光光度法、电导率法和差示扫描量热法等。

（1）偏光显微镜法　淀粉糊化后，颗粒的偏光十字消失，根据这种变化能测定淀粉的糊化温度。偏光热台显微镜可以观测并记录淀粉糊化过程中双折射消失的整个过程。另外，淀粉颗粒大小不一，糊化有一个范围，一般用平均糊化温度表示，即在此温度下有50%的颗粒已失去偏光十字（2%为起始点，98%为终止点）。偏光显微镜法测定糊化温度，简单迅速，需样品少，准确度高，对样品量少者适用。

不同晶型淀粉的糊化过程有所差异，图2-13描述了小麦（A型）、马铃薯（B型）和豌豆（C型）三种淀粉在加热过程中偏光十字的变化情况。从中可以看出，对于A型和B型结晶结构的淀粉来说，结晶结构的破坏是从脐点附近开始并向周围扩大的，而C型淀粉则从中心开始，并向周围扩散，这与A型和B型结晶结构的淀粉有很大差异。从该图也可看出，在加热糊化过程中，结晶结构的破坏是随着淀粉颗粒的膨胀而由内向外逐步进行的。

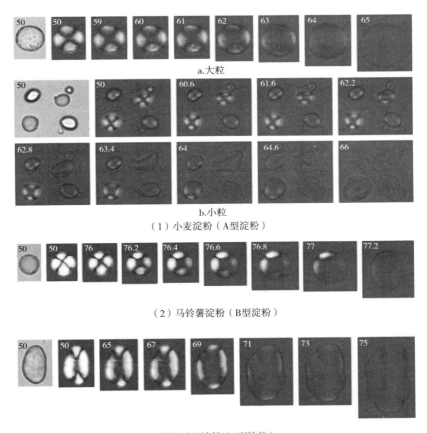

图2-13　小麦、马铃薯和豌豆淀粉加热过程中偏光十字变化过程（单位：℃）

（2）黏度法　淀粉糊化过程中淀粉与水分子发生作用会影响体系黏度，可以通过记录温度-黏度曲线来对淀粉糊化进行测定。黏度法可以在加热、保温、冷却过程中，实时测定淀粉悬浊液黏度的变化，得到黏度曲线，可以为淀粉糊化和老化性质提供信息。最常用的布拉班德黏度测量仪（Brabender）可以自动记录并绘制布拉班德黏度曲线，从黏度曲线中可以得到淀粉糊的黏度特征参数（图2-14），主要包括成糊温度（pasting temperature）、出峰时间（peak time）、峰值黏度（peak viscosity）、最终黏度（final viscosity）、破损值（break down）和回生值（setback）等。此外，快速黏度分析仪（rapid visco-analyser，RVA）和流变仪（rheometer，

RHE）也是分析淀粉糊化特性的有效工具。

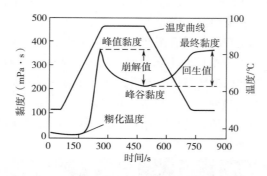

图2-14   淀粉糊化黏度曲线及糊化特征参数

（3）差示扫描量热法（differential scanning calorimeter，DSC）   淀粉在糊化、老化和玻璃化转变等相变过程中要吸收或释放能量，这些过程在差示扫描量热法曲线上会呈现出吸热峰或放热峰，峰的面积大小和糊化焓值相对应。其中，糊化焓值与颗粒内双螺旋结构断裂所需的能量有关。在用差示扫描量热法测定淀粉的糊化特性时，需要特别考虑加热速率和水分含量对差示扫描量热法曲线上的吸放热峰的影响。首先需要根据淀粉样品的性质，选择合适的升温速度，一般为2~5℃/min，升温速度过快或过慢易使差示扫描量热法中转变温度向高温或低温方向偏移。通常来讲，当淀粉与水分的比例达到1∶5时，在差示扫描量热法中认为水分含量充足，即提供的水分足够淀粉颗粒结构糊化所用；而低于1∶2被认为是中等水分或限制水分，即水分不足以使淀粉颗粒完全溶胀，只有部分晶体结构遭到破坏，残余结晶在加热到较高温度时才会解体。

（4）分光光度法   利用分光光度计测定1%淀粉悬浮液在连续加热时吸光度的变化，可自动记录，直到糊化开始温度与双折射开始消失温度是一致的。

（5）电导法   对样品较多的淀粉，可利用在糊化过程中电导率的变化进行测定。当淀粉类物质糊化溶解时，与淀粉结合的离子向悬浮液转移，在淀粉开始糊化时，电导率开始上升，淀粉糊化完全时，电导率停止上升。

4. 影响淀粉糊化的因素

基于淀粉糊化的本质去理解影响淀粉糊化的因素，破坏分子间的氢键需要外能，分子间结合力越大，排列越紧密，拆开微晶束所需的能量就越大，因此糊化温度就越高，反之则越低。

（1）颗粒大小   同一种淀粉，颗粒大小不同，其糊化难易程度也不相同，较大的颗粒容易糊化，能在较低的温度下糊化，而淀粉粒小的糊化温度高。因为各个颗粒的糊化温度不一致，通常用糊化开始温度和糊化完成温度表示糊化温度。

（2）直链淀粉含量   由于直链淀粉分子间结合力较强，直链淀粉含量高的淀粉比直链淀粉含量低的淀粉糊化困难，如高直链玉米淀粉只有在高温高压下才能完全糊化；在各类稻米淀粉中籼米的糊化温度最高，粳米次之，糯米最低。

（3）水分   为了使淀粉充分糊化，水分含量必须在30%以上，水分含量低于30%，糊化就不完全或者不均一。

（4）碱   当碱达到一定量，淀粉就糊化，如氢氧化钠溶液在室温下能使淀粉颗粒膨胀糊化，溶解得溶液，淀粉以分子存在，无降解。在日常生活中，煮稀饭加碱，就是利用了碱能促使淀粉糊化的性质。

（5）电解质 硫氰酸钾、碘化钾、硝酸铵、氯化钙等浓溶液在室温下可促使淀粉粒糊化。阴离子促进糊化的顺序：OH^->水杨酸阴离子>CNS^->I^->Br^->NO_3^->Cl^->酒石酸阴离子>柠檬酸阴离子>SO_4^{2-}；阳离子促进糊化的顺序：Li^+>Na^+>K^+>NH_4^+>Mg^{2+}。

（6）有机化合物 盐酸胍（4mol/L）、尿素（4mol/L）、二甲基亚砜等在室温下或低温下可促进糊化。

（7）脂类 脂类与直链淀粉能形成包合物（inclusion compound）或复合体（complex），它可抑制糊化及膨润。这种复合体对热稳定，加热至100℃不会被破坏，所以难以糊化。一般谷类淀粉（含有脂质多）不如马铃薯淀粉易糊化，若脱脂，则糊化温度降低3~4℃。

（8）其他因素 如界面活性剂，淀粉粒形成时的环境温度，以及其他物理的及化学的改性处理都可以影响淀粉的糊化。

由上述各种影响因素可以看出，有的物质能促进淀粉的糊化，如碱及某些盐类，在室温下或低温下就可以使淀粉糊化，有人称这类物质为膨润剂（swelling agents），也有一些可以提高淀粉糊化温度的物质，如硫酸盐、植物油、偏磷酸盐等，把这类物质称为膨润抑制剂（swelling inhibitors）。如在实验室中用氯化钙溶液溶解淀粉，对淀粉进行定量测定，用乳酸洗出小麦粒中的淀粉，来测定小麦理论出粉率，就是利用了这两种物质都是淀粉膨润剂的性质。

（二）淀粉的凝沉作用

1. 凝沉（retrogradation）作用概述

淀粉的稀溶液在低温下静置一定时间后，溶液变浑浊，溶解度降低，淀粉沉淀析出。如果淀粉溶液浓度比较大，则沉淀物可以形成硬块而不再溶解，这种现象称为淀粉的凝沉作用，也称淀粉的回生作用或老化作用，回生淀粉又称β-淀粉。

淀粉的老化作用在固体状态下也会发生，如冷却的陈馒头、陈面包或陈米饭，放置一定时间后，便失去原来的柔软性，也是由于其中的淀粉发生了老化作用，回生后的淀粉不容易被酶水解，属抗性淀粉的一种。

2. 淀粉凝沉的本质

回生的本质是在温度降低时已糊化的淀粉分子运动减慢，此时直链淀粉分子和支链淀粉分子的分支都会趋向于平行排列，互相靠拢，彼此以氢键结合，重新组成混合微晶束。这样淀粉回生可以理解为淀粉糊化的逆过程，其本质为淀粉-水分子之间的氢键被淀粉-淀粉分子之间的氢键所替换，水分子被挤出。由于凝沉所得的淀粉糊分子间氢键很多，且排列无序，分子间缔合很牢固，以致不再溶于水中，也不能被淀粉酶水解。

3. 凝沉作用的影响因素及防止凝沉的方法

淀粉的凝沉与淀粉的种类及直、支链淀粉的比例，分子的大小，溶液的pH及温度等因素都有关系，其一般规律如下：

（1）分子构造的影响 直链淀粉分子呈直链构造，在溶液中空间障碍小，易于取向，易于凝沉；支链淀粉分子呈树枝状构造，在溶液中空间障碍大，不易凝沉。

（2）分子大小的影响 直链淀粉分子中，分子质量大的取向困难，分子质量小的易于扩散，只有分子质量适中的直链淀粉分子才易于凝沉。

（3）溶液浓度的影响 溶液浓度大，分子碰撞机会多，易于凝沉；溶液浓度小，分子碰撞机会少，不易凝沉。浓度为30%~60%的淀粉溶液最容易发生凝沉作用，水分含量在10%以下的干燥状态下，淀粉不易凝沉。

（4）pH及无机盐类的影响　无机盐离子阻止淀粉凝沉的能力强弱有下列顺序：$CNS^->PO_4^{3-}>CO_3^->I^->NO_3^->Br^->Cl^-$，$Ba^{2+}>Sr^+>Ca^{2+}>K^+>Na^+$，溶液的pH对淀粉的凝沉也有影响，有报道pH为2时最易引起凝沉，pH为9时也易凝沉，还有人认为pH在13以上时淀粉不容易凝沉。

（5）冷却速度的影响　淀粉溶液温度下降速度对其凝沉作用有很大的影响，缓慢冷却可以使淀粉分子有时间取向排列，故可加速凝沉；迅速冷却，淀粉分子来不及重新排列结成束状结构，可减少凝沉。

淀粉凝沉可以给食品带来不良影响，如面包老化。生产上为了防止面包的老化，常常采用添加化学添加剂的方法，如表面活性剂等。如在小麦粉中加入一定量的单甘油酯，一方面可以抑制淀粉粒的膨润作用，另一方面使直链淀粉与它形成复合体（complex），防止淀粉的凝沉。

在生产上为了防止淀粉的凝沉作用发生，采用高温糊化，同时进行激烈的搅拌，使淀粉分子充分分散，但必须严格控制加热时间及搅拌条件，使淀粉糊液保持一定的黏度。

淀粉发生凝沉作用，可使食品的品质下降，但有时也可利用淀粉的凝沉作用制造各类制品，如粉丝，就是利用含直链淀粉多的淀粉（如绿豆淀粉、豌豆淀粉等），通过糊化、凝沉、干燥等步骤制成的。

（三）淀粉的膨润力与溶解度

膨润力（swelling power，SP）与溶解度（solubility，SO）反映淀粉与水之间相互作用的大小。膨润力指每克干淀粉在一定温度下吸水的质量；溶解度指一定温度下，淀粉样品的溶解质量占样品总量的百分数。定量称取淀粉样品（2%，干基）悬浮于蒸馏水中，于一定温度下加热搅拌30min以防淀粉沉淀，3000r/min离心30min，取上清液在蒸汽浴上蒸干，于105℃烘至质量恒定（约3h），称量，按式（2-1）和式（2-2）计算。

$$溶解度（SP）=\frac{A}{W}\times100\% \tag{2-1}$$

$$膨润力（SO）=\frac{P\times100}{W（100-SP）} \tag{2-2}$$

式中　A——上清液蒸干且质量恒定后的质量，g；

　　　W——样品质量，g；

　　　P——离心后沉淀物质量，g。

（四）淀粉的吸附性质

淀粉可以吸附许多有机化合物和无机化合物。直链淀粉和支链淀粉分子形状不同，所以具有不同的吸附性质，其中具有实践意义的有以下几项。

1. 对一些极性有机化合物的吸附

直链淀粉分子由于在高温溶液中伸展，极性基团暴露，很容易与一些极性有机化合物，如正丁醇、百里酚、脂肪酸等通过氢键相互缔合，形成结晶性复合体（complex molecule）而沉淀。这种结晶性复合体呈螺旋状，相当于每六个葡萄糖残基为一节距。支链淀粉分子因其不呈线状，而呈树枝状，存在空间障碍，故不易与这些化合物形成复合体沉淀。目前用来分离直链淀粉和支链淀粉的方法——复合体形成分离法，就是利用直链淀粉分子这一吸附性质。

2. 对碘的吸附

不论是淀粉溶液还是固体淀粉和碘作用，都生成有色复合体。这是由于淀粉分子对碘具有吸附作用。但直链淀粉与支链淀粉对碘吸附作用是不同的。支链淀粉分子与碘作用产生紫色至红色的复合体（根据支链淀粉分子的分支长短而定），直链淀粉分子与碘作用则形成蓝色的复合体。应用 X 射线衍射分析，也证实了直链淀粉分子呈螺旋的卷曲状态，每六个葡萄糖残基形成若干个螺圈，其中恰好容纳一个碘分子，如图 2-15 所示。

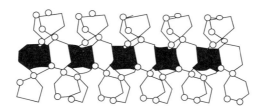

图 2-15 直链淀粉分子与碘分子的吸附作用

用电位滴定法，可以测出每克纯直链淀粉可与 200mg 碘结合，从而粗略估计每一个碘分子与 7~8 个葡萄糖残基结合，这与上述 X 射线衍射法分析结果大致相符。支链淀粉分子只能形成为数很少的螺旋，吸附极少量的碘。淀粉与碘作用，产生的颜色与螺旋数目有关，如表 2-6 所示。

表 2-6   淀粉与碘复合体的颜色

链长（葡萄糖残基数）	螺旋的圈数	颜色
12	2	无
12~15	2	棕
20~30	3~5	红
35~40	6~7	紫
45 以上	9 以上	蓝

根据以上实验数据，可以估计支链淀粉分子的分支长度，应当是 20~40 个葡萄糖残基。淀粉对碘的吸附作用是形成复合体，这两种物质，仍保留其本身的性质，当淀粉溶液中加入碘，形成蓝色复合体后，如将该溶液加热至70℃，蓝色消失，冷却后蓝色再次出现。这可能是由于加热时，淀粉分子伸展，形成的复合体解体。

从淀粉的吸附性质可以看出：天然存在的淀粉分子（固体状态或在溶液中）具有一定的螺旋结构。一般假定在溶液中这种螺旋结构是不规则的，若在溶液中有碘分子、脂肪酸等存在时，则变成有规则的螺旋。

三、 淀粉的酶学性质

淀粉分子是由许多葡萄糖通过糖苷键连接而成的高分子化合物，它有许多化学性质基本上与葡萄糖相似，但因分子质量比葡萄糖大得多，所以也具有其特殊的性质。如淀粉与酶和酸的作用、淀粉的成酯作用、淀粉的氧化作用等，其中淀粉的物理和化学改性参见本章第五节，本部分主要介绍淀粉的酶学性质。

在淀粉及其衍生物的加工过程中，有多种酶被广泛应用，不同的淀粉酶对淀粉的作用方式不同，并具有高度专一性。淀粉及其衍生物的酶水解（部分反应及产物）如图 2-16 所示。

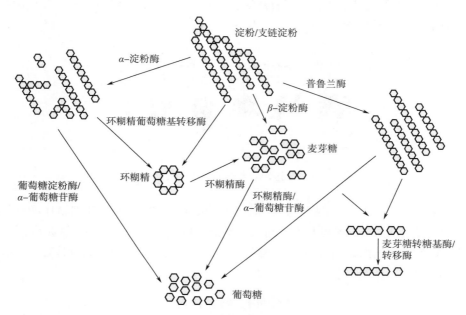

图 2-16　淀粉及其衍生物的酶水解（部分反应及产物）

（一）α-淀粉酶

α-淀粉酶（α-amylase）又称液化型淀粉酶。其系统命名为 1，4-α-D-葡聚糖葡萄糖水解酶（1，4-α-D-glucan glucanohydrolases），编号为 EC 3.2.1.1。

1. 酶的作用方式

α-淀粉酶属于内切型（endo-）淀粉酶，作用于淀粉时，随机地从淀粉分子内部切开 α-1，4-糖苷键，使淀粉分子迅速降解，淀粉糊黏度降低，与碘呈色反应消失，水解产物的还原力增加，一般称作液化作用。α-淀粉酶水解产物的还原性末端葡萄糖第一位碳原子 C_1 的光学性质呈 α-型，故称 α-淀粉酶。

α-淀粉酶能水解任意的 α-1，4-糖苷键，但其不能切开淀粉分支点的 α-1，6-糖苷键，也不能水解分支点附近的 α-1，4-糖苷键。因此，经 α-淀粉酶作用后的产物包括麦芽糖、葡萄糖及一系列 α-极限糊精，见图 2-17。

2. 酶的来源

α-淀粉酶存在于植物、哺乳动物组织和微生物中。工业上应用的 α-淀粉酶主要来源于细菌和真菌。

工业上应用的细菌 α-淀粉酶主要采用枯草芽孢杆菌、地衣芽孢杆菌以及解淀粉芽孢杆

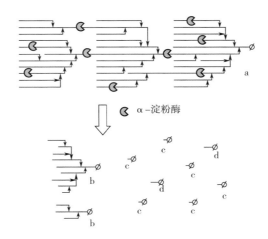

图 2-17　α-淀粉酶水解支链淀粉（a）生成的 α-极限糊精（b）、
麦芽糖（c）、麦芽三糖（d）示意图

菌发酵法生产。其中在我国应用最广泛的是由枯草芽孢杆菌和地衣芽孢杆菌制备的 α-淀粉酶。

生产 α-淀粉酶的真菌主要包括青霉和曲霉，其中以米曲霉和黑曲霉较为常见。

3. 酶的基本性质

（1）相对分子质量　大多数 α-淀粉酶的相对分子质量在 50000 左右，每个分子中含有一个 Ca^{2+}。在有锌离子存在的条件下，两个酶分子可结合成一个二聚体，这时，其相对分子质量约为 100000。

（2）温度的影响　不同来源的 α-淀粉酶具有不同的热稳定性和最适反应温度。根据 α-淀粉酶的热稳定性可将其分成耐热性 α-淀粉酶和中温型 α-淀粉酶两类。由芽孢杆菌所产的 α-淀粉酶耐热性较强，属于耐热性 α-淀粉酶。如枯草芽孢杆菌 α-淀粉酶在高浓度的淀粉乳中，其最适温度为 85~90℃。嗜热芽孢杆菌的 α-淀粉酶具有更高的热稳定性，一般最适温度可达 90~95℃，有的种类在 110~115℃仍可催化淀粉水解。而霉菌产 α-淀粉酶耐热性较差，最适温度只有 50~55℃，属于中温型 α-淀粉酶。

（3）pH 的影响　α-淀粉酶一般在 pH 为 5.5~8 时稳定，pH 在 4 以下容易失活。酶的最适 pH 一般为 5~6。但是，不同来源的 α 淀粉酶有不同的 pH 特性。一般微生物 α-淀粉酶都是不耐酸的，当 pH 低于 4.5 时迅速失活。但黑曲霉 α-淀粉酶的耐酸性较强，最适 pH 为 4.0。枯草芽孢杆菌 α-淀粉酶的最适 pH 为 5~7，嗜碱芽孢杆菌 α-淀粉酶的最适 pH 为 9.2~10.5。哺乳动物 α-淀粉酶在氯离子存在的条件下，最适 pH 为 7.0。

（4）钙离子的影响　α-淀粉酶是一种金属酶。每个酶分子中含有一个钙离子。钙与酶分子的结合是非常牢固的，只有在低 pH 和螯合剂存在的条件下，才能将其除去。若酶分子中的钙被完全除去，将导致酶的失活以及对热、酸或脲等变性因素的稳定性降低。钙离子并不直接参与形成酶-底物复合物，但它对维持酶的最适宜构象具有重要作用。钙离子与酶分子结合的牢固程度，依据酶的来源不同而有所差别，其顺序为霉菌>细菌>动物>植物。

芽孢杆菌所产淀粉酶中，地衣芽孢杆菌 α-淀粉酶与钙离子结合非常牢固。采用 EDTA 等金属螯合剂处理也不影响其活力。在进行酶活力测定时，可据此区别于其他 α-淀粉酶。

（二）β-淀粉酶

β-淀粉酶（β-amylase）也称糖化淀粉酶或麦芽糖苷酶，是一种催化淀粉水解生成麦芽糖的淀粉酶。其系统命名为 1，4-α-D-葡聚糖葡萄糖水解酶（1，4-α-D-glucan maltoohydrolases），编号为 EC 3.2.1.2。

1. 酶的作用方式

β-淀粉酶属于外切型（exo-）淀粉酶，作用于淀粉时，从淀粉的非还原端依次切开 α-1，4-糖苷键，生成麦芽糖，同时将 C_1 的光学构型由 α-型转变为 β-型，故称 β-淀粉酶。

β-淀粉酶不能水解淀粉分子中的 α-1，6-糖苷键，也不能跨过分支点继续水解，故水解支链淀粉是不完全的，残留大分子的 β-极限糊精（图 2-18）。残留在 β-极限糊精 α-1，6-糖苷键上的葡萄糖单位是 2 个或 3 个。

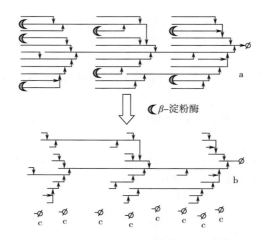

图 2-18　β-淀粉酶水解支链淀粉（a）生成的 β-极限糊精（b）和麦芽糖（c）示意图

β-淀粉酶水解直链淀粉时，如淀粉分子由偶数个葡萄糖单位组成，则最终水解产物全部是麦芽糖。如淀粉分子由奇数个葡萄糖单位组成，则最终水解产物除麦芽糖外，还有少量葡萄糖存在。

由于 β-淀粉酶属于外切酶类，从非还原性末端水解淀粉，因此，水解过程中淀粉乳黏度下降很慢，这与 α-淀粉酶完全不同，故其不能作为液化酶使用，工业上主要用于麦芽糊精、麦芽低聚糖生产。

2. 酶的来源

β-淀粉酶主要存在于植物中，在谷物中存在较多，在甘薯和大豆中也有存在，而动物体内不存在 β-淀粉酶。目前工业上使用的 β-淀粉酶主要包括植物 β-淀粉酶和微生物 β-淀粉酶。

目前，人们日益重视微生物来源的 β-淀粉酶，用于生产 β-淀粉酶的微生物包括多黏芽孢杆菌、巨大芽孢杆菌以及蜡状芽孢杆菌等。

3. 酶的基本性质

（1）温度的影响　β-淀粉酶的热稳定性较低，70℃加热可使之失活。β-淀粉酶的最适温度为 40~60℃，但不同来源的酶活力相差很大。大豆 β-淀粉酶最适温度为 60~65℃，大麦和甘

薯 β-淀粉酶最适温度为 50~55℃，细菌 β-淀粉酶热稳定性较差，一般最适反应温度在 50℃
以下。

（2）pH 的影响　植物 β-淀粉酶的最适 pH 为 5.0~6.0，微生物 β-淀粉酶的最适 pH 为
6.5~7.5。来源不同的酶，其最适 pH 有较大差别。

（3）活性影响因素　β-淀粉酶活性中心都含巯基（—SH），因此，一些巯基试剂、氧化
剂、重金属等均可使其失活，还原性的谷胱甘肽、血清蛋白和半脱氨酸等对 β-淀粉酶有保护
作用。环糊精、麦芽糖对酶起竞争性抑制作用。

（三）葡萄糖淀粉酶

葡萄糖淀粉酶（glucoamylase 或 amyloglucosidase，AMG）也称糖化酶，是一种催化淀粉水
解生成葡萄糖的淀粉酶。其系统命名为 1,4-α-D-葡聚糖葡萄糖苷酶（1,4-α-D-glucan glu-
cosidase），编号为 EC 3.2.1.3。

1. 酶的作用方式

葡萄糖淀粉酶是一种外切型（exo-）淀粉酶，它从淀粉分子非还原端逐个地将葡萄糖单位
水解下来。它不仅能够水解 α-1,4-糖苷键，而且能够水解 α-1,6-糖苷键和 α-1,3-糖苷
键，但它水解这三种糖苷键的速度是不同的。表 2-7 给出了黑曲霉葡萄糖淀粉酶水解三种类型
糖苷键的速度情况。

表 2-7　　　　　黑曲霉葡萄糖淀粉酶水解三种类型糖苷键（二糖）的速度

二糖	α-糖苷键	水解速度/[mg/(U·h)]	相对速度
麦芽糖	-1,4-	2.3×10^{-1}	100
黑糖	-1,3-	1.5×10^{-2}	6.6
异麦芽糖	-1,6-	8.3×10^{-3}	3.6

理论上讲，葡萄糖淀粉酶可将淀粉100%水解为葡萄糖，但事实上虽然其能作用于 α-1,
6-糖苷键，但仍然不能使支链淀粉完全降解。这可能是因为在支链淀粉中某些 α-1,6-糖
苷键的排列方式使得葡萄糖淀粉酶不易发挥作用，但若体系中有 α-淀粉酶参与时，葡萄糖
淀粉酶可使支链淀粉完全降解。另外，葡萄糖淀粉酶对淀粉的水解能力随酶的来源不同而
存在差别。

2. 酶的来源

葡萄糖淀粉酶目前主要来源于黑曲霉（*Aspergillus niger*）、根霉属（*Rhizopus*）及拟内孢霉
属（*Endomycopsis*）。这三种来源的葡萄糖淀粉酶性质各有差异，其中黑曲霉葡萄糖淀粉酶的活
力稳定性高，可在较高温度及较低 pH 下使用，但其中往往混有少量的葡萄糖基转移酶，在实
际使用中影响葡萄糖的最终产率；另外两种来源的葡萄糖淀粉酶基本不含有葡萄糖基转移酶，
但根霉不适于深层液体培养，在一定程度上限制了大规模工业化生产。而拟内孢霉和黑曲霉可
采用深层培养制备葡萄糖淀粉酶，我国生产的葡萄糖淀粉酶大多采用黑曲霉及其突变株发酵法
生产。

3. 酶的基本性质

（1）温度的影响　葡萄糖淀粉酶最适温度是 50~60℃。不同来源的葡萄糖淀粉酶，最适温
度存在一定差异。曲霉葡萄糖淀粉酶最适温度为 55~60℃，根霉葡萄糖淀粉酶最适温度为 50~

55℃，而我国20世纪80年代后引进的不含转移酶或含少量转移酶的高转化率糖化酶（high conversion glucoamylase）的最适温度为55~65℃。

（2）pH的影响　葡萄糖淀粉酶最适pH是4.0~5.0。不同来源的酶类最适pH也存在差异，曲霉葡萄糖淀粉酶最适pH为3.5~5.0，根霉葡萄糖淀粉酶最适pH为4.5~5.5，高转化率糖化酶最适pH为4.2~4.6。

（3）活性影响因素　葡萄糖淀粉酶水解$\alpha-1$，4-糖苷键的速度随底物分子量的增加而提高，但当分子量超过麦芽五糖时，则不再有上述规律。

（四）其他淀粉酶

1. 脱支酶

脱支酶（debranching enzyme）能催化水解支链淀粉、糖原及相关的大分子化合物（如糖原经α-淀粉酶或β-淀粉酶作用后所生成的极限糊精）中的$\alpha-1$，6-糖苷键，生成产物为直链淀粉和糊精。根据脱支酶的作用为式，可将其分为直接脱支酶和间接脱支酶两大类，前者可水解未经改性的支链淀粉或糖原中的$\alpha-1$，6-糖苷键而间接脱支酶只能作用于已由其他酶改性的支链淀粉或糖原。根据对底物的专一性不同，直接脱支酶又可分为普鲁兰酶（pullulanase，EC 3.2.1.41）和异淀粉酶（isoamylase，EC 3.2.68）两种。在实际应用中，直接脱支酶应用最为广泛，普鲁兰酶和异淀粉酶两种直接脱支酶在作用方式和最小作用单位上存在一定差异。此外，脱支酶与β-淀粉酶一起应用可提高麦芽糖的得率，用于生产超高麦芽糖浆。

2. 环糊精葡萄糖基转移酶

环糊精葡萄糖基转移酶（cyclodextrin glycosyltransferase，CGT）又称环糊精生成酶。该酶最初是从软化芽孢杆菌中发现的，所以也称为软化芽孢杆菌淀粉酶。编号为EC 2.11.1.19。环糊精葡萄糖基转移酶能催化聚合度为6以上的直链淀粉生成环状糊精（CD）。不同来源的酶催化生成的环状糊精有所不同，见表2-8。其中，软化芽孢杆菌环糊精葡萄糖基转移酶催化淀粉主要生成α-环状糊精（6个葡萄糖单位连接环化而成）；巨大芽孢杆菌环糊精葡萄糖基转移酶催化淀粉主要生成β-环状糊精（7个葡萄糖单位连接环化而成）；枯草芽孢杆菌环糊精葡萄糖基转移酶催化淀粉主要生成γ-环状糊精（8个葡萄糖单位连接环化而成）。

表2-8　　　　　　　　不同来源的环糊精葡萄糖基转移酶的性质

杆菌来源	环糊精类型	葡萄糖单位数目	最适反应温度	最适pH
软化芽孢杆菌	α-环状糊精	6	55~60℃	5.5
巨大芽孢杆菌	β-环状糊精	7	55℃	5.0~5.7
枯草芽孢杆菌	γ-环状糊精	8	65℃	—
嗜碱芽孢杆菌	—	—	45~50℃	4.5~9.0

在淀粉的酶法改性过程中，除了以上介绍的一些淀粉酶外，还出现了一些新型的淀粉酶，如葡萄糖异构酶、α-葡萄糖基转移酶、麦芽低聚糖生成酶、生淀粉颗粒降解酶等。

第四节　谷物淀粉的消化特性及抗性淀粉

一、　淀粉的消化特性

（一）淀粉消化特性概述

　　长期以来，淀粉一直被认为能够在人体内完全消化、吸收，因为人体的排泄物中未曾测得淀粉质的残留。然而，当以美国官定分析化学家协会（AOAC）（1985）的酶-重力法进行膳食纤维的定量分析时，发现有淀粉成分包含在不溶性膳食纤维（IDF）中，Englyst 等学者首先将这部分淀粉定义为抗性淀粉，同时依据淀粉的生物可利用性将淀粉分为三类：易消化淀粉（ready digestible starch，RDS），指能在小肠中被迅速消化吸收的淀粉，主要存在于刚烹煮后的含淀粉丰富食品（热米饭、热馒头、热藕粉糊等）；缓慢消化淀粉（slowly digestible starch，SDS），指能在小肠中被完全消化吸收但速度较慢的淀粉，主要指一些生的未经糊化的淀粉，如生大米、玉米、高粱；抗性淀粉（resistant starch，RS），指在人体小肠内无法消化吸收的淀粉。

　　功能食品是 21 世纪食品工业发展的方向之一，随着人们生活水平的提高，人们越来越关注食品的功能化。世界各国都十分重视来源广泛、价格低廉、可降解的天然高分子资源淀粉的开发利用研究。其中抗性淀粉作为一种重要的膳食纤维资源，已成为食品营养学的一个研究热点。研究谷物淀粉的消化特性实际研究的是淀粉的抗消化特性，也即抗性淀粉的消化特性。

　　总体来讲，淀粉消化特性的测定方法分为体内测定法和体外测定法两种。体内测定法是测定体内未被小肠吸收的淀粉及其降解物含量；体外测定法则模拟体内消化条件，在体外测定不被淀粉酶水解的淀粉含量。按照抗性淀粉的定义，体内测定法才是直接可靠的测定方法，但是该法主要以人体为试验对象，成本较高，对人体也有一定影响，作为常规方法大量测定显然是不方便和不现实的；体外测定法模拟体内食物消化条件，若其测定结果能够与体内测定法吻合，即得到体内测定法的验证，则作为常规测定方法具有方便性和现实性。

　　1. 体内测定法

　　淀粉主要是在消化道的上部被消化的，水解后的葡萄糖在十二指肠和空肠中吸收。体内测定法测定未被小肠消化吸收的淀粉及其降解物。目前人体进行的抗性淀粉体内测定主要有三种方法，即氢气呼吸法（H_2 breath test）、回肠造口术法（ileostomy method）和插管法（intubation method）。目前一般使用小白鼠与猪进行试验，但是动物的消化情况与人体并不完全相同。

　　2. 体外测定法

　　近 20 年来，出现了许多有关的体外测定方法，其基本原理大多是使用胰 α-淀粉酶水解样品，再直接分析残余物中的未水解淀粉量，或通过测定样品总淀粉和可消化淀粉含量，以两者差值表示抗性淀粉含量。文献报道的主要方法包括 1986 年的 Björck 法和 Betty 法、1992 年的 Englyst 法、1992 年和 1993 年的 Muir 和 O'Dea 方法、1992 年的 Champ 法及其 1999 年改进方法、1996 年的 Goni 法、1998 年的 Akerberg 法和 2002 年的 McCleary 法。其中，Björck 法是在 AOAC 膳食纤维分析方法上进行修改，Englyst 法、Goni 法和 Champ 法都是最常用的分析方法，McCleary 法更是目前唯一被 AOAC 采用的方法。

McCleary 等对以前的测定方法和参数进行了系统研究，包括样品制备方法（研磨、绞碎或咀嚼）、胰 α-淀粉酶的浓度、是否需要加入胃蛋白酶和糖化酶、麦芽糖对于胰 α-淀粉酶的抑制、样品水解的 pH、采用振荡或搅拌混合方式对于抗性淀粉测定结果的影响以及样品水解后在回收和分析含抗性淀粉细粒中存在的问题等。研究结果使他们删除了以前方法中不必要的步骤，修改了不合理的参数。该法最终采用胰 α-淀粉酶和糖化酶在 pH 6.0 和 37℃振荡 16h，将样品中的非抗性淀粉水解成葡萄糖。之后加入乙醇并离心回收抗性淀粉固体，将抗性淀粉溶于 2mol/L KOH，再经糖化酶水解成葡萄糖后进行测量。由于该法是在详细研究各种参数的基础上制定的，方法简便可靠，且重复性好，目前已被 AOAC 采用测量食品抗性淀粉含量。虽然该法还需要测试更多的样品与体内测定法对照，但最终可能取代其他抗性淀粉测定方法成为食品工业和政府监管部门广泛使用的常规分析方法。

（二）影响淀粉消化特性的因素

影响淀粉消化速率的因素很多，主要有内因和外因两个方面。

1. 内在因素

内因包括食物的外形、淀粉颗粒的形状和结晶结构、淀粉老化、直链淀粉-脂质复合物、自身 α-淀粉酶抑制剂、非淀粉多糖（NSP）、淀粉植物来源以及直链淀粉/支链淀粉的比例等。其中，在谷物淀粉中，小麦、大麦、燕麦、玉米、高粱的淀粉消化速率依次降低，豆类淀粉比谷物淀粉的消化速率低；Harmeet 等对脱支大米淀粉的研究表明，消化性与淀粉颗粒大小有直接的联系，颗粒越大消化速率越低；A 型结晶淀粉的消化速率较 B 型高，C 型结晶淀粉介于 A 型和 B 型之间，消化速率也介于二者之间；人体内的消化酶不能降解燕麦中水溶性的 β-葡聚糖。

2. 外在因素

外在因素主要包括淀粉的改性（包括物理改性、化学改性、酶改性和复合改性）、食品的加工方式以及食品的储藏过程等。

二、 抗性淀粉

（一）抗性淀粉的分类

1993 年，Euresta 将抗性淀粉定义为："不被健康人体小肠所吸收的淀粉及其分解物的总称"。还有学者将抗性淀粉定义为："一种不能在人体小肠中消化、吸收，而可以在大肠中被微生物菌丛发酵的淀粉"。上述两种定义虽然略有差异，其本质具有共同性，即说明了此种淀粉的抗酶解特性，"抗性"实际指的就是抗小肠内淀粉酶的作用。

抗性淀粉对人体有一定的生理益处，有时可与膳食纤维相比较，目前国际上对抗性淀粉主要分为以下 4 类。

1. RS₁ 物理包埋淀粉颗粒（physically trapped starch）

RS₁ 类型抗性淀粉的形成是因为淀粉质被包埋于食物基质中，一般为存在于细胞壁内较大的淀粉颗粒，一旦淀粉颗粒被破坏，抗性淀粉即转变为可消化淀粉。例如，淀粉颗粒因细胞壁而受限于植物细胞中；或因蛋白质成分的遮蔽而使小肠淀粉酶不易接近，因此产生酶抗性。通常研磨、粉碎即可破坏淀粉颗粒。

2. RS₂ 抗性淀粉颗粒（resistant starch granules）

RS₂ 为有一定粒度的淀粉、在结构上存在特殊的晶体构象，对淀粉酶具有高度抗性，通常存在于生的薯类、香蕉中，与淀粉颗粒大小无关。一般当淀粉颗粒未糊化时，对 α-淀粉酶会有高度的消化抗性；此外天然淀粉颗粒，如绿豆淀粉、马铃薯淀粉等，其结构的完整和高密度性以及高直链玉米淀粉中的天然结晶结构都是造成酶抗性的原因。马铃薯淀粉颗粒内较完整、排列规律、密度较高，酶不易作用在它的结构上，因而对酶产生抗性，属于天然的抗性淀粉（native resistant starch），但是当马铃薯加热烹调后，对酶的敏感性大大增加，马铃薯淀粉不再是抗性淀粉，但经冷却放置一段时间后，马铃薯淀粉对酶敏感性会降低，部分淀粉又变成抗性淀粉。

3. RS$_3$回生淀粉（retrograded starch）

RS$_3$是在加工过程中因淀粉结构等发生变化由可消化淀粉转化而成。如煮熟的米饭在40℃下放置过夜后可产生 RS$_3$。RS$_3$回生淀粉即老化淀粉，广泛存在于食品中。利用差示扫描热分析仪（DSC）对 RS$_3$型结构进行分析，在140~150℃出现吸收峰，这主要由老化的直链淀粉引起。老化的直链淀粉极难被酶作用，而老化的支链淀粉抗消化性小一些，而且通过加热能逆转。老化淀粉是抗性淀粉的重要成分，由于它是通过食品加工形成的，因而是最具有工业化生产及应用前景的一类。

4. RS$_4$化学改性淀粉（chemically modified starch）

RS$_4$为通过基因改造或物理化学方法引起分子结构变化而衍生的抗性淀粉。如高交联淀粉。一般将其归为化学改性淀粉，故通常所说的抗性淀粉指前三类。

（二）抗性淀粉在食品工业中的应用

抗性淀粉广泛应用于食品工业中主要是基于两方面原因：一是潜在的生理功能，在这方面与膳食纤维的作用类似；二是抗性淀粉具有特殊的物理性质，与膳食纤维相比抗性淀粉有着更优越的加工性能。

抗性淀粉目前主要应用于以下食品工业领域：

1. 主食面包和其他焙烤食品

国外已经将抗性淀粉应用到面包、馒头、米饭、通心面、小吃、饼干等食品中。面包已成为世界性的大众化食品，销售量很大，便于强化抗性淀粉。抗性淀粉在面包和其他焙烤食品中具有独特的功能，除能够提高产品中膳食纤维（抗性淀粉）的含量外，还可能改善其加工工艺和制品质量。当食品中抗性淀粉含量低于1%时，则可认为其不具有上述生理健康功能。而大多数食品如热米饭、热稀饭、煮熟的马铃薯（热）、空心面条、热馒头等食品中抗性淀粉含量都低于1%，因此，提高这些食品抗性淀粉的含量是非常有意义的。馒头是中国传统面制食品，添加抗性淀粉，可制成大众化的功能性保健食品，不仅增加膳食纤维，还使出笼馒头口感良好，有特殊香味。

2. 早餐谷物食品

在早餐谷物食品中含有天然膳食纤维和抗性淀粉，这些成分还可以提供优异的膨胀性，使谷物食品和休闲食品有独特的质地，提高谷物的耐泡性。将添加抗性淀粉的膨化食品浸泡到牛乳等饮料中食用时，其质地虽变软但不会因吸水而崩溃，使谷物在浸泡中保持松脆。添加抗性淀粉的食品其硬度与脆性与对照组相近，而添加膳食纤维的产品硬度大、脆性小，总体品质较差。

3. 饼干和糕点

饼干和糕点糖油含量较高，水分含量相对低，添加抗性淀粉的重要性更显著，加之饼干加工对面粉筋力要求较低，也便于较大比例地添加抗性淀粉，因此有利于制作以抗性淀粉为主的多种保健饼干。添加抗性淀粉，可减少深度油炸食品的油脂摄入，有利于开发低脂、低糖和低热量的食品。添加抗性淀粉可改善饼干脆性。

4. 通心粉和面条

在通心粉和面条中抗性淀粉的应用也十分广泛。抗性淀粉的色泽为自然白色，避免了传统纤维可能导致的粗糙口感和黄色或棕色的外观，抗性淀粉还可以让通心粉和面条增加耐煮性，帮助维持韧性，煮后通心粉不会粘在一起。除了添加抗性淀粉，一些传统食品如绿豆粉丝含有较多的直链淀粉和抗性淀粉，则可以通过改善工艺如进行冷热重复处理，进一步提高抗性淀粉含量和加工特性及食品品质。

5. 饮料

抗性淀粉在饮料中具有独特表现，且在大部分液体食品中应用不会影响感官指标。由于抗性淀粉具有较好的稳定性、很好的流变特性及低持水性，在液体、固体饮料中可以作为食品增稠剂使用。在黏稠不透明的饮料中可用抗性淀粉来增加饮料的不透明度及悬浮度，也不会掩盖饮料风味。由于抗性淀粉可磨得很细，添加到饮料中后，只要充分分散，则不会形成沉淀，也不会有沙粒感。在解决悬浮性的问题上，主要是通过搅拌，现在也已经有一些配合抗性淀粉使用的稳定剂。

6. 益生元

抗性淀粉作为益生元，除了能够在上述食品中发挥作用外，还被应用在谷物饮料、酸奶及一些乳制品中。应用在酸奶等发酵食品中，不仅是双歧杆菌、乳酸杆菌等益生菌繁殖的良好基质，而且它能防止菌体死亡。研究表明，添加抗性淀粉的酸奶，乳酸杆菌的数量明显高于对照；饮用后，通过上部胃肠道后的存活率也大为提高。不同系列的抗性淀粉产品可以选择性地促进目标益生菌的生长，提高活力，延长货架寿命。而且抗性淀粉和其他益生元（如低聚果糖、菊粉）具有潜在的协同作用。添加的抗性淀粉成分很容易分散于水相食物系统，只需要轻微搅拌即可，也不会形成结块等。现在已经提出结合有益菌和益生元的综合效果来制备促进健康的功能食品。抗性淀粉作为功能因子添加到乳制品饮料中有巨大的潜力。

抗性淀粉能毫无变化地通过小肠进入大肠，并在大肠中发酵产生短链脂肪酸和其他产物。抗性淀粉属于多糖类物质，从功能性来看一般被视为膳食纤维，对人体健康有益，但与膳食纤维仍有所不同。

抗性淀粉在结肠内的发酵产物主要是一些气体和短链脂肪酸。气体能使粪便变得疏松，增加其体积，这对于预防便秘、盲肠炎、痔疮等肠道疾病具有重要意义；短链脂肪酸能降低肠道pH，抑制肿瘤细胞的阶段生长繁殖，改变某些致癌基因或它们产物的表达，诱导肿瘤细胞分化并产生与正常细胞相似的表型。因此，抗性淀粉对结肠癌具有很好的预防作用。

抗性淀粉对体重的控制作用，主要来自两方面：一是抗性淀粉能增加脂质排泄，减少热量摄入；二是抗性淀粉本身几乎不含热量。抗性淀粉含量高的食物在小肠中部分被消化吸收，葡萄糖的利用率较低。不消化的部分可到达结肠，在结肠细菌的帮助下，一般能够全部发酵，并产生可被吸收的短链脂肪酸，如乙酸、丁酸等，继续向机体提供能量。

以上各种优点及特殊生理功能使抗性淀粉在食品营养学研究领域中的地位显得十分重要。同时，其还可以作为口服结肠靶向控释载体来开发。所以，抗性淀粉可以作为原料来开发高品质的功能性保健品及药品。抗性淀粉是一种极其重要的膳食纤维资源，具有重要的生理功能和优良的食品加工性能。

第五节　谷物淀粉的改性

一、淀粉改性概述及分类

（一）淀粉改性概述

由谷物制得的淀粉，未经任何加工处理，一般称为原淀粉或天然淀粉。在淀粉加工新技术的应用和新产品的研发中发现，天然淀粉的性质具有一定局限性，如不溶于冷水、膨胀性差、黏性低、糊凝胶不稳定等。为了拓宽天然淀粉的工业应用领域，通常需要对原淀粉进行物理、化学、酶或者复合改性，以改善原淀粉的结构和功能特性，满足现代加工需要。其中，复合改性淀粉是指先后用两种或两种以上、相同或不同的改性方法对淀粉进行处理，复合改性可以使淀粉兼有多种改性方法的优势。改性后淀粉具有新的性能和用途，在工业生产应用中复合改性淀粉具有很大的优越性。

淀粉改性可以改善淀粉的加工性能和营养价值，改性后淀粉的应用范围得以拓展，其中，淀粉改性会对淀粉的颗粒、结晶和分子结构产生影响，进而对淀粉的理化性质产生影响，包括淀粉糊化、淀粉老化和质构特性等。

（二）淀粉改性分类

按照改性的技术方法及改性后淀粉的变化情况，淀粉的改性可分为物理改性、化学改性、酶改性及复合改性四类，见图2-19。

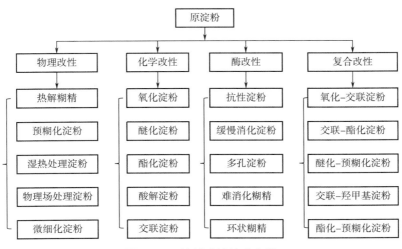

图2-19　淀粉改性技术分类

1. 物理改性

物理改性是通过加热、挤压、辐射等物理方法使淀粉微晶结构和理化性质发生变化，从而生成具备工业所需功能、性质的淀粉的改性技术，通过物理改性技术生产的淀粉有预糊化淀粉、湿热处理淀粉、微细化淀粉、辐射处理淀粉及颗粒态冷水可溶淀粉等。

2. 化学改性

化学改性是将原淀粉经过化学试剂处理，发生结构变化而改变其性质，达到应用的要求。总体上可把化学改性淀粉分为两大类：一类是改性后淀粉的分子量降低，如酸解淀粉、氧化淀粉等；另一类是改性后淀粉的分子质量增加，如交联淀粉、酯化淀粉、羧甲基淀粉及羟烷基淀粉等。

3. 酶改性

酶改性是通过酶作用改变淀粉的颗粒特性、链长分布及糊的性质等特性，进而满足工业应用需要的改性技术。通过酶改性技术生产的淀粉有抗性淀粉、缓慢消化淀粉及多孔淀粉等。

4. 复合改性

复合改性是指将淀粉采用两种或两种以上的方法进行处理。可以是多次化学改性处理制备复合改性淀粉，如氧化–交联淀粉、交联–酯化淀粉等；也可以是物理改性与化学改性相结合制备改性淀粉，如醚化–预糊化淀粉等。采用复合改性得到的改性淀粉具有每种改性淀粉各自的优点。

（三）淀粉改性方法

1. 物理改性方法及作用

（1）预糊化 预糊化又称 α 化，α 化淀粉历史悠久。1920 年开始工业化生产以来得到了很快发展，直到今天还在大量生产和应用。α 化淀粉的制造，主要有滚筒法和挤压法。

滚筒干燥法有单滚筒和双滚筒两种类型，双滚筒式的两个滚筒的运转方向是相反的，具体操作是将蒸汽通入滚筒的中心，升温至 150℃ 左右，在单滚筒上或两个滚筒之间输入淀粉液，使之糊化，在滚筒表面形成薄膜，通过安装在滚筒上的刮刀，把薄膜刮下并送入收集器，然后粉碎、过筛、包装，即得成品。双滚筒只利用了滚筒的一半面积，在提高滚筒转速时，出现未干燥产品，因此能效率、热效率不理想。单滚筒式几乎利用了滚筒全部表面，因此能效率、热效率均好，但由于滚筒和附加滚筒之间的剪切力引起黏度下降，操作比较麻烦。

挤压法中利用塑料挤压成型机制造的方法：将淀粉乳注入 120℃ 的钢筒中，用螺旋桨高压挤压，由顶端小轮以爆发式喷出，通过瞬时膨胀、干燥、粉碎，就可连续获得产品。这种方法基本不需要加水，能够用内摩擦热维持温度。同时原料的利用效率高，能减少费用，还可大大改变成品的组成性质和外观，用此法所得产品不易被微生物污染，很少破坏其中的维生素。由于它只需低费用的热源来蒸发干燥，所以这种方法被认为是最经济的。

（2）热处理 按照热处理温度和淀粉乳水分含量的不同，淀粉的热处理可以分为以下几类。

①常压糊化处理（gelatinizing）：这是最常见的热处理形式，就是在过量水分条件下，在高于淀粉糊化温度时，对淀粉进行热处理，使淀粉充分糊化，可用于生产预糊化淀粉或直接将原淀粉糊化后应用；

②淀粉的韧化（annealing，ANN）：一般指在过量水分含量（一般大于 40%）的条件下，以低于淀粉糊化温度的条件下对淀粉进行的一种热处理过程；

③淀粉的湿热处理（heat moisture treatment，HMT）：指淀粉在低水分含量下的热处理过程，一般水分含量在 30% 以下（通常为 18%~27%），但温度一般较高，其对淀粉物性的影响取决于淀粉的来源、种类以及处理条件；

④淀粉的压热处理（autoclaving）：淀粉的压热处理也是在高温、高压条件下对淀粉进行热

处理过程。与湿热处理不同的是，一般是对淀粉在过量水分条件下进行的热处理。

以上四种形式的热处理，后三种应用较为广泛。

热处理后淀粉颗粒结构、淀粉双螺旋结构、淀粉糊化和老化性质、淀粉酶解特性、淀粉热焓特性均会发生变化。在应用方面，预糊化淀粉是将原淀粉在高于糊化温度的条件下进行加热处理，使淀粉糊化，失去结晶结构，然后干燥、粉碎，得到的产品冷水可溶、更易被酶作用，形成具有一定黏度的糊液，并且其凝沉性比原淀粉要小。在使用时可省去蒸煮加热操作，从而可更方便地应用于方便食品、速冻食品、特种水产饲料等行业；热处理淀粉的结晶结构和链长分布发生变化，从而调整了原淀粉的结晶区和无定形区的比例和结构，进而影响了淀粉的消化特性，可用于生产抗性淀粉和缓慢消化淀粉；湿热处理可以增加淀粉的糊化温度，改善淀粉的糊化特性。

（3）糊精化　糊精是可溶性淀粉进一步分解的产物。由于糊精是将淀粉加热至 140~200℃ 得到的，所以又称烧焙糊精。1821 年英国的一个纺织厂发现马铃薯淀粉烧焦后溶于冷水，具有很高的黏性，并开始了工业生产。1860 年德国用酸来烧焙糊精，此后随着淀粉水解工业的发展，到 20 世纪 60 年代出现单纯水解物的糊精。糊精包括用酸或酶分解形成的产品，反应初期，在低温多水的状态下，随着分子的切断，黏度逐渐下降，还原性增加，但是超过 160℃ 时，可以看到淀粉溶解度上升，还原性反而减少的现象。

糊精产品按形态分，大致有三种：第一种为粉末糊精，与可溶性淀粉近似，淀粉分子分解程度很低，有白色糊精和黄色糊精之分；第二种为无定形状糊精，外形与阿拉伯胶相似，但淀粉分子分解程度有所提高，一般为黄色或黄褐色；第三种为浓厚的乳状物糊精，这种产品市售很少。

（4）辐射处理　辐射对淀粉的作用主要以两种方式进行：一是通过射线的辐射直接作用于淀粉分子；二是通过射线电离引发淀粉分子产生自由基，间接地对淀粉分子产生作用。作用的结果是淀粉分子的结构遭到破坏，物理性质和化学性质发生改变。

（5）超声波处理　超声波处理淀粉可以降低淀粉分子质量、提高化学反应效率、改善淀粉表面结构、改变淀粉糊化的黏度特性。超声波降解淀粉的主要机理是机械性断键作用及自由基氧化还原反应。超声波机械性断键作用是由于物质的质点在超声波中具有极高的运动加速度，产生激烈而快速变化的机械运动，分子在介质中随着波动的高速振动与剪切力作用而降解。自由基和热造成的机械剪切对分子质量较小的大分子物质较有效，而机械效应对高分子物质效应更为显著，且随分子质量增大而增加。

（6）微波处理　微波处理可以改善淀粉的膨化性能、改变淀粉糊的性质、改变淀粉的结晶结构、改变淀粉的酶解特性、加速改性淀粉合成速度等。其中，物质对微波的吸收能力主要由介电常数和介电损耗角正切来决定。物质对微波吸收功率的大小和两者有关。在一般情况下，物质的含水量越高，其介电损耗也越大，有利于加大微波的加热效率。淀粉分子在微波处理条件下，分子发生旋转，分子间发生碰撞和摩擦，使分子结构发生变化，引起淀粉性质的改变。

（7）高静压处理　主要是采用 100MPa 以上的超高压（100~1000MPa）处理淀粉，以达到在常温或较低温度下使淀粉糊化、改变结晶结构及热力学特性、改善糊性能等目的。超高压处理属于物理过程，在整个处理过程中淀粉颗粒不升温，也不发生化学变化。

（8）超微粉碎处理　超微粉碎主要是采用机械或气流的作用，对淀粉进行微细化处理，使淀粉的颗粒结构发生改变，从而改变淀粉糊的性质、凝胶性质及对酶的敏感性等。在微细化淀粉的制备过程中，主要采用干法进行生产，最常用的方法是球磨粉碎。旋转球磨式超微粉碎的原理是利用水平回转筒体中的球或棒状研磨淀粉颗粒，后者由于受到离心力的影响产生了冲击和摩擦等作用力，达到对颗粒粉碎的目的。其中，球磨时间、混合介质、球磨转速会对淀粉的粉碎效果产生影响。

2. 化学改性方法及作用

（1）交联　交联处理是一种重要的淀粉化学改性方法，通过引入双官能团或多官能团试剂，与颗粒中两个不同淀粉分子中的羟基发生反应，形成酰化、醚化或酯化键而交联起来。新形成的化学键加强了原来存在的氢键的结合作用，从而延缓颗粒膨胀的速率，降低膨胀颗粒破裂的程度。交联处理后的淀粉与普通淀粉有很大区别，其糊黏度增高，具有耐酸、耐高温、耐剪切力的性质。淀粉交联改性交联剂有几十种，常用的有三氯氧磷、三偏磷酸钠、环氧氯丙烷三种。

（2）稳定化　稳定化法是另一种重要的改性方法，常与交联联合应用。稳定化法主要的目的是阻止老化，从而延长产品保质期。在这种改性中，在淀粉颗粒的分子中引入较大的基团，形成空间位阻，使淀粉的糊化温度降低，黏度增大，糊透明度增加，老化程度降低，抗冷冻性能提高。利用稳定化技术制备的淀粉包括醚化淀粉和酯化淀粉。

（3）转化　淀粉的转化包括酸变性、氧化和糊精化。其中，酸变性淀粉主要依靠 $\alpha\text{-}1，4$ 和 $\alpha\text{-}1，6$ 糖苷键水解，而不是依靠羟基的化学反应。酸变性淀粉是在淀粉的糊化温度以下，用盐酸或硫酸（$0.1 \sim 0.2 \text{mol/L}$）在 $30 \sim 45 ℃$ 处理淀粉乳（约 40%，质量浓度）得到的。酸变性淀粉的用途：淀粉经酸处理后，其非结晶部分结构被破坏，使颗粒结构变得脆弱，一般以碎片分散形式而不是以膨胀形式被溶解，其糊液对温度的稳定性减弱，受热易溶解，冷却则凝胶化，这些性质可以用在食品、造纸、纺织等方面，酸变性淀粉大量用于生产胶冻软糖和胶姆糖；氧化淀粉的生产主要应用碱性次氯酸钠。通过氧化反应生成羧基（—COOH）和羰基（C＝O），生成量和相对比例因反应条件不同而存在一定差异。氧化反应主要发生在淀粉颗粒的不定形区，氧化后淀粉原有的结晶结构变化不大，颗粒仍保持原有的偏光十字和 X 射线衍射图谱。氧化淀粉颜色洁白、糊化温度降低、热糊黏度低、透明度高。氧化淀粉在食品工业中主要用于汤和酱类、罐装水果、快餐、糖果涂膜和挤压小吃食品中。

（4）亲脂取代　淀粉的亲水性使它有与水互相作用的倾向，通过亲脂取代可转换成亲水-疏水二重性，这对于稳定物质间（如油和水间）反应有特别的作用。为了得到这种性质，对已经具有亲水性的淀粉必须引入亲油性基团。辛烯基琥珀酸酯基含有 8 碳的链，提供了脂肪模拟物的特性。淀粉辛烯基琥珀酸酯可稳定乳浊液的油-水界面。淀粉的葡萄糖部分固定水分子，而亲油的辛烯基固定油。该类改性淀粉主要用于调味品和饮料。

淀粉化学改性方法、作用效果及典型用途见表2-9。

表2-9　　　　　　　　　　淀粉化学改性方法、作用效果及典型用途

改性方法	作用效果	典型用途
交联	改善加工过程中对热、酸和剪切的承受力	汤、调味汁、肉汁、烘焙食品、奶制品、冷冻食品

续表

改性方法	作用效果	典型用途
稳定化	很好的冷藏及冻融稳定性，延长了保质期	冷藏食品、乳化稳定剂、布丁、糖果、快餐、熟肉制品、土豆泥、面条、烘焙食品、烘焙馅料、快餐食品
亲脂取代	改善任何含油/脂肪产品的乳浊液稳定性，防止氧化以减缓腐败	饮料、色拉调味品
转化	降低淀粉的分子量，降低体系黏度，提高透明度，降低糊化温度	果冻、婴儿甜食、酱类、罐装水果、快餐、糖果、涂膜、挤压小吃食品

3. 酶改性方法及作用

酶改性主要通过酶解改变淀粉的分子大小和结构，形成特定的颗粒或分子形态。主要依靠不同淀粉酶及改变处理条件来获得所需的改性淀粉，具体内容见本章第三节。

4. 复合改性方法及作用

目前国内外淀粉生产企业开始较大量生产复合改性淀粉，其主要形式有以下两种：一种是多元改性淀粉，另一种是共混改性淀粉。

（1）多元改性淀粉 多元改性淀粉主要包括阳离子-氧化淀粉、阳离子-磷酸酯淀粉、交联-氧化淀粉、交联-乙酸酯淀粉、酯化-氧化淀粉、交联-羟甲基淀粉等近十个品种。这些品种已工业化生产，并已较大量供应造纸、纺织、食品、建材等行业。多元改性对淀粉性质的影响主要体现在以下几个方面：

①原淀粉性质：目前多元改性淀粉都是以单一的原淀粉为原料进行生产，如木薯阳离子-氧化淀粉或玉米两性淀粉等，这导致改性后的淀粉还带有原淀粉的某些特性；

②改性程度：作为造纸表面施胶剂的阳离子-氧化淀粉，其阳离子淀粉的取代度、氧化淀粉的氧化度应搭配使用；

③改性顺序：多元改性工艺顺序，如阳离子-氧化淀粉，是先醚化后氧化，还是先氧化后醚化都会影响最终的使用效果。

（2）共混改性淀粉

①以不同原淀粉生产的同一品种的改性淀粉，按一定的比例复合，如玉米阳离子淀粉和木薯阳离子淀粉的复合，这类产品克服了因原料淀粉性能的差异带来的改性淀粉性能差异；

②以一种原淀粉生产的不同品种的改性淀粉，按一定的比例复合，如木薯酯化淀粉和木薯交联淀粉复合，这类产品在充分考虑原淀粉性能的基础上充分利用酯化淀粉和交联淀粉的各自优点，做到在性能上取长补短，达到较理想的目的；

③以不同原淀粉生产的不同品种的改性淀粉，按一定比例复合，如玉米交联淀粉和木薯氧化淀粉复合，这类产品既考虑原淀粉性能的差异，又考虑不同的品种改性淀粉性能的差异，使产品的综合性能达到完美的程度。

二、 现代分析技术在淀粉研究中的应用

淀粉是重要的食品工业基础原料，也是人类碳水化合物的重要来源。随着近年来国内外的

科技工作者对淀粉研究的深入，传统的分析手段已无法满足淀粉科学发展的需要，一些高分子物理研究中运用的现代分析技术在淀粉研究中逐渐获得应用。采用这些现代分析技术可以分析淀粉的表面形貌、结晶结构、内部结构、淀粉分子链组成、平均分子质量及链长分布、聚集态的结构和性质以及淀粉的热力学性质和流变学性质等。

（一）显微镜技术

1. 扫描电子显微镜（SEM）

光学显微镜分辨率有限，因此主要用于对颗粒形貌的初步观察，在淀粉微观结构分析上应用最为广泛的是扫描电子显微镜（scanning electron microscope，SEM，简称扫描电镜）。扫描电镜是 20 世纪 60 年代中期发展起来的一种多功能的新型显微镜，其特点是：图像景深长，视野大，分辨率高，放大倍数低至几十倍，高至几十万倍，得到图像清晰，富有立体感和真实观；对样品的厚度无苛刻的要求；试样的制备方法简便，在样品的表面蒸镀或溅射一层金属薄膜即可观察其表面形貌。由于一般淀粉粒的直径为 $5 \sim 50 \mu m$，因此扫描电子显微镜非常适合用于研究淀粉颗粒经物理、化学处理后的表面微观结构变化情况，如扫描电镜可用于观察淀粉糊化过程、酶解或酸解过程中淀粉颗粒形貌的变化。

淀粉在食品加工过程中会与其他成分发生相互作用，生成各种复合物以及与其他成分共同构成结构物质。采用扫描电镜可观察淀粉与蛋白、多糖等的相互作用，分析作用后网络结构的致密程度；利用扫描电镜还可以分析不同淀粉、淀粉–脂质复合物等的降解特性，对不同淀粉酶类的作用方式进行分析，从而在对淀粉进行酶改性时，为淀粉原料及酶的选择提供理论依据。扫描电镜可用来观察和分析淀粉基共混材料的相容性，如观察淀粉与改性淀粉共混制备的可生物降解材料的网络结构。

2. 原子力显微镜（AFM）

在通常条件下，受环境限制和淀粉颗粒容易吸水特性的影响，淀粉颗粒的 SEM 图像较平滑，通过扫描电子显微镜得出的是淀粉颗粒的轮廓像，但很难获得表面的细微结构。原子力显微镜（atomic force microscope，AFM）具有操作方便、适用广、分辨率高等优点，目前其已被用来观察淀粉溶液的淀粉颗粒表面的拓扑结构、分子链的分子结构和淀粉颗粒内部的纳米结构。采用原子力显微镜观察，能够获得清晰的细微结构，准确地获得被测表面的形貌或图像，在淀粉颗粒微观结构分析方面具有良好的应用前景。

3. 透射电子显微镜（TEM）

透射电子显微镜（transmission electron microscope，TEM，简称透射电镜）是将电子束打到样品上，利用磁透镜对透射电子和部分散射电子进行放大成像，可以用来研究淀粉的形态结构、分子质量及其分布等。透射电镜可以观察到非常细小的结构，但通常不能直接观察高聚物材料，需制成超薄的切片样品，而且为了得到反差好、清晰的图像，可将试样蚀刻或染色。目前透射电子显微镜主要用于观察淀粉颗粒内部的构造，如采用透射电子显微镜观察淀粉的生长环，为了使生长环更加明显，一般采用蚀刻的方法。通过蚀刻可以看出，这些在交替区域出现的生长环不同程度地对蚀刻（采用酸、碱以及酶）有抵抗作用。

透射电子显微镜具有较高的分辨率，但也有局限性，就是样品必须被切成薄层，一般为 100nm 以下，以利于电子束透过，在淀粉颗粒微观形态的观察和分析中，透射电子显微镜的使用不如扫描电子显微镜和原子力显微镜普遍。

（二）热分析技术

1. 差示扫描量热仪（DSC）

差示扫描量热仪分析技术是指在程序控制温度下，连续地测定物质发生物态转化过程中的热效应，根据所获得的差示扫描量热仪曲线来确定和研究物质发生相转化的起始和终止温度、吸热和放热的热效应以及整个过程中的物态变化规律。差示扫描量热仪分析技术现已广泛应用于淀粉科学的研究中，运用其分析淀粉在物理化学变化过程中的相变及热力学特性。

（1）运用差示扫描量热仪技术研究淀粉的糊化性质　淀粉糊化即是淀粉颗粒在水中因受热吸水膨胀，分子间和分子内氢键断裂，淀粉分子扩散的过程。在此过程中伴随的能量变化在差示扫描量热仪图谱上表现为吸热峰。通过考察图谱上峰形、峰位置和峰面积的变化情况，可以了解淀粉糊化的动态过程分析测定淀粉的糊化温度及糊化焓。

（2）运用差示扫描量热仪技术研究淀粉的老化特性　糊化后的淀粉在差示扫描量热仪分析中不出现吸热峰，但当淀粉分子重排回生后便形成很多结晶结构，要破坏这些晶体结构，使淀粉分子重新熔融，则必须外加能量。因此，回生后的淀粉在差示扫描量热仪图谱中应出现吸热峰，其峰的大小随淀粉回生程度的增加而增大，这就可以估测淀粉的老化程度。

（3）运用差示扫描量热仪技术研究淀粉的玻璃化转变　玻璃化转变是影响大分子聚合物物理性质的一种重要相变特性。它是无定形聚合物的特征，是一个二级相变过程。在低温下，聚合物长链中的分子是以随机的方式呈"冻结"状态的。如果给聚合物以热量即加热，则长链中的分子开始运动，当能量足够大时，分子间发生相对滑动，致使聚合物变得有黏性、柔韧，呈橡胶态，这一变化过程称为玻璃化转变。淀粉作为一种半结晶半无定形的聚合物，也具有玻璃化转变，在相变过程中，其热学性质如比热、比容等都发生了明显的变化，用差示扫描量热仪能快速而又准确地检测这些量的变化，并研究结晶度、水分含量等因素对玻璃化转变温度的影响。与其他方法相比，差示扫描量热仪是测定淀粉的玻璃化转变温度的更有效方法。

（4）运用差示扫描量热仪技术研究淀粉与脂类的相互作用　采用差示扫描量热仪可分析直链淀粉与脂类形成复合物的情况，图2-20是直链淀粉-脂类相互作用的差示扫描量热仪示意图，从图中可看出该过程具有两个吸热峰，第一个吸热峰为淀粉的糊化吸热峰，而在80~120℃范围内有另外一个吸热峰，该峰为淀粉-脂质复合物所形成的吸热峰，该峰的有无及位置的变化可作为该复合物的有无及变化程度的参考依据。

2. 热重/差热分析（TGA/DTA）

热重分析法（thermogravimetry analysis，TGA）所用的仪器是热天平，它的基本原理是，样品质量变化所引起的天平位移量转化成电磁量，这个微小的电量经过放大器放大后，送入记录仪记录，而电量的大小正比于样品的质量变化量。当被测物质在加热过程中有升华、气化、分解出气体或失去结晶水时，被测的物质质量就会发生变化。这时热重曲线就不是直线而是有所下降。通过分析热重曲线，就可以知道被测物质在多少度时产生变化，并且根据失去的质量，计算失去了多少物质，可以得到样品的热变化所产生的热物性方面的信息。

差热分析法（differential thermal analysis，DTA）是在程序控制温度下，测量试样与参比物（在测定条件下不产生任何热效应的惰性物质）之间的温度差与温度关系的一种技术。如果参比物和被测物质的热容大致相同，而被测物质又无热效应，两者的温度基本相同，此时测到的是一条平滑的直线，该直线称为基线。一旦被检测物质发生变化，因而产生了热效

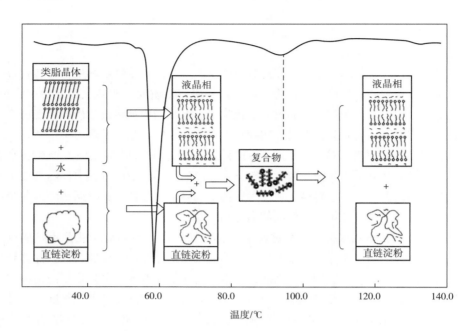

图 2-20   直链淀粉-脂类相互作用的差示扫描量热仪工作示意图

应，在差热分析曲线上就会有峰出现。热效应越大，峰的面积也就越大。在差热分析中通常还规定，峰顶向上的峰为放热峰，它表示被测物质的始变小于零，其温度将高于参比物。相反，峰顶向下的峰为吸热峰，则表示试样的温度低于参比物。一般来说，物质的脱水、脱气、蒸发、升华、分解、还原、相的转变等表现为吸热，而物质的氧化、聚合、结晶和化学吸附等表现为放热。

热重/差热分析最主要的一个用途就是分析淀粉及其衍生物的热稳定性，同时也可用来分析热解过程动力学。

（三）X 射线衍射技术

X 射线衍射是物质分析鉴定，尤其是研究、分析、鉴定固体物质最有效、最普遍的方法。X 射线衍射的波长正好与物质微观结构中的原子、离子间的距离（一般为 0.1~1nm）相当，所以能被晶体衍射。借助晶体物质的衍射图是迄今为止最有效能直接"观察"到物质微观结构的实验手段。当晶体为单晶或由较大颗粒单晶组成的多晶体系时，呈现较强的尖锐衍射峰，当多晶体系是由线度很小的微晶组成时，呈现非晶的弥散衍射峰。在非晶态中，最近邻的原子有规律地排列，次近邻的原子可能还部分地有规则排列，但其他近邻的原子分布就完全无规则。

淀粉是一种天然多晶聚合物，是结晶相与非晶相两种物态的混合物，淀粉及淀粉衍生物结晶度的大小直接影响着淀粉产品的应用性能。X 射线衍射法主要用于研究淀粉的聚集状态，也就是淀粉的结晶性。X 射线衍射技术在淀粉研究中主要用于判定淀粉的结晶类型和品种以及淀粉在物理化学处理过程中晶型变化特性。通过 X 射线衍射图谱中可以得到淀粉的衍射角、衍射强度、尖峰宽度、相对衍射强度、结晶度。

（四）核磁共振技术

核磁共振（nuclear magnetic resonance，NMR）波谱实际上也是一种吸收光谱，来源于原子核能级间的跃迁。核磁共振按其测定对象可分为碳谱和氢谱等，现在固体高分辨核磁共振已发展成研究高分子结构和性质的有力工具。

在测定中，核磁共振具有不破坏样品、制样方便、测定快速、精度高、重现性好等优点。目前，核磁共振可用来分析淀粉的空间结构、玻璃化转变、糊化与回生特性、糊化与老化动力学及加工过程的变化等。如利用^{13}C核磁共振可以区分同分异构体如麦芽糖和异麦芽糖，还可以分析化学改性淀粉的取代度。

（五）色谱分析技术

在淀粉分析中最常用的是高效液相色谱、凝胶渗透色谱和离子交换色谱。

1. 高效液相色谱（HPLC）

高效液相色谱主要应用在淀粉糖的定性与定量分析上。淀粉糖的主要成分一般为葡萄糖、麦芽糖、低聚糖和糊精等。传统的葡萄糖值测定无法区分液体葡萄糖和高麦芽糖，而应用高效液相色谱可对这两种糖进行较好的定性与定量分析。

2. 凝胶渗透色谱（GPC）

凝胶渗透色谱又称体积排阻色谱，是利用多孔填料柱将溶液中的高分子按体积大小分离的一种色谱技术。凝胶色谱柱的分级机理是：分子尺寸较大的分子渗透进入多孔填料孔洞中的概率较小，即保留时间较短而首先洗脱出来；尺寸较小的分子则容易进入填料孔洞，即保留时间较长而较后洗脱出来。由此得出，分子大小随保留时间（或保留体积）变化的曲线，即分子质量分布的色谱图。凝胶渗透色谱主要用于测定淀粉分子质量的分布和支链结构及聚合降解过程。

3. 离子交换色谱（HPAEC-PAD）

目前，在淀粉研究中使用的离子交换色谱主要是带脉冲安培检测器的高效阴离子交换色谱（high-performance anion-exchange chromatography with pulsed ampero-metric detection，HPAEC-PAD），其用途是分析淀粉及其降解产物的链长分布。

（六）光谱分析技术

光谱分析可分为吸收光谱（如紫外吸收光谱、红外吸收光谱）、发射光谱（如荧光光谱）以及散射光谱（如拉曼光谱）三种基本类型，在淀粉研究中最常用的是红外吸收光谱（常简称红外光谱）和紫外-可见光谱。

1. 红外光谱

红外光谱是检测高分子物质组成与结构的最重要方法之一，利用有机化合物中官能团在中红外区的选择性吸收，可对有机化合物结构，特别是官能团进行对应的定性分析，其已经广泛地用来鉴别高聚物，定量地分析化学成分，并用来确定构型、构象、支链、端基及结晶度。目前红外光谱分析在淀粉研究中的应用主要包括三种：一是利用红外光谱判断预糊化、酸解、氧化、酯化、醚化、交联、接枝共聚等改性淀粉在结构上与原淀粉的区别；二是利用红外光谱研究不同加工处理比如微波、冷冻、辐射、挤压、微细化等处理过程对淀粉分子结构的影响；三是利用红外光谱确定淀粉糖分子的构型以及制备样品和已知标样在化学结构上是否一致。

2. 紫外-可见光谱

紫外-可见光谱中，紫外区域有强吸收的通常是带有共轭烯烃及芳香族基团化合物，对一些变性淀粉的官能团鉴别有一定价值，其中有较大应用价值的是通过碘与直链淀粉形成各种有色复合物来研究淀粉中直链淀粉链长或分子大小。淀粉和碘复合物的显色反应，不同的颜色对应着不同的最大吸收波长，因此，通过分析淀粉和经酸或酶轻度水解所得样品的淀粉-碘复合物的紫外-可见吸收光谱图，检测其最大吸收波长的变化来判别和控制淀粉的水解程度。

本章参考文献

［1］邹建. 淀粉生产及深加工研究［M］. 北京：中国农业大学出版社，2020.

［2］黄继红. 抗性淀粉生产技术及其应用［M］. 郑州：河南科学技术出版社，2017.

［3］陈光. 淀粉与淀粉制品工艺学［M］. 北京：中国农业大学出版社，2017.

［4］赵凯. 淀粉非化学改性技术［M］. 北京：化学工业出版社，2008.

［5］张燕萍. 变性淀粉制造与应用［M］. 北京：化学工业出版社，2007.

［6］程建军. 淀粉工艺学［M］. 北京：科学出版社，2011.

［7］徐忠，缪铭. 功能性变性淀粉［M］. 北京：中国轻工业出版社，2010.

［8］ELIASSON A C. Starch in food：Structure, function and applications［M］. Cambridge, UK：CRC Press, Woodhead Pub, 2004.

［9］BEMILLER J N, WHISTLER R L. Starch：Chemistry and technology［M］. 3rd ed. New York, USA：Academic Pres, 2009.

［10］FORESTI M L, WILLIAMS M, MARTÍNEZ-GARCÍA R, et al. Analysis of a preferential action of alpha-amylase from *B. licheniformis* towards amorphous regions of waxy maize starch［J］. Carbohydrate Polymers, 2014, 102：80-87.

［11］WANG S, COPELAND L. Effect of acid hydrolysis on starch structure and functionality：A review［J］. Critical Reviews in Food Science and Nutrition, 2015, 55：1081-1097.

［12］CAI C, WEI C. In situ observation of crystallinity disruption patterns during starch gelatinization［J］. Carbohydrate Polymers, 2013, 92：469-478.

第三章

谷物蛋白质

CHAPTER

蛋白质是生物体含量最丰富的生物大分子物质，约占人体固体成分的 45%，且分布广泛，所有细胞、组织都含有蛋白质。生物体结构越复杂，蛋白质的种类和功能也越繁多。蛋白质是生物体内催化剂——酶的主要成分，生物体内的各种化学反应几乎都是在相应的酶参与下进行的，而且在其中起着关键作用，所以蛋白质是生命的物质基础。

第一节　蛋白质分子的组成

一、　蛋白质的元素组成

单纯蛋白质的元素组成为碳 50%~55%、氢 6%~7%、氧 19%~24%、氮 13%~19%，除此之外还有硫 0~4%。有的蛋白质含有磷、碘。少数含铁、铜、锌、锰、钴、钼等金属元素。蛋白质的元素组成中含有氮，是碳水化合物、脂肪在营养上不能替代蛋白质的原因。各种蛋白质的含氮量很接近，平均为 16%。由于体内组织的主要含氮物是蛋白质，因此，只要测定生物样品中的氮含量，就可以按下式推算出蛋白质大致含量。

每克样品中含氮量（g）×6.25×100＝100g 样品中蛋白质含量（g）

蛋白质含量＝样品中含氮量/16%＝6.25×样品中含氮量

二、　蛋白质的基本组成单位——氨基酸

氨基酸（amino acid）是组成蛋白质的基本单位，组成人体蛋白质的氨基酸仅有 20 种。其化学结构式有一个共同特点，即在连接羧基的 α-碳原子（C_α）上还有一个氨基，故称 α-氨基酸。

组成人体蛋白质的氨基酸为 L-α-氨基酸（L-α-amino acid），其结构可由下列通式（图 3-1）表示：

除了甘氨酸无立体异构体外，组成天然蛋白质的氨基酸多属于 L-氨基酸，但是生物界中也发现一些 D-氨基酸，主要存在于某些抗生素以及个别植物的生物碱中。

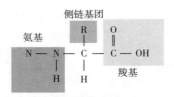

图 3-1　氨基酸的结构通式

三、氨基酸的分类

（一）根据侧链基团结构分类

组成蛋白质的氨基酸根据侧链基团结构分类，如表 3-1 所示。

（1）脂肪族氨基酸　丙氨酸、缬氨酸、亮氨酸、异亮氨酸、甲硫氨酸、天冬氨酸、谷氨酸、赖氨酸、精氨酸、甘氨酸、丝氨酸、苏氨酸、半胱氨酸、天冬酰胺、谷氨酰胺。

（2）芳香族氨基酸　苯丙氨酸、酪氨酸。

（3）杂环族氨基酸　组氨酸、色氨酸。

（4）杂环亚氨基酸　脯氨酸。

表 3-1　　　　　　　　　　　　　　组成蛋白质的氨基酸

名称	结构式	解离基团			pI
		pK_1	pK_2	pK_3	
1. 脂肪族氨基酸	—氨基—羧基				
（1）甘氨酸		2.34	9.60	—	5.96
（2）丙氨酸		2.34	9.69	—	6.02
（3）缬氨酸		2.32	9.62	—	5.96
（4）亮氨酸		2.36	9.60	—	5.98
（5）异亮氨酸		2.36	9.69	—	6.02
（6）丝氨酸		2.21	9.15	—	5.68

续表

名称	结构式	解离基团			pI
		pK_1	pK_2	pK_3	
（7）苏氨酸		2.63	10.43	—	6.16
（8）半胱氨酸		1.96	8.18	10.28	5.07
（9）甲硫氨酸		2.28	9.21	—	5.74
（10）天冬氨酸		1.88	3.65	9.60	2.77
（11）天冬酰胺		2.02	8.80	—	5.41
（12）谷氨酸		2.19	4.25	9.67	3.22
（13）谷氨酰胺		2.17	9.13	—	5.65
（14）精氨酸		2.17	9.04	12.48	10.76
（15）赖氨酸		2.18	8.95	10.53	9.74
2. 芳香族氨基酸					
（16）苯丙氨酸		1.83	9.13	—	5.48

续表

名称	结构式	解离基团			pI
		pK_1	pK_2	pK_3	
（17）酪氨酸	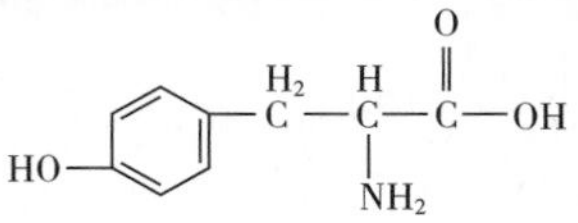	2.20	9.11	10.07	5.65
3. 杂环氨酸					
（18）组氨酸	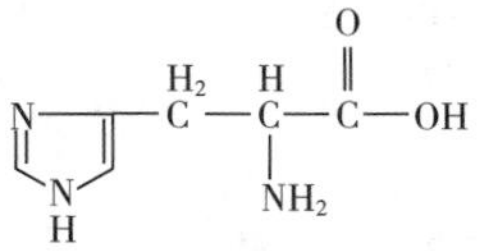	1.82	6.00	9.17	7.58
（19）色氨酸	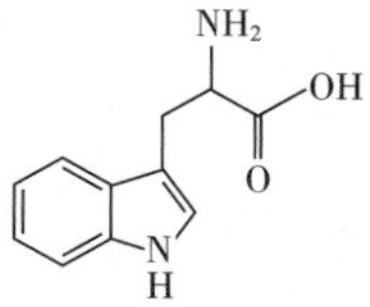	2.38	9.39	—	5.89
4. 杂环亚氨基酸					
（20）脯氨酸	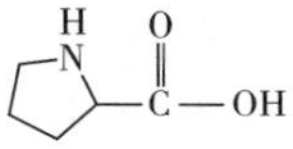	1.99	10.60	—	6.30

（二）根据侧链基团的极性分类

1. 非极性氨基酸（疏水氨基酸）

丙氨酸、缬氨酸、亮氨酸、异亮氨酸、脯氨酸、苯丙氨酸、色氨酸、甲硫氨酸。

2. 极性氨基酸（亲水氨基酸）

（1）极性不带电荷　甘氨酸、丝氨酸、苏氨酸、半胱氨酸、酪氨酸、天冬酰胺、谷氨酰胺。

（2）极性带正电荷的氨基酸（碱性氨基酸）　赖氨酸、精氨酸、组氨酸。

（3）极性带负电荷的氨基酸（酸性氨基酸）　天冬氨酸、谷氨酸。

（三）从营养学的角度分类

1. 必需氨基酸

必需氨基酸指人体（或其他脊椎动物）不能合成或合成速度远不适应机体的需要，必须由食物蛋白供给，这些氨基酸称为必需氨基酸。成人必需氨基酸的需要量为蛋白质需要量的20%～37%。

2. 半必需氨基酸和条件必需氨基酸

人体虽能够合成精氨酸和组氨酸，但通常不能满足正常的需要，因此，又被称为半必需氨基酸或条件必需氨基酸，在幼儿生长期二者是必需氨基酸。人体对必需氨基酸的需要量随着年龄的增加而下降，成人比婴儿显著下降（近年很多资料和教科书将组氨酸划入成人必需氨基酸）。

3. 非必需氨基酸

非必需氨基酸指人（或其他脊椎动物）自己能由简单的前体合成，不需要从食物中获得的氨基酸，如甘氨酸、丙氨酸等。

第二节　蛋白质的结构及其功能

人体的蛋白质分子是由 20 种氨基酸借肽键相连形成的生物大分子。每种蛋白质都有其一定的氨基酸组成及氨基酸排列顺序，以及肽链特定的空间排布，从而体现了蛋白质的特性，这是每种蛋白质具有独特生理功能的结构基础。蛋白质分子结构分成一级结构、二级结构、三级结构、四级结构 4 个层次，后三者统称为空间结构、高级结构或空间构象（conformation）。蛋白质的空间结构涵盖了蛋白质分子中的每一原子在三维空间的相对位置，它们是蛋白质特有性质和功能的结构基础。由一条肽链形成的蛋白质只有一级结构、二级结构和三级结构，由两条或两条以上肽链形成的蛋白质才可能有四级结构。

一、 肽键及多肽链

（一）基本概念

1. 肽键

蛋白质分子中不同氨基酸以相同的化学键连接，即前一个氨基酸分子的 α-羧基与后一个氨基酸分子的 α-氨基缩合（图 3-2），失去一个水分子形成肽（peptide），该 C—N 化学键称为肽键（peptide bond）。

2. 多肽

由两个氨基酸分子缩合而成的肽称为二肽；含三个氨基酸的肽称为三肽，依此类推；含 20 个以上的称为多肽（polypeptide）。多肽与蛋白质之间无明确界限，50 以上氨基酸构成的多肽一般称蛋白质。

3. 氨基酸残基

蛋白质中的氨基酸不再是完整的氨基酸分子，故称为氨基酸残基。

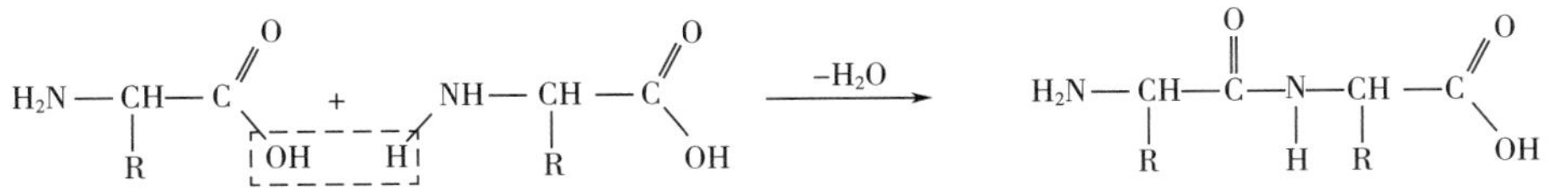

图 3-2　氨基酸脱水缩合

4. 多肽链

通过肽键连接而成的链状结构称为多肽链（polypeptide chain），其骨架由—N—C_α—C—重复构成。

5. 书写格式

把含有 α-NH_2 的氨基酸残基写在多肽链的左边，称为 N-末端（氨基端），把含有 α-COOH 的氨基酸残基写在多肽的右边，称为 C-末端（羧基端）。

除肽键外，蛋白质中还含有其他类型的共价键，如蛋白质分子中的两个半胱氨酸可通过其巯基形成二硫键（—S—S—，又称二硫桥），这是蛋白质分子中一种常见的共价键，可存在于多肽链内部或两条肽链之间。

（二）肽存在的生理意义

肽作为小分子蛋白质，在体内有一些相当重要的功能，并有一定的应用价值。如神经肽的类似物内啡肽（endorphins），可作为天然的止痛药物；动物体内的谷胱甘肽具有重要生理功能，它由谷氨酸、半胱氨酸和甘氨酸构成，其中谷氨酸以 γ-羧基而不是 α-羧基与半胱氨酸形成肽键。

二、 蛋白质的一级结构

（一）蛋白质一级结构的概念

蛋白质的一级结构（primary structure）是指多肽链上各种氨基酸残基的排列顺序。一级结构的基本结构键是肽键。一级结构是蛋白质的结构基础，也是各种蛋白质的区别所在，不同蛋白质具有不同的一级结构。因此一级结构是区别不同蛋白质最基本、最重要的标志之一。

如胰岛素 A 链的一级结构：Gly–Ile–Val–Glu–Gln–Cys–Cys–Thr–Ser–Ile–Cys–Ser–Leu–Tyr–Gln–Leu–Glu–Asn–Tyr–Cys–Asn。

（二）肽键的结构和性质

作为连接氨基酸的重要化学键，肽键具有部分双键的性质，其键长为 0.133nm，介于一个典型的单键和一个典型的双键之间。具有双键性质的肽键不能自由旋转，与肽键相关的 6 个原子共处于一个平面，此平面结构被称为酰胺平面或肽平面，与 C_α 相连的两个单键可以自由旋转，由此产生两个旋转角（图3-3）。肽平面具有顺式（cis）和反式（trans）两种构型，反式构型中相邻的两个 C_α 在肽链的两侧。由于立体结构的制约，蛋白质中几乎所有的肽平面都呈反式结构，仅有少数是顺式结构。

酰胺平面的存在，使得肽链中的任何一个氨基酸残基只有 2 个角度可以旋转。由 C—N 单键旋转的角度被称为 Φ，C—C 单键旋转的角度被称为 Ψ。当一条肽链上所有氨基酸残基的 Φ 和 Ψ 确定以后，该肽链主链骨架的基本走向也就确定了（图3-3）。

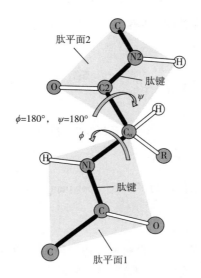

图3-3　肽平面及二面角

三、 蛋白质的高级结构

蛋白质在体内发挥各种功能不是以简单的线性肽链形式，而是折叠成特定的具有生物活性的立体结构，即构象（conformation）。蛋白质的构象是指分子中所有原子和基团在空间的排布，又称空间结构或三维结构（three dimensional structure），是由于化学键的旋转造成的，与构型不同。

（一）蛋白质结构的层次

蛋白质分子是结构极其复杂的生物大分子，有的蛋白质分子只包含一条多肽链，有的则包含数条多肽链。为研究方便，可将蛋白质的结构划分为几个层次（图3-4），包括：一级结构（protein primary structure）→二级结构（secondary structure）→超二级结构（super secondary structure）→结构域（structural domain）→三级结构（tertiary structure）→四级结构（quaternary structure）。

（1）一级结构　指多肽链上的氨基酸排列顺序。

（2）二级结构　指多肽链主链骨架的局部空间结构。

（3）超二级结构　指二级结构的组合。

（4）结构域　指多肽链上致密的、相对独立的球状区域。

（5）三级结构　指多肽链上所有原子和基团的空间排布。

（6）四级结构　由几条肽链构成。

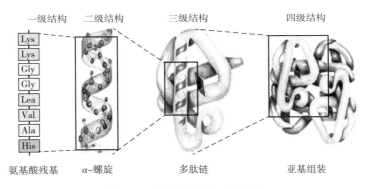

图3-4　蛋白结构层次示意图

（二）维持蛋白质构象的化学键

维持蛋白质构象的化学键主要包括氢键、离子键、疏水作用、范德华力等非共价作用力和二硫键、配位键等共价键。

1. 氢键

氢键在稳定蛋白质的结构中起着极其重要的作用。多肽主链上的羰基氧和酰胺氢之间形成的氢键，是稳定蛋白质二级结构的主要作用力。此外，氢键还可以在侧链与侧链、侧链与介质水、主链肽基与侧链或主链肽基与水之间形成。大多数蛋白质所采取的折叠策略是使主链肽基之间形成最大数量的分子内氢键，与此同时保持大多数能成氢键的侧链处于蛋白质分子的表面，将与水相互作用。

2. 离子键

离子键又称盐键或盐桥，它是正电荷与负电荷之间的一种静电相互作用。在生理 pH 下，蛋白质中的酸性氨基酸（Asp 和 Glu）的侧链可解离成负离子，碱性氨基酸（Lys、Arg 和 His）的侧链可解离成正离子。这些基团都分布在球状蛋白质分子表面，而与介质水分子发生电荷-偶极之间的相互作用，形成排列有序的水化层，这对稳定蛋白质的构象有着一定的作用。

3. 范德华力

广义的范德华力包括 3 种较弱的作用力：定向效应、诱导效应、色散效应。

（1）定向效应（orientation effect）　发生在极性分子或极性基团之间。它是永久偶极间的静电相互作用，氢键可被认为属于这种范德华力。

（2）诱导效应（induction effect）　发生在极性物质与非极性物质之间，这是永久偶极与由它诱导而来的诱导偶极之间的静电相互作用。

（3）色散效应（dispersion effect）　是在多数情况下起主要作用的范德华力，它是非极性分子或基团间仅有的一种范德华力，即狭义的范德华力，也称为色散力，通常的范德华力就指这种作用力。

4. 疏水作用

水介质中球状蛋白质的折叠总是倾向于把疏水残基埋藏在分子的内部。这一现象被称为疏水作用。疏水作用是疏水基团或疏水侧链出自避开水的需要而被迫接近。

5. 二硫键

二硫键是共价键，是连接不同肽链或同一肽链中两个不同半胱氨酸残基的巯基化学键。二硫键是比较稳定的共价键，在蛋白质分子中起着稳定肽链空间结构的作用。二硫键数目越多，蛋白质分子对抗外界因素影响的稳定性就越大。

6. 配位键

配位键又称配位共价键，是一种特殊的共价键。当共价键中共用的电子对是由其中一原子独自供应，另一原子提供空轨道时，就形成配位键。配位键形成后，就与一般共价键无异，但成键的两原子间共享的两个电子不是由两原子各提供一个，而是来自一个原子。

（三）蛋白质的二级结构

多肽链主链骨架中局部的规则构象称为二级结构，是主链肽键形成氢键造成的，不包括 R 侧链的构象。包括 α 螺旋（α-helix）、β 折叠（β-sheet）和 β 转角（β-turn）和无规则卷曲（random coil）。

1. α 螺旋

典型的 α 螺旋（图 3-5）具有下列特征：

（1）多肽链主链骨架围绕同一中心轴呈螺旋式上升，形成棒状的螺旋结构。每圈包含 3.6 个氨基酸残基，螺距为 0.54nm，因此，每个氨基酸残基围绕螺旋中心轴旋转 100°，上升 0.15nm。

（2）相邻的螺旋之间形成氢键，氢键的方向与 α 螺旋轴的方向几乎平行。α 螺旋中每个羰基氧原子（n）与朝向羧基 C-末端的第 4 个氨基酸残基的 α-氨基 N 原子（$n+4$）形成氢键。每个肽键均参与氢键形成，因此，尽管氢键的键能不大，但大量氢键的累加效应使 α 螺旋成为最稳定的二级结构。

2. β 折叠

β 折叠也是蛋白质中最常见的一种主链构象，是指蛋白质主链中伸展的、周期性折叠的构象，很像 α 螺旋适当伸展形成的锯齿状肽链结构。

β 折叠分为两种形式（图 3-6）：

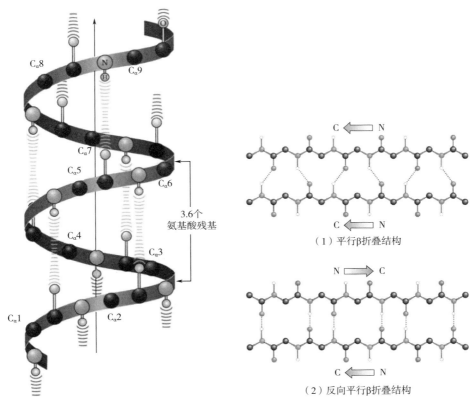

图 3-5　α 螺旋结构示意图

（1）平行β折叠结构

（2）反向平行β折叠结构

图 3-6　β 螺旋结构示意图

（1）平行 β 折叠　两条 β 折叠股走向相同。

（2）反向平行 β 折叠　两条 β 折叠股走向相反。

两条借助氢键连接的 β 折叠股形成片层，氨基酸的 R 侧链交替出现在片层的两侧。

3. β 转角

在多肽链的主链骨架中，经常出现 180°的转弯，此处结构主要是 β 转角（图 3-7）。

结构特征：β 转角由 4 个氨基酸残基组成，第 1 个残基的羰基氧原子与第 4 个残基的酰胺基的氢原子形成氢键。

4. 无规则卷曲

球蛋白分子中除了上述有规则的二级结构外，主链上还常常存在大量没有规律的卷曲，其二面角（Φ、Ψ）都不规则，称无规则卷曲。

（四）蛋白质的超二级结构

在蛋白质中经常存在由若干相邻的二级结构单元按一定规律组合在一起，形成有规则的二级结构集合体，称超二级结构（super secondary structure）。超二级结构又称基序（motif），可能有特殊的功能或仅充当更高层次结构的元件，常见的有 α 螺旋与

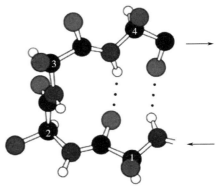

图 3-7　β 转角结构

β 折叠的组合形式。

（五）蛋白质的结构域（structural domain）

结构域：球蛋白分子的一条多肽链中常存在一些紧密的、相对独立的区域，是在超二级结构的基础上形成的具有一定功能的结构单位。

结构域被认为是蛋白质的折叠单位，在新生肽链折叠中发挥重要作用。较大的球蛋白分子包含 2 个或 2 个以上的结构域，例如，免疫球蛋白（抗体）分子包含 12 个结构域；较小的球蛋白分子只包含一个结构域，如肌红蛋白分子。结构域平均大小约为 100 个氨基酸残基。结构域之间的区域常形成裂缝，可作为与其他分子结合的位点。

（六）蛋白质的三级结构

三级结构是指多肽链中所有原子和基团在三维空间中的排布，是有生物活性的构象或称为天然构象。通过肽链折叠能使一级结构相距很远的氨基酸残基彼此靠近，进而导致其侧链的相互作用。

三级结构是在二级结构的基础上，通过氨基酸残基 R 侧链间的非共价键作用形成的紧密球状构象，是多肽链折叠形成的，也是蛋白质发挥生物学功能所必需的。

（七）蛋白质的四级结构

较大的球蛋白分子往往由两条或多条肽链组成。这些多肽链本身都具有特定的三级结构，称为亚基（subunit），亚基之间以非共价键相连。亚基的种类、数目、空间排布以及相互作用称为蛋白质的四级结构。蛋白质的四级结构不涉及亚基本身的结构。

亚基一般只包含一条多肽链，亚基间的相互作用力与稳定三级结构的化学键相比通常较弱，体外环境很容易将亚基分开，但亚基在体内紧密联系。由少数亚基聚合而成的蛋白质，称为寡聚蛋白（oligomeric protein）。寡聚蛋白中的不同亚基可以用 α、β、γ、δ、ε 命名区分，亚基数目通常为偶数，种类一般不多。维持四级结构的作用力主要是疏水作用，另外还有离子键、氢键、范德华力等。

四、 蛋白质的结构与功能的关系

蛋白质特定的功能都是由其特定的构象所决定的，各种蛋白质特定的构象又与其一级结构密切相关。天然蛋白质的构象一旦发生变化，将会影响它的生物活性。

（一）蛋白质的一级结构和功能的关系

蛋白质分子中关键活性部位氨基酸残基的改变会影响其生理功能，甚至造成分子病。如镰状细胞贫血，就是由于血红蛋白分子中两个 β 亚基第 6 位正常的谷氨酸变异成了缬氨酸，从酸性氨基酸换成了中性支链氨基酸，降低了血红蛋白在红细胞中的溶解度，使它在红细胞中随血流至氧分压低的外周毛细血管时，容易凝聚并沉淀析出，从而造成红细胞破裂溶血和运氧功能的低下。

此外，在蛋白质结构和功能关系中，一些非关键部位氨基酸残基的改变或缺失，则不会影响蛋白质的生物活性。例如，人、猪、牛、羊等哺乳动物胰岛素分子 A 链中 8、9、10 位和 B 链 30 位的氨基酸残基各不相同，有种族差异，但这并不影响它们都具有降低生物体血糖浓度的共同生理功能。

（二）蛋白质分子空间结构和功能的关系

蛋白质分子空间结构与其性质和生理功能的关系也十分密切。不同的蛋白质，正因为具有不同的空间结构，因此具有不同的理化性质和生理功能。如指甲和毛发中的角蛋白，分子中含有大量的 α 螺旋二级结构，因此性质稳定、坚韧又富有弹性，这是和角蛋白的保护功能分不开的。

体内各种蛋白质都有特殊的生理功能，这与空间构象有着密切的关系。如细胞质膜上一些蛋白质是离子通道，就是因为在其多肽链中的一些 α 螺旋或 β 折叠二级结构中，一侧多由亲水性氨基酸组成，而另一侧却多由疏水性氨基酸组成，因此具有"两亲性"的特点，几段 α 螺旋或 β 折叠的亲水侧之间就构成了离子通道，而其疏水侧，即通过疏水键将离子通道蛋白质固定在细胞质膜上。载脂蛋白也具有两亲性，既能与血浆中脂类结合，又使之溶解在血液中进行脂类的运输。

第三节　蛋白质的理化性质

一、　胶体性质

蛋白质是生物大分子，相对分子质量 1 万~100 万，其分子的直径可达 1~100nm，为胶粒范围之内。蛋白质具有胶体溶液的特征，如电泳现象、布朗运动、丁达尔效应、具有吸附能力以及不能通过半透膜等。蛋白质水溶液是一种比较稳定的亲水胶体，这是因为在蛋白质颗粒表面带有很多极性基团，如—NH$_2$、—COO$^-$、—OH、—SH、—CONH$_2$等和水有高度亲和性，当蛋白质与水相遇时，就很容易在蛋白质颗粒外面形成一层水化膜。水化膜的存在使蛋白颗粒相互隔离，颗粒之间不会碰撞而聚集成大颗粒，所以蛋白质溶液比较稳定。蛋白质能形成较稳定的亲水胶体的另一个原因是蛋白质颗粒在非等电时带有相同电荷，使蛋白质颗粒之间相互排斥，保持一定距离，不易互相凝集沉淀。

二、　两性电离

蛋白质是由氨基酸组成，其分子末端除有自由的 α-NH$_2$ 和 α-COOH 外，许多氨基酸残基的侧链上尚有可解离的基因如 ε-氨基、β-羧基、γ-羧基、咪唑基、胍基、酚基及巯基，这些基团在一定 pH 条件下可以解离成带负电荷或正电荷的基团。当蛋白质溶液在某一 pH 时，蛋白质解离成正、负离子的趋势相等，即成兼性离子，净电荷为零，此时溶液的 pH 称为蛋白质的等电点（isoelectric point，pI）。蛋白质溶液的 pH 大于等电点时，该蛋白质颗粒带负电荷，小于等电点时则带正电荷。

各种蛋白质具有特定的等电点，这与其所含氨基酸种类和数量有关。如蛋白质分子中含有酸性氨基酸较多，其等电点偏低。例如，胃蛋白酶含酸性氨基酸残基为 37 个，而碱性氨基酸仅为 6 个，其等电点为 1 左右，人体体液中许多蛋白质等电点在 pH 5.0 左右，所以在体液中以阴离子存在。如果蛋白质分子中碱性氨基酸较多，则等电点偏高。例如，从雄性鱼类成熟精子中提取的鱼精蛋白含精氨酸较多，其等电点为 12.0~12.4。

三、　变性、　沉淀和凝固

在某些物理和化学因素作用下，其特定的空间构象被破坏，也即有序的空间结构变成无序的空间结构，从而导致其理化性质的改变和生物活性的丧失，称为蛋白质的变性（denaturation）。蛋白质变性学说是在1931年由我国生物化学家吴宪提出的，天然蛋白质分子因环境因素的影响，从有秩序而紧密的构造变为无秩序而松散的构造，这就是变性的作用。吴宪认为天然蛋白的紧密构造及晶体结构主要是由分子中的次级键维系的，所以容易被物理或者化学因素的破坏。能够使蛋白质变性的因素很多，化学因素有强酸、强碱、尿素、胍、去污剂、有机酸类及浓乙醇等，物理因素有加热（70~100℃）、剧烈搅拌或振荡、紫外线及X射线照射、超声波等。

（1）蛋白质变性的特征　蛋白质变性的主要特征是生物活性丧失。

（2）蛋白质变性的本质　一般认为蛋白质的变性主要发生二硫键和非共价键的破坏，蛋白质变性是蛋白质空间构象的改变或破坏，不涉及一级结构中氨基酸序列的改变。

（3）若蛋白质变性程度较轻，去除变性因素后，有些蛋白质仍可恢复或部分恢复其原有的构象和功能，称为复性（renaturation）。但是许多蛋白质变性后，空间构象严重被破坏，不能复原，称为不可逆性变性。

（4）蛋白质在溶液中稳定的因素主要是带有电荷和水化膜，如果在蛋白质溶液中加入适当的化学试剂，破坏了蛋白质表面的水化膜或中和了蛋白质电荷，则蛋白质胶体溶液不稳定而出现沉淀（precipitation）现象。引起蛋白质沉淀的因素主要有以下几个方面：高浓度中性盐、有机溶剂、重金属盐、生物碱试剂和某些酸类、热变性沉淀。

（5）蛋白质经强酸、强碱作用发生变性后，仍能溶解于强酸或强碱溶液中，若将pH调至等电点，则变性蛋白质立即结成絮状的不溶解物，此絮状物仍可溶解于强酸和强碱中。如再加热则絮状物可变成比较坚固的凝块，此凝块不易再溶于强酸和强碱中，这种现象称为蛋白质的凝固作用（protein coagulation）。

四、　紫外吸收

由于组成蛋白质的氨基酸中酪氨酸，色氨酸和苯丙氨酸含有苯环共轭双键，所以大多数蛋白质在280nm波长处有特征性的紫外吸收，可利用此性质进行蛋白质定量测定。

五、　呈色反应

1. 茚三酮反应（ninhydrin reaction）

蛋白质经水解后产生的氨基酸也可发生茚三酮反应。

2. 双缩脲反应（biuret reaction）

蛋白质和多肽分子中肽键在稀碱溶液中与硫酸铜共热，呈现紫色或红色，称为双缩脲反应。氨基酸不出现此反应。

3. 酚试剂（Folin-酚试剂）反应

蛋白质分子一般都含有酪氨酸，而酪氨酸中的酚基能将Folin-酚试剂中的磷钼酸及磷钨酸还原成蓝色化合物（即钼蓝和钨蓝的混合物）。这一反应常用来定量测定蛋白质含量。

此外，蛋白质溶液还可与考马斯亮蓝试剂、乙醛酸试剂、浓硝酸等发生颜色反应。

第四节 蛋白质的分类

蛋白质的种类繁多，结构复杂，所以分类各异。例如，从蛋白质来源上，可分为动物蛋白和植物蛋白；从组成上可分为简单蛋白、结合蛋白和衍生蛋白；根据分子形状的不同，可分为球状蛋白和纤维状蛋白；按结构分类可分为单体蛋白、寡聚蛋白、多聚蛋白；按功能可分为活性蛋白和非活性蛋白；按营养价值可分为完全蛋白、半完全蛋白和不完全蛋白三类。

一、 按来源分类

蛋白质按来源可分为动物蛋白和植物蛋白，两者所含的氨基酸是不同的。动物蛋白主要来源于肉类、鸡蛋和牛奶等，其所含必需氨基酸种类齐全，比例合理，但是往往含有胆固醇。植物蛋白主要来源于大豆、花生和谷物等，其优点是不含胆固醇，自然存量丰富。

二、 按组成成分分类

按照化学组成，蛋白质通常可以分为简单蛋白、结合蛋白和衍生蛋白。简单蛋白经水解得氨基酸和氨基酸衍生物；结合蛋白经水解得氨基酸和非蛋白的辅基（结合蛋白的非氨基酸部分称为辅基）；蛋白质经变性作用和改性修饰得到衍生蛋白。

（一）简单蛋白

简单蛋白（simpleproteins），按溶解度不同可分为：

1. 清蛋白（albumins）

清蛋白溶于水及稀盐、稀酸或稀碱溶液，能被饱和硫酸铵所沉淀，加热可凝固。广泛存在于生物体内，如血清蛋白、乳清蛋白、蛋清蛋白等。

2. 球蛋白（globulins）

球蛋白不溶于水而溶于稀盐、稀酸和稀碱溶液，能被半饱和硫酸铵所沉淀。普遍存在于生物体内，如血清球蛋白、肌球蛋白和植物种子球蛋白等。

3. 谷蛋白（glutelins）

谷蛋白不溶于水、乙醇及中性盐溶液，但易溶于稀酸或稀碱，如米谷蛋白和麦谷蛋白等。

4. 醇溶蛋白（prolamines）

醇溶蛋白不溶于水及无水乙醇，但溶于70%~80%乙醇、稀酸和稀碱。分子中脯氨酸和酰胺较多，非极性侧链远较极性侧链多。这类蛋白质主要存在于谷物种子中，如玉米醇溶蛋白、麦醇溶蛋白等。

5. 组蛋白（histones）

组蛋白溶于水及稀酸，但为稀氨水所沉淀。分子中组氨酸、赖氨酸较多，分子呈碱性，如小牛胸腺组蛋白等。

6. 精蛋白（protamines）

精蛋白溶于水及稀酸，不溶于氨水。分子中碱性氨基酸（精氨酸和赖氨酸）特别多，因此呈碱性，如鲑精蛋白等。

7. 硬蛋白（scleroprotein）

硬蛋白不溶于水、盐、稀酸或稀碱。这类蛋白质是动物体内作为结缔组织及保护功能的蛋白质，如角蛋白、胶原、网硬蛋白和弹性蛋白等。

（二）结合蛋白质

根据辅基的不同，结合蛋白质（conjugated proteins）可分为：

1. 核蛋白（nucleoproteins）

核蛋白辅基是核酸，如脱氧核糖核蛋白、核糖体、烟草花叶病毒等。

2. 脂蛋白（lipoproteins）

脂蛋白与脂质结合的蛋白质。脂质成分有磷脂、甾醇和中性脂等，如血液中的 β-脂蛋白、卵黄球蛋白等。

3. 糖蛋白和黏蛋白（glycoproteins）

糖蛋白和黏蛋白辅基成分为半乳糖、甘露糖、己糖胺、己糖醛酸、唾液酸、硫酸或磷酸等中的一种或多种。糖蛋白可溶于碱性溶液中，如卵清蛋白、γ-球蛋白、血清类黏白等。

4. 磷蛋白（phosphoproteins）

磷蛋白磷酸基通过酯键与蛋白质中的丝氨酸或苏氨酸残基侧链的羟基相连，如酪蛋白、胃蛋白酶等。

5. 血红素蛋白（hemoproteins）

血红素蛋白辅基为血红素。含铁的如血红蛋白、细胞色素 c，含镁的有叶绿蛋白，含铜的有血蓝蛋白等。

6. 黄素蛋白（flavoproteins）

黄素蛋白辅基为黄素腺嘌呤二核苷酸，如琥珀酸脱氢酶、D-氨基酸氧化酶等。

7. 金属蛋白（metalioproteins）

金属蛋白是与金属直接结合的蛋白质，如铁蛋白含铁、乙醇脱氢酶含锌、黄嘌呤氧化酶含钼和铁等。

（三）衍生蛋白

衍生蛋白是天然蛋白质变性或者改性、修饰和分解的产物。

1. 一级衍生蛋白质

不溶于所有溶剂，如变性蛋白质。

2. 二级衍生蛋白质

溶于水，受热不凝固，如胨、肽。

3. 三级衍生蛋白质

功能改进，如磷酸化蛋白、乙酰化蛋白、琥珀酰胺蛋白。

三、 按分子形状分类

根据分子形状的不同，可将蛋白质分为球状蛋白质和纤维状蛋白质两大类。以长轴和短轴之比为标准，球状蛋白质小于 5，纤维状蛋白质大于 5。纤维状蛋白多为结构蛋白，是组织结构不可缺少的蛋白质，由长的氨基酸肽链连接成为纤维状或蜷曲成盘状结构，成为各种组织的支柱，如皮肤、肌腱、软骨及骨组织中的胶原蛋白；球状蛋白的形状近似于球形或椭圆形。许多具有生理活性的蛋白质，如酶、转运蛋白、蛋白类激素与免疫球蛋白、补体等均属于球蛋白。

四、 按结构分类

蛋白质按其结构可分为单体蛋白、寡聚蛋白、多聚蛋白。

1. 单体蛋白

蛋白质由一条肽链构成，最高结构为三级结构。包括由二硫键连接的几条肽链形成的蛋白质，其最高结构也是三级。多数水解酶为单体蛋白。

2. 寡聚蛋白

寡聚蛋白包含2个或2个以上三级结构的亚基。可以是相同亚基的聚合，也可以是不同亚基的聚合。

3. 多聚蛋白

多聚蛋白由数十个亚基以上，甚至数百个亚基聚合而成的超级多聚体蛋白。

五、 按功能分类

蛋白质按其功能分为活性蛋白质和非活性蛋白质两大类。非活性蛋白质有结构蛋白等。活性蛋白质有调节蛋白、收缩蛋白、抗体蛋白等。

1. 结构蛋白

结构蛋白是构成人体组织的蛋白质，如韧带、毛发、指甲和皮肤等。

2. 调节蛋白

调节蛋白是具有调控功能的蛋白质，如胰岛素、甲状腺素等。

3. 收缩蛋白

收缩蛋白是参与收缩过程的蛋白质，如肌球蛋白、肌动蛋白等。

4. 抗体蛋白

抗体蛋白构成机体抗体的蛋白质，如免疫器蛋白。

六、 按蛋白质的营养价值分类

食物蛋白质的营养价值取决于所含氨基酸的种类和数量，所以在营养上尚可根据食物蛋白质的氨基酸组成，分为完全蛋白质、半完全蛋白质和不完全蛋白质三类。

（1）完全蛋白所含必需氨基酸种类齐全、数量充足、比例适当，不但能维持成人的健康，并能促进儿童生长发育，如乳类中的酪蛋白、乳白蛋白，蛋类中的卵白蛋白、卵磷蛋白，肉类中的白蛋白、肌蛋白等。

（2）半完全蛋白所含必需氨基酸种类齐全，但有的氨基酸数量不足，比例不适当，可以维持生命，但不能促进生长发育，如小麦中的醇溶蛋白等。

（3）不完全蛋白所含必需氨基酸种类不全，既不能维持生命，也不能促进生长发育，如玉米中的玉米醇溶蛋白，动物结缔组织和肉皮中的胶质蛋白，豌豆中的豆球蛋白等。

第五节 蛋白质的分离、提纯与鉴定

一、蛋白质的提取

大部分蛋白质都可溶于水、稀盐、稀酸或碱溶液，少数与脂类结合的蛋白质则溶于乙醇、丙酮、丁醇等有机溶剂中。因此，可采用不同溶剂提取、分离和纯化蛋白质及酶。

（一）水溶液提取法

稀盐和缓冲系统的水溶液对蛋白质稳定性好、溶解度大，是提取蛋白质最常用的溶剂，提取的温度要视有效成分性质而定。一方面，多数蛋白质的溶解度随着温度的升高而增大，因此，温度高利于溶解，缩短提取时间。但另一方面，温度升高会使蛋白质变性失活，因此，基于这一点考虑，提取蛋白质时一般采用低温（5℃以下）操作。为了避免蛋白质提取过程中的降解，可加入蛋白水解酶抑制剂（如二异丙基氟磷酸、碘乙酸等）。影响蛋白提取的因素主要有：

1. pH

蛋白质是具有等电点的两性电解质，提取液的 pH 应选择在偏离等电点两侧的 pH 范围内。用稀酸或稀碱提取时，应防止过酸或过碱而引起蛋白质可解离基团发生变化，从而导致蛋白质构象的不可逆变化。一般而言，碱性蛋白质用偏酸性的提取液提取，而酸性蛋白质用偏碱性的提取液。

2. 盐浓度

稀浓度可促进蛋白质的溶，称为盐溶作用。同时稀盐溶液因盐离子与蛋白质部分结合，具有保护蛋白质不易变性的优点，因此在提取液中常加入少量 NaCl 等中性盐。缓冲液常采用 0.02~0.05mol/L 磷酸盐和碳酸盐等渗盐溶液。

（二）有机溶剂提取法

一些和脂质结合比较牢固或分子中非极性侧链较多的蛋白质，不溶于水、稀盐溶液、稀酸或稀碱中，可用乙醇、丙酮和丁醇等有机溶剂，它们具的一定的亲水性，还有较强的亲脂性、是理想的脂蛋白的提取液，但必须在低温下操作。丁醇提取法对提取一些与脂质结合紧密的蛋白质较为优越，一是因为丁醇亲脂性强，特别是溶解磷脂的能力强；二是丁醇兼具亲水性，在溶解度范围内不会引起蛋白质的变性失活。另外，丁醇提取法的 pH 及温度选择范围较广，也适用于动植物及微生物材料。

二、蛋白质的分离纯化

蛋白质的分离纯化方法很多，主要有以下几种。

（一）根据蛋白质溶解度不同进行分离的方法

1. 蛋白质的盐析

中性盐对蛋白质的溶解度有显著影响，一般在低盐浓度下随着盐浓度升高，蛋白质的溶解度增加，此称盐溶，这主要是因为低浓度的盐会增加蛋白质分子表面的电荷，增强蛋白质分子与水分子的作用，从而使蛋白质在水溶液中的溶解度增大；当盐浓度继续升高时，蛋白质的溶解度不同程度下降并先后析出，这种现象称盐析。将大量盐加到蛋白质溶液中，高浓度的盐离子（如硫酸铵的 SO_4^{2-} 和 NH_4^+）有很强的水化力，可夺取蛋白质分子的水化层，使之"失水"，于是蛋白质胶粒凝结并沉淀析出。盐析时若溶液 pH 在蛋白质等电点则效果更好。由于各种蛋白质分子颗粒大小、亲水程度不同，故盐析所需的盐浓度也不一样，因此调节混合蛋白质溶液中的中性盐浓度可使各种蛋白质分段沉淀。

影响盐析的因素包括以下几项：

（1）温度　除对温度敏感的蛋白质在低温（4℃）操作外，一般可在室温中进行。一般温度低蛋白质溶解度降低。但有的蛋白质（如血红蛋白、肌红蛋白、清蛋白）在较高的温度（25℃）比0℃时溶解度低，更容易盐析。

（2）pH　大多数蛋白质在等电点时在浓盐溶液中的溶解度最低。

（3）蛋白质浓度　蛋白质浓度高时，欲分离的蛋白质常常夹杂着其他蛋白质一起沉淀出来（共沉现象）。因此，在盐析前血清中要加等量生理盐水稀释，使蛋白质含量在 2.5%~3.0%。

蛋白质在用盐析沉淀分离后，需要将蛋白质中的盐除去，常用的办法是透析，即把蛋白质溶液装入透析袋内，用缓冲液进行透析，并不断更换缓冲液，因透析所需时间较长，所以最好在低温下进行。此外，也可用葡萄糖凝胶 G-25 或 G-50 柱层析的办法除盐，所用的时间就比较短。

2. 等电点沉淀法

蛋白质在静电状态时颗粒之间的静电斥力最小，因而溶解度也最小，各种蛋白质的等电点有差别，可利用调节溶液的 pH 达到某一蛋白质的等电点使之沉淀，但此法很少单独使用，可与盐析法结合用。

3. 低温有机溶剂沉淀法

用与水可混溶的有机溶剂，如甲醇、乙醇或丙酮，可使多数蛋白质溶解度降低并析出，此法分辨力比盐析高，但蛋白质较易变性，应在低温下进行。

（二）根据蛋白质分子大小的差别进行分离的方法

1. 透析与超滤

透析法是利用半透膜将分子大小不同的蛋白质分开。

超滤法是利用高压力或离心力，使水和其他小的溶质分子通过半透膜，而蛋白质留在膜上，可选择不同孔径的滤膜截留不同分子质量的蛋白质。

2. 凝胶过滤法

凝胶过滤法也称分子排阻层析或分子筛层析，这是根据分子大小分离蛋白质混合物最有效的方法之一。凝胶过滤所用的介质凝胶具有多孔网状结构，柱中最常用的填充材料是葡萄糖凝胶和琼脂糖凝胶。

3. 十二烷基磺酸钠聚丙烯酰胺凝胶电泳法（SDS-PAGE）

在阴离子表面活性剂十二烷基硫酸钠（SDS）存在下进行的一种聚丙烯酰胺凝胶电泳。由 β-巯基乙醇等将二硫键切断的蛋白质，在十二烷基硫酸钠溶液中大多是 1g 与 1.4g 的十二烷基硫酸钠结合，形成电荷密度大致一定的复合体。其在凝胶中电泳的速度是由蛋白质的分子质量决定的。所以用分子质量已知的标准蛋白质，可以迅速而准确地测出蛋白质的分子质量。该方法已被广泛应用。对含有亚单位的蛋白质来说，可测得各亚单位的分子质量。

（三）根据蛋白质带电性质进行分离的方法

蛋白质在不同 pH 环境中带电性质和电荷数量不同，可将其分开。

1. 电泳法

各种蛋白质在同一 pH 条件下，因分子量和电荷数量不同而在电场中的迁移率不同，得以分开。值得重视的是等电聚焦电泳，其利用一种两性电解质作为载体，电泳时两性电解质形成一个由正极到负极逐渐增加的 pH 梯度，当带一定电荷的蛋白质在其中泳动时，到达各自等电点 pH 的位置就停止，此法可用于分析和制备各种蛋白质。

2. 离子交换层析法

离子交换剂有阳离子交换剂（如羧甲基纤维素、CM-纤维素）和阴离子交换剂（二乙氨基乙基纤维素），当被分离的蛋白质溶液流经离子交换层析柱时，带有与离子交换剂相反电荷的蛋白质被吸附在离子交换剂上，随后用改变 pH 或离子强度的办法将吸附的蛋白质洗脱下来。

（四）根据配体特异性进行分离的方法——亲和色谱法

亲和色谱法是分离蛋白质的一种极为有效的方法，它经常只需经过一步处理即可使某种待提纯的蛋白质从很复杂的蛋白质混合物中分离出来，而且纯度很高。这种方法是根据某些蛋白质与另一种称为配体的分子能特异而非共价地结合。其基本原理是，蛋白质在组织或细胞中是以复杂的混合物形式存在，每种类型的细胞都含有上千种不同的蛋白质，因此蛋白质的分离、提纯和鉴定是生物化学中重要的一部分，至今还没有单独或一套现成的方法能把任何一种蛋白质从复杂的混合蛋白质中提取出来，因此往往需要几种方法联合使用。

（五）根据蛋白质极性进行分离的方法——正相和反相色谱法

多数疏水性的氨基酸残基藏在蛋白质的内部，但也有一些在表面。蛋白质表面的疏水性氨基酸残基的数目和空间分布决定了该蛋白质是否具有与疏水柱填料结合从而利用它来进行分离的能力。

反相还是正相，是根据流动相相对于固定相的极性而言的。流动相极性强于固定相的，称作反相色谱；流动相极性弱于固定相的，称作正相色谱。由于极性化合物更容易被极性固定相所保留，所以正相色谱系统一般适用于分离极性化合物，极性小的组分先流出。相反，反相色谱系统一般适用于分离非极性或弱极性化合物，极性大的组分先流出。

根据蛋白质疏水性的差异，可通过调节流动相的组成改变蛋白质在固定相上的保留能力，使得蛋白质在不同时间洗脱出来。

第六节　谷物蛋白质的分布与组成

蛋白质是生物体的主要组成部分，植物体的蛋白质虽然比动物的少，但也是植物细胞的重要成分。谷物中蛋白质是目前最丰富、最廉价的蛋白资源之一，其含量一般为 7%~15%。谷物蛋白含量因种类、品种、土壤、气候及栽培条件等的不同而呈现差异。

1. 品种

红皮硬质春小麦的蛋白质含量最高，红皮软质冬小麦次之，白皮软质冬小麦则最低。

2. 地区

越往北方，小麦的蛋白质含量越高（北方雨量少）。

3. 种类

粮食种类不同，各类蛋白质的含量也各不相同。表3-2列出了常见谷物的蛋白质含量。

表3-2　　　　　　　　　　　　　　一些常见谷物的蛋白质含量

种类	蛋白质含量/%	种类	蛋白质含量/%
小麦	8~13	燕麦	10~12
普通硬麦	12~13	玉米（马齿种）	9~10
普通软麦	7.5~10	高粱	10~12
硬粒小麦	13.5~15	大麦	12~13
大米	7~9	黑麦	11~12

奥斯本-门德尔蛋白质分类法主要根据溶解性差异将蛋白质分为清蛋白（albumin）、球蛋白（globulin）、醇溶蛋白（gliadin）和谷蛋白（glutenin）。

（1）清蛋白　溶于水，加热凝固，为强碱、金属盐类或有机溶剂所沉淀，能被饱和硫酸铵盐析。

（2）球蛋白　不溶于水，溶于中性盐稀溶液，加热凝固，为有机溶剂所沉淀，添加硫酸铵至半饱和状态时则沉淀析出。

（3）醇溶蛋白　不溶于水及中性盐溶液，可溶于70%~90%的乙醇溶液，也可部分溶于稀酸及稀碱溶液，加热凝固。该类蛋白质只存在于谷物中，如小麦醇溶蛋白。

（4）谷蛋白　不溶于水，中性盐溶液及乙醇溶液中，但部分溶于稀酸及稀碱溶液，加热凝固，该蛋白仅存在于谷类粒中，常常与醇溶蛋白分布在一起。

表3-3列出了常见谷物各类蛋白质含量。

表3-3　　　　　　　　　　　　　　一些常见谷物各类蛋白质含量

种类	清蛋白含量/%	球蛋白含量/%	醇溶蛋白含量/%	谷蛋白含量/%
大米	2~5	2~8	1~5	85~90
小麦	5~10	5~10	40~50	30~40
大麦	3~4	10~20	35~45	35~45
燕麦	5~10	50~60	10~15	5
黑麦	20~30	5~10	20~30	30~40
玉米	2~10	10~20	50~55	30~45
高粱	—	—	60~70	30~40

注：以上蛋白质含量表示其在总蛋白中的比例。

一、　小麦蛋白质

小麦是世界上分布最广、种植面积最大、商品率最高的粮食作物，种植面积和总产量占世界粮食作物的 1/3。全世界约有 1/3 以上的人口以小麦为主粮。在各种谷物粉中，仅有小麦粉可以形成能保持气体从而能生产出松软发酵面食的具有黏弹性的面团。小麦蛋白，更准确的说是面筋蛋白，是面团具有黏弹性和持气性的主要来源。面筋蛋白是小麦的主要储藏蛋白质，其分子质量大，不溶于水，因此可通过水洗法分离。在水流中反复揉搓面团，淀粉和水溶性成分可从面筋中去除。冲洗后，剩下的便是一块胶皮团状的面筋。1728 年，意大利的贝克卡（Beccari）首先用这种方法提取了面筋，这是首次从植物中提取蛋白质（图 3-8）。在此之前，人们认为蛋白质仅来自动物。从小麦粉中提取的面筋中蛋白含量约为 80%（干基），脂类 8%，其余为灰分和碳水化合物。

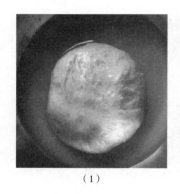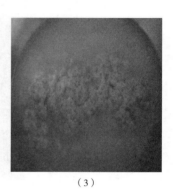

（1）　　　　　　　　　（2）　　　　　　　　　（3）

图 3-8　水洗法提取面筋蛋白过程

面筋复合物主要由醇溶蛋白和谷蛋白组成，两者通过非共价作用力结合。这两种蛋白质分离较为方便，将面筋分散在 70% 的乙醇水溶液中，搅拌离心后沉淀的为谷蛋白，上清液中的则为醇溶蛋白。

醇溶蛋白平均相对分子质量约为 40000，单链，水合时黏性极大，这类蛋白质几乎无抗延伸性，是影响面团黏性和延展性的主要因素。谷蛋白平均相对分子质量在十万至数百万之间，多链，有弹性但无黏性，使面团具有弹性和抗延伸性。

面筋蛋白组成的复杂性可在还原型的十二烷基苯磺酸钠-聚丙烯酰胺凝胶电泳上体现出来，经过巯基乙醇破坏二硫键后，谷蛋白和醇溶蛋白被还原成亚基形式，根据分子质量差异在电泳图上呈现出很多条带（图 3-9）。

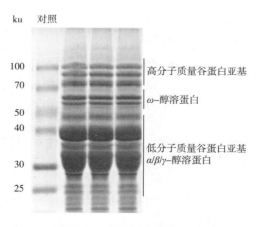

图 3-9　小麦蛋白电泳图谱

二、　大米蛋白质

稻谷是世界上重要粮食作物之一，同时也是人类重要蛋白来源。尽管大米蛋白含量相对较低，但由于全球生产量极大，大米蛋白应值得关注。一般来说，大米的蛋白质含量低于其他谷物，平均约为 7%。大米蛋白质换算系数比其他谷物的系数低，但比小麦的系数高。氨基酸组成相对平衡，赖氨酸约占总蛋白质的 3.5%，赖氨酸仍然是第一限制性氨基酸，其次是苏氨酸，谷氨酸的水平较低（小于 20%）。

按照经典的分类方法，大米蛋白可分为四类：清蛋白，占总量 2%~5%；球蛋白，占总量 2%~10%；谷蛋白，占总量 80% 以上；醇溶蛋白，占总量 1%~5%。

水稻胚乳蛋白质主要以 1~4μm 大小的蛋白体形式存在（高达 95%）。糊粉层内的细胞中的蛋白体比胚乳中心附近的细胞中的蛋白体多。一小部分大米蛋白质与淀粉颗粒有关。在水稻中，就像在玉米中一样，蛋白质体在成熟的谷物中仍然是离散的实体。这与其他谷物不同，包括小麦、大麦和黑麦，在谷粒发育的后期，所有或大部分的蛋白质体分解。大米蛋白主要以两种蛋白体（PB）形式存在，即 PB-Ⅰ 和 PB-Ⅱ 两种类型。电子显微镜观察表明，PB-Ⅰ 蛋白体呈片层结构，致密颗粒直径为 0.5~2μm，大部分的醇溶蛋白即存在于 PB-Ⅰ 中，约占水稻胚乳总蛋白质含量的 20%；而 PB-Ⅱ 呈椭球形，不分层，质地均匀，颗粒直径约 4μm，其外周膜不明显，谷蛋白和球蛋白存在于 PB-Ⅱ 中，主要由谷蛋白组成，占水稻胚乳蛋白质的 60%~65%，两种蛋白体常相伴存在。胚乳的亚糊粉层包含两种类型的蛋白质体，而中央胚乳只包含球形的蛋白质体。

水稻谷蛋白与豆科植物的稀盐溶性 11S 球蛋白同源。它们由两组亚基组成：一个碱性多肽和一个酸性多肽，相对分子质量分别约为 22000 和 38000。这两个亚基是由相对分子质量约为 57000 的前体裂解形成的。尽管与 11S 球蛋白相似，但这些蛋白质因为翻译后修饰产生不溶于稀盐溶液的成熟蛋白质，被归类为谷蛋白。谷蛋白仅在 pH 低于 3.0 和高于 10.0 时可溶，虽然低溶解度的原因还不完全清楚，但它被归因于广泛的、大量的亚基聚集和糖基化作用。谷醇溶蛋白组包含相对分子质量为 10000、13000 和 16000 的多肽。

三、　玉米蛋白质

玉米是世界上产量仅次于小麦的第二大粮食作物。由于其单产高、增产潜力大，所以在农业生产中占有重要的地位。

普通玉米中蛋白质平均含量为 12% 左右，其中约 75% 分布在胚乳中，约 20% 分布在胚芽中，约 4% 分布在玉米皮中。玉米蛋白质分为 4 种：醇溶蛋白、谷蛋白、清蛋白、球蛋白。这 4 种蛋白质在玉米籽粒中各部位的分布不均匀。玉米蛋白质中谷氨酸只有小麦的一半左右，除了谷氨酸，玉米蛋白质还具有较高水平的亮氨酸。

玉米胚乳的蛋白质含约 5% 清蛋白和球蛋白，约 44% 的玉米醇溶蛋白，约 28% 的谷蛋白和约 17% 以二硫键交联的玉米醇溶蛋白。胚芽蛋白质大部分是清蛋白和球蛋白。玉米的各种蛋白质都具有较好的氨基酸平衡性，谷蛋白、玉米醇溶蛋白和交联玉米醇溶蛋白都含有较多的谷氨酸和亮氨酸，但玉米醇溶蛋白和交联玉米醇溶蛋白赖氨酸含量低；清蛋白和球蛋白含有较多的谷氨酸和天冬氨酸；此外，交联玉米醇溶蛋白部分的脯氨酸含量较高（18%）。

玉米，像高粱和珍珠谷子一样，胚乳既有透明的部分，也有不透明的部分，这两种类型的胚乳的蛋白质组分的分布及其氨基酸组成都不同。玉米胚乳中的蛋白质与淀粉之间的结合得非常强。透明部分的胚乳，淀粉颗粒的形状是多边形的，并由蛋白质基质聚集在一起，蛋白质体在显微镜下是相当明显的；不透明部分的胚乳中，淀粉颗粒是球形的，被不含蛋白体的基质蛋白覆盖。

四、 大麦蛋白质

大麦属于禾本科大麦属植物，是皮大麦和裸大麦的总称，前者颖壳和颖果相连，后者内、外颖与颖果相分离，籽粒裸露在外。通常说所的大麦指带壳的皮大麦。在世界谷物种植面积上，大麦种植面积仅次于小麦、玉米、水稻，居第四位。作为主要粮食作物，大麦近年来已成为酿造、饲料及医药保健品加工原料。

大麦籽粒中蛋白质含量较高，为 6.4%～24.4%，主要分布在胚芽中，其次为糊粉层，淀粉状胚乳中蛋白质含量很少。依据蛋白质的生理功能，谷物蛋白质分为贮藏蛋白和组织蛋白两大类。其中，贮藏蛋白与谷物的自身营养贮存有关，包括醇溶蛋白和谷蛋白。大麦籽粒蛋白质决定其利用价值，大麦胚乳中清蛋白的含量一般相对较少，占大麦籽粒蛋白质总量的3%～5%，而籽粒中球蛋白含量相对较多，占 10%～12%。籽粒中蛋白质的主要组分是醇溶蛋白和谷蛋白，各类蛋白质含量占 35%～45%。

大麦籽粒根据蛋白质含量的不同用于生产生活中，高籽粒蛋白质含量的大麦品种是人类消费和动物饲料的首选，低蛋白质含量的籽粒有利于大麦麦芽生产，用于啤酒酿造。大麦蛋白质含量与饲料和麦芽品质密切相关，较高的蛋白质含量有利于提高饲料质量且提供优质的营养物质，而麦芽大麦的蛋白质含量较低或适中；高蛋白不仅会影响淀粉的降解速度，还会影响麦芽和麦芽汁的品质，进而影响啤酒的品质。因此，大麦籽粒蛋白质的含量是决定籽粒用途的因素之一，它被用于多种用途，如动物和人类的食品，并作为麦芽进一步加工，用于食品和啤酒酿造。

五、 高粱蛋白质

高粱最早起源于非洲，属于禾本科高粱属一年生草本植物，性喜温暖，具有抗寒、耐涝、耐贫瘠等特点。高粱作为世界主要粮食作物，在世界上栽培种植面积较大且分布广泛，主要分布在非洲、亚洲、美洲等热带干旱、半干旱的地区。高粱的化学组成主要是淀粉，平均值约为75%。此外，蛋白质为15%、脂肪为3.6%、纤维素为2.7%，还有少量的灰分和蜡质。种皮部分主要由纤维素与蜡质组成，胚部分多含粗蛋白质、脂与灰分，胚乳则主要由淀粉、蛋白质和少量的脂类与纤维素组成。

蛋白质是高粱中除淀粉以外含量最多的成分，含 6.8%～19.6%。其中，清蛋白含量较低，仅占其蛋白总量的 10%～15%；谷蛋白和醇溶蛋白则作为高粱的贮藏蛋白，占高粱总蛋白质量的 80%～90%及以上。尤其是醇溶蛋白，占高粱总蛋白的 77%～82%，是研究人员研究关注的热点。根据结构的差异，高粱醇溶蛋白主要可分为高粱醇溶蛋白-Ⅰ和高粱醇溶蛋白-Ⅱ。其中高粱醇溶蛋白-Ⅱ部分也被称为交联醇溶蛋白，如果要将它溶解在乙醇溶液中，则必须加入还原剂来破坏它们的二硫键。

六、 燕麦蛋白质

燕麦属禾本科燕麦属，生长特性与其他谷物相似，是一年生草本植物，燕麦产量约占世界粗粮产量的57%。燕麦中的蛋白质含量（12.4%~24.5%）在谷类食品中是最高的，其中清蛋白占5%~10%、球蛋白50%~60%、醇溶蛋白10%~16%、谷蛋白5%~20%，氨基酸平衡性好，蛋白质功效比超过2.0，生物价为72~75g/100g，而且清蛋白和球蛋白所占比重大，赖氨酸和天冬氨酸含量高，而脯氨酸和谷氨酰胺含量较低，必需氨基酸比例合理，利用率高，是低成本高营养价值蛋白质的潜在来源。

七、　黑麦蛋白质

黑麦具有籽粒蛋白质含量和赖氨酸含量高等优良品质，黑麦中氨基酸平衡是因为其相对高水平的清蛋白和球蛋白。清蛋白约占总蛋白质的35%，球蛋白约占10%。可溶于稀酸的谷蛋白仅占总量的10%左右。然而，大约20%的蛋白质没有被正常的奥斯本–门德尔法分离。黑麦醇溶蛋白，即黑麦蛋白，约占总量的20%，黑麦醇溶蛋白中含有大量的谷氨酸和脯氨酸。然而，与白蛋白、球蛋白、谷蛋白和残余部分中4%~5%的赖氨酸相比，这些部分仅含有约1%或更少的赖氨酸。

八、　小米蛋白质

谷子脱壳称小米，属禾本科狗尾草属植物，是我国北方地区主要粮食作物之一。小米中蛋白质主要贮存在胚和胚乳细胞中，其成分主要包括：清蛋白、球蛋白、醇溶蛋白和谷蛋白。蛋白体是其主要存在形式，位于淀粉粒之间的空隙或"镶嵌"在淀粉粒之间，胚乳外围部分的蛋白体较多，而中心部位蛋白体较少。小米蛋白中主要是醇溶蛋白，占蛋白总量46%，清蛋白和球蛋白之和仅5.5%，谷蛋白占21.2%，各蛋白组分的比例与玉米的比较接近。不同小米品种之间蛋白质含量存在一定的差异，绝大多数品种的蛋白质含量（质量分数）为10%~13.99%。小米蛋白质中各种氨基酸含量的差异很大，谷氨酸、亮氨酸、丙氨酸、脯氨酸、天冬氨酸构成其主要组成部分，占氨基酸总量的58.95%。

第七节　谷物蛋白质的营养特性

一、　小麦蛋白质

小麦籽粒中含有人体所必需的营养物质，其中糖类含量60%~80%、蛋白质为8%~15%、脂肪为1.5%~2%、矿物质为1.5%~2%，还有各种维生素等。

小麦蛋白质，更准确地说是面筋蛋白，其碱性氨基酸含量很少，赖氨酸水平低是众所周知的。但是面筋蛋白中的谷氨酸和脯氨酸水平较高，氨基酸的不均衡是小麦蛋白质的营养水平低的主要原因。面筋蛋白、谷蛋白和醇溶蛋白的氨基酸组成见表3-4。

表3-4　　　　　　　面筋蛋白、谷蛋白和醇溶蛋白的氨基酸组成

氨基酸名称	面筋含量/%	谷蛋白含量/%	醇溶蛋白含量/%
赖氨酸	2.43	4.49	1.29

续表

氨基酸名称	面筋含量/%	谷蛋白含量/%	醇溶蛋白含量/%
异亮氨酸	5.02	3.00	5.86
亮氨酸	9.43	7.46	11.49
缬氨酸	4.97	5.91	6.29
酪氨酸	4.82	3.46	3.84
苯丙氨酸	5.46	4.24	5.67
甲硫氨酸	2.06	1.68	1.99
半胱氨酸	1.49	1.55	1.68
苏氨酸	3.48	3.68	2.85
天冬氨酸	5.28	8.51	4.24
丝氨酸	6.08	5.41	7.78
谷氨酸	31.51	22.90	32.79
甘氨酸	5.19	6.62	2.62
组氨酸	3.10	4.72	3.56
丙氨酸	4.06	5.39	3.14
精氨酸	5.63	10.98	4.19

注：以上氨基酸含量表示其在总蛋白中的比例，下同。

值得注意的是，小麦被认为是一种主要的食物过敏原，是联合国粮食及农业组织（FAO）报告的八类常见过敏食物之一。主要过敏原是小麦中的储藏蛋白、抗氧化蛋白和可溶性蛋白等，大多数具有酸性等电点，分子量在 10000~80000。比较常见的麸质过敏症是乳糜泻，是患者对小麦蛋白不能耐受所致慢性小肠吸收不良综合征。典型的乳糜泻临床表现为肠黏膜损害和继发的吸收不良，伴有顽固的腹泻、体重下降、营养不良、骨质疏松症等症状。在北美、北欧、澳大利亚发病率较高，国内很少见。男女之比为 1∶（1.3~2.0），女性多于男性，发病高峰人群主要是儿童与青年。目前的研究表明，主要由谷物中的醇溶蛋白引起该病。乳糜泻患者由于受遗传因素影响，目前最有效的治疗是严格的无麸质饮食，饮食中应避免小麦、大麦和黑麦等麸质谷类食物，并建议患者食用大米、玉米、马铃薯、大豆、水果和蔬菜等天然不含麸质食物。虽然现有加工技术不可能去除小麦中所有的蛋白质，但在加工不含麸质的小麦淀粉过程中，麸质含量低于 20mg/kg 的无筋面粉（gluten-free flour）却是一种适合乳糜泻患者的健康食品，但目前国内市场尚无相关产品。

二、 大米蛋白质

大米蛋白氨基酸组成平衡合理，与世界卫生组织（WHO）/FAO 推荐的理想模式非常接近；且富含必需氨基酸，尤其赖氨酸含量高于其他谷物。大米蛋白因赖氨酸含量较高，必需氨基酸含量与其他谷类蛋白中必需氨基酸含量比较具有一定优势，生物价及蛋白质效用比率较高，具有良好的营养价值。

大米蛋白的氨基酸组成见表 3-5。与理想蛋白质相比，其赖氨酸、异亮氨酸、苏氨酸含量略微不足，但与小麦蛋白相比，除异亮氨酸较少外，其各种必需氨基酸都较丰富，营养价值高于小麦蛋白而近于理想蛋白质。大米蛋白生物价为 77g/100g，不但在各种粮食作物中占第一位（包括大豆），且可与鱼（生物价为 76g/100g）、虾（生物价为 77g/100g）及牛肉（生物价69g/100g）相媲美。大米蛋白价值主要体现于其低抗原性，无色素干扰，具有柔和而不刺激味觉及高营养价值，尤其是低抗原性是其有别于其他植物蛋白一个重要特点。

很多植物性蛋白含有抗营养因子，如大豆和花生含有对人体有害的胰蛋白酶抑制素和凝血素，在大豆中还含有胀气因子棉子糖和水苏糖等；动物性食品中也有一些抗营养因子，如牛奶中 β-乳球蛋白、鸡蛋清中卵类黏蛋白等，食用者可能会产生过敏反应，特别是婴幼儿对这些因子尤为敏感。而大米蛋白不含类似致敏因子，安全可靠，因此，大米是唯一可免于过敏试验谷物，现在世界上很多国家都以大米蛋白营养粉作为婴幼儿营养蛋白补充剂。

在大米蛋白的营养价值得到认可的同时，其保健功能也逐步被研究发现，如预防一些慢性疾病、糖尿病、高血压。大米蛋白中的氨基酸能够通过降低血清中低密度脂蛋白胆固醇水平和增加高密度脂蛋白胆固醇水平来降低血清胆固醇水平，从而调控胆固醇。以胰蛋白酶（trypsin）水解大米蛋白得到的免疫活性肽能显著提高机体免疫力。大米蛋白的营养和保健功效使得提取利用大米蛋白成为新的机遇和挑战。

表 3-5 大米蛋白的氨基酸组成

氨基酸名称	含量/%	氨基酸名称	含量/%
天冬氨酸	5.65	胱氨酸	0.55
谷氨酸	17.39	缬氨酸	4.78
丝氨酸	7.18	甲硫氨酸	2.73
组氨酸	2.79	苯丙氨酸	5.70
甘氨酸	6.78	异亮氨酸	3.37
苏氨酸	3.29	亮氨酸	9.73
精氨酸	13.53	赖氨酸	2.61
丙氨酸	6.25	脯氨酸	0.61
酪氨酸	7.06		

三、 玉米蛋白质

玉米胚芽蛋白质由清蛋白和球蛋白构成的，清蛋白的相对分子质量为 $1 \times 10^4 \sim 2 \times 10^5$，球蛋白的相对分子质量为 $1.6 \times 10^4 \sim 1.3 \times 10^5$。玉米胚芽蛋白的营养价值很高，由于其氨基酸组成与鲜鸡蛋中蛋白质的氨基酸组成相似，所以其生物学价值较高。玉米胚乳蛋白的氨基酸组成见表 3-6。

从营养性角度讲，玉米胚乳蛋白不是人类理想的蛋白质，其疏水性氨基酸含量很高，如丙氨酸、亮氨酸、异亮氨酸、缬氨酸，并且谷氨酸、脯氨酸含量也很高。但人体必需氨基酸含量较低，如色氨酸、赖氨酸等，氨基酸组成不平衡，在一定程度上限制了其在食品行业的应用。

表 3-6　　　　　　玉米胚乳蛋白的氨基酸组成

氨基酸名称	含量/%	氨基酸名称	含量/%
赖氨酸	2.0	丙氨酸	8.1
组氨酸	2.8	胱氨酸	1.8
精氨酸	3.8	缬氨酸	4.7
天冬氨酸	6.2	甲硫氨酸	2.8
谷氨酸	21.3	异亮氨酸	3.8
苏氨酸	3.5	亮氨酸	14.3
丝氨酸	5.2	酪氨酸	5.3
脯氨酸	9.7	苯丙氨酸	5.3
甘氨酸	3.2		

四、 大麦蛋白质

和大多数谷物一样，赖氨酸是大麦的第一限制性氨基酸，苏氨酸是第二限制性氨基酸。大多数大麦都是带完整的外壳收获的，外壳占整个籽粒的 10%。外壳中的蛋白质含量通常很低，但其中的蛋白质中含有较高水平的赖氨酸。胚蛋白质的赖氨酸含量也高，相比之下，胚乳中的赖氨酸含量较低（约 3.2%），但仍高于许多谷物。胚乳中含有高水平的谷氨酸（约 35%）和脯氨酸（约 62%）。谷氨酸是以游离酸形式而不是酰胺的形式存在。大麦醇溶蛋白的赖氨酸含量很低，而谷蛋白、清蛋白和球蛋白中的赖氨酸含量较高。大麦蛋白的氨基酸组成见表 3-7。

表 3-7　　　　　　大麦蛋白的氨基酸组成

氨基酸名称	皮大麦中含量/%	裸大麦中含量/%
丙氨酸	3.33	3.36
精氨酸	4.55	4.57
天冬氨酸	5.38	5.36
半胱氨酸	2.12	2.21
谷氨酸	22.58	23.36
甘氨酸	3.18	3.14
组氨酸	1.97	2.00
异亮氨酸	3.26	3.29
亮氨酸	5.98	6.00
赖氨酸	3.11	2.93
甲硫氨酸	1.52	2.00
苯丙氨酸	5.15	5.21
脯氨酸	10.00	10.21

续表

氨基酸名称	皮大麦中含量/%	裸大麦中含量/%
丝氨酸	4.09	4.07
苏氨酸	3.18	3.21
色氨酸	1.67	1.64
酪氨酸	2.80	3.00
缬氨酸	4.47	4.50

五、 高粱蛋白质

高粱作为食物其蛋白质在人体内消化率不高，为 30%~80%，在禾谷类作物中消化率最低。

研究发现，高粱蛋白质的消化率和降低人体血液胆固醇浓度有负相关关系，也就是说蛋白质的消化率越低，降低血液胆固醇浓度的效果就越好。

高粱蛋白质的氨基酸组成见表3-8。

表3-8　　　　　　　　　　　高粱蛋白的氨基酸含量

氨基酸名称	含量/%	氨基酸名称	含量/%
赖氨酸	2.44	丙氨酸	10.91
组氨酸	2.07	胱氨酸	0.84
精氨酸	4.16	缬氨酸	5.77
天冬氨酸	7.46	甲硫氨酸	0.86
苏氨酸	3.32	异亮氨酸	4.28
丝氨酸	4.42	亮氨酸	14.61
谷氨酸	25.47	酪氨酸	3.86
脯氨酸	8.28	苯丙氨酸	4.50
甘氨酸	3.93		

六、 燕麦蛋白质

从营养观点看，燕麦的氨基酸平衡性非常好，在谷物中是独一无二的（表3-9）。与联合国粮食及农业组织规定的标准蛋白质相比，燕麦蛋白质质量好。此外，脱壳燕麦的蛋白质含量通常比其他谷物高得多。即便在蛋白质含量较高时，其良好的氨基酸平衡也是稳定的，而其他谷物往往不是如此。因此从多方面看，燕麦与其他谷物相比，在营养含量上显然是占优势的。

表3-9　　　　　　　　　　　燕麦的氨基酸组成

氨基酸名称	整粒燕麦中含量/%	去壳燕麦中含量/%	胚乳中含量/%
赖氨酸	4.2	4.2	3.7

续表

氨基酸名称	整粒燕麦中含量/%	去壳燕麦中含量/%	胚乳中含量/%
组氨酸	2.4	2.2	2.2
精氨酸	6.4	6.9	6.6
天冬氨酸	9.2	8.9	8.5
苏氨酸	3.3	3.3	3.3
丝氨酸	4.0	4.2	4.6
谷氨酸	21.6	23.9	23.6
半胱氨酸	1.7	1.6	2.2
甲硫氨酸	2.3	2.5	2.4
甘氨酸	5.1	4.9	4.7
丙氨酸	5.1	5.0	4.5
缬氨酸	5.8	5.3	5.5
脯氨酸	5.7	4.7	4.6
异亮氨酸	4.2	3.9	4.2
亮氨酸	7.5	7.4	7.8
酪氨酸	2.6	3.1	3.3
苯丙氨酸	5.4	5.3	5.6

七、 黑麦蛋白质

从营养的角度看，黑麦蛋白质的氨基酸组成比大多数谷物好。黑麦中的赖氨酸含量高于小麦等其他大多数谷物，约占蛋白质的3.5%。谷氨酸含量最高，约为29%，色氨酸含量很低，是第一限制性氨基酸。黑麦蛋白的氨基酸组成见表3-10。

表3-10   黑麦蛋白的氨基酸含量

氨基酸名称	含量/%	氨基酸名称	含量/%
谷氨酸	29.5	精氨酸	3.0
丙氨酸	5.1	组氨酸	1.4
缬氨酸	5.1	苯丙氨酸	3.8
异亮氨酸	3.6	酪氨酸	1.9
亮氨酸	6.3	脯氨酸	13.5
天冬氨酸	5.4	丝氨酸	4.8
甘氨酸	5.6	苏氨酸	3.0
赖氨酸	2.5	半胱氨酸	3.2
甲硫氨酸	2.3		

八、　小米蛋白质

小米中蛋白质的消化率为 83.4%，生物价为 57g/100g，高于大米和小麦。小米中必需氨基酸含量占蛋白质的 42.03%，能满足人体的需求，所缺乏的仅是赖氨酸、色氨酸和苏氨酸。小米蛋白质中氨基酸种类齐全，必需氨基酸模式值与人的接近，是一种优质蛋白质。小米蛋白的氨基酸含量见表 3-11。

表 3-11　　　　　　　　　　　　　　小米蛋白的氨基酸含量

氨基酸名称	含量/%	氨基酸名称	含量/%
谷氨酸	23.98	组氨酸	1.96
丙氨酸	8.74	苯丙氨酸	5.59
缬氨酸	5.21	酪氨酸	2.25
异亮氨酸	4.12	脯氨酸	5.10
亮氨酸	12.71	甲硫氨酸	3.01
天冬氨酸	6.39	胱氨酸	1.86
甘氨酸	2.70	丝氨酸	4.02
赖氨酸	1.95	苏氨酸	3.35
精氨酸	3.48		

第八节　小麦蛋白的结构与功能

面筋蛋白是自然界最为复杂的蛋白之一，其相对分子质量范围为 3 万至高达上千万。目前小麦面筋蛋白的分类主要根据面筋蛋白在乙醇水溶液中溶解度的差异，一般可将其分为单体醇溶蛋白和聚合体谷蛋白，二者含量接近 1∶1。面筋蛋白的黏弹性主要来源于黏性的醇溶蛋白和弹性的谷蛋白。通常二者皆可称之为面筋蛋白，但这两种蛋白无论是在结构还是在功能方面都存在着很大的差异。

一、　面筋蛋白结构

小麦面筋蛋白中非极性氨基酸的含量较高（30%~40%），易形成疏水作用，谷氨酰胺侧链含量高易形成氢键。同时它们在溶液中表现出较高程度的聚合行为，导致面筋蛋白呈现溶解度低和结晶性差的特性。这些特性也成为解析面筋蛋白复杂结构的最主要障碍。为解释面筋蛋白复杂结构和功能性之间的关系，诸多研究学者提出了相应的简化模型。典型面筋蛋白分子模型见图 3-10。在面团体系模型中，谷蛋白肽链之间通过链外二硫键相连，而醇溶蛋白则主要靠非共价作用力与谷蛋白作用形成面筋蛋白网络以构成面团的骨架结构。在面筋蛋白体系模型中，线性蛋白为高分子谷蛋白亚基（high molecular weight glutenin subunit，HMS），球状蛋白则包括低分子谷蛋白亚基（low molecular weight glutenin subunit，LMS）和单体醇溶蛋白。其中线性高分子谷蛋白亚基之间主要通过二硫键相互连接。而高分子谷蛋白亚基与球状蛋白则通过二硫键和非共价作用力结合。

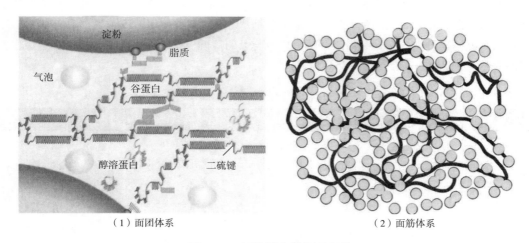

（1）面团体系　　　　　　　　　　　　（2）面筋体系

图 3-10　面筋蛋白结构示意图

二、醇溶蛋白结构

醇溶蛋白为单体蛋白，相对分子质量为 30000～80000。其分子内无链外二硫键，单链结构由链内二硫键以及氢键、疏水键等次级作用力维持，形成较紧密的球状结构，对面团的延展性、黏性以及起泡性起到重要作用。根据其在电泳上迁移率的不同，主要可分为 ω、α 和 γ 三种类型。ω 型为贫硫亚基，相对分子质量为 46000～74000。α 和 γ 型则为富硫亚基，相对分子质量在 30000～45000。

醇溶蛋白的一级结构主要可划分为氮（N）端、碳（C）端和中心域三个部分（图 3-11）。N-端较短，包含 5～14 个氨基酸残基；中心域则为以谷氨酰胺、脯氨酸、苯丙氨酸和酪氨酸等组成的单元重复结构，一般包含 100 个氨基酸；C-端为多聚谷氨酰胺、赖氨酸、精氨酸和半胱氨酸组成的非重复区域。其中 α-和 γ-醇溶蛋白分别包含 6 个和 8 个半胱氨酸残基，皆位于 C-端，自然状态下可形成链内二硫键。由于氨基酸组成不同，N-端和 C-端都较为疏水而中心域则亲水性较强。ω-醇溶蛋白中心域最长，因此疏水性最差；又由于 α-醇溶蛋白的 C-端包含更多亲水性的多聚谷氨酰胺，其疏水性较 γ-醇溶蛋白差。α-和 γ-醇溶蛋白亲、疏水区域分布较为均一，因此其两亲性较 ω-醇溶蛋白的好。二级结构中，α-和 γ-醇溶蛋白重复域主要为 β 转角结构，非重复域则为 α 螺旋结构，使得其整体呈紧密的球状结构。ω-醇溶蛋白富含 α 螺旋结构，β 转角和 β 折叠结构则较少，整体呈松散的圈状结构。

三、谷蛋白结构

谷蛋白是由多个亚基通过链外二硫键聚合形成的聚合体蛋白，其相对分子质量可由十万至数百万，对面团的强度和弹性起主要贡献作用。谷蛋白主要包含五种亚基：x 和 y 型高分子谷蛋白亚基以及 B、C 和 D 型低分子谷蛋白亚基。高分子谷蛋白亚基相对分子质量为 65000～90000，低分子谷蛋白亚基相对分子质量为 30000～60000。

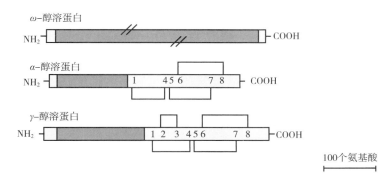

图 3-11 醇溶蛋白的一级结构示意图

如图 3-12 所示，高分子谷蛋白亚基一级结构也可分为三个区域，即无重复的 N-端，包含 81~104 个残基；重复的中心域，包含 480~680 个残基；无重复的 C-端，包含 42 个残基。其中可形成二硫键的半胱氨酸残基则主要集中在两端区域。二级结构中，高分子谷蛋白亚基两端主要含有规则的 α 螺旋结构，而中心域则为以 β 转角为单元形成的特殊 β 螺旋的超二级结构。由于 x-高分子谷蛋白亚基中心区域较长，其相对分子质量和 β 螺旋结构含量都要比 y-高分子谷蛋白亚基的大。由于同属一个小麦基因编码区，C-低分子谷蛋白亚基的一、二级结构与 α- 和 γ-醇溶蛋白的类似而 D-低分子谷蛋白亚基则与 ω-醇溶蛋白的接近。但低分子谷蛋白亚基除含有链内二硫键外，也包含可形成链外二硫的半胱氨酸残基。麦谷蛋白结构的模型如图3-12所示。x-和y-高分子谷蛋白亚基通过链外二硫键首尾相接形成骨架结构，而低分子谷蛋白亚

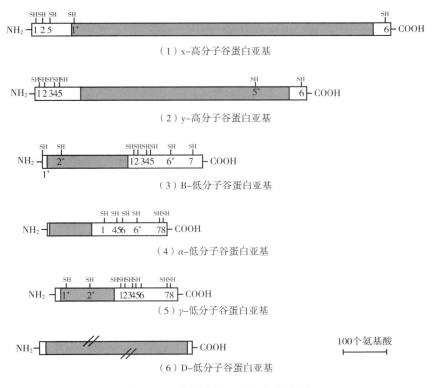

图 3-12 谷蛋白的一级结构示意图

基也以链外二硫键与骨架连接形成分支结构，这种单元结构的相对分子质量在 150 万左右。最大的谷蛋白分子可包含高达 10 个上述的结构单元，被称之为谷蛋白大分子聚合体（GMP）。

四、 面筋蛋白功能性

小麦面筋蛋白的功能性直接决定了面团的加工品质和最终产品的食用品质。市售各类面粉的用途不一也主要归因于面筋蛋白的含量和质量的差异。面筋蛋白主要有以下功能特性。

（一）黏弹性

面筋蛋白的黏弹性是影响面团加工品质的最主要特性之一。如小麦面筋蛋白中的麦醇溶蛋白分子呈球状，分子质量较小，具有延伸性，但弹性小，赋予了面团较好的黏性和延展性；麦谷蛋白分子为纤维状，分子质量较大，具有弹性，但延伸性小，赋予面团弹性。这两者的共同作用，使得小麦面筋具有其他植物蛋白所没有的独特黏弹性（图 3-13）。

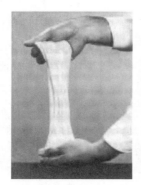

（1）面筋蛋白　　　　　　（2）醇溶蛋白　　　　　　（3）谷蛋白

图 3-13　面筋蛋白、醇溶蛋白和谷蛋白的物理特性

（二）延伸性

延伸性指把面筋块拉到某种长度而不致断裂的性能，可用面筋块拉到断裂时的最大长度来表示。由此可把面筋分为三个级别：延伸性差的面筋、延伸性中等的面筋和延伸性好的面筋。

（三）薄膜成型性

小麦面筋蛋白的薄膜成型性是其黏弹性的直观表现。由于克服面筋部分弹性，可在内部形成二氧化碳或水汽，使面筋呈纤维状或海绵状结构，所产生的气体被连续相的蛋白包围，孔内充满气体，形成薄膜。将其进行简单的双轴拉伸，能够观察到湿面筋的中间部分逐渐变薄，最终形成了透明薄膜。但如用 75% 乙醇抽提面筋蛋白，其抽取物为麦谷蛋白，因其只有弹性，而成膜性能大大降低。因此，面筋网络的弹性主要与麦谷蛋白的功能特性有关，而麦醇溶蛋白与成膜性有关。

（四）吸水性

小麦面筋蛋白中存在较多的非极性氨基酸，形成疏水作用，使得小麦面筋蛋白具有较强的吸水能力。品质高的面筋蛋白可吸收二倍面筋蛋白量的水，这种特性可增加产品的得率，延长食品的保质期。

（五）凝胶性

凝胶性是蛋白质与蛋白质，以及蛋白质与水之间相互作用结果。蛋白质与水作用力越强，与水结合越牢固；蛋白质分子间作用力强，才能形成空间网状结构；但作用力过强，整个体系平衡遭到破坏，水被挤出，凝胶结构被破坏。面筋蛋白分子量较大，分子间作用力较强，因此可形成较好的凝胶。

（六）热凝固性

水溶性蛋白质加热到临界温度就会变性，变性后就不易溶于水了，称为热凝固性。面筋蛋白与其他蛋白质不同，对热的敏感性差，如不加热到95℃左右，便不会凝胶化。这说明面筋中的分子间多为二硫键交联，即面筋蛋白是牢固的三级或四级结构构成的。因此，如果用还原剂切断面筋蛋白的二硫键交联，其热敏感性就会显著提高。

（七）溶解性

面筋蛋白解离度低（10%），而非极性氨基酸含量高（30%~40%），易形成疏水作用，谷氨酰胺侧链含量高易形成氢键，溶解面筋蛋白大分子时必须破坏疏水作用和氢键，因此面筋蛋白水溶性差，即溶解度低，这一弱点又影响到其他功能性如起泡、乳化和凝胶在生产应用中发挥。不溶性蛋白质在食品中的应用是非常有限的，因此，若要拓宽面筋蛋白应用范围，首先要改善其溶解性。

（八）乳化性

乳化剂会带来关键的乳化作用，品质优良的烘焙产品需要较好的乳化反应。乳化剂的亲水与亲油基在面团中分别作用，将面团内的水及油吸附，从而降低油水两相的界面张力，并使面团内部原先互不相容的多分散相系统得以均质，形成的乳化体可以是水包油及油包水两种类型。前者水为分散系，后者油为分散系。乳化剂的乳化能力与其亲水基、亲油基的多少有关。一般可用"亲水亲油平衡值"（HLB）来表示其乳化能力的差别。若亲水亲油平衡值越大，则亲水作用越大，即可稳定水包油型乳化体；反之，亲水亲油平衡值越小，则亲油作用越大，即可稳定油包水型乳化体。面筋蛋白因溶解度低，其乳化性也较差。蛋白质溶解性会影响乳化性，不溶性蛋白质对乳化作用影响很小；在面筋等电点 pH 时，溶解度最低，而面筋的等电点 pH 正处于大部分食品的 pH 范围内，因此乳化性也较差。

（九）起泡性

在醒发过程中，面团会随着气泡扩张而逐渐形成海绵状的网络结构。该网络结构直接影响面团的醒发体积和持气性能，决定了面团的最终食用品质。面筋蛋白的起泡性能对该网络结构形成至关重要，其中，又因醇溶蛋白的两亲性较高而对面筋蛋白的起泡性起主导作用。醇溶蛋白的中心域富含亲水性的谷氨酰胺和脯氨酸，两端富含疏水性氨基酸，这种结构赋予了其分子两亲性。醇溶蛋白的起泡性主要由其富含疏水性氨基酸的两端区域所决定。在醇溶蛋白各亚基中，α-和γ-醇溶蛋白 N-端较短，由少数的氨基酸残基组成，而其中心域和 C-端较长。另一方面，ω-醇溶蛋白的中心域占整个蛋白序列的 90%~96%，其 N-端和 C-端都较短。因此，α-和γ-醇溶蛋白都较ω-醇溶蛋白两亲性强。其中，γ-醇溶蛋白对醇溶蛋白的起泡性能贡献最大。

思政小课堂

（1）我国是人口大国、农业大国，"三农问题"始终是贯穿我国现代化建设和实现中华民族伟大复兴进程中的根本问题。三农问题，就是指农业、农村、农民这三个问题，研究三农问题的目的是要解决农民增收、农业发展、农村稳定问题。为解决这一问题，21世纪以来，从2004年至2023年，中央一号文件连续20年以三农为主题，体现了三农问题重中之重的地位。2023年2月13日，中共中央、国务院发布了《关于做好2023年全面推进乡村振兴重点工作的实施意见》（以下简称《意见》），对全面推进乡村振兴作出重大部署。《意见》指出，要"全力抓好粮食生产。确保全国粮食产量保持在1.3万亿斤以上，各省（自治区、直辖市）都要稳住面积、主攻单产、力争多增产""加快粮食烘干、农产品产地冷藏、冷链物流设施建设"。

（2）党的二十大报告从全面建设社会主义现代化国家、全面推进中华民族伟大复兴的全局出发，对三农工作作出一系列重大部署。对于农业来说，市场作用主要解决生产结构问题，政府作用主要解决生产能力问题；对于农村来说，需要解决的突出问题，主要是各种公共服务设施建设，包括水电路网等基础设施建设，教育和医疗设施建设，以及生态环境治理保护等；对于农民问题来说，属于经济收入方面的问题，主要靠市场机制解决。

本章参考文献

［1］汪世龙.蛋白质化学［M］.上海：同济大学出版社，2012.

［2］JAN A D，HOSENY R C. Principles of cereal science and technology［M］.3rd ed. St. Paul, USA：AACC International，2010.

［3］ELKE K. A，EMANUELE Z. Cereal grains for the food and beverage industries［M］.Cambridge，UK：Woodhead Publishing，2013.

［4］贾光锋，范丽霞，王金水.小麦面筋蛋白结构、功能性及应用［J］.粮食加工，2004，29（2）：11-13.

［5］敬珊珊，刘晓兰，郑喜群.玉米蛋白加工利用研究进展［J］.食品与机械，2012，28（1）：259-263.

［6］章海燕，王立，张晖.大米蛋白研究进展［J］.粮食与油脂，2010（4）：4-6.

［7］王沛.冷冻面团中小麦面筋蛋白品质劣变机理及改良研究［D］.无锡：江南大学，2016.

［8］杨春，田志芳，卢健鸣，等.小米蛋白质研究进展［J］.中国粮油学报，2010，25（8）：123-128.

第四章
CHAPTER

谷物的其他成分

4

淀粉和蛋白质是谷物中含量最多的组分，同时也是谷物最为重要的成分。然而，谷物中还含有一些其他成分，如非淀粉多糖、脂类、内源酶、多酚、维生素和矿物质等。虽然这些非主要成分在谷物籽粒中占的比例并不高，但其在谷物的生长和人类膳食、营养与健康方面同样发挥着重要作用。此外，诸如非淀粉多糖和脂类等成分同样能够在很大程度上影响谷物食品的功能和食用品质。在本章中，我们将主要介绍谷物中的非淀粉多糖、脂类、内源酶和多酚等几类成分的基本特性和功能作用。

第一节　谷物非淀粉多糖

一、纤维素

纤维素（cellulose）是自然界中含量最多、分布最广的多糖，是构成高等植物细胞壁的主要结构组分，在细胞壁的机械物理性质方面起着重要作用。纤维素在水果和蔬菜中的含量为 1%~2%，在谷物和豆类中含量为 2%~4%。纤维素是植物茎秆、粗饲料及皮壳的主要成分，含量可达到 40%~50%。谷物籽粒的果皮或种皮中也含有大量的纤维素（可达 30%），高含量的纤维素对于维持谷物的正常生理功能、贮藏和加工品质等都具有十分重要的意义。

纤维素是一个大的聚合体，是由 β-D-吡喃葡萄糖基单位通过脱水缩合经 β-1，4-糖苷键连接而成的均一直链高分子聚合物（图 4-1）。纤维素分子的链长因其来源和分离方法的不同而存在很大差异，其聚合度一般可以达到 1000~14000。通过 X 射线衍射法研究纤维素，发现其是由 60 多条呈螺旋状长链的纤维素分子通过氢键结合，在空间上紧密平行排列，从而形成高度有序、致密的三维束状结构，称为纤维素微晶束。在植物细胞壁中，微晶束通过凝胶基质的结合作用而紧密束缚，这些凝胶基质通常是由其他结构多糖构成的，如非纤维素多糖（半纤维素和果胶）和木质素等。许多的微晶束通过积压层叠而形成致密结实的网状结构，使纤维素具有良好的机械性，能够抵御许多生物体及酶的攻击。

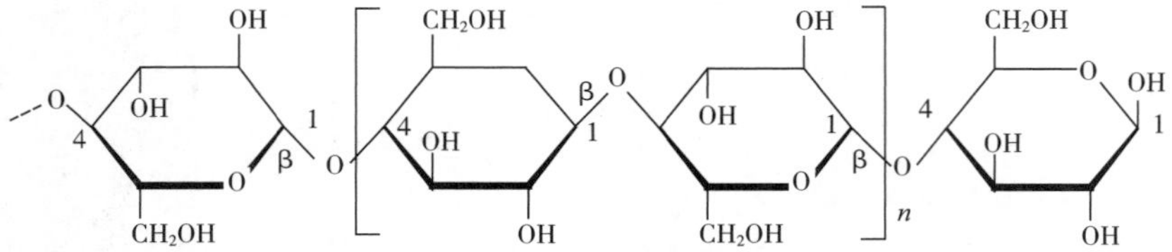

图4-1　纤维素的基本结构

　　天然的纤维素通常是不完全的结晶体，结晶化程度高于淀粉粒，可达60%～70%，呈白色纤维状，具有高度的化学稳定性，不易溶于水和一般有机溶剂，也不溶于稀酸或稀碱溶液。一些溶剂能够渗入纤维素微晶束中的非结晶部分，从而导致溶胀现象的发生，通常情况下纤维素的溶胀程度要低于淀粉。纤维素能够溶于浓酸溶液，这是由于纤维素在浓酸条件下能够水解成一些短链可溶解的碎片分子，如纤维二糖和葡萄糖，当然其水解程度也受酸浓度和温度的影响。纤维素在碱性溶液中的溶胀程度要高于在水或酸性溶液中的溶胀程度，并且温度的升高可以使纤维素水解或者氧化。纤维素水解可产生纤维素糊精和纤维二糖等中间产物，最终产物为β-D-葡萄糖。与淀粉一样，纤维素为非还原性多糖。

　　天然的纤维素可以作为非产能的增稠剂添加到某些食品当中，导致食品的浊度增加，并可以应用于通过挤压处理的产品当中。然而，纤维素可以通过物理或化学方式进行改性处理（如甲基纤维素、羧甲基纤维素等），这也是近些年的研究热点之一。相比于天然纤维素，改性的纤维素在食品工业当中有着更广泛的用途，这也为纤维素行业的发展提供了新的思路。

　　人类膳食中的纤维素主要来源于水果、蔬菜、粗加工的谷物等植物源性食品。虽然纤维素不能被人体所消化吸收，也不能为人体提供能量，但其具有促进胃肠蠕动、帮助消化和粪便排出等作用。如果人体长时间缺乏足够的膳食纤维摄入，就容易出现消化不良、便秘等消化道疾病。

二、半纤维素

　　半纤维素（hemicellulose）主要包括植物中的非淀粉和非纤维素多糖，是一类填充于植物细胞壁的纤维素空隙中将细胞连在一起的粘连性物质。半纤维素广泛存在于谷物中，如小麦、大麦、黑麦和燕麦等。此外，半纤维素在一些植物组织中具有很高的含量，如秸秆、麸糠、花生壳等，经常存在于植物木质化的部分。半纤维素在化学组成方面比较复杂，其能够由简单的糖如β-葡聚糖构成，也可以是含有戊糖、己糖和酚类等物质的异质多聚体。通常情况下，半纤维素是含有D-木糖的一类杂聚多糖，一般其水解产物为戊糖、葡糖醛酸和一些脱氧糖。食品中最主要的半纤维素是由β-1，4-D-吡喃木糖基单位组成的木聚糖为骨架，也是膳食纤维的一个重要来源。

　　小麦中最主要的半纤维素是阿拉伯木聚糖，其含量为6%～7%。阿拉伯木聚糖在小麦胚乳中的含量为1.5%～2.5%，是构成小麦胚乳细胞壁的主要物质，占到细胞壁干物质重的三分之二。研究表明，小麦胚乳中的阿拉伯木聚糖有25%～33%是水溶性的，在水洗除去面筋之后，剩下的浆液经离心分离可到的水溶性和水不溶性的半纤维素。水溶性阿拉伯木聚糖能够形成高度黏稠的溶液，并且溶液的黏稠度主要取决于阿拉伯木聚糖分子的链长、取代程度和取代方式以及分子的交联程度等方面。因此，小麦粉提取物本身所具有的黏度在很大程度上是由水溶性阿拉伯木聚糖贡献的。而在水不溶性的阿拉伯木聚糖中，多糖分子之间的交联和阿魏酸残基的作用形成了高分子质量的阿拉伯木聚糖生物大分子，这也是造成其不溶于水的主要原因。然而，碱皂化反应可以消除阿魏酸残基的作用，从而提高阿拉伯木聚糖的溶解度。

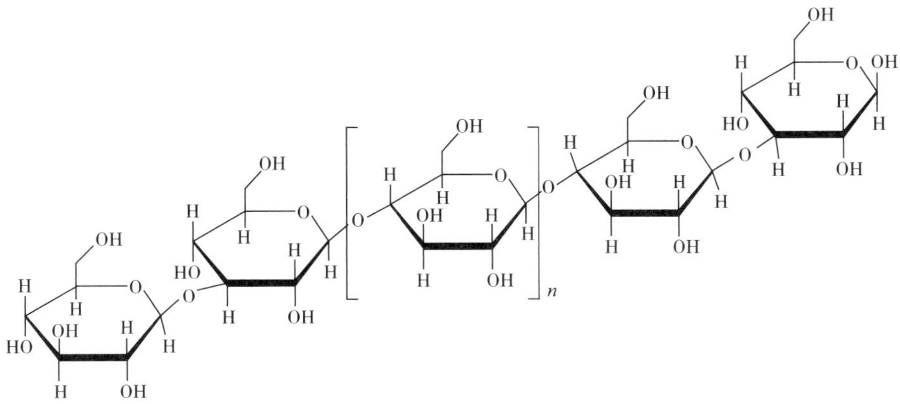

图 4-2　β-D-葡聚糖的基本结构

半纤维素也广泛存在于其他一些谷物中。与小麦类似，黑麦中的半纤维素也主要是由阿拉伯木聚糖所构成的。然而，黑麦籽粒中阿拉伯木聚糖的含量要高于小麦，为 6.5%～12.2%，并且黑麦粉中含有约 2% 的水溶性阿拉伯木聚糖和 3% 的水不溶性阿拉伯木聚糖。

大麦胚乳细胞壁中含有约 70% 的 β-D-葡聚糖和 20% 的阿拉伯木聚糖，以及少量的甘露聚糖和蛋白质。β-D-葡聚糖是由 D-吡喃葡萄糖残基通过 β-1，3 和 β-1，4-糖苷键连接而成的长链异质高分子聚合物（图 4-2）。其中 β-1，4-糖苷键含量越高，β-D-葡聚糖的水溶性就越低。大多数可溶性的 β-D-葡聚糖含有约 30% 的 β-1，3-糖苷键和 70% 的 β-1，4-糖苷键，其长链是由 2～3 个 β-D-葡萄糖通过 β-1，4-糖苷键连接形成基本单元，这些基本单元再通过 β-1，3-糖苷键相连构成高分子多聚体。此外，β-D-葡聚糖具有形成高黏度溶液的能力，并能够形成凝胶。在大麦中，β-D-葡聚糖也分为水溶性和水不溶性两类，平均约 50% 的 β-D-葡聚糖是水溶性的（38℃）。

与大麦类似，燕麦中的半纤维素也主要是由 70%～85% 的 β-D-葡聚糖所构成，并且燕麦籽粒同样具有很高的 β-D-葡聚糖含量，占 3%～7%。由于 β-D-葡聚糖具有降低血脂、调节血糖等重要的生理功能，因此，有效开发与利用谷物中的 β-D-葡聚糖一直是谷物科学领域的研究热点。然而，半纤维素在诸如高粱、小米、玉米等杂粮中的含量并不高，并且由于组成其结构的基本单糖的差异，导致这些杂粮中的半纤维素并不具有很高的黏度。

三、　果胶

果胶（pectins）是一类高度多分散的、复杂的、酸性的多糖，具有不同的化学组成。果胶广泛存在于高等植物中，是细胞壁的主要成分，存在于细胞壁的中间层，起着粘连细胞的作用。果胶主要在植物生长的初期形成和累积，尤其是在初生细胞壁中含量最高。此外，果胶的存在和变化对水果和蔬菜的生长、成熟和储运过程中的质构特性有着重要影响。果胶类物质在植物体内以三种形式存在，包括果胶酸、果胶和原果胶。

1. 果胶酸

果胶酸是一类由 100 多个 α-D-吡喃半乳糖醛酸残基通过 α-1，4-糖苷键缩合而成的直链高分子聚合物，也被称作多聚半乳糖醛酸。果胶酸主要存在于细胞壁的中间层，呈酸性，能溶于水，在溶液中易与钙、镁离子形成不溶于水的果胶酸盐沉淀。

2. 果胶

果胶又称果胶酯酸，是果胶酸的甲酸酯，简称果胶甲酯，是由 150～500 个 α-D-吡喃半乳糖醛酸基通过 α-1，4-糖苷键缩合而成的长链高分子聚合物，其中半乳糖醛酸残基中部分羧酸与甲醇形成酯，剩余的羧基部分与钠、钾、铵等离子形成盐（图 4-3）。在自然界中，约 80% 的果胶物质是以果胶酸甲酯的形式存在的。当果胶酸的甲酯化程度高于 50% 时，称为高甲氧基果胶（high-methoxyl pectin，HM），当甲酯化程度低于 50% 时，称为低甲氧基果胶（low-methoxyl pectin，LM）。在酸性条件下，可溶性高甲氧基果胶中加入糖可以促使果胶分子周围的水化层发生变化，使原来胶粒表面吸附的水减少，从而加速凝胶的形成。然而，低甲氧基果胶需要有钙离子的参与并相互作用形成钙桥，才能进而凝胶化。

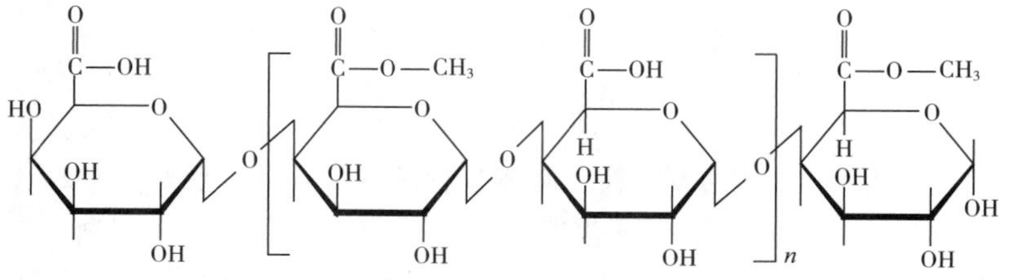

图 4-3 果胶的结构

3. 原果胶

原果胶是由数百乃至数千个半乳糖醛酸甲酯分子以 α-1，4 糖苷键连接而成的高分子化合物，其聚合程度和分子量都要高于果胶和果胶酸。原果胶不溶于水，但可以在原果胶酶或稀酸（碱）的作用下甲酯基团发生部分水解生成可溶性的果胶，由此可见，果胶是原果胶的部分水解产物。果胶可以发生进一步水解，生成更低分子量的完全去甲酯化的果胶酸。

在未成熟的水果、蔬菜和谷物籽粒中，果胶物质主要是以不溶于水的原果胶的形式存在，并与纤维素和半纤维素等物质共同维持细胞壁的硬度和强度。随着果实的成熟，以及在采摘后的贮藏和加工过程中，原果胶可以在酶和化学作用下降解成可溶性的果胶和果胶酸，致使果胶丧失凝胶能力，这也是果实逐渐软化的重要原因。

果胶在食品中的主要用作胶凝剂、增稠剂和稳定剂。传统的用法是用其将果酱或果酱制成果冻般的稠度，否则会成为甜汁。果胶还可以减少果酱的脱水收缩现象，并增加低热量果酱的凝胶强度。

第二节　谷物脂类概述

脂类（lipids）是食品的重要组成部分，在维持人体生长发育、生命活动和生理健康等方面起到了极其重要的作用。例如，磷脂是构成生物细胞膜的重要成分；某些脂类具有特殊的生理活性，如一些维生素和激素类物质等。在植物组织中，脂类主要存在于种子或者果实中，并且对于不同的谷物，其脂类的含量和组成也存在很大差异。例如，小麦、大麦、黑麦等谷物中脂肪含量为2%~5%，而花生、油菜籽等油料作物中脂类的含量可达30%~50%。就谷物贮藏、加工而言，脂类在谷物、油料籽粒中的分布和含量与食用品质和耐储藏性有着密切关系。因此，研究脂类的种类、分子结构、性质和它们在谷物、油料中的存在状态，对于认识谷物在贮藏加工过程中品质的变化规律是非常有必要的。

脂类是油脂及其类脂的总称，是一类难溶于水而易溶于有机溶剂的有机化合物。这类化合物在分子结构上有很大的差异，但有一个共同的特性——脂溶性。所谓脂溶性，是指化合物不溶于水而溶于乙醚、氯仿、苯等有机溶剂的性质。纯净的脂肪是无色无味的，天然油脂呈现的轻微黄绿色是一些脂溶性色素（如类胡萝卜素、叶绿素等）所致。

一、　脂类的分类与生理功能

（一）脂类的分类

在很多关于谷物科学的文献中，根据有机溶剂对脂类的可提取性，脂类通常被分为游离脂和结合脂两种类型。能够被非极性的溶剂（如石油醚）提取出来的脂类称为游离脂，相应地，能够被极性溶剂提取出来的脂类称之为结合脂。根据分子极性的不同，脂类可以被分为极性脂（polar lipids）和非极性脂（non-polar lipids）。根据这个定义，游离脂肪酸（free fatty acids）和三酰甘油（triacylglycerols）为非极性脂，而磷脂和糖脂为极性脂。此外，脂类根据其化学结构和组成，主要分为三大类。

1. 简单脂类（simple lipids）

简单脂类是由高级脂肪酸与醇所形成的酯。通常按照醇的性质又分为：

（1）油脂　由脂肪酸和甘油形成的酯，典型代表物为三酰甘油或称甘油三酯，并占天然脂质的99%左右；

（2）蜡　由脂肪酸和长链脂肪醇或甾醇组成。

2. 复合脂类（complex lipids）

除了脂肪酸和醇外，还含有其他非脂成分的脂类。谷物和油料中重要的复合脂类主要包括：

（1）磷脂　分子中的非脂成分是磷酸和含氮碱（如乙醇胺、胆碱）。根据醇的不同，又可分为甘油磷脂和鞘氨醇磷脂；

（2）糖脂　由糖（如半乳糖、葡萄糖）、脂肪酸、甘油或鞘氨醇组成的化合物，并因醇的不同，又可分为甘油糖脂和鞘糖脂。

3. 衍生脂类（derivative lipids）

主要是指异戊二烯系脂类，这类脂质不含脂肪酸组分，是由简单脂或复合脂衍生而来，如类胡萝卜素、脂溶性维生素和甾醇类化合物等。

（二）脂类的生理功能

脂类是具有重要生理功能的化合物，在人体生命活动中发挥着重要作用，主要归纳如下。

1. 储能与供能

脂肪是人体储存热量的仓库，每1g脂肪在体内完全氧化可以产生约38kJ的能量，大约是同等质量糖类或蛋白质所释放能量的两倍。脂肪氧化所释放的热量能满足成人每日所需总热量的 20%~50%。除维持正常生理功能外，人体从食物中摄取的大部分葡萄糖及脂肪等大多以体脂的方式在皮下、腹腔等处储存，同时还起到维持体温，保护脏器的作用。

2. 构成身体组织

脂类是身体细胞的重要成分。例如，磷脂和糖脂是构成生物膜的重要组分，占生物膜组成的 40%~50%。此外，脂类与生物膜的许多特性和功能有着密切关系，例如柔性、对极性分子的不可透性以及高电阻性等。另外，有些脂类还是动植物激素、维生素和色素的组成部分。

3. 营养功能

油脂最重要的营养功能是为人体提供必需脂肪酸。很多不饱和脂肪酸是人体不能合成的，必须由食物提供，称之为必需脂肪酸。脂肪在体内可分解为脂肪酸，尤其是提供人体不能合成的必需不饱和脂肪酸。植物油脂含有较高的不饱和脂肪酸，具有很高的营养价值，对人体健康十分有益。同样，油脂作为良好的载体，是许多生物活性物质的良好溶剂，并能够提高这些物质的生物利用率，如维生素 A、维生素 D、维生素 E、维生素 K 以及胡萝卜素等。

4. 其他功能

如增加饱腹感。脂肪在消化道内停留时间较长，可增加饱腹感，使人不易感到饥饿。此外，在烹调食物时油脂能够提高食品的感官性状，赋予食物特有的香味。

二、 油脂

（一）油脂的组成

油脂是油与脂肪的总称，也称真脂、脂肪。通常把室温下呈液态的称为油（oil），呈固态的称为脂（fat）。从化学结构来看，油脂都是由 1 分子的甘油和 3 分子的脂肪酸通过脱水缩合而形成的酯，学名为三酰甘油或甘油三酯（图4-4）。如果甘油分子中只有 1 个或 2 个羟基与脂肪酸缩合酯化，则分别称为单酰甘油（monoacylglycerols）或二酰甘油（diacylglycerols）。三酰甘油的命名通常采用赫尔斯曼（Hirschmann）提出的立体有择位次编排命名法（stereospecific numbering，简写为 Sn）。根据此命名法，甘油分子中碳原子编号自上而下为 1~3，C2 上的羟基写在左边，如图4-4所示。

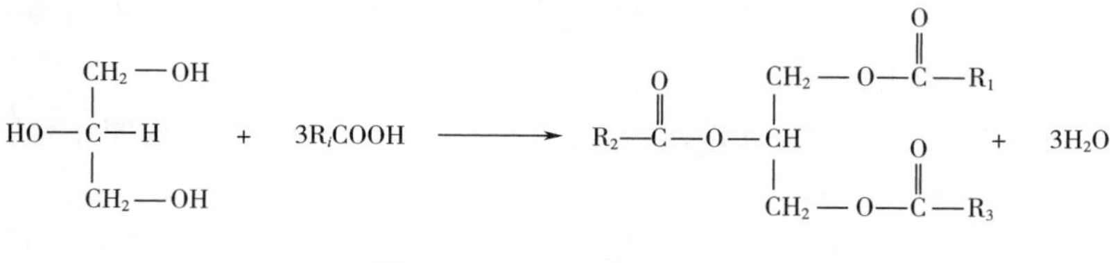

图4-4　三酰甘油的组成

当组成三酰甘油分子中的脂肪酸 R_1、R_2、R_3 完全相同时，称为单纯甘油酯；当 R_1、R_2、R_3 不完全相同时，则称为混合甘油酯。天然油脂多为混合甘油酯。

在自然界，三酰甘油是常见的一种脂类，也是较为重要的脂类，是植物油和动物脂肪的构成形式。虽然单酰甘油和二酰甘油也是植物体内某些生理过程和生化反应的重要产物，但它们在植物体内很少累积。此外，构成甘油三酯的脂肪酸，不论其是否饱和，一般情况下其碳原子数多为偶数，且多为直链脂肪酸，其他类型的脂肪酸则较为少见。

（二）油脂的结构

1. 甘油

甘油（glycerol）即丙三醇，为无色无臭略带甜味的黏稠液体。未经酯化的甘油能溶于水和乙醇中，而不溶于脂溶剂如苯和氯仿等。当甘油分子中的三个羟基与脂肪酸缩合成酯以后，其性质则会发生完全相反的变化，即易溶于脂溶剂而不溶于水。单酰甘油和二酰甘油分子中同时具有亲水性和亲脂性基团，具有良好的乳化特性，因而在工业上可以作为食品乳化剂。此外，甘油还可作为防冻剂、防干剂和柔软剂使用，广泛应用于化妆品、医药等领域。

甘油在高温下与脱水剂（如无水 $CaCl_2$、$KHSO_4$ 等）共热失去 2 分子水，产生具有刺激性气味的丙烯醛，该反应可作为鉴别甘油的特征反应。在三酰甘油中，由于与甘油结合的脂肪酸种类繁多，因此，油脂的性质取决于构成其结构的脂肪酸的种类和含量。所以，为了研究油脂的性质和功能，首先需要了解脂肪酸的种类和性质。

2. 脂肪酸

脂肪酸（fatty acids）是由碳、氢、氧三种元素组成的一类化合物，是中性脂肪、磷脂和糖脂的主要成分。含偶数碳原子的饱和与不饱和的单羧基脂肪酸是自然界中存在最多、分布最广的脂肪酸，广泛存在于生命体组织和细胞中，主要以结合态存在。

不同脂肪酸之间最主要的区别是碳原子数目（烃链的长度）、碳原子间双键的数目（不饱和程度）及所在位置、取代基团的不同。脂肪酸的命名方式主要有三种，包括俗名、简写命名和系统命名。脂肪酸通常用简写命名法表示，原则是分别写出碳原子数目（x）和 C＝C 双键数目（y），中间用冒号（:）隔开，最后标明双键的位置（ΔN），其中 N 表示每个双键中碳原子编号的最低位次，通式以 $C_{x:y}^{\Delta N}$ 表示。例如，根据简写命名法，硬脂酸可以写成 $C_{18:0}$，表明硬脂酸是具有 18 个碳原子的饱和脂肪酸；亚油酸写作 $C_{18:2}^{\Delta 9,12}$，表明亚油酸是具有 18 个碳原子的二烯酸，分子中 C9 和 C10，以及 C12 和 C13 之间各有一个双键。

脂肪酸最常见的分类方式是按照其化学结构和性质，主要分为饱和脂肪酸和不饱和脂肪酸。

（1）饱和脂肪酸（saturated fatty acids）　饱和脂肪酸是一类碳链中没有不饱和键（双键）的脂肪酸，碳链长度一般为 $C_4 \sim C_{30}$。例如，常见的饱和脂肪酸主要有辛酸、癸酸、月桂酸、豆蔻酸、软脂酸、硬脂酸、花生酸等。此类脂肪酸大多存在于动物脂肪中，有少数植物油，如椰子油、可可油、棕榈油等也富含此类脂肪酸。

通常将碳原子数目不大于 10 的饱和脂肪酸称为低级饱和脂肪酸。这类脂肪酸一般为挥发性脂肪酸，常温下为液态，如乙酸、丁酸等。将碳原子数目大于 10 的饱和脂肪酸称为高级饱和脂肪酸，常温下呈固态，一般不具有挥发性，常见的如软脂酸、硬脂酸等。

（2）不饱和脂肪酸（unsaturated fatty acids）　不饱和脂肪酸是指脂肪酸分子中具有 C＝C 不饱和双键存在的脂肪酸，通常呈液态。我们将只含有一个 C＝C 不饱和双键的脂肪酸称为单不饱和脂肪酸，如棕榈油酸、油酸等；含有两个或两个以上 C＝C 不饱和双键的脂肪酸称为多不饱和脂肪酸，如亚油酸、亚麻酸和花生四烯酸等。

天然油脂中常见的脂肪酸如表 4-1 所示。

表 4-1　　　　　　　　　　　　　　一些常见的天然脂肪酸

类别	俗名	系统名称	简写法	结构简式
饱和脂肪酸	月桂酸	正十二烷酸	$C_{12:0}$	$CH_3(CH_2)_{10}COOH$
	豆蔻酸	正十四烷酸	$C_{14:0}$	$CH_3(CH_2)_{12}COOH$
	软脂酸	正十六烷酸	$C_{16:0}$	$CH_3(CH_2)_{14}COOH$
	硬脂酸	正十八烷酸	$C_{18:0}$	$CH_3(CH_2)_{16}COOH$
	花生酸	正二十烷酸	$C_{20:0}$	$CH_3(CH_2)_{18}COOH$
	山嵛酸	正二十二烷酸	$C_{22:0}$	$CH_3(CH_2)_{20}COOH$
	木蜡酸	正二十四烷酸	$C_{24:0}$	$CH_3(CH_2)_{22}COOH$
不饱和脂肪酸	棕榈油酸	十六碳一烯酸	$C_{16:1}^{\Delta 9}$	$CH_3(CH_2)_5CH{=}CH(CH_2)_7COOH$
	油酸	十八碳一烯酸	$C_{18:1}^{\Delta 9}$	$CH_3(CH_2)_7CH{=}CH(CH_2)_7COOH$
	亚油酸	十八碳二烯酸	$C_{18:2}^{\Delta 9,12}$	$CH_3(CH_2)_4(CH{=}CHCH_2)_2(CH_2)_6COOH$
	亚麻酸	十八碳三烯酸	$C_{18:3}^{\Delta 9,12,15}$	$CH_3CH_2(CH{=}CHCH_2)_3(CH_2)_6COOH$
	花生四烯酸	二十碳四烯酸	$C_{20:4}^{\Delta 5,8,11,14}$	$CH_3(CH_2)_4(CH{=}CHCH_2)_4(CH_2)_2COOH$
	芥酸	二十二碳一烯酸	$C_{22:1}^{\Delta 13}$	$CH_3(CH_2)_7CH{=}CH(CH_2)_{11}COOH$

　　人体自身能够合成大多数的脂肪酸，然而有一类脂肪酸是维持机体功能不可缺少但机体不能合成或合成量很少，必须由食物提供的脂肪酸，称为必需脂肪酸。人体中的必需脂肪酸主要包括亚油酸、α-亚麻酸等，均为多不饱和脂肪酸。必需脂肪酸在心血管疾病、炎症、免疫、过敏、代谢、激素调节等生理过程中起到十分重要的作用。植物油富含较高的人体必需脂肪酸，这也是植物油营养价值高于动物油的原因。

（三）谷物中的油脂

1. 小麦油脂

　　油脂是小麦中的微量成分，全麦含有大约3%的油脂，其中非极性脂含量为70%，糖脂含量为20%，并含有约10%的磷脂。小麦与其他谷物不同，其油脂含量变化范围不大。但在硬红春小麦、硬红冬小麦、软红冬小麦和硬粒小麦之间，以及大粒型小麦和小粒型小麦之间有差异。虽然胚芽只占小麦籽粒的2.5%，但胚芽中的油脂比例在小麦籽粒各部位中最高，主要以三酰甘油的形式存在。小麦籽粒中不同部位之间油脂的分布和含量差异很大（表4-2）。

表 4-2　　　　　　　　　小麦籽粒各部位中油脂的比例（以干重计）　　　　　　单位：%

部位	占籽粒的比例	油脂含量	部位	占籽粒的比例	油脂含量
全麦	100	3.0	糊粉层	4.0~10	8.7~9.4
麦麸	15	5.4	胚乳	78.7~84.5	0.8~1.2
种皮	6.8~8.6	1.3	胚芽	2.5~3.0	25.7~30.5

　　构成小麦油脂的脂肪酸组成和含量也具有很大差异（表4-3）。不饱和脂肪酸的含量在油脂总量中占很高的比例，其中亚油酸占到了小麦油脂总量的50%以上，其次为油酸和少量的亚麻酸。在饱和脂肪酸中，以软脂酸含量最高。小麦胚芽是小麦籽粒最为精华的部分，富含多不

饱和脂肪酸，这些脂肪酸对人体健康十分有益。然而，高含量的不饱和脂肪酸很容易发生氧化，从而产生"哈喇味"等令人不愉悦的气味。

表 4-3　　　　　　　　　　　　小麦不同部位的脂肪酸组成

部位	脂肪酸/%					
	$C_{16:0}$	$C_{16:1}$	$C_{18:0}$	$C_{18:1}$	$C_{18:2}$	$C_{18:3}$
全麦						
总脂	20	1	1	15	57	4
非极性脂	20	—	—	22	53	3
极性脂	18	—	—	15	62	4
麸皮	19	—	2	20	50	4
胚芽	21	<1	2	13	55	6
小麦粉						
非淀粉脂	19	—	<2	12	63	4
淀粉脂	40	—	<2	11	48	2

2. 其他谷物中的油脂

因谷物种类的不同，其油脂含量（表 4-4）和脂肪酸构成（表 4-5）也存在一定的差异，并且这种差异也受品种和种植条件等因素的影响。谷物籽粒中油脂的脂肪酸组成随谷物科、属的不同而异，往往种属相同者，其脂肪酸组成大致相似。

表 4-4　　　　　　　　　　一些谷物籽粒的油脂含量（以干重计）

谷物种类	油脂含量/%	谷物种类	油脂含量/%
小麦	2.0~3.0	高粱	2.1~5.3
大麦	3.3~4.6	玉米	3~5
黑麦	2.0~3.5	燕麦	3.1~11.6
稻米	0.8~3.1	小米	4.0~5.5

表 4-5　　　　　　　　几种谷物籽粒中油脂的脂肪酸组成（以干重计）

谷物种类	脂肪酸/%					
	$C_{16:0}$	$C_{16:1}$	$C_{18:0}$	$C_{18:1}$	$C_{18:2}$	$C_{18:3}$
大麦	21~24	<1	<2	9~14	56~59	4~7
黑麦	18	<3	1	25	46	4
糙米	15~28	<1	<3	31~47	25~47	4
小米	16~25	—	2~8	18~31	40~55	2~5
玉米	4~7	1	<4	23~46	35~66	<3
燕麦	20	—	2	37	37	4

稻米中的油脂含量及组成受到多种因素的影响，如成熟期温度、加工精度和提取方法等。脂质在稻米中的分布不均匀，在胚中含量最高，其次是种皮和糊粉层，胚乳中含量最少。相比于小麦、大麦和小米，糙米中的非极性脂的含量比这些谷物要高，但糖脂和磷脂较少。大米的脂质含量一般在0.2%～2%，主要是由于大米去除了皮层、胚和部分糊粉层。米糠富含很高的脂质，含量为13%～22%，其中不饱和脂肪酸的含量达80%。米糠油富含亚油酸、亚麻酸等必需多不饱和脂肪酸，并含有大量的类脂，如甾醇、胡萝卜素和脂质衍生物等。此外，米糠油中还含有一定量的维生素E和三烯生育酚，这些物质不但可以具有抗氧化功能，而且对维持人体的正常生理功能具有重要作用。

玉米中含有约4%的油脂，其中大部分（约85%）存在于胚乳中。玉米油中酰基甘油由85%左右的不饱和脂肪酸组成，其中亚油酸和花生四烯酸含量丰富。此外，玉米油中还含有1%～3%的磷脂以及2%左右的不皂化物（甾醇、维生素E等）。精炼玉米油可以去除游离脂肪酸、类胡萝卜素、磷脂和蜡等物质。

相对于很多其他谷物，燕麦具有很高的油脂含量（3.1%～11.6%），主要存在于胚乳中，并且燕麦的脂质含量受原料品种、环境因素等影响。燕麦油脂主要包括三酰甘油、磷脂、糖脂和甾醇等，其中油酸和亚油酸含量均占油脂总量的40%以上，但亚麻酸含量较低。此外，燕麦还含有月桂酸、棕榈酸、花生四烯酸和二十碳不饱和脂肪酸。基于燕麦不饱和脂肪酸含量高的特性，越来越多的燕麦制品已进入食品市场，并广受消费者的欢迎。

三、类　　脂

在植物油脂工业中，习惯上把油脂以外的脂类统称为类脂，主要包括磷脂、糖脂、甾醇、蜡以及一些脂溶性的色素等。类脂是广泛存在于生物组织中的天然大分子有机化合物，能溶于脂肪和脂溶剂，所以在制油工艺过程中通常与油脂一起伴随提炼出。类脂在谷物中的含量并不高，在化学组成和结构上存在很大差异，但它们在维持人体正常生理功能和实际生产活动中都具有十分重要的意义和作用。

四、磷　　脂

磷脂（phospholipids），也称磷脂类、磷脂质，是指含有磷酸的脂类，属于复合脂类。磷脂主要分为甘油磷脂与神经鞘磷脂两大类，分别由甘油和鞘氨醇构成。

磷脂广泛存在于植物体的不同部位，通常与蛋白质等生物大分子以结合态的形式存在于组织中，是构成生物膜的重要成分。磷脂在谷物中的含量并不高，但可作为贮能物质存在于谷物籽粒当中，在种子萌发时可作为能量的来源。几种谷物籽粒中磷脂的含量如表4-6所示。

表4-6　　　　　　　　　　几种谷物籽粒中的磷脂含量

谷物种类	含量/%	谷物种类	含量/%
小麦	0.4～0.5	大麦	0.7
黑麦	0.5～0.6	玉米	0.2～0.3
糙米	0.6		

（一）甘油磷脂

甘油磷脂（glycerophospholipids）和油脂都是甘油酯，主要区别在于甘油磷脂中甘油分子的第三个羟基与磷酸以酯键相连。由于甘油磷脂的结构特性，其可视为磷脂酸的衍生物，同时具有极性性质，因此这类化合物也称为极性脂类。

甘油磷脂的基本结构如下：

$$
R_2-\overset{\overset{\displaystyle O}{\|}}{C}-O-\overset{\overset{\displaystyle CH_2-O-\overset{\overset{\displaystyle O}{\|}}{C}-R_1}{|}}{\underset{\underset{\displaystyle CH_2-O-\overset{\overset{\displaystyle O^-}{|}}{\underset{\underset{\displaystyle O}{\|}}{P}}-O-R_3}{|}}{C}}-H
$$

甘油磷脂的基本组成包括：

R_1，R_2：脂肪酸分子；

R_3：—H，磷脂酸 phosphatidic acid（PA）；

R_3：—$CH_2CH_2N^+（CH_3）_3$，磷脂酰胆碱 phosphatidyl choline（PC）；

R_3：—$CH_2CH_2NH_2$，磷脂酰乙醇胺 phosphatidyl anolamine（PE）；

R_3：—$CH_2CH（NH_2）COOH$，磷脂酰丝氨酸 phosphatidyl serine（PS）；

R_3：甘油，磷脂酰甘油 phosphatidyl glycerol（PG）；

R_3：肌醇，磷脂酰肌醇 phosphatidyl myo-inositol（PI）。

甘油磷脂以甘油为基本骨架，甘油分子的 Sn-1 位和 Sn-2 位上的羟基分别与两个脂肪酸分子生成酯，Sn-3 位上的羟基与磷酸生成酯，称为磷脂酸。磷脂分子中的 R_1 通常为饱和脂肪酸，如硬脂酸或软脂酸；R_2 为不饱和脂肪酸，如油酸、亚油酸、亚麻酸及花生四烯酸等。磷脂酸中的磷脂基团可以与其他的醇进一步酯化，生成多种磷脂。主要的甘油磷脂包括以下几种：

1. 卵磷脂

卵磷脂（lecithin），也称磷脂酰胆碱、二酰基胆碱磷酸甘油酯，是由磷脂酸与胆碱结合而成。卵磷脂是动植物中分布最广的磷脂，最初在蛋黄中分离得到，含量可达 8%～10%。根据磷酸和胆碱在甘油中的位置不同，可分为 α- 和 β- 两种类型。天然的卵磷脂为 α- 型，β- 卵磷脂可能是其变位的结果。

卵磷脂可溶于乙醇、乙醚、氯仿等有机溶剂，但不溶于丙酮。卵磷脂分子结构中的磷脂和胆碱残基具有亲水性，而脂肪酸残基具有疏水性。因此，卵磷脂分子能按照一定方式排列在两相界面，在细胞膜的结构和功能方面发挥着重要作用。此外，卵磷脂中存在较高含量的多不饱和脂肪酸，具有一定的抗氧化性和营养价值。卵磷脂可从植物油精炼工序副产品中提取，并作为乳化剂、抗氧化剂和营养剂广泛应用于食品工业中，赋予食品良好的性状、口感和营养价值。

2. 脑磷脂

脑磷脂（cephalin）最早从脑和神经组织中分离出，主要包括磷脂酰乙醇胺（磷脂酰胆胺、二酰基乙醇胺磷酸甘油酯）和磷脂酰丝氨酸（二酰基丝氨酸甘油酯）两类。

脑磷脂的结构和性质与卵磷脂十分相似，能溶于乙醚，不溶于乙醇和丙酮。磷脂酰乙醇胺能够增进抗氧化剂的效能，可作为抗氧化剂的增效剂。此外，它还与血液凝固相关，可能是某些血液凝固酶的辅基。磷脂酰丝氨酸的基本结构与磷脂酰乙醇胺相似，区别是磷脂酰基团与丝氨酸的羟基以酯键相连，是细胞膜的活性物质，尤其存在于大脑细胞中。

3. 肌醇磷脂

肌醇磷脂（lipositol），也称二酰基肌醇磷酸甘油酯，是从脑磷脂粗制品中分离得到的。肌醇是一个六碳环状糖醇，与磷酸残基相连，构成肌醇磷脂的极性部位。肌醇磷脂对于细胞形态、代谢调控、信号传导和细胞的各种生理功能起着非常重要的作用。

4. 甘油磷脂

甘油磷脂，也称磷脂酰甘油、二酰基甘油磷酸酯，广泛分布于生物界，在叶绿体中含量较高，是胡萝卜素等一些类脂生物合成的中间产物。

甘油磷脂分子中甘油 Sn-1 位的脂酰基可以被长链醇取代形成醚，称为缩醛磷脂，是构成肌肉和脑组织的重要物质。

（二）神经（磷酸）鞘磷脂

神经（磷酸）鞘磷脂（sphingolipids）是唯一的一类非甘油磷脂，是以神经鞘氨醇衍生物为基础的极性脂类。它们主要由神经鞘氨基醇、脂肪酸、磷酸和胆碱组成，广泛存在于脑及神经组织中。

（三）糖脂

糖脂（glycolipids）是脂类中的一种含糖脂溶性化合物，广泛存在于各种生物体中。糖脂是一种极性脂，分子中含有一个或一个以上的单糖分子，其亲水的头部基团通过糖苷键与糖分子相连。

谷物中的糖脂可按其组分中的醇基种类而分为两大类，即甘油糖脂（glycosylglycerides）和神经酰胺糖脂（glycosylceramides）。

1. 甘油糖脂

甘油糖脂结构与磷脂相类似，主链是甘油，含有脂肪酸，但不含磷及胆碱等化合物。甘油糖脂是由双脂酰甘油与己糖（主要是半乳糖、甘露糖或脱氧葡萄糖）结合而成的化合物，存在于动物的神经组织、植物和微生物中，是植物中的主要糖脂，亦是某些细菌膜结构的常见组成成分。甘油糖脂具有抗氧化、抗病毒、抗菌、抗肿瘤、抗炎、抗动脉粥样硬化等多种生物活性。

组成糖脂的脂肪酸以多不饱和脂肪酸为主（如亚麻酸），还含有一定量的软脂酸。在植物叶部的糖脂中，亚麻酸含量占到了 90% 以上。有些糖脂只含有一分子己糖，有些含有二分子或三分子的己糖。有些糖脂的己糖分子结构中含有—SO_3 基团，称为硫脂。硫脂中脂肪酸的构成以亚油酸、亚麻酸和软脂酸为主。

2. 神经酰胺糖脂

神经酰胺糖脂是由一分子脂肪酸、一分子鞘氨醇和一个或多个单糖分子所构成。神经酰胺基团中的羟基与单糖分子通过 β-糖苷键相连，组成神经酰胺糖脂的极性部位。谷物中常见的神经酰胺糖脂主要是一些神经酰胺己糖苷，如脂酰鞘氨醇己糖苷、脂酰鞘氨醇己二糖苷和脂酰鞘氨醇己三糖苷等。

3. 糖脂在谷物中的含量

糖脂在不同谷物中的含量各不相同，并且在同一种谷物中也因谷物品种的不同存在一定的差异。表4-7列出了小麦和玉米中几种主要糖脂的种类和含量。

表4-7　　　　　　　　　小麦和玉米中糖脂的含量　　　　　　　　单位：μg/g

糖脂种类	糖脂含量		
	春小麦粉	冬小麦粉	玉米
单半乳糖甘二酯（单半乳糖双酰甘油）	87	115	1.9
单半乳糖甘一酯（单半乳糖单酰甘油）	83	17	—
双半乳糖甘二酯（双半乳糖双酰甘油）	214	322	1.7
双半乳糖甘一酯（双半乳糖单酰甘油）	58	52	7.5

（四）蜡

蜡（wax）是一类由高级脂肪酸和高级一元醇所形成的酯，在化学结构上不同于油脂。其结构通式为：

$$R_1 - \overset{\overset{O}{\|}}{C} - O - R_2$$

式中 R_1 和 R_2 分别为长链脂肪酸（一般包括 $C_{12} \sim C_{36}$）和一元醇的烃基，具有非极性特征。因此，蜡不溶于水，能溶于油脂或脂溶剂（如苯、氯仿、乙醚等），但溶解度一般低于油脂。蜡在常温下为固体，温度较高时为柔软固体，而当温度较低时为硬质固体，熔点在 60~80℃，在空气中不易氧化，也难于皂化，皂化速度远低于油脂和磷脂。此外，蜡不能被脂肪酶水解。

植物蜡是多种化学成分的混合物，包含游离醇、游离脂肪酸、甾醇化合物等。蜡在植物体内分布较广，主要分为三类，包括叶面角质层的蜡、果实角质层及种皮的蜡、细胞中的蜡等。蜡在不同谷物中的含量差异较大，如高粱含有约0.3%的蜡，蜡质玉米中蜡的含量为0.01%~0.03%。米糠油中蜡的含量可达0.4%，在用米糠榨油时，蜡跟随油脂一起进入米糠油油脚中，故可以从米糠油、油饼和油脚中提取糠蜡。

蜡在人及动物体内均不能被消化利用，故无营养价值。在自然界中，动物皮肤、皮毛、羽毛以及植物树叶、果实、籽粒等组织和器官均有蜡的存在与分布，具有阻止动物和植物体内水分和热量散失以及体外水分侵入的作用。利用蜡的这一特性，其可作为新鲜水果的表面涂料，起到保鲜和延长果品保质期的作用。此外，蜡在造纸、皮革、纺织、绝缘材料、文化用品、润滑油等方面都具有广泛用途。

（五）衍生脂类（异戊二烯系脂类）

1. 甾醇类

甾醇（sterols），又称固醇，是一类由 3 个己烷环及 1 个环戊烷稠合而成的环戊烷多氢菲衍生物，属于脂类中的不皂化物。在环戊烷多氢菲的 A、B 环之间和 C、D 环之间各有一个甲基，称为角甲基。带有角甲基的环戊烷多氢菲称为"甾"。甾醇可分为 α- 和 β- 两种类型。其结构如下：

（1）α-型甾醇　　　　　　　　　　（2）β-型甾醇

甾醇是广泛存在于生物体内的一种重要的天然活性物质，按其原料来源分为动物性甾醇、植物性甾醇和菌类甾醇等三大类。动物性甾醇以胆固醇为主，植物性甾醇主要为谷甾醇、豆甾醇、菜油甾醇和麦角甾醇等。植物甾醇广泛存在于植物的根、茎、叶、果实和种子中，是植物细胞膜的组成部分，在所有来源于植物种子的油脂中都含有甾醇。植物甾醇不溶于水、碱和酸，但可以溶于油脂和脂溶剂，如乙醚、氯仿、苯、石油醚等有机溶剂中。

谷物中所含有的甾醇往往是几种类型甾醇的混合物，但一般含量较低。例如，小麦中甾醇类化合物的含量为 0.03%～0.07%，玉米中甾醇的含量为 1%～3%。一般油料籽粒中甾醇含量在 1% 以下，是油脂不皂化物的最主要部分。在油脂精加工过程中，可以从皂脚中提炼出大部分的甾醇，主要包括豆甾醇和 β-谷甾醇，在医药上可作为一些激素类化合物的合成原料。

2. 萜类

萜类化合物是一类分子骨架以异戊二烯单元（C_5 单元）为基本结构单元的化合物及其衍生物。萜类不含脂肪酸，也不能被皂化。萜类化合物可根据分子中异戊二烯的数目进行分类。单萜是指分子中含有 2 个异戊二烯单位的萜烯及其衍生物。由 4 个、8 个异戊二烯单位构成的萜类化合物分别称为二萜、四萜。

谷物和油料中常见的萜类化合物主要是类胡萝卜素（carotenoids）。类胡萝卜素分为胡萝卜素（carotenes）和叶黄素（xanthophylls）两大类，其中叶黄素是类胡萝卜素的含氧衍生物。典型的类胡萝卜素是由 8 个异戊二烯单位首尾相连形成的四萜化合物。在谷物、油料中最主要的类胡萝卜素主要包括 α-胡萝卜素、β-胡萝卜素、γ-胡萝卜素、番茄红素等。

α-胡萝卜素

β-胡萝卜素

γ-胡萝卜素

番茄红素

另外，某些动物的激素、维生素等也属于萜类化合物。类胡萝卜素是一类脂溶性色素，难溶于水，易溶于油脂和脂溶剂。在人和动物体内可分解转化为维生素 A，其中以 β-胡萝卜素最为重要、转化率最高，故称为维生素 A 原。

类胡萝卜素广泛存在于生物界中，在高等植物中含量较高。小麦胚和玉米中都含有较多的类胡萝卜素，其含量受谷物种类和品种的影响较大。由于类胡萝卜素分子结构中含有较多的共轭双键，从而赋予其分子中较大的共轭体系。共轭双键本身是一种发色基团，能够吸收可见光而产生颜色，因此，类胡萝卜大多呈现红、黄、橙、紫等多种颜色，广泛作为食品的着色剂应用于食品工业中，如饮料、人造奶油等的着色。类胡萝卜素的颜色因共轭双键的数目不同而变化。共轭双键的数目越多，颜色越移向红色。胡萝卜素和叶黄素都是天然色素，容易氧化脱色，食品在储藏过程中出现的自动漂白现象可能与此有关。

五、 小麦粉中脂类与面包烘焙品质的关系

小麦粉和面团中的脂类可分为淀粉脂类和非淀粉脂类两大类，其中以非淀粉脂类对食品加工品质的影响最大，而淀粉脂类一般只在面包的烘焙阶段有一定的作用。小麦粉中的淀粉脂类和非淀粉脂类的比例约为 40：60。淀粉脂类存在于淀粉颗粒的内部，处于直链淀粉的螺旋结构中，十分稳定。非淀粉脂类主要是指未被淀粉粒包裹的脂类，根据存在状态又可分为游离脂类和结合脂类。游离脂类以游离状态存在，故可用石油醚等有机溶剂萃取，而结合脂类通常与淀粉或蛋白相结合，需要用一些极性较强的溶剂才能提取出来。

在面粉加水形成面团的过程中，各种游离脂类会以不同的比例和形式转变为结合状态。由于极性脂和非极性脂与蛋白和淀粉通过化学变化形成复合物，从而会造成总可提取脂含量的减少。在此过程中，极性脂质分子通过疏水键与麦谷蛋白结合，非极性分子通过氢键与醇溶蛋白分子结合。此外，面团的揉和条件对脂类的结合具有较大影响，尤其是影响糖脂的结合。尽管脂质的结合并不能像面筋蛋白之间的结合那样在面团中形成连续的网状结构，但脂质的结合能够改变蛋白质的连续作用，从而影响面团的流变学特性。有研究表明，用脱脂面粉制作的面团其品质会发生劣化，如面团表面变得粗糙、面团强度变大、面团形成时间显著增加、吸水率显著提升、面团稳定时间显著减少，并且粉质质量指数显著减小等。

在面包制作过程中，添加不同种类的脂质对面包的品质可能起到截然不同的效果。有研究表明，向脱脂小麦粉中加入的非极性脂质超过一定量，会对面包的体积和芯质有不良影响。这是因为亚油酸等游离脂肪酸起到消泡剂的作用，使面包体积缩小。然而，向脱脂小麦粉中加入超过一定量的极性脂质，可以使面包的体积显著增加，这可能与极性脂肪酸的两亲性有一定关系。其中，糖脂对于促进面团的醒发和改变体积最为有效，这可能是由于形成了麦胶蛋白-糖脂-麦谷蛋白复合体的缘故。然而，当添加少量的极性脂质，或添加极性脂质的量不足以增加

面包的体积时，此时极性脂质同样会对面包体积造成不利影响。这是面包中气室的表面同时存在表面活性蛋白和脂质，从而增加了气室结构的不稳定性所导致的。

第三节   谷物内源性酶类

酶（enzymes）是生物体活细胞产生的具有高度特异性和催化效能的生物活性物质，绝大多数酶是蛋白质，还有少部分酶是一些小核糖核酸分子（核酶）。然而，用"酶"这个术语来描述生物催化剂具有蛋白质的本质还是恰当的。目前，食品工业上所利用的绝大部分酶都是蛋白质。本节内容中所介绍的谷物中的酶，都专指化学本质为蛋白质的这一类酶。

随着检测手段的不断发展和科学技术的进步，目前已经被发现的酶已达4000多种，催化超过5000种的生化反应，有些酶的特性和作用机理也已被阐明。通过对酶理化性质的分析发现，酶是具有一定空间结构的生物大分子，与其他蛋白质一样，酶的相对分子质量可达几万、几十万甚至上百万。目前，根据酶的催化反应类型，可将酶分为氧化还原酶类、转移酶类、水解酶类、裂合酶类、异构酶类、连接酶类和转位酶类七大类。

与传统的非生物催化法（如酸法、碱法）加工食品相比，酶工程技术在食品中的应用具有显著的优越性，主要表现在：（1）酶本身无毒、无味、无臭，不会影响食品的安全性和食用价值；（2）酶具有高度催化性，低浓度的酶也能使反应快速进行；（3）酶的作用条件（如温度、pH等）比较温和，不会影响食品质量；（4）酶具有严格的专一性，在成分复杂的原料中可避免引起不必要的化学变化；（5）酶反应终点易控制，必要时通过简单的处理方法（如加热法）就能使酶制剂失活，从而终止其反应。其中，酶的专一性是酶最重要的特征之一，也是酶与非生物催化剂之间最大的区别。根据酶对底物专一性的程度，可将酶的专一性分为键专一性、基团专一性、绝对专一性和立体异构专一性等。因此，酶在食品工业中的应用极其广泛，涵盖诸如淀粉糖的生产、甜味剂的生产、乳品加工、肉类和鱼类加工、果蔬加工、焙烤食品、酿酒等各个行业。

根据来源的不同，谷物生产加工过程中所涉及的酶可分为内源酶（endogenous enzymes）和外源酶（exogenous enzymes）两种，这些酶对于谷物加工和保藏过程中的品质和质量特性等都起着十分重要的作用。内源酶是指作为食品加工原料的动植物体内所含有的各种酶类。新陈代谢是生命活动的基础和最重要特征，酶在生物体的新陈代谢活动中起着极其重要的作用，参与了几乎所有的新陈代谢过程，可以说，若没有酶的存在和参与，生命活动将无法进行。谷物中的内源酶类在谷物的生长发育等生命过程中发挥着重要作用，对谷物及其制品的加工品质、营养品质和食用品质等也有着很大影响。本节将要介绍的谷物内源酶类主要包括淀粉酶、酯酶、蛋白酶和一些氧化还原酶等。

一、   淀粉酶

淀粉酶（amylase）广泛分布于生物界，是水解淀粉和糖原等淀粉类物质的一类酶的总称。谷物中的淀粉酶基本属于水解酶类，按照其作用方式可分为 α-淀粉酶、β-淀粉酶、葡萄糖淀粉酶和异淀粉酶四种。淀粉酶具有酶类所特有的底物专一性，其分布、性质、作用特点、与谷物品质的关系也各不相同。在谷物中，以 α-淀粉酶和 β-淀粉酶最为常见，并在很大程度上影响谷物食品的加工和食用品质。

（一） α-淀粉酶

α-淀粉酶（α-amylase），编号为 EC 3.2.1.1，系统全称为 α-1，4-葡聚糖-4-葡聚糖水解酶，其可以随机水解淀粉和糖原内部的 α-1，4-糖苷键生成不同相对分子质量的糊精、低聚糖和单糖，属于内切酶，所以又称"内淀粉酶"。α-淀粉酶广泛分布于动物、植物和微生物中，在玉米、稻米、高粱、小麦、谷子（小米）等谷物中均有存在。然而，α-淀粉酶在一些其他谷物（如大麦）中的含量较低，但是当谷物籽粒萌发时，α-淀粉酶的含量会大量增加。

α-淀粉酶催化底物水解具有显著的特点。首先，由于 α-淀粉酶作为内切酶，比之淀粉分子末端的 α-1，4-糖苷键，其更容易随机水解位于底物分子（直链淀粉、支链淀粉、糖原和环糊精）内部的 α-1，4-糖苷键。其次，α-淀粉酶具有位置特异性，其不能水解直链淀粉中的 α-1，6-糖苷键和紧靠 α-1，6-糖苷键外的 α-1，4-糖苷键，但可以越过 α-1，6-糖苷键和淀粉的磷酸酯键继续水解 α-1，4-糖苷键。最后，α-淀粉酶能够水解含有三个以上 α-1，4-糖苷键的低聚糖，但不能催化麦芽糖水解。

α-淀粉酶对不同类型的淀粉作用方式也存在差异。当 α-淀粉酶以直链淀粉为底物时，反应一般按两阶段进行。在第一阶段中，α-淀粉酶可迅速将直链淀粉降解产生短链的低聚糖，此阶段链淀粉的黏度及与碘发生呈色反应的能力迅速下降。第二阶段的反应比第一阶段慢很多，包括低聚糖缓慢水解生成最终产物葡萄糖和麦芽糖，所生成的还原糖在结构上为 α-D 型。因此，工业上一般利用 α-淀粉酶对淀粉进行第一阶段的液化处理。当 α-淀粉酶以支链淀粉为底物时，作用速率稍慢。由于 α-淀粉酶不能作用于支链淀粉中的 α-1，6-糖苷键，因此水解的产物主要包括葡萄糖、麦芽糖、含有 α-1，6-糖苷键的异麦芽糖以及一系列含有 α-1，6-糖苷键的糊精。水解产生的糊精一般由 3~7 个葡萄糖基构成，含量在 8% 左右。淀粉在经过 α-淀粉酶作用后，其黏度迅速降低，变成液化淀粉，所以 α-淀粉酶也被称为液化型淀粉酶、液化酶。

α-淀粉酶的相对分子质量一般在 50000 左右，属于单成分酶。α-淀粉酶分子中含有一个结合得相当牢固的钙离子（Ca^{2+}），Ca^{2+} 不直接参与酶-底物络合物的形成，其功能是保持酶的结构，使酶具有最大的稳定性和最高的活性。不同来源的 α-淀粉酶的最适反应温度不同，但一般为 55~70℃，一些细菌的 α-淀粉酶甚至在 92~95℃ 时仍能保持活力。同样，根据来源的不同，α-淀粉酶的最适 pH 也存在一定差异，一般在 4.5~7.0。例如，高粱芽 α-淀粉酶的最适 pH 范围为 4.8~5.4，小麦 α-淀粉酶的最适 pH 在 4.5 左右。过低的 pH（小于 3.6）会使 α-淀粉酶失活。

α-淀粉酶对谷物的营养和食用品质影响很大。稻谷在长期贮藏过程中会发生陈化，其中的 α-淀粉酶活性丧失，蒸煮品质下降，缺乏新鲜米饭特有的黏软口感；用发芽的小麦制成的面粉，由于其中 α-淀粉酶含量较高，淀粉会在其作用下发生水解，从而很容易导致面粉品质特性的下降。

（二） β-淀粉酶

β-淀粉酶（β-amylase），编号为 EC 3.2.1.2，系统全称为 β-1，4-葡聚糖-4-麦芽糖水解酶。β-淀粉酶主要存在于高等植物中，如大麦芽、小麦、甘薯和大豆中含量丰富。β-淀粉酶在哺乳动物体内没有发现，但近年来发现少数微生物中也存在 β-淀粉酶。目前工业上使用的

β-淀粉酶主要来源于植物。

β-淀粉酶水解淀粉时，是从淀粉的非还原性末端依次切开相隔的 α-1，4-糖苷键，每次切下两个葡萄糖单位即一个麦芽糖分子，所以 β-淀粉酶属于外切酶，也称"外淀粉酶"。由于 β-淀粉酶在水解过程中将水解产物麦芽糖分子的构型由 α 型转变为 β 型，所以称之为 β-淀粉酶。此外，由于 β-淀粉酶水解作用的开始便有麦芽糖的产生，因此在生产中也称为"糖化酶"。β-淀粉酶不能水解支链淀粉中的 α-1，6-糖苷键，也不能跨过 α-1，6-糖苷键，当水解至 α-1，6-糖苷键前端的 1~3 个葡萄糖残基时，水解作用即停止，剩下的化合物称为极限糊精。因此，β-淀粉酶最终的水解产物为较大分子的极限糊精和麦芽糖，其中麦芽糖含量一般为 50%~60%。

不同来源的 β-淀粉酶具有相同的催化特性，但其反应所需的最适 pH 和温度存在一定的差异。植物来源的 β-淀粉酶其反应最适 pH 为 5~6。与 α-淀粉酶相比，β-淀粉酶的耐热性较差，如大麦和甘薯中的 β-淀粉酶最适反应温度为 50~60℃，大豆中 β-淀粉酶的最适反应温度为 60~65℃。在微生物中，β-淀粉酶的最适反应温度一般在 40~50℃。

β-淀粉酶对谷物及其制品的食用品质具有很大影响。例如，甘薯在蒸煮或烘烤过程中，有 50% 以上的淀粉在 β-淀粉酶作用下水解为麦芽糖，赋予甘薯食品甜美的食用品质。如若甘薯经脱水处理制成薯干时，β-淀粉酶因脱水干燥而失去活性，这也是薯干制品甜味等风味不如鲜薯的原因。面粉中存在一定的 β-淀粉酶活性，因此在利用面粉发酵制作馒头、面包等食品时，需要考虑由于 β-淀粉酶的存在容易造成的影响。

（三）葡萄糖淀粉酶

葡萄糖淀粉酶（glucosidases），编号为 EC 3.2.1.3，也称 α-1，4-葡萄糖苷酶，是一种外切酶。葡萄糖淀粉酶能从淀粉的非还原性末端水解 α-1，4-糖苷键，逐次切下一个葡萄糖分子，同时也能水解 α-1，6-糖苷键和 α-1，3-糖苷键，只是水解后两种糖苷键的速度较慢。直链淀粉中的 α-1，4-糖苷键的酶切速度是支链淀粉中的 α-1，6-糖苷键的酶切速度的 30 倍。因此，葡萄糖淀粉酶可以把直链淀粉和支链淀粉完全水解转化为葡萄糖，并将切下的 α-葡萄糖转化为 β-葡萄糖，同时也能水解糊精和糖原的非还原末端释放 β-葡萄糖。葡萄糖淀粉酶的最适反应 pH 为 4~5，最适温度为 50~60℃。

葡萄糖淀粉酶主要是由一些微生物产生的，如红曲霉、黑曲霉、根霉等。因此，当谷物霉变或谷物制品遭受霉菌的污染时，由微生物产生的葡萄糖淀粉酶会对谷物的品质有很大影响。工业上常常将葡萄糖淀粉酶和 α-淀粉酶联合使用，从而加快淀粉的水解速度和效率。

（四）异淀粉酶

异淀粉酶（isoamylases），编号为 EC 3.2.1.68，是一类只作用于糖苷以及支链淀粉分支点 α-1，6-糖苷键的酶，能够把支链淀粉完全水解成短片段状的直链糊精，所以该酶也称为"脱支酶"。

异淀粉酶常常与其他类型的淀粉酶协同作用，从而极大地提高淀粉的水解率。例如，当异淀粉酶与 β-淀粉酶协同水解支链淀粉时，其可以进一步水解由 β-淀粉酶产生的极限糊精，并将淀粉转化为含有丰富麦芽糖的淀粉糖浆。异淀粉酶与糖化酶协同使用，可以大大提高淀粉的糖化率。

异淀粉酶存在于许多高等植物和微生物中，很早就在酵母抽提液中发现。谷物中的大米、甜玉米、麦芽，以及蚕豆、马铃薯中也含有一定量的异淀粉酶。在产气杆菌中分离的异淀粉酶，已用于葡萄糖制造业和纺织工业。目前，异淀粉酶已广泛应用于生产低聚寡糖、啤酒、高葡萄糖浆、高麦芽糖浆等领域，且在医药领域有一定的应用。

二、 酯酶

酯酶是指能够水解酯键的酶类，它们对谷物的贮藏稳定性和食用品质有很大影响。谷物中较为常见的酯酶主要包括脂肪酶和植酸酶。脂肪酶与一般酯酶有一定的区别。首先，脂肪酶具有界面活化作用，当脂肪酶位于不溶性非水（脂质）和水性介质（脂肪酶本身溶解于其中）之间的两相界面时，脂肪酶能更快地进行催化反应。而酯酶主要作用于溶解在水相中的底物。其次，脂肪酶一般水解长链酰基甘油（脂肪酸碳原子数目≥10）的羧酸酯，而酯酶一般水解短链酰基甘油（脂肪酸碳原子数目<10）。

（一）脂肪酶

脂肪酶（lipases），编号为 EC 3.1.1.3，也称脂肪水解酶，能够在油/水界面催化油脂的酯键断裂水解，最终产物为甘油和游离脂肪酸。由于脂肪酶水解油脂是逐步进行的，因此在水解进程中也会产生二酰甘油和单酰甘油等中间产物。不同来源的脂肪酶对底物的专一性要求不尽相同，因此有些脂肪酶也能够水解由无机酸或有机酸与一元醇所构成的酯类。此外，脂肪酶还包括磷酸酯酶、甾醇酶和羧酸酯酶，能分别水解磷酸酯类、甾醇酯和甘油三酯如丁酸甘油三酯。一般情况下，我们所说的脂肪酶是指能够水解油脂（三酰甘油）的一类脂肪酶，这类脂肪酶对谷物等食品中由脂肪酸引起的酸败过程也最为重要。

脂肪酶广泛存在于动植物体以及微生物中。小麦、玉米、稻米、燕麦、黑麦高粱等谷物中都含有脂肪酶。此外，一些豆类如大豆、黑豆、蚕豆等都具有很高的脂肪酶活性。脂肪酶在不同谷物以及谷物籽粒的不同部位中的活性具有较大差异。例如，燕麦的麸皮层中脂肪酶的活性约占燕麦籽粒的80%，而在胚乳当中含量较低，因此在制粉过程中通过去除燕麦的麸皮层，可以在很大程度上减少脂肪酶所造成的影响。通常情况下，谷物籽粒中的脂肪酶与其作用的底物存在一定的物理隔离，彼此不易发生反应。但是，在谷物的加工过程中（如制粉过程），由于籽粒结构本身遭受破坏，很容易导致酶与底物的充分接触，从而加速了油脂的水解进程。这也是成品粮比原粮难以贮藏的主要原因之一。

大多数脂肪酶的最适 pH 为 8.0~9.0，但也有少部分脂肪酶的最适 pH 偏酸性。大多数脂肪酶的最适反应温度为 30~40℃，但有些食物中的脂肪酶在−29℃冷冻时仍能具有活力。此外，盐对脂肪酶的活性也有影响。

在粮油食品的贮藏过程中，脂肪酶能引起粮油品质的劣变。例如，大量游离脂肪酸的产生会导致谷物食品体系酸度的增加，并可能产生苦味；粗榨的油品（如米糠油、小麦胚芽油）若精炼程度不够，很容易导致油品酸价的升高，严重影响油品的品质；精度不高的面粉，由于体系中油脂含量较高，在贮藏期易受脂肪酶的作用而导致食品不良风味的产生和食用品质的下降，并且脂质的降解对面筋蛋白和烘焙品质都有不利影响。

脂肪酶在食品工业中也有着积极的应用，可用于解决生产上由于脂肪的存在而导致的问题。例如，在啤酒生产过程中，脂肪酶可以消除原料中影响品质的脂肪；在鱼肝油中提取维生素 A；干酪生产中，牛乳脂肪的适度水解会帮助产生良好的风味等。

（二）植酸酶

植酸即肌醇六磷酸，是磷酸的贮存库，广泛存在于植物中。植酸酶是专一性地水解植酸

（磷酸酯）的酶，水解产物为肌醇和磷酸。植酸酶（phytases）广泛存在于小麦、稻米、玉米以及一些豆类中，特别是一些谷物的糊粉层中含量较高。

植酸在植物中通常以钙、镁等复合盐的形式存在，尤其是其能够与钙形成难以溶解的植酸钙盐。因此，人体若从食物中摄取了过多的植酸，则不利于一些矿物质（如钙）的消化与吸收，降低了矿物质的生物利用率和营养效价。植酸酶的存在可以水解植酸，这不仅可以促进钙的吸收，而且生成的肌醇还可以作为重要的营养物质被人体所利用。此外，释放出的 Ca^{2+} 可参与到交联或其他一些反应中，从而改变了植物性食品的质地。

植酸酶的最适反应 pH 在 5.2～5.5。环境 pH 的变化会显著影响植酸酶的活性，若 pH 低于 3.0 或高于 7.2，则催化作用停止。植酸酶对热比较敏感（如大麦芽中的植酸酶），一般植酸酶的最适反应温度为 55℃左右。

植酸酶在成熟的种子中才出现，它对干燥和冬眠的种子中的植酸无水解作用。然而，不当的贮藏条件会导致植酸的水解，如小麦在高温高湿环境下贮藏会诱导植酸酶催化植酸水解，使体系中无机磷含量增加。因此，谷物在贮藏过程中植酸含量的变化可作为判断谷物品质变化和贮藏条件稳定性的一项重要指标。

植酸盐在米糠中含量丰富，工业上常利用稀酸萃取的方法从米糠中制取植酸及肌醇，所得到的产品广泛应用于医药、食品及化学化工等领域。

三、　蛋白酶

蛋白酶（proteases）是水解蛋白质肽键的一类酶的总称。生物体中有许多不同种类和含量的蛋白酶，它们能降解蛋白质使之成为具有较小相对分子质量的多肽链碎片。蛋白酶按其水解多肽的方式，分为内肽酶（肽链内切酶，endopeptidases）和外肽酶（肽链外切酶，exopeptidases）两类。

内肽酶将大分子的多肽链从分子内部切断，形成分子较小的多肽链碎片。外肽酶又称端肽酶，或简称肽酶，它是从蛋白质分子的游离氨基或羧基的末端逐个将肽键水解，最后生成游离氨基酸，前者称为氨肽酶（aminopeptidases），后者称为羧肽酶（carboxypeptidases）。此外，外肽酶还包括二肽酶（dipeptidase），其是水解二肽为单个氨基酸的酶。

植物果实中含有丰富的蛋白酶，如木瓜中的木瓜蛋白酶、菠萝中的菠萝蛋白酶等。谷物如小麦、大麦等籽粒中也含有蛋白酶，并能够对谷物产品的品质造成一定的影响。发芽、生虫或者发霉的小麦制成的面粉中蛋白酶活性较高，促使面筋蛋白水解，导致面粉只能形成少量的面筋或不能形成面筋，从而极大影响了面粉的加工品质和食用品质。溴酸盐、碘酸盐、过硫酸盐、维生素 C 等具有抑制蛋白酶活性的作用，因而对面粉的品质具有一定的改善作用。

四、　氧化还原酶

（一）多酚氧化酶

多酚氧化酶（polyphenoloxidases）属于氧化还原酶类，又称儿茶酚氧化酶、酪氨酸酶、苯酚酶、甲酚酶、邻苯二酚氧化还原酶。多酚氧化酶以 Cu^{2+} 为辅基，是一种末端氧化酶，必须以分子氧为受氢体。多酚氧化酶的共同特征是能在分子氧存在下氧化酚形成对应的醌，比较常见的底物包括儿茶酚、酪氨酸等。氧化生成的醌类化合物能够发生羟醌聚合，随后依聚合度的增加，体系将由红色变成褐色直至生成黑褐色。苹果、马铃薯块茎在切开以后暴露在空气中，表面很快变黑，就是由于酚类物质在多酚氧化酶作用下氧化成醌的结果。多酚氧化酶在生物界分布广泛，谷物、水果、蔬菜等植物体以及霉菌和一些软体动物中均有这类酶的存在。

（二）脂肪氧合酶

脂肪氧合酶（lipoxygenases），又称脂肪氧化酶，脂氧酶，是一类含非血红素铁的蛋白质，能专一催化含有（顺，顺）-1，4-戊二烯结构的多不饱和脂肪酸，通过分子内加氧，形成具有共轭双键的脂肪酸氢过氧化衍生物。

脂肪氧合酶广泛分布于动植物界和微生物中，在一些谷物如小麦、大麦、玉米、燕麦等籽粒中都发现有脂肪氧合酶的活性，在豆类如大豆、蚕豆、绿豆、豌豆等种子中活性较高。脂肪氧合酶按照其来源的不同，结构、理化特性、底物和产物特异性等也存在很大差别。例如，研究发现大豆中存在三种脂肪氧合酶的同工酶，而它们的最适pH、底物和产物特异性等特性都存在较大差异。

脂肪氧合酶作为酶促脂质氧化体系的上游酶，可催化多不饱和脂肪酸产生氢过氧化脂肪酸。氧化产生的氢过氧化脂肪酸不稳定，可进而降解产生大量不同种类和含量的挥发性和非挥发性的次级产物，从而导致谷物加工制品不良风味的产生以及油脂和含油食品在贮藏和加工过程中色、香、味和营养价值等发生劣变等。例如，大豆和大豆制品中的豆腥味，就是脂肪氧合酶催化多不饱和脂肪酸氧化生成的氢过氧化物继续裂解而产生的。

然而，脂肪氧合酶也可以作为天然、绿色的食品添加剂用于小麦粉中改善小麦粉的品质。例如，脂肪氧合酶可氧化面粉中的色素使之褪色，从而使面制品增白；脂肪氧合酶还可以催化氧化蛋白质分子中的巯基成为二硫键而形成网状结构，从而提高面筋的筋力。此外，脂肪氧合酶在食品、化工等领域都有一定的应用，其研究对现代食品、工业、发酵等行业的发展都具有重要意义。

（三）过氧化氢酶

过氧化氢酶（catalases）几乎存在于所有的生物体内，是催化过氧化氢分解成氧和水的酶，具有高度的专一性。过氧化氢酶催化过氧化氢分解的反应可表示如下：

$$2H_2O_2 \longrightarrow 2H_2O + O_2 \uparrow$$

过氧化氢酶在食品工业中的应用较为广泛。例如，在奶酪加工过程中，过氧化氢酶被用于去除生产奶酪的牛奶中的过氧化氢。过氧化氢酶也被用于食品包装，防止食物被氧化。在纺织工业中，过氧化氢酶被用于除去纺织物上的过氧化氢。

（四）过氧化物酶

过氧化物酶（peroxidases）是生物体产生的一类氧化还原酶，普遍分布于谷物等植物组织中，在植物中主要存在于过氧化物酶体中，能催化很多反应。

过氧化物酶通常不单独分解过氧化氢，而是以过氧化氢为电子受体催化底物氧化。过氧化物酶和过氧化氢酶在生物氧化过程中不能传递电子或氢，但可以分解生物氧化过程中所生成的具有一定毒害作用的过氧化物或过氧化氢，从而降低对生物体的危害程度。在催化反应过程中，过氧化物酶可以活化过氧化氢或其他过氧化物（如过氧化脂肪酸）去氧化多种底物，如酚类、胺类、醛类等，具有消除过氧化氢和这些底物毒性的双重作用。过氧化物酶在过氧化氢存在的情况下，能起到与多酚氧化酶相似的作用。

第四节 谷物酚类物质

酚类化合物普遍存在于谷物、豆类和坚果中。酚类物质是植物次级代谢过程中的重要产物，主要是由植物体中的一些糖类物质经戊糖磷酸途径、糖酵解途径、莽草酸途径、苯丙烷途径等转化而成。人体不能合成多酚类物质，需要从食物中获取。科学研究表明，酚类具有很强的抗氧化性，同时还具有抗癌、抑菌、降低胆固醇、增强免疫力、预防心血管疾病和 II 型糖尿病等多项重要的生理学作用。

谷物中常见的酚类物质包括酚酸、香豆素、黄酮、芪类、单宁、原花青素、花色苷等。不同酚类化合物能够以游离、可溶酯化态或不溶结合态等形式存在，其中前两者通常称为游离态酚类物质（简称游离酚），后者则称为结合态酚类物质（简称结合酚）。谷物中的游离酚多存在于果皮、种皮和糊粉层中，主要包括游离态的黄酮类化合物、酚酸、二苯乙烯、木质素等。结合酚可以与其他一些生物大分子通过化学键作用相连。例如，阿魏酸可以与多糖、木质素和木栓质相连；对香豆酸可以与多糖、木质素和角质素相连。在谷物的糊粉层中，阿魏酸主要通过阿拉伯呋喃糖的 $O-5$ 位置处的酯键与多糖连接。阿魏酸还可以通过过氧化物酶催化的氧化偶合而发生二聚，形成的脱氢二聚体已被发现可以在阿拉伯木聚糖链之间形成交联。

谷物中多酚的含量以及游离酚与结合酚的比例，因谷物种类、品种和生长环境的不同而存在较大差异。例如，玉米中总酚酸类物质的含量显著高于小麦、糙米和燕麦（表4-8）；不同品种的黑麦籽粒中主要酚类物质的含量差异较大，如阿魏酸含量在 $900 \sim 1170 \mu g/g$，芥子酸含量在 $70 \sim 140 \mu g/g$，对香豆酸含量在 $40 \sim 70 \mu g/g$。小麦、糙米、玉米、燕麦等谷物多酚中结合酚含量高达 $50\% \sim 70\%$，而荞麦、薏米等全谷物多酚中结合酚含量低于 50%。本节内容将主要介绍谷物中几种常见的酚类物质（表4-8）。

表4-8　　　　　　　　　　几种谷物籽粒中主要酚类物质的含量　　　　　　　　单位：$\mu g/g$

酚酸类物质	小麦	糙米	燕麦	玉米
对羟基苯甲酸	微量	5.0	1.4	1.3
对羟基苯乙酸	—	微量	0.4	1.1
香草酸	3.6	2.1	4.2	3.7
原儿茶酸	微量	—	0.5	3.0
丁香酸	4.2	0.2	5.3	11.5
顺-对香豆酸	—	微量	—	微量
反-对香豆酸	微量	1.3	2.0	18.9
顺-阿魏酸	微量	1.9	2.6	6.5
反-阿魏酸	63.6	75.1	63.7	258.6
咖啡酸	微量	—	2.6	4.5

续表

酚酸类物质	小麦	糙米	燕麦	玉米
顺-芥子酸	微量	微量	微量	—
反-芥子酸	微量	微量	4.3	微量
总含量	71.4	85.6	87.0	309.1

一、 阿魏酸

阿魏酸（ferulic acid），别名为3-甲氧基-4-羟基肉桂酸，是肉桂酸的衍生物之一。阿魏酸的分子构型有顺式、反式两种，顺式为黄色油状物，反式为正方形结晶或纤维结晶，溶于热水、乙醇和乙酸乙酯，稍溶于乙醚，难溶于苯和石油醚。阿魏酸的结构如下：

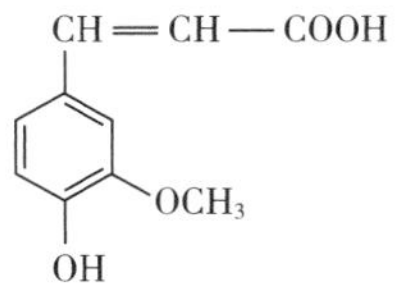

$$CH = CH - COOH$$

（结构图，苯环上连 OCH$_3$ 和 OH）

阿魏酸最初在植物的种子和叶子中被发现，是一种广泛存在于植物中的酚酸，在细胞壁中与多糖和蛋白质结合成为细胞壁的骨架。阿魏酸是谷物籽粒中常见的一种酚类物质，也是很多谷物中最主要的酚类物质（表4-8），在种子中能够以游离态和结合态的形式存在。在食品原料中，谷壳、麦麸、米糠中阿魏酸含量较高。

阿魏酸在小麦籽粒的糊粉层中含量较高，而在种皮和胚中含量较少，能够与阿拉伯糖、葡萄糖、甾醇、甾烷醇等物质发生酯化反应。大部分阿魏酸通过酯化的形式与戊聚糖以共价键相连，虽然其在谷物中的含量相对较少，但对戊聚糖的特性以及谷物的品质和功能都起着非常重要的作用。研究发现，在小麦粉面团混合过程中，随着时间的延长，面团的筋力出现衰减，品质变差，这主要是由于阿魏酸所引起。此外，阿魏酸与面粉的精度具有良好的相关性，即精度较高的面粉中，阿魏酸的含量也相对较高。通过灰分与面粉精度之间的对比性研究发现，阿魏酸含量比灰分能更准确地反映面粉中麸星的含量。近几年在药理药效方面的研究发现了许多阿魏酸及其衍生物的药理作用和生物活性，且其毒性较低，因而在医药、保健品、化妆品原料和食品添加剂等方面有着广泛的用途。

二、 花色苷和花青素

花色苷（anthocyanins）是花青素（又称花色苷元，anthocyan）的糖苷（glycoside），由一分子花青素与糖以糖苷键相连，是广泛存在于植物中的一类水溶性色素（简称花色素）。不同的花色苷可呈现红、洋红、蓝、紫、橙等多种颜色，从而赋予植物组织丰富多彩的色彩。

花色苷和花青素具有类黄酮典型的 C_6—C_3—C_6 碳骨架结构（图4-5），是2-苯基苯并吡喃阳离子结构的衍生物。由于取代基的种类和数量的不同，形成了具有各种不同结构的花色苷和花青素，同时也导致它们颜色上的差异性。花色苷分子上的取代基有羟基、甲氧基和糖基。花青素的结构如图4-6所示。

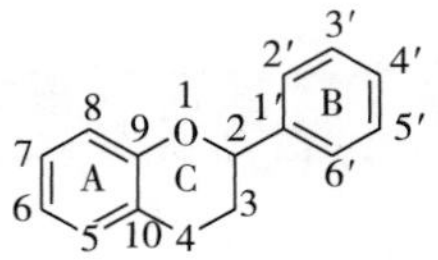

图4-5 多酚类色素的基本结构（ C_6—C_3—C_6碳骨架结构图 ）

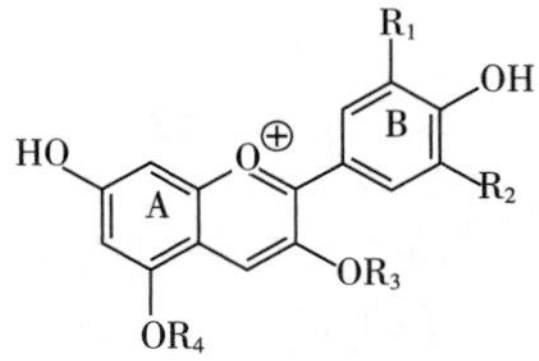

R_1和R_2=—H、—OH或—OCH$_3$，R_3=—糖基或—H，R_4=—H或—糖基

图4-6 花青素的结构

花色苷和花青素都是水溶性的色素，由于花色苷中含有亲水的糖基，所以其水溶性更大。花色苷和花青素的稳定性均不高，它们在食品加工和储藏中经常因化学反应而变色。影响其稳定性的因素包括 pH、氧浓度、亲核试剂、酶、金属离子、温度和光照等。

作为多酚类物质，花色苷和花青素具有很强的抗氧化能力。目前普遍认为抗氧化途径主要包括三种，即抑制自由基的产生或直接清除自由基、激活抗氧化酶体系、与诱导氧化的过渡金属络合。

三、 儿茶素

儿茶素（catechin），也称茶多酚，是一类广泛存在于植物体中的多酚类化合物，也是鞣质的前体。常见的儿茶素主要包括表儿茶素、表没食子儿茶素、表儿茶素没食子酸酯、表没食子儿茶素没食子酸酯等。儿茶素类化合物是茶叶中的主要功能成分，占茶叶干基质量的12%～24%。

儿茶素本身呈白色或黄色，具有轻微的涩味，可溶于热水、乙醇、乙酸和丙酮，微溶于冷水、乙醚，不溶于苯、氯仿和石油醚。儿茶素是黄烷衍生物，具有明显的酚的特性，能与金属离子或蛋白质结合形成沉淀。儿茶素与三氯化铁溶液可生成黑绿色的沉淀，与乙酸铅溶液生成灰黄色沉淀。

当含有儿茶素的植物组织受到损伤暴露在空气中时，其中的儿茶素非常容易在多酚氧化酶、过氧化酶等酶的作用下发生酶促褐变，被氧化生成褐色的物质。作为酶促褐变的重要中间产物，邻醌能够引发儿茶素进一步氧化或彼此氧化聚合形成褐色物质。此外，在高温、潮湿条件下，儿茶素也可以在氧气参与下发生非酶促氧化。

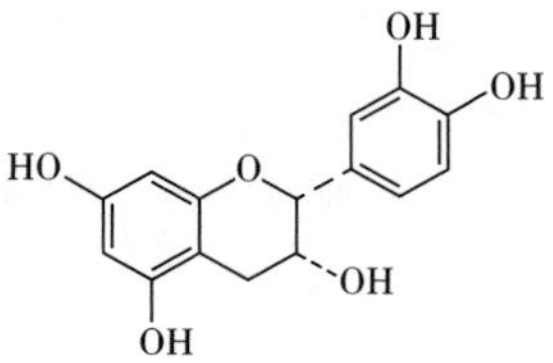

表儿茶素 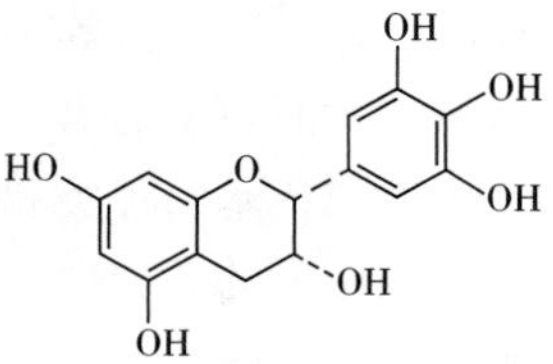   表没食子儿茶素

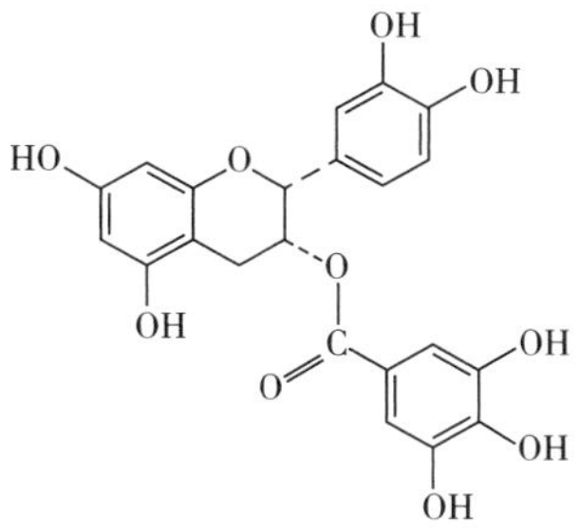

表儿茶素没食子酸酯 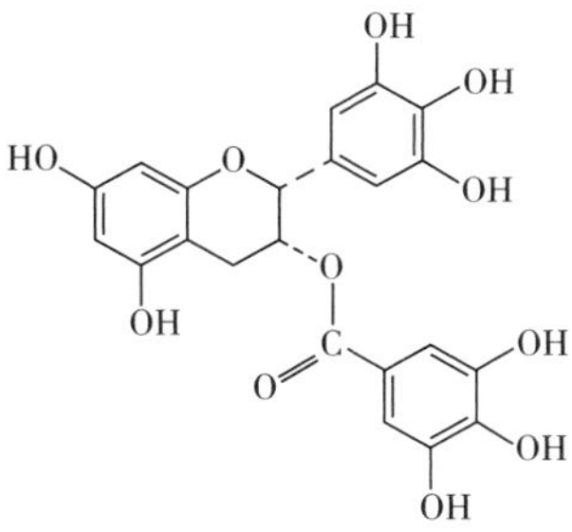   表没食子儿茶素没食子酸酯

四、 单宁

单宁（tannin），也称鞣质，广泛存在于植物中。单宁并不是单一的化合物，其组成成分较为复杂，可分为水解型单宁和缩合型单宁（原花色素）两大类。水解型单宁分子中有酯键，可在酸、碱作用下发生酯键的水解；缩合型单宁，即原花色素（anthocyanogen），也称无色花青素，是黄烷醇衍生物，其基本结构单元通常是由黄烷-3-醇或黄烷-3，4-二醇通过4，8-或4，6-键缩合而形成二聚物、三聚物或多聚物。原花色素在酸性加热条件下会转化为花青素。

单宁通常为白中带黄或轻微褐色的物质，具有强烈的涩味。单宁可以与蛋白质、生物碱、多价金属离子等反应生成不溶于水的沉淀。此外，单宁在一定条件下（如加热、氧化等）发生缩合，有利于涩味的去除。

作为多酚类物质，单宁本身也容易发生酶促褐变和非酶促褐变。例如，原花色素在食品的储藏加工过程中会发生氧化生成氧化产物。例如，果汁在光照或暴露在空气中时，会生成稳定的红棕色物质，就与此反应过程有关。

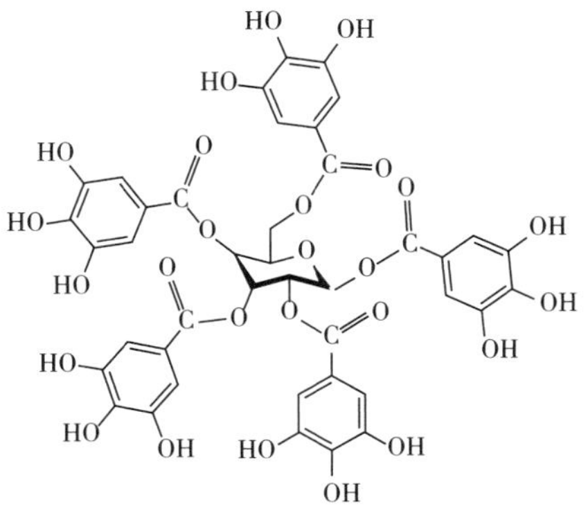

五没食子酰葡萄糖 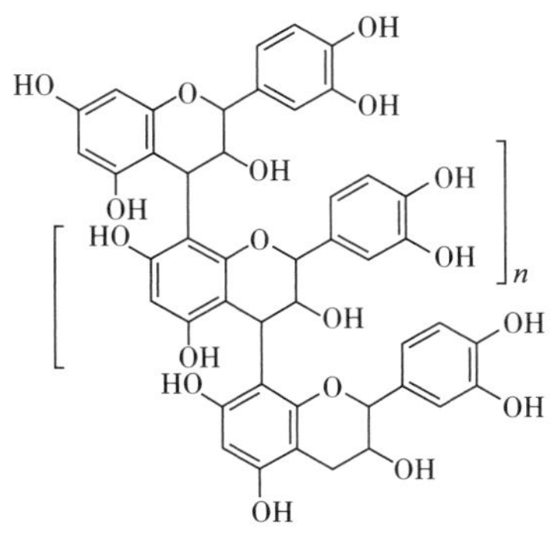   原花色素

本章参考文献

［1］王若兰. 粮油储藏学［M］. 北京：中国轻工业出版社，2009.

［2］张来林，金文，付鹏程，等. 我国气调储粮技术的发展及应用［J］. 粮食与饲料工业，2011（9）：20-23.

［3］高素芬. 氮气气调储粮技术应用进展［J］. 粮食储藏，2009（4）：25-28.

［4］李颖，李岩峰. 不同温度下充氮气调对稻谷理化特性的影响研究［J］. 粮食储藏，2014（4）：26-30.

［5］马中萍，马洪林，何其乐，等. 二氧化碳气调储粮技术在我库的应用情况概述［J］. 粮食储藏，2006（3）：13-16.

［6］杨健，周浩，黎万武，等. 不同温度条件下氮气气调储粮对玉米脂肪酸值的影响［J］. 粮食储藏，2013（4）：22-26.

［7］付家榕，袁建. 充氮储藏对大豆老化劣变影响的研究［J］. 粮食储藏，2014（1）：40-44.

［8］张崇霞，王伟，李荣涛. 氮气气调对不同水分大豆储藏效果研究［J］. 粮食储藏，2012（1）：20-22.

［9］张来林，罗飞天，李岩峰，等. 浅谈气调仓房的气密性及处理措施［J］. 粮食与饲料工业，2011（4）：14-18.

［10］张敏，周凤英. 粮食储藏学［M］. 北京：科学出版社，2010.

［11］司建中. 氮气气调储粮与二氧化碳储粮对比分析［J］. 粮油仓储科技通讯，2011（6）：40-42.

［12］黄志宏，林春华. 智能化粮库建设的探讨与构想［J］. 粮食储藏，2012（1）：52-53.

［13］张志愿，杨文生，张成. 智能气调储藏技术在浅圆仓中的应用研究［J］. 粮油仓储科技通讯，2013（3）：31-33.

［14］闻小龙，张来林，汪旭东，等. 智能气调和智能通风系统应用试验. 粮食流通技术［J］. 2012（5）：32-35.

第五章

CHAPTER

5

面团流变学

第一节　流变学概述

　　流变学是指从应力、应变、温度和时间等多尺度来研究材料变形或流动的科学。食品流变学是流变学的一个分支，是研究食品工业的原料、中间产物及成品的流动与变形的学科。食品流变学主要的研究内容是作用于物体上的应力以及由此产生的应变变化规律，是力、变形、时间组成的函数。通过对食品流变学进行研究，可以了解在加工、运输及储藏等过程中的食品组成、内部结构和分子形态等，从而为食品的加工工艺、加工参数、设备选用及储藏运输等提供一定的理论依据。

　　流变学在食品中的应用很广泛。例如，在水产品加工中，研究鳕鱼生产中鱼糜的流变学特性随加热温度的变化，可以为以这种鱼糜为原料的食品加工工艺参数提供理论依据。在果蔬收获、运输及储藏过程中，研究果蔬和垫层包裹物之间的碰撞，以选择最佳垫层材料及厚度。在谷物收获过程中，研究玉米茎秆的力学性质，使在收获时切割力最小。在炼乳生产过程中，研究表观黏度的流变学特性，可以进一步控制和提高产品质量等。

　　通过对食品的流变学特性研究，可以将食品分为5大类：固体类食品、牛顿流体类食品、非牛顿流体类食品、塑性液体类及黏弹性体类食品。其中黏弹性体类食品是一类介于固态和液态食品之间的即具有弹性变形特性又有黏性流动特性的黏弹性体，而面团就属于这类食品。小麦粉是各种面制品的基础原料，其与水混合后可形成具有黏弹性的面团，面团的这种黏弹性称为面团的流变学特性。在面制品的食品加工中，面团的品质起决定性作用，面团流变学特性是衡量小麦粉品质的指标之一，研究面团流变学特性有着重要意义：一是面团流变学特性受小麦粉品种、组分含量、加工设备及参数等因素的影响，因此可以根据面团流变学特性的测定，选择合适的原料、加工工艺用于最终产品的加工；二是通过对面团流变学特性的测定对于指导小麦粉品质改良、制定专用粉标准等都具有十分重要的意义。

第二节　小麦面团体系

　　在谷物面粉中，只有小麦粉与水混合可以形成三维黏弹性面团。在面团的形成过程中，麦谷蛋白首先吸水膨润，随后麦醇溶蛋白、清蛋白以及球蛋白进行水化作用，且麦醇溶蛋白在麦谷蛋白聚合体系中，充当增塑剂。蛋白质分子充分吸水后，通过机械搅拌相互接触，使其巯基之间相互交联，形成一种致密、网状、充满弹性的结构，成为面团的骨架，其他组分如淀粉、脂质、无机盐、低分子糖、水等被填充在其中，形成具有黏弹性和延伸性的面团（图5-1）。

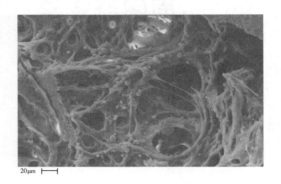

图5-1　面筋网络结构电镜图

　　小麦面筋蛋白聚合物的结构大多通过分子模型来解释，目前得到广泛认可的理论认为谷蛋白聚合物可以被描述为一个通过物理缠结形成网络结构的聚合物，这种网络结构是共价和非共价相互作用叠加的结果，其中以氢键、疏水作用和静电相互作用（盐、金属离子桥）为主的非共价相互作用虽然相对较弱，但综合在一起具有较大的作用。了解面筋网络中蛋白质的作用和贡献，以及稳定化过程中涉及的相互作用类型，是改善面团发育过程的关键步骤。图5-2显示了面筋网络形成的分子模型。

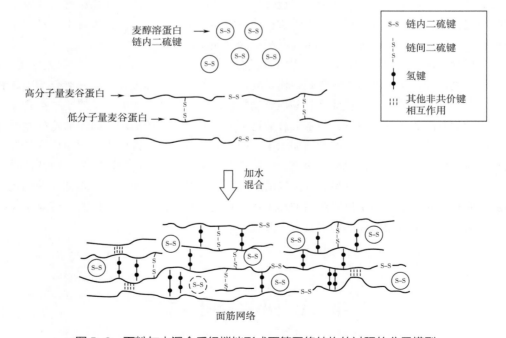

图5-2　面粉与水混合后经搅拌形成面筋网络结构的过程的分子模型

一、　蛋白质对面团体系的影响

根据溶解度可将小麦中的蛋白质分为 4 类，即清蛋白（溶于水）、球蛋白（不溶于水但溶于盐溶液）、麦醇溶蛋白（溶于 70%~90% 乙醇）和麦谷蛋白（溶于稀酸和稀碱溶液）。清蛋白、球蛋白分别占小麦蛋白质的 9% 和 5% 左右，分子质量较小，与小麦营养品质相关。麦谷蛋白、麦醇溶蛋白为储藏蛋白，占小麦粉总蛋白质质量的 80%~85%。目前多数人认为，小麦粉中醇溶蛋白和麦谷蛋白高度水化后，构象发生变化，并在二硫键与次级键的作用下形成面筋网状结构。醇溶蛋白以单体球状存在，分子质量小，赋予面筋延伸性。麦谷蛋白以多聚体纤维状形式存在，赋予面筋弹性和强度。两者以适当的比率结合对面筋的流变学特性和面团品质具有重要影响。

麦谷蛋白根据分子质量又可分为高分子量麦谷蛋白亚基（HMW-GS）和低分子量麦谷蛋白亚基（LMW-GS），两者共同作用维持面团的弹性结构，决定着面团性质和最终用途。其中，高分子量麦谷蛋白亚基占小麦谷蛋白总量的 10% 左右，量虽少，但是在面筋蛋白中主要形成网络骨架，能显著影响面筋结构及功能特性。谷蛋白大聚体（GMP）是高分子量麦谷蛋白亚基和低分子量麦谷蛋白亚基经过二硫键作用聚合而成的大分子，其中二硫键是谷蛋白聚合体结构的基础，决定了谷蛋白大聚体的强度和弹性。谷蛋白大聚体分子结构、含量与小麦加工品质密切相关，谷蛋白大聚体含量越高，结合的蛋白质越多，形成的面筋网络结构越坚固，从而抵抗外界的作用力越强。因此，谷蛋白大聚体含量可作为小麦面筋强度及面包体积的预测指标。

麦醇溶蛋白是通过分子内的二硫键、氢键、疏水键等化学键连接在一起的单体蛋白，分为 α-、β-、γ-、ω-醇溶蛋白，其中 α-、β-、γ-醇溶蛋白能够形成分子内二硫键，且 α-、γ-醇溶蛋白与低分子量麦谷蛋白亚基相关，称为富硫蛋白。而 ω-醇溶蛋白只能通过非共价键如氢键等连接，称为贫硫蛋白，其分子质量较小，主要赋予面团延展性。

麦谷蛋白聚合物的摩尔质量超过 $2\times10^7 g/mol$，而且难提取，因此很难精确地确定其天然结构和摩尔质量分布。在缺乏可靠的实验方法和证据的情况下，人们对它们的结构提出了一些假设。在 Graveland 等提出的模型中，分子的主链由高分子量麦谷蛋白亚基组成，而低分子量麦谷蛋白亚基以侧向附着形式存在，二硫键能增强其结构。有学者提出了麦谷蛋白大聚合物的分支模型，高分子量麦谷蛋白亚基以链形式出现，形成网络，其中含有低分子量麦谷蛋白亚基的聚合物与之相连［图 5-3（1）］。麦谷蛋白聚合物的基本分子单位可能包括 6 个高分子量麦谷蛋白亚基和大约 30 个通过链间二硫键连接的低分子量麦谷蛋白亚基［图 5-3（2）］，其摩尔质量约为 $1.5\times10^6 g/mol$。最大的麦谷蛋白分子可能包括超过 10 个这样的单位。尽管分子间二硫键是决定聚合物稳定性的主要因素，相邻高分子量麦谷蛋白亚基之间以及高分子量麦谷蛋白亚基与其他蛋白质之间的氢键在稳固结构方面同样重要［图 5-3（2）］。

二、　淀粉对面团体系的影响

淀粉是小麦籽粒中最重要的碳水化合物，占籽粒质量的 65%~70%。淀粉含量过高会降低面团中面筋蛋白的相对含量，从而稀释了面筋网络结构，加速面团弱化，导致粉质质量指数下降。由于淀粉吸水量仅是自身质量的 0.5 倍左右，远小于蛋白质，因此淀粉含量升高也会导致吸水率的下降。但是淀粉具有比面筋蛋白更快的吸水速度，因此增加淀粉或者淀粉组分均会使

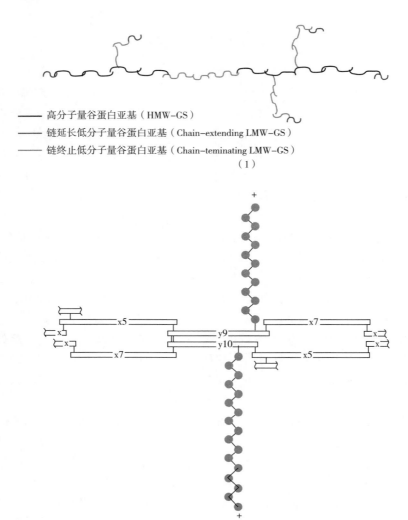

图 5-3　谷蛋白聚合物的分子结构模型

（1）由高分子量（HMW）和低分子量（LMW）谷蛋白的主链组成具有线性分支的亚基单元（GS），
只包含低分子量麦谷蛋白亚基；（2）由低分子量麦谷蛋白亚基（●）和高分子量麦谷蛋白亚基（□）
通过分子间 S—S 组成的谷蛋白聚合体。

面团的形成时间降低。

通常，根据小麦淀粉分子和结构，将其分为两类：相对分子质量较小的直链淀粉（$10^5 \sim 10^6$）和相对分子质量较大的支链淀粉（$10^7 \sim 10^9$）。其中，直链淀粉占总淀粉含量的 22%~26%，一般由 60~1200 个葡萄糖残基以 α-1，4-糖苷键连接而成，由于无分支，分子间结合紧密。支链淀粉占淀粉总含量的 74%~78%，由 α-1，4-糖苷键结合成主链，α-1，6-糖苷键结合成支链，呈树枝状。小麦粉中直链淀粉含量过高，制成的面条断条率高，制成的馒头体积小。当直链淀粉含量适中时，面条黏性、光滑性、口感及综合评分较好。直、支链淀粉有序或随机的构象和排列有助于形成复杂的淀粉结构。为了简化理解，相关研究中提到了淀粉的六个结构层次（图5-4）。其中，第一级是指仅由α-1，4-糖苷键连接的α-D-葡萄糖单元组成的线性分支；第二级是指在分支点通过α-1，6-糖苷键连接的线性分支的组合。支链淀粉的分支通常聚集成双螺旋簇。簇合物的侧链形成晶区，分支点附近的分支是形成非晶态的原因。交替晶态和非晶态是第三层次的淀粉结构（即半晶态结构），它可以扩展到生长环并形成第四层次的结构。各生长环向颗粒表面径向排列，构成单个淀粉颗粒（即第五级）。第六级指原材料中淀粉与其他基质（如蛋白质）的复合物。磨粉后破损淀粉的层次结构如图5-4所示。机械损伤对淀粉的分子结构（第一、二级结构）、晶体结构（第三级结构）和颗粒结构（第五级结构）造成的影响应该被区分对待，因为机械损伤对这几个不同层次的结构造成的影响是没有线性关系的。尽管淀粉分子的降解、结晶区的破坏以及颗粒的损伤之间没有线性关系，但是淀粉颗粒（第五级结构）对于机械损伤的敏感性和淀粉结晶区（第三级结构）以及淀粉分子（第一、二级结构）的结构有关。

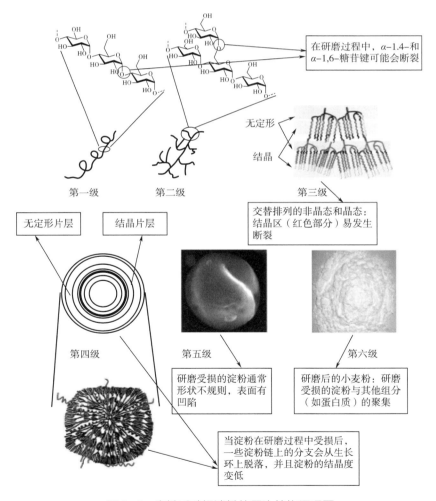

图5-4　磨粉后破损淀粉的层次结构原理图

小麦淀粉根据大小可分为A淀粉和B淀粉。A淀粉粒径$10\sim35\mu m$，呈透镜型，质量占胚乳淀粉的$70\%\sim80\%$；B淀粉粒径为$2\sim10\mu m$，呈球形，质量占胚乳淀粉的不到30%。小麦A

淀粉、B 淀粉的颗粒形貌、化学组成、分子质量等方面不同，使其在理化性质及功能特性上有诸多差异（图 5-5）。A 淀粉表面有沟槽性结构，而 B 淀粉表面则有小孔状结构；B 淀粉的糊化温度比 A 淀粉高，且 B 淀粉含量较高的淀粉的凝胶硬度较大。此外，B 淀粉与蛋白结合更紧密，A 淀粉与蛋白结合较弱。这些区别影响到与其他试剂的作用特性。

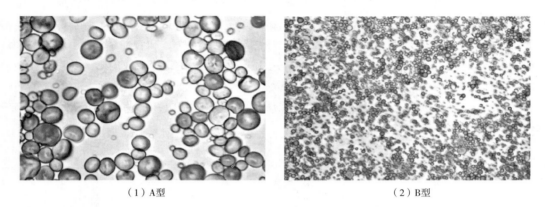

（1）A 型 　　　　　　　　　　　　　　　（2）B 型

图 5-5　分离后 A 型淀粉粒组和 B 型淀粉粒组电镜图（400 倍）

小麦粉在生产过程中会产生不同程度的破损淀粉，淀粉的损伤程度通常与小麦品种、制粉工艺等因素有关。支链淀粉比直链淀粉更易破损，可能是因为具有无定形结构的直链淀粉比具有刚性结构的支链淀粉更能缓冲机械力。机械损伤造成的淀粉性质的变化可显著影响小麦粉性质，如膨胀特性、糊化特性、溶解性等，同时对面团流变学特性也有较大影响。由于破损淀粉的吸水能力是正常淀粉的 5 倍，因此含有破损淀粉的小麦粉吸水率会显著增加。而且，破损淀粉含量的升高小麦粉的峰值黏度、最终黏度、崩解值和回生值均不断降低。适当的破损淀粉含量可改善冷冻发酵面团，而破损淀粉含量过多则会导致面团强度降低。

不同研磨强度的小麦粉可以通过扫描电镜可以直观地观察到其结构（图 5-6）。从未经过处理的小麦粉的扫描电镜图可明显观察到嵌入淀粉颗粒的蛋白质基质的大聚合体（长度 ≥ 200μm）。随着喷射研磨强度的增加，这些聚集物显示出更小的尺寸，基本呈碎片状，并且与蛋白质基质的分离程度也越来越高 [图 5-6（2）～（4）]。其中，F1 样品的颗粒比 F2 和 F3 大，而 F2 和 F3 的微观结构略有不同。一些淀粉颗粒（10～35μm）由于碾磨而变形，与被侵蚀的蛋白质分离，呈现较小的聚集体或完全脱落基质，最终呈多边形。

三、　脂质对面团体系的影响

小麦粉中脂类含量为 1%～2%，虽然含量甚微，但在一定条件下脂质能够与面粉中其他成分如蛋白质、淀粉等互相作用，作用的结果将对面制品的加工和产品质量产生影响。小麦籽粒中的脂类按其分布，可分为淀粉脂、淀粉表面脂和非淀粉脂；按照生物化学结构可分为非极性脂、中性脂、极性脂；按照萃取方式和萃取物可以分为游离脂、水解脂及结合脂。

在和面过程中，小麦粉中的游离脂类转化为结合脂类，56% 的面筋脂与醇溶蛋白结合，44% 与麦谷蛋白结合，其中与麦醇溶蛋白结合的脂类 58% 是极性脂，与麦谷蛋白结合的脂类 54% 是非极性脂。极性脂与面筋蛋白结合后，面筋蛋白可通过其糖基或者极性基与淀粉、戊聚

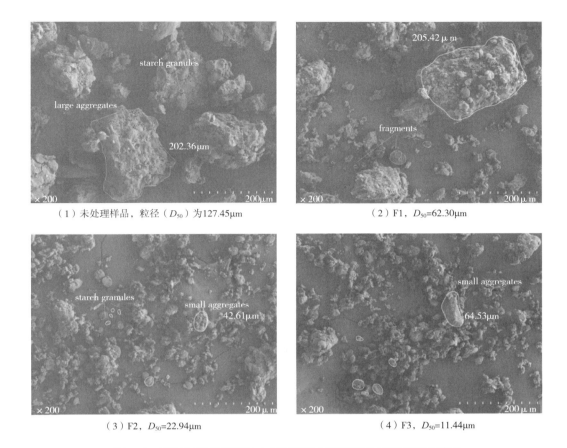

（1）未处理样品，粒径（D_{50}）为127.45μm   （2）F1，D_{50}=62.30μm

（3）F2，D_{50}=22.94μm   （4）F3，D_{50}=11.44μm

图5-6 不同研磨条件下的小麦粉对经射流研磨处理后扫描电镜图

starch granules—淀粉颗粒   large aggregates—大聚合体   fragments—碎片   small aggregates—小聚合体

糖、水等互相结合，从而增加面团弹性，改善面团的加工性能。但非极性脂不利于面筋网络的形成。极性脂参与形成的面筋复合体不容易解聚，起到强化面筋的作用，可改善面筋网络的持气性能。极性脂中的糖脂还能促进淀粉粒与面筋蛋白之间的作用，使彼此相连形成连续相。非极性脂相对含量的增加对小麦粉的粉质特性影响较大，添加非极性脂的面团的沉降值和稳定时间增加。游离脂有利于改善中低筋小麦粉的筋力和耐揉性，随着游离脂含量的增加，中低筋的小麦粉的吸水率显著减小而稳定时间显著增加，筋力增强；其两种小麦粉的最低黏度、最终黏度、峰值时间均显著降低，衰减值及回生值增加。

研究表明，脂类可降低强筋小麦粉面团的延伸度和拉伸面积，但是可以增加弱筋小麦粉面团的延伸度、拉伸阻力及拉伸面积。脂类对面筋网络的黏着力起重要作用。脱脂可使面团的形成时间延长，但稳定时间变化不大。脂类对面团中气泡的透入、面筋蛋白的相互作用、发酵及面团在烘烤过程中体积的增大影响较大。脂类对面团面筋网络的持气性和延伸性有修饰作用，可增强小麦粉淀粉粒之间的相互吸附作用，而脱脂能使小麦粉粒度变小，颜色增白。小麦粉脱脂引起的面团性质的改变是可逆的，即如果重新加入脱去的脂质，面团的性质可恢复原状。

此外，外源油脂的添加在一定程度上显著减少了面粉湿面筋含量、吸水率，并降低了峰值黏度，还对面团形成时间、稳定时间和粉质指数起到显著改善作用，从而增强面团的加工性能，直接影响面制品的品质。

在混合（5.8）和发酵（4.8）面团的 pH 下，醇溶蛋白带正电荷，而谷蛋白几乎不带电荷。因此，具有两性离子或带负电的磷脂通过离子相互作用优先与醇溶蛋白结合，而中性的糖脂通过氢键和疏水相互作用与谷蛋白相互作用（图 5-7）。此外，非极性脂类可能通过疏水相互作用与谷蛋白结合。发酵过程中，气室扩张，面筋网络被拉伸，可提取的非极性脂质［主要是三酰甘油（TAG）和游离脂肪酸（FFA）］总水平增加，而可提取的糖脂总水平下降，表明非极性脂类和谷蛋白之间的疏水作用减弱，导致与谷蛋白相关的非极性脂类被糖脂所取代，这可能是糖脂-麦谷蛋白相互作用强度较高造成的。

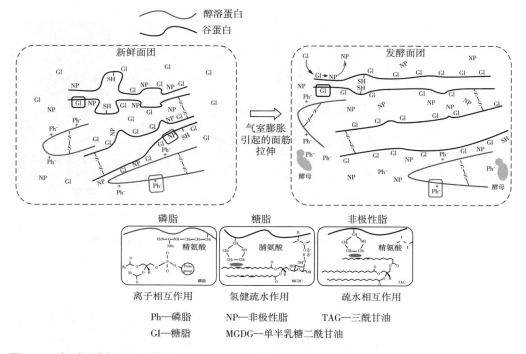

图 5-7　在刚形成的面团和发酵后的面团中的麦胶蛋白-脂质和麦谷蛋白-脂质的相互作用示意图

四、 膳食纤维对面团体系的影响

膳食纤维是小麦粉中含量仅次于淀粉和蛋白质的第三种成分。目前，膳食纤维的定义仍有争议，但总体而言，膳食纤维是具有十个或更多个对体内小肠酶具有抗性的单体单元的碳水化合物聚合物。根据溶解度可将膳食纤维分为不溶性膳食纤维（IDF）和可溶性膳食纤维（SDF）。在天然植物食品中，可溶性膳食纤维和不溶性膳食纤维的比例随植物来源以及种子的成熟度而变化。商业生产的膳食纤维通常是两者的混合物。无论是天然存在还是商业上提取的膳食纤维，由于类型，尺寸和内在相互作用的变化，膳食纤维都很复杂。已有研究证明，与高度加工、分离和添加的膳食纤维相比，完整天然的膳食纤维具有更大的生理意义。

谷物产品是我们饮食中膳食纤维的主要来源，并且大多集中在外麸层。在研磨过程中，麸皮层大多数情况下被有选择地去除。精制的小麦粉通常仅含 2%～3% 的膳食纤维。高含量膳食纤维的掺入会导致面团的微观和宏观性质发生变化，这与面团的形成时间以及吸水率的增加有关，面团的强度和黏性会增加，但混合和发酵的耐受性会降低。高膳食纤维含量的食品感官特性通常不佳，包括亮度降低、面包体积减小以及质地变差。显然，在高膳食纤维谷物食品的产品质量和营养功能之间需要权衡。

近些年，膳食纤维和面筋蛋白之间的相互作用得到了大量研究。这些研究可以概括为两个主要假设。首先，由于膳食纤维有较强的水结合能力，会导致面筋部分脱水。这会引起面筋基质构象的变化和面筋聚合物网络位置的塌陷。基于该假设，可以通过优化含水量或在配方中加入预水合的膳食纤维来抑制面团中膳食纤维的负面影响。第二个假设是面筋稀释作用，面筋网络被膳食纤维破坏，这在面团的微观图中表现明显。因此，物理手段的预处理如挤出、微粉化、电分离以及对膳食纤维的化学或酶改性可以积极改善面团功能特性。

戊聚糖是小麦籽粒中主要的非淀粉多糖，是膳食纤维的主要成分。戊聚糖分为水不可提取戊聚糖和水可提取戊聚糖。尽管小麦面粉中的戊聚糖含量很少（通常为 $15 \sim 21 \mu g/mg$），但戊聚糖在决定小麦粉在面包生产中的功能特性上具有重要作用。戊聚糖通过增加小麦粉的吸水能力、延迟面团的发育以及增强面团混合的稳定性和耐受性，对面团性能产生积极影响。戊聚糖对面团形成时间也有重要影响。将其添加到小麦粉中可延缓面团的形成，需要更长的混合时间才能获得最佳面团。戊聚糖比其他小麦粉成分具有更强的吸水能力，因此，戊聚糖含量较高会降低其他成分（如面筋）的水利用率，并最终延迟面团的形成。戊聚糖在面团混合过程中可提高面团稳定性。面团制备过程中，最开始添加的水并未完全使掺入的戊聚糖饱和，但在蛋白质预混合后，释放出的水会被这些戊聚糖捕获。这可能是因为水胶体中存在的羟基相互作用的结果，也可能是戊聚糖对面团中蛋白质微观结构产生影响导致的。

五、 酶对面团体系的影响

酶制剂作为小麦粉品质的重要改良剂，由于其安全、高效、专一的特点，被越来越多地运用到小麦粉工业中。在食品工业中，常用的酶有淀粉酶、转谷氨酰胺酶、氧化酶、漆酶等。

淀粉酶能将淀粉全部水解为葡萄糖，通常被用作淀粉的糖化剂，最适温度为 $50 \sim 60 ℃$，最适 pH 为 $4 \sim 5$，可降低面团的发酵时间，改善面包的色泽以及改善组织结构和柔软度。麦芽糖淀粉酶可水解直链淀粉和支链淀粉，水解生成的 α-麦芽糖和一部分糊精具有抗老化作用，可增加面包柔软度及延长保质期。

在面团混合过程中，面筋蛋白被转化为连续的黏弹性面筋蛋白网络。面筋交联酶对面团功能特性有积极作用。转谷氨酰胺酶（TG，蛋白质-谷氨酰胺-γ-谷氨酰转移酶）已被广泛报道，具有交联不同食物蛋白的能力。当用于面包制作时，转谷氨酰胺酶能够通过形成较大的不溶性聚合物来改善小麦粉蛋白的功能。高分子量（HMW）谷蛋白是受转谷氨酰胺酶影响最大的蛋白质部分，而低分子量（LMW）谷蛋白、α-麦醇溶蛋白、清蛋白和球蛋白也被认为是转谷氨酰胺酶的底物，受转谷氨酰胺酶影响。

氧化酶对面团中的硫醇-二硫化物系统有很大影响，进而对面团的特性产生作用。葡萄糖氧化酶（GO，EC 1.1.3.4）是目前用于化学改良面包的首选酶，葡萄糖氧化酶反应过程中产生的过氧化氢促进了面筋蛋白中二硫键的形成和水溶性戊聚糖的凝胶化。

漆酶是另一种氧化酶，是面包加工中最常用的改良剂之一，可以和面团的主要成分发生反应。研究发现，经漆酶处理后面团的机械强度和稳定性较好，黏性降低，面团的加工性能得到了改善。阿魏酸、阿拉伯木聚糖是漆酶最好的反应底物，主要作用于酯化成阿拉伯木聚糖片段的阿魏酸残基上，使其发生交联，形成稳固的阿拉伯木聚糖网络结构。漆酶和阿拉伯木聚糖的交联可增强面团的拉伸阻力，降低面团的延伸度，因此漆酶可以改善面团的柔软度，增大面包体积。

六、 盐对面团体系的影响

常用的无机盐类面条品质改良剂有食盐、磷酸盐、碱性盐等。食盐是一种中性盐，也是一种最普通的食品添加剂，主要成分是氯化钠。氯化钠溶于水后离解为一定含量的钠离子和氯离子，加入面粉后，可以促进面粉与水更快结合，并增加面团的筋力和延展性。在面包加工中，食盐是必不可少的配料之一。除了在感官上的贡献外，盐在整个面包制作过程中（混合和面团形成，发酵和醒发，烘烤和储存）也起着至关重要的作用。食盐增加了面团的混合阻力，降低了加工过程中的面团黏性，稳定了酵母的发酵速度，使面包皮颜色更具吸引力，改善了面包的质地，延缓了面包的陈旧性，并抑制了面包储存过程中的微生物生长。

研究发现，食盐可减弱淀粉糊化，降低淀粉回生的程度，并增强小麦粉面团黏弹性。食盐的加入，使蛋白质二级结构的分布发生了变化，诱导产生更多的 β 折叠，并且面筋的游离—SH含量降低，这表明食盐在面团生产过程中导致更多的二硫键交联。随着盐的增加，麦醇溶蛋白的可提取水平大大降低，而谷蛋白则增加，这意味着形成了更多聚合物和更不易溶解的蛋白质网络。较高水平的食盐通过二硫键交联在一定程度上诱导了更强的面筋相互作用。但是，面团形成过程中可能还存在其他相互作用，需要进一步研究。此外，必须对面团进行深入的分子特征分析，并且需要开发兼顾质量和感官的少盐产品，以生产健康优质的烘焙产品。

磷酸盐被广泛应用于食品中，作为食品成分和功能添加剂，充当保水剂、缓冲剂、隔离剂或分散剂。在食品中使用的磷酸盐剂量及种类均有明确规定，其中三聚磷酸钠、六偏磷酸钠、焦磷酸钠、磷酸二氢钠常以不同配比复配后添加于面制品中。面条产品的质量主要取决于淀粉和蛋白质的性质，磷酸盐能有效地增强面团制备过程中的面筋网络，增加保水性，延缓鲜面条变暗，促进淀粉糊化，减少蒸煮损失。研究发现，复合磷酸盐可降低面团的吸水率，提高其形成时间及稳定时间，小麦粉的抗拉伸阻力增加，延伸度下降。

在食品中，通常添加的碱性盐主要是碳酸钠、碳酸钾及碳酸氢钠等。研究表明，在小麦粉中添加碳酸钠可提高其面团的稳定时间、粉质质量指数、拉伸阻力及最大拉伸力，并且可降低弱化度及延伸性。在面制品中添加适量的碱可促进小麦粉在受热时吸收水分以达到良好的黏弹性。面包和其他谷类食品是人体钠的最大来源，约占总钠摄入量的30%。因此，减少面包产品中的盐可能是实现减少钠含量目标并最终改善我们的健康和福祉的关键一步。赖氨酸是谷物中的第一限制性氨基酸，因此在谷物类食品中强化赖氨酸，不仅可以减少膳食中钠盐的摄入，还是提高其蛋白质营养价值的有效途径。此外，适度强化 L-赖氨酸和 L-天冬氨酸盐对面团的拉伸特性有一定的改善作用，同时避免对馒头感官品质产生不良影响，这为扩大赖氨酸复合盐作为食品营养强化剂在谷物食品中的广泛应用提供了指导。

七、 其他对面团体系的影响

脱脂大豆粉作为一种蛋白营养强化剂，可改善面制品的营养品质，但会使面团流变特性变差。随着脱脂大豆粉的添加量增加，面筋网络被破坏，筋力下降。将不同水解条件下得到的荞麦多肽粉按照不同浓度梯度添加至小麦粉中发现，随着荞麦多肽粉添加量的增加（0~10%），面团的吸水率降低，形成时间及稳定时间呈现先减小后增加的趋势，面团延伸性变好，拉伸能量增加。将紫薯粉与小麦粉按照一定比例混合（2%~10%），发现随着紫薯粉的添加量增加，面团的吸水率及稳定时间下降，形成时间延长，最大拉伸力及延伸度均降低。研究者还尝试将适量黑米、香菇、魔芋粉、绞股蓝、大豆膳食纤维等添加至小麦粉中，以制备各种特色的面条。

第三节　面团流变学特性测定方法与设备

在面团流变特性测定中，大量的设备得到了应用，包括粉质仪、拉伸仪、混合实验仪、吹泡示功仪、快速黏度分析仪、物性分析仪和旋转流变仪等。

一、粉质仪

粉质仪主要由揉面钵、测力系统、加水系统、记录系统、阻尼系统及恒温系统6大部分组成，是测定小麦粉筋力强度的重要仪器（图5-8）。其测定原理是测量和记录小麦粉在加水后面团的形成及扩展过程中的稠度随时间变化的曲线。将一定质量的小麦粉置于揉面钵中，用滴管加入恒温水，在固定的温度下揉成面团，仪器会自动绘制一条粉质曲线（图5-9），可反映在加水后揉制面团的过程中搅拌刀所受到的综合阻力随搅拌时间的变化规律，可用来分析面团在形成过程中的特性变化的依据。其测定的参数包括吸水率、面团形成时间、稳定时间、弱化度、评价值。

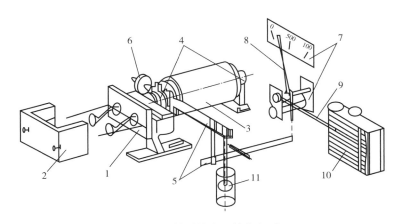

图5-8　粉质仪主要结构组成

1—带搅拌叶片的揉混器后面板　2—揉面钵（揉混器其余部分）　3—电机和齿轮组机箱　4—滚珠轴承
5—杠杆　6—平衡锤　7—刻度盘表头　8—指针　9—记录笔架　10—记录器　11—油阻尼器

吸水率是面团在最大稠度处于500FU时所需要的加水量，用湿基面粉质量的百分数表示（精确到0.1%）。小麦粉的吸水率一般与其原料原始水分、蛋白质含量、破损淀粉含量有关。

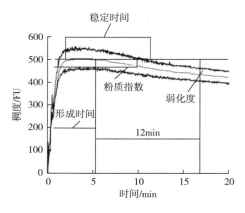

图 5-9 典型粉质仪曲线

硬麦的吸水率一般为 60%，软麦的吸水率为 56% 左右。原料粉的吸水率高，其成品的出品率高，做出的成品口感疏松、柔软，但吸水率过大，会导致面团的流动性增强，不易成型。

形成时间是指从小麦粉加水开始直至粉质曲线达到最大稠度所需要的时间（精确到 0.5min）。在测定过程中，有时会出现 2 个峰值，此时，如果第 2 个峰比第 1 个峰高，则用第 2 个峰来确定面团的形成时间。软麦的形成时间较短，为 1~2min，适合制作饼干和糕点；硬麦形成时间较长，一般在 4min 以上，适合生产面包。稳定时间是以粉质曲线上边缘首次与 500FU 标线相交至下降离开 500FU 标线两点之间的时间差表示稳定性（精确至 0.5min），表示小麦粉的耐搅拌性。稳定时间长，表明小麦粉的筋力强，生产出的面包体积大。

弱化度是以面团达到形成时间点时曲线带宽的中间值和此点以后 12min 出曲线带宽的中间值之间高度的差值（精确到 5FU）。弱化度一般反映面团在搅拌过程中的破坏速度及对机械搅拌的承受能力。弱化度越大，表明面团越黏，流动性越强。弱化度越小，表明小麦粉的品质越好。

评价值是指对小麦粉的粉质质量进行评分，范围 0~100。数值越高，表明小麦粉的质量越好。一般认为，小麦粉的评价值在 50 以上属于品质良好。

二、 拉伸仪

拉伸仪主要由揉圆器、成型器、夹持测试面块用的托架、夹钳、托盘、三格醒发箱及测试面块用的拉伸装置组成（图 5-10）。其原理是在规定的条件下，用粉质仪将小麦粉、水、盐制备为面团，之后将测试面团用拉伸仪自带的揉圆器揉圆，之后再用成型器搓条，放置一段时间后，用拉伸仪测定面团的拉伸阻力，第一次拉伸完后，立即用同一块面团再成型、放置并拉伸。图 5-11 是典型的小麦粉拉伸曲线。拉伸仪测量的指标主要有如下几个。

（1）最大拉伸阻力（maximum Resistance，R_m）　拉伸曲线的最大高度 R_m（精确到 5EU），以 EU 表示。抗拉阻力是拉伸曲线从 50mm 的地方量取曲线的高度 R_{50}。抗拉阻力越大，面团的强度和筋力越大。抗拉阻力大而延伸度适中的小麦粉起发度好，做出的面包体积较大。

（2）拉伸能量（area，A）　拉伸曲线面积，是指拉伸曲线与基线所包围的总面积，用 cm^2 表示。抗拉伸阻力大、延展性小的面团和抗拉伸阻力小、延展性大的面团可得到相同的面积。就面包而言，制作出品质好的面包既要有一定的抗拉伸阻力，又要有一定的延展性，因

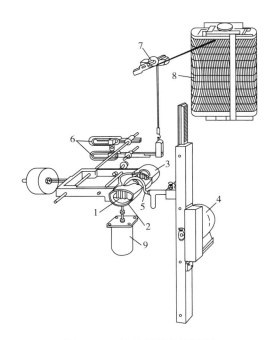

图 5-10 拉伸仪结构示意图

1—测试面块 2—托架 3—托架用夹钳 4—电动机 5—拉面钩
6—杠杆系统 7—平衡器 8—记录器 9—阻尼器

此，不能只看拉伸曲线面积，二者均要兼顾。

（3）延伸性（extensibility，E） 也称延展性，是指从拉面钩接触面团开始至面团被拉断，拉伸曲线的横坐标的距离称为面团的延伸度 E（准确到 1mm）。拉伸的长度大，表明面团的延展性比较好，抗拉阻力较小，表明面团比较柔软，保持二氧化碳的能力弱。延展性不好的面团较硬，吸水率大，发酵时间较长。因此，要根据延展性大小适当调节发酵时间，从而制作出体积更大、易于成型的成品。

（4）拉伸比例（R/E） 指面团拉伸阻力与延伸性之比，即压延比。

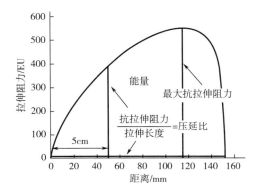

图 5-11 典型小麦粉拉伸曲线

三、混合实验仪

混合实验仪由揉面钵（配有两个揉面刀）、加水系统、温控系统组成，测试完全由电脑控制，并可进行校准和数据存储（图5-12）。其测定原理是小麦粉加水混合后，面团在恒温、升温及降温过程中，搅拌刀片（恒速）受到的扭矩随时间的变化关系。使用混合实验仪一次检测就可以同时测定面粉的蛋白特性和淀粉糊化特性，相当于揉混仪、粉质仪、黏度仪和糊化仪的"混合"，表达了面粉从"生"到"熟"特性的大量综合信息，包括面粉的特性、面团升温时的特性、面团熟化时的特性以及面团中酶对面团特性的影响等，反映了蛋白质、淀粉、酶对面团特性的影响，以及它们之间的相互作用。适合于谷物及其产品的品质分析，用于研究样品的蛋白质特性、淀粉特性、酶活性和添加剂特性及影响。

图5-12　混合实验仪结构示意图

1—装样漏斗　2—揉面钵盖板　3—揉面钵锁紧把手　4—揉面钵　5—注水喷嘴及储水器

混合实验仪在谷物学研究中的应用主要借助其所具备的三种模式：模拟粉质仪实验模式、剖面图实验模式和标准实验模式。模拟粉质仪实验模式使用软件模拟技术把混合实验仪测定结果转化为粉质测定仪测定结果。也就是说，用混合实验仪代替粉质仪进行测定。标准实验模式测定结束后可以获得典型曲线图（图5-13），图中各曲线段上的参数如下。

C1（N·m）：揉混面团时扭矩顶点值，用于确定吸水率；

C2（N·m）：依据机械工作和温度检测蛋白质弱化；

C3（N·m）：显示淀粉老化特性；

C4（N·m）：检测淀粉热糊化热胶稳定性；

C5（N·m）：检测冷却阶段糊化淀粉的回生特性；

α：30℃结束时与C2间的曲线斜率，用于显示热作用下蛋白网络的弱化速度；

β：C2与C3间的曲线斜率，显示淀粉糊化速度；

γ：C3与C4间的曲线斜率，显示酶解速度。

混合实验仪指数剖面图是六角形的平面图（图5-14），每个轴表示一个关键指标。6个关键指标分别是吸水率指数、揉和指数、面筋指数、黏度指数、淀粉酶指数和回生指数。每个轴分为刻度0~9，可记录某种面粉在该指标的表现。如面粉a为5-55-543（黑色区域的内6边形），面粉b为7-76-664（黑色区域的外六边形）。也可以描述可接受面粉的范围，比如，从5-55~543到7-76-664，黑色区域就是加工某产品全部合格面粉的区域。

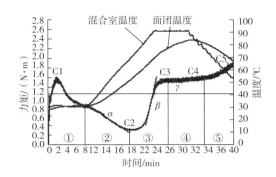

图 5-13 混合试验仪典型曲线图

①—面团形成阶段（恒温，30℃） ②—蛋白质弱化阶段 ③—淀粉糊化阶段
④—淀粉酶活性（升温速率恒定） ⑤—淀粉回生阶段

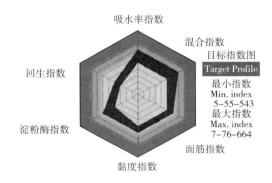

图 5-14 混合实验仪指数剖面图

混合实验仪测定在搅拌和温度双重因素下的面团流变学特性，主要是实时测量面团搅拌时两个揉面刀的扭矩变化。一旦面团揉混成型，仪器开始检测面团在过渡搅拌和温度变化双重制约因素下的流变特性变化。在实验过程的升温阶段，所获得的面团流变特性更加接近食品在烘焙及蒸煮工艺上的特性。

四、 吹泡示功仪

吹泡示功仪由和面器、吹泡器、压力记录器等组成（图 5-15）。其测定原理是在一定的条件下，将小麦粉、氯化钠溶液混合制备成一定含水量的面团，再将面团压制成一定的厚度，用吹泡的方式吹成面泡。记录面泡内压力随着时间变化的曲线图。其测定参数有最大压力 P、P/L、形变能量 W。

最大压力 P，表示面团的张力，其 P 值越高，表明面团面筋弹性越大；破裂点 L，表示面团的延展性，与面团的发酵体积有一定的关系；P/L，为 P 与 L 的比值，可反映面筋强度的平衡性。一共可分为 3 种：韧性、平衡性、延伸性。P/L 为 1.6～5.0 时，面团弹性好，延展性差，称为韧性；P/L 为 0.8～1.4 时，面团的弹性及延展性均较好，称为平衡型；P/L 为 0.2～0.7 时，面团弹性差，延伸性好。形变能量 W 表示单位质量的面团变成厚度最薄的薄膜所需的功，与烘焙食品质量有关，$W>250$ 的面粉可制作面包及配粉用；W 为 170～250 的可制作馒头、面条；$W<170$ 的可制作饼干、蛋糕等低筋食品。

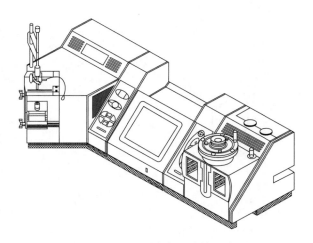

图 5-15　NG 型吹泡示功仪示意图

五、　快速黏度分析仪

20 世纪 80 年代，澳大利亚科研人员为了研究发芽小麦，研发了快速黏度分析仪，经过期间不断地改良，国际谷物科学与技术协会（ICC）、美国谷物化学家协会（AACC）已把其作为检测谷物品质的标准方法。其测定原理是，在规定的测试条件下，样品的水悬浮物在加热和内源性淀粉酶的协同作用下逐渐糊化（即淀粉的凝胶化）。这种变化由设备进行连续监测，最终得到黏度变化曲线，见图 5-16。测定的参数有糊化温度、峰值温度、峰值黏度、最低黏度、最终黏度及衰减值、回生值。

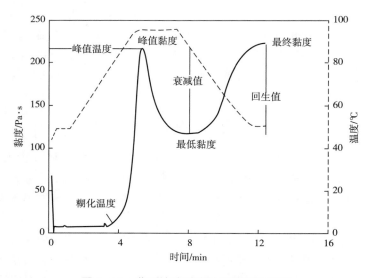

图 5-16　典型快速黏度分析仪测定曲线

糊化特性是反映淀粉品质的重要指标，对面条的食用品质有重要影响。对小麦粉糊化特性与面条品质进行相关性分析发现，初始糊化温度与最高黏度时的温度呈现极显著正相关，与最高黏度和面条其他感官指标无显著相关关系。最高黏度除了与适口性和韧性无显著相关关系外，与色泽、表观、黏性、光滑性、食味和总评分呈显著或极显著正相关。

六、物性分析仪

物性分析仪，又称质构仪，适用于客观评价食品品质，近些年在食品行业得到了广泛应用。物性分析仪主要由主机、专用软件、备用探头及附件组成。物性分析仪的探头和底座有十几种不同的形状和大小，可适用于各种样品。物性分析仪反映的主要是与力学特性有关的食品质地特性，结果有较高的灵敏度和客观性，并且可以对结果进行准确的量化处理，从而避免人为的主观因素对食品品质评价结果的主观影响。物性分析仪检测食品的力的作用方式包括拉伸、压缩、剪切、扭转等。

TPA（texture profile analysis）质构方法于 1967 年左右建立，又称两次咀嚼测试，主要是模拟人体口腔对固体、半固体样品的咀嚼运动，对样品进行两次压缩，形成质构测试曲线（图 5-17）。

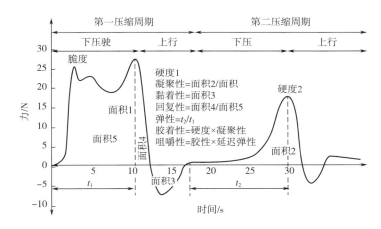

图 5-17　物性分析仪全质构测试曲线图

（1）硬度　样品达到一定变性时所需要的力，是第一次压缩时的最大峰值。

（2）弹性　样品变形后在压力恢复到变形前的高度比率，即第二次压缩与第一次压缩的高度比值表示。

（3）黏聚性　表示测试的样品经过第一次压缩变形后所表现出来的对第二次压缩的相对抵抗能力，即在曲线上表示为两次压缩所做正功之比。

（4）胶着性　用于描述半固体测试样品的黏性特性，数值表示为硬度和黏聚性的乘积。

（5）咀嚼性　将半固体样品咀嚼成可吞咽时的稳定状态所需要的能量，数值上等于胶黏性和弹性的乘积。

（6）回复性　指测试样品在第一次压缩过程中回弹的能力，在曲线上用面积 5 和面积 4 的比值来表示。

在馒头的品质评价中，物性分析仪的主要评价参数有硬度、弹性、黏聚性、胶着性、咀嚼性。其中弹性、回复性与馒头的感官评价有显著相关性。根据消费者的饮食习惯，馒头的弹性和回复性值越高，其品质越好。在面条品质评价中，硬度及胶着性可反映面条感官的适口性，弹性及回复性能较好反映面条表面光滑性及黏性。物性分析仪也可进行拉伸实验，其测定参数有拉伸面积、拉伸阻力、延伸度、拉伸比例。其拉伸试验参数中的拉伸距离与面团流变学特性指标有很好的相关性。用物性分析仪及拉伸仪所测得的数值大小及单位不同，但是其评价的面筋强度的结果是一致的。物性分析仪测定时所需样品少，可在某种程度上用物性分析仪代替拉伸仪来评价和确定谷物的品质及适用范围。

七、 旋转流变仪

旋转流变仪分为同轴圆筒式、锥板式及平板式 3 种（图 5-18）。其测试模式一般可分为稳态测试、瞬态测试及动态测试。稳态测试采用连续旋转来施加应变或应力以得到恒定的剪切速率，在剪切流动达到稳态时，测量因流体形变而产生的扭矩。瞬态测试是指施加瞬时应变（速率）或者应力来测量材料的响应随时间的变化。动态测试指对材料施加振荡的应变或应力，测量流体响应的应力或应变。旋转流变仪在面团流变学特性的相关测定方法主要包括动态频率扫描、时间扫描、温度扫描、应变扫描、蠕变恢复、应力松弛等，这些测定一般在面团的线性黏弹区进行，此时面团样品的内部组织结构并未遭到不可恢复的破坏。

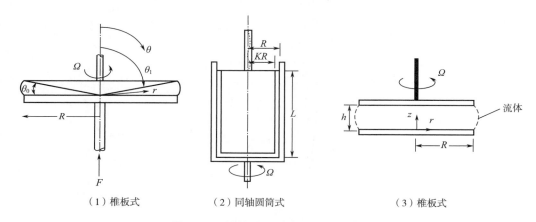

（1）锥板式　　　　　　（2）同轴圆筒式　　　　　　（3）锥板式

图 5-18　旋转流变仪测试夹具示意图

通过动态频率扫描来测量面团，可反映面团的黏弹性能。G'是储能模量，表示黏弹性材料在形变过程中由于弹性形变而储存的能量；G''是损耗模量，表示在材料在发生形变时，由于黏性形变而损耗的能量大小。动态振荡测量改编自测量聚合物熔体和浓溶液黏弹性的技术，这是最流行和广泛使用的测量谷物面团和面糊的基本流变学技术之一。这些测试通过随时间正弦振荡应力或应变来测量流变特性（如弹性和黏性模量），并测量结果响应。优点是理论背景完善，仪器易于获得，同时测量弹性和黏性模量，而测试的非破坏性使得可以在温度、应变或频率变化时进行多次测量。

在应力松弛测量中，是指变形保持恒定并测量样品对力的响应，而在蠕变测定中，是指应力保持恒定并测量样品的变形情况。对面团和面筋在剪切过程中的应力松弛测量表明，面团的松弛行为可以用两个松弛过程来描述：在 0.1~10s 内的快速松弛和在 10~10000s 内发生的较慢的恢复过程。快速松弛过程与快速松弛的小聚合物分子有关，较长的松弛时间与面筋中发现的高分子量聚合物有关。大变形蠕变和剪切应力松弛特性的测量有助于区分不同品质的不同小麦品种，并且与烘烤质量密切相关。在小应变幅度（0.1%）下，具有不同烘焙品质的面团在松弛行为上没有表现出差异，但是在大应变范围（高达 29%）下，它们的蠕变和松弛行为与面团的烘焙行为密切相关。面团表现出典型的双峰松弛时间分布，第二个峰清楚地区分了不同筋力强度和品质的品种（图 5-19），这反映了谷蛋白聚合物分子质量分布的差异。第二个弛豫峰与高分子量不溶性谷蛋白聚合物缠结性质有关。面团的松弛特性与分子质量分布密切相关，特别是与高分子量麦谷蛋白聚合物的缠结相关。

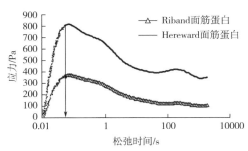

图 5-19　Hereward 小麦品种的面筋蛋白和 Riband 小麦品种的面筋蛋白的应力松弛图谱

（0.05s 的松弛时间用箭头标记）

第四节　面团流变学测定与面制品食品品质的关系

一、面团流变学测定与面条品质的关系

面团流变学特性与面条的品质关系极为密切。蛋白含量在 11%～13% 的高筋面团，吸水率高，形成时间及糊化黏度适中，适合做黄碱面条；蛋白质含量在 10%～12% 的低筋面团，吸水率及形成时间适中，淀粉糊化黏度较高，适合做白盐面条。

在面条生产中，小麦面粉经加水、和面、熟化、压片、切条等工序得到成品。小麦粉加水之后水合，形成面筋网络还不充分的面絮。面絮在形成时，由于水分偏低，不足以渗透到小麦粉颗粒的内部，小麦粉内部并未充分水化，面团的黏弹性网络尚未形成。分析面絮粒度分布于流变学特性的关系发现，粒径为 0.336～0.75mm 的面絮含量与吸水率呈显著正相关，粒径为 1.5～2mm、2～3mm 的面絮含量与吸水率分别呈现极显著或者显著负相关。原因是 0.336～0.75mm 的面絮含量与面筋指数呈现显著正相关，1.5～2mm、2～3mm 的面絮含量与面筋指数呈显著负相关，而面筋指数主要与蛋白质质量有关，蛋白质质量与吸水率呈正相关。小颗粒面絮含量与弱化度呈显著或者极显著负相关，大颗粒面絮含量与弱化度呈显著或极显著正相关。

二、面团流变学测定与面包品质的关系

在面团形成过程中，粉质仪测定的参数与面制品加工过程中面团的揉滚、机械加工直接相关。面团吸水率越高，面包的出品率越高，烘焙品质也越好。面团形成时间越长，表示小麦粉筋力越强。面团稳定时间是小麦粉蛋白质和面筋的质量综合表现，稳定时间越长，表明面团的筋力越强，面筋网络越牢固、其耐搅拌性能越好，在面团发酵的过程中具有很好的持气能力，

最终制成的面包体积越大。拉伸仪可记录面团在拉伸至断裂过程中所受的力及延展的长度的变化情况。拉伸长度、拉伸能量越及拉伸阻力越大，则小麦粉的筋力越强。如果拉伸比值过大，则面团拉伸阻力过大，延展性降低，表明面团在发酵过程中不易发起，使制成的面包烘焙体积小，结构紧实。

揉混仪是通过搅揉面团，测定面团的揉混阻力、最佳和面时间、搅拌耐力及烘焙估计吸水值。对不同品质的小麦粉面团而言，和面时间越长，耐揉性越好，制作的面团体积越大；和面时间越短，面团耐揉性差，此类面团不适合制作面包。

三、 面团流变学测定与馒头品质的关系

馒头品质的决定性因素中，蛋白质的含量及质量尤为重要。小麦粉的面团筋力对馒头的综合品质具有重要决定作用，一般来说，中、强筋力小麦粉适合加工优质的馒头。馒头的制作过程中，面团的流变学特性是影响馒头制作的关键因素。其中面团的持气性是影响馒头品质的一项重要指标。面团的持气能力过大或过小均不利于馒头形成蜂窝状结构，其制作的馒头易出现塌陷或萎缩的现象。

在适当的范围内，面团的吸水率、稳定时间、粉质质量指数的增大，可促进馒头体积增大。当形成时间大于 3min 时，随着形成时间的延长，馒头的体积变大。当稳定时间小于 10min 时，随着稳定时间的延长，馒头体积增大，当稳定时间超过 10min 时，稳定时间对馒头起负面作用。弱化度与馒头体积呈显著负相关。弱化度越小，面团的耐揉性越好，对机械搅拌的承受力越大，其蒸制的馒头越不易变塌，体积越大。粉质质量指数对馒头体积影响也很大，粉质质量指数越大，馒头体积越大。当粉质质量指数超过 120 时，馒头体积的增加趋势减缓。

采用拉伸仪测定馒头面团时，拉伸面积与馒头品质呈正相关关系，且面团在延伸度为 150mm 或者最大抗拉伸阻力比较小时，馒头有最大体积。当最大阻力比较小时（320BU），馒头体积较大，随最大阻力的增加（450BU 左右），馒头体积逐渐减小，当最大阻力超过 500BU 后，馒头的体积又进一步上升，直至 650BU 时，呈下降趋势。拉伸比小于 3.5 时，馒头的体积随着拉伸比的增加有一定的上升趋势，但是总体没有太大的相关性。

四、 面团流变学测定与饼干品质的关系

饼干的制作要求面团具有良好的延展性，这就对面团的筋力要求较低，因此饼干的制作常采用低筋粉。面团流变学特性和饼干的品质之间存在着必然联系。面团是小麦粉和饼干之间的中间产品。面团流变学可影响面团的可加工性及饼干的质量，在饼干生产中具有重要意义。太硬或太软的面团，均不会产生令人满意的产品。目前，饼干的食用品质评价主要采用主观评价方法。这些方法非常耗时，而且还可能导致因小组成员不同而造成的差异。断裂强度或压缩力常被用来客观评估饼干的质量，而这些方法通常需要使用昂贵的质构仪。

饼干的体积、质量、高度、长度百分比与沉降值有关，与最大应变、回复率和延伸率呈负相关。面团的挤压时间、弹性回复、拉伸黏度、稠度及硬度与饼干的延伸度显著相关。面团的弹性回复及稠度主要影响饼干的厚度。饼干的密度与弹性回复、双轴拉伸黏度、稠度及硬度呈正相关。研究表明，弹性是预测饼干质构的最好指标。吹泡示功仪参数可用来预测全麦粉饼干的烘焙性质及最终产品的质量。采用稠度仪、粉质仪及物性分析仪研究油脂含量对饼干面团流变特性的影响，发现随着油脂含量的减少，面团硬度增加，挤压时间增长，面团稠度增加，从

而使饼干品质下降。

本章参考文献

[1] DON C, LICHTENDONK W, PLIJTER J J, et al. Glutenin macropolymer: A gel formed by glutenin particles [J]. Journal of Cereal Science, 2003, 37 (1): 1-7.

[2] ORTOLAN F, STEEL C J. Protein characteristics that affect the quality of vital wheat gluten to be used in baking: A review [J]. Comprehensive Reviews in Food Science and Food Safety, 2017, 16 (3): 369-381.

[3] SCHLUENTZ E J, STEFFE J F, NG P K W. Rheology and microstructure of wheat dough developed with controlled deformation [J]. Journal of Texture Studies, 2007, 31 (1): 41-54.

[4] DELCOUR J A, JOYE I J, PAREYT B, et al. Wheat gluten functionality as a quality determinant in cereal-based food products [J]. Annual Review of Food Science and Technology, 2012, 3 (1): 469.

[5] 张影全, 师振强, 赵博, 等. 小麦粉面团形成过程水分状态及其比例变化 [J]. 农业工程学报, 2020, 36 (15): 299-306.

[6] LU Z H, BELANGER N, DONNER E. Debranching of pea starch using pullulanase and ultrasonication synergistically to enhance slowly digestible and resistant starch [J]. Food Chemistry, 2018, 268: 533-541.

[7] HASJIM J, LI E, DHITAL S. Milling of rice grains: Effects of starch/flour structures on gelatinization and pasting propertie [J]. Carbohydrate Polymers, 2013, 92 (1): 682-690.

[8] WANG Q, LI L L, ZHENG X. A review of milling damaged starch: Generation, measurement, functionality and its effect on starch-based food systems [J]. Food Chemistry, 2020, 315 (15): 1-12.

[9] 李明菲, 安迪, 郑学玲, 等. 小麦 A/B 损伤淀粉-面筋蛋白混合体系流变学特性研究 [J]. 河南工业大学学报: 自然科学版, 2020, 41 (4): 1-8.

[10] 李文阳, 尹燕枰, 时侠清, 等. 小麦籽粒 A、B 型淀粉粒淀粉构成与糊化特性的比较 [J]. 华北农学报, 2011, 26 (1): 136-139.

[11] EVERS A D, SC M, BAKER G J, et al. Production and measurement of starch damage in flour. Part 2. Damage produced by unconventional methods [J]. Starch-Starke, 2010, 36 (10): 350-355.

[12] HASJIM J, LI E, DHITAL S. Milling of rice grains: The roles of starch structures in the solubility and swelling properties of rice flour [J]. Starch-Starke, 2012, 64 (8): 631-645.

[13] MAHASUKHONTHACHAT K, SOPADE P A, GIDLEY M J. Kinetics of starch digestion in sorghum as affected by particle size [J]. Journal of Food Engineering, 2010, 96 (1): 18-28.

[14] 关二旗, 庞锦玥, 卞科. 研磨强度对小麦粉品质特性影响的研究进展 [J]. 河南工业大学学报: 自然科学版, 2019, 40 (5): 126-131.

[15] ANGELIDIS G, PROTONOTARIOU S, MANDALA I, et al. Jet milling effect on wheat flour characteristics and starch hydrolysis [J]. Journal of Food Science and Technology, 2016, 53 (1): 784-791.

[16] 郭孝源, 陆启玉, 章绍兵, 等. 不同种类油脂对面粉品质的影响研究 [J]. 食品科技, 2013 (4): 172-176.

[17] 郭孝源, 陆启玉, 孟丹丹, 等. 油脂对面团特性影响的研究进展 [J]. 河南工业大学学报: 自然科学版, 2012, 33 (4): 91-94.

[18] FREDERIK J, WOUTERS A G B, BRAM P, et al. Wheat (*Triticum aestivum* L.) lipid species distribution in the different stages of straight dough bread making [J]. Food Research International, 2018, 112: 299-311.

[19] LAMBRECHT M A, ROMBOUTS I, NIVELLE M A, et al. The role of wheat and egg constituents in

the formation of a covalent and non-covalent protein network in fresh and cooked egg noodles [J]. Journal of Food Science, 2017, 82 (1-3): 24-35.

[20] JAYARAM V B, CUYVERS S, LAGRAIN B, et al. Mapping of *Saccharomyces cerevisiae* metabolites in fermenting wheat straight-dough reveals succinic acid as pH-determining factor [J]. Food Chemistry, 2013, 136 (2): 301-308.

[21] SIVAM A S, SUN-WATERHOUSE D, QUEK S Y, et al. Properties of bread dough with added fiber polysaccharides and phenolic antioxidants: A review [J]. Journal of Food Science, 2010, 75 (8): 163-174.

[22] FU J T, CHANG Y H, SHIAU S Y. Rheological, antioxidative and sensory properties of dough and Mantou (steamed bread) enriched with lemon fiber [J]. LWT-Food Science and Technology, 2015, 61 (1): 56-62.

[23] HEMDANE S, JACOBS P J, DORNEZ E, et al. Wheat (*Triticum aestivum* L.) bran in bread making: A critical review [J]. Comprehensive Reviews in Food ence and Food Safety, 2016, 15 (1): 28-42.

[24] ERIVE M O D, WANG T, HE F, et al. Development of high-fiber wheat bread using microfluidized corn bran [J]. Food Chemistry, 2019, 310 (25): 1-9.

[25] STEFFOLANI E, MARTINEZ MM, LE N A E, et al. Effect of pre-hydration of chia (*Salvia hispanica* L.), seeds and flour on the quality of wheat flour breads [J]. LWT-Food Science and Technology, 2015, 61 (2): 401-406.

[26] GUZM N C, POSADAS-ROMANO G, HERN NDEZ-ESPINOSA N, et al. Anew standard water absorption criteria based on solvent retention capacity (SRC) to determine dough mixing properties, viscoelasticity, and bread-making quality [J]. Journal of Cereal Science, 2015, 66: 59-65.

[27] SAQIB A, MUBARIK A, QASIM C, et al. Effects of water extractable and unextractable pentosans on dough and bread properties of hard wheat cultivars [J]. LWT-Food Science and Technology, 2018, 97: 736-742.

[28] DOERING C, NUBER C, STUKENBORG F, et al. Impact of arabinoxylan addition on protein microstructure formation in wheat and rye dough [J]. Journal of Food Engineering, 2015, 154: 10-16.

[29] GERRARD J A, FAYLE S E, BROWN P A, et al. Effects of microbial transglutaminase on the wheat proteins of bread and croissant dough [J]. Journal of Food Science, 2010, 66 (6): 782-786.

[30] 邢亚楠, 张影全, 刘锐, 等. 无机盐对小麦粉面团流变学特性的影响 [J]. 中国食品学报, 2016, 16 (9): 77-86.

[31] CHEN G, EHMKE L, SHARMA C, et al. Physicochemical properties and gluten structures of hard wheat flour doughs as affected by salt [J]. Food Chemistry, 2019, 275: 1-28.

[32] NIU M, HOU GG, ZHAO S. Dough rheological properties and noodle-making performance of non-waxy and waxy whole-wheat flour blends [J]. Journal of Cereal Science, 2017, 75: 261-268.

[33] 范会平, 陈月华, 卞科, 等. 碱性盐对面团流变特性及面条品质的影响 [J]. 食品与发酵工业, 2018, 44 (4): 97-103.

[34] LI J, HOU GG, CHEN Z, et al. Studying the effects of whole-wheat flour on the rheological properties and the quality attributes of whole-wheat saltine cracker using SRC, alveograph, rheometer, and NMR technique [J]. LWT-Food Science and Technology, 2014, 55 (1): 43-50.

谷物干燥

第一节　谷物干燥原理

一、谷物中水分存在形式

谷物的主要成分包括淀粉、蛋白质、脂类、矿物质和水分。淀粉、蛋白质属于具有胶体毛细管结构的多孔性生物物料，谷物的水分由于和谷物胶体物质结合力的不同而以不同的形式存在。谷物中水分存在形式：机械结合水、物理化学结合水、结构水分、化学结合水。

（一）机械结合水

机械结合水是指处于谷物表面和粗毛细管内的水分。这部分水分与物料结合较松弛，没有一定的数量比例，以液态存在且易于蒸发。机械结合水极易被微生物及酶所利用，谷物干燥过程中必须除去这部分水分。

（二）物理化学结合水

物理化学结合水可分为吸附水分、渗透水分和结构水分。这部分水分与物料之间没有严格的数量比例。吸附水分包括物理吸附水和化学吸附水。由于谷粒及毛细管内壁表面分子引力的不平衡性，该分子要通过分子间力、范德华力、氢键等吸附周围水蒸气中的水分子以达到平衡，这部分水分为物理吸附水分；化学吸附水分指与吸附物料以化学力相结合的那部分水分；渗透水分指在渗透压的作用下进入细胞内的那部分水分。

（三）结构水分

胶体物质固化形成凝胶时，保留在凝胶内部的水分。

（四）化学结合水

化学结合水是指渗入物料分子的内部，与物料结合非常牢固的那部分水分。要用化学反应或强烈热处理的方法才能除去这部分水分。去除化学结合水必然引起谷物物理及化学性质的变化。该部分水分与物料之间有着严格的数量比例。化学结合水不是谷物干燥过程中要去除的水分。谷物干燥过程需要去除的水分包括机械结合水，物理吸附水，渗透水分，部分化学吸附水分，部分结构水分。

水分含量通常以谷物中水分的百分比表示，有两种表示方法：湿基和干基。在潮湿的基础上，谷物的水分含量为水的质量与谷物总质量的比值，通常以百分比表示。但这种表达方法在应用于进行干燥时往往会给人不准确的直接印象，因为水分含量和计算的基础随着干燥的进行而变化。由于这个原因，干基的水分含量主要被研究人员应用于工程计算中。

二、 湿空气特性

（一）湿空气（空气-蒸汽混合气）的基本性质

多数工业干燥过程采用预热后的空气作为干燥介质。空气是含有少量水蒸气的一种气体混合物。预热后的空气在与湿物料接触时把热量传递给湿物料，同时又带走从湿物料中逸出的水蒸气，从而使湿物料干燥。在干燥过程计算中必须知道湿空气的基本热力学性质。

绝对湿度 y 表示每千克干空气中含有水蒸气的质量，称为空气的绝对湿度，又称湿度或湿含量，可表示为

$$y = \frac{m_A}{m_g} \tag{6-1}$$

式中　　m_A、m_g——水蒸气、干空气的质量。

在一定体积 V 和温度 T_g 时，对水蒸气（下标 A）和干空气（下标 g）可分别列出气体状态方程

$$p_A V = n_A R_A T = \frac{m_A}{M_A} R_A T \tag{6-2}$$

$$p_g V = n_g R_g T = \frac{m_g}{M_g} R_g T \tag{6-3}$$

式中　　p_A、p_g——水蒸气、干空气的分压；

n_A、n_g 及 M_A、M_g——水蒸气、干空气的物质的量和相对分子质量；

R_A、R_g——水蒸气、干空气的气体常数。

由于总压 $p = p_A + p_g$，可得

$$y = \frac{M_A}{M_g} \times \frac{p_A}{p_g} \tag{6-4}$$

或

$$y = \frac{M_A}{M_g} \times \frac{p_A}{p - p_A} \tag{6-5}$$

将水分子量 $M_A = 18.016\text{g/mol}$ 和空气分子量 $M_g = 28.96\text{g/mol}$，代入上式得

$$y = 0.622 \frac{p_A}{p - p_A} \tag{6-6}$$

当水蒸气分压 p_A 达到给定温度下的饱和蒸气压 p_S 时，则有

$$y_s = 0.622 \frac{p_S}{p - p_S} \tag{6-7}$$

式中　　y_s——饱和空气的绝对湿度。

此时湿空气中含有的水气量最多。如果 $y > y_s$ 就会有水珠凝结析出，因此空气作为干燥介质，其绝对湿度不能大于 y_s。

（二）相对湿度

湿空气的实际蒸汽压（p_A）与相同温度下的饱和蒸汽压（p_S）之比，称为相对湿度（φ）。

$$\varphi = \frac{p_A}{p_S} \tag{6-8}$$

由于 p_S 随温度升高而增大，故当 p_A 一定时，相对湿度随温度升高而减小。

（三）湿空气的湿焓图

在分析粮食干燥过程时，一定要了解空气、加热空气、炉气的热力特性。干燥介质的特性是可以通过参数表示的。在干燥过程中，干燥介质将热量传给粮食，又吸收了从粮食中汽化出来的水分，这时干燥介质的状态发生了变化。要求出各个参数，可以用数学分析的方法。但利用公式来计算参数的变化不但烦琐，而且也不能明确反映各种参数的内在联系。若利用曲线图进行图解计算，则能使计算过程简单、明晰，这样，曲线图就成了一种工程计算的有力工具。

1918 年，JI. K. 拉姆金教授首先提出了 I–d 图应用于干燥过程的计算。1923 年德国莫里尔教授提出了 I–x 图进行干燥过程的计算。I–d 图及 I–x 图的结构相同，其细小的区别是，I–d 图中的湿度以 d 表示，其表示每千克干气体含多少克水蒸气。而 I–x 图的湿度是以 x 表示，其表示每千克干气体含多少千克水蒸气。目前，世界上许多国家使用 I–d 图或 I–x 图。我国许多部门使用 I–d 图，也有使用 I–x 图的。

如图 6–1 所示，只要知道湿空气任意两个状态参数，就能通过 I–d 图找到其对应的状态点，从而可以查到湿空气的其他状态参数。在 I–d 图上还可以表示出湿空气的状态变化过程，如等湿升温过程，降温增湿过程，升温增湿过程。对流干燥中的空气加热为等湿升温过程；干燥过程中干燥介质经历降温增湿过程，由于干燥过程中热风带进去的热量不可避免地有一部分用于谷物升温，还有一部分通过干燥机机壁散失，所以，焓值有所降低，冷却过程中空气经历升温增湿过程。

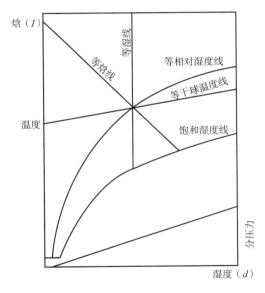

图 6-1　I–d 图中各种状态参数曲线走向示意图

三、　热量传递过程

传热是指热量在空间上发生位置转移的过程。传热过程中热流总是由高温物体流向低温物体或从物体的高温部分流向物体的低温部分，传热是由温度梯度或温度差来推动的。热量传递包括传导、对流和辐射三种方式。

（一）传导传热——傅里叶定律

热传导是指静止介质之间的热量传递过程。热传导引起的能量传递方式有两种，第一种是通过分子的相互作用，即高能位的分子（温度高）由于较剧烈的运动，将能量传递给邻近低能位的分子；第二种是靠"自由"电子进行能量传递，主要是指纯金属固体中的热传导。谷物在加热及冷却的过程中谷粒内部存在的热传导现象主要靠第一种方式。

根据傅里叶定律：单位时间通过单位面积内的热量（称为热流密度）与法线方向的温度梯度呈正比，即式（6-9）。因为热流方向与温度梯度方向相反，式中取负值。k 为导热系数 [W/（m·K）或 kW/（m·K）]，它是表明物料导热性能大小的物理量，k 越大，物料的导热性能越强。物料的导热系数主要与物料的性质、水分及温度有关。

$$q = -k\Delta T \tag{6-9}$$

（二）对流传热——牛顿冷却定律

热量从流体中的某一处由于流体质点的移动与混合而传到另一处的现象即对流传热。对流传热总伴随着导热，流体运动总是要与固体器壁或颗粒表面接触的，因而流体与固体表面之间形成一个边界层。流体在层内作层流运动，当温差存在时，两者之间就以导热方式进行热交换，其余流体在流体内部以对流方式传递热量。由于边界层的厚度、温度与导热系数不易测定，边界层的传热也就不单独处理，把它与对流传热一起处理，总称为对流传热，简称放热。上述可知，对流传热是一个比较复杂的传热过程，通常用牛顿冷却定律作为对流传热的计算基础。

根据牛顿冷却定律，单位时间通过单位面积内的热量和流体与物体表面之间的温度差呈正比，即式（6-10）。

$$q = -h\Delta T \tag{6-10}$$

式中　h——对流换热系数，W/（m^2·K）或 kW/（m^2·K）。

对流换热系数是反映流体与固体之间对流传热能力大小的物理量，对流换热系数大则对流传热能力强。流体的种类、运动状态、物理性质，物料的形状及大小、温度等因素都对对流换热系数产生影响。

谷物干燥一般是采用对流干燥的形式，只有在太阳能等辐射干燥中才涉及辐射传热。

四、干燥收缩及干燥应力

干燥收缩是指谷物受到干燥或者外界高温的影响其内部水分不断蒸发流失，由内而外变干燥的现象。同一批谷物不同谷粒之间水分分布是不均匀的，这与谷物收获时就存在粒间水分差异及收后处理有关，收后储藏可以降低水分差。谷粒间水分的不均匀性是导致烘后谷物水分不均匀的主要因素之一。单一谷粒不同部位水分分布也是不均匀的，如胚和胚乳之间的水分含量存在差异，谷粒内、外层之间水分含量也存在差异。

通常在干燥初期，谷粒内外的水分梯度很大，随着干燥进行，水分梯度降低。谷物不同组织结构部位水分含量差异是其物质组成和细胞结构不同造成的，谷粒内外层之间水分含量差异会对谷物的干燥特性产生影响。

干燥对谷物力学性质的影响表现为裂纹和破碎。玉米随着水分含量增加，其抗压强度、弹性模量、最大压应力及剪应力都降低。小麦随着水分含量增加，最大压应力和弹性模量降低。

干燥将使谷粒内部产生应力，谷粒力学特性的不同将导致不同水分的谷粒对相等的应力有不同的反应，从而决定谷粒在干燥过程中是否产生裂纹。

对于温度相同的谷粒或谷粒的不同部位，由于水分含量的不同，可能使其处于不同的相态：玻璃态或橡胶态。谷物处于橡胶态时的热体积膨胀系数是处于玻璃态时的 6 倍。谷物处于不同相态时，力学特性将发生明显变化，谷物力学特性的不同将决定在后续的处理过程中是否产生裂纹甚至破碎。

物体在受到外力时具有形变的趋势，其内部会产生相应的抵抗外力所致变形作用的力，称为内力，当物体处于平衡状态时，内力与外力大小相等，方向相反。应力就是指物体在外力作用下单位面积上的内力。干燥应力指的是谷物干燥过程中由于内外的不均匀收缩而产生的应力，当该应力超过谷粒的应力极限时形成裂纹。引起裂纹的主要原因有谷物自身特性、干燥速率、冷却速率等。干燥改变了谷物的水分和温度，从而改变了谷粒的力学特性，同时干燥也使谷物内部产生应力，两者结合导致裂纹的产生。

由于谷物的主要成分是淀粉，谷物干燥及冷却的过程中存在玻璃化转变现象，谷物加热过程中，谷物将由玻璃态转变为橡胶态，内外层水分不均匀导致谷物处于不同的热力学状态，最终由于谷物不均匀膨胀而产生裂纹。

谷物吸湿也是产生裂纹的原因，包括干燥及冷却的过程中出现的吸湿及干燥以后的储藏阶段的吸湿。为了防止干燥收缩引起的裂纹，可以采取以下方式。

（1）合理控制干燥速度和干燥时间　干燥速度快，谷粒内外的水分梯度大，易产生裂纹。稻谷干燥速率一般不超过 1%～1.5%/h。

（2）合理的干燥介质　低温干燥可以减少裂纹的产生，用相对湿度高的干燥介质干燥稻谷，产生的裂纹少。

（3）合理的冷却工艺　谷物在冷却之前进行适当缓苏，采用合理冷却工艺，避免谷物骤冷，可减少裂纹的产生。

（4）合理缓苏　通过缓苏降低谷粒内外的水分梯度，利于减少裂纹。缓苏操作关键为缓苏温度和缓苏时间，缓苏温度高可缩短缓苏时间，也可避免缓苏过程中谷物的玻璃化转变，减少裂纹的产生，但是高温长时间缓苏对谷物的烘后品质产生不良影响。缓苏指在谷物通过一个干燥过程以后停止干燥，保持温度不变，维持一定时间段，使谷粒内部的水分向外扩散，降低内外的水分梯度。

五、　吸附平衡特性

作为湿物料的粮食，其表面总具有一定的水蒸气压力，该水蒸气分压力用符号 p_i 表示。p_i 的大小与粮食本身的温度、含水率有关。将粮食置于水蒸气分压力为 p_k 的空气中，那么，两者将发生作用，这要看 p_i 与 p_k 的大小，从而决定粮食是释放水分，还是吸收水分。

当 $p_i > p_k$ 时，粮食中的水分将逐渐向空气中扩散，粮食的含水率下降。

当 $p_i < p_k$ 时，空气中的水蒸气分子将被粮食表面吸收，导致粮食的含水率上升。

在经过一定的时间后，粮食表面水蒸气的分压力 p_i，与空气中水蒸气的分压力 p_k、达到相等时，即 $p_i = p_k$，则粮食的含水率达到一个定值。更确切地说，粮食从空气中吸收的水分与它放入空气中的水分相等，粮食含水率处在动态平衡之中。该状态下的粮食含水率，称为粮食的平衡含水率（粮食平衡水分），用符号 w_p 表示。

粮食平衡水分 w_p 在粮食贮藏技术以及粮食通风和干燥过程中，都是一个重要的参数，对指导生产实践很有意义。

不同粮食品种在不同空气条件下，其粮粒表面水蒸气分压力也不同。

由于研究者采用粮食品种不同，所以测得的粮食的平衡水分数值略有差异，因此不同的粮食平衡水分表有多种，表 6-1 是其中的一种粮食平衡水分表。另外，还有经验公式可计算粮食平衡水分。

表 6-1　　　　　　　　　　不同温、湿度下的粮食平衡水分　　　　　　　　单位:%

种类	温度/℃	相对湿度							
		20	30	40	50	60	70	80	90
稻谷	30	7.13	8.51	10.0	10.88	11.93	13.12	14.66	17.13
	25	7.4	8.8	10.2	11.15	12.2	13.4	14.9	17.3
	20	7.54	9.1	10.35	11.35	12.5	13.7	15.23	17.83
	15	7.8	9.3	11.55	11.55	12.65	13.85	15.6	18.0
	10	7.9	9.5	11.8	11.8	12.85	14.1	15.95	18.4
	5	8.0	9.65	12.05	12.05	13.1	14.3	16.3	18.8
	0	8.2	9.87	12.29	12.29	13.26	14.5	16.59	19.22
小麦	30	7.41	8.88	10.23	11.4	12.54	14.1	15.72	19.34
	25	7.55	9.0	10.3	11.65	12.8	14.2	15.85	19.7
	20	7.8	9.24	10.67	11.84	13.1	14.3	16.02	19.95
	15	8.1	9.4	10.7	11.9	13.1	14.5	16.2	20.3
	10	8.3	9.65	10.85	12.0	13.2	14.6	16.4	20.5
	5	8.7	10.86	11.0	12.1	13.2	14.8	16.55	20.8
	0	8.9	10.32	11.3	12.5	13.9	15.3	17.8	21.3
玉米	30	7.85	9.0	10.13	11.24	12.39	13.9	15.85	18.3
	25	8.0	9.2	10.35	11.5	12.7	14.25	16.25	18.6
	20	8.23	9.4	10.7	11.9	13.19	14.9	16.92	19.2
	15	8.5	9.7	10.9	12.1	13.3	15.1	17.0	19.4
	10	8.8	10.0	11.1	12.25	13.5	15.4	17.2	19.6
	5	9.3	10.3	11.4	12.5	13.6	15.5	17.4	19.85
	0	9.42	10.54	11.58	12.7	13.33	15.58	17.6	20.1
大豆	30	5.0	5.9	6.6	7.7	9.5	11.9	15.6	20.9
	25	5.3	6.1	6.9	7.8	9.7	12.1	15.8	21.3
	20	5.5	6.3	7.1	7.95	9.9	12.25	15.95	21.6
	15	5.7	6.5	7.2	8.1	10.1	12.4	16.1	21.9
	10	6.0	6.7	7.45	8.3	10.25	12.65	16.5	22.15
	5	6.3	6.9	7.7	8.6	10.4	12.9	16.9	22.4

计算小麦平衡水分的公式：

$$w_p = 4.0 - 0.0035T + (19.7 - 0.075t)p \tag{6-11}$$

式中　w_p——小麦的干基平衡水分，%；

　　　T——小麦的温度，℃。

$$p = \left[\lg\left(\frac{1}{1-\varphi} \right) \right]^{\frac{1}{2}} \tag{6-12}$$

式中　φ——大气相对湿度；

　　　p——水蒸气分压，Pa。

该公式在 $0.1<\varphi<0.75$；$0℃<T<80℃$ 的条件下是适用的。

计算玉米粮粒的平衡水分的公式：

$$w_p = 1.8 - 0.1T + (22.5 - 0.03t)p \tag{6-13}$$

该公式在 $0.1<\varphi<0.8$；$-10℃<T<60℃$；$5\%<w_p<20\%$ 的条件下是适用的。

在温度为 0~25℃ 的范围内，大豆的平衡含水率与大气相对湿度的关系：

$$w_p = m - 0.05T + n\left[\lg\left(\frac{1}{1-\varphi} \right) \right]^{\frac{1}{2}} \tag{6-14}$$

系数 m、n 与空气的相对湿度有关，如表 6-2 所示。

表 6-2　　　　　　　　　　不同空气相对湿度下 m、n 系数值

系数	空气相对湿度		
	$0<\phi \leqslant 0.4$	$0.4<\phi\leqslant 0.65$	$0.65<\phi \leqslant 1.0$
m	4.9	0.7	0.8
n	10	20	20

六、谷物的冷却

谷物经过干燥以后往往温度较高，必须经过冷却使谷物的温度降低到一定的程度才能进行长期安全贮藏。我国现行标准规定，如果外温低于 0℃，冷却后的谷物温度不得超过 8℃，如果外温高于 0℃，冷却后的谷物温度不得超过外温 8℃。谷物的冷却过程以降温为主，但降温的同时也必然存在降水现象。在谷物冷却的过程中，可以认为谷物和干燥介质之间的水分传递已经达到平衡，即在冷却空气离开谷物之前其降水量已经达到最大值。Olesen（1985）就大麦的混流冷却提出可以用以下式近似描述冷却过程中的降水量（ΔW）。

$$\Delta W = \gamma(\theta_2 - T_0) \tag{6-15}$$

式中　γ——剩余干燥系数，与大气的相对湿度和谷物的最终含水量有关；

　　　θ_2——冷却前谷物温度，℃；

　　　T_0——空气入口温度，℃。

七、谷物的缓苏

谷物缓苏就是在干燥过程中停止通风，对谷物进行保温。在缓苏过程中，谷粒内部的水分可以在内部水分梯度的作用下继续向外扩散，从而可以提高下一个干燥段的干燥速度，并且由

于谷粒内部水分分布趋于均匀，水分梯度降低，因此谷粒内部由不均匀收缩引起的应力水平降低，从而可减少谷物的裂纹率，提高干燥品质。

水稻在干燥过程中很容易形成裂纹，而且裂纹后在脱壳时会产生碎米，因此水稻干燥一般要求有缓苏工艺，但缓苏时间的选择一直凭经验，有的要求缓苏时间不少于4h，但缓苏时间过长又会影响设备的生产率，因此合理选择缓苏的时机和缓苏时间对水稻干燥工艺的设计极其重要。

八、 吸湿滞后现象

根据实验数据所得的等温平衡水分曲线，都是平滑的"S"形曲线。一种粮食在一定温度下得到的吸湿（吸附）等温线和解吸等温线，虽然都呈"S"形，但它们并不重合（除$\varphi=0$，$\varphi=100\%$两点外）。粮食的解吸等温线明显地向吸附等温线的左面移动，这样一个相对湿度下，所对应的平衡水分w_p可能有两个，粮食的解吸等温线滞后于吸湿等温线，这就是粮食的吸湿滞后现象。粮食吸湿及解吸等温线所形成的图形称滞后环。同一相对湿度下，解吸的平衡含水率大于吸湿平衡含水率，两者的差值可达1.5%~2.0%。滞后现象还表明，当粮食经过干燥后，要将它润湿到原来的平衡水分值，就必须用比原来的相对湿度大的湿空气，因为同一平衡含水率下的吸湿的φ值大于解吸时的φ值。像粮食这种由多种物质组成的胶体毛细管物料，滞后现象是多种效应引起的。从表6-3可以看到稻谷和玉米的吸湿滞后现象。

表6-3　　　　　　　　　　　稻谷、 玉米平衡水分（湿基）　　　　　　　　单位:%

品种	温度/℃	相对湿度							
		20	30	40	50	60	70	80	90
		平衡水分							
稻谷	解吸								
	0	9.9	11.5	12.9	14.2	15.5	16.9	18.6	21.1
	5	9.5	10.8	12.4	13.8	15.1	16.5	18.1	20.7
	10	9.1	10.6	12.0	13.3	14.7	16.1	17.7	20.3
	15	8.6	9.9	11.5	12.9	14.2	15.6	17.2	19.9
	20	8.6	9.8	11.1	12.4	13.8	15.2	16.8	19.6
	25	7.8	9.3	10.7	11.9	13.3	14.8	16.4	19.2
	30	7.4	8.9	10.3	11.5	12.9	14.2	16.0	18.8
	35	7.0	8.6	9.9	11.1	12.6	14.1	15.4	18.5
	吸附								
	0	7.5	8.9	10.1	11.5	12.9	14.3	16.1	19.5
	5	7.4	8.8	10.0	11.4	12.8	14.2	16.0	19.3
	10	7.1	8.6	9.8	11.2	12.5	14.0	15.7	19.0
	15	7.0	8.4	9.6	11.0	12.3	13.8	15.6	18.8
	20	6.8	8.1	9.4	10.8	12.1	13.5	15.3	18.5
	25	6.6	7.9	9.2	10.6	11.9	13.3	15.1	18.3
	30	6.4	7.7	9.0	10.4	11.7	13.0	14.9	18.0
	35	6.2	7.5	8.8	10.2	11.5	12.9	14.7	17.8

续表

品种	温度/℃	相对湿度							
		20	30	40	50	60	70	80	90
		平衡水分							
玉米	解吸								
	0	10.0	11.5	12.8	14.2	15.6	17.0	18.8	21.5
	5	9.7	11.1	12.5	13.8	15.2	16.7	18.4	21.2
	10	9.3	10.8	11.9	13.4	14.8	16.2	18.0	20.6
	15	9.0	10.4	11.8	13.1	14.4	15.8	17.6	20.3
	20	8.6	10.0	11.4	12.7	14.0	15.3	17.2	19.9
	25	8.3	9.6	11.0	12.3	13.7	15.1	16.8	19.5
	30	7.9	9.2	10.6	11.9	13.3	14.6	16.3	19.1
	35	7.5	8.8	10.2	11.5	12.9	14.2	16.1	18.7
	吸附								
	0	8.1	9.3	10.5	11.9	13.3	14.8	17.2	20.7
	5	7.9	9.1	10.2	11.7	13.1	14.6	17.0	20.4
	10	7.6	8.9	10.0	11.4	12.8	14.4	16.8	20.2
	15	7.4	8.6	9.8	11.2	12.6	14.1	16.6	19.9
	20	7.2	8.4	9.6	11.0	12.4	13.9	16.3	19.7
	25	7.0	8.1	9.3	10.7	12.1	13.7	16.1	19.5
	30	6.7	7.9	9.2	10.5	11.9	13.5	15.8	19.2
	35	6.5	7.7	8.9	10.3	11.6	13.2	15.6	19.0

第二节　谷物干燥特性

一、 谷物干燥的热特性

谷物干燥的热特性主要包括比热容、导热系数、热扩散系数以及谷物的受热允许温度，在对谷物进行干燥之前，应根据各谷物之间干燥特性的不同，合理选择相应的干燥方法以及设备，从而使得谷物的干燥效果达到最佳。

（一）比热容

单位质量的谷物温度每升高（或降低）1℃所增加（或减少）的能量称为谷物的比热容。用公式表示为：

$$c_{p} = \frac{Q}{m \times \Delta T} \tag{6-16}$$

式中　c_{p}——谷物的比热容，kJ/（kg·℃）；

　　　Q——热量，kJ；

　　　m——质量，kg；

ΔT——温差,℃。

在一定的压强范围内,谷物中的固体和液体的比热容随压强变化较小,因此谷物的比热容通常用等压比热容表示。谷物中的比热容可以看成是谷物中水分的比热容和与水结合在一起的固体物质的比热容之和,计算谷物比热容的经验方程式:

$$在冰点以下时,c_p=0.008M+0.20$$
$$在冰点以上时,c_p=0.003M+0.20$$

式中　M——谷物的含水率,%;

　　0.20——假定干物质的比热容;

　　c_p——谷物的比热容,kJ/（kg·℃）。

由于冰的比热容约为水比热容的一半,所以在冰点以下物料的比热容很小。试验证明,物料比热容的实测值总是大于上式的计算值,特别是在含水率较低时误差会变大。其原因可能是,物料中的结合水比游离水的比热容高。对各类谷物而言,他们的比热容都会随着含水量的增加而增大,此外,温度也会对谷物的比热容产生一定的影响。

比热容是谷物实际干燥过程中的一个重要指标,同时也是谷物干燥过程中程序和工艺设计、干燥过程计算机模拟、储藏通风过程温度和水分模拟检测的重要参数之一。谷物由于比热容的不同,在实际干燥过程中,也表现出了不同的干燥特性,例如,棉籽、葵花籽、稻谷等谷物的容重（容积密度和比热容乘积）较小,导致它们的贮热能力较小,因而在加热时温度很容易升高,在冷却过程中,温度又很容易降下来,所以这些谷物很容易干燥。而玉米和大豆等谷物则与之相反,在实际干燥过程中难于干燥。常见谷物的比热容如表6-4所列。

表6-4　　　　　　　　　　　　　常见谷物的比热容

谷物	含水率/%	温度/℃	比热容/[kJ/（kg·℃）]
小麦	1~40		1.438~2.688
稻谷	13.4~19.5		1.659~1.993
玉米	1~40		1.438~2.688
高粱	8.6~16.3	10~65	1.28~1.91
绿豆	9.9~18.3	10~50	1.63~2.45

（二）导热系数

谷物的导热系数是反映其导热性能的重要物理参数之一,也是研究实际粮食储存过程谷物热量传递的重要数据。了解谷物的导热系数对于其贮存、干燥以及加工研究具有重要意义。导热系数为温度梯度为1℃时,单位时间内通过单位截面积的热量,通常用K[W/（m·K）]表示,谷物的导热系数与谷物的密度有关,见式（6-17）。

$$K=a+b\rho_b \tag{6-17}$$

式中　a,b——常数;

　　ρ_b——谷物的密度,kg/m³。

由于谷物的导热系数与谷物的含水量相关,并且在一定的水分含量范围内,谷物的导热系数会随着含水量的增加而变大,所以,结合上式,可以得出新的谷物水分与导热系数之间的经验关系式:

$$K = K_d + a_1 M \tag{6-18}$$

式中　M——谷物的含水量;

　　　a_1——常数。

常见的谷物导热系数方程如表 6-5 所示。

表 6-5　　　　　　　　　　　　常见的谷物导热系数方程

谷物	公式	范围
小麦	$K = 0.1153 + 0.2157M$	$0 < M < 0.25\%$
稻谷	$K = 0.0865 + 0.0013M$	$9.9\% < M < 19.3\%$
玉米	$K = 0.1580 + 0.42M$	$0 < M < 0.3\%$
高粱	$K = 0.0976 + 0.0015M$	$0 < M < 25\%$
燕麦	$K = 0.0988 + 0.307M$	$0 < M < 0.19\%$

(三) 热扩散系数

在谷物受热升温的非稳态导热过程中,进入谷物的热量会不断地被吸收而使局部温度升高,在此过程持续到谷物内部各点温度全部相同为止。而热扩散系数就是谷物中某一点的温度的扰动传递到另一点的速率的量度。其表达式为:

$$\alpha = \lambda / \rho c \tag{6-19}$$

式中　α——热扩散率或热扩散系数, m^2 / s;

　　　λ——导热系数, $W/ (m \cdot K)$;

　　　ρ——密度, kg/m^3;

　　　c——比热容, $J/ (kg \cdot K)$。

谷物的导热系数 λ 越大,在相同的温度梯度下可以传导更多的热量。密度和比热容的乘积称为体积热容量,是单位体积的物体温度升高 1℃ 所需的热量。其值越小,表明温度升高 1℃ 所吸收的热量越小,可以剩下更多热量继续向物体内部传递,能使物体各点的温度更快地随界面温度的升高而升高,从而使谷物取得较好的干燥效果。

(四) 粮食的受热允许温度

由于谷物是热敏感性物料,所以在实际干燥过程中,并不是干燥温度越高越好,在对谷物进行干燥时,应当选择在不超过谷物的受热允许温度的条件下进行。谷物的受热允许温度的经验公式为:

$$T = \frac{2350}{0.37(100 - w) + w} + 20 - 10\lg t \tag{6-20}$$

式中　T——谷物的受热允许温度,℃;

　　　w——粮食的含水率,%;

　　　t——谷物的干燥时间, min。

二、 谷物组分干燥的理化特性

(一) 淀粉理化特性

1. 淀粉粒的形态、大小及晶型

谷物中天然状态的淀粉是以淀粉粒的形式存在的。干燥可以使淀粉粒的大小、形态等发生变化。稻谷淀粉粒的形状为多面体,干燥会导致淀粉粒膨胀,使得多面体形淀粉粒的棱变得不明显且平滑。初始水分27%的稻谷，100~150℃流化干燥至19%~20%的含水量，然后自然风干至含水量为13%，X射线衍射图谱显示，其淀粉的晶型为典型的A型，但随着干燥温度的升高，淀粉的表观结晶度降低。初始含水量为24%的小麦，40℃干燥时，其淀粉晶型为A型，而当干燥温度上升到60℃时，由于脂肪酸或磷脂与直链淀粉形成了复合物，且随干燥温度的升高该峰的强度增加，开始出现V型。

2. 淀粉的糊化特性

研究表明，干燥处理会导致淀粉糊化温度升高、峰值黏度降低而最终黏度增大，随干燥温度升高和缓苏时间延长，这种变化会得到进一步加强。干燥导致淀粉糊化温度升高可能是淀粉在干燥过程中部分发生糊化和形成直链淀粉-脂肪复合物造成的，糊化形成的淀粉胶阻止了水分继续进入淀粉颗粒，从而导致糊化温度升高。而峰值黏度降低则是因为干燥会使淀粉粒糊化并且膨胀，体积相对于未干燥样减小，使得淀粉糊体系中分散相所占的体积分数变小，从而导致黏度降低。

3. 淀粉的热特性

干燥会使谷物的糊化峰（T_p）向高温漂移，而糊化热焓降低，这说明干燥会导致谷物中淀粉发生部分糊化，而造成淀粉部分糊化的原因则是干燥时谷物内的自由水含量相对较低，不能保证淀粉完全糊化，所以淀粉的糊化并不完全，只是部分糊化。

（二）蛋白质理化特性

在干燥过程中，随着干燥温度的升高，谷物中清蛋白、球蛋白和醇溶蛋白的溶解性均显著性地降低。谷蛋白-2和谷蛋白-3的含量会随干燥温度的升高而增大，直到110~130℃时有所降低；不溶性蛋白质在130℃时会显著增多；而谷蛋白-1的提取率随干燥温度升高没有太大变化。

（三）脂质理化特性

在干燥过程中，谷物中的脂肪酸含量会增加，这是因为在过高温度作用下，谷物中的部分脂肪会被分解为脂肪酸。研究发现，随着干燥温度的增高，稻米在储藏期间的脂肪酸含量也增高，这是因为谷物中的脂解酶在干燥时的高温作用下活性增高，在后期储藏过程中，脂解酶会作用于脂质的易感键上使键打开，产生游离脂肪酸，脂肪酸会继续氧化分解成醛基化合物，其中的戊醛和乙醛是陈米产生臭味的主要物质。谷物经高温干燥后，因脂肪酸含量增加而易于陈化，风味下降，因此可以通过测定脂肪酸含量来判断稻米的陈化程度。在相同的干燥温度下，原始水分越高的稻谷，干燥后稻米中的脂肪酸含量越高，越容易陈化。

（四）酶理化性质

谷物中的酶都有其活性的最适温度，如淀粉酶起作用的最佳温度是48~50℃。酶活性的最适温度会随着热作用时间的延长而降低，在高温条件下，酶的活性降低甚至丧失，这是组成酶的蛋白质变性引起的，谷物的含水率越大，酶的热稳定性就越差。这是因为蛋白质在高含水率状态下比在干燥状态下更容易变性，酶的活性也就更容易降低。

三、 谷物干燥后的加工特性

（一）稻谷干燥后的加工特性

1. 整精米率

研究发现，稻谷在干燥过后，往往会出现整精米率增高的现象，而造成稻谷整精米率增加的原因可能是高温导致淀粉部分糊化，产生的凝胶通过填充裂纹面之间的缝隙而愈合裂纹，这样，籽粒的完整性就因糊化而改善，从而使得稻谷的整精米率增高。

2. 白度

稻谷在干燥后，白度会呈现下降的趋势，造成这种趋势出现的原因则是在稻谷干燥时，由于温度较高，稻谷中的脂肪酶活性下降，抑制了脂质的降解与氧化，减少了有色氧化产物的产生，从而使得稻谷的白度下降。

（二）玉米干燥后的加工特性

1. 玉米湿磨加工

多数研究发现玉米湿磨的淀粉得率会随着干燥温度的增加而降低。这是因为在干燥过程中，玉米淀粉中面筋与蛋白质的分离变得更加困难，这也使得淀粉中蛋白质的含量增加。如果添加淀粉酶则可以显著提高高温（80℃、120℃）干燥（HTD）玉米和低温（30℃）干燥（LTD）玉米的淀粉得率。

2. 玉米干磨加工

玉米干磨加工过程中，若以冷糊黏度评价产品的质量，则在 37.8～93.3℃冷糊黏度会明显升高，导致产品质量下降。此外，随着玉米干磨加工时温度的升高，干磨的主要产品（低脂糁子和粗粉）以及胚的得率也会降低；若采用微波对玉米进行干燥，则单位粉碎能耗会随微波干燥时间的增加而降低，从而使玉米粉碎的效率得到提高。

（三）小麦干燥后的加工特性

1. 小麦制粉特性

小麦收获时的水分和干燥的温度对小麦出粉率的影响较小，但它们对小麦制粉效率的影响较大，其中，小麦收获时的水分含量高于 38%时，经 66℃或 93℃干燥后，其制粉率会降低。且干燥温度只有在小麦收获水分含量高于 38%时，才会对小麦的制粉效率产生影响。

2. 面团加工特性

研究发现，干燥温度高于 71℃时，面团混合时间延长。干燥时，平均谷物温度从 69℃上升到 93℃时，粉质仪的评价值增大；谷物温度从 73℃上升到 97℃时，拉伸比的数值会增大。小麦经干燥制粉后，面团的韧性会略有减小，弹性有所降低。在较高温度下干燥会对面筋的质量造成一定的损害。

3. 面包烘焙特性

在干燥温度高于某临界值时才会对面包烘焙特性产生一定的影响，由于小麦的品种以及干燥条件的不同，影响面包烘焙特性的临界值也会有所不同。当小麦干燥温度高于该临界值时，温度越高面包体积就越小，且对面包体积的影响随小麦水分的增大而增大，当温度达到一定程度时，进一步升温将不再对面包体积产生影响。不同品种的小麦，由于蛋白质含量不同，导致其对干燥导致的面包烘焙性能损伤的敏感性也有所不同，这是因为热损伤主要是由蛋白质变性引起的，因此蛋白质含量较高的硬麦要比软麦受到的热损伤小。

第三节　谷物干燥方法

干燥是谷物产后处理的最重要环节之一，通过干燥将谷物的水分控制到安全水分是实现储粮保质保鲜储藏的首要条件。同时，干燥方法选择是否得当是影响干后谷物等级、加工质量以及食用品质的最直接因素。根据谷物与干燥介质间能量传递的方式，可以将谷物干燥方法划分成对流干燥法、传导干燥法、辐射干燥法、高频电场干燥法。倘若将上述几种干燥方法中的几种结合在一起，则称为组合干燥法。

一、对流干燥法

对流干燥法是谷物干燥中最常用的方法，它是利用干燥介质与谷物直接接触，通过对流的方式将热量传递给谷物，使其水分汽化并达到干燥的目的。干燥过程中，谷物中汽化出来的水分将由干燥介质带走，这样，干燥介质同时扮演了载热体和载湿体的双重角色。目前，对流干燥法在谷物干燥技术中应用得最为广泛，对应的烘干机也是应用最为广泛的干燥设备。根据谷物干燥时床层的性质，对流干燥方式又可以进一步细化成固定床干燥法、移动床干燥法、疏松床干燥法和流化床干燥法。

（一）固定床干燥法

固定床干燥过程中，谷物处于静止不动的状态，干燥介质从物料的上部、下部或者上下交替穿过粮层，或从物料中间沿径向穿过，将汽化出来的水分带走。根据干燥介质在谷物中的行走路径，分别称为单向通风干燥法、换向通风干燥法、径向通风干燥法（图6-2）。

通常，固定床谷物烘干机的结构相对简单，生产能力小，容易制造，方便推广。这种形式的谷物烘干设备适合农村或小型粮库使用。这种谷物烘干机多数属于手工操作，如粮食通风烘干机、简易板架式烘干机、通风干燥装置等都是固定床谷物干燥机械设备。这类机械设备大多是分批式烘干模式，即第一批物料干燥后，取出谷物，再次装入潮粮，再进行下一轮通风干燥。因此，整个装备系统只能间歇式操作。

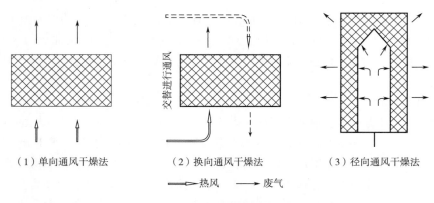

（1）单向通风干燥法　　　　　（2）换向通风干燥法　　　　　（3）径向通风干燥法

⟹ 热风　　　⟶ 废气

图6-2　固定床干燥法原理图

（二）移动床干燥法

移动床干燥法是指在干燥整个过程中谷物受重力影响不断产生移动的干燥方法，如图6-3所示。根据谷物流向与干燥介质流向的相互关系，移动床干燥法又可以进一步细分成混流式干燥法、横流式干燥法、顺流式干燥法和逆流式干燥法。

横流式干燥法是指干燥介质流动方向与谷物流动方向呈现垂直的状况。横流干燥过程中谷物温度以及干燥介质中温度变化波动明显，直接导致了物料干燥后水分含量的不均匀。

顺流式干燥法是指干燥介质与谷物流动方向一致的干燥方法，这种干燥方式下谷物的最高温度比热风入口温度要低得多，所以，顺流干燥过程中可以将干燥温度设置得很高。

逆流干燥法是指干燥介质与谷物流动方向相反的干燥方法，逆流干燥时出口谷物温度接近进口热风温度，因此在实际参数设定中，逆流干燥所用的风温较低。

混流式干燥过程中干燥介质流向与谷物流向既存在横向也存在顺向，甚至会出现逆流的方式。对应的谷物在整个干燥过程中也会交替出现多次逆流和顺流的干燥。理论分析过程中，通常将混流干燥的上半部分看作逆流干燥，将下半部分干燥视为顺流干燥，并分别利用不同的偏微分方程模拟整个混流干燥过程。

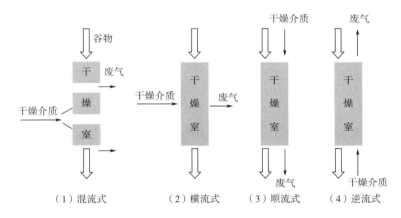

图6-3 谷物与干燥介质的流向

（三）疏松床干燥法

转筒干燥法是最为常见的疏松床干燥方式。图6-4所示为转筒干燥原理，转筒干燥器的主体为略微倾斜的旋转圆桶。潮粮从转筒较高一端进入，随着转筒旋转，物料在重力作用下缓慢流向较低的一端。圆通内部安装有若干抄板，用于在干燥过程中翻动物料，以增大干燥表面积，提高干燥效率，同时推动物料向前运行。谷物在整个转筒运行过程中呈现输送状态，因此这种干燥方法称为疏松床干燥法。

按照物料和热载体的接触方式，转筒干燥器可以分成三种类型：直接加热式、间接加热式和复合加热式。直接加热滚筒干燥器中，被干燥的物料与热风直接接触，以对流传热的方式进行干燥，热风与谷物的流向可以采用顺流形式也可以采用逆流形式；间接加热滚筒干燥器中，载热体不直接与被干燥的物料接触，所干燥的全部热量都是经过筒壁传给被干燥物料；复合加热转筒干燥器中主要由转筒和中央内管组成，热风进入内筒后，由物料出口端折入外筒，随物料供给端一并排出。

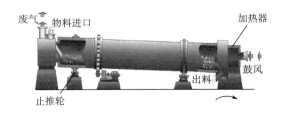

图6-4 转筒干燥示意图

（四）流化床干燥法

流化床干燥法如图6-5所示。谷物堆放在孔板上，气流从容器底部进入，通过孔板穿过粮层。当气流速度较小时，谷物处于静止状态，气体通过颗粒间隙穿过床层，此时称为固定床，当气流速度增加到压降刚好平衡床层颗粒的重力时，床层开始膨胀而流化，此时称为初始流化状态。当进一步提高气流速度，任何额外的气体均将作为气泡通过床层。气泡在刚出孔板时为小气泡，然后很快合并，并向上穿过床层，引起谷物强烈混合。由于气体聚集成气泡，此种状态称为聚式流化态。再继续提高气流速度，直至超过谷物颗粒的最大悬浮速度时，谷物将被带走，称为气力输送。

流化床中气、固运动很像沸腾的液体，也称为沸腾床干燥，是利用流化态技术干燥湿物料。散粒状固体物料由加料器加入流化床干燥器中，过滤后的洁净空气加热后由鼓风机送入流化床底部，经分布板与固体物料接触，形成流化态，达到气、固的热质交换。物料干燥后由排料口排出，废气由沸腾床顶部排出，经旋风除尘器组和布袋除尘器回收固体粉料后排空。

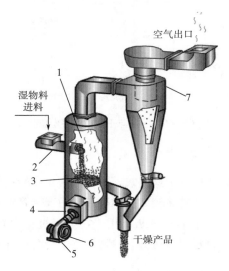

图6-5　流化床干燥示意图

1—沸腾室　2—进料器　3—分布板　4—加热器　5—风机　6—空气入口　7—旋风分离器

二、　传导干燥法

传导干燥法是指粮食和加热固体的表面直接接触，热量以传导方式传给粮食，使其水分汽化，达到干燥的目的。传热是谷物没有相对位移，只是粮食与加热固体的表面直接地接触时才产生热量转移，粮食受热后本身温度不断提高，促进了内部水分转移直至到达表面并汽化，从而达到干燥的目的。但是，由粮食表面汽化出来的水分必须由干燥介质带走，否则达不到粮食干燥的目的，这时干燥介质只起到载湿体的作用。

根据干燥介质自身的属性可以将传导干燥法细化分为蒸汽干燥法和惰性粒子干燥法。

（一）蒸汽干燥法

蒸汽干燥可以分为加热和去水两个阶段，如图6-6所示。在加热段，高温水蒸气通过对流将热量传递给钢管，再通过传导将热量传递给谷物，谷物获得热量后，温度升高，水分向外扩散。因谷物不断向下移动，进入排潮段以后，由干燥介质带走谷物表面汽化出来的水分。

在加热段钢管要交错排列，使谷物在流经加热段时可以更多地与钢管接触，增加谷物加热效果。在去水阶段，一般采用混流方式进行去水。对于蒸汽干燥，由于水蒸气可循环利用，故热利用率较高。

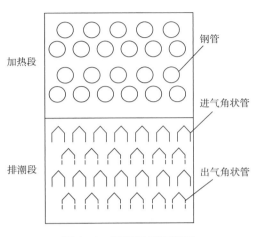

图6-6　蒸汽干燥示意图

（二）惰性粒子干燥法

将谷物与加热的固体颗粒如沙子、沸石、钢球等混合，热量将以传导的方式传递给谷物，达到干燥谷物目的的干燥方法称为惰性粒子干燥法。在这种方法中，由于谷物与惰性粒子接触面较大，传导热系数较高，介质温度高，因此干燥速度快。通过搅拌混合，干燥得比较均匀。图6-7为一惰性粒子干燥机的结构简图。以沙子作为干燥介质，湿物料从右侧进入干燥机，与加热室出口的沙子混合，由位于加热室和锥形外壳间的螺旋输送机向左输送，滚筒和加热室一起旋转使谷物混合，由于外滚筒后半部分为筛板，可将谷物与沙子分离，筛出的沙子可以重新送回加料槽循环利用。

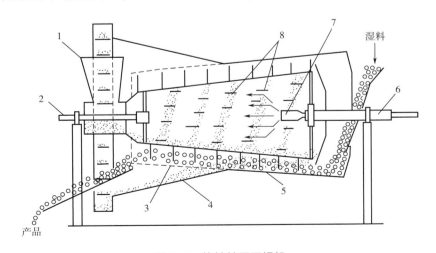

图6-7　惰性粒子干燥机

1—料槽　2—驱动轴　3—筛　4—惰性粒子　5—推运器　6—支撑轴　7—燃烧器　8—抄板

三、 辐射干燥法

辐射干燥法是以辐射能量为热源的一种干燥方法。通过红外线、微波、太阳能等为能源向谷物传递能量，使物料内外部同时受热升温，粮食中的水分汽化，达到粮食干燥的目的。辐射所产生的能量具有一定的穿透性，在物料不厚的情况下谷物受热均匀。辐射干燥法主要包括微波干燥法、红外干燥法和太阳能干燥法。

（一）微波干燥法

频率范围为 300MHz～300GHz 的电磁波称为微波。微波利用了食品极性分子在电场方向迅速交替改变的情况下，跟随电场迅速运动，通过运动摩擦产生很高的热量，达到加热物料的目的（图6-8）。

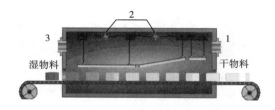

图6-8　微波干燥示意图
1—空气入口　2—高压电源　3—空气出口

含水谷物在经过微波辐射后，吸收微波并转换为热量，提高自身的温度，水分由内向外扩散到谷物表面，随后蒸发到空气中或由干燥介质带走。

微波干燥直接向谷物传递能量，使物料内外部受热，没有温度梯度，加热速度快，热效率高，加热均匀，不受物料形状限制，干制品具有较高的质量。高水分谷物由于水分含量高，吸收的微波能也多，降水速度快，所以可以利用微波的这种加热特点降低谷物干燥的不均匀性。

（二）红外干燥法

波长为 4～325μm 的电磁波称为远红外线，波长为 0.76～4.0μm 的电磁波称为近红外线。食品中的水、有机物和大分子等很多成分对红外线和远红外线有很强的吸收能力，当红外线频率与食品分子本身固有的频率相等时，食品就吸收能量产生共振现象，产生原子、分子的振动和转动，从而产生热使温度升高。

红外辐射谷物时，谷物会吸收一部分的能量转化为热能，提高自身的温度。红外辐射加热器是红外干燥的核心装置，有直热式和旁热式两种供热方式。直热式是指电热辐射元件既是发热元件，又是热辐射体，如电阻带、碳硅棒等；旁热式是指由外部供热给辐射体而产生远红外辐射，其能源可以是电、煤气、蒸汽、燃气等。

图6-9为远红外加热器示意图，利用辐射体发射红外线，谷物吸收后水分汽化，达到干燥谷物的目的。国外已采用红外辐射与热风干燥相结合，利用烟道气通过辐射加热器转变为远红外辐射能，实现对稻谷的高效加热与干燥。

（三）太阳能干燥法

太阳能干燥是利用太阳辐射的热能将湿物料中的水分除去的干燥方法。太阳能干燥的主要部件为太阳能集热器，一般由吸热体、盖板、保温层和外壳构成。吸热体吸收太阳能转化为自

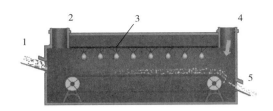

图6-9 红外加热示意图

1—湿料进口 2—空气出口 3—辐射体 4—空气进口 5—干料出口

身的热能使温度升高，当外部空气流经吸热体时，通过对流换热得到升温。

与利用其他能源的干燥方法相比，太阳能无处不在且取之不尽，不需要开采和运输，也不存在能源枯竭的问题；太阳能干燥对物料和环境都没有污染，同时干燥过程中其他能源消耗低，操作费用低。

太阳能干燥也存在一些不足：太阳能分散性大，热值低，具有间接性和不稳定性；太阳能干燥属低温干燥，干燥运行温度在40~70℃，干燥速度低，效率低。

（四）介电加热干燥法

介电加热干燥法是将湿物料置于高频电场内，使用高频或超高频电磁场使干燥介质的极性分子随不断变化的电场高速摆动。相邻分子间的相互作用使得分子随外电场变化而摆动的规则运动收到干扰和阻碍，产生了类似摩擦的效应。一部分能量就以热的形式表现出来，干燥介质的温度也随之升高。

食品介电干燥法由于物料内部的含水量比表面高，因此物料内部获得的能量较多，物料内部温度高于表面温度，从而使温度梯度和水分扩散方向一致，可以加快水的汽化，加热时间短，热效率高，加热均匀，可选择性加热，便于控制；穿透能力强；干燥装置能源昂贵，能耗较大，设备一次性投资较大。

四、 联合干燥法

联合干燥法是两种或两种以上干燥方法联合应用。如微波系统与真空系统相结合的微波真空干燥技术充分利用了两者的优点，既能加快干燥速度，又能降低干燥温度，具有低温、快速、高效的特点。

高低温联合干燥法是指谷物经高温连续干燥，当水分降到18%左右时，将谷物转移到低温干燥仓内，采用低温通风干燥，除去剩余水分。例如，在玉米干燥中，首先用高温的干燥介质，对玉米进行干燥，将其水分降至18%时，不对玉米继续进行热风干燥，而是将受热后的玉米（温度达60℃以上）送至缓苏仓内，缓苏4~8h，使粮粒内部和表面之间的温度和水分趋向平衡。然后再对玉米进行慢速通风。高低温联合干燥法具有能耗低、烘干设备效率高，谷物烘后品质好的优点，但是要配置大容量的通风干燥仓，所以设备基础投资大。

选择合理的谷物干燥方式需要考虑以下几点：一是物料的特点，如物料的初始含水量和水分存在形式、产品要求的最终含水量、产品干燥过程中允许的最高温度、物料的形态、固体颗粒的粒度和强度等。二是干燥过程的条件，如干燥时的所需的温度、可处理的物料的量、干燥的前处理与后处理。三是干燥设备的操作性能和经济指标，要寻找最适宜的操作参数及结构参数的干燥设备，考虑干燥设备的价格及能量消耗，综合考虑其经济效益，最终确定干燥设备。

思政小课堂

（1）2023年5月25日开始，河南遭遇了近10年最严重的"烂场雨"，多地出现连续阴雨天气，持续时间长、影响范围广、过程雨量大，严重影响小麦正常成熟收获，一些地方麦田积水，小麦点片倒伏、发霉，部分地区出现籽粒萌动和穗发芽现象，影响小麦籽粒品质、加工品质和商用品质。为充分发挥农业保险经济补偿功能，尽可能减少小麦种植农户损失，河南省政府紧急下拨资金2亿元，用于小麦烘干，确保小麦质量，保证小麦安全归仓；河南省财政厅已经通知各农业保险承保机构全力做好小麦保险理赔；河南省委农村工作办公室要求各地切实发挥农业保险稳定器作用，保障小麦种植农户收益，确保国家惠农政策落到实处；加强与本地小麦承保机构的沟通衔接，建立信息共享机制，及时通报小麦受灾区域、受灾程度等灾情信息；组织小麦技术力量，为承保机构做好小麦受灾理赔的技术指导。同时，多地政府大院也开放给农民晒粮，多方举措晾晒粮，确保颗粒归仓。

（2）粮食是"国之大者"，粮食收获、粮食安全关乎经济社会发展全局，也关乎种粮农民的切身利益。在谷物的生产和加工过程中，谷物干燥是不可或缺的一步。为提升粮食烘干能力，确保粮食颗粒归仓，国家加大了粮食烘干机购置补贴力度。2021年3月，农业农村部办公厅、财政部办公厅联合印发了《2021—2023年农机购置补贴实施指导意见》，将粮食等重要农畜产品生产所需机具列入补贴范围。截至2022年，我国农机购置补贴的38个核算省区中有35个补贴了烘干机，共补贴9899台。在科学技术的助力下，各类自动化设备被广泛应用于粮食收割、烘干中，不可否认的是，机器的使用使得农民对粮食丰收更加充满信心，"看天吃饭"逐渐成为过去式。

本章参考文献

[1] 成军虎，周显青，张玉荣，等．粮食干燥品质变化及评价方法研究进展［J］．粮食加工，2011，36（2）：47-50.

[2] 张忠进，金文桂．谷物导热系数测试的研究［J］．农业工程学报，1995，11（1）：151-155.

[3] 周祖锷，赵世宏，曹崇文．谷物和种子的热特性研究［J］．北京农业工程大学学报，1988，8（3）：31-39.

[4] 郑亿青，张来林，李兴军，等．谷物和油料比热测定的研究进展［J］．粮油食品科技，2014，22（4）：89-94.

[5] 赵学伟，李小化．干燥对谷物主要组分理化特性的影响［J］．粮食与饲料工业，2011，12（10）：15-18.

[6] 赵学伟，邸坤，李小化．干燥对谷物加工特性的影响［J］．粮食与饲料工业，2012，12（7）：19-23.

[7] 邢柏林，周树林．粮食干燥特性［J］．现代化农业，1990（5）：37-39.

第七章

CHAPTER

7

谷物贮藏

第一节　谷物贮藏概述

粮食是人类最基本的生存资料，粮食的供求矛盾是长期存在并将在相当长的时期内继续存在的。我国是一个拥有 14 亿人口的农业大国和发展中国家，确保粮食安全始终是关系国计民生的头等大事。改革开放以来，我国成功地解决了人民的温饱问题。但由于国内对粮食需求的巨大压力与农业资源相对不足的矛盾，使粮食安全问题成为我国长期难以解决的难题。

从 2004 年起，我国转为粮食净进口国，缺口在逐年扩大。多年来，全球粮食贸易徘徊在 2.5 亿~2.6 亿 t，国际粮食市场的交易额非常有限。加上遭遇全球性粮食危机和金融危机双峰叠加，依靠进口粮食或到国外去垦荒来保障国家粮食安全是不现实的。中国应根据国情和实际，采取粮食的增产和减损并举，增加中国粮食综合生产能力，积极采取有效的产后减损对策，是应对今后相当长时间内存在的粮食供求矛盾的有效途径。

解决粮食安全问题主要有两方面的途径：一是开源性措施，即增大科技投入，提高单位面积产量或通过扩大种植面积提高粮食总产量；二是节流型措施，即减少粮食产后损失及贮藏环节的保质减损。过去我国更多地依赖农业技术进步、提高单产等开源性粮食增产措施，由于耕地面积减少、耕地质量下降，粮食生产能力的提高面临严峻的市场挑战和资源紧缺的限制，如果没有重大的技术突破，粮食增产的潜力已十分有限。单纯通过提高粮食单产和总产量来解决中国粮食紧缺的现状，进而解决中国粮食安全问题是不现实的。因此，通过减少粮食产后损失，增加我国粮食供给能力，应成为解决我国粮食安全问题新的战略选择。

一、　中国的粮食贮藏技术发展

我国粮食的贮藏大约在一万年前已有记载，各朝代都有兴仓建库贮藏粮食的传统，形成了历史悠久形式丰富的粮食贮藏经验。新中国成立以来，我国高度重视粮食储备工作，粮食贮藏技术发展迅速。随着近几年"人才兴粮""科技兴粮"等新时代粮食流通改革发展方向的推进，我国粮食贮藏科技自主创新能力得到了显著提升，取得了一批卓越的科技创新成果，特别是一些先进的关键性技术已然跻身于世界前列。

20 世纪 50 年代我国粮食贮藏技术主要围绕害虫防治开展，初期更多是采用物理机械的方法防治害虫。20 世纪 50 年代末，采用化学方法保藏稻谷、小麦等。20 世纪 60 年代，研究应用塑料薄膜密封充氮缺氧保藏大米的方法。20 世纪 70 年代，用不同的装备和技术充氮、充二氧化碳，缺氧贮藏技术得到了进一步发展。20 世纪 80 年代，上海、北京等地大批量发展了低温储粮技术，在全国范围内研究推广了单管、多管地槽，通风竹笼和贮气厢式通风降温技术。与此同时"三低"和"双低"储粮技术得到了应用。

　　进入 20 世纪 90 年代，我国粮食贮藏技术有了较大的发展。由国家粮食局科学研究院、河南工业大学、中国储备粮管理总公司、国家粮食储备局成都粮食贮藏科学研究所、国贸工程设计院、北京东方孚德技术发展中心、南京财经大学、国家粮食储备局郑州科学研究设计院、辽宁省粮食科学研究所、北京中谷润粮技术开发有限责任公司等完成的"粮食储备'四合一'新技术研究开发与集成创新"通过技术创新和集成创新，成功解决了国家储备粮安全储存的高大粮仓熏蒸杀虫不彻底、湿热转移严重、易结露发热霉变和陈化快等难题，成果已应用到全国 1100 多个国家储备粮库以及 1500 万 t 仓容的地方储备粮库，实现中央储备粮中的陈化粮大幅度降低，损失损耗从 4% 降到 1% 以内，宜存率从 70% 提高到 99%，储粮化学药剂使用量减少 80%，产生了巨大的经济、生态和社会效益。该新技术研究开发与集成创新荣获 2010 年度国家科技进步一等奖（编号：J-211-1-01）。该套储粮技术是我国粮食储备的重大标志性成果，在国际上引起很大反响。国际贮藏物保护工作会议主席、国际著名储粮专家斯隆博士写道："中国的储粮技术可能是我到过的国家中最好的。"该套储粮技术已经被一些国家引进使用。

　　中国用不到世界 1/10 的耕地，生产了世界 1/4 的粮食，供养了世界 1/5 的人口。全球粮食贸易量不到中国消费量的一半，中国人的粮食只能依靠自己来解决。这决定了我国与其他国家特别是粮食出口国的粮食安全战略有着根本不同。面对我国基本国情，党中央提出了"以我为主、立足国内、确保产能、适度进口、科技支撑"的国家粮食安全战略，明确了中国人的饭碗任何时候都要牢牢端在自己手上，我们的饭碗应该主要装中国粮。

　　2000 年，党中央、国务院决定对中央储备粮管理体制进行重大改革，在原国家粮食储备局仓储库基础上成立了中国储备粮管理总公司（后变更为中国粮食储备管理集团有限公司，简称中储粮），标志着我国储备粮系统垂直管理体系的初步建成。其总部位于北京，目前在全国设立 23 个分公司，6 个全资二级管理子公司、1 个科研院，机构和业务覆盖全国 31 个省、自治区、直辖市。

　　科学技术是第一生产力。以国家粮食和物资储备局科学研究院、河南工业大学、南京财经大学等为代表的科研院所、高校是推动我国粮食贮藏技术基础研究的主要力量。中储粮的粮食贮藏技术代表了我国粮食贮藏科技水平。中储粮建立了分品种、分生态区域的粮油贮藏技术体系。

　　截至 2016 年，中央储备粮科技储粮覆盖率达到 95% 以上。目前中储粮在广泛运用粮情检测、谷物冷却、环流熏蒸和机械通风"四合一"储粮技术的基础上，积极利用绿色、环保、低碳、节能的新型储粮技术。主要技术包括氮气气调储粮技术、内环流控温储粮技术、空调控温储粮技术、智能通风技术、粮情检测技术、膜下环流通风技术、环流熏蒸技术、粮面压盖技术等，其中自主研发储粮技术包括氮气气调技术和内环流控温储粮技术。氮气气调技术是利用向粮仓中充入氮气的方式，防治储粮害虫、延缓品质变化、减少储粮损失，是国际公认的绿色储粮技术；内环流控温储粮技术是指冬季降低粮温蓄冷，夏季采用小功率风机将粮堆内部的冷空气从通风口抽出，送到仓内空间，降低仓温、仓湿和表层粮温，实现常年低温（准低温）

储粮，该技术是一项在我国北方地区有效的节能环保的控温储粮技术。先进储粮科技的广泛应用，使中央储备粮更加优质、绿色、安全。

中储粮智能化管理已经达到国际先进水平，2016年底实现了630家直属库和分库的智能化管理，2017年全面完成剩余300余家分库的智能化建设，实现全覆盖。一是智能化管控体系。通过智能化监控调度中心，运用物联网、"一卡通"、视频监控、大数据分析等技术，总公司可以对直属库所存粮食的数量、质量、出入库作业、资金运行实现全过程在线监控。二是科技储粮体系。利用信息化、智能化手段，全面推广智能氮气储粮、内环流控温储粮、智能通风、低温控温等储粮新技术，实现自动测定参数、自动选择工作时机，更有利于提高库存粮油品质，实现科技储粮、绿色储粮。根据公司去年普查结果，中央储备粮宜存率100%，质量达标率提高到97.7%，综合损耗率全面控制在1%以内，储粮数量质量更有保障。

中央储备粮作为连接粮食生产、流通、消费所不可或缺的环节，是确保粮食持续、均衡、安全供应的重要手段，是解决粮食安全的有效措施，对于国计民生有着极大的重要性。2017年中央储备粮智能化粮库建设规划完成，覆盖980个直属库点，建成世界粮食仓储行业最大物联网。

二、 主要发达国家粮食贮藏技术研究

与我国不同的是，发达国家粮食贮藏的特点是以保持粮食品质为目的，因此，在贮藏技术方面尽量避免化学药剂的使用，以减少化学药剂对粮食的污染，保护消费者的健康。另外，发达国家的粮食贮藏时间比较短，流通较快。立筒仓储粮所占的比重大，储粮机械化程度高。

根据美国农业部农业普查的数据，2012年美国全国耕地面积为1.6亿hm^2。根据美国劳工部劳动统计局的数据，2014年美国农业（包括农林渔猎）就业人口为213.8万人，仅占总就业人口的1.4%。美国不仅是世界最大的经济体，其农业生产技术也是世界顶尖水平，不仅满足其国内消费需求，同时大量出口其他国家。纵观美国的粮食贮藏研究，主要集中在以下几方面。

（1）粮食中气味和挥发性物质的研究 目前美国已经对数百个陈粮、新粮、霉粮和虫粮样品进行了研究。对挥发性物质进行了测定，同时找出了气味与挥发性物质之间的关系。进一步通过挥发性物质推断粮食是否有生霉、长虫或品质变化的趋势，以便采取相应的措施。

（2）储粮害虫防治方法的研究 在美国由于各方面的原因，化学杀虫剂的使用越来越多地受到了限制。美国对生物杀虫剂的研究开发非常重视，如昆虫信息素（性信息素和集合信息素）已经成为商品在市场上销售，昆虫病原菌和昆虫病毒的研究也十分活跃，苏云金梭状芽孢杆菌作为粮食保护剂也已投入市场。

（3）储粮害虫防治专家系统的研究 专家系统的知识来源是科学研究报告、储粮管理专家的意见。对专家系统来说，新知识很容易得到补充，使用非常方便，能使仓贮管理人员在各种条件下做出正确的判断。例如，什么时候需要通风，什么时候需要杀虫，什么时候需要放气、除湿、降温等问题，管理人员都会得到专家系统的帮助。

英国农用土地1724万hm^2，包括耕地627.8万hm^2、草地975.5万hm^2，农业发展自然条件得天独厚。英国粮食贮藏新技术的研究重点在粮食微生物和二氧化碳储粮方面，包括储粮的呼吸作用与霉菌的消长关系，水分活度与储粮真菌毒素形成的关系，气调和熏蒸对粮食微生物的影响。近几年英国推出的一种Aerogenerator产气设备具有良好的储粮效果，该设备能产生高

二氧化碳、低氧环境，对储粮害虫有高致死率，无副作用。

澳大利亚人均占有的土地资源高居世界前列，人均农牧业用地 27.1hm²，人均耕地面积 2.75hm²，人均森林和林地 6hm²。丰富的农业资源是其作为农业大国的重要基础。近年来，其主要致力于气调储粮和熏蒸技术的研究。在气调储粮方面建立了不同谷物仓库中磷化氢浓度分布预测模型。成功运用 Siroflo 熏蒸系统，使磷化氢在粮仓内的浓度分布处于最佳状态，使熏蒸的安全性增加，残留降低，费用也降低。此外，其对储粮害虫对化学药剂的抗性研究进行的较为深入。

加拿大是世界上农业最发达、农业竞争力最强的国家之一。加拿大的食物价格位于世界最低行列。据中加科技交流中心介绍，1996 年，该国用于食品和非酒精类饮料占个人收入的比重仅为 9.8%，当年世界其他发达国家为 8%~26%。加拿大农业以出口为主，排第一的是大宗谷物。农产品贸易伙伴遍布世界 200 多个国家，其中，61% 的农产品出口美国，8.7% 出口日本，5.3% 出口欧盟，3.3% 出口墨西哥，3% 出口中国。近年来，加拿大在粮食贮藏方面的研究主要集中在以下几个方面：一是粮害虫生物防治，着重于信息素对害虫的诱捕作用和生物气体防治害虫方面。二是粮食微生物方面，主要是关于毒素的研究，如黄曲霉毒素、桔青霉与肾毒素产生的条件，辐照对真菌毒素产生的影响，感染相似带菌量相同菌相的不同玉米品种在相同贮藏条件下产生黄曲霉毒素的差异。三是粮食对二氧化碳的吸附作用以及二氧化碳气调储粮对粮食品质的影响。四是干燥方面的研究，主要是就仓干燥，其中包括干燥速度模型、干燥对粮食品质的影响以及避免干燥过热的措施。

三、 粮食贮藏技术展望

粮食贮藏是以减少粮食损失，保持粮食品质为目的的。在粮食贮藏技术发展的初期，粮食贮藏主要以减少粮食损失为主要目的。因此，未来的粮食贮藏将向着保持粮食品质（其中包括加工品质，营养品质，食用品质，种用品质等）方向发展。

低温贮藏是最好的贮藏方法之一，也是未来粮食贮藏技术发展的趋势。但是，低温制冷通常所需要的投入较大，要在粮食贮藏品质要求和投入之间找一个平衡点。根据不同的储粮生态条件，因地制宜选择适当的储粮温度。气调储粮以其无污染的特点，与其他储粮方法相比具有明显的优势。但是该方法对粮仓的密封性能要求较高，密封性能差的仓房难以达到气调贮藏的要求。以上两种方法或单独使用，或结合使用，在适当的条件下都会收到非常好的贮藏效果。

科技储粮四项新技术是指粮情测控系统、储粮机械通风技术、磷化氢环流熏蒸技术和谷物冷却机低温储粮技术（简称"四合一"技术）。"四合一"技术是我国在认真学习借鉴国内外最新储粮科技成果的基础上，结合我国国情，适应我国粮食长期储备的需要而发展起来的。具体是：

（1）粮情测控系统　粮情测控系统是利用现代电子技术来实现粮食贮藏过程中对粮情变化的实时检测、对实时检测数据进行分析与预测、对异常粮情提出处理建议和予以控制的措施等的装置，为科学及安全储粮提供技术保证和科学依据。

（2）储粮机械通风技术　储粮机械通风技术是利用通风设备，强制粮堆内湿热空气与外界干冷空气进行交换，改变粮堆内的空气状态，降低粮食的温度和水分，以提高粮食贮藏的稳定性。

（3）磷化氢环流熏蒸技术　磷化氢环流熏蒸技术是通过强制磷化氢气体在粮堆中的均匀

分布，并使规定的气体浓度在仓内保持一定的时间。若在熏蒸期间气体浓度低于规定值时，需要进行熏蒸气体的自动补充，当达到规定的气体浓度时，自动停止。目的是控制熏蒸期间气体在规定浓度范围，杀死各虫期的储粮害虫。

（4）谷物冷却机低温储粮技术　谷物冷却机低温储粮技术是降低粮食温度，在降温的同时可以保持和适量调整粮食水分，具有保持水分冷却通风、降低水分冷却通风和调质冷却通风三种功能，是一种绿色储粮保鲜的重要技术措施，保持和改善储粮品质，提高储粮安全稳定性的一种重要方法。

化学防治方法不管是过去、现在和将来都将在粮食贮藏中起非常重要的作用，虽然化学防治有着不可避免的污染或残留。未来的储粮害虫防治方法将优先采用生物方法，其次是物理方法，在迫不得已的情况下才采用化学方法，这充分说明化学方法的重要性。粮食的贮藏和运输将以散装的形式为主，贮运技术将向机械化和自动化的方向发展。辐射储粮虽然在我国还非常少采用，但是在未来的粮食贮藏方面将会起到非常重要的作用。

第二节　粮食贮藏生态系统

粮食是一个组成复杂而具有活性的有机体，其组成远比一般的有机材料复杂。在正常的粮食贮藏过程中，粮食进行着微弱的生命活动，粮食在贮藏过程中并非独立存在，而是以粮堆形式与其他因素相互作用，形成一个人工的贮藏生态系统。粮食的贮藏不同于食品和一般物质的贮藏。大部分食品在加工的过程中往往采取一些措施以利于食品的保藏，同时加工过程钝化了食品中的绝大部分活性成分，使得食品更稳定；一般的物质其化学组成远没有粮食和食品那样复杂，而且通常都没有活性，更重要的是一般物质不直接进入人体。由于粮食组成的复杂性，同时粮食组分在贮藏的过程中相互作用，使得粮食贮藏过程中的变化机理研究难度更大。

Odum 把生态系统定义为：把生物群体及其非生物的环境作为一个有机功能系统，其中包括能量和物质的循环。生物群体包括在一个特定区域内的植物和动物。生态系统是一个敞开体系，其中有能量和物质的不断进出。生态系统的边界可以是人为划定的。因此，一袋粮食、一个粮仓、一个粮库都可以认为是一个生态系统。

一、　粮食贮藏生态系统

储粮系统是由粮堆围护结构、粮食籽粒、有害生物和物理因子四部分组成的生态体系。各组分之间有着密切的联系，相互影响，相互作用，构成了一个独特的生态系统。

首先，粮堆是人工生态系统。人类将粮食和油料贮存于一定的围护结构内，自觉或不自觉（不自愿）地把一些其他生物类群和杂质也带到了这个有限的空间中，形成储粮生态系统。该系统时刻受到外界生物类群的侵染和不良气候因子的影响。但随着储粮技术的发展，今天人类已经能够对该系统实现有效控制。无论是生物群落还是环境因子都是可控的。如人们可以通过气调贮藏改变粮堆内气体组成，用低温贮藏调节温湿度，并对粮堆中的有害生物进行人为控制，这是储粮生态系统的一个显著特点，也是区别于自然生态系统的一个重要标志。

储粮生态系统内没有真正的生产者。粮食是粮堆生物群落的主体，已完成营养制造和能量固定，在贮藏过程中只能被动地受消费者及分解者的消耗，同时为了维持自己的生理活动还必须自我供应，营养物质只减不增，是一个有限资源。在储粮生态系统中，之所以将粮食籽粒称为"生产者"，因为它们是食物链中第一个营养级，是粮堆中一切生物的能量和物质的源泉。但这个"生产者"是不生产的"生产者"，只是物质和能量的贮存者。

其次，储粮生态系统具有不平衡性。储粮生态系统由于受强烈的人为活动干扰，在一般情况下处于非生态学稳定状态。消费者的多种层次均处于抑制状态，分解者也同样处于不活动状态。更由于粮食本身的休眠，造成系统本身很少有自我调节和补偿能力（物质循环），整个系统的热熵始终保持下降趋势。一旦压抑消费者的环境因子失控而变得对它们有利，就会很快引起一级消费者（储粮微生物或植食性储粮虫、螨）生物量急剧增加，加速该系统热的散失。通过控制环境条件，使储粮生态系统处于非生态学稳定状态，是粮食安全贮藏的根本。

与成熟生态系统比较，储粮生态系统受环境干扰大，生物量小，种群层次有限（种群营养水平一般只有两个层次，一级是粮食，一级是植食性虫螨和微生物，只在管理粗放的粮堆中，才能发现食菌性虫、螨和捕食寄生虫螨的天敌），食物链短，食物网不复杂，个体或物种的波动大，生活循环简单，个体寿命短，种群控制以非生物为主，故粮堆属于未成熟的生态系统。

围护结构可以看做是储粮生态系统的背景系统（因为很少有无围护结构的粮堆），它决定了储粮生态系统的"几何"边缘，对储粮生态系统中生物群落的动态变化及演替有非常密切的关系。围护结构不仅关系外界环境因素对储粮的作用，也关系有害生物（害虫及微生物）侵袭粮堆生态系统的可能性及危害程度。不同围护结构的储粮生态系统，一般会表现出不同的特征，即表现出不同的储粮性能。如立筒库仓（结构包括钢混、砖混合钢板仓）、地下仓、房式仓拱形仓、土圆仓、露天储粮垛等。它们的气密性、隔热性、防潮性以及隔离有害生物入侵的能力都有所不同。粮食籽粒是储粮生态系统生物群落的主体，是粮堆生态系统中能量的来源和能流的开端，参与对系统"气候"变化和生物群落演替的调节，是主要因素。在贮藏过程中不能再制造养分，而是处于缓慢的分解状态，可以认为是储粮生态系统中的特殊"生产者"。不同的粮食由于其籽粒结构及组成的差别，表现出不同的贮藏性能。如原粮与成品粮之间的贮藏性能有很大的差别，不同粮种之间的这种差别更是明显。有害生物包括昆虫、螨类及其他节肢动物和微生物，能够适应一般储粮环境，大部分时间生活于储粮中。有害生物的活动直接或间接地消耗粮食营养，造成极大损失，导致品质下降，故称有害生物。这些有害生物是储粮生态系统的消费者，昆虫、螨类及其他动物处于相同的或不同的营养层次，直接或间接地依赖于粮食而生存。微生物是储粮生态系统的分解者或转化者，通过分泌出酶，将粮食中的营养物质分解，是影响储粮稳定性及品质的重要因素。

影响储粮稳定性的非生物因子主要指温度、湿度、气体、水分等。非生物因子的变化都与生物群落的变化或演替有着十分密切的关系。将这些非生物因子控制在理想的水平，就十分有利于粮食的安全贮藏。

二、 粮食贮藏生态系统特点

粮食贮藏生态系统和其他的生态系统一样，也是由生物群落和环境条件构成的，其构成主要是从功能上划分的。其与自然生态系统的区别表现在以下几个方面。

（1）能量是由燃料、人类和动物的活动提供的，而不是通过光合作用提供的。粮食及油料是粮堆生物群落的主体，已完成营养制造和能量固定的光合作用，在贮藏过程中只能被动地受消费者及分解者的消耗，同时为了维持自己生理活动还必须自我供应，营养物质只减不增，是一个有限资源。

（2）品种的多样性由于人类的干预而减少。储粮生态系统受环境干扰大，生物量小，种群层次有限（种群营养水平一般只处于两个层次，一级是粮食及油料，一级是植食性虫螨和微生物，只在管理粗放的粮堆中，才能发现食菌性虫、螨和捕食寄生虫螨的天敌），食物链短，食物网不复杂，个体或物种的波动大生活循环简单，个体寿命短，种群控制以非生物为主，故粮堆属于未成熟的生态系统。

（3）动植物的选择是人工的而不是自然的。储粮生态系统中的有害生物受到人为的控制，这是储粮生态系统的一个显著特点，也是区别自然生态系统的一个重要标志。

（4）这个生态系统通常受到人类的控制，这种控制通常是外部的、有目的的，而不是在天然生态系统中通过内部反馈控制的。粮食贮藏生态系统，由于强烈的人为活动干扰，在一般情况下处于非生态学稳定状态。消费者的多种层次均处于抑制状态，分解者也同样处于不活动状态。更由于粮食本身的休眠，造成系统本身很少有自我调节和补偿能力（物质循环），整个系统的热熵始终保持下降趋势。一旦压抑消费者的环境因子失控而变得对它们有利，就会很快引起一级消费者（储粮微生物或植食性储粮虫、螨）生物量急剧增加，加速该系统热的散失。通过控制环境条件，使储粮生态系统处于非生态学稳定状态，是粮食及油料安全贮藏的根本。

三、 粮食贮藏生态系统研究

为消费者提供品质新鲜、无公害、安全可靠的绿色放心粮食，是粮食贮藏研究的最终目标，为实现这一目标，众多研究人员开展粮食贮藏生态系统的变化规律研究，加速技术创新。

粮食贮藏生态系统的研究发展经历了以下三个阶段：生态描述阶段、实验研究阶段以及数学仿真模型阶段。在最初的生态描述阶段，通过调查可以把粮食贮藏生态系统分为生态和管理两个部分，理清各因素相互关系，如储粮害虫各虫态的数量变化、发育速率、繁殖力以及种内和种间竞争；气体（氧气、二氧化碳等）、温度、含水量等对粮食品质、储粮害虫生长发育、霉菌的生长等影响；储粮害虫以及霉菌与粮食种类、仓型的关系等。在生态描述阶段的基础上，通过严格的因素控制，借助科学研究手段，深入研究粮食贮藏生态系统的科学问题，如化学熏蒸防治储粮害虫中的熏蒸剂剂量、施药次数、时间等对于储粮害虫、粮食本身以及环境的影响等。以描述阶段和实验研究阶段获取的相关数据和信息为基础，借助数学数据处理工具，构建线管数学模型，即粮食贮藏生态系统模型化过程。计算机技术的发展为这些生态模型的建立提供重要支撑。这些数学模型完善到一定程度就可以对真实生态系统进行模拟。

贮藏环节的粮食（即粮堆）是人为的不成熟的生态系统，它包括多种增殖率高、专化性低的有机体，由于各种物理因素和人为的影响，这个生态系统常常是不稳定的，需要了解其发展和衰变过程，研究其组成和功能，人为调节和控制以防止造成质和量的损失。

第三节　谷物在贮藏过程中的品质变化

一、影响谷物贮藏稳定性的主要因素

（一）水分

一般来说粮食能够进行相当长时间的贮存，谷物通常收获时水分较低，若贮存中不受气候影响而又能防止害虫及鼠类的危害则很容易贮存数年。在理想的贮存条件下（低温，惰性气体等）安全贮存期可达数十年。通常谷物一年收获一次，在某些热带地区收获两次，但是谷物的消费则是一年到头在进行，因此实际所有的谷物都要贮存。储粮方法多种多样，不管采用那种贮存方式，粮食的水分含量总是影响储粮质量的第一要素。

除非采取特殊措施，否则所有谷物总是含有一些水分。水分多少取决于很多的因素，而且对于任何关心粮食的人都是首先要考虑的。

水分在谷物的安全贮存中也是极为重要的。微生物，特别是某些种类的真菌是谷物劣变的主要原因。三个主要控制着真菌在粮食上生长速率的因素是水分、时间和温度。三个因素中水分是最重要的。在低含水量时，真菌不会生长。但是当水分达到14%或稍微超过这个水平时，真菌即开始生长。当水分含量在14%~20%时，只要稍微提高水分水平，就会改变真菌的生长速率，同时也会改换真菌品种发展。因此如果要使粮食贮存一段时期，重要的是要了解储粮任何一部位的水分含量，而不是粮食的平均含水量。因为在实践中，某粮堆的平均含水量可能是14%，而粮堆内的不同部位，或不同的粮粒的含水量可能是很高的。因此在粮食贮藏过程中应该密切注意最高含水量，而不是平均含水量。

人们看到一个仓库中的粮堆表面积似乎是均匀的，就会很容易地联想整个仓库中粮食含水量也是均匀的。事实上这种情况即使有的话，那也是很少的。从一块地上收获的谷物在水分含量上可能由于土壤的不同及成熟度不同而有很大的差异。如果谷物来自不同地段，则水分含量肯定是不一样的。过去我们总以为经过一定时期，粮堆会趋向平衡。事实上只有当谷物贮存于稳定的条件下才会发生这样的情况，而事实上这种情况不会发生。此外其他一些力量也常常干扰这种平衡。

水分含量的测量即使在最有利条件下也是非常困难的，为了完全正确，必须测出水分，而不是其他易挥发的物质。因此我们不能单纯测量质量的损失，这就意味着要使用卡尔·费歇尔试剂或等价物。另外，一个总是非常重要的因素是如何进行取样。看起来，获得均匀的样品似乎是相当简单的，事实上这是极为困难的。当我们买卖粮食时取得一个均匀的或者说平均的样品可能是非常重要的。可是当我们关心的是如何贮存粮食时，这种样品就没有什么价值，或者根本就没有价值。重要的不是平均数而是那一堆粮食中的最高含水量。

如果粮堆中的某一区域有很高的水分含量，那么微生物就会在那里生长。由于新陈代谢，在微生物生长的过程中，它们既要产生水分又要产生热量，从而导致更大的损害。粮堆中的水分和其周围空气中的水分处于平衡的状态；这种平衡的水分含量被认为是与某一相对湿度的大气相平衡的水分含量。不同种类的谷物，即使是属于同一类型的谷物也可能有不同的水分含量，尽管如此，所有谷物的水分含量都与其粮堆中的空气的相对湿度处于平衡状态。

处于同一相对湿度空气中的同种谷物也可能有不同的水分含量，这取决于这种谷物是获得还是失去水分，这种现象称为滞后现象。粮食的安全贮存水分含量几乎完全取决于该谷物对水分的吸附滞后特性。在贮存中，谷物与其周围空气的水分含量逐渐趋于平衡，谷物贮存中最具有损害性的因素之一是霉菌的生长，当谷物的水分含量与相对湿度低于70%的空气相平衡时，霉菌不会生长。主要粮食的最高水分水平通常被认为是玉米13%、小麦14%、大麦13%、燕麦13%、高粱13%、稻谷12%~13%。像所有的规则一样，本规则也经常也有例外。最高水分将因湿度、粮堆中水分的均匀性以及其他因素而发生变化。

粮食的品质和贮藏稳定性与a_w有相当密切的关系，这样关系比与水分含量的关系更密切。a_w不仅与微生物的繁殖有关，与自动氧化，褐变反应等也密切相关。简单地说水是粮食劣变的主要因素之一是欠合理的，因为粮食是活的有机体，在贮藏过程中进行着生命活动，从这个意义上来说，水对粮食贮藏是不可缺少的。有研究表明，大米贮藏过程中，过低的水分对其食用品质的保持是不利的。

（二）温度

温度是影响粮食安全贮藏的主要因素之一。在粮食贮藏过程中，温度主要影响粮食本身的呼吸作用，同时影响粮食害虫的生长以及粮食微生物的生长。温度对酶促反应有直接的影响，呼吸作用是有酶催化的一系列生化过程，因此呼吸作用对温度变化很敏感。谷物呼吸作用最适温度一般在25~35℃。

粮食体内的某一个生化过程能够进行的最高温度或最低温度的限度分别称为最高点和最低点，在最低点与最适点之间，粮食的呼吸强度随温度的升高而加强。根据范托夫定律，当温度升高10℃时，反应速率增大2~2.5倍，这种由温度升高而引起的反应速率的增加，通常以温度系数（Q_{10}）表示。

影响谷物贮藏生态系统的外部因素主要包括太阳辐射、大气温度、地温和生物群落的呼吸作用。太阳辐射少部分直射储粮围护结构，引起围护结构表层升温。围护结构的热能一部分返回大气，另一部分以传导的方式透过围护结构，再以辐射、对流或传导的方式向粮堆内部传入。大部分热能被仓内空间吸收或散射，引起仓温升高，这部分能量以对流方式进入粮堆内。大气温度升高会引起外层围护结构升温，当仓温或粮温较低时，就向里传导热能，引起仓温或粮温升高；另外，热空气可通过门窗及其洞、缝以较快的速度对流，从而引起粮堆温度上升。地温的变化也会引起粮温的变化，但一般对地上仓影响较小，对地下仓影响较大。

储粮微生物和储粮害虫的呼吸作用也会影响粮食的温度，在某些条件下这种影响还很大。另外，当贮藏条件发生变化时，粮食自身的呼吸作用也会加剧粮温的上升。虽然粮堆温度的变化情况比较复杂，但有一定的周期性变化规律。粮温的变化往往受到仓温和外界温度变化的影响，在正常情况下气温的日变化（气温在一昼夜间发生变化称为日变化）的最高值发生在午后14时左右，最低值则发生于日出之前。一昼夜间气温最高值与最低值之差，称为气温的日变化振幅。在北半球，年变化（气温在1年各月间发生的变化，称为年变化）的最热月份常发生于7~9月份，最冷月份发生于1~3月份；在南半球（如澳大利亚），年变化的最热月份正好和北半球相反。在一年中最热月份的平均气温与最冷月份的平均气温之差，称为气温的年变化振幅。

通常仓温的变化主要受气温影响，它也有日变化与年变化的规律。仓温日变化的最高值与最低值的出现，通常较气温日变化推迟 $1\sim4h$。一年中，气温上升季节，仓温低于气温；气温下降季节，仓温高于气温。仓温变化的日变化幅度与年变化幅度，通常较气温的变化幅度小，而仓温最高值低于气温的最高值，仓温的最低值高于气温的最低值。在空仓或在包装贮藏的仓库中，仓温高低有分层现象，上部仓温较高，下部仓温较低。

仓温的变化与围护结构的隔热条件直接相关，隔热条件好的粮仓受外界气温变化的影响小，而隔热条件差的粮仓受外界气温变化的影响较大。如钢板仓与砖木结构、水泥仓相比较受外界温度影响较大一些。另外仓温的变化幅度也与仓壁和仓顶的颜色有关，仓壁与仓顶刷白的仓房，仓温要比未刷白的低 $2\sim3℃$，仓内吊顶的仓温要比未吊顶的低 $3\sim5℃$。

外界温度影响粮仓温度，而粮仓温度的变化必然影响粮食温度的变化。但是，由于粮食的导热性较差，粮堆中空气流动十分微弱，因此，尽管粮温的变化也受外温影响，但有其特殊的规律。粮温的日变化也有一最低值和最高值，其出现的时间比仓温最低值和最高值的出现迟 $1\sim2h$。通常能观察到粮温日变化的部位仅限于粮堆表层至 $30\sim50cm$ 深处；再深处粮温的变化极不明显，特别是近年来兴建的高大平房仓和浅圆仓，即使在一年的高温季节，粮堆深层的温度也很低，有的粮堆深层的温度在 $8\sim9$ 月份也只有 $4\sim5℃$ 或更低。一般情况下，粮堆表面以下 $15cm$ 处，日变化为 $0.5\sim1℃$，早晨 8：00 左右粮温与气温比较接近，适合于粮食入仓。

一般粮温年变化的最低值与最高值的发生较气温年变的最低值和最高值推迟 $1\sim2$ 个月，地下仓可能迟 $2\sim3$ 个月。粮温最高值出现在 $8\sim9$ 月份，最低温出现于 $2\sim3$ 月份。3 月份以后开始升温，9 月份以后则开始降温。粮温年变化幅度要比气温、仓温小，不同的围护结构，年变化幅度也不相同。一般情况下，钢板仓>露天堆垛>土圆仓>塔形仓>房式仓>地下仓。

对常规储粮来说，不同季节，粮温变化也不相同。在冬季，粮温和仓温高于气温；而在夏季，气温高于仓温，仓温高于粮温。在春秋转换季节，气温、仓温和粮温的变化会发生交错，规律不稳定。由此可见，在某一地区，气温、仓温、表层粮温都呈现一种周期性日变化、年变化规律，利用这些规律，在适当的条件下可以对粮堆进行通风降温，并对粮堆的围护结构进行适当的隔热处理就会达到比较好的储粮效果。

（三）气体

氧与水一样都是自然界普遍存在的物质。氧的反应性很强，易于和许多物质起化学反应。氧能使得粮食中的各种成分氧化，降低营养价值，甚至有时产生过氧化物等有毒物质，在大多数场合下使粮食的外观发生变化。因为粮食是有生命的有机体，一般对生命体来说，多余的氧在大多数场合下是有害的。然而对生命有机体而言氧又是不可缺少的。

通常情况下，谷物在贮藏过程中几乎不可避免地受到氧的影响，即使处于休眠或干燥条件下，谷物仍进行各种生理生化变化，这些生理活动是粮食新陈代谢的基础，又直接影响粮食的贮藏稳定性。呼吸作用是粮食籽粒维持生命活动的一种生理表现，呼吸停止就意味着死亡。通过呼吸作用，消耗 O_2、放出 CO_2 并释放能量。呼吸作用以有机物质的消耗为基础。呼吸作用强则有机物质的损耗大，结果造成粮食品质下降，甚至丧失利用价值。粮堆的呼吸作用是粮食、贮食微生物和储粮害虫呼吸作用的总和。

呼吸作用分为有氧呼吸和无氧呼吸。有氧呼吸是活的粮食籽粒在游离氧存在的条件下，通过一系列酶的催化作用，有机物质彻底氧化分解成 CO_2 和 H_2O，并释放能量的过程。有氧呼吸是粮食呼吸作用的主要形式，其总反应式为：

$$C_6H_{12}O_6+6O_2 \longrightarrow 6CO_2+6H_2O+2820kJ$$

产生的能量大约有 70%贮藏在 ATP 中，其余的能量则以热能散发出来。这就是为什么呼吸作用是粮食发热的重要原因之一。有氧呼吸的特点是有机物的氧化比较彻底，同时释放出较多的能量，从维持生理活动来看这是必须的，但对粮食贮藏却是不利的，因此贮藏期间常人为将有氧呼吸控制到最低水平。

无氧呼吸是粮食籽粒在无氧或缺氧条件下进行的。籽粒的生命活动取得能量不是靠利用空气中的氧直接氧化营养物质，而是靠内部的氧化与还原作用。无氧呼吸也称缺氧呼吸，由于无氧呼吸基质的氧化不完全，产生乙醇，因此，与发酵作用相同。无氧呼吸可用下式表示：

$$C_6H_{12}O_6 \longrightarrow 2C_2H_5OH + 2CO_2 + 117.15 \text{ kJ}$$

一般情况下，粮食在贮藏过程中，既存在有氧呼吸，也存在无氧呼吸。处于通气情况下的粮堆，以有氧呼吸为主，但粮堆深处可能以无氧呼吸为主，尤其是较大的粮堆更为明显；长期密闭贮藏的粮堆，则以无氧呼吸为主。

有氧呼吸与无氧呼吸之间既有区别又有密切的联系，有氧呼吸是无氧分解过程的继续，为此考斯德契夫提出了共同途径学说，即呼吸基质分子的无氧分解是有氧呼吸与无氧呼吸的共同途径。碳水化合物经过糖酵解生成丙酮酸。丙酮酸经无氧呼吸生成乙醇和二氧化碳，并产生能量；丙酮酸经有氧呼吸（三羧酸循环、电子传递和氧化磷酸化）产生二氧化碳、水和能量。粮食籽粒在贮藏中的呼吸强度可以作为反映粮食陈化与劣变速度的标准，呼吸强度增加，也就是营养物质消耗加快，劣变速度加快，贮藏年限缩短，因此粮食在贮藏期间维持正常的低水平呼吸强度、保持粮食贮藏期间基本的生理活性，是粮食保鲜的基础。但强烈的呼吸作用对贮藏是不利的。首先，呼吸作用消耗了粮食籽粒内部的贮藏物质，使粮食在贮藏过程中干物质减少。呼吸作用越强烈，干物质损失越大。其次，呼吸作用产生的水分，增加了粮食的含水量，造成粮食的贮藏稳定性下降。另外，呼吸作用中产生的 CO_2 积累，将导致粮堆无氧呼吸进行，产生的酒精等中间代谢产物，将导致粮食生活力下降，甚至丧失，最终使粮食品质下降。呼吸作用产生的能量，一部分以热量的形式散发到粮堆中，由于粮堆的导热能力差，所以热量集中，很容易使粮温上升，严重时会导致粮堆发热。

影响粮食籽粒在贮藏过程中呼吸作用的因素很多，主要包括以下几个方面。

1. 粮食的种类

一般来讲，胚/籽粒比大的粮种呼吸作用强，如在相同的外部条件下，玉米比小麦的呼吸强度要高；未熟粮粒较完熟粮粒的呼吸作用强；当年新粮比隔年陈粮呼吸作用旺盛；破碎籽粒较完整的籽粒呼吸强度高；带菌量大的粮食较带菌量小的粮食呼吸能力强。

2. 水分

在影响粮食劣变速度的诸因素中，水分是最主要的因素。水分对于粮粒呼吸的重要意义在于，水是粮粒呼吸过程中以及一切生化反应的介质。一般情况下，随着水分含量的增加，粮、油籽粒呼吸强度升高，当粮食水分增高到一定数值时，呼吸强度就急剧加强。

3. 温度

在一定的温度范围内，粮食的呼吸作用随温度的上升而增强，当温度上升到一定的程度以后，呼吸作用会随温度的上升而显著下降，这是因为过高的温度对酶的钝化或破坏所致。这个温度的上限在一般谷物中为 45~55℃（与谷物的种类以及品种有关系）。呼吸作用与温度的关系，通常用温度系数来表示，即温度每升高 10℃呼吸作用所增加的倍数。如发芽小麦在 10℃时的呼吸强度为 0℃时的 2.86 倍。

　　水分与温度是影响粮食呼吸作用的主要因素，但二者并不是孤立的，而是相互制约的。水分对粮食呼吸作用的影响受温度条件的限制，温度对粮食呼吸作用的影响受含水量制约。在0~10℃时，水分对呼吸作用影响较小，当温度超过13~18℃时，这种影响即明显地表现出来。因此在低温时，水分较高的粮食也能安全贮藏，如在我国东北及华北地区，冬季气温很低，高水分玉米（一般含水量25%）也可以短期安全贮藏，夏季气温回升时，则必须降低水分（干燥、烘干）才能安全贮藏。北京大米度夏安全水分为13.5%，而气温较高的上海就必须控制在12.0%才能度夏，而现在低温或准低温贮藏大米，安全水分可高达15%。

　　同样，温度对粮食的呼吸作用的影响与粮食含水量有关。水分较低时，温度对呼吸的影响不明显，当温度升高时，温度所引起的呼吸强度变化非常激烈。利用温度、水分对粮食呼吸作用的综合作用，实践中可通过严格控制粮食的含水量，使粮食安全度夏，或在低水分条件下进行热入仓高温杀虫（小麦），保持粮食品质；同样，利用冬季气温低的有利条件，可降低粮温，使高水分粮安全贮藏。

　　人们从实践中总结出来的粮食安全水分值称作粮食贮藏安全水分。一般禾谷类粮食的安全水分是以温度为0℃时，水分安全值18%为基点，温度每升高5℃，安全水分降低1%。

　　4. 粮食贮藏环境中气体成分

　　氧分压的高低对粮食呼吸强度有明显的影响。通常随着氧分压的降低，有氧呼吸减弱，无氧呼吸加强。二氧化碳是呼吸作用的产物，环境中 CO_2 的浓度增高时，就会抑制呼吸作用的进行，使呼吸强度减弱。控制贮藏环境中的气体成分，是使粮食贮藏后仍然保持新鲜品质的重要技术措施，是气调贮藏的基础。

　　（四）光线

　　光照在粮食贮藏过程中的作用几乎没有报道。Harrington 指出，紫外线可能缩短收获前的种子寿命和加速贮藏种子的变质。关于这方面报道很少的原因大概是粮食贮藏过程中很少经受光线的直接照射。

　　日光中的紫外线具有较高的能量，能活化氧及光敏物质，并促进油脂的氧化酸败，油脂在日光中的紫外线作用下，常能形成少量的臭氧，与油脂中的不饱和脂肪酸作用时就形成臭氧化物，臭气化物在水分的影响下，就能进一步分解为醛和酸，使油脂酸败变苦。另外，在日光照射下，油脂中的天然抗氧化剂维生素 E 会遭到破坏，抗氧化作用减弱，因此，油脂的氧化酸败速度也会增加。另外，油脂在550nm 附近的黄色可见光谱具有最大吸收。因此，在550nm 附近的可见光对油脂氧化影响很大。

二、 谷物贮藏过程中主要组分的变化

　　谷物籽粒由水分、糖类、蛋白质、脂肪、矿物质、维生素、各种酶和色素等物质组成。糖类和脂肪是呼吸作用的基质，而蛋白质主要用于构筑结构物质。通常在糖或脂肪缺乏时，蛋白质也可通过转化作用成为呼吸基质。

表7-1　　　　　　　　几种主要粮食籽粒的化学成分及含量　　　　　　　　单位:%

种类	水分含量	蛋白质含量	糖类含量	脂肪含量	纤维素含量	灰分含量
小麦	13.5	10.5	70.3	2	2.1	1.6

续表

种类	水分含量	蛋白质含量	糖类含量	脂肪含量	纤维素含量	灰分含量
大麦	14	10	66.9	2.8	3.9	2.4
黑麦	12.5	12.7	68.5	2.7	1.9	1.7
荞麦	14.5	10.8	61	2.8	9	1.9
稻谷	14	7.3	63.1	2	9	4.6
玉米	14	8.2	70.6	4.6	1.3	1.3
高粱	12	10.3	69.5	4.7	1.7	1.8
粟	10.6	11.2	71.2	2.9	2.2	1.9

（一）蛋白质

粮食在贮藏过程中蛋白质的总含量基本保持不变，一旦发现变化即为质变。研究发现，在40℃和4℃条件下贮藏1年的稻米，总蛋白含量没有明显的差异，但水溶性蛋白和盐溶性蛋白明显下降，醇溶蛋白也有下降趋势。Balling 等报道，大米在常规条件下贮藏，3年后（乙）酸溶性蛋白有明显降低，到第7年，所有样品的酸溶性蛋白含量几乎降低到了原来的一半，可能是部分酸溶性蛋白与大米中糖及类脂相互作用形成其他产物的结果，但另有其他学者认为是稻米蛋白中巯基氧化为二硫键所致。

大米经贮藏过夏后，蛋白质中的巯基含量有明显的变化，巯基含量变化在很大程度上反映了蛋白质与大米品质变化的关系。研究表明，随贮藏过程的进行，大米中巯基含量逐渐减少，并发现大米在贮藏过程中米饭的 V/H（黏度/硬度）值与巯基含量的变化呈线性关系，回归方程 $y = -0.08 + 4.61x$（相关系数 $r = 0.93$）。而且巯基含量的变化超前 V/H 值的变化，说明大米贮藏过程中还存在着蛋白质以外的其他影响大米流变学特性的因素。同时，经还原剂处理的大米，蒸煮的米饭 V/H 明显提高。

大米密闭贮藏过程中蛋白溶解性的变化见表7-2。

表7-2 　　　　　大米密闭贮藏过程中蛋白溶解性的变化（贮藏5个月）　　　　单位:%

蛋白质组分（干基）/%		贮藏前	5℃	25℃	35℃
清蛋白	整籽粒	0.3	0.38	0.25	0.18
	外层	1.75	1.44	1.44	0.79
	内层	0.29	0.27	0.16	0.17
球蛋白	整籽粒	0.67	0.57	0.59	0.45
	外层	1.12	0.71	0.65	0.89
	内层	0.6	0.45	0.63	0.44
醇溶蛋白	整籽粒	0.25	0.14	0.08	0.13
	外层	0.72	0.19	0.19	0.21
	内层	0.22	0.1	0.1	0.11

续表

蛋白质组分（干基）/%		贮藏前	5℃	25℃	35℃
谷蛋白	整籽粒	5.25	4.9	4.81	3.74
	外层	7.93	8.85	7.84	6
	内层	5.05	4.1	4.36	3.41
全蛋白	整籽粒	6.47	5.99	5.73	4.5
	外层	11.62	11.19	10.12	7.89
	内层	6.16	4.92	5.25	4.13
不溶性蛋白	整籽粒	1.68	1.87	1.98	3.11
	外层	3.17	3.58	4.33	6.96
	内层	1.27	2.58	1.96	2.93
蛋白提取率	整籽粒	79.3	76.1	74.3	59
	外层	77.9	75.7	70	53.1
	内层	80.7	71.9	72.7	58.5

研究还认为，贮藏过程中盐溶、醇溶蛋白部分解聚，低分子量麦谷蛋白亚基进一步交联，与小麦面团流变学特性密切相关的高分子量麦谷蛋白亚基含量增加。

Suduarao 报道，新收获的小麦醇溶蛋白含量最高，由于小麦的后熟作用，谷蛋白含量逐步增加，贮藏 4 个月（常规贮藏）的小麦中，谷蛋白与醇溶蛋白的比例从原来的 0.33：0.88 转变为 1.3：1.9。同时，新收获小麦的蛋白质中巯基含量比贮藏四个月后的巯基含量高得多，但二硫键含量比贮藏后要低得多。

（二）碳水化合物

淀粉在贮藏期间，其含量下降不明显。但随着贮藏时间的延长，淀粉的性质发生改变，主要表现为黏性下降、糊化温度升高、吸水率增加、碘蓝值明显下降。值得注意的是，稻米在贮藏过程中总的直链淀粉含量没有明显变化，但不溶于热水的直链淀粉含量却随贮藏时间的延长而逐渐上升，这与米饭黏性下降、糊化温度升高相一致。

同黏度一样，不溶于热水的直链淀粉含量变化可作为反映稻米陈化的一个重要指标。贮藏期间碳水化合物的另一个变化是非还原糖含量下降和还原糖含量增加，尤其是蔗糖含量减少较为常见。但由于还原糖和非还原糖的变化不如脂类和胚中酶的变化来得快，所以实际中很少用其作为储粮安全指标。

淀粉在粮食贮藏过程中由于受淀粉酶作用，水解成麦芽糖，又经酶分解形成葡萄糖，总含量降低，但在禾谷类粮食中，由于基数大（占总重的 80% 左右），总的变化并不明显，在正常情况下淀粉的量变一般认为不是主要方面。淀粉在贮藏过程中的主要变化是在"质"的方面。具体表现为淀粉组成中直链淀粉含量增加（如大米、绿豆等），黏性随贮藏时间的延长而下降，涨性（亲水性）增加，米汤或淀粉糊的固形物减少，碘蓝值明显下降，而糊化温度增高。这些变化都是陈化（自然的质变）的结果，不适宜的贮藏条件会使之加快与增深，这些变化都显著地影响淀粉的加工与食用品质。质变的机理是淀粉分子与脂肪酸之间相互作用而改变了淀粉的性质，特别是黏度。此外，淀粉（特别是直链淀粉）间的分子聚合可能降低了淀粉糊化与分散的性能。由于陈化而产生的淀粉质变，在煮米饭时加少许油脂可以得到改善，也可用高温高压处理或减压膨化改变由于陈化给淀粉造成的不良后果。

还原糖和非还原糖在粮食贮藏过程中的变化是另外一个重要指标。在常规贮藏条件下，高水分粮食由于酶的作用，非还原糖含量下降。但有人曾报道，在较高温度下，小麦还原糖含量先是增加，但到一定时期又逐渐下降，下降的主要原因是呼吸作用消耗了还原糖，使其转化成CO_2和H_2O，还原糖含量的先上升再下降表明粮食品质开始劣变。

（三）脂质

在贮藏过程中，粮食中的脂类变化主要是氧化和水解。氧化作用产生过氧化物和羰基化合物，水解作用产生脂肪酸和甘油，低水分粮食尤其是成品粮的脂类以氧化为主，而高水分粮食的脂类则以水解为主，正常水分的粮食两种解脂作用可以交替或同时发生。储粮温度升高时，解脂速度加快。脂肪酸的变化对粮食的种用品质、食用品质有影响。稻米在陈化过程中游离脂肪酸增多，使米饭硬度增加，米饭的流变学特性受到损害，甚至产生异味。小麦在贮藏期间，通常在物理性状还未显示品质劣变之前，脂肪酸含量早已有所升高，而种子生活力显著下降。虽然脂肪酸含量与储粮品质有很好的相关性，但由于储粮的原始状况不同及仓贮条件的差异，仅以脂肪酸含量作为储粮品质劣变指标尚欠妥当，而以游离脂肪酸的增长速度作为储粮变质敏感指标则比较合理。另外，粮食在贮藏期间，极性脂类的分解比游离脂肪酸的增加更为迅速。从理论上讲，测定糖脂及磷脂等极性脂的变化比测定游离脂肪酸的变化更能反映储粮的早期劣变。但是，粮食籽粒中极性脂的含量甚少，测定方法烦琐，故实际应用起来尚有一定的难度。

粮食中脂类变化主要有两方面：一种变化是被氧化产生过氧化物与由不饱和脂肪酸被氧化后产生的羰基化合物，主要为醛、酮类物质。这种变化在成品粮中较明显。如大米的陈米臭与玉米粉的"哈喇味"等。原粮中由于种子含有天然抗氧化剂，能起保护作用，所以在正常的条件下氧化变质的现象不明显。另一种变化是受脂肪酶水解产生甘油和脂肪酸。自20世纪30年代以来发现劣质玉米含有较高脂肪酸以来，研究者多用脂肪酸值作为粮食劣变指标，特别是高水分易霉变粮食脂肪酸含量变化更明显，因为霉菌分泌的脂肪酶有很强的催化作用。

（四）挥发性物质

新鲜粮食与贮藏一段时间后的陈化粮食相比，其挥发性物质的组成与含量有较大差别。陈米中羰基化合物含量比新米中高，特别是高沸点的正戊醛、正己醛含量增加更为明显，这些高沸点的醛类有难闻的陈米味。宋伟等对稻谷及大米中挥发物的研究指出，一般而言，质量好的大米挥发性物质中具有较多的硫化物和少量羰基化合物。米饭的气味取决于这两种化合物含量之间的平衡。与大米相似，小麦中挥发性物质与面包烤制中的香味显著相关。由于挥发物与大米新鲜程度密切相关，国外已将其作为稻米品质劣变的重要指标。我国虽没有将挥发物直接作为谷物品质变化指标，但挥发物的变化对米饭或面包的香味有重大影响，品尝评分值在一定程度上间接反映了挥发物质的变化。

（五）酶

谷物随着贮藏期的延长，各种酶的活性呈现不同的变化。当粮食籽粒活力丧失时，与呼吸作用有关的酶，如过氧化氢酶、过氧化物酶、谷氨酸脱羧酶和脱氢酶的活力降低，而水解酶类，如蛋白酶、淀粉酶、脂肪酶和磷脂酶的活性却增加。酶活性的变化趋势在一定程度上能反映储粮的安全性。由于酶的活性与种子生活力密切相关，并且其活性降低也表现在发芽率降低之前，所以酶活力可以作为粮食品质劣变的灵敏指标。

随贮藏时间延长，谷氨酸脱羧酶活力下降，特别是在有利于劣变的水分含量下。酶似乎只在胚中出现，贮藏中酶活力下降的速度依赖谷物的水分含量。谷氨酸脱羧酶和发芽率之间存在着对数关系（以 r 表示相关系数，则小麦 $r=0.920$、玉米 $r=0.949$）。在小麦和玉米中这两个相关系数较发芽率与游离脂肪酸之间的相关系数（小麦 $r=0.754$、玉米 $r=0.433$）高得多。

在谷氨酸脱羧酶与发芽率之间存在高度相关性，组成（主要是蛋白质含量）、遗传及环境因素影响其结果。研究表明，谷氨酸脱羧酶试验与脂肪酸度相比是人工干燥和贮藏稻谷更可靠的生活力指标。在五种环境条件下贮藏稻谷和玉米 24 周，并定期测定发芽率、四唑染色加速陈化的作用及谷氨酸脱羧酶活力，谷氨酸脱羧酶活力下降是在发芽率下降之前。

三、 有害生物引起的粮食劣变

在粮食贮藏系统中有害生物包括储粮害虫和微生物。由于储粮害虫的蛀蚀、剥蚀，以及微生物的生长繁殖，会导致粮食的破损以及粮堆的发热、霉变等，使粮食发生一系列的生物化学变化，造成粮食品质劣变。

（一）粮堆发热

储粮生态系统中由于热量的集聚，使储粮（粮堆）温度出现不正常的上升的现象，称为粮堆发热。引起粮堆发热的因素有很多，但是大多数情况下都与微生物的生长繁殖有关。粮堆发热违反粮温正常变化规律，导致储粮生态系统内粮食出现异常现象，影响粮食品质。

通过比较粮温与仓温（气温上升时，粮温上升太快，超过日平均仓温 3~5℃时，可能出现早期发热；气温下降季节，粮温始终不降或反而上升，可能出现发热）；对粮温进行横向比较（粮食入仓时，如果保管条件、粮食水分和质量基本相同的同种粮，粮温相差 3~5℃，则视为发热）；对粮温进行纵向比较（每次检查时，与以前记录情况比较，若无特殊原因，温度突然上升，即是发热）；通过粮情质量检测，进一步确定粮堆发热。

粮食发热的原因是多方面的，但总的来讲，是储粮生态系统内生物群落的生理活动与物理因子相互作用的结果。粮食是储粮生态系统的主要因子，其代谢活动及品质对发热有一定作用，但因为粮食在贮藏过程中代谢很微弱，所以产生的热量正常情况下不可能导致发热。

有害生物的活动是造成储粮发热的重要因素，尤其是微生物的作用是导致发热的最主要因素。粮食在贮藏过程中，贮藏真菌逐步取代田间真菌起主导作用，在湿度为 70%~90% 时，贮藏真菌即开始繁殖，特别是以曲霉和青霉为代表的霉菌活动，在粮堆发热过程中提供了大量的热量，据测定，霉菌的呼吸强度比粮食自身的呼吸强度高上百倍乃至上万倍。如正常干燥的小麦呼吸强度为 $0.02~0.1mL/g$（干重，24h），而培养 2d 的霉菌（黑曲霉）则为 $1576~1870mL/g$（干重，24h）。在常温下，当禾谷类粮食水分在 13%~14% 时，粮食和微生物的呼吸作用都很微弱。但当粮食含水量较大时，微生物的呼吸强度要比粮食高得多。粮食水分越大，微生物的生命活动越强，这就是高水分粮易于发热的主要原因。另外，贮藏虫、螨也对粮食发热有促进作用，但都没有微生物作用显著。

粮食发热是个连续的过程，通常包括生物氧化三个阶段，即出现、升温、高温。高温继续发展而供氧充足和易燃物质生成积累时，可能达到非生物学的自燃阶段。

粮堆发热出现的条件和时间与粮食质量和贮藏环境有关，通常有四种情况：一是粮质过差或由于储粮水分转移，劣质粮混堆、漏水、浸潮以及热机粮（烘干粮或加工粮）未经冷却处理等原因，粮食可以随时出现发热；二是储粮虫、螨的高密度集聚发生，既可以引起局部温、湿度升高，又为微生物创造了适宜的生态环境，造成储粮"窝状发热"等；三是春秋季节转换时期，出现温差，储粮结露，出现粮食发热；四是一般质量差的粮食发热，多发生在春暖和入夏之后，粮温升高，粮食水分越高，发热出现越早，这就是高水分粮难以度夏的根本原因。

（二）粮食霉变

储粮发热可能引起粮食霉变，通常粮食发热不一定会霉变，而霉变往往伴随着发热。一般粮食都带有微生物，但并不一定都受到微生物的危害而霉变，因为除了健全的粮食对微生物具有一定的抵御能力外，储粮环境条件对微生物的影响是决定粮食霉变与否的关键。环境条件有利于微生物活动时，霉变才可能发生。

1. 粮食霉变过程和微生物的作用

粮食霉变是一个连续而统一的过程，有一定的规律，其发展的快慢，主要由环境条件对微生物的适宜程度而定。快者一至数天，慢者数周，甚至更长时间。霉变的发展过程会由于条件的变化而加剧、减缓或中止，所以霉变是可以预防的。

粮食霉变一般分为三个阶段，即初期霉变阶段（大多数储粮微生物与粮食建立腐生关系的过程）、生霉阶段（储粮微生物在粮食上大量生长繁育的过程）和霉烂阶段（微生物使粮食严重腐解的过程）。通常以达到生霉阶段作为霉变事故发生的标志。粮食霉变有一定的发展阶段，正确认识和掌握这个过程，以及各阶段的关系和特点，将有助于在贮藏过程中制订有效措施，防止粮食霉变的发生和发展。

2. 粮食霉变的类型

依据储粮微生物生长发育所要求的条件，以及导致微生物活动的原因，可将粮食霉变概括为劣变霉变（因为粮食质量差而易受微生物侵害发生的霉变）、结露霉变（因为温差过大或水分过高引起的结露，有利于微生物侵害而发生的霉变）、吸湿生霉（因外界湿度大而使粮食吸湿，受微生物感染发生的霉变）、水浸霉变（因为粮食直接浸水或受雨，使微生物得以侵害而引起的霉变）四种。这四种霉变类型的划分是相对的，在粮食霉变发生过程中，环境因素的影响是复杂的，有时虽有侧重，但各种霉变往往不是孤立发生的。因此在设计防霉措施或处理方法时，必须充分考虑到这些，以求达到防霉抑菌的双重效果。粮食发热、霉变后，微生物生理活性增加，某些微生物（如黄曲霉）分泌的真菌毒素使粮食带毒，其中许多是致癌物质。

3. 由微生物引起的粮食品质变化

（1）粮食的变色和变味　粮食的色泽、气味、光滑度和食味都是粮食新鲜程度及健康程度的重要指标。所以从粮食的色泽、气味可了解霉变的发生与程度。许多微生物可以使粮食变色。微生物菌体或群落本身具有颜色，存在于粮食籽粒内外部时，可使粮食呈现不正常颜色。如交链孢霉、芽枝霉、长蠕孢霉等具有暗色菌丝体，当这类霉菌在麦粒皮层中大量寄生时，便可使麦粒和胚部变为黑褐色；镰刀菌在小麦和玉米上生长时，由于其分生孢子团有粉红色，所以侵染的小麦、玉米也成粉红色。此外，某些微生物分泌物具有一定的颜色，也能使寄生的基质变色。如黄青霉、桔青霉能分泌黄色色素，紫青霉分泌暗红色色素，构巢曲霉分泌黄色色素，分别使大米变为黄色、赤红色等。禾谷镰刀菌等分泌紫红色色素，可使小麦呈紫红色。

粮食的有机成分在微生物作用下被分解而发生变化，形成有色物质。坏死的粮食组织也带有颜色。如蛋白质分解时产生的氨基化物呈棕色，硫醇类物质多为黄色等。极端发热的粮食呈黑褐色，这是粮食中积累的氨基酸与碳水化合物产生黑色蛋白素的缘故。

变质米是米粒失去原有的色泽而变为红色、黑色、褐色等，表面可出现生霉现象，发出霉臭；轻微变质的只是失去光泽。变质米是由于在田间受病原菌的侵染，或贮藏期受霉菌的侵染而形成的。如黑蚀米是一种细菌寄生引起的变质米。其病原细菌在谷粒成熟期前后由颖隙或伤口等处侵入，侵入米粒糊粉层及淀粉组织的上层部分，形成暗褐色病斑。病斑多生于米粒顶端，其侵染虽只在表层组织，但碾白不能除掉，煮饭也不消失。又如红变米是一种节卵孢霉引起的。一般在夏季高温期发生，白米表面产生一点一点的红色，有时为紫红色或暗褐色，经过一个期间，扩展到全面，完全失去米的本来面目。洗涤红变米时，水呈暗紫红色。该菌发育的最适温度为 24~28℃，最高温度为 36℃，最低温度为 11℃，17℃ 以下发育缓慢。受害米对动物无毒性作用。米粒受害后变色深浅与含水量有关系。水分 19.6% 以下米粒呈红色；水分 19.6%~27% 呈紫红色至暗紫红色，水分 25%~50% 呈暗红色乃至暗褐色或灰色，水分 15.5% 以下的米粒上该菌不能繁殖。此外，某些青霉、曲霉等霉菌侵染大米后，米粒呈黄色至褐黄色，米粒全部变色或呈病斑状。

小麦在贮藏期间胚部往往变为深棕到黑色称为"胚损粒"或"病麦"。变色胚部含有很高的脂肪酸，并且很脆，当磨粉时这种破碎胚进入小麦粉中带来不利影响，使小麦粉中有不明显的黑斑。由 20%"胚损粒"的小麦磨成的小麦粉制成的面包体积小、风味不好。在实验室内可用各种方法使胚部变成棕色，如热处理、高温结合高水分处理，有毒气体或酸处理，真菌和细菌侵染等等。但试验证明，自然变色的主要原因可能是由于贮藏真菌的侵染。1955 年有人从 26 份商品粮样品（有的含有 5%~55% 的"病"麦，有的是未变质粮堆中的完好小麦）中拣出"病"麦和完善粒，测定其发芽率、霉菌的种类和数量，病麦上的带菌量比完善粒高。同时霉菌的检出率也高。说明病麦是被贮藏真菌严重感染后，产生胚变色的现象。病麦上的贮藏真菌有局限曲霉、匍匐曲霉、白曲霉和黄曲霉。贝克等报道，1956 年英国小麦收获时，气候冷而湿，有利于芽枝霉生长繁殖。许多小麦被芽枝霉感染，芽枝霉有暗色菌丝，使小麦胚变色。这样的小麦磨出的小麦粉的粉色也不好。

微生物引起粮食变味，变质粮食会失去原有的良好风味，并产生种种令人有不快的甚至难以忍受的感觉。粮食的变味包括食味和气味两个方面。微生物的作用是使粮食产生异味的原因之一。微生物本身散发出来的气味，如许多种青霉有强烈的霉味，可被粮食吸附。霉变越严重，粮食的霉味越浓难以消除。严重霉变的粮食经过加工过程的各道工序制成成品粮，再制成食品，仍会有霉味存在。

组成粮食的各种有机成分在微生物的分解作用下，生成许多有特殊刺激嗅觉和味觉的物质。如高水分粮食在通风不良条件下进行贮藏时，出于粮食中碳水化合物被微生物发酵利用，便产生某些酸与醇，使粮食带酸味和酒味。严重霉变的粮食，粮食中蛋白质被微生物分解产生氨、氨化物、硫化物、硫化氢，有机碳化物被分解产生的各种有机酸、醛类、酮类等都具有强烈刺激气味。粮食严重变味以后，一般异味很难除去。轻微异味可以用翻倒、通风、加温、洗涤等方法去除或减轻。还可以用臭氧、过氧化氢等处理去除异味。

（2）粮食发芽率 贮藏真菌的侵染使种子丧失发芽力已是无可置疑的。豌豆样品分成两组，一组接种几种曲霉菌；另一组不接种，同时放在 85% 相对湿度和 30℃ 下，经过 3~8 个月后，接种的发芽率为零，不接种的发芽率在 95% 以上。将水分 17%~18% 的玉米样品分成两组，一组接种贮藏真菌，另一组不接种，同时放在 15℃ 下保存 2 年。结果接种的玉米发芽率为零，没有接种的玉米发芽率为 96%。

各种微生物对种子生活力的影响程度不同。据试验，对豌豆种子伤害最强的是黄曲霉，其次是白曲霉、灰绿曲霉。局限曲霉也有相当大的伤害力。白曲霉的不同菌株彼此在杀死含水量16%~17%的小麦种子的速度上相差极大。镰刀菌、木霉、单端孢霉、灰霉、蠕形菌、轮枝霉等能够形成对粮食种子发芽及幼苗生长有害的毒素。细菌中如马铃薯杆菌、枯草杆菌等类群中，有若干品系能抑制种子发芽。

据试验，硬粒春小麦，在25℃下贮藏6个月以后，水分由14%以下上升到14.5%以上；贮藏1年后，又上升到14.5%~15.5%，局限曲霉的检出率达到70%~100%。小麦发芽率随贮藏时间的延长，水分的增加和局限曲霉的污染率增加而逐渐降低。此外，小麦的原始样品没有污染贮藏真菌时，其发芽率比已污染的要高。

在测定发芽率时，必须注意种子应先进行表面消毒，器皿也应消毒和添加无菌水，并在清洁环境中操作，防止外部微生物污染。因为种子外部附着大量的微生物，器皿及水中也有微生物，空气中飘浮着微生物。如果操作不注意，由于水分及温度对微生物生长有利，便会生霉而不发芽。这并非霉菌侵染胚部而造成发芽率低，所以这种发芽率降低是假象。

（3）粮食食用品质的变化

①粮食的质量损耗：粮食中的碳水化合物是微生物的呼吸基质和能量的来源。粮食上的微生物特别是霉菌能分泌大量的水解酶，将碳水化合物水解并吸收。粮食在霉变过程中，随着霉菌的增殖，在霉菌淀粉酶的作用下进行活跃的淀粉水解过程，非还原糖水解成还原糖，表现为粮食中淀粉含量降低，非还原糖减少，还原糖增加，还原糖又作为呼吸基质而被利用，转化为二氧化碳和水，最终使粮食中的淀粉和糖损失，干重下降。

②脂肪酸增加：粮食在霉变过程中，由于霉菌的脂肪酶的分解作用，将粮粒中的脂肪分解为脂肪酸和甘油，甘油容易继续氧化，而脂肪酸积累致使脂肪酸值增高。由于霉变发生过程中粮食的脂肪酸值与发芽率变化比较明显，常用这两项来说明霉变情况。

③粮食霉变中，除去游离脂肪酸的积累外，还有磷酸、氨基酸及有机酸的增加，所以总酸度也会升高。

④霉变过程中，粮食的总氮量一般变化不显著。但是蛋白质氮的比例降低，氨态氮和胺态氮的含量增加。说明蛋白质在霉变过程中，蛋白质的分解作用比较旺盛。如西能利的试验，测定玉米中氨基酸的含量，完好成熟的玉米中通常含游离氨基酸约110mg。而严重霉变玉米中则高达330mg［以中和100g玉米（干重）中游离羧基所需的氢氧化钾的质量（mg）计］。

（4）粮食加工工艺品质的变化　稻谷霉变以后，粮粒组织松散易碎，硬度降低，加工时碎米粒及爆腰率增高。严重霉坏的稻谷能用手指捻碎。霉变发热的小麦磨成的小麦粉工艺性能很差，面筋质的含量和质量下降，影响发酵和烘烤性能。如霉变小麦磨出的小麦粉，做面团很黏，发酵不良，烘烤出的面包体积很小，横切面纹理和面包皮色都差。如优质小麦制成的面包体积为720cm³，而高水分霉变小麦制成的面包体积只有515cm³。

（三）粮堆发热霉变的预防

首先，要做好粮食入仓前的备仓工作。粮食入仓前一定要做好空仓消毒，空仓杀虫，完善仓房结构（主要是仓墙、地坪的防潮结构和仓顶的防漏雨）等。其次，要把好粮食入库关。入库的粮食要"干、饱、净"，严禁"三高"粮食入仓。另外，要作好粮食贮藏的管理工作。粮食的水分含量要在安全水分以下、对水分较高的粮食要及时降水，做好合理通风、适时密闭。定期对粮食贮藏劣变指标进行测定。发现粮食品质有劣变的迹象时，应对粮食及时处理。

（四）由储粮害虫所引起的粮食品质变化

一般情况下，粮食在贮藏过程中几乎不可避免地受到储粮害虫的危害。这些危害有时是直接的有时是间接的。

（1）直接危害胚乳 食粮粒胚乳的害虫有玉米象、谷蠹、麦蛾等。

（2）直接危害胚芽 食胚芽的害虫有印度谷蛾、扁谷盗、绣赤扁谷盗等。从胚芽开始食害延至胚乳的有大谷盗、皮蠹虫类、赤拟谷盗等。损坏粮袋、建筑物的害虫有大谷盗、谷蠹、皮蠹虫幼虫等，其在木制建筑物上开洞，这也是其他害虫生息和隐匿的场所。

（3）污染粮食 污染粮食的害虫有腐嗜酪螨的生、死虫体，其破片、蜕皮壳、茧、屎、蛾幼虫吐的丝等，使粮食的品质降低，而且妨碍杀虫的熏蒸效果。

（4）引起粮堆局部发热 干燥粮堆内有时也会有局部发热现象，这种现象通常是由储粮害虫的过度繁殖引起的。其代谢过程发热，堆积的粮食即使在冬季，有的上升到40℃。

（5）粮食的发芽率降低 由于储粮害虫危害胚芽、胚乳，使得粮食丧失发芽力。

第四节 谷物贮藏新技术

一、 储粮机械通风技术

（一）储粮机械通风的作用

储粮机械通风是利用风机产生的压力，将外界低温、低湿的空气送入粮堆，促使粮堆内外气体进行湿热交换，降低粮堆的温度与水分，增进储粮稳定性的一种储粮技术。因此，凡是为改善储粮性能而向粮堆压入或抽出经选择或温度调节的空气的操作都称之为通风。储粮机械通风的作用在于改善储粮条件，具有多种用途。

（1）创造低温环境，改善储粮性能 利用低温季节进行粮堆通风，可以降低粮食的温度，在粮堆内形成一个低温状态。这样不仅对保持粮食的品质有利，而且可以有效防虫，抑制螨类和微生物的生长与发展，减少熏蒸次数与用药量，使储粮性能大为改善。

（2）均衡粮温，防止结露 由于粮堆的不良导热性和环境温度的变化，易在粮堆内形成温差，引起粮堆水分重新分配，会使湿气在冷粮堆处积聚而造成粮堆结露、发热霉变，特别是在昼夜温差较大或季节性温度波动较大的地区，此现象尤为严重。此时通风不仅仅是降温，而是通过通风降温散湿，均衡粮温，防止水分转移而形成的粮堆结露或产生结顶、挂壁现象。

（3）降低粮食水分，防止储粮发热 水分是影响粮食贮藏稳定性的最重要的因素之一。晚秋收获稍高水分的粮食由于受气候或烘干能力所限，得不到及时干燥，在存放期间有可能发热霉变。采用大风量通风可降低高水分粮自然发热的危害，带走霉菌所产生的积热，降低霉菌生长的速度，以进行短期贮藏；如果采用大于一般降温通风15~30倍的单位风量，也能收到较好的散湿效果。另外，通风系统还可用作烘干机的冷却系统，降低烘后粮食的温度，使之安全贮藏。

（4）排除粮堆异味，进行环流熏蒸 通风换气可以排除因长期贮藏而在粮堆形成的异味或熏蒸后残留的熏蒸毒气。对气密性较好的房仓或筒仓，利用通风系统进行环流熏蒸杀虫，促使毒气均匀分布，可以明显提高熏蒸剂、防护剂的防治效果。

（5）增湿调质，改进粮食的加工品质 由于粮食的贮藏水分要低于粮食加工时的最佳水分值，直接加工会降低粮食的产率与品质，影响企业的经济效益。利用湿空气，对储粮进行缓慢通风，可将其水分调整至适合加工的范围，改善加工品质，提高企业的经济效益。由于调质后的湿粮不宜再保存，所以此法只能在粮食加工前进行。

（6）处理发热粮 在贮藏过程中，由于受到外界条件和内在因素的共同影响，常常会出现局部或大面积粮温升高，利用通风系统选择合适的环境条件进行降温处理，可以有效防止粮堆发热现象产生，为粮食安全贮藏奠定基础。

综上所述，粮堆通风是储粮中行之有效的技术之一，对保持与改善粮食品质、延缓粮食陈化、防止粮食品质劣变具有重要作用。

（二）储粮机械通风系统的组成

储粮机械通风系统主要由风机、供风导管、通风管道、粮堆以及风机操作控制设备等组成，如图7-1所示。

（1）风机 风机是储粮机械通风系统中的重要设备，其作用是向粮堆提供足够的风量，克服系统阻力，促使气体在粮堆里流动，保证通风作业的完成。常用的风机为离心式风机或轴流式风机。

（2）供风导管 由管壁密封的管子构成，分别与风机和通风管道相接，起着输送空气的作用。

（3）通风管道 俗称风道，指安装在粮堆内由孔板或筛网构成的管道，在粮堆内起着均匀分配气流，防止局部阻力过大的作用，达到通风作业的目的。生产中常把设在仓房地坪上的风道为称为地上笼，设在仓房地坪下的风道称为地槽，如果仓房整个地坪由冲孔板构成，则称为全地板通风。

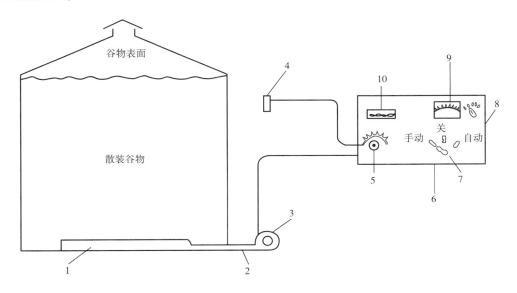

图7-1 储粮机械通风系统的组成

1—通风管道 2—供风管道 3—风机 4—环境温度传感器 5—恒温调节器 6—通风控制板
7—开关 8—仓房选择器 9—谷物温度指针 10—风机时间记录器

（4）粮堆　粮堆是指装有粮食的仓房或露天储粮的货位，它是机械通风的对象。

（5）通风操作控制系统　指在通风过程中控制风机启动、停止的仪器，简单的仅起开启或关闭风机的作用，复杂的能自动选择通风时机，减轻保管人员的劳动强度，实现自动开机和关机的操作。

（三）储粮机械通风系统的常用类型

常用的储粮机械通风系统有地槽通风、地上笼通风和横向通风。

1. 地槽通风

独立的廒间、堆垛或货位地坪之下建有固定的地槽通风管道，该通风系统的粮仓地坪平整，通风道固定且不占仓容，出粮时仓内易于清理，可适用于多种仓型。目前浅圆仓全部采用地槽通风系统，地槽形式有放射形、梳形和环形，如图7-2所示。

2. 地上笼通风

独立的廒间、堆垛或货位地坪之上建有固定的通风管道，地上笼通风系统风道布置灵活，不破坏原有地坪结构，通风时气流分布较均匀。但进出仓安装、拆卸麻烦，不便机械作业；不用时需要有器材库存放，占用一定的仓容。该系统常用于平房仓，如图7-3所示。

图7-2　浅圆仓地槽通风　　　　　　图7-3　房式仓地上笼通风

3. 横向通风

该系统将地笼风道上墙，从地上笼变为"墙上笼"。风道固定，不用拆卸，进出仓方便。通风时风从一侧墙上风道进来，从对面墙上风道吸出，所以称为横向通风。横向通风需要粮面覆膜，不然气流会短路；该系统仓房的跨度一般不能太大。

二、低温储粮技术

（一）低温储粮的概念

低温贮藏是现代贮藏技术中较常采用的一种，主要是通过控制"温度"这一物理因子，使粮堆处于较常规温度低的状态，增加了粮食的贮藏稳定性。由于粮食是具有生命的有机体，因此，必须在不冻坏粮食的基础上，在维持其正常生命活动的前提下，将粮食置于一定范围的低温中，同时，这一低温又必须能抑制虫、霉的生长、繁育，限制储粮品质的变化速率，从而达到安全贮藏的目的。

经过长期的研究和应用实践，认为15℃是粮食低温贮藏的理想温度，这一温度可以有效地限制粮堆中生物体的生命活动，延缓储粮品质变化。粮食在不超过 20℃ 的温度下贮藏，也能达到一定的低温贮藏效果，同时还可以减少低温贮藏的运行费用，提高低温贮藏的效益，称作准低温贮藏。特别是在我国北方地区，准低温贮藏可以通过自然低温和采取有效隔热措施来实现，所以近年来推广较快，备受仓储企业的欢迎。在我国，常将仓温保持在 15℃ 以下的粮仓称低温仓；仓温在 20℃ 以下的粮仓称准低温仓；仓温在 25℃ 以下的粮仓称标准常温仓。

低温储粮所指的温度并非指粮堆的平均温度，特别是对于大粮堆，其平均温度往往是比较稳定的，用其说明粮堆稳定性将会出现比较大的误差，甚至掩盖粮堆出现的问题。低温储粮的温度最初是指最高温度，但是在实际工作中，发现最高粮温的控制是非常困难的和不经济的。GB/T 29890—2013《粮油贮藏技术规范》中定义的低温贮藏指粮堆平均温度常年保持在 15℃ 及以下，局部最高粮温不高于 20℃ 的贮藏方式；准低温贮藏指粮堆平均粮温常年保持在 20℃ 及以下，局部最高粮温不高于 25℃ 的贮藏方式。

（二）低温贮藏的特点

低温贮藏具有显著的优越性，可以有效限制粮堆生物体的生命活动，减少储粮的损失，延缓粮食的陈化，特别是在面粉、大米、油脂、食品等色、香、味保鲜方面效果显著。同时还具有不用或少用化学药剂、避免或减少污染、保持储粮卫生等特点，并且低温贮藏还可作为高水分粮、偏高水分粮的一种应急处理措施，是绿色储粮技术中最具发展前景的技术。

目前，低温贮藏技术投资较大、运行费用较高，且若仓房围护结构中防潮层不完善或冷空气气流组织不合理，易造成粮食水分转移，甚至结露，这些均限制了低温贮藏的推广使用。但是随着我国工业发展，特别是电力供应能力的提高和部分地区实行波谷电价，对降低低温储粮成本，进一步推广低温储粮技术非常有效。

（三）低温储粮原理

粮堆是一个复杂的人工生态系统，在此体系中既有生物成分也有非生物成分，而粮食的贮藏稳定性则取决于这些生物、非生物成分与环境间的相互作用、相互影响、相互制约。温度和水分是影响一切生物生命活动强弱的两个重要生态因子，特别是对呼吸作用的影响更为显著。温度、水分两个因子对呼吸作用的影响并非独立，而是具有联合的、相互制约的作用。因此，低温对储粮的生物学效应是多因子综合效应的结果。在储粮生产实际中，也常常根据粮食的不同含水量，而采用不同的低温，以达到安全贮藏之目的。据报道，英国湿粮冷藏的温度是依据粮食的含水量而定的（表 7-3）。

表 7-3　　　　　　　　　　　　不同含水量粮食的贮藏温度

粮食含水量/%	16~17	20~21	29
贮藏温度/℃	12~16	5~8	-6

储粮的安全与否主要取决于粮堆生物体生命活动的强弱，所以，低温储粮的效果在于其对粮堆生物体——粮食以及虫、螨、霉等生物体的控制程度。低温储粮的原理正是控制粮堆生物体所处环境的温度，限制有害生物体的生长、繁育、延缓粮食的陈化，达到粮食安全贮藏的目的。

1. 低温与储粮害虫

温度对变温动物发生直接作用，变温动物的体温是随外界温度的变化而变化的，表现在动物的新陈代谢强度、生长速率方面。储粮害虫与其他昆虫一样是变温动物，生理上缺乏调节体温的机能或此机能不完善，对温度的适应性较差。温度是仓虫生活环境中最重要的无机环境因素，它对仓虫发育速度影响比较明显。储粮害虫由于长期在比野外温度高的室内生活，多数虫种又起源于热带，耐低温能力较弱，对稍高的温度比较适应。大多数重要的储粮害虫最适生长温度为25~35℃，若将温度控制在17℃尤其在15℃以下，虫体开始呈现冷麻痹，此时，任何害虫都不能完成它们的生活史。当温度降到5~10℃，昆虫出现冷昏迷，这时即使不能使其快速致死，也可使昆虫不能活动并阻止它们取食，最终由于饥饿衰竭而死亡。

低温防治储粮害虫的效果取决于低温程度、在低温下所经历的时间及温度变化速度。很低的温度，能在短时间内致死。害虫较长时间地处在较低的温度条件下，也会死亡。偏低的温度，虽不能致死，但能有效控制昆虫种群的增长，低温可延长其完成一个世代的时间。温度突然降低，杀虫抑虫效果较好。

2. 低温与粮食微生物

粮食在贮藏期间感染的微生物大部分是霉菌，其生长和繁殖在一定程度上取决于环境温度，同时还与菌种及粮食含水量有关。因此，在一定范围内，低温能有效防止贮藏真菌的侵害。

粮堆温度从-10℃到70℃都有相应的微生物能生长，但霉菌大多数为中温性微生物，生长的最适温度为20~40℃，如青霉生长的最适温度一般在20℃左右，曲霉生长的最适温度一般在30℃左右，只有灰绿曲霉中个别种接近低温微生物，最低生长温度可为-8℃。但是微生物在低温下的正常生长还依赖于环境湿度，所以在比较干燥的粮仓中，粮温保持在10℃以下，微生物的生长发育缓慢甚至停滞。一般来说，低温仓在15℃以下，粮堆相对湿度为75%以下，就可抑制大多数粮食微生物的生长和繁殖。

大多数微生物在低于生长最低温度的条件下，代谢活动降低，生长繁殖停滞，但仍能生存，一旦遇到适宜的环境就可以继续生长繁殖。如在-20℃的低温仓中，仍能分离到几种青霉、黑根霉、高大毛霉等，可见低温抑菌是容易的，而想达到灭菌是很困难的。

另外，温度对一些霉菌的产毒也有影响，一般霉菌的生长适宜温度，也是它产生全部代谢产物的最适温度。例如，黄青霉在30℃的最适温度下培养，42h内青霉素的产量比在20℃下培养时高；黄曲霉的产毒菌株在28~32℃培养，生长旺盛，同时毒素产量也最高。所以，低温储粮不但能抑制粮食微生物的生长与繁殖，还可以防止和避免一些产毒菌株产生毒素，保证粮食的卫生。

微生物在粮堆中的生长和繁殖在很大程度上取决于水分与温度的联合作用。通常粮食水分达到微生物活动的适宜范围时，微生物对温度的适应范围就宽些；如果粮食水分在微生物活动的适宜范围以外，则微生物对温度的适应性就差些。因此，用低温来抑制霉菌在粮堆中的发展必须配合控制粮食的含水量，才能获得良好的效果。

3. 低温与粮食品质

粮温、仓温与粮粒本身的生命活动及代谢有着密切的关系。粮食的呼吸强度、各种成分的劣变及营养成分的损失都是随温度的升高而增加的，所以低温贮藏能有效地降低粮食由于呼吸作用及其他生命活动所引起的损失和品质变化，从而保持了粮食的新鲜度、营养成分及生命力。

一般来说，处于安全水分以内的粮食，只要控制粮温在15℃以下，便可抑制粮食的呼吸作用，使其呼吸强度明显减弱。甚至当粮食含水量达到临界水分时，在较低温度下仍不出现呼吸强度显著增加的现象。在 20℃ 以下，稻谷和小麦均未出现呼吸强度的突然增加，而停留在低水平。这种低温对呼吸作用的抑制效应，有利于增加储粮稳定性及延长安全贮藏期。另外，由于低温可以抑制粮食的呼吸作用，所以也可减少干物质的损失。低温贮藏有利于粮食品质的保持，尤其是对发芽率的保持具有明显效果，同样，低温贮藏对其他品质劣变指标如还原糖非还原糖、总酸度、脂肪酸值、黏度及酶活性等均有一定的影响。其中低温贮藏对脂肪酸值的影响较明显，低温贮藏还可以使粮食保持良好的感官品质及蒸煮品质，如色泽、气味、口感、黏性及硬度等。

（四）低温粮仓的建筑要求

低温粮仓无论是采取自然冷却还是人工冷却，当仓外气温较高、湿度较大时，仓库如无一定的改造措施，粮温、仓温及粮食水分，常因受太阳辐射和大气温湿度的影响，使粮温上升，仓湿增加。因此在低温贮藏过程中，为了减少和削弱外界高温和潮湿的影响，必须按照要求建造低温粮仓，或对普通的粮仓进行围护结构的改造，以满足低温贮藏对仓房的建筑要求。

1. 隔热保冷

这是低温仓能否达到预期效果，甚至是预期温度的一个关键。根据计算，机械制冷低温贮藏时所需的制冷量，有 30%～35% 是通过围护结构的耗冷量，如果仓房围护结构的隔热性较差，为了维持较低的粮温、仓温与温度的稳定性，必将会延长制冷设备的运行时间及开机次数，增加粮食的贮藏成本。同时还要注意，仓温、粮温的波动与储粮品质的变化速度密切相关。仓房良好的隔热结构，能保持仓温、粮温的稳定，波动小，并减少制冷设备的开启次数，缩短运行时间，降低运行费用，保证储粮品质，提高低温贮藏效果。大多数粮仓采用由多层材料组成的隔热围护结构，即所谓静态隔热结构，以减少外界向低温仓的传热量。

2. 防潮隔气

防潮性是低温仓的另一非常重要性能要求。由于低温仓内外温差较大，必然引起仓内外水蒸气压力差增加，造成了同一区域湿蒸汽更易进入低温仓的状况，因此对低温仓围护结构防潮层的要求更严格。同时当大气中的水蒸气通过围护结构的隔热层并在其中滞留时，将会降低隔热结构的隔热性能，破坏其隔热保冷效果。因此在对普通仓房进行隔热改造的同时，还应对房顶、墙壁、地坪均进行防潮处理，增设防潮层或对原防潮层进行修补完善，且注意三面防潮层的连接，使它们连接成一体，不留缝隙，常用的防潮材料为沥青和油毡，也可选用一些新型防潮材料，如防水砂浆、防水剂、聚氨酯防水涂料、PVC 改性沥青防水卷材等。一般地区对围护结构进行二油一毡处理即可，对于潮湿地区可进行三油两毡处理。

3. 结构坚固

低温仓的围护结构基本上都是由多层材料组成的，设计和建造时要注意各层材料间在结构上应有坚固的拉结，施工时对承重结构尤其应注意，要防止在低温仓使用期间，由于仓内外温差大而产生结构变形，影响粮仓寿命，甚至出现事故。

4. 经济合理

在低温贮藏技术应用中，仓房改造、购置设备的投资较大，低温仓使用中的运行费也较高，因此在低温仓的设计中，对所用材料、设备及制冷工质的选择均应因地制宜、就地取材、充分考虑低温储粮的经济性和储粮成本，以弥补低温贮藏的不足和缺陷，提高推广应用的可能性。

（五）低温储粮方法

低温贮藏的关键在于获得较低的仓温、粮温，这依赖于一定的冷源。目前，人类所能利用的冷源可分为自然冷源与人工冷源两大类。在低温储粮中，根据所利用的冷源及机械设备的不同，获得低温的方法也不同，常可分为自然低温贮藏、机械通风低温贮藏和机械制冷低温贮藏几类。

1. 自然低温贮藏

自然低温贮藏是在贮藏期间单纯地利用自然冷源即自然条件来降低和维持粮温，并配以隔热或密封压盖粮堆的措施。自然低温贮藏按获得低温的途径不同，又可简单地分为地上自然低温贮藏、地下低温贮藏和水下低温贮藏。由于自然低温贮藏完全利用自然冷源，因此受地理位置、气候条件及季节的限制较大，其冷却效果常常不能令人满意。

我国幅员辽阔，四季分明。一般在北纬 30°以北的地区，冬季气温都在 0℃以下，同时相对湿度也较低，因此低温储粮有充足的自然冷源，是利用自然低温储粮的优势区域。自然低温贮藏是一种经济、简易、有效的方法，因此各地应因地制宜，最大限度地利用自然低温条件，同时采取一定的围护结构隔热、粮面压盖措施，以减少降温后的粮食受外温的影响程度，延长低温的时间，保持储粮的稳定性，此方法倍受基层粮仓欢迎，应用广泛。

2. 机械通风低温贮藏

机械通风低温贮藏是利用自然冷源——冷空气，通过机械设备——通风机对粮堆进行强制通风使粮温下降，增加其贮藏稳定性。当然机械通风低温贮藏仍然属于利用自然冷源的范畴，同样受气候条件和季节性的限制，所以粮堆的机械通风常在秋末冬初进行，但是机械通风低温贮藏由于实行了强力通风，强制冷却，所以冷却效果自然好于自然低温贮藏，当然保管费用也有所提高。

3. 机械制冷低温贮藏

机械制冷低温贮藏通常指在低温仓中利用一定的人工制冷设备，使粮仓维持在一定的低温范围，并使仓内空气进行强制性循环流动，达到温湿分布均匀的低温贮藏方法。此低温贮藏法是利用人工冷源冷却粮食，因此不受地理位置及季节的限制，是成品粮安全度夏的理想途径，是低温贮藏中效果最好的一种，但由于机械制冷低温贮藏设备价格较高，且对仓房隔热性有一定的要求，所以投资较大，加之制冷设备的运行管理费用也偏高，限制了其在我国及一些发展中国家的推广应用。用于低温储粮的机械设备主要是空调机和谷冷机。

（1）空调机低温储粮　据低温储粮工艺的需要，低温粮仓必须保持一定的空气条件，这样的空气条件通常用空气的温度、湿度和空气的流动速度来衡量，因此将仓内"三度"维持在一定范围内的调节技术称空气调节，且常由空调机来完成这一调节任务。

目前使用较多的是分体挂壁式空调，也有采用风管式中央空调，空调器的压缩机为全封闭式，冷凝器为风冷式，因而运行简单可靠，管理方便，易于安装，不需要水源及冷却塔。蒸发器为机械吹拂式，节流机构为毛细管，使用制冷剂常为氟利昂。

空调低温贮藏的缺点是温度偏高，如果普通房式仓未进行隔热改造，则仓温很难达到 20℃以下，如仓房按照低温仓要求进行改造，则仓温可维持在 15~20℃，即达到准低温。

（2）谷冷机低温储粮　谷物冷却机低温储粮技术是通过与仓内储粮通风系统对接，将谷物冷却机的送风口接在仓墙上通风机接口处，直接向仓内粮堆通入冷却后的控湿空气，使仓内粮食温度降到低温状态，并能一定程度地控制仓内粮食水分，从而达到安全储粮的一种粮食贮藏技术。外界空气经过谷物冷却机控湿降温后，得到恒温、恒湿空气，其在穿过粮堆时与粮食进行热湿交换，从而降低仓内粮食温度、控制仓内粮食湿度，达到低温储粮的目的（图7-4）。

图 7-4　谷冷机低温储粮

谷物冷却机低温储粮一般不受自然气候条件限制，凡具备机械通风系统的仓房均可应用。它主要用来降低仓内粮食温度，预防粮食生虫和霉变，减缓粮食生化反应速度，防止粮食品质劣变，降低粮食损耗。同时也起到避免高水分粮食发热、均衡仓内粮食温度和水分，防止结露等作用，也可以一定程度地改善粮食的加工品质，它是确保储粮安全、保持粮食品质的重要科学手段之一。低温储粮可以避免或减少化学药剂熏蒸处理，实现粮食的"绿色贮藏"。在环境温度较高、湿度较大、仓内粮食处于不安全状态时，可利用谷物冷却机对其进行安全、有效、经济的处理。

谷冷机低温储粮主要有保持水分冷却通风、降低水分冷却通风和调质冷却通风三种类型。

①保持水分冷却通风是通过合理调控送入仓内冷却空气的温度和相对湿度，降低储粮温度。在降温同时，保持粮食水分。保持水分冷却通风用于降低粮食温度，防止粮食发热和虫、霉危害，保持粮食品质；处理发热粮食和高温粮食；平衡粮食的温度、湿度，防止水分转移及结露等。

②降低水分冷却通风是将送入仓内的冷却空气的相对湿度调节到低于被冷却粮食水分的相对平衡湿度，在降低储粮温度的同时可以适量降低储粮水分。

③调质冷却通风是适当调高送入仓内冷却空气的相对湿度，对水分过低的储粮，在降低储粮温度的同时使其水分能有适量增加。

三、　气调储粮技术

（一）气调储粮的概念

气调储粮是指将粮食置于密闭环境内，并改变这一环境的气体成分或调节原有气体的配比，将气体浓度控制在一定的范围内，并维持一定的时间，从而实现杀虫、抑霉、延缓粮食品质变化的粮食贮藏技术。

气调储粮是通过物理的、化学的和生物的方法控制储粮环境的气体成分，属于绿色储粮的范畴。气调储粮可以起到杀虫防虫、防霉止热、延缓粮食品质变化的作用；避免或减少了粮食的化学污染以及害虫抗药性的产生；避免污染环境并改善了仓储人员的工作环境。但是，气调储粮在我国推广使用中也存在一些问题，首先，对于气密性达不到要求的粮仓，应采用塑料薄膜进行粮堆密封，而塑料薄膜的性价比往往不尽如人意，价廉物美的薄膜选择余地较小，另外塑料薄膜密封粮堆的工作量也较大。其次，种子粮和水分含量高于当地安全水分的粮食不宜采用气调储粮技术。最后，气调储粮成本偏高，一定程度上限制了该项技术的大规模推广应用。

（二）气调储粮基本原理

1. 气调储粮防治虫害的作用

储粮害虫的生长繁殖与所处环境的气体成分、温度、湿度分不开。利用贮藏环境的气体成分配比、温度、湿度及密闭时间的配合可以达到防治储粮害虫的目的。代表性的杀虫防虫气体是低氧高二氧化碳和低氧高氮。例如，当氧气浓度在2%以下，二氧化碳达到一定的浓度，储粮害虫能迅速致死（表7-4）；低氧高氮对几种常见储粮害虫也具有致死作用（表7-5）。

表7-4 CO_2气调杀虫浓度和时间

CO_2浓度/%	80	60	40	20
密闭时间/d	8.5	11	17	几周至几个月不等

表7-5   低氧高氮对几种储粮害虫的防治效果

虫种	混合气体配比/%		死亡率/%	暴露时间/d	温度/℃	相对湿度/%
	CO_2	N_2				
锯谷盗	4.5	95.5	100	14	32.0	72
锈赤扁谷盗	4.5	95.5	100	14	32.2	72
玉米象	4.2	95.8	100	14	29.0	72
米象	4.0	96.0	100	14	29.0	72
谷蠹	3.0	97.0	100	14	32.0	72
长角扁谷盗	1.0	99.0	100	2	32.2	60
杂拟谷盗	0.3	99.7	99	2	26.7	59

2. 抑制霉菌的作用

环境气体成分及浓度对真菌的代谢活动有明显的影响。如能理想地将环境氧浓度降低至0.2%~1.0%，不仅能控制贮藏物的代谢，也能明显地影响真菌的代谢活动。

当粮堆氧浓度下降到2%以下时，对大多数好气性霉菌具有显著的抑制作用，特别是在安全水分范围内的低水分粮以及在粮食环境相对湿度65%左右的低湿条件下，低氧对霉菌的控制作用尤为显著。

3. 降低粮食呼吸强度

在缺氧环境中，粮食的呼吸强度显著下降，可降低粮食生理活动，减少干物质的耗损。但是需要注意的是，在高水分粮采用缺氧贮藏技术时，粮粒的呼吸方式几乎由缺氧呼吸替代了正常的呼吸，缺氧呼吸的最终产物是酒精或其他中间产物及有机酸类。

粮食在长期缺氧条件下，如果由于酒精、二氧化碳、水的积累而对粮粒的细胞原生质产生毒害作用，将会使机体受到损伤或完全丧失生活力，这种现象对于高水分粮、种子粮特别不利。一般粮食水分在16%以上，就不宜较长时间采用缺氧贮藏方式，以免引起大量酒精的积累，影响品质。对种子粮来说，氧气供应不足或缺乏时，其呼吸方式由需氧转向缺氧呼吸，即使是水分偏低的种子粮，也会由于供氧不足，加速粮粒内部氧化作用和不完全氧化产物的积累，并有微生物的参与，导致发芽率降低和种子寿命的缩短。

4. 对粮食品质的影响

实践证明，气调贮藏的粮食品质变化速度比常规贮藏慢，其中低温气调的效果好于常温气调。已有研究显示，水分含量为 14.05% 的大米采用缺氧贮藏，5 个月之后，与对照（常规）贮藏相比较，缺氧贮藏的样品品质显然优于常规贮藏；而对照组黏度下降，脂肪酸值增高，淀粉糊化特性改变明显较缺氧贮藏的样品速度快。

（三）气调储粮对仓房气密性的要求

储粮仓房的气密性评价常采用"压力半衰期"来评价，即以充气后仓内压力衰减一半所用的时间来表示仓的气密性。平房仓测定压力差变化范围规定为 500Pa 降至 250Pa。GB/T 25229—2010《粮油贮藏　平房仓气密性要求》将气调仓分为三个等级，见表 7-6。

表 7-6　　　　　　　　　　　　平房仓的气密性等级

用途	气密性等级	压力差变化范围/Pa	压力半衰期 t/min
气调仓	一级	500~250	$t \geq 5$
	二级	500~250	$4 \leq t < 5$
	三级	500~250	$2 \leq t < 4$

平房仓气密性达不到上述标准气密性等级要求，若进行气调储粮可采取仓内薄膜密封粮堆的方法，其粮堆气密性同样分为三个等级，见表 7-7。

表 7-7　　　　　　　　　　平房仓内薄膜密封的粮堆气密性等级

用途	气密性等级	压力差变化范围/Pa	压力半衰期 t/min
气调储粮	一级	−300~−150	$t \geq 5$
	二级	−300~−150	$2.5 \leq t < 5$
	三级	−300~−150	$1.5 \leq t < 2.5$

另外不同仓型空仓与实仓的压力半衰期有差别，一般空仓的压力半衰期大于实仓，因此 LS/T 1213—2008《二氧化碳气调储粮技术规程》中对于二氧化碳气调仓的气密性要求为：空仓 500Pa 降至 250Pa 的压力半衰期大于 5min，实仓 500Pa 降至 250Pa 的压力半衰期大于 4min。

（四）二氧化碳储粮技术

二氧化碳储粮是一种简便、经济、安全、无污染、无公害的绿色储粮方式，能有效杀虫、抑菌、延缓储粮陈化，并且避免了化学药剂对人员的危害以及对粮食的污染和环境的破坏；CO_2 气调储粮避免了 PH_3 熏蒸时对粮仓配套设施的腐蚀（特别是粮情检测系统）、PH_3 材料的处理及危害，加之能避免储粮害虫抗性增加等其他因素；符合人们对绿色食品需求和粮食市场需求的发展趋势；具有巨大的、潜在的社会和经济效益；二氧化碳气调储粮将会随着科技的进步和经济的发展得到进一步扩大和推广。

充二氧化碳有两种作用：一是充二氧化碳排氧，把空气中的氧置换出来达到降氧的目的。

二是二氧化碳含量维持 40%~60% 时，高浓度的二氧化碳对粮食及粮堆中有害生物的抑制及毒害作用，可达到较好的气调效果。粮堆充二氧化碳气调时，一般都是高二氧化碳且低氧，对抑制虫、霉和粮食生理活动更具有双重作用。

对于气密性符合要求的储粮仓房，可以直接充气进行气调储粮，其工艺流程如图 7-5 所示。

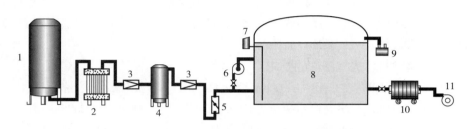

图 7-5　二氧化碳气调仓充气工艺
1—二氧化碳储气罐　2—蒸发器　3—减压装置　4—气体平衡罐　5—流量计　6—输气风机
7—二氧化碳自动检测装置　8—气调仓　9—压力平衡装置　10—智能检测装置　11—风机

利用仓外大型供配气系统，配套粮仓 CO_2 自动检测系统、仓房循环智能通风控制系统及仓房压力调节装置，将 CO_2 气体集中输入密闭性能良好的气调仓房，强制循环系统使仓内 CO_2 气体浓度均匀且达到工艺浓度，自动监测仓内 CO_2 气体浓度，使之维持在一定范围内，从而达到改变粮仓内气体的组成成分，破坏害虫及霉菌生态环境，抑制粮食呼吸，杀灭储粮害虫，延缓粮食品质陈化的效果。并通过仓内压力平衡装置，调节仓内外的压力平衡，保证仓体围护结构的安全

（五）充氮气调储粮技术

氮是惰性气体，约占空气体积的 78%，无色无臭，气体相对密度为 0.967，难溶于水，非常稳定。在常规贮藏的仓房中，粮堆多采用六面密闭，气调仓则直接向仓房充气。充入的氮气取代富含氧气的正常大气，在粮堆或仓库中形成并保持低氧状态。氮的来源为空气，采用空气分离法获得。目前常用分离方法为碳分子筛和膜分离法。

1. 碳分子筛制氮

分子筛是一类能筛分分子的物质，分子筛富氮是一种空气制氮技术，目前在制氮领域内使用较多的是碳分子筛。

碳分子筛是一种兼具活性炭和分子筛某些特性的碳基吸附剂，其具有很小的微孔组成，孔径分布在 0.3~1nm。空气进入碳分子筛，在压力作用下，直径小、扩散快的气态氧较多地进入碳分子筛微孔被吸附；而直径大、扩散慢的气态氮进入分子筛微孔较少，这样就可以使氮、氧分离而富集氮气，一段时间后，碳分子筛对氧的吸附达到平衡，降低压力可以使吸附的氧解吸，这一过程称为再生。交替进行加压吸附和解压再生，从而可以获得连续的氮气流。这种方法脱氧速度快，经反复循环富氮排氧，可使粮堆的氮含量高达 95%~98% 及以上，氧含量则相应降低到 2%~5% 及以下。

固定式碳分子筛制氮工艺流程如图 7-6 所示，由空气压缩部分（空气压缩机、缓冲罐）、空气净化部分（精密过滤器、冷冻式干燥机、活性炭过滤器、高效除油器、空气缓冲罐）和

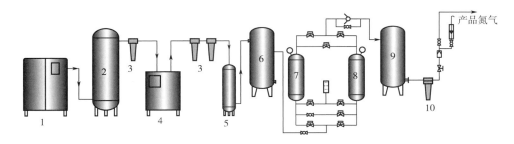

图 7-6 固定式碳分子筛制氮工艺流程图

1—空压机 2—缓冲罐 3—过滤器 4—冷干机 5—除油器 6—空气工艺罐 7—吸附塔 A
8—吸附塔 B 9—氮气工艺罐 10—粉尘过滤器

制氮主机部分（氮气吸附塔、氮气储罐、粉尘过滤器、PLC 控制器等）组成。在制氮主机部分中，净化后的空气经由两路分别进入两个吸附塔（塔 A 和塔 B），通过制氮机上气动阀门的自动切换进行交替吸附与解吸，这个过程将空气中的大部分氮与少部分氧进行分离，并将富氧空气排空。氮气在塔顶富集由管路输送到后级氮气储罐，并经流量计后进入用气仓房。

2. 膜分离制氮

膜分离技术是指在分子水平上不同粒径分子的混合物在通过半透膜时，实现选择性分离的技术。半透膜又称分离膜或滤膜，当混合气体与膜接触时，在压力下，某些气体可以透过膜，而另一些气体则被选择性拦截，从而使得混合气体的不同组分被分离。

膜分离制氮原理如下：当混合气体在驱动力（膜两侧压差）的作用下，渗透速率相对较快的气体如氧气、二氧化碳和水汽会迅速渗透纤维壁，以接近大气压的低压自膜件侧面的排气口排出。而渗透速度相对慢的气体如氮气、一氧化碳、氩气等在流动状态下不会迅速渗透通过纤维壁，而是流向纤维束的另一端，进入膜件端头的产品集气管内，从而达到混合气体分离之目的（图 7-7）。一根膜分离器（组件）由成千上万根中空纤维分离膜集装在一个外壳内，其结构类似于列管式换热器，可在最小的空间里提供最大的分离膜表面积。

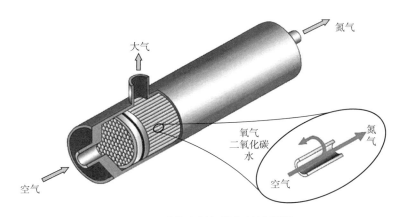

图 7-7 膜分离制氮机气体流程图

膜分离制氮与碳分子筛制氮相比，由于膜十分容易被压缩气源中的油分和尘埃所堵塞，使用一定时间后会出现产氮能力下降的现象，而且细菌的侵入会加速膜分解；但碳分子筛因有再生过程，所以对气源要求不那么苛刻。此外，膜分离制氮机要求气源温度为 45~50℃，因此需要安装加热器，但温度高会加速膜老化；而碳分子筛可在常温下工作。若需要大量的高纯氮气，膜分离制氮机的成本较高，采用碳分子筛会比较经济。

第五节　谷物及其制品的贮藏

一、 稻谷与大米的贮藏

我国是稻作历史最悠久、水稻遗传资源最丰富的国家之一。经过数千年的种植与选育，全国稻谷品种繁多，据不完全统计，目前已达 4 万~5 万个。稻谷是我国最主要的粮食作物之一，产量约占粮食总产量的 1/2，在国家储备粮中占有重要的地位。

（一）稻谷的贮藏特性

稻谷具有稻壳保护，其对防止虫、霉危害与缓解稻米吸湿有一定的作用，故在贮藏过程中稻谷的稳定性比糙米、大米、小麦粉等成品粮要高。由于收获期不同，不同种类的稻谷贮藏特性也不相同。如早稻、中稻收获时正值高温季节，便于及时干燥，入仓水分较低，但易感染害虫；晚稻秋后收获，正值低温季节，虫害较少，但不易干燥，入仓水分较高，容易引起发热霉变。在正常贮藏条件下，新稻谷的生理活性较强，呼吸旺盛，而后逐渐降低并趋于平稳，贮藏稳定性增高。稻谷贮藏期一般不宜超过三年。

1. 易陈化

在原粮中，稻谷是容易陈化的粮种。高温环境对稻谷贮藏品质影响较大，每经历一个高温季节，稻谷陈化更加明显，如酶活性减弱，黏性降低，发芽率、黏度下降，脂肪酸值上升，其中糯稻最不稳定，粳稻次之，籼稻比较稳定。而且稻谷的水分越大、温度越高、贮藏时间越长，其陈化现象出现得越早、越严重。因此，在稻谷保管中，要采用低温贮藏，并注意推陈储新。

2. 易生虫

为害稻谷的储粮害虫至少有 20 余种，其中尤以玉米象、谷蠹、锯谷盗、麦蛾、印度谷蛾等为害较为严重。我国南方早稻入仓时处于梅雨、气温上升季节，容易受到害虫的侵染。粮堆害虫积聚的部位随季节而不同，冬季一般都积聚于中下层，春暖以后逐渐迁徙至上层，高温季节以上层为主，秋凉后又向中下层迁徙。麦蛾最早，4 月就发生；玉米象在 5~6 月发生；而谷蠹是一种分布广、破坏性大的害虫，在温带地区一年发生两代，在亚热带地区可发生四代。

3. 易发热霉变

稻谷在贮藏期间发热霉变与其水分含量密切相关。在一定的温度下，当稻谷的水分含量达到某一临界值时，就会出现发热霉变现象。籼稻一般水分低，发热较少，而晚粳稻水分较高，较容易发热。在季节转换时期，高温粮堆的表层会发生水分分层和结顶现象，造成稻谷结露、发热霉变，甚至发芽霉烂。在人工踏实入仓的粮堆和进仓踏脚处，粮堆孔隙度变小，湿热不易散发，也容易发热。地坪返潮或仓墙裂缝渗水以及害虫大量繁殖，都会造成粮堆发热。在诸多因素中，微生物大量繁殖是引起高水分稻谷发热的主要原因。

稻谷表层结露、高温粮入仓或发热稻谷处理不及时，发热持续发展就会演变成霉变。稻谷霉变主要是霉菌作用的结果，通常与粮食发热的条件关系密切，也有不发热而霉变的。危害稻谷的大多数微生物为中温性的，在 20~25℃ 时生长良好，繁殖速度快。常规贮藏的粮食温度范围正好满足这些微生物的生长需求。在梅雨季节，如 17% 以上水分偏高的稻谷可能是发热与生霉同时发生；在高温季节往往发热到中期或后期，稻谷开始霉变，其发生的部位在表层居多。稻谷霉变最先出现并且易于观察到的现象是：局部水分增高，略觉潮润，散落性降低，籽粒发软，硬度降低，有轻度霉味，色泽开始微显鲜艳，继而谷壳潮润挂灰、泛白，未成熟粒偶见白色或绿色霉点等。早期的发热霉变，粮温不高，米质尚未变化，是处理的关键时期，应及时采取措施。

4. 易发芽、霉烂

普通稻谷后熟期短，大多数品种如籼稻基本上没有后熟期。稻谷在田间成熟时，种胚发育基本完成，已具有发芽能力，加之稻谷萌发所需水量较低，水分含量只要达到 23% 以上，温度适宜，通气良好，稻谷就能发芽。因此，稻谷在收获、晾晒、输送或贮藏过程中，被雨淋、受潮、结露，或入仓后发生水分转移，都可能导致发芽甚至是霉烂。凡发过芽的稻谷，其贮藏稳定性大大降低。

5. 易黄变

稻谷在收获期间若未能及时脱粒干燥，就会在堆垛内发热产生黄变，生成黄粒米。稻谷在贮藏期间，不论在仓内保管还是露天存放，都会发生黄变现象，这与稻谷贮藏时的温度和水分有密切关系。粮温与水分互相影响、互相作用，就会加速稻谷的黄变，粮温越高，水分越大，黄变就越严重。据资料介绍，气温在 26~37℃ 时，稻谷水分在 18% 以上，堆放 3d 就会有 10% 的黄粒米；水分在 20% 以上，堆放 7d 就会有 30% 左右的黄粒米。稻谷的水分越高，发热的次数越多，黄粒米的含量也越高。稻谷黄变现象，还会随贮藏时间延长而增加，如早稻含水量在 13.5% 以内，虽然没有发热霉变，但储存时间达 2 年的，其黄粒米含量也会上升至 5%；贮藏 3~7 年，黄粒米含量可增至 5%~10%；贮藏 10 年以上，黄粒米含量则可上升至 10% 以上。稻谷黄变后，出糙率降低，发芽率、黏度下降，酸价升高，脂肪酸值增加，碎米增多，食用品质和种用品质明显劣变。

（二）稻谷的贮藏方法

1. 常规贮藏

常规贮藏是自然气候条件下，对贮藏的粮食主要采取清洁卫生、自然通风、定期检查粮情等一般技术和常规管理措施的储粮方法。在一个贮藏周期内，通过提高入库质量，并做到种类分开、好次分开、不同水分分开、新陈分开、有虫无虫分开存放，加强贮藏期间的粮情检查，根据季节变化采用适当的管理措施，基本上能够做到安全保管。

2. 一般密闭贮藏

如果稻谷无虫，水分较低，在既能降水又能降温的情况下，可以通风降温散湿，其余时间均应进行一般密闭贮藏，即将全部门窗、孔洞封闭，压盖粮面贮藏。

3. 低温密闭贮藏

稻谷耐热性差，贮藏温度越高，品质劣变越快，故稻谷适宜低温密闭贮藏。一般可以利用冬天寒冷天气进行自然通风或机械通风，尽可能将粮温降到 10℃ 以下，水分降到安全标准以内，春暖前进行压盖密闭，这样可以较长时间保持粮堆的低温状态，减少外温影响，增加贮藏稳定性。浙江、湖北、湖南、江苏、四川、河南和陕西等省粮食储备库大量的低温储粮应用实例表明，通过冬季通风降温的粮堆，北方粮库只需采取一种措施，如仓房的隔热改造或粮面压盖密闭，粮堆在度夏时的平均粮温可以较容易地控制在20℃左右，而南方粮库要达到同样的低温效果，则要采取两种或两种以上措施，如仓房的隔热改造加粮面压盖密闭，且隔热措施要强于北方地区，对于华南地区甚至还要加上空调降温等技术措施。

4. "双低""三低"储粮

"双低"储粮是指低氧、低药量密闭储粮，再施加低剂量的化学药剂，确保储粮安全。在密闭条件下，利用稻谷本身和微生物的呼吸作用，降低粮堆内的氧气浓度，恶化虫、霉的生态条件；再将适量化学药剂投入薄膜内，密封条件可减少药剂挥发空间，相应地增大了粮堆内磷化氢的有效浓度。稻谷在综合因素的影响下，生命活动受到抑制，害虫死亡，微生物也不能繁殖，因而处于稳定状态。

"三低"储粮是在"双低"储粮的基础上发展起来的，即低温、低氧和低剂量磷化氢熏蒸的简称。它用于稻谷贮藏，可有效地防止虫、霉危害，延缓稻谷陈化。对于水分在安全范围以内、基本无虫、杂质少的稻谷，充分利用冬季寒冷天气进行通风降温，将粮温降至10℃以下，春暖前用塑料薄膜密封粮面，起到保冷和降氧作用。进入高温季节后，将适量化学药剂投入薄膜内，密封投药口，即可安全过夏。

5. 气调储粮

气调储粮主要通过对粮堆进行严格密封，利用粮堆生物体的呼吸作用或通过其他方法，降低稻谷堆中氧气浓度，增加二氧化碳浓度，达到防治害虫，抑制微生物，保持稻谷品质的目的。稻谷自然降氧的速度与粮食水分、温度密切相关，不同温度、水分稻谷密闭时间与氧气浓度的关系并不十分明显，但稻谷水分高不利于安全贮藏，可以采取充氮或二氧化碳的方法，以达到气调贮藏的目的。目前实现降氧的方法很多，如生物脱氧、真空充氮、二氧化碳置换、机械脱氧、分子筛脱氧等。但在保持同样效果的前提下，自然缺氧贮藏简便易行，费用低，适合广大基层库点推广应用。该方法就是在密封条件下，利用微生物、害虫和粮食等生物体的呼吸作用，把粮堆内的氧气逐渐消耗，达到缺氧状态，同时二氧化碳含量相应增高。只要掌握自然缺氧储粮的规律，克服降氧速度慢等不足之处，就可以获得良好效果。

（三）大米的贮藏特性

大米没有稻壳和皮层的保护，胚乳部分暴露，易受外界湿、热等不良条件影响和虫霉侵害。大米作为成品粮，要比其他粮种更难储存。大米的贮藏特点是由其本身形态特征、内部构造及其理化及生物化学特性决定的。

1. 易爆腰

大米腰部出现不规则的龟裂称为爆腰。爆腰是急速地对粮粒加热或冷却，使得米粒内部与表面膨胀或收缩速度不一致，以及米粒受到外力作用所致。在贮藏和加工过程中，稻米产生爆腰主要与湿度有关，当水分吸、散过快，爆腰率就会增加。爆腰的大米，影响其工艺品质、商品价值和食用品质，贮藏稳定性也变差。高水分的大米必须在低温或常温条件下进行缓慢降温、干燥，若采用高温干燥或骤然冷却，就会造成爆腰。对高水分的稻谷应先干燥、后加工，否则加工成大米后再干燥就会爆腰，增加碎米，降低价值，同时还会降低大米的贮藏稳定性。

2. 易陈化

大米没有皮壳保护层，易受外界温、湿、氧等环境条件的影响以及害虫和霉菌的直接侵害，导致大米中营养物质快速代谢。另外，米粒表面糠粉中所含的脂肪易于氧化分解，使大米酸度增加，甚至产生异味。因此，大米与稻谷、糙米相比其贮藏稳定性差，难以保管。大米陈化主要表现为米质变脆，米粒起筋，无光泽，糊化和持水力降低，黏度下降，脂肪酸值上升，米汤固形物减少；大米蒸煮后硬而不黏，有陈味，一般储存一年即有不同程度的陈化。大米若水分大、温度高、精度低、糠粉多则陈化快，尤其在盛夏梅雨季节陈化更快。

3. 易吸湿返潮

大米胚乳中亲水胶体直接与空气接触，具有较高的吸湿性，又由于大米本身的平衡水分较高，且又对环境温度、湿度的变化较为敏感，因此在贮藏过程中非常容易吸湿返潮。大米的吸湿能力与加工精度、糠粉含量、碎米含量等有关，加工精度低、糠粉和碎米含量高，则吸湿能力强。

4. 易霉变

由于大米容易吸湿返潮，在各种温度、湿度条件下，其平衡水分均较高，大米在贮藏过程中易发热和霉变。除此之外，发生霉变还与大米表面糠粉多、热机米未及时摊凉以及虫害有关。

引起大米霉变的微生物主要是真菌中的霉菌。霉变初期大米表面发灰，失去光泽，呈现灰粉状，沟纹形成白线。霉变过程中表现为发热、出汗，接着就会出现脱糠或称发灰，表面呈现霉臭味。同时霉菌自身及其代谢物还会产生色素，引起大米变色，使米粒失去原有的色泽而呈现出黑、暗、黄等颜色。若继续发展下去，水分增大，米粒松软，霉菌大量繁殖，产生各种色泽（白色、微黄色、绿色、紫色、黄褐色、黑色）并发出异味，最后腐烂。

5. 易生虫

大米与稻谷相比缺少了外壳的保护，使其更容易遭受虫害，尤其是在高温季节虫害更为严重。害虫的种类与稻谷害虫相同。

（四）大米的贮藏方法

贮藏大米时，要根据大米的品质和季节，采用通风降温、低温密闭、气调贮藏、"双低"贮藏等技术进行综合处理，延缓大米劣变速度，防止发热霉变，达到安全贮藏的目的。大米贮藏的形式主要有包装与散装两种，对短期内需外调或供应的大米可采用包装贮藏。对于质量差、水分大、温度高、杂质多的大米也要采用包装贮藏。对于量大又要长期贮藏的大米一般采用散装贮藏。

1. 常温贮藏

常温贮藏是目前应用最广泛的大米贮藏方式，是指大米在常温条件下，适时进行通风或密闭的贮藏方法。常温贮藏必须有配套的防潮隔热措施，是其他贮藏技术应用的基础。常规贮藏的大米最好选在冬季进仓，或在低温季节通过机械通风冷却粮堆，以提高大米贮藏的稳定性。在春季气温上升前，对门窗和大米堆垛进行密闭和压盖，防止大米吸湿和延缓粮温上升。

2. 低温贮藏

低温贮藏是大米贮藏中保鲜效果最好的方法。实现低温的途径有两种：一是利用机械通风将秋冬低温空气通入粮堆，使仓内大米温度降至低温状态，并利用粮食热容量大、导热系数小的特性，使大米较长时间处于低温状态；二是在夏、秋高温季节机械制冷补充冷源，以保持粮温的准低温状态。

（1）自然低温贮藏 利用自然通风或机械通风将冬季的自然低温空气送入粮堆，将大米温度降至10℃以下，待春暖前对质量好、水分低、杂质在0.1%以下的大米进行低温密闭贮藏。这样的大米基本上可以保管至夏季，当上层粮温达20℃以上时，可能会陆续发生变化，如出现出汗、起毛等现象，然后逐渐向下扩展。根据这一特点，一是可以采取"剥皮"处理的办法，逐层装包供应，不损粮质；二是在春季及时压盖粮面，夏季降低仓温，以减缓表层粮温上升的速度；三是可以用塑料薄膜分堆密闭或进行磷化氢化学保藏处理，抑制虫霉生长，度过盛夏。

（2）机械制冷低温贮藏　采用自然低温密闭贮藏法，虽然可以延长大米的安全贮藏期，但不能完全度过夏季的高温期。因此，在自然低温隔热密闭的基础上，南方地区可以结合使用谷物冷却机、空调器等制冷设备降低粮温和仓温，这是确保高水分大米过夏的一个重要措施。根据实践，采用这一办法，大米水分在16%左右，粮温控制在15℃以下，基本能抑制虫、霉发展，保持大米品质，安全度过高温季节。使用谷物冷却机冷却粮食，对仓房的隔热性能要求不高，降低了低温储粮的费用，移动式设备使用灵活方便，较好地解决了固定式蒸汽压缩式制冷机组存在的问题，在保管大米时，特别是在生产优质大米或经营出口大米的企业中得到了很好的应用。

3. 大米气调贮藏

大米气调贮藏的方法主要有自然缺氧、真空包装、充二氧化碳、充氮、生物降氧和化学剂除氧等。

（1）自然缺氧密闭贮藏　大米自然缺氧密闭贮藏操作简便、成本低廉，是大米贮藏的主要技术措施。控制水分是大米缺氧贮藏的关键，水分含量高，大米呼吸旺盛，粮堆内湿度也高，度夏后产生异味；水分含量低，大米呼吸微弱，不能达到缺氧的目的。因此，自然缺氧贮藏应选择水分适宜的大米。密封时的粮温直接影响自然缺氧贮藏大米的呼吸强弱和降氧速度，一般在20℃左右较为适宜。

（2）真空包装贮藏　真空包装贮藏是利用包装材料良好的气密性，使大米处于缺氧稳定状态，从而达到防虫、防霉的目的。其方法为将大米装入聚酯/聚乙烯复合薄膜塑料袋中，用真空包装机进行抽真空后直接封口，米袋内呈负压状态，塑料薄膜紧贴米粒形成硬块状。因袋内呈真空状态，储粮害虫缺氧窒息死亡，霉菌的生长也受到抑制，从而保持大米品质。

（3）充二氧化碳包装贮藏　充二氧化碳气调包装贮藏，日本称为"冬眠"包装，它是利用大米吸附二氧化碳的机理，采用抗拉性强、又不透气的特殊复合薄膜作为包装材料，用包装机将大米和二氧化碳同时装入袋内，合口密封，经过一段时间后便成为胶实状的硬块，这一贮藏技术不仅能防止害虫和微生物侵害，而且二氧化碳的有效地抑制了粮食中呼吸酶的活性，降低粮食呼吸强度，防止粮食中脂肪的氧化和分解，从而达到延缓粮食陈化的目的。具体操作方法是将大米用阻气性能较好的聚酯/聚乙烯复合塑料袋密封包装，先抽真空再充入30%以上二氧化碳气体封口密闭。经充气后塑料袋稍微鼓起，放置12h，大米吸附二氧化碳呈胶实硬块状。试验表明，水分为16.5%的大米采用二氧化碳"冬眠"技术包装，经高温高湿试验，能有效抑制霉菌生长。二氧化碳气调贮藏大米的方法，能大大地延缓其品质陈化速度，保鲜效果远比"双低"和"自然缺氧"优越。尤其水分含量高的大米采用高二氧化碳（90%以上）处理效果更加明显。

（4）充氮包装贮藏　先抽真空后再充入氮气，并封口密闭，氮气浓度达95%，保鲜效果优于真空包装。充氮贮藏操作方法与充二氧化碳贮藏方法基本相同，只是氮浓度相对较高。

（5）脱氧剂缺氧贮藏 脱氧剂是一种能与氧气反应从而去除空气中氧气的物质，常见的脱氧剂有特制铁粉、连二亚硫酸钠等。将脱氧剂与粮食密封在一起，能吸收粮堆中的氧气，使粮食处于基本无氧的环境中，从而抑制粮食的生理活动和虫霉危害，达到安全贮藏的目的。脱氧剂脱氧具有无毒、无味、无污染、除氧迅速、操作简单等优点，弥补粮食自然降氧无法降至低氧状态的不足。

4. 电子辐照防霉贮藏

电子辐照防霉贮藏是利用电子加速器产生的射线辐照大米后再进行贮藏。用 1kGy 剂量辐照大米后，可使昆虫不育或死亡，而当辐照剂量达到 $2\sim4$ kGy 时，霉菌就会停止生长。一般认为，在适当的剂量范围内，经辐照处理的大米是安全的。

5. 化学贮藏

目前，化学贮藏主要是使用磷化氢密闭贮藏。高浓度磷化氢可抑制大米上的霉菌繁殖，达到预防高水分大米发热霉变的目的。防霉的关键在于保持磷化氢的有效浓度（$0.2g/m^3$ 以上），提高 $c\cdot t$ 值（磷化氢熏蒸浓度与熏蒸时间的乘积），否则不能有效限制霉菌的繁殖，大米仍有可能发热霉变。根据大米贮藏期的长短、水分与温度等情况的不同，选择不同的磷化氢控霉法，常用的方法有快释法、快缓结合法和缓释法。

6. 生物制剂保鲜

我国研发的高水溶性脱乙酰甲壳素（壳聚糖）、高活性葡萄糖氧化酶等多种生物成分经有机配合而成的大米生物保鲜制剂，对大米防潮、防菌、防变质具有很好的效果，仓储保鲜期可达 6 个月以上，最长可达两年。美国研制出的一种大米保鲜剂，其主要成分是丙酸、氢氧化钠、一水合氨等，该保鲜剂使用了多种潮解物，有效抑制水分移动，将大米的水分控制并保持在最合理的范围内，同时利用丙酸的防霉杀菌作用，达到保鲜效果。

7. 物理杀虫、杀菌保鲜

物理杀菌是一种近几年才兴起的冷杀菌技术，它是运用物理手段，如场（包括电场、磁场）、高压、电子、光等单一或者两种以上的因子共同作用，在低温或常温下达到杀菌目的。目前大米物理杀菌保鲜的方法主要有微波大米保鲜技术、电子束消毒杀菌保鲜技术，有适于包装大米的微波保鲜技术和仓储大米的微波保鲜技术。微波处理具有速度快，不污染大米和环境等特点，可有效控制大米中的虫、霉，是替代化学熏蒸控制储粮害虫的一种有潜力的方法。

8. 隔氧、防霉包装材料保鲜

日本研制出一种强密封性包装袋，它由一种特殊塑料制成，具有极好的隔氧作用。用它来包装新大米，可长久保持大米的色、香、味不变，而且袋内产生的二氧化碳还有防虫、防霉的作用。国外还将噻苯唑按 $0.1\%\sim0.2\%$ 的比例添加到聚乙烯、聚丙烯、金属箔与聚乙烯复合薄膜中，制成一种防霉包装材料，用来包装大米，封口后具有良好的抗菌、防霉效果。近来国外又开发出一种能长期防止粮食发霉的包装袋。它用聚乙烯制造而成，含有 $0.01\%\sim0.05\%$ 香草醚，能长期抑制霉菌，还能使大米有一种香味。

二、 小麦与面粉的贮藏

小麦是世界上分布最广的粮食作物之一，是世界性的主粮。小麦能制作出多种多样的食物，是人类消耗蛋白质、热量和食物的主要营养源之一。我国小麦产量占粮食总产量的 22% 左右，小麦口粮消费占小麦消费总量的 95% 以上。因此小麦在人民生活和国民经济中占有重要的地位。

（一）小麦的贮藏特性

1. 后熟期长

小麦的后熟作用明显，后熟期较长，大多数品种小麦后熟期在两个月左右。一般而言，春小麦较冬小麦后熟期长，红皮小麦较白皮小麦的后熟期长，如红皮小麦个别品种后熟期达 3 个月，白皮小麦个别品种后熟期仅 7~10d。除了生理后熟作用外，小麦还存在工艺后熟，完成工艺后熟的小麦出粉率高，面筋含量增加，小麦粉品质好。

2. 吸湿性强

小麦的皮层很薄，组织松软，没有类似于稻壳的外部保护层，且含有大量的亲水性物质，所以吸湿能力较强。在相同的温湿度条件下，小麦的平衡水分始终高于稻谷（表7-8）。

表7-8　　　　　　　　　不同温度、湿度下小麦和稻谷的平衡水分

粮种	温度/℃	平衡水分（相对湿度）/%							
		20	30	40	50	60	70	80	90
稻谷	10	9.1	10.6	12.1	13.4	14.7	16.2	17.8	20.2
	20	8.2	9.8	11.2	12.5	13.9	15.4	16.9	19.4
	30	7.4	9.0	10.4	11.7	13.0	14.4	16.0	18.5
小麦	10	9.4	10.7	12.1	13.4	14.8	16.3	18.3	21.4
	20	8.5	9.8	11.2	12.6	13.9	15.5	17.4	20.5
	30	7.6	8.9	10.3	11.7	13.1	14.6	16.5	19.7

小麦吸湿后，籽粒的体积增大，容重减轻，千粒重变大，表面变粗糙，散落性降低，淀粉、蛋白质等物质发生水解，食用品质下降，且容易受到微生物和害虫的侵害而引起发热霉变。所以，做好防潮工作，保持小麦干燥，是安全贮藏的重要措施。一般情况下，软质小麦的吸湿能力大于硬质小麦，白皮小麦大于红皮小麦，不完善粒与虫蚀粒大于完整饱满粒。红皮硬质小麦的吸湿性最差，贮藏稳定性最好。

3. 较耐高温

小麦具有较好的耐高温性，抗温变能力强，在一定的高温和低温范围内不会丧失生命力，也不会损坏小麦粉的品质。据报道，小麦的含水量在17%以上时，干燥处理温度不超过46℃，水分含量在17%以下时，处理温度不超过54℃，酶的活性、发芽率不会下降，工艺品质良好，小麦粉的品质反因在后熟期间经历高温而得到改善，做成馒头松软膨大，但过度的高温会引起小麦蛋白质变性，变性程度与小麦水分直接相关，水分低，虽受高温影响，蛋白质也很稳定。充分干燥的小麦，在70℃下放置 7d 面筋无明显变化，小麦水分越低耐热性越好。

4. 耐储性强

小麦虽然不像稻谷那样有坚硬的外壳保护层，但其贮藏稳定性比稻谷好。新收获的小麦经日晒充分干燥后入库，一般会安全度过后熟期。经过一年安全贮藏的小麦，其稳定性更强，可进行长期的贮藏。据报道，河南洛阳地下仓贮藏10年的小麦，其发芽率仍保持在87%。

5. 易感染虫害

小麦无外壳保护，皮层较薄，是抗虫性差、染虫率高的粮食品种。害虫之所以喜食小麦，

是因为小麦的成分和结构比较适合于它们的生理机能。另外，小麦收获时正值高温、高湿的季节，非常适合害虫生长和繁殖。除少数豆类专食性害虫外，几乎所有的储粮害虫都能侵害小麦，其中以玉米象和麦蛾等害虫的危害最严重。害虫一旦感染了小麦，就会很快繁殖蔓延，对小麦的损害非常大，所以小麦入库后必须做好害虫的防治工作。

（二）小麦的贮藏方法

根据小麦的贮藏特性，通常采用常规贮藏、热密闭贮藏、低温贮藏和气调贮藏等方法贮藏小麦。

1. 常规贮藏

小麦常规贮藏方法与稻谷一样，其主要技术措施也是控制水分，清除杂质，提高入库粮质，储存时做到"五分开"，加强虫害防治并做好贮藏期间的通风与密闭工作。

2. 小麦热密闭贮藏法

热密闭贮藏是利用小麦耐高温的特性，在高温季节对其进行暴晒，使入仓粮温达42℃以上，然后趁热入仓并进行压盖密闭贮藏的方法。热密闭贮藏对小麦防虫、防霉均有较好的效果，而且对品质影响甚微，并能促进新收获小麦的后熟作用，提高发芽率及工艺品质。这种贮藏方法主要适合基层粮库及农户应用。在进行小麦热入仓前，应做好空仓清洁消杀工作，仓内铺垫和压盖物料也要同时暴晒。晒麦时要掌握迟出早收、薄摊勤翻的原则，上午晒场晒热以后，将小麦薄摊于晒场上，使麦温达到42℃以上，最好是50~52℃，保温2h，在下午5：00时以前趁热入仓。入仓小麦水分必须降到12.5%以下。入仓后立即平整粮面，用晒热的压盖物料覆盖粮面，密闭门窗保温，要求有足够的温度及密闭时间。入仓粮温在46℃左右时需要密闭2~3周，才能达到杀虫的目的。

3. 低温贮藏

低温贮藏是小麦长期安全贮藏的基本途径。小麦虽耐温性强，但在高温下长时间贮藏，其品质会持续下降。陈麦低温贮藏可相对保持其品质，这是因为低温贮藏能够防虫、防霉，降低粮食的呼吸消耗及其他分解作用所引起的成分损失，以保持小麦的生活力。据报道，干燥小麦在低温、低氧条件下贮藏16年之久，品质变化甚微，并能制成良好的面包。低温贮藏的技术措施主要是掌握好降温和保持低温两个环节，特别是低温的保持是低温贮藏的关键。降温主要通过自然通风和机械通风来降低粮温，保持低温就要对仓房进行适当改造，增强仓房隔热性能。

4. 气调贮藏

目前国内外使用最广泛的小麦气调贮藏技术还是自然缺氧贮藏。近年来该技术已在全国范围得到推广，并收到了较好的杀虫效果。实验证明，当氧气的浓度降到2%左右时，或二氧化碳的浓度相对增高到40%~50%时，霉菌的生长受到抑制，害虫会因窒息而很快死亡，小麦的呼吸强度也会显著降低。由于小麦是主要的夏粮，收获时气温高，而且小麦具有明显的生理后熟期，在进行后熟作用时，小麦生理活动旺盛，呼吸强度大，极有利于堆粮自然降氧。据河南当地研究，新小麦水分在11.5%~12%，粮温在35~40℃，完成后熟作用以前入仓、密闭，3周内氧气浓度可降至1.8%~3.5%，有效地达到低氧防治害虫的目的。降氧速率与粮堆的气密性、不同品种小麦生理后熟期长短、粮质、水分、粮温、微生物、害虫活动等有直接关系。只要管理得当，小麦收获后趁热入仓，及时密闭，粮温平均在34℃以上，均能取得较好的降氧效果。如果是隔年的陈麦，其生理后熟期早已完成，而且进入深休眠状态，呼吸能力下降到非常微弱的水平，则不宜进行自然缺氧贮藏。这时可采用微生物辅助降氧、充二氧化碳或充氮等方法以达到粮堆降氧的目的。

5. 化学贮藏

化学贮藏的基本原理就是利用化学药剂抑制小麦籽粒和微生物的生命活动，消灭害虫，从而防止粮食发热、生霉和遭受虫害。通常情况下，小麦化学贮藏有以下几种方法：

（1）磷化氢化学贮藏　磷化氢作为化学杀虫剂，不仅具有良好的杀虫效果，而且在较高浓度的情况下，还具有抑制微生物以及小麦籽粒呼吸的作用。应用高浓度的磷化氢进行小麦化学贮藏，是临时贮藏高水分小麦的应急措施。

（2）低氧、低药剂量贮藏　小麦堆在密封的条件下，含氧量减少，二氧化碳的含量增加。将化学药剂埋入麦堆中，能吸收水汽，释放出磷化氢气体，减少药物的挥发空间，相应增大了有效浓度。从而杀死害虫，抑制小麦籽粒和微生物的生命活动，使小麦长期安全贮藏。

6. 地下贮藏

我国有很多产麦区建有地下仓。地下仓温度变化的特点与地上仓不同，地上仓是气温影响仓温，仓温影响粮温。而地下仓则是气温影响地温，地温影响仓温，仓温影响粮温。温度传递的环节越多，波动就越小。所以，在地下仓中贮藏的小麦，温度变化小，而且随地层深度的增加而趋于稳定。通常的情况下，地下仓内温度长期处于20℃以下，有时甚至在15℃以下。在这样的温度条件下，只要使小麦的含水量保持在安全标准以内，就能保证粮情稳定，小麦品质下降非常缓慢。

（三）小麦粉的贮藏特性

小麦粉是我国主要的成品粮之一，小麦粉的供应一般是以销定产，并不做长期贮藏，仅在生产后至消费前进行短期的贮藏。但有时为了调节供需矛盾，就必须贮藏一定量的小麦粉。由于小麦粉完全丧失了保护组织，直接与空气中的氧气和水汽接触，在贮藏过程中品质很容易发生劣变，易受虫霉侵蚀，吸湿性强，散热较慢，易成团结块，其贮藏稳定性远不如小麦高。

1. 吸湿能力强

在相同的湿度条件下，小麦粉的平衡水分低于小麦，这可能是在制粉时麦粒中的毛细管结构遭到破坏所致。但是，由于制粉工艺的要求，制粉前需要加水润麦，使贮藏时小麦粉的水分较小麦要高，一般为13%~14%。另外，小麦粉颗粒细小，其活化面积大，有很强的吸湿性，吸湿速度远比小麦快。据试验，将含水量为12%的小麦粉薄摊于饱和湿空气中，经过一天水分含量可增加至23%。此性质决定了在高湿环境中，小麦粉易于返潮、结块。根据吸湿平衡理论，小麦粉水分为13%时，只要环境相对湿度不超过60%，小麦粉的水分一般不会增加，所以在较为干燥的北方地区，小麦粉水分均匀，贮藏中因吸湿而使水分增加的现象并不严重，贮藏一段时间后，含水量常有下降趋势。但对于高温高湿的南方地区，小麦粉吸湿现象严重，应引起注意。

2. 散落性、导热性差

小麦粉微粒间有较大摩擦系数，散落性很小，外力的作用可使小麦粉塑成一定形状，以致小麦粉自然结块。小麦粉的孔隙度较小麦大，但孔径小，阻碍了颗粒间气体的流动，因而小麦粉的导热性差，小麦粉堆的散热与通风困难。据试验，将高温仓内的小麦与小麦粉同时转入低温仓内贮藏，要使粮温降至仓温，小麦为2~3d，而小麦粉则需4~6d。

3. 呼吸微弱

贮藏中测得小麦粉质体间氧含量减少，二氧化碳含量增加，证实了呼吸代谢的存在。小麦粉的微粒由活细胞所组成，但小麦粉的呼吸强度比小麦小得多。据研究，小麦粉中产生气体代谢的原因，除小麦粉本身的微粒呼吸作用外，更重要的是微生物参与及所含脂肪、胡萝卜素等化学氧化过程所致。上述代谢受水分、温度条件影响很大，如小麦粉在0℃贮藏时就很少发生氧耗变化。因此利用自然密闭缺氧技术来储存小麦粉，堆内降氧速度慢，且一般难以达到气调所要求的低氧程度，在实践中应予以注意。

4. 氧化作用

新麦制成的小麦粉，首先是在氧气的作用下发生氧化作用。小麦粉通过"成熟"而改善了工艺品质，表现为吃水力增大，面包体积大而松，食味品质提高。氧化作用还可以使色素发生变化，粉色变白。普通小麦粉在贮藏初期，品质有所改善，表现为筋力增强，发酵性好，小麦粉变白等，这种面筋改善的作用，通称为"熟化"，经贮藏 10~30d，就自然完成。温度高（25~45℃）时弱面筋质的小麦粉"熟化"尤为迅速，小麦粉这一性质与其中蛋白质的性质及含量有关。据研究，新磨的小麦粉或新麦磨制的小麦粉，往往是氧化程度不足，经贮藏后，小麦粉中部分易于氧化的巯基（—SH）变成二硫键（—S—S—），使得面筋筋力增强。氧化的速度与小麦粉的含水量有关，水分8%的小麦粉经6年贮藏巯基含量变化缓慢，而水分14.5%的小麦粉在贮藏初期，巯基就大幅度减少，至一年后仍继续下降。

（四）小麦粉的贮藏方法

1. 常规贮藏

小麦粉是直接食用的成品粮，存放小麦粉的仓库必须清洁、干燥、无虫，最好能保持低温。一般小麦粉堆成实垛或通风垛贮藏，可根据小麦粉水分，采取不同的堆码方式。水分在13%以下可用实垛贮藏，水分在13%~15%的采用通风垛贮存。码垛时均应保持袋内小麦粉松软，袋口朝内，避免浮面吸湿、生霉和害虫潜伏。

小麦粉的贮藏期限取决于水分和温度。例如，小麦粉的含水量在12%以下，温度为35℃左右时，可安全贮藏半年；当水分含量为12%~13%，温度在30℃以下时，变化很小；当水分为13%~14%，温度在25℃以下时，可以安全贮藏3~5个月；水分含量再高时，贮藏期将大大缩短。小麦粉的加工时间不同，其贮藏期限也不同。例如，同样是含水量为13%左右的小麦粉，秋凉后加工的可贮藏到次年4月份；冬季加工的可贮藏到次年5月份；夏季加工的一般只能贮藏1个月左右。

2. 密闭贮藏

根据小麦粉吸湿性强、导热性差的特性，可采用低温入库、密闭贮藏的办法，以延长小麦粉的安全贮藏期。一般是将水分13%左右的小麦粉，利用自然低温，在春暖之前入仓密闭。根据实际情况，采用仓库密闭或塑料薄膜密闭，既可防潮、防霉，又能防止空气进入小麦粉引起氧化变质，同时减少害虫感染的机会。河南工业大学的试验表明，水分13%~13.4%的小麦粉，用0.14mm塑料薄膜密封，贮藏130d，氧浓度降到9%~15.2%，只达到低氧密闭适当缓和品质下降的作用，未发热和生虫。但经过高温季节，处理与对照（常温仓），贮藏品质均有不同程度降低，这显然是受高温的影响。因此，密闭与气调虽然在一定程度上可以防虫抑霉，延缓粮质变化，延长贮藏期，但对小麦粉品质的保持方面效果并不理想，特别是高温度夏的小麦粉，密闭贮藏后，品质仍有一定的变化，但变化幅度小于常规贮藏。上海金山区粮管所试验，用0.1mm塑料薄膜密闭贮藏小麦粉，薄膜做成长1.7m、宽1.2m、高3.6m的套子，套口向上，套内可堆放小麦粉100~150包，然后将套口扎紧，进行密闭保管，可减少搓包、倒垛环节，收到较好效果。但需注意的是，新出机的小麦粉不能进行密闭贮藏，特别是不能进行缺氧贮藏，必须经过一段时间的降温和完成"成熟"过程，然后再缺氧或密闭，这样对保持小麦粉的品质会有较好的效果。

3. 低温、准低温贮藏

低温贮藏是防止小麦粉生虫、霉变、品质劣变的最有效途径，经低温贮藏后的小麦粉，能保持良好的品质和口味，效果明显优于其他贮藏方法。准低温贮藏一般是通过空调机来实现的，投资较少，安装、运行管理方便，是小麦粉贮藏的一个发展方向。

三、 玉米与玉米粉的贮藏

玉米是我国主要粮食作物之一，也是重要的饲料原料以及化学工业和食品工业原料。我国玉米的种植区域分布很广，主产区集中在东北、华北及西南地区，总产量仅次于稻谷和小麦。玉米在我国国民经济发展中具有举足轻重的地位。随着农业科学技术的不断发展，玉米产量逐年增加，收储玉米的数量也在逐年增加。玉米贮藏对于维护国家粮食安全、发展食品工业等都具有十分重要的作用。

（一）玉米的贮藏特性

1. 玉米原始水分高，成熟度不均匀

玉米在我国主产区是北方，在收获时天气已冷，加之玉米果穗外有包叶，在植株上得不到充分的日晒干燥，所以玉米原始水分一般较大，新收获的玉米水分通常在20%～35%，在秋收日照好、雨水少的情况下，玉米含水量也在17%～22%。同一批玉米的成熟度往往也很不均匀，这主要是由于同一果穗的顶部与基部授粉时间不一，使得顶部籽粒往往不成熟。加之玉米含水量高，脱粒时容易损伤，所以玉米的未熟粒与破碎粒较多。这类籽粒极易遭受虫、霉侵害，有的则在贮藏期间受黄曲霉侵害而被污染带毒。

2. 玉米胚部大，呼吸旺盛

玉米胚部大，占全粒质量的10%～12%。玉米胚含有30%以上的蛋白质和较多的可溶性糖，所以吸湿性强，呼吸旺盛。据试验，正常玉米的呼吸强度要比正常小麦呼吸强度大8～11倍。玉米吸收和散发水分主要通过胚部进行。据记载，干燥玉米其胚部含水量小于籽粒或胚乳，而水分大的玉米其胚部含水量则大于整个籽粒或胚乳。

3. 玉米胚部含脂肪多容易酸败

玉米胚部含有整籽粒中77%～89%的脂肪，在贮藏过程中，很容易受环境的影响而使其脂肪发生氧化酸败。

4. 玉米胚部的带菌量大容易霉变

玉米胚部营养丰富，微生物附着量较多。据测定，玉米经过一段时间贮藏后，其带菌量比其他禾谷类粮食高得多。如正常稻谷带霉菌孢子约为95000个（每1g干样中孢子个数）以下，而正常干燥玉米却有98000～147000个。玉米胚部是霉菌首先危害的部位，胚部吸湿后，在适宜的温度下，霉菌开始大量繁育，出现霉烂变质现象。

5. 容易感染害虫

危害玉米的害虫有玉米象、大谷盗、赤拟谷盗、锯谷盗、印度谷螟、粉斑螟、麦蛾等。玉米一旦感染了害虫，其受害程度要比其他粮种严重。

（二）玉米的贮藏方法

1. 穗藏方法

穗藏就是带穗玉米的贮藏，是我国农村常见的贮藏小宗玉米的方法。穗藏有很多优点，第一，由于玉米果穗堆的孔隙度大，很容易散发堆内的热量和水分，故收获后的高水分玉米能利用自然通风使其水分降到安全标准以内。第二，由于籽粒的胚部埋藏在穗轴内，仅顶部暴露在外，而玉米籽粒顶部又为坚硬的角质层，对虫霉侵害有一定的抵御作用，故能相应地提高其耐储性。第三，由于穗轴与籽粒仍然保持联系，穗轴内的养分在贮藏初期还可以继续输送到籽粒中，改善籽粒的品质。但穗藏也有一些缺点，如占用仓容和场地面积较大，增加运输成本，不方便计量、测温和验质。目前，穗藏方法仅适宜农村少量玉米的贮藏，国家粮库很少采用。收割玉米前，在田间对玉米采取"站秆扒皮"，这样能使玉米提前 5~7d 成熟，水分比未站秆扒皮的低 5%~6%，且籽粒饱满。玉米收获后，不要急于脱粒，采取露天围囤、架空仓（玉米楼子）、"吊挂子"等方法进行晾晒，可使玉米穗逐步干燥。一般收获时在东北地区籽粒水分为 23%~41%，经过 150~170d 穗藏后，水分一般都能降至 14.5%~15%，然后及时脱粒，转入仓内粒藏。

在我国东北玉米主产区，由于受到各种因素的影响，每年秋收之后，很多农户将玉米穗直接晾晒在地上，形成所谓的"地趴粮"。"地趴粮"是一种粗放的粮食贮存方式，其通风降水效果差，很容易发生霉变，不利于保证玉米的质量。因此，农户应改变贮粮习惯，搭建玉米楼子，尽可能地让玉米上楼上架，确保穗藏玉米的安全。

2. 粒藏方法

粒藏即已脱粒玉米的贮藏，是国家粮库贮藏玉米的常见方法。玉米脱粒过程中往往含有较多的未熟粒、破碎粒、糠屑以及穗轴碎块等，机器脱粒的玉米杂质含量尤高，除穗轴外，一般散落性低，用输送机进仓时，杂质多集中在粮堆锥体的中部，形成明显的杂质区；而且这些物质的吸湿性强，呼吸量大，带菌量多，孔隙度小，湿热容易积聚，能引起发热霉变和虫害。因此，玉米在入仓前要过筛除杂，提高入库质量。粒藏时要做到"五分开"，即品种分开、新陈分开、等级分开、水分高低分开、有虫无虫分开。水分特别高的玉米必须随收随处理，水分低的可以临时贮藏和推迟处理。入仓后利用冬季寒冷干燥天气，通风降水，春暖后做好防潮隔热工作，以防霉变产生。在南方炎热潮湿的夏季，可利用谷物冷却机或空调，降低玉米温度，保证玉米安全度夏。

3. 低温密闭贮藏

玉米适合低温、干燥贮藏。其方法有两种：一种是干燥密闭，另一种是低温冷冻密闭。北方地区玉米收获后受到气候条件的限制，高水分玉米降到安全水分以内确有困难，除有条件进行机械烘干外，一般可采用低温冷冻、入仓密闭贮藏。其做法是利用冬季寒冷干燥的天气，摊晾降温，使玉米温度降到 -10℃ 以下，然后过筛清霜、清杂，趁低温晴天入仓，然后用麦糠、稻壳、席子、草袋或麻袋片等物覆盖粮面进行密闭贮藏，长时间保持玉米处于低温或准低温状态，可以确保安全贮藏。

（三）玉米粉的贮藏特性

1. 吸湿能力强、导热性差

玉米粉和小麦粉一样，具有粮堆空隙小、导热性能差、吸湿能力强、易受压结块等特点，不利于安全贮藏。

2. 脂肪含量高

玉米粉脂肪含量远比小麦粉高，因此更容易氧化酸败产生酸味、哈喇味、苦味。

3. 水分含量高

玉米在加工时往往要经过水洗，增加了玉米的含水量，而未经水洗的玉米，由于除杂不彻底，使加工后玉米粉中混有少量灰尘，带菌量较高。新出机的玉米粉温度较高，一般在 30 ~ 35℃。水分大、温度高，给微生物的生长繁殖创造了条件。玉米粉发热霉变速度很快，一般经吸湿返潮后 1 ~ 2d 即开始发热，有轻微霉味。再经过 3 ~ 5d，温度继续升高，霉味加重，成团结块，粉色灰淡，粉团内呈微红色，和面时吸水性差，缺乏黏性，甚至有哈喇味和苦味。

4. 易感染虫、霉

由于失去皮层保护，粉状的营养物质暴露，玉米粉容易感染害虫和霉菌。

（四）玉米粉的贮藏方法

玉米粉是较难贮藏的一种成品粮，最好以销定产，不宜长期贮藏。在掌握其贮藏特性的基础上，采取适当措施可进行短期贮藏。

1. 常规贮藏

温度和水分是影响玉米粉品质的主要因素。据试验，1、2 月份玉米粉水分 20% ~ 20.5%，粮温 15℃ 以下可贮藏 1 个月；3 ~ 5 月份水分 15% ~ 16%，粮温在 20℃ 以下可以贮藏半个月；6 ~ 8 月份水分 13.5% ~ 14.5%，可以贮藏 10d，同时认为贮藏期超过 10 ~ 15d，玉米粉即失去原有的香味。

玉米粉常规贮藏时不宜采用大批散存的方法，一般采用袋装，最好堆码成通风垛，并应经常倒垛。如发现有结块现象，应及时揉松。玉米粉堆垛不宜过高，并应根据玉米粉水分含量及季节的变化灵活掌握（表 7-9）。

表 7-9　　　　　　　　　　　　玉米粉堆垛高度参考表

水分含量/%	堆垛高度/袋		
	冬季	春秋季	夏季
12<	12	10	8
13<	10	8	6
14<	8	6	6
14<	6	4	4

玉米粉的磨制方法对安全贮藏也有很大影响。大批量加工采用干法磨粉有利于安全贮藏。少量加工可水洗后磨粉，但出机后必须通风降温。玉米最好先去胚后再磨粉，这样既可以提取玉米胚油，增加经济效益，又可提高粉质，有利于玉米粉安全贮藏。

2. 低温、准低温贮藏

低温、准低温贮藏是保持玉米粉品质的最有效途径。大批量玉米粉可采用空调进行准低温贮藏，少量玉米粉则可采用冰箱、冰柜进行低温贮藏。

四、杂粮的贮藏

杂粮富含多种营养成分，既是传统的食粮，又是现代保健品，在有机食品、保健食品中占有重要地位。杂粮多种植于无污染、工业欠发达地区，生产过程中不施农药、化肥，其产品是自然态的。随着人们生活水平提高和膳食结构改善，杂粮作为药食同源的新型食品资源，越来越受到人们的青睐，杂粮的需求量越来越大，名优产品更是供不应求。同稻谷、小麦等主粮一样，杂粮也是季节性生产，长年性消费，因此，做好杂粮的贮藏工作，确保杂粮品质，满足市场需求，具有重要的意义。

（一）荞麦的贮藏

荞麦又名乌麦、三角麦，是蓼科荞麦属一年生草本植物。荞麦不属于禾本科，但因其使用价值与禾本科粮食相似，因此常将其列入谷类。我国荞麦种植比较分散，主要分布在西北、华北和西南的一些高寒山区。荞麦能耐瘠、耐酸、耐旱，适应性强，生长期仅 60~90d，是救灾补种的良好品种。

1. 荞麦的贮藏特性

（1）较耐贮藏 荞麦果皮革质，完整厚实，具有较强的抗虫、抗霉性能，较耐贮藏。

（2）粮堆孔隙度大 荞麦粒形、棱状，粮堆孔隙大，既易降温、散湿，也易受外界温湿度的影响而吸湿增温。

（3）变色 刚收获的荞麦籽粒为棕黄色，相应种子颜色为淡绿色，具有愉快的、荞麦独有的香味。但在贮藏过程中会逐渐变成红褐色，这种色泽的变化通常伴随有酸败味产生。贮藏时间、温度、水分含量和包装条件对荞麦色泽的变化均有影响，其中贮藏温度和水分含量对荞麦色泽的变化影响较大，而贮藏时间和包装形式对色泽变化的影响较小。

2. 荞麦的贮藏方法

（1）常规贮藏 收获后的荞麦要及时晒干扬净，使水分降至13%以下。荞麦入库后，利用冬季寒冷空气通风降温，在春暖之前，切实做好防潮、隔热工作，以确保安全度夏。

（2）低温贮藏 高温和高湿环境下荞麦籽粒中叶绿素损失很快，而在低温、低湿环境下叶绿素变化则不明显。干燥的荞麦在低温下贮藏能延缓其品质劣变。大量贮藏荞麦可采用机械制冷方式低温贮藏，少量荞麦则可放入冰箱或冰柜中保存。

（3）真空包装贮藏 真空包装可延缓脂肪的氧化酸败，减少香气成分的散失。在荞麦米的色泽保持方面，避光条件下，真空包装能很好地保持荞麦米原有色泽，但在光照条件下，其护绿效果却不明显，只略好于常规贮藏。

（二）高粱的贮藏

高粱又名蜀黍、荻粱、红粮、茭子等，属于禾本科高粱属一年生草本植物。高粱是我国古老的粮食作物之一，已有五千多年的种植历史。我国栽培高粱较广泛，以东北各地为最多。高粱具有较强的抗逆性和适应性，在平原、山丘、涝洼、盐碱地均可种植，属于高产、稳产作物，在我国谷物生产特别是饲料生产中占有重要地位。

1. 高粱的贮藏特性

高粱果皮呈角质，对种子有较好的保护作用。种皮中含有单宁，其味涩，不为鸟类和害虫喜食，并且具有防霉作用，因此，高粱具有一定的耐储性。但高粱往往含杂（茎叶和颖壳）较多，在北方产区晚秋收割，气温低，不易干燥，新入库的高粱水分一般在16%~25%，仍易发热霉变。

2. 高粱的贮藏方法

（1）常规贮藏 新收获的高粱水分大、杂质多，在入仓之前，要进行干燥除杂，如温度为5~10℃，相对安全水分应在17%以下。入仓时要做到分水分、分等级入仓。

（2）防止结露　烘干高粱入仓时，由于粮温高、仓温低，极易造成结露，导致高粱发热霉变。应设法减小外温与粮温的差别，并在仓壁设置防潮隔气层，适时通风，消除结露的条件。

（3）低温密闭贮藏　高粱适于低温贮藏，因此，应充分利用冬季降温后密闭贮藏。经过干燥除杂、寒冬降温的高粱，一般可以安全度夏。

思政小课堂

"大食物观"的思想溯源

党的十八大以来，我国树立大农业观、大食物观，着力走质量兴农之路。大食物观是推动农业供给侧结构性改革的重要内容。

理念雏形：1990年，习近平在《摆脱贫困》一书中提出："现在讲的粮食即食物，大粮食观念替代了以粮为纲的旧观念。"这一观点是"大食物观"理念的雏形，也顺应了20世纪90年代我国粮食安全的供需关系。

提纲挈领：2015年，中央农村工作会议强调"要树立大农业、大食物观念，推动粮经饲统筹、农林牧渔结合、种养加一体、一二三产业融合发展"，提纲挈领地阐述了"大食物观"的理念。

基本思路：2016年，中央一号文件提到"树立大食物观，面向整个国土资源，全方位、多途径开发食物资源，满足日益多元化的食物消费需求"，明确了大食物观下保障食物供给的基本思路。

明确途径：2017年，习近平总书记在中央农村工作会议上指出："老百姓的食物需求更加多样化了，这就要求我们转变观念，树立大农业观、大食物观，向耕地草原森林海洋、向植物动物微生物要热量、要蛋白，全方位多途径开发食物资源"，明确了"大食物观"的源泉以及全面保障食物供给的主要途径。

理念成熟：2022年，2022年全国两会期间，习近平总书记在看望参加全国政协十三届五次会议的农业界、社会福利和社会保障界委员时提出，要树立大食物观，从更好满足人民美好生活需要出发，掌握人民群众食物结构变化趋势，在确保粮食供给的同时，保障肉类、蔬菜、水果、水产品等各类食物有效供给，缺了哪样也不行。

本章参考文献

［1］国娜，和秀广．谷物与谷物化学概论［M］．北京：化学工业出版社，2017.

［2］阚建全．食品化学［M］．3版．北京：中国农业大学出版社，2016.

［3］赵广河，张瑞芬，苏东晓，等．全谷物酚类物质及其抗氧化活性研究进展［J］．中国食品学报，2017，17（8）：183-196.

［4］DELCOUR J A，HOSENEY R C. Principles of cereal science and technology［M］. 3rd ed. St Paul，USA：AACC International，2010.

［5］WEBSTER F H，WOOD P J. Oats：Chemistry and technology［M］. 2nd ed. St. Paul，USA：AACC International，2011.

第八章

CHAPTER

谷物安全控制

第一节　谷物虫害及其防治控制

一、　谷物中常见的害虫

（一）常见害虫及其繁殖、生长区域

由于储粮受害虫侵袭，我国粮食每年在储藏过程中损失最高可达 600 万 t，直接经济损失 20 亿元以上。在已知的储藏物昆虫中，粮食及其产品储藏物的害虫备受关注。在全球记录的 1163 种储藏物昆虫中，被发现于玉米及其各种类型的储藏物中有 265 种，约占整个储藏物昆虫寄主的 22.79%；小麦及其各类储藏物中发现 218 种，占 18.75%。储藏物昆虫因种类和生境不同，其食性也有差异。依其食性的差异，可划分为不同的昆虫类别。

1. 按取食对象分类

（1）植食性　取食储藏粮食和植物性产品，如米象类、拟谷盗类、粉斑螟类等。

（2）肉食性　以动物体、尸体、皮革、骨头等为食料。这类昆虫如皮蠹科的白腹皮蠹、赤毛皮蠹、钩纹皮蠹以及郭公虫科的赤足郭公虫等。

（3）腐食性　以发霉的粮食和食品以及腐烂的残渣为食料。这类昆虫如黑菌虫、小菌虫、嗜腐螨和嗜渣螨等。

2. 按取食范围分类

（1）单食性　只取食一种储藏物。如豌豆象只吃豌豆、蚕豆象只吃蚕豆。

（2）寡食性　以近似科属的储藏物为食料的种类。如绿豆象，既为害绿豆，也以赤豆、豇豆、菜豆等豆类为食。

（3）多食性　以多种储藏物为食料的昆虫。如玉米象除取食粮食外，也取食药材、纸张、糕点等。

（4）杂食性　以多种动物性和植物性的储藏物为食。如皮蠹类。

3. 按储藏物昆虫的为害方式分类

（1）蛀食式　这类昆虫在干果或其他食品内部取食和发育，成虫羽化后钻出食品、留下空壳，如玉米象、豌豆象、干果斑螟等。

（2）剥皮式　这类昆虫先取食谷粒的胚部，再剥食外皮，很少食害内部，如印度谷螟和一点谷螟等。

（3）侵食式　储藏皮毛和呢料等的害虫，如皮蠹类取食时，自储藏物外部向内部侵食，将被害物品蚀成小孔，甚至咬成碎屑，使其完全不能使用。

（4）缀食式　这类昆虫幼虫吐丝将物品连缀成串，潜伏其中食害和发育，化蛹羽化后成虫才爬出，如米黑虫。

（5）促进霉菌繁殖　有些储藏物昆虫和螨类与病菌关系密切，有的依赖取食真菌而生活和发育，菌类也得以不断增殖，如腐食酪螨和刺足根螨在储藏物中取食其中的菌类，促进菌类繁殖，破坏性很大。谷象和赤拟谷盗在粮堆中排泄大量粪便，促进链霉菌和细菌大量繁殖，加速粮食霉烂。

（二）储藏物昆虫的特点

储藏物昆虫为了适应储藏环境，继续生存和繁殖，具有不少与农业昆虫不同的特点，其主要特点如下。

1. 耐干

一般储藏物昆虫需要食品含水量在12%以上才能维持其生理活性，但一部分昆虫有能力保住水分，因而可取食含水量很少的干燥食物。如地中海粉螟在基本无水的储藏物中也能生活，谷斑皮蠹能生活在2%含水量的物品中，谷蠹在含水量为8%的储藏物中生活正常，咖啡豆象在8.4%含水量的储藏物中仍能产卵繁殖。

2. 耐温

储藏物昆虫对温度变化的适应能力很强，能抵御一般昆虫无法忍耐的高温和低温，最高的可以忍耐48~50℃的高温。谷斑皮蠹在35~40℃条件下能发育繁殖。谷蠹在大量繁殖时往往促使储藏物发热，使温度上升到38℃以上，在38~40℃条件下发育繁殖。烟草甲在50℃的高温下能存活1d，-12.5℃可存活4h。锯谷盗在-1.1~1.1℃可以存活3周，在-15.6~17.8℃时仍能存活1d。大谷蠹在-25℃能存活12min。粉螨能在-21℃存活1d。

3. 耐饥和杂食

储藏物昆虫有很强的耐饥力，大谷盗能耐饥2年，谷斑皮蠹藏在砖墙内能耐饥8年。耐饥力强的昆虫可在空储藏室或货栈的缝隙内长期存活，待装入货物后继续为害，也能在缺乏食料的情况下远距离传播。多数储藏物昆虫为了生活和延续后代，对食物的选择不大，一般属杂食性。药材甲除取食药材外，还能取食多种干燥的动物或植物食品，如胡椒、各种储粮、调料、烟草、皮毛、纸张、书籍、文件木材等，还能蛀入锡箔和铅板。梳角窃蠹为害各种木料，在青海房木平均蛀损率达36.67%，新建房至蛀危的年限为11~29年。双钩异翅长蠹为害16种木材和竹材。双棘长蠹可以为害73种树木的原木，半年内便将其蛀成粉末，使其失去使用价值。

4. 抗逆

储藏物昆虫对不适环境具有抗御能力。多数蛛甲取食动植物储藏产品，如蚕茧、干鱼、动物尸体、藻类和地衣等。地中海粉螟的滞育受营养、温度和光周期的影响，在20~25℃有光线时滞育持续2~3个月，但在25℃的黑暗环境下滞育可持续7个月。印度谷螟在20℃和光周期12.5~13.5h时进入滞育期，历时2~4月。粉螨类在缺乏食物和不适环境下可变为休眠体（有活动休眠体和不活动休眠体两类）。多数储藏物昆虫有一定的抗药能力，澳洲蛛甲在10~15℃时对磷化氢有很强的抗性。有的储藏物昆虫在种群过分拥挤时有一种行为适应，如四纹豆象在种群密度过大时产生飞翔型，到别处生活。

5. 繁殖力强

储藏物昆虫由于气候条件比较稳定、食物充足、抗逆力强，在适宜条件下繁殖迅速，大多数能在 1 年内连续不断繁殖。拟谷盗在 20 多天内即可繁殖一代，一头雌虫一生可产卵 80~90 粒。

6. 分布范围广

储藏物昆虫体小而扁平，便于隐藏在仓库、器材、和车、船、飞机等交通工具的缝隙内而传播，可随商品转运和人类各种经济活动而散布到各地，也可寄附在储藏管理工作人员身上以及动物和植物体上传带。皮蠹类、郭公虫等储藏物昆虫都有飞翔能力，因取食需要和各种气味的引诱，可随商贸流通广为传播，有的成为检疫对象。

储藏物昆虫体型小，经常在食物中活动，容易随农产品传播，由于遗传特性以及受食物和温、湿度条件的限制较小，容易在异地定居形成分布，造成危害。因此，了解储藏物昆虫的分布和流动特性是控制其传播和为害的一项重要工作。

二、 主要储藏物害虫国内外分布概况

（一）储藏物害虫在小麦中的分布

在许多国家，无论是生产的或是出口的小麦中，玉米象、米象和麦蛾都是重要的害虫。在中国，则以玉米象和麦蛾为主要害虫。麦蛾感染来源于田间，在储藏期继续为害。在进行了收获期和储藏期防治的粮食出口国家，麦蛾的为害一般不严重。

谷蠹、谷象、锯谷盗和赤拟谷盗都是各地小麦储藏中广泛存在的害虫。它们对环境条件的要求不同，在中国、澳大利亚、印度和巴基斯坦温暖而干燥的产麦区谷蠹发生较多，而谷象主要在欧洲的较冷的产麦区。锯谷盗和赤拟谷盗对气候条件要求不很严格，所以分布较广。

在斑螟科昆虫中，烟草粉斑螟发生最频繁。该虫只在寒冷的欧洲产麦区为害。干果斑螟是热带和亚热带许多谷物的害虫，在整个温暖的产麦区，均可发现。近缘的米螟主要分布在较温暖潮湿的地区。印度谷螟对环境条件的适应性较强。地中海粉螟是各地麦粉的主要害虫。粉啮虫类和粉螨类在各国的储藏小麦中分布都广，数量也大。在中国特别是南方地区主要是嗜卷书虱和腐食酪螨为害。粗足粉螨是欧洲等地的主要害螨，在中国常与腐食酪螨混生。

在塞浦路斯、伊拉克、巴基斯坦和苏丹等国，谷斑皮蠹是当地很重要的害虫，随着贸易交往，现已传到亚洲、非洲、美洲、欧洲的一些国家和澳大利亚。东南亚、地中海中部、北非和西非是谷斑皮蠹的分布中心，它耐热、耐干、耐饥、耐药剂，是很难防治的仓储害虫。

玉米象在整个温暖潮湿地区的储藏小麦中均有分布，此虫的大发生，常与储藏期交叉感染有关。

（二）储藏物害虫在稻谷中的分布

稻谷常常比其他谷类更能抵抗害虫的危害。麦蛾在田间感染水稻是主要问题。全世界至少有 80% 的稻谷产区受麦蛾的严重为害，在收获后的干燥期内稻谷最易受感染。麦蛾在为害初期还能与锯谷盗和少量的赤拟谷盗共存。如果粮食在收获或脱粒过程中，出现了断裂或脱壳粮粒，这些害虫的为害就会加剧。麦蛾常在稻谷表面为害，尤其是稻谷粮堆的边缘。

抗虫性差的稻谷易受米象、谷蠹为害，尤其是高水分稻谷。在中东或印度，玉米象不常见，而米象占优势。相反，在东南亚玉米象则较多。

中国产稻区的储粮多受玉米象为害。江西、湖南、四川、贵州、云南、广东、广西、福建

等地有米象的分布。

谷象原产亚洲或欧洲地中海地区。分布于亚洲印度、欧洲大部分地区、美国北部和澳大利亚等地，在我国则分布于新疆以及与新疆接壤的甘肃安西、敦煌等地。在四川的成都新都、重庆的合川也有发现此虫，它为害各种谷类种子、豆类、油料、薯类、干果等。成虫还为害面粉，幼虫虽不为害面粉，但为害结块的面粉。书虱和粉螨是储藏稻谷中常见的害虫种类。

（三）储藏物害虫在大米中的分布

大米很易受虫害，所以通常储藏稻谷。大米中玉米象和米象是优势种，全世界 80% 的产区已将其列为主要害虫。与在稻谷中一样，玉米象没有得到应有的重视，但它的真正重要性，可能要大得多。

谷蠹大约在全世界一半的大米产区都被列为重要害虫，赤拟谷盗与谷蠹有相似的发生频率，锯谷盗、印度谷螟和干果斑螟在大米中也常见。

（四）储藏物害虫在玉米中的分布

玉米的田间感染多于任何其他谷物，收获后田间的干燥散粮被麦蛾为害，这些麦蛾又可能成为稻谷和高粱的虫源。玉米在成熟初期还受玉米象为害，在收获前可以完成 1~2 个世代，田间感染在后期常伴随赤拟谷盗为害。由于玉米穗较长，有时被田间作物害虫（如实夜蛾属）为害。与高粱一样，品种硬度上的差异也可影响其受害的严重程度。

在某些国家，米象是玉米最常见的害虫，玉米象次之，二者的发生格局与其对气候条件的要求相关。在温暖潮湿地区，玉米象为害较重，如中国、澳大利亚、菲律宾、马来西亚、缅甸、赞比亚、尼日利亚和萨尔瓦多。在湿度较低的地区（如埃及、印度和博茨瓦纳）或温度较低的地区（如阿根廷、加拿大和捷克等国），米象的为害较玉米象重。在炎热地区（如苏丹），玉米象和米象很少发生。在部分地区，由于低温限制了玉米的分布，害虫也较少。在凉爽地区和进口玉米的国家，谷象也可能成为储藏期的重要害虫。

以穗藏或颗粒储存的玉米在储藏期粒间空隙大，增加了害虫在粮堆内活动和再感染的机会，提高了害虫的生殖潜力，与那些小粒粮和密集的袋装相比，被害虫侵袭的危险性更大。在中国，谷蠹和赤拟谷盗也是储藏玉米的常见害虫，书虱和粉螨在仓库地脚数量也大。

大谷蠹是近年在玉米和木薯上出现的重要害虫，前者储藏 3~6 个月质量损失 34%，后者储藏 6 个月质量损失 19%~30%。此虫原产中美洲，以后随产品转运传入危地马拉、尼加拉瓜和墨西哥，20 世纪 80 年代初传入非洲，也在以色列和伊拉克被发现，现在在非洲坦桑尼亚、赞比亚等地蔓延。此虫不论是在田间或产后储藏均严重为害玉米穗和木薯，比玉米象和米象的为害更为严重，但目前在我国危害较小。

（五）储藏物害虫在大麦中的分布

全世界大麦产量次于小麦，其出口量接近小麦的 20%。在温度较低地带，大麦产量比小麦产量更高。米象和锯谷盗是储藏大麦的主要害虫，烟草粉斑螟在储藏大麦中数量较少，以上几种昆虫以及谷蠹和赤拟谷盗在出口大麦的国家中都较常见。谷象在大麦贸易中曾被发现，在冬季温度较低的中东国家为害较重。麦蛾在出口大麦中较少，玉米象、大眼锯谷盗和米螟在生产大麦的地区还没有发现。

（六）储藏物害虫在黍和高粱中的分布

黍和高粱是温暖干燥地区常见的粮食，多在本地消费，进出口贸易较少。米象、谷蠹是黍储藏中常见的害虫，后者耐热耐干，但在寒冷地区适应力较差。麦蛾是高粱储藏期的主要害虫，特别是储藏期不翻晒的高粱受害较重。赤拟谷盗是常见的害虫，特别易感经第一食性害虫如米象为害和收获时受过机械损伤的高粱。在温暖地区，干果斑螟、谷象、米螟和锯谷盗是储藏黍和高粱的常见害虫。

不同高粱品种被害虫感染情况不同，硬粒品种特别在低水分储藏时对害虫的抗性显著。

储藏粮食感染害虫后除质量损失外，品质损失更大。例如，引起粮堆发热，破坏粮食营养成分并使之色、味变劣，甚至引起霉变而致其不能食用，所产生的霉菌毒素使人、畜中毒，甚至死亡。有些昆虫如拟谷盗类分泌的臭液中含有致癌物质苯醌。有些螨类及其分泌物与人体接触后常导致皮炎和过敏，吸入人、畜体内常引起各种螨病，如肠螨病、肺螨病和生殖道螨病等，直接损害人、畜健康。感染了虫螨的粮食及其加工产品的商品价值会受到影响，有虫螨的外贸商品在经济上和国家声誉方面的影响更是难以估计。

三、　储粮害虫生态系统

（一）粮堆生态系统的概念

粮堆是一个不完整的封闭生态系统，由若干相互作用和相互制约的生态成分组成。如生物因素包括粮食本身、昆虫、螨类、鼠、雀、真菌、细菌、放线菌以及人类活动等，非生物因素包括气候、仓温、仓湿、粮温、粮食含水量、气体以及仓型结构、堆藏方式等。这些组成部分是相互联结起来具有一定结构和功能的有机整体，也就是研究粮堆内生物群落与其非生物环境之间相互作用的一个系统。

粮堆中的生物群体约有80多种昆虫、50多种螨类和100种以上的微生物以及鼠类等为害储粮，它们通过对食物和环境的要求，在长期的发展过程中形成具有物质循环和能量转化关系的群落。生活在群落中的各个有机体，彼此之间直接或间接存在着竞争、寄生、捕食以及其他对抗性的生物学关系，因而在个体数量上相互制约，彼此间往往保持一定数量对比关系，这种关系不断变化。

综合环境因子彼此是相互作用的，又作为统一的整体作用于昆虫和螨类，而昆虫和螨类的种群和群体又同样作为统一整体影响周围环境。这些因子在不同年份、不同季节也有差别，各种因子的作用不均等，有关键因子和次要因子，二者也是变化的。粮堆生态系统中物理因子、食物因子和天敌因子等都是经常变化的，但一定时期，某一因子发展到足以控制种群的发展时，便成为关键因子。

各种环境因子对昆虫和螨类具有直接和间接影响，起直接作用的是那些直接影响新陈代谢的因子（如食物种类和数量、居地小气候等），而起间接作用的主要是有机体之间的相互关系（如种间关系和种内关系等）。有的直接影响因子（如气候）除直接影响有机体外，还能影响它们的天敌，因此对有机体来说，又起了间接作用。

昆虫和螨类等的发育具有阶段性，不同虫期有不同的生态要求，在不同的生活小区内经常出现种的交换，有的小区种的交换是开放的。仓库则是比较封闭的，成为一个特殊的生态系统，其中栖息的多是生态可塑性较狭的种类。从生态学来讲，仓库比田野特殊，其群落种类分3种：不离开小区的群落种类，如玉米象和锯谷盗等；向外区迁移的异群落种类，如四纹豆象、豌豆象等；不定的随遇种类，如各种螨类。

在一个群落中，总体是共同进化的，但昆虫和螨类的种与种间的相互适应是相对的、矛盾的，表现在各个种的个体数量的变动。如果生态条件转变为对某个种有利时，那么该种的相对数量即显著增加，如在高温（32~44℃）和低湿的条件下，玉米象受到谷斑皮蠹的抑制，但在28~34.5℃和较高含水量（从11.3%升到16%）条件下，玉米象数量上升，谷斑皮蠹则下降。往往在一个粮堆内，玉米象、谷蠹和赤拟谷盗都有。当谷斑皮蠹数量占优势时，玉米象就不存在。在25℃和70%相对湿度条件的小麦中，谷蠹即可抑制谷斑皮蠹的繁殖；在29℃温度时，赤拟谷盗对谷斑皮蠹的发育也有抑制作用。

由于种间相互关系中所积累的矛盾、非生物因子的变化和人类活动引起的改变都可能是长期的，在仓库管理中采取一些有效措施，如清洁卫生贮藏方式以及防治方法等，就可能引起仓虫和螨类群落的改变。

在粮堆生态系统中，从粮食开始通常有四五次机会转化成不同的营养水平。在转化过程中，粮食中的潜能散失，通过呼吸释放二氧化碳和热，逐渐形成粮堆的热点。在适宜条件下，多数微生物（曲霉的一些种类除外）在谷物含水量高时才活动。真菌和放线菌在70%相对湿度、细菌在90%相对湿度时活动。在被害虫和螨类伤害的谷物中，菌类活动更活跃，系统中的能量散失也更剧烈，加之仓库中物理环境和人为活动的干扰，系统中单位生物量的能量浓度都较高，系统的稳定差，自动调节能力差。

粮堆中有多级消耗者，它们相互影响和促进。一级消耗者如一些昆虫和螨类取食谷粒，形成各种微生物以及第二级昆虫和螨类侵入粮堆的通道。此外，昆虫和螨类的排泄物和代谢湿度可改变粮食的碳氮比和含水量，进一步促进微生物的感染。鼠、雀也是一级消耗者，它们不但消耗粮食，而且排泄造成污染。一级消耗者为二级消耗者准备侵害和取食的条件。

二级消耗者包括食菌昆虫，如毛蕈甲、米扁虫、嗜木螨属和跗线螨属等，可以取食侵入谷粒的真菌。螨类昆虫的捕食者和寄生者也是二级消耗者。

由于对很多昆虫和螨类的食性还不完全了解，三级消耗者很难与二级消耗者区别开，三级消耗者包括伪蝎、蠊螯螨等，有的寄生在取食粮食的鼠、雀身上。

一级消耗者的排泄物有利于微生物生长，也能被二级消耗者和四级消耗者（腐食生物）取食，各种动物尸体又是不少微生物的营养来源。养分从一种有机体到另一种有机体转移，完成氨素和其他成分的再循环。这种有机物的演替和营养的再循环逐渐污染粮堆。

（二）粮堆生态系统各组分之间的有机联系

生物体之间通过食物链联系在一起，链中任何一个环节改变都可能引起食物链结构的改变，从而引起群落组成的改变。粮堆中粮食是食物链中的主要成分，是第一个环节。动物包括昆虫、螨类等，植物包括真菌、细菌等，它们取食或寄生粮食，获取能量，又通过呼吸、排泄、分解成无机物回到生态系统，形成污染、发热等，这是第二个环节。天敌捕食或寄生粮堆中的害虫和菌类，获取能量，以热能的形式回到生态系统，继续形成污染发热等，这是第三个环节。还有第四、第五环节，如重寄生等。

粮堆生态系统中的物质循环，从无机物到有机物再到无机物，回到生态系统中，循环不止，影响粮堆生态系统的变化和发展。

粮堆生态系统中普遍存在信息联系，这是长期历史发展过程中形成的特殊联系。信息联系存在于两个有营养联系的种群之间，有时比营养联系更深刻，如传粉昆虫与花粉、花蜜是营养联系，与花色、花香是信息联系。寄生蜂与寄主之间有一种信息联系，一头寄生蜂寄生了一个寄主卵，另一寄生蜂就不再去，由于前者留有一种从跗节腺分泌的特殊气味，不仅留在寄主上，也可留在寄生蜂爬过的地方，称臭迹效应，这种信息可以防止复寄生，扩大有效寄生范围，对发展种群有利。

粮堆生态系统中还有其他联系，如共栖，玉米象和锯谷盗经常在粮堆中同时发生，在一起生活、共食，白蚁巢内常有其他昆虫和螨类寄居，实际上也是一种营养联系。

四、　储粮害虫的检测、　控制与综合治理

及时对储粮害虫检测是进行害虫防治的前提，是科学高效实施虫害综合治理的重要组成部分。

（一）储粮害虫的检测

目前国内外储粮害虫检测方法有直观检测法、取样检测法、诱集检测法、电子检测法等。

1. 直观检测法

通过肉眼直接检测害虫发生情况，直观简便、应用较广、主观性较强，常用于现场初步观察害虫发生情况。缺点是不易精确判定害虫种类和密度，同时无法检测虫卵及粮粒内部隐藏的害虫。

2. 取样检测法

通过扦取一定量的粮食样品，检测其中害虫种类及密度，以此判断整个粮堆内害虫发生情况。此法操作简单、灵敏度高、特异性强，可用于虫害早期监测。

3. 诱集检测法

通过利用储粮害虫自身的视觉、嗅觉等生理特性或生活习性，将其诱集到一个小范围内进行检测，可分为习性诱集和诱捕器诱集。此法不需要采样，可根据诱捕害虫数量预测害虫发生期及为害程度。缺点是在温度较低时诱捕量太少，且不能检测不活动的虫态及粮粒内部害虫。

4. 电子检测法

通过利用电子技术检测储粮害虫的方法。无损、快速，可检测所有活动虫态的害虫，灵敏度高。根据检测原理不同可分为声测法、近红外检测法、图像识别法和电子鼻检测法。缺点是仪器昂贵，对环境比较敏感，不能检测粮食中的死虫和不活动虫态。

（二）储粮害虫的控制与综合治理

害虫科学高效综合治理是食品安全的重要保障，我国现行的保粮方针是“以防为主，综合防治”。防治主要表现在：加强储藏物的检疫各项工作，避免虫入仓；保证入仓前的环境卫生；对虫情做基础性了解及预测。

害虫防治主要分为物理防治、化学防治和生物防治等。

（1）化学防治　采用化学药剂熏蒸法处理。

（2）物理防治　根据不同地区对储藏物及其环境的温度和湿度进行控制。

（3）生物防治　为当前最为流行的防治手段，如昆虫性激素、储藏物病原微生物、捕食及寄生性天敌昆虫等利用。

为了减少和控制储藏物害虫的发生和危害，可以采取多种途径进行综合防治。

（三）储藏物害虫防治的基本途径

为了控制储藏物害虫的发生和危害，在研究掌握害虫的生活规律的基础上，可制定各种各样的防治措施，这些措施按其性质、作用和方法可归纳为以下几种。

1. 改变昆虫群落的组成

禁止和消灭新害虫的传入和蔓延，防止本地区已发生的害虫继续扩散，主要采取检疫防治、清洁卫生防治等。此外，也可引进和驯化储藏物害虫的捕食性和寄生性天敌，以减少害虫的种群数量。

2. 改变害虫的生态条件

储藏物害虫的生长、发育和繁殖都需要一定的生态环境，改变生态环境条件，使之不利于害虫的生长、发育和繁殖，而有利于有益天敌的生存和繁殖。如保持仓库内的低温干燥和储藏物的低水分、改变库内的气体成分、保持库内的清洁卫生，轮换储藏物品种，做好隔离、预防工作等。清洁卫生防治、物理防治、生物防治和习性防治等都属此范畴。

3. 提高储藏物质量，抑制害虫的发生

入仓储藏物应保持干燥、纯净、无虫，以防止害虫的发生。采取物理防治、机械防治、清洁卫生防治等能达到这一目的。

4. 直接控制害虫的种群数量

当害虫发生后，要采取有效的措施，如化学防治、物理防治、机械防治等，以减少和消灭害虫，控制其扩大为害。

五、 储藏物害虫的综合防治

储藏物害虫的综合防治要求全面地、辩证地看问题，要从仓库生态系统的整体出发，兼顾经济学、社会学的基本原则来考虑害虫的防治。仓库生态系统以储藏物为中心，害虫是仓库生态系统中的一个组成部分，储藏物害虫防治工作就是要在保证储藏物的安全、优质的前提下，创造一个良好的生态环境，使仓库生态系统按人们的意志定向变化，使环境条件对储藏物有利，而对害虫不利。综合防治就是将一切可行的防治方法，按"以防为主，综合防治"的方针，因地、因时，因储藏物、因害虫制宜，使各种防治方法互相协调、取长补短，达到防治害虫的目的。这些方法包括以下措施：检疫防治、清洁卫生防治、机械物理防治、密封与气调防治、化学防治和生物防治等。

（一）检疫防治

检疫防治是通过立法手段，以法令形式来限制害虫的传播蔓延，所以又称法规防治或植物检疫。它是根据国家颁布的国内、国外植物检疫法令和条例，对国家输出、输入及省际调运的粮食及一切运输储藏商品进行严格的检查防止检疫对象传播蔓延和一经发现即就地消灭的一种防治方法。

1. 检疫防治的特点

（1）检疫防治是通过法令来限制危险病虫害的传播蔓延，由国家颁布检疫条例、细则，并授权检疫机关检查和处理。

（2）检疫是预防为主、防患于未然的工作，国家制定的检疫对象名单中均属国内尚未发生或分布不广的病虫害种类。

（3）检疫对象均是为害严重，感染后又很难防治的。所以经检验发现疫情时，必须采取严格措施进行彻底的防治。

（4）检疫工作需要国际间的协作。我国现在已与100多个国家和地区有贸易往来，因此除需了解国内的病虫害情况外，还需掌握国际检疫动态，参加国际间的检疫活动，与一些国家和地区订立检疫协定、协议等，同时还要广泛收集国外检疫资料，从而减少检疫工作的盲目性。

2. 检疫防治的重要性

检疫防治是储藏物害虫综合防治的重要组成部分，是贯彻"以防为主，综合防治"方针的重

要措施。各种储藏物害虫原发生地是有一定的地区性的，随着人类经济活动的加强，国际、国内通商贸易、商品往来的发展，为害虫的传播蔓延创造了条件。因此，许多害虫传播相当广泛，有的遍及世界各地。但是也有许多害虫在我国至今尚未发现，或传播的面积不大。所以必须以法令形式对某些病、虫加以限制，防止其由国外传入国内，或由国内个别地区蔓延到其他地区。

3. 检疫对象的制定依据

（1）必须是对储藏物确实有严重威胁而防除极为困难的害虫。如谷斑皮蠹是最主要的储藏物害虫之一，也是目前世界上重要的检疫对象之一。它对储藏物造成的损失一般为 5%～30%，高的达 75%，又难以防除，一旦传入国内，就会对储藏物造成严重的损失。

（2）必须是人为传播的害虫。这样的害虫只能借人的经济活动进行传播。对它执行检疫可以收到预期的效果。如谷象、谷斑皮蠹都靠人为传播。而那些借自身活动能力或借风力、水力就能从一个国家传播到另一个国家的害虫是无法控制的，一般不作为检疫对象。

（3）必须是本国尚无记录，或虽有但分布尚不广的种类。如大豆象、大谷蠹、谷象。

4. 检疫的范围及主要措施

（1）对外检疫 对外检疫又称国际检疫，是防止从国外传入新的危险性害虫到国内，以及防止那些已在国内发生的害虫传到其他国家的一项基本措施。

对外检疫工作是非常重要的，它不仅关系国际贸易的信誉，而且对国家在政治上、经济上也有一定的影响。因此，必须按照国家颁布的输出、输入的植物检疫法令，严格认真地做好检疫工作。我国对于输出、输入的粮食及其他商品现由海关总署派驻各地港口（或关口）的出入境检验检疫局负责执行对外检疫，其他部门予以配合。对外检疫有出口检疫进口检疫、过境检疫、旅客携带物品的入境检疫、国际邮包检疫等。我国对外检疫的名单中，根据《中华人民共和国进境植物检疫性有害生物名录》，属于储粮害虫的有谷象、谷斑皮蠹、大豆象、巴西豆象、大谷蠹等。

（2）对内检疫 对内检疫又称国内检疫，是阻止国内的危险性害虫在省际及地区间的传播蔓延，并在发生地区要加以封锁，将它消灭。

对内检疫工作非常重要，各地间发生的害虫情况是很不相同的，往往一个地区的害虫，可能在另一个地区目前尚未发现。因此，必须依据国内检疫法规防止其传播蔓延。如四纹豆象，目前只在我国极少数省份的部分地区发生、因而必须使用检疫措施，强制性地限制其传播蔓延，并予以就地消灭。

要做好国内检疫工作，必须做好调查研究，了解害虫的种类及分布、发生规律、传播方式及为害状况等，然后据此拟出区域间应该检疫和隔离的对象，划出"疫区"和"保护区"，制定检疫方法和制度。

（二）清洁卫生防治

1. 清洁卫生防治的意义

清洁卫生防治，是贯彻"以防为主，综合防治"方针的基本方法，对限制虫、霉的发生与发展，提高储藏物品质，维护人民身体健康都有着重大作用。

清洁卫生防治是综合防治的重要组成部分，是一切防治工作的基础。其他防治方法的防治效果与巩固，都与清洁卫生工作有着密切的关系。

2. 清洁卫生防治的基本原理

清洁卫生防治是根据储藏物害虫生态要求与商品安全储藏条件的不同而实施的。粮食及商品的安全储存要求干燥、低温、清洁的环境，这样有利于保持粮粒的生理活性和营养以及商品的品质。而储藏物害虫的生长、发育与繁殖则要求温暖、潮湿肮脏的环境，这类害虫特别喜欢在孔洞、缝隙以及阴暗角落等场所栖息。清洁卫生防治就是要造成一种有利于粮食及商品的安全储存，而不利于害虫滋生繁殖的生态环境，从而抑制害虫的生命活动，并使其在不利于生存的条件下逐渐趋向死亡。

3. 清洁卫生防治的范围

清洁卫生防治范围非常广泛，它包括储藏物本身的清洁卫生、仓房和场地的清洁卫生、包装器材及仓储用具的清洁卫生运输与加工机具的清洁卫生等。清洁卫生工作应贯穿在粮食收获、脱粒、整晒、入库储藏、调运加工销售等各个流通过程中，如果在某个环节或某个方面不能保持清洁卫生，害虫就有可能趁机侵入、蔓延和为害，造成防治工作的被动局面。由此可见，清洁卫生工作涉及面广、工作量大，必须建立健全仓、厂、店的清洁卫生制度，全面而经常性地开展这项工作，才能收到效益。

（三）化学防治

用于防治仓储害虫的化学杀虫剂主要有防护剂和熏蒸剂两大类。

1. 残效性杀虫剂

在我国施用残效性杀虫剂防治仓储害虫已有较长的历史，主要是直接将药剂施入储藏物作防护剂用，也用于空仓和包装袋以及防虫线和环境防虫等。20世纪60年代初开发的马拉硫磷，所需剂量一般仅 $10\sim20mL/L$，效果很好。以后由于有些害虫对马拉硫磷产生抗性，一些新的防护剂陆续用于仓储害虫，如杀螟松、甲基嘧啶硫磷、菊酯类等可作为马拉硫磷的轮换用药。

此外，辛硫磷、灭幼脲、杀虫畏、臭硫磷等可作为防治各种仓储害虫的防护剂。防护剂的施用技术可选用机械喷雾，也可由原来的粉剂改为垄糠载体，如在农村普遍推广应用的人工垄糠载体施药法（药糠法）效果良好。还有敌敌畏塑料块缓释剂（敌虫块）可延长其残效期，提高药效，使用方便。植物性农药在防治仓储害虫方面也有不少研究，很有实用价值。

2. 熏蒸杀虫剂

我国使用熏蒸剂防治仓储昆虫始于20世纪50年代初期，用药种类有氯化苦、溴甲烷和氰氢酸等。由于成本、安全和仓库密闭性能等原因，氯化苦已很少使用；溴甲烷多用于检疫性的港口和货船熏蒸，由于其破坏大气臭氧层已被禁用；氢氰酸已不再使用。20世纪60年代开始使用的熏蒸剂是磷化氢，由于它在成本、药效、施用方法、残留毒性以及安全防护等方面有其独特的优点，不少单位开展了大量研究，主要包括磷化氢对仓储害虫的有效致死浓度、作用时间和放气时间以及 CO_2 和 O_2 对磷化氢的增效作用、影响仓储害虫对磷化氢感受的原因、影响磷化氢毒效的因素、仓库环流作用、磷化氢的毒力和死亡率终点以及熏蒸后的毒物残留和降解等，因而磷化氢广泛采用至今。此外，仓储熏蒸的杀虫剂还有二氯乙烷和四氯化碳，可用于处理储藏产品、空仓和器材消毒，硫酰氟用于处理储粮、皮毛、木材以及卫生害虫等。

（四）物理防治

1. 低温防治

有条件的地区，利用自然低温冷冻杀虫，经 $-6\sim-5℃$ 的低温处理1周，可有效杀死各种储藏物害虫。

2. 气控防治

在我国，气控防治经由20世纪60年代开始的实验研究阶段已进入目前的开发利用及机械化、自动化阶段。在研究上主要包括储粮在特定气体条件下的生理特性及品质变化；虫、螨、霉等有害生物的消长规律和对气调的抗性；气控储藏的生态环境和密闭材料；气体发生设备及调试仪器配套；高性能除氧剂的研制以及气控储藏的科学管理和效益分析等。在开发利用上，已发展了自然缺氧储藏法、人工充氮储藏法、二氧化碳储藏法等，特别是把气控、温控和化控结合起来的"双低"和"三低"储藏技术发展很快。

3. 电磁波防治

根据各种储藏物的特点，选择太阳能、红外线、微波和激光等防治害虫有明显效果。用 $^{60}Co\gamma$ 射线 100Gy 的剂量处理储粮 2 周，杂拟谷盗全部死亡。白腹皮蠹的幼虫、蛹及成虫暴露在 100~200Gy 剂量下寿命缩短，不产后代。谷斑皮蠹经 100~200Gy 照射后所产的卵不孵化。腐食酪螨经 200~400Gy 照射，其生殖力即被破坏。

（五）生物防治

1. 生长调节剂、抑制剂的研究

我国浙江粮油科学研究所等单位研究了多种保幼激素类似物，证明 ZR512 50mg/kg 对赤拟谷盗和玉米象成虫的控制效果可达 94% 以上。灭幼脲是抗蜕皮激素的脲类化合物，能干扰昆虫体内几丁质的合成，四川和上海粮油科学研究所用 10mg/L 的灭幼脲 1 号和 2 号即能抑制玉米象和杂拟谷盗的繁殖。

2. 病原微生物的利用

我国有关单位研究了仓库环境中苏云金芽孢杆菌对印度谷螟的毒力水平，分离获得了对印度谷螟等仓虫表现高毒力的菌株，采用现代生物技术方法从 DNA 水平上分析出高毒力菌株杀虫晶体蛋白基因类型，从分子水平上分析了不同菌株杀虫活性的特异性，为今后基因克隆和工程微生物构建提供了有价值的参考。

3. 昆虫性激素的利用

在储藏物害虫中，蛾类和鞘翅目的窃蠹科、豆象科和皮蠹科昆虫都能分泌性激素，迄今为止，有 35 种以上的昆虫性激素已被鉴定，如印度谷螟、烟草甲、谷斑皮蠹、花斑皮蠹、药材窃蠹、家具窃蠹、大粉长谷蠹和谷蠹等利用性激素制成的诱捕器已在生产中应用。性激素可以控制害虫种群，一种方法是尽可能多地诱杀雄成虫，另一种方法是使雌成虫不能交配，达到防治的目的。

4. 捕食和寄生性天敌的利用

已知储藏物害虫天敌有 8 目（昆虫纲 5 目、蛛形纲 3 目）44 科 300 余种。美国南太平洋储藏昆虫研究室对黄色花蝽进行了详细研究，已在实践中应用。1980 年被引入湖北、湖南、四川和贵州等地粮仓应用，效果较好，特别对谷蠹的控制率高达 80%~90%。同时，华中农业大学对黄冈仓花蝽的生态和应用做了大量研究。大谷蠹在中美洲哥斯达黎加等地是储藏玉米和薯类等的严重害虫，1981 年起传入非洲，已成为非洲玉米产区储藏玉米和木薯的严重害虫，也是一种世界性的危险性检疫害虫，英、美、德等国的研究人员在哥斯达黎加发现一种阎虫（属鞘翅目阎虫科），是大谷蠹的有效天敌。

5. 其他生物防治技术

国内外些科技工作者在植物性药剂、生长调节剂、惰性粉和遗传防治等生物性防治技术上已有不少报道。植物性药剂，已知有 21 科 88 种植物精油和 18 种精油单体对仓虫有熏蒸、忌避、杀卵和抵制发育等作用。50mg/L 齿叶黄皮等 17 种精油对赤拟谷盗熏蒸效果达 100%。肉

桂油等 9 种精油是谷物的有效保护剂，可持效 8 周，与防虫磷混用可增效。

光是影响植物杀虫剂效果的因子之一，在自然阳光或人工近紫外光源照射下可提高其杀虫效果。国外对光活化杀虫剂的研究已有 20 多年，很多植物含有光活化特性的物质，如多炔类、噻吩类，前者在 600 多种植物中都有，后者主要存在于菊科植物。植物光活化杀虫剂对害虫的作用方式奇特，不易产生抗药性，光活化植物自身容易降解，不污染环境，有发展前景。

遗传防治是利用昆虫自身的遗传成分和有益生理变异（如降低生殖力）潜力来实现的，主要是害虫不育性、细胞质不亲和性、杂种不育性和条件致死突变的利用。在辐射不育方面，对印度谷螟、谷象和谷斑皮蠹等的研究较多。

六、 未来的主要任务

根据我国在储藏物昆虫研究和应用方面的进展，参考国外在储藏昆虫研究上的成就和经验，我们认为应从保护储藏物质量和安全、减少对环境的污染、提高人民生活质量保障人民健康的高度来思考 21 世纪我国储藏物昆虫的研究方向和发展途径。

（1）广大农村储藏物的保管仍较薄弱，虫害损失惊人，今后应重视这方面的工作，在农村推广储藏物害虫防治技术。

（2）一些储藏物昆虫的虫源来自田间，今后应重视储藏产品产前和产后技术的联合使用。

（3）储藏物害虫防治应大力提倡综合管理措施，除必要时施用药剂外，应十分重视储藏场所的清洁、干燥和储藏产品质量，加强非化学防治技术的研究和应用。

（4）目前我国储藏物种类繁多，特性各异，储藏场所分散，储藏物运销频繁，易于导致害虫交叉感染，造成虫害损失。今后应加强储藏物昆虫的研究和技术推广工作，为建立储藏物现代储运工程体系服务。

（5）重视储藏物昆虫学科技队伍的建设。

第二节 谷物生物毒素及其消减控制

一、 霉菌毒素

（一）霉菌毒素特性及污染现状

霉菌毒素是子囊菌门的许多丝状真菌产生的有毒次生代谢产物，对人和动物的健康造成严重影响。霉菌毒素是一种有毒的、来源于霉菌的有机化合物，具有不同的化学结构和低相对分子质量（通常小于 1000）。

膳食暴露于霉菌毒素可对人和动物产生致癌、肝毒性、肾毒性、细胞毒性、免疫毒性和神经毒性等多种不良健康效应，因而霉菌毒素被认为是食品和动物饲料中重要的农业污染物。谷物一直是霉菌毒素的主要来源，无论是空气传播还是土壤传播，产毒真菌的世界性分布促成了真菌毒素污染在世界范围内的发生。霉菌毒素在加工食品中的浓度往往较低，其发生率因不同的霉菌毒素而有所不同，这可能是霉菌毒素在加工和分配过程中的稳定性不同所致。霉菌毒素通常在食物和饲料中共存，它们的出现情况每年都会有所不同，这取决于天气和其他环境条件。一般来说，所有农作物和谷物在高热的温度和长时间的潮湿条件下储存不当，都会受到霉菌生长和霉菌毒素的污染。玉米是最容易受到霉菌毒素污染的作物，而水稻是最不容易受到污染的，还发现了许多修饰形式的霉菌毒素（也称为掩蔽型霉菌毒素）。

（二）主要产毒菌株

在农产品生长过程中，霉菌毒素作为次生代谢物由各种霉菌产生，主要来自曲霉属、镰刀菌属和青霉属。曲霉和青霉经常在储藏条件下生长在食物和饲料上，而镰刀菌经常侵染田间生长的作物，如小麦、大麦和玉米，并在植物中繁殖。虽然在食品中最常检测到的是黄曲霉毒素（AF$_S$）、赭曲霉毒素 A（OTA）、玉米赤霉烯酮（ZEA）、伏马菌素（FB$_S$）、棒曲霉素和包括脱氧雪腐镰刀菌烯醇（DON）和 T-2 毒素在内的单端孢霉烯族毒素，但已报告了 400 多种不同类型的霉菌毒素。黄曲霉毒素的主要产毒种类为黄曲霉、寄生曲线虫和诺氏曲线虫，赭曲霉毒素 A 的主要产毒种类为赭曲霉、黑曲霉、炭疽曲霉和疣曲霉；对于伏马菌素，主要产毒种类是轮叶镰刀菌、增殖镰刀菌和黑曲霉。禾谷镰刀菌（F. graminearum）是产生玉米赤霉烯酮的主要菌种，而脱氧雪腐镰刀菌烯醇的主要生产者是禾谷镰刀菌（F. graminearum）和黄色镰刀菌（F. culmorum）。暴露于超过一定水平的霉菌毒素会在人类和动物中引起几种疾病，其特征是靶器官的损害，包括肾脏、肝脏、中枢神经系统和上皮组织，根据霉菌毒素的类型而有所不同。因此，霉菌毒素污染农产品可能导致经济损失和各种从急性毒性到慢性毒性的不良反应，对公共健康具有严重影响。

（三）危害

霉菌毒素威胁人类和动物健康，阻碍国际贸易，浪费食品和饲料，人们不得不将资源转移到研究、执法、监管和应用上，以缓解真菌毒素问题。但是，全世界每年大约 25% 的收获作物受到霉菌毒素的污染，导致了数十亿美元的巨大农业和工业损失。在霉菌毒素中，黄曲霉毒素（AF$_S$）毒性最大，对农业造成重大经济负担。

多年来人们已经认识到，由于农产品中的霉菌毒素污染，世界范围内发生了巨大的经济损失。预计未来几十年气候变化将影响霉菌生长和农业实践，从而影响栽培作物中霉菌毒素的浓度。气候的变化将导致产生霉菌毒素的霉菌的地理分布和霉菌毒素的发生模式发生变化，并导致与作物真菌毒素问题和粮食安全相关的经济损失。为了减少经济损失，人们多年来一直在开发和研究各种收割前和收获后的策略，以减缓作物中霉菌的生长和霉菌毒素的发生。

许多国际公共卫生组织和政府机构都对食品和饲料中的霉菌毒素污染给予了高度重视，并通过采取严格的国际标准来解决这一全球性问题。表 8-1 列出了重要的毒素、主要来源和一些常见的受污染的食品商品，以及美国食品和药物管理局和欧盟对食品和动物饲料中霉菌毒素水平的监管限制。

表 8-1　美国食品和药物管理局和欧盟对食品和动物饲料中霉菌毒素限量

霉菌毒素	来源	食品商品	美国食品和药物管理局/（μg/kg）	欧盟（2006）/（μg/kg）
黄曲霉毒素 B1、B2、G1、G2	黄曲霉，寄生曲霉	玉米，小麦，水稻，花生，高粱，开心果，扁桃，无花果，棉籽	总限量 20	AFB1 2~12，总限量 4~15

续表

霉菌毒素	来源	食品商品	美国食品和药物管理局/（μg/kg）	欧盟（2006）/（μg/kg）
黄曲霉毒素 M1	黄曲霉毒素 B1 衍生物	奶，奶制品	0.5	奶中0.05，婴儿配方食品和婴儿奶中0.025
赭曲霉毒素 A	赭曲霉，疣状青霉，炭黑曲霉	谷物，葡萄，葡萄酒，咖啡，可可，奶酪	—	2~10
伏马菌素 B1、B2、B3	串珠镰刀菌，层出镰刀菌	玉米，玉米制品，高粱，芦笋	2000~4000	200~1000
玉米赤霉烯酮	禾谷镰刀菌，黄色镰刀菌	谷物，谷类产品，玉米，小麦，大麦	—	20~100
呕吐毒素	禾谷镰刀菌，黄色镰刀菌	谷物，谷类制品	1000	50~200
棒曲霉素	扩展青霉	苹果，苹果汁，苹果酱	50	10~50

二、 常见的六种毒素

（一）黄曲霉毒素（Aflatoxins）

黄曲霉毒素主要由黄曲霉和寄生曲霉产生，通常存在于土壤和各种有机物质中。黄曲霉菌株只产生黄曲霉毒素 B1（AFB1）和 B2（AFB2），而寄生曲霉菌株可以产生黄曲霉毒素 B1、黄曲霉毒素 B2、黄曲霉毒素 G1 和黄曲霉毒素 G2。自从 1960 年在英国发现黄曲霉毒素是"火鸡 X 病"的病原体，其导致 10 万只小火鸡死亡以来，黄曲霉毒素一直是大量研究的对象，也是研究最多的真菌毒素。

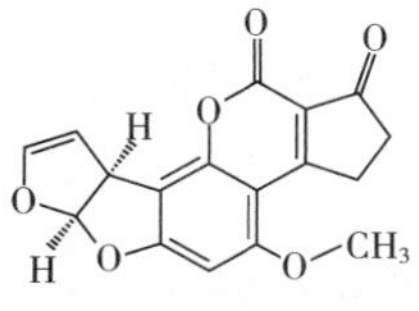

黄曲霉毒素B1 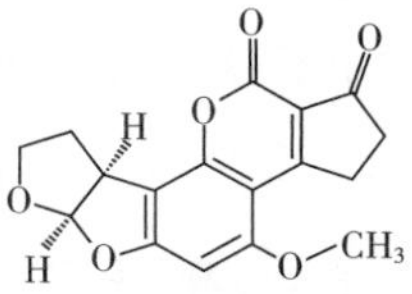　　　黄曲霉毒素B2 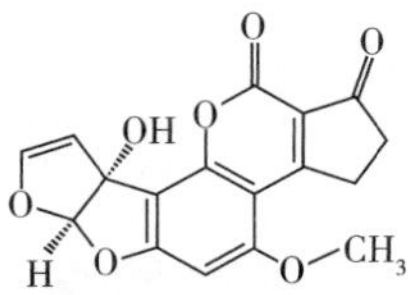　　　黄曲霉毒素M1

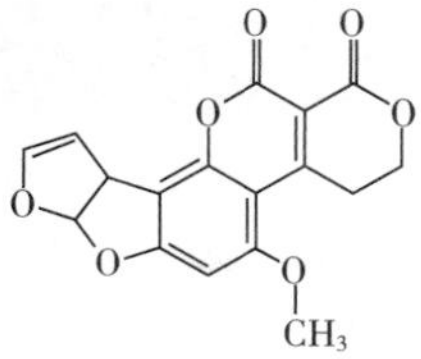

黄曲霉毒素G1 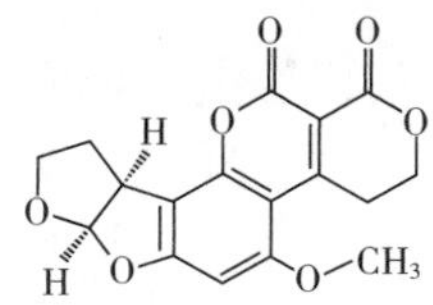　　　黄曲霉毒素G2 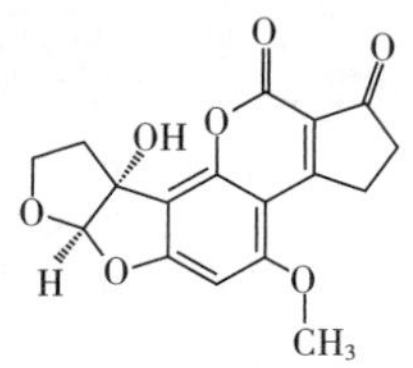　　　黄曲霉毒素M2

据报道，印度首次暴发影响人类的黄曲霉毒素中毒，导致 100 人死亡。产生黄曲霉毒素的真菌生长在各种各样的食物上，如谷物（玉米、大米、大麦、燕麦和高粱）、花生、碎坚果、开心果、杏仁、核桃和棉籽。

黄曲霉毒素具有致癌、致畸、肝毒性、致突变和免疫抑制作用，其中肝脏是主要的受害器官。在人类和动物群体中，黄曲霉毒素与急性毒性和慢性致癌性都有关。黄曲霉毒素 B1 被国际癌症研究机构（IARC）列为第 1 类致癌物，在接触黄曲霉毒素的个人中患肝细胞癌（HCC）的风险很高，而黄曲霉毒素 M1 被列为 2B 组（可能对人类致癌）。急性中毒虽然在发达国家通常很少见，但在发展中国家很普遍，而慢性致癌性是一个全球性问题。不同动物种类的 LD_{50} 值在 0.5~10mg/kg（体重）。在人类中，急性黄曲霉毒素中毒的特征是呕吐、腹痛、肺水肿和脑水肿、昏迷、抽搐，甚至死亡。在动物中，已经报告了胃肠功能障碍、繁殖减少、饲料转化率和效率降低、牛奶和鸡蛋产量下降以及贫血的症状。黄曲霉毒素 B1 的毒性作用主要是由于生物活性的 AFB1-8，9-环氧环与细胞大分子，特别是线粒体、核酸和核蛋白结合，产生普遍的细胞毒性作用。

（二）赭曲霉毒素（Ochratoxins）

赭曲霉毒素于 1965 年在南非被发现，是由赭曲霉、疣状青霉和其他青霉菌产生的一组相关化合物。该组中最重要的毒素是赭曲霉毒素 A（OTA）。一般来说，疣状青霉可以在冷温带条件下产生赭曲霉毒素 A，而赭曲霉则更喜欢生长在热带地区。赭曲霉毒素广泛存在于各种农产品中，如玉米、小麦、大麦、面粉、咖啡、大米、燕麦、黑麦、豆类、豌豆和混合饲料，尤其存在于葡萄酒、葡萄汁和葡萄干中。赭曲霉毒素 A 在酸性环境中非常稳定，可以忍受高热加工，因此，在正常烹饪条件下很难从食物中消除。

赭曲霉毒素 A

国际癌症研究机构将赭曲霉毒素 A 归入 2B 组（可能的人类致癌物），赭曲霉毒素 A 有急性肾毒性和肝毒性。不同动物口服赭曲霉毒素 A 的 LD_{50} 为 3~20mg/kg。此外，据报道，赭曲霉毒素 A 对人类和动物都有免疫毒性、遗传毒性、神经毒性、致畸性和胚胎毒性。赭曲霉毒素 A 通过降低饲料转化率和体重增加来影响产粮动物的生产力，并可能降低蛋鸡的产蛋量。由于赭曲霉毒素 A 是脂溶性的，它往往会在动物，特别是猪的组织中积聚。由于其结构与必需氨基酸苯丙氨酸相似，赭曲霉毒素 A 会干扰肾脏和肝脏的苯丙氨酸羟化酶活性，从而抑制适当的蛋白质合成。此外，赭曲霉毒素 A 也抑制 RNA 和 DNA 的合成。欧盟已经确定了几种食品中赭曲霉毒素 A 的限量，范围为 5~50μg/kg。

（三）玉米赤霉烯酮（Zearalenone）

玉米赤霉烯酮（ZEA）是一种大环间苯二环酸内酯，由镰刀菌属产生，主要是禾谷镰刀菌和半裸镰孢菌。由于其结构与自然产生的雌激素相似，玉米赤霉烯酮被描述为一种在人和动物中诱导明显雌激素效应的雌激素霉菌毒素。玉米、小麦、大麦、高粱和黑麦中经常含有玉米赤霉烯酮。在美国和加拿大，玉米和小麦被玉米赤霉烯酮污染的频率更高，而在欧洲，玉米赤霉烯酮污染的主要是小麦、黑麦和燕麦，高湿低温条件有利于玉米赤霉烯酮的产生。

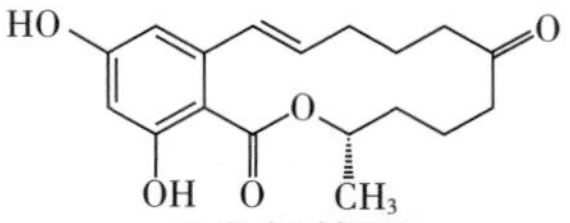

玉米赤霉烯酮

玉米赤霉烯酮被国际癌症研究机构归类为第 3 类致癌物。对玉米赤霉烯酮的公共卫生担忧与其强烈的雌激素活性有关。玉米赤霉烯酮具有雌激素的作用，其强度为雌激素的十分之一，可造成家禽和家畜的雌激素水平提高，使其神经系统亢奋，对神经系统、心脏、肾脏、肝和肺都会有一定的毒害作用。牛食用被大量玉米赤霉烯酮污染的饲料可能直接与不孕不育、产奶量减少和高雌激素症有关。

（四）伏马菌素（Fumonisins）

伏马菌素是 1988 年发现的一组霉菌毒素，是一种亲水性霉菌毒素。伏马菌素主要由串珠镰刀菌产生，当给猪喂受污染的玉米时，伏马菌素会引起肺水肿。伏马菌素也由多育镰刀菌产生。目前，已分离出 11 种伏马菌素，分为 A、B、C、P 四大类。伏马菌素 B1（FB1）是最常见的，占伏马菌素家族总数的 70%~80%。伏马菌素 B1 通常污染玉米粒，也可存在于高粱、小麦、大麦、大豆、芦笋、无花果、红茶和药用植物中。

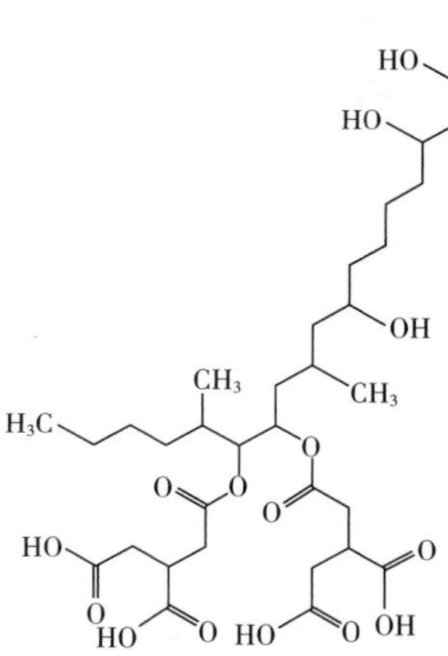

伏马菌素B1

伏马菌素 B1 是人类食物中最普遍的伏马菌素，也是毒性最大的，被国际癌症研究机构归入 2B 类（可能致癌）。伏马菌素主要针对肝脏和肾脏，对实验动物造成严重毒性。由于伏马菌素的亲水性，牛乳中不会残留伏马菌素，而且几乎没有伏马菌素 B1 在可食用组织中积累。世界卫生组织将暂定的每日最大耐受摄入量定为 $2\mu g/kg$（体重）。美国食品和药物管理局将人类食品（如玉米和玉米加工产品）中伏马菌素的推荐最高含量设定为 2~4mg/kg，在不同动物饲料中的推荐最高含量为 5~100mg/kg。2007 年，欧盟修订了关于玉米和玉米基产品中伏马菌素最高含量的立法，未加工玉米的伏马菌素最高含量为 4mg/kg，供人类直接食用的玉米的伏马菌素最高含量为 1mg/kg。

（五）单端孢霉烯族毒素（Trichothescenes）

单端孢霉烯族毒素，主要由镰孢菌、头孢霉和其他一些霉菌产生的生物活性和化学结构相似的有毒代谢产物，在自然界中广泛存在，误食后易导致严重疾病甚至死亡。主要污染大麦、小麦、燕麦、玉米等谷物。单端孢霉烯族毒素为无色结晶，该化合物非常稳定，难溶于水和极性溶剂，在烹调等加热过程中不会被破坏。单端孢霉烯族是所有真菌毒素中化学成分最多样化的。单端孢霉烯的基本化学结构是倍半萜烯，因其在第 12 位碳、第 13 位碳上形成环氧基，故又称 12，13-环氧单端孢霉烯族化合物。由于在不同碳上的取代基不同，而形成不同的化合物，这些取代基可以是氢原子、羟基或酯基，酯基通常为乙酸酯，也有丁烯酯或异戊酸酯。这类化合物主要分为 A、B、C、D 四种类型。在单端孢霉烯族中，脱氧雪腐镰刀菌烯醇（DON）是最常见和研究最充分的。

脱氧雪腐镰刀菌烯醇

国际癌症研究机构已将脱氧雪腐镰刀菌烯醇归入 3 类致癌物。脱氧雪腐镰刀菌烯醇经口 LD_{50} 为 46~78mg/kg。据报道，人类接触受脱氧雪腐镰刀菌烯醇污染的谷物会引起恶心、呕吐、腹泻、腹痛、头痛、头晕和发烧。一般来说，动物的常见中毒症状是生长缓慢、牛产奶量降低、饲料拒绝、蛋鸡产蛋量下降、肠道出血和免疫反应抑制。单端孢霉烯族毒素毒性很大，很容易穿透细胞膜脂质双层与 DNA、RNA 和细胞器反应。其产生毒性的主要机制是抑制核糖体蛋白合成，其次是导致 DNA 和 RNA 合成中断。

（六）棒曲霉素（Patulin）

棒曲霉素是 1943 年发现的一种聚酮类霉菌毒素，又称展青霉素。它是由生长在水果和蔬菜上的某些青霉、曲霉和丝衣霉菌产生的，其中扩张青霉被公认为产量最高的真菌。棒曲霉素最初被认为是一种潜在的抗生素，但随后的研究证明了它对人类的毒性，包括恶心、呕吐、溃疡和出血。在啮齿动物中，棒曲霉素的口服 LD_{50} 范围为 29~55mg/kg（体重）。尽管国际癌症研究机构对棒曲霉素可能的致癌性表示了极大的关注，但仍然将棒曲霉素归入 3 类致癌物。美国将人食用食品中棒曲霉素的水平限制在 50μg/kg。

棒曲霉素（展青霉素）

三、 霉菌毒素的检测

自从首次发现霉菌毒素以来，许多方法已经被验证并用于分析食品和饲料中的霉菌毒素，如薄层色谱（TLC）、高效液相色谱（HPLC）、气相色谱（GC）、超高效液相色谱（UPLC）、酶联免疫吸附试验（ELISA）以及快速纸条筛选试验等。

食品样品中霉菌毒素水平的测定通常是通过一些常见的步骤来完成的，即取样、均质、提取然后净化，最后是检测和定量，这是由许多仪器和非仪器技术完成的。从食品样本中提取和纯化霉菌毒素的方法的选择通常取决于三个因素：霉菌毒素的化学性质、食品基质的性质和所用的检测方法。大多数液体食品样本，如牛奶、葡萄酒和苹果汁，都要经过液–液萃取，以初步分离霉菌毒素，也可以使用固液萃取，特别是用于从谷物、谷类食品和其他固体材料中提取真菌毒素。大多数真菌毒素在甲醇、乙腈、丙酮、氯仿、二氯甲烷或乙酸乙酯等有机溶剂中高度溶解，而在水中几乎不溶。但是伏马菌素可溶于水，因为它们含有四个游离羧基和一个氨基，伏马菌素 B1 在水和乙腈的混合物中高度稳定。提取霉菌毒素通常使用有机溶剂的混合物，并加入一定量的水或酸性缓冲液，水会增强有机溶剂在食物基质中的渗透性，酸性溶剂可以打破分析物与其他食物成分（如蛋白质和糖）之间的氢键，从而提高提取效率。对于高脂含量的样品，使用非极性溶剂提取，如己烷和环己烷。近年来，许多仪器自动化溶剂萃取方法被用于霉菌毒素的分析，包括超临界流体萃取（SFE）、加速溶剂萃取（ASE）和微波辅助萃取（MAE）。与传统方法相比，这些方法加快了霉菌毒素的提取，需要较少的化学溶剂（因此更环保），并且有更好的提取效率。在提取霉菌毒素后，过滤和离心是在进行进一步清理之前去除干扰颗粒的重要步骤。

提取物的纯化是消除那些可能干扰后续霉菌毒素检测的物质的重要过程。通过纯化提取物，提高特异性和敏感性，从而提高准确度和精密度。最近，快速、简便、廉价、有效、可靠和安全（QuEChERS）样品制备方法已被应用于从不同食品基质中提取和净化霉菌毒素。这项技术最初是在 2003 年开发的，用于农药分析，然后适用于提取广泛的基质和分析物，如丙烯酰胺、芳香胺、多环芳烃（PAHs）和霉菌毒素。原理与高效液相色谱（HPLC）、固相萃取（SPE）相似，都是利用吸附剂填料与基质中的杂质相互作用，吸附杂质从而达到除杂净化的目的。在过去的几年里，这项技术已经被用于分析许多食品基质中的多种霉菌毒素，如谷物和谷类产品、动物副产品如鸡蛋和牛奶、葡萄酒、咖啡和香料等。

（一）色谱法

色谱法是分析食品和饲料中霉菌毒素最常用的方法。最早的色谱方法是薄层色谱法（TLC），目前食品中霉菌毒素分析的研发集中于应用快速、易用和廉价的技术，要求在一次运行中以高灵敏度和高选择性检测和定量各种霉菌毒素。为了满足这些需要，人们开发了许多色谱方法，如高效液相色谱与紫外线（UV）、二极管阵列（DAD）、荧光（FLD）、质谱（MS）联用。此外，气相色谱（GC）结合电子捕获（ECD）、火焰离子化（FID）或质谱检测器已被用于识别和定量挥发性霉菌毒素。由于大多数霉菌毒素的低挥发性和高极性，气相色谱分析通常需要衍生化步骤，因此，这种方法很少用于霉菌毒素分析。

（二）免疫学方法

在所有已发表的免疫学方法中，酶联免疫吸附（ELISA）是检测霉菌毒素最常用的方法。酶联免疫吸附能够快速筛查，市面上有许多试剂盒可用于检测和定量所有主要霉菌毒素。酶联免疫吸附方法已在多种食物基质中得到验证。酶联免疫吸附可以通过几种方式进行，如夹心法、竞争法和间接法。酶联免疫吸附的原理是基于霉菌毒素（作为抗原）与指定的抗体之间的特异性相互作用，这些抗体被酶标记，结合抗原的量将决定颜色显影的水平。该技术为食品中霉菌毒素的分析提供了一种快速、特异、相对易用的方法。然而，酶联免疫吸附有一些缺点，包括潜在的交叉反应和对特定基质的依赖。此外，该试剂盒仅检测单一霉菌毒素，并且设计为一次性使用，因此，如果需要检测被多种霉菌毒素污染的样本，成本可能会很高。

（三）快速检测

妊娠和血糖检测试纸等快速诊断试剂盒在医学领域已使用多年，人们对开发用于检测主要食品污染物（如食源性病原体、兽药残留、杀虫剂、过敏原和霉菌毒素）的快速测试条一直很感兴趣。这些测试方法被设计为在实验室以外的检查现场使用。在简单的便携式设备的帮助下，甚至不使用任何仪器或读取器，就有望在短时间内获得结果。第一个试纸条法是为检测玉米基食品中的伏马菌素 B1 而开发的，视觉下限为 $40 \sim 60 \text{ng/g}$，随后发展了用于检测多种真菌毒素的试纸。

（四）其他新兴的检测技术

除了上述方法外，其他几种方法对霉菌毒素的分析也有潜在的实用价值。然而，这些方法的应用有限，并且没有在研究环境之外广泛使用，因为它们需要得到 AOAC、国际标准化组织（ISO）等机构的进一步验证和确认。

1. 红外光谱

光学方法将红外（IR）分析仪与主成分分析（PCA）相结合，无须样品制备即可对霉菌毒素进行筛选和定量，是检测谷物中霉菌毒素的一种很有前途的快速和无损技术。近红外反射光谱和中红外透射光谱都已用于检测小麦和玉米中的脱氧雪腐镰刀菌烯醇。这些方法的优点是操作简单，不需要任何化学品，不需要样品制备或提取，而且检测迅速。然而，需要进一步开发红外光谱检测不同霉菌毒素的潜力，这两种方法都面临挑战，包括霉菌毒素在食品基质中的不均匀分布、研磨颗粒的粒度分布，以及该方法的检测限。

2. 毛细管电泳

毛细管电泳（CE）是一种仪器技术，它基于电化学电位，使用荧光或紫外吸收来分离不同的组分。该技术的显著优点是所需溶剂和缓冲液的体积很小，因此只产生少量的废物。许多真菌毒素，如黄曲霉毒素、脱氧雪腐镰刀菌烯醇、伏马菌素、赭曲霉毒素 A 和玉米赤霉烯酮，已能被毛细管电泳分离。然而，该方法缺乏灵敏度，因为只能测试小体积样本。然而，毛细管电泳与基于激光的荧光检测相结合，提高了对玉米、咖啡和高粱中伏马菌素 B1、黄曲霉毒素和赭曲霉毒素分析的灵敏度，其效率与某些色谱技术达到的效率相当。最近，毛细管电泳−环糊精增强荧光联用技术被用于玉米中玉米赤霉烯酮的分析，检出限为 5ng/g。

3. 生物传感器

近年来，生物传感器作为食品中霉菌毒素的快速、可靠和低成本的量化工具受到了广泛关注。生物传感器是包括产生生物识别事件的特定生物元素（如抗体）和将识别事件转换成电化学信号的物理化学元素的测量装置，该电化学信号由光、电或热信号组成。已经开发了各种生物传感器并用于检测霉菌毒素，如表面等离子体共振、光纤探针和阵列生物传感器。竞争性表面等离子体生物传感器已用于快速筛选天然污染基质中的黄曲霉毒素 B1、玉米赤霉烯酮、赭曲霉毒素、伏马菌素 B1 和脱氧雪腐镰刀菌烯醇。生物传感器的一个主要优势是可循环使用，这使它们有别于一次性使用的酶联免疫吸附试剂盒和其他快速筛查试条测试。带有固定化脱氧雪腐镰刀菌烯醇的表面等离子激元生物传感器芯片可以重复使用 500 次以上而不会有明显的活性损失。虽然许多生物传感器格式有可能在霉菌毒素分析中有效，但大多数生物传感器程序仍然需要样品清理。此外，这些设备不能同时分析多个分析物。

4. 电子鼻

电子鼻（EN）是气相色谱的变种，模仿人类嗅觉系统，提供食品样本中霉菌毒素的非破坏性、快速和低成本分析。它由一系列具有不同特性的化学传感器组成，这些传感器与不同的挥发性化合物相互作用，可以借助模式识别系统来识别和量化气味。目前电子鼻在霉菌毒素检测中的应用主要集中在产毒霉菌的检测上，而对霉菌毒素本身的检测较少。该技术对于区分产毒和非产毒霉菌非常有用，并且已经用于区分发霉和未发霉的谷物。利用电子鼻检测玉米中的黄曲霉毒素和谷物中的脱氧雪腐镰刀菌烯醇已经发表了一些研究。使用这项技术分析食品中的霉菌毒素仍处于早期开发阶段。需要优化仪器以量化食品样品中的低水平霉菌毒素。另外，霉菌毒素大多是非挥发性有机化合物，这给基于 EN 的检测带来了困难。

四、霉菌毒素的控制

霉菌毒素的控制可以分为三部分：收获前、收获过程和收获后。收获前的控制措施主要包括抗菌品种的培育，如用常规育种或生物技术选择和培育抗病品种，以及良好的农业规范（GAP），栽培期间的化学和生物防治；收获过程指良好的收获措施，以及安全的运输过程；收获后的控制在于储藏期间的管理，良好的仓储条件可以减少谷物中真菌的侵染和生长以及霉菌毒素的产生，此外，还可以使用一些物理、化学和生物方法进行杀菌脱毒。

霉菌毒素降解方法主要有物理方法、化学方法、生物方法。

（一）物理方法

通过一些物理手段，如过热蒸汽、微波、紫外辐射等，可以破坏毒性部位，有效去除谷物中的霉菌毒素。物理方法包括过热蒸汽处理、微波处理及光催化复合材料产生自由基等方法，辐照也能降低食品中的霉菌毒素水平，但由于潜在的分子反应，并不推荐用于食品脱毒。

1. 过热蒸汽

研究表明，利用温度为 175℃ 的过热蒸汽在 5min 内即可杀灭小麦中 90% 的微生物孢子，在过热蒸汽处理的 1~5min 内，其对孢子的杀灭速度最大。此外，当温度达到 200℃ 时，过热蒸汽可在 80s 内杀灭小麦中 99.9% 的细菌和全部的真菌（其中芽孢杆菌的杀灭率可达 81.8%）。除了杀菌，也可利用过热蒸汽降解赤霉病小麦中的脱氧雪腐镰刀菌烯醇。当采用 160℃ 以上的过热蒸汽处理赤霉病小麦时，其含量显著降低。

2. 光催化降解

据报道，光催化降解是一种很有前途的绿色途径，由于其无废物处理问题、成本低、反应条件温和、对环境影响小等优点，在污染物处理领域获得了重要的应用。目前，光催化降解技术已广泛应用于环境修复、空气净化、水处理等领域，尤其是对有机废水的处理。

Yemmireddy 和 Hung 使用 TiO_2 灭活了从均质生菜和碎牛肉样品中提取的大肠杆菌。在目前报道的各种光催化剂中，TiO_2 是光催化中应用最广泛的一种。然而只有能量高于 TiO_2 带隙能量的光子才能激活光催化，超过九成的太阳能，不能用来活化 TiO_2 进行光催化。

为了解决该问题，更好地利用太阳能，人们做出了许多努力来扩大对 TiO_2 的吸收光谱。在 TiO_2 中掺杂贵金属 Ag 和非金属 N 可以将 TiO_2 的吸收光谱扩展到可见光区。上转换纳米粒子（UCNP）是一种可以被低能光子激发产生高能光子的材料，因此它可以通过多光子过程将近红外光转换为紫外光和可见光，使 TiO_2 的带隙向近红外光能量方向调整。TiO_2 被激活后会产生电子和空穴，电子和空穴到达半导体颗粒表面，分别与吸附在半导体颗粒表面的氧分子和水分子相互作用，产生强烈的超氧阴离子自由基（$\cdot O_2^-$）和羟基自由基（$\cdot OH$）。生成的活性氧可以与脱氧雪腐镰刀菌烯醇反应，达到解毒的目的。光催化复合材料 NaYF$_4$：Yb，Tm@ TiO$_2$ 产生自由基 HO·和·O$_2^-$，应用于脱氧雪腐镰刀菌烯醇的光催化降解，60min 内脱氧雪腐镰刀菌烯醇的降解率达到 100%（10μg/mL）。将该光催化技术应用于小麦中脱氧雪腐镰刀菌烯醇的去除，120min 时降解率达到 69.8%。

3. 微波降解

微波加工技术由于显著减少了烹饪时间和能耗，在食品工业中得到了广泛的应用。微波干燥、加热、杀菌等微波加工技术在食品质量安全控制中发挥着重要作用。微波是频率在 300MHz 到 300GHz 之间的电磁波，一般来说，工业微波频率为 915MHz 或 2.45GHz。

黄曲霉毒素相当稳定，熔点在 268℃ 左右。干热并不是特别有效，而湿热或高压灭菌可以减少黄曲霉毒素的含量。并不是所有的黄曲霉毒素对加热的反应都一样，例如黄曲霉毒素 B1 是热稳定的，但是黄曲霉毒素 G1 可以被加热破坏。在黄曲霉毒素 B1 和黄曲霉毒素 B2 的初始浓度分别为 183.2μg/kg 和 46.7μg/kg 时，微波加热使黄曲霉毒素 B1 的含量降低 55%，而黄曲霉毒素 B2 的含量降低到检出限以下。

（二）化学方法

化学方法包括使用在碱性条件下可以破坏真菌毒素的化学试剂，如碱溶液、臭氧、柠檬酸等。化学作用可以明显降低霉菌毒素的含量，但可能会存在化学残留的问题。

臭氧（O$_3$）是一种强氧化剂，在食品工业中通常被认为是一种安全的抗菌剂。臭氧通过氧化巯基和蛋白酶或攻击细胞壁的多不饱和脂肪酸来破坏真菌细胞。镰刀菌是对臭氧最敏感的产毒真菌，其次是曲霉和青霉。研究表明，臭氧气体可以完全灭活镰刀菌和曲霉。臭氧熏蒸后孢子萌发和毒素产生也有所减少。天然和人工污染的霉菌毒素样本在臭氧氧化后，真菌毒素含量显著降低。虽然某些真菌毒素的解毒机理尚不清楚，但人们认为臭氧与真菌毒素分子中的官能团发生反应，改变了其分子结构，形成了分子质量较低、双键较少、毒性较小的产物。

臭氧处理不会存在化学残留的问题，臭氧具有较短的半衰期，需要立即生产，立即使用，其容易分解为氧气，绿色环保，是氯的很好的替代品，但臭氧可能与食品基质反应产生其他物质，这在某种程度上限制了臭氧的使用。

（三）生物方法

与物理和化学方法相比，生物脱毒或许是更好的选择，它们对食品品质有最小的影响，却拥有很好的降解率。

微生物和酶解毒是治理脱氧雪腐镰刀菌烯醇污染的一种很有前途的方法，生物方法主要是筛选培育能够降解脱氧雪腐镰刀菌烯醇的菌株。脱氧雪腐镰刀菌烯醇 C3 羟基部分被发现是毒性的主要决定因素。这导致了一种新的解毒途径的提出：脱氧雪腐镰刀菌烯醇的异构化，其中脱氧雪腐镰刀菌烯醇被分解成 3-酮基-脱氧雪腐镰刀菌烯醇（3-keto-DON）和 3-差向异构-脱氧雪腐镰刀菌烯醇（3-epi-DON）。最近的研究表明，这些所得化合物几乎没有毒性：3-keto-DON 的毒性比脱氧雪腐镰刀菌烯醇低 10 倍，而 3-epi-DON 的毒性比脱氧雪腐镰刀菌烯醇低 1181 倍。从武汉土壤中发现的 Devosia 菌 D6-9 菌株对脱氧雪腐镰刀菌烯醇有很好的降解作用，在脱氢酶和醛酮还原酶的作用下，脱氧雪腐镰刀菌烯醇被先后转化为毒性非常低的 3-keto-DON 和 3-epi-DON，降解率为 2.5μg/（min·10^{-8}）细胞。

第三节 谷物重金属及其消减控制

一、 谷物中常见的重金属污染

重金属并没有明确的定义，但在大多数情况下，密度被认为是决定物质是否为重金属的因素，因此重金属通常被定义为密度超过 $5g/cm^3$ 的金属。其中包括汞（Hg）、镉（Cd）、铅（Pb）、铬（Cr）以及类金属砷（As）等生物毒性显著的元素，也包括具有一定毒性的一般重金属，如镍（Ni）、钴（Co）、锡（Sn）等。

近年来，由于全世界多地区的重金属污染事件频频发生，重金属的环境归宿和食品残留问题受到人们越来越多的关注。尽管全世界多个国家都报道了重金属对环境的污染，但是饮食中重金属的污染一直严重威胁着很多国家与地区的人类健康。重金属作为污染物存在于地球上，特别是砷、镉、铅和汞是环境中普遍存在的低浓度有毒元素，它们可以通过吸入、饮食和人工处理进入植物、动物以及人体组织。镉、汞、铅和砷等有毒重金属不仅能与钙、镁或铁等矿物质竞争吸收，还能与结构蛋白、酶和核酸等重要细胞成分结合，从而干扰其功能。重金属对人体的危害很大，比如砷能影响皮肤、肺、脑、肾、肝、代谢系统、心血管系统、免疫系统和内分泌系统，镉可以影响骨骼、肾脏、肝脏、肺、睾丸、大脑、免疫系统和心血管系统等。

重金属对人类健康的主要威胁与接触铅、镉、汞和砷都有密切关系，世界卫生组织等国际机构已对这些金属进行了广泛研究，并定期审查其对人类健康的影响。人类使用重金属已有数千年历史，虽然人们早已知道重金属对健康的不利影响，但接触重金属的情况仍然在继续，在一些地方甚至有增加的趋势，特别是在较不发达的国家。重金属通过一系列的过程和途径向环境中排放，包括空气、地表水（通过径流以及储存和运输过程中的排放）以及土壤，从而进入地下水和作物。从人类健康的角度看，大气排放往往是最令人关切的问题，这既是因为所涉及重金属的种类众多，也是由于经常发生的广泛的扩散和接触的可能性十分复杂。比如铅的排放主要与公路运输有关，因此在空间上分布最为均匀，镉的排放主要与有色金属的冶金和燃料燃烧有关，而汞的人为排放的空间分布主要反映了不同地区的煤炭生产与消费水平。人们可能在空气、食品、水或土壤中接触到潜在的有害的化学、物理和生物剂，可见食物永远也不可能是完全安全的。20 世纪和如今更多的工业活动导致我们接触铅、镉、汞和砷等有毒金属的概率大大增加，这些金属现在存在于人类整个食物链中，并表现出各种毒性。

研究表明，重金属及其化合物对人体及动物的呼吸系统、消化系统、生殖系统和中枢神经系统均有损害，此外具有致癌、致畸作用，重金属在 DNA 氧化损伤中发挥着重要作用。人体所需的 50% 的能量和 43% 的蛋白质均来源于谷物，而全国每年受重金属污染的粮食达 1200 万 t。

（一）汞

汞俗称水银，呈银白色，是室温下唯一呈现液态的金属，在室温下具有挥发性。汞在自然界中主要有元素汞和汞化合物两大类。汞及汞化合物在自然界分布极为广泛，如土壤、水、生物体甚至食品中都可以检测出微量的汞。

1. 食品中汞的来源

汞污染食品主要通过含汞的工业废水污染水体，使得水体中的鱼、虾和贝类等受到污染；含汞农药的使用，直接污染植物性食品原料，同时，农田淤泥中含汞过高，也会导致农产品或其他水生生物受到汞的污染。

以含汞农药作为种子消毒剂或者生长期杀菌剂时，农作物中汞污染也较为严重。我国曾因大田作物施用有机汞农药发生过农作物汞含量升高导致中毒的事故。

2. 食品中汞残留的危害

人体对有机汞、无机汞和金属汞的吸收明显不同。由于汞在室温下蒸发，因此食品中几乎不存在元素汞；食品中的无机汞在人体中吸收率较低，有90%以上可以从粪便排出体外；而脂溶性强的有机汞，尤其是甲基汞，在消化道内吸收率很高。甲基汞进入消化道后，在胃酸的作用下转化为氯化甲基汞，氯化甲基汞经过肠道的吸收率达95%～100%。

汞被吸收后，一方面可以与血浆蛋白等血浆和组织中的蛋白的巯基结合成结合型汞，另一方面可以与含巯基的低分子化合物如半胱氨酸、辅酶以及体液中的阴离子形成扩散型汞。人体吸收的汞随血液循环分布于全身的组织、器官，但以肝、肾、脑等器官的含量最高。

甲基汞进入人体后主要侵犯神经系统，特别是中枢神经系统，损害最严重的是小脑和大脑。甲基汞在胃部转化为氯化甲基汞后，与脂质和巯基具有高度的亲和力。经肠道吸收进入血液的氯化甲基汞，与红细胞中的血红蛋白的巯基结合，透过血脑屏障进入大脑，并与脂质相结合，从而影响大脑功能。甲基汞中毒可分为急性、亚急性、慢性和潜在性危害4种类型。甲基汞中毒最初为肢体末端和口唇周围麻木、并有刺痛感，后出现手部动作、知觉、视力等障碍，伴有语态、步态失调，甚至发生全身瘫痪、精神紊乱。

除了能引起严重的中枢神经系统损害外，甲基汞还可以通过胎盘屏障和血睾屏障引起胎儿损害，导致胎儿先天性汞中毒，表现为发育不良、智力减退、畸形，甚至发生脑瘫而死亡。

硒对有机汞和无机汞中毒均具有拮抗作用，可以使汞在体内的毒性作用减小。研究表明，在给予甲基汞的同时给予硒，试验雏鸡汞中毒的症状减轻。

（二）镉

镉是一种银白色有延展性的金属，自然界有广泛分布，但含量甚微，在地壳中平均含量为0.15mg/kg。镉的性质活泼，能同硫、氧、卤素发生反应，易被氧化，稍经加热即可挥发，并与空气中的氧结合形成氧化镉。镉能生成很多无机化合物，其硫酸盐、硝酸盐及氯化物易溶于水，镉对盐水和碱液都有良好的抗蚀性能。由于镉的有机化合物很不稳定，自然界中不存在有机镉化合物，但在哺乳动物、禽类和鱼类等生物体内的镉多数是与蛋白质分子呈结合态的。

1. 食品中镉的来源

（1）自然来源 镉广泛地存在于自然界，但是自然本底值较低，因此食品中的镉含量一般不高。但是，通过食物链的生物富集作用，可以在食品中检出镉。

不同食品被镉污染的程度差异很大，海产品、动物内脏（特别是肝和肾）、食盐、油类、脂肪和烟叶中的镉平均浓度比蔬菜、水果高；海产品中尤其以贝类含镉量较高；植物性食品中含镉量相对较低，其中甜菜、洋葱、豆类、萝卜等蔬菜和谷物镉污染相对较重。

（2）工业污染 镉在工业中用途广泛，如可以作为原料或者催化剂用于生产塑料、颜料和化学试剂。镉污染源主要来自工业"三废"，如铅锌矿冶炼产生的废弃物、电镀镉排放的废液等，一般重工业比较发达的城市镉污染较严重。

（3）食品容器及包装材料的污染　镉是合金、釉彩、颜料和电镀层的组成成分之一。当使用含镉容器盛放和包装食品，特别是酸性食品时，镉从容器或包装材料上迁移到食品中，从而造成食品的污染。

（4）施用不合格化肥造成的污染　有些化肥如磷肥等含镉量较高，在施用过程中可造成农作物的镉污染。

2. 镉残留对人体的危害

镉进入人体的途径主要是从食品中摄入并蓄积在肾、肝、心等组织器官中。镉化合物的种类、膳食中的蛋白质、维生素 D 和钙、锌的含量等因素均影响食品中镉的吸收。通过消化道进入人体内的镉吸收率较低，仅为 1%。但研究表明，当动物饲缺乏蛋白质和钙的饲料时，对镉的吸收率可以增加到 10%。镉中毒的病理变化主要生发在肾脏、骨骼和消化道器官 3 个部分，引起急性或慢性中毒

GB 2762—2017《食品安全国家标准　食品中污染物限量》规定了大米、大豆中镉的限量≤0.2mg/kg，花生≤0.5mg/kg，面粉、杂粮等≤0.1mg/kg；畜禽肉类≤0.1mg/kg，肝脏≤0.5mg/kg，而肾脏≤1.0mg/kg。

（三）铅

铅在自然界中大多以化合物的形式存在。在加热的条件下，铅能迅速与氧、硫、卤素反应，加热到 400℃ 以上时有大量铅蒸气逸出，在空气中氧化并凝结成烟。铅的化合物中危害较大的是烷基铅，如四乙基铅和四甲基铅，它们均为无色透明油状液体，不溶于水，易溶于有机溶剂与脂肪。

1. 食品中铅的来源

铅天然存在于环境中，而采矿、冶炼、制造电池和使用含铅汽油等人类活动也产生不少铅。

铅还可在食物中找到。空气中的铅可能会残留在菜叶上，水产食用动物也会因为受污染的水域和沉积物而体内积铅。虽然铅以有机及无机两种形态存在，但在食物中只检测到无机铅。

铅可通过进食、吸入和皮肤吸收进入人体。髹漆及装修、水管工程、建筑工程和汽车维修等多个行业的从业员，他们在工作环境中摄入铅较多。烟草也是铅的摄入来源。此外，幼童经常把手指和其他物件放入口里，也较易吞下含铅的油漆屑，以及可能含有铅的家居尘埃或土壤。

2. 铅残留对人体的危害

铅在体内由小肠吸收，膳食中钙、植酸和蛋白质可以阻碍铅吸收。铅的毒性及对人体的危害：引起急性中毒、造血系统损害、神经系统损害、肾脏损害、免疫系统损害、对骨代谢有影响、对内分泌有影响、生殖毒性、胚胎毒性、致畸致癌作用。

铅对人体并无重要功能。短期摄入大量的铅可导致腹痛、呕吐和贫血，而儿童长期摄入铅，可引致神经系统和智力受损。

成年人如长期接触铅，大量的铅可在体内积聚，或会导致贫血、血压上升和肾脏受损。

由于在实验动物身上有足够证据证明铅可致癌，而铅令人类致癌的证据有限，国际癌症研究机构把无机铅化合物列为很可能令人类患癌的物质（2A 类）。

（四）铬

铬（Cr）广泛存在于自然环境中，是人体必需的微量元素，同时也是一种毒性很大的重金

属，摄入过多会对人体产生危害。市场上出售的明胶类食品、水产品、蔬菜等食品存在铬超标现象，形成了食品铬污染。加强对食品添加剂的监管及减少环境中铬对食品的污染是控制食品中铬污染来源的必要途径。

1. 食品中铬的来源

铬在大气、水中含量低，土壤中有一定的铬含量（主要以三价铬存在），但由于其性质稳定、溶解度低而难以进入植物体内，所以正常情况下食品中铬的含量较低。铬污染主要来源于环境、生产、加工、贮存、运输过程等环节的污染，以及生产过程中的非法添加。

（1）环境污染　制革、纺织品生产和印染等产业产生的含铬"工业三废"未经无害化处理排入环境中，导致大气、水体受污染。由于铬具有累积性和生物链浓缩特性，可以离子状态迁移到土壤中，并蓄积于各种生物体内，如蔬菜、海产品等。农作物从被污染的水中和土壤中吸取大量的铬，如用含铬废水灌溉和河水灌溉的土地相比，种植作物的含铬量，胡萝卜高10倍，白菜高4倍。水生生物对铬的富集倍数更高，各类无脊椎动物为 2 ~ 9000 倍，海藻为 60 ~ 120000 倍，鱼为 2000 倍，因此铬易通过生物富集作用进入植物、动物体内，造成食物的污染。

（2）食品加工运输过程污染　在食品加工过程中使用的器械、包装也可能导致铬污染。此外，不锈钢容器在盛放、烹煮食品过程中会发生重金属的迁移导致铬污染，因此 GB 4806.9—2016《食品安全国家标准　食品接触用金属材料及制品》规定，不锈钢食饮具在酸性溶液浸泡溶出铬不应超过 $0.4mg/dm^2$。

（3）生产过程的非法添加　明胶是动物的皮、骨、筋腱中的胶原经部分水解后，提纯而获得的蛋白质制品，各种动物的骨和皮都可以提炼，按用途可分为食用、药用、照相及工业 4 类。其中，食用、药用明胶常用于制作酸奶、果冻、胶囊等各种食品、药品，而工业明胶成分复杂，是禁止用于食品、药品的。近年来，一些不法商家为节省成本，采用工业明胶代替食用明胶作为食品添加剂；有些厂家采用铬盐鞣制成的皮革下脚料提取明胶，卖给制药企业，制成胶囊壳。这些明胶内不仅含有铬，还可能含有其他防腐或染色成分，对人体造成危害。

2. 食品铬污染对人体的危害

Cr 广泛存在于自然环境中，所有 Cr 化合物浓度过高时都有毒性，但各种 Cr 化合物毒性的强弱不同。Cr^{3+} 进入人体过多时，可对人体健康带来危害，但 Cr^{3+} 的毒性较小，Cr^{6+} 的毒性较大，其中 Cr^{6+} 已被美国国家环境保护局（EPA）确定为 17 种高度危险的毒性物质之一。过量含铬化合物进入人体可能导致皮肤过敏、溃疡、鼻中隔穿孔和支气管哮喘等，铬是已知的致癌物，还可引起肾脏损伤、引发肾功能及尿中酶和蛋白含量的改变，严重的可能导致肾脏坏死。

（五）砷

砷在自然界中有时会以元素砷的形式存在，但主要还是以三价和五价的有机或无机化合物的形式存在。自然界中常见的三价砷有三氧化二砷（砒霜）、亚砷酸钠和三氯化砷；五价砷有五氧化二砷、砷酸及其盐类。无机砷在环境中或生物体内可以形成甲基砷化物。它在酸性环境中经金属催化释放新生态氧，并生成砷化氢，具有强毒性。海水中的砷主要以偶砷基甘氨酸三甲丙盐和偶砷基胆碱及偶砷基糖的形式存在。

1. 食品中砷的来源

环境中的砷可以通过各种途径污染食品，继而经口进入人体造成危害。我国进行的总膳食研究中发现，我国成年男性标准膳食中无机砷摄入量为 $0.079mg/d$，占暂定每周可耐受摄入量（PTWI）的 58.6%。因此，食品是普通消费者身体中砷的主要来源。食品中砷的来源主要包括：

（1）自然来源 几乎所有的生物体内均含有砷。自然界中的砷主要以二硫化砷（即雄黄）、三硫化砷（即雌黄）及硫砷化铁等硫化物的形式存在于岩石圈中。此外，在其他多种岩石中砷也伴随存在，如镍砷矿、硫砷铜矿等，这些矿石在风化、水浸和雨淋等情况下可以进入土壤和水体。地壳中砷含量一般为 $2 \sim 5 \mu g/g$。人体可同时通过消化道、呼吸道和皮肤摄入砷而导致砷中毒的发生。

自然环境中的动植物可以通过食物链或以直接吸收的方式从环境中摄取砷。正常情况下动植物食品中砷含量较低。陆地植物和陆地动物中的砷主要以无机砷为主，且含量都比较低。

（2）环境中的砷对食品的污染 在环境化学污染物中，砷是最常见、危害居民健康最严重的污染物之一。有色金属熔炼、砷矿的开采冶炼，含砷化合物在工业生产中的应用，如陶器、木材、纺织、化工、油漆、制药、玻璃、制革、氮肥及纸张的生产等，特别是在我国流传广泛的土法炼砷所产生的大量含砷废水、废气和废渣常造成砷对环境的持续污染，从而造成食品的砷污染。

含砷废水、农药及烟尘会污染土壤，在土壤中累积并由此进入农作物组织中。北京市农业科学院用含 0.25mg/L 砷的水灌溉水稻，糙米中含砷量比清灌对照组增加 75%；用含 0.5mg/L 砷的水灌溉油菜，其砷残留量比清灌溉区高 29%。

（3）含砷农药的使用对食品的污染 在我国，砷酸钠、亚砷酸钠、砷酸钙、亚砷酸钙、砷酸铅及砷酸锰是比较常用的含砷农药，由于无机砷的毒性较大、半衰期长，目前已禁止生产使用。生产和使用含砷农药可以通过污染环境来污染食品，也可以通过施药造成作物的直接污染。

（4）食品加工过程的砷污染 在食品的生产加工过程中，食用色素、葡萄糖及无机酸等化合物如果质地不纯，就可能因含有较高量的砷而污染食品。如生产酱油时用盐酸水解豆饼，并用碱中和，如果使用的是砷含量较高的工业盐酸，就会造成酱油含砷量增高。

2. 食品砷污染的危害

砷在人体内的代谢：通常认为砷的甲基化作用具有两面性，一方面可以有效抑制砷的急性毒效应；另一方面也可能诱发慢性砷中毒而导致癌变等发生。砷对健康的危害：元素砷基本无毒，但砷化合物具有不同的毒性，三价砷在体内的蓄积性和毒性均大于五价砷。砷能引起人体急性中毒、亚急性中毒、慢性中毒及具有致癌性、致畸性和致突变性。

N-亚硝基化合物对动物具有致癌性是公认的。N-亚硝基化合物可通过消化道、呼吸道、皮肤接触或皮下注射诱发肿瘤。一次大剂量摄入，可产生以肝坏死和出血为特征的急性肝损害。长期小剂量摄入，则产生以纤维增生为特征的肝硬化，并在此基础上发展为肝癌。关于致癌的机制，两类 N-亚硝基化合物有所不同。亚硝酰胺本身为终末致癌物，无须体内活化就有致癌作用，而亚硝胺本身是前致癌物，需要在体内活化、代谢产生自由基，使核酸或其他分子发生烷基化而致癌。

N-亚硝基化合物对人类直接致癌还缺少证据。但许多学者认为 N-亚硝基化合物对人致癌的可能性很大。至今，在 300 多种 N-亚硝基化合物中，已发现大约有 80% 以上能对动物诱发肿瘤。

（六）镍

镍是人体必需的微量元素，其不但是人体血纤维蛋白溶酶的组成成分，还可以激活酶，促进心肌细胞修复与生长，控制催乳激素和核酸的代谢等。食物摄入是普通人群最主要的镍暴露途径，人群通过食品摄入镍的含量一般在 50mg/d，长期或过量摄入会对肾、脾、肝等器官造成危害，使心血管、免疫及血液系统受损，已被国际癌症研究机构（IARC）列为对人可能致癌物。目前国际上对食品中镍的监测及评估工作正在有序开展，欧盟要求各成员国连续三年（2016~2018 年）对 15 类重点食品开展镍的监控，以期获得评估数据。亚洲国家伊朗、黎巴嫩等也在开展相关评估。我国学者分别对中国内地人群、香港地区成年人群通过膳食摄入镍的健康风险进行评估，结果显示膳食人群尤其是儿童，通过饮食摄入镍对其健康存在潜在的风险。因此，有必要对居民膳食食品中镍的含量状况、人群暴露水平及健康风险进行调查和评估。

镍是人体的微量元素，过多则可使人中毒，头发变白，在大量镍污染的环境中，有呼吸道肿瘤与高发生率的皮肤病，粉末状镍与一氧化碳化合生成四羰基镍，通过呼吸道进入人体后，人体可出现肺出血、浮肿、脑白质出血、毛细血管壁脂肪变性并发呼吸障碍以及呼吸系统癌症等。四羰基镍已被确认是一种致癌物质。吸烟引起肺癌，可能与镍有关。

（七）钴

钴污染是指钴对环境的污染。钴曾用作啤酒的起泡剂，大量饮用啤酒可引起钴中毒。人单次摄入钴超过 500mg 就会中毒。钴在土壤溶液中浓度为 10mg/L 时，可使农作物死亡。

水中重金属离子钴浓度超标时会引起很多严重的健康问题，如低血压、瘫痪、腹泻和骨缺陷等，也会导致活细胞的基因突变。此外，放射性钴（如钴-60）还是重要的核污染物。

经常注射钴或暴露于过量的钴环境中，可引起钴中毒。钴中毒的临床表现为食欲不振、呕吐、腹泻等。儿童对钴的毒性敏感，应避免使用每千克体重超过 1mg 的剂量。在缺乏维生素 B_{12} 和蛋白质以及摄入酒精时，钴的毒性会增加，这在酗酒者中常见。

（八）锡

一般来讲，金属锡是无毒的，简单的锡化合物和锡盐的毒性非常低，但人们食入或者吸入过多的锡，就有可能出现头晕、腹泻、恶心、胸闷、呼吸急促、口干等不良症状，并且导致血清中钙含量降低。

一些有机锡化物的毒性非常高。锡的三烃基化合物被用作船漆来杀死附着在船身上的微生物和贝壳。这些化合物可以破坏含硫的蛋白质。

有机锡化合物中毒会影响神经系统能量代谢和氧自由基的清除，引起严重疾病，如严重而广泛的脊髓病变性疾病，全身神经损害引起头痛、头晕、健忘等症状。

二、　重金属的检测方法

（一）原子吸收光谱法

原子吸收光谱法（atomic absorption spectrometry，AAS）是基于气态的基态原子对特征波长光的吸收，根据吸光度和待测元素浓度的关系做标准曲线，从而进行定量分析的方法。原子吸收光谱法主要包括火焰原子吸收光谱法（flame atomic absorption spectrometry，FAAS）、石墨炉原子光谱吸收法（graphite furnace atomic absorption spectrometry，GFAAS）、氢化物原子吸收光谱法（hydride generation atomic absorption spectrometry，HGAAS）和冷原子吸收光谱法（cold vapor atomic absorption spectrometry，CVAAS），其中冷原子吸收光谱法仅适用于汞元素的检测。原子吸收光谱法选择性高、分析精度好、分析速度快，是国家标准中多种金属元素常用的测定方法。

（二）原子荧光光谱法

原子荧光光谱法（atomic fluorescence spectrometry，AFS）是介于原子发射光谱和原子吸收光谱之间的光谱分析技术，其原理是通过测量基态原子被特定辐射激发至高能态后产生的特征波长的荧光强度，来定量分析待测元素的含量。原子荧光光谱法灵敏度高、测量线性范围宽，被广泛地应用于超痕量金属元素的测定。

（三）电感耦合等离子体原子发射光谱法

电感耦合等离子体原子发射光谱法（inductively coupled plasma atomic emission spectrometry，ICP-AES）是以电感耦合等离子体作为激发光源，将样品气溶胶分解成激发态的离子和原子状态，利用其回到基态时发射出的特征谱线进行元素的定量分析。

（四）电感耦合等离子体质谱法

电感耦合等离子体原子发射光谱法是以离子体为离子源，样品在被电离和激发后在质谱仪中按照质荷比分离，根据质谱结果对元素的种类和含量进行定性和定量分析的方法。电感耦合等离子体原子发射光谱法可以对除汞以外的大多数重金属元素进行测定，该方法没有光谱和基底的干扰，准确度高、检出限低，且能够在短时间内完成上百种元素的测定，是痕量、超痕量元素分析的首选方法。

（五）高效液相色谱法

高效液相色谱结合紫外检测器（ultraviolet，UV）是一种高效的重金属检测方法，由于重金属离子本身并不具有紫外吸收，需要在检测前对其进行衍生化，即重金属与显色剂发生络合反应，生成有色分子团，利用紫外吸收强度大小与金属离子浓度成正比的关系进行测定。络合剂的选择是影响检测结果的重要因素，目前常用的络合剂包括吡咯烷二硫代氨基甲酸酯（pyrrolidine dithiocarbamate，PDC）、4-（2-吡啶偶氮）间苯二酚［4-（2-pyridylazo）resorcinol，PAR］、1-（2-吡啶偶氮）-2-萘酚［1-（2-pyridylazo）-2-naphthol，PAN］、二乙基二硫代氨基甲酸钠（sodium diethyldithiocarbamate，DDTC）、二乙基二硫代磷酸铵（ammonium diethyl-dithiophosphate，DDTP）和双硫腙。

三、 重金属污染的削减控制方法

以下分类全面介绍重金属污染的削减方法，并根据其实际应用状况着重介绍已经在生产中得到应用或应用潜力较好的削减方法。重金属进入人体的途径主要有三种，分别是吃的食物、水和大气。

（1）造成蔬菜、水果、大米、水产品中重金属含量超标的主要原因是江、河、湖泊的水质污染，及其通过灌溉引起的土壤污染。因此要减少重金属超标对人体的危害，要大力治理水污染，从源头上减少江、河、湖泊中重金属的含量。控制重金属对食品的污染首先要从源头上把关，严格控制工业"三废"和城市生活垃圾对农业环境的污染。

（2）加快推行标准化生产，加强农产品质量安全关键控制技术研究与推广，加大无公害农产品生产技术标准和规范的实施力度。

（3）加强食品安全监督与检验，强化质量管理，完善食品安全检验检测体系。

（4）注意选购的蔬菜品种，比如生菜、莴苣容易富集镉，可以尽量少食。另外，叶类菜是所有蔬菜中最容易受重金属污染的。

（5）少食含铅量高的食品，如皮蛋、爆米花等。

（6）减少烫发的次数，尽量少用含重金属的化妆品，如增白霜、口红等。

（7）家中的家具油漆过后，要开窗通风。

（8）古老公园里亭台楼阁相对多，雕梁画栋比比皆是，早些年的油漆为了增强防腐性，其中的铅、砷等重金属含量超标。这些油漆内的重金属跑到了土壤里，就造成了公园土壤重金属超标。

（9）如果轻微中毒，可大量喝牛奶，牛奶中的蛋白质会和重金属反应，减缓其对身体机能的损害，喝了以后马上就医。

（10）可以在地里、自家花园里种上一定量的"蜈蚣草"或堇菜等植物，一方面能美化环境，另一方面又能清除土壤内的重金属，可谓一举两得。

（11）食品中的重金属并不能通过水洗、浸泡、加热、烹炒等人们常用的方法来减少，因为重金属是通过水和土壤在整个生长过程中逐步渗入食品中的，并不存在于表面，所以通常的办法是无效的，只能在选购食品时，注意相关标识，比如质量安全标志、无公害食品标志、绿色食品标志等，尽量选购正规厂商的产品。

四、　粮食和食品重金属污染的防控

（1）改善栽培和种植模式，减少重金属污染提高粮食品质。

（2）培育重金属低积累品种，减少重金属从土壤向粮食的转移　目前我国在重金属低积累农作物品种培育方面比较滞后。今后必须加强这方面研究，大力加强重金属低积累水稻、小麦和玉米等农作物新品种培育，不断满足人民群众对优质粮食的需求。

（3）开展粮食深加工利用，减少食品重金属污染程度　加强对重金属污染粮食的深加工，减少粮食加工产品和食品中重金属含量。如重金属一般积累在水稻谷壳和籽粒表层，在水稻脱壳以后，把糙米精加工成精白米，虽然减少了部分糊粉层的营养成分，但可以大大减少重金属污染。同样，在小麦和玉米加工中，也可以采取深加工措施，减少重金属含量。

（4）利用植物修复技术，种植重金属富集植物　利用能够强力吸收重金属的植物修复重金属的土壤，实现清洁土壤之目的。如在湖南郴州、云南、广西等地开展产业化示范的"蜈蚣草"种植，已经在被重金属污染、无法耕种的土地上取得了成效，因此"蜈蚣草"也被称为"土壤清洁工"。

五、　预防食品中重金属污染的措施

（一）消除污染源

要控制食品中金属毒物的污染，必须从治理环境入手。加强环境保护力度，严格按照《中华人民共和国环境保护法》《污水综合排放标准》等要求达标排放，对不达标的企业给予曝光、停产、整改、取缔，使其达标排放。加快城市垃圾处理能力的建设，对农村垃圾处理给予支持，避免污染源对农田、水源、土壤的危害。加快建立区域性动植物产品定期监测制度或监控计划，对区域性的监测结果进行分析，采取综合措施，逐步净化重金属对食品的污染。妥善保管有毒有害金属及其化合物，减少和控制环境污染，使其污染物对人体和食品安全的影响降低到最低限度。

（二）加强监督检查与检验检测力度

监督机构要加强对食品生产企业的长期有效的监管，应从种植养殖，到生产加工、包装、储运、销售等全过程监管，实行追溯制度，从源头上抓好食品生产、出厂、出售等质量关，检验检测机构要加大对各类食品的检测力度，食品生产经营单位要全面贯彻执行食品安全法律、产品质量法及和国家的相关标准要求，妥善保管有毒有害金属及其化合物，防止误食误用外或人为污染食品。对制假售假的，要依法处理，并列入"黑名单"，向社会曝光。对广大群众要普及产品质量和食品安全知识，提高人民群众的质量意识和防假能力。健全食品安全监管长效机制，改革食品监督管理体制，提高执法能力和监管效能，完善和健全食品安全标准体系，加强食品安全监测、危险性评估、预警和信息统一发布工作。组织、支持和鼓励食品安全方面的科研和合作。

（三）加快食品安全体系建设

食品生产企业在有效执行各项法规的基础上，要应用国外先进的质量管理体系，要以良好生产规范（GMP），ISO9000 质量管理体系认证，危害分析与关键控制点（HACCP）系统，ISO22000 食品安全管理体系，GB/T 22000—2006《食品安全管理体系　食品链中各类组织的要求》为重点，逐步落实和推广。食品安全体系的建设要多部门的协调与合作，全面提升我国食品的生产水平，建立长效的食品安全保障体系，寻找食品生产、加工、流通及消费过程中提高食品安全性的具体方法或手段，加快食品质量安全认证工作，大力发展绿色食品、有机食品、无公害食品，以达到食品安全链条的各个环节的食品安全得到有效控制，为社会提供安全、可靠、放心的食品。

思政小课堂

中国农业科学技术水平的不断提升，使得种植业耕作模式和手段发生了根本性变化。中国农作物种类有很多，其中以谷物类作物种植为主。玉米作为中国谷物类的重要作物之一，其产量及种植技术一直以来都是影响中国农业发展的关键因素之一。因此，高效玉米种植技术对于中国农业的发展有着十分深远的影响。中国玉米大多种植在北方地区，北方地区的地质环境及土壤性质适合玉米的生长。另外，在北方地区，玉米种植历史相对较久，病虫害防治手段也较为成熟。例如，可通过生物手段、化学手段和物理手段等对病虫害进行治理，也可以通过多种手段相结合的方式促进玉米种植业的可持续发展。除此之外，在一些北方地区，为了提高玉米产量，增加农户收入，相关农业技术人员还要对种植区域进行管控，避免产生大规模的病虫害。另外，还需做好病虫害防治技术推广工作，掌握地质环境、气候条件、土质特征，实现高产种植。

本章参考文献

［1］严晓平，周浩，沈兆鹏，等．中国储粮昆虫历次调查总结与分析［J］．粮食储藏，2008，37（6）：3-11.

［2］CHAMP B R，DYTE C E，FAO P P D，et al. Report of the FAO global survey of pesticide susceptibility of stored grain pests［J］. FAO Plant Production and Protection，1976，5（2）：49-67.

［3］NISHI A，TAKAHASHI K. Effects of temperature on oviposition and development of *Amphibolus venator*（Klug）（Hemiptera：Reduviidae），a predator of stored product insects［J］. Applied Entomology and Zoology，2002，37（3）：415-418.

［4］COOMBS C W，WOODROFFE G E. Some factors affecting the longevity and oviposition of *Ptinus tectus* Boieldieu（Coleoptera，Ptinidae）which have relevance to succession among grain beetles ［J］. Journal of Stored Products Research，1965，1（2）：111-127.

［5］范京安，李隆术，朱文炳，等. 麦蛾种群动态及其对小麦品质变化的影响 ［J］. 粮食储藏，1989，18（3）：5.

［6］BANKS H J. Distribution and establishment of *Trogoderma granarium* Everts（Coleoptera：Dermestidae）：Climatic and other influences ［J］. Journal of Stored Products Research，1977，13（4）：183-202.

［7］曹志丹. 玉米象和米象成虫的鉴别 ［J］. 粮食加工，1980（1）：15-20.

［8］李隆术. 储藏产品螨类的危害与控制 ［J］. 粮食储藏，2005，34（5）：3-7.

［9］ASRAR M，ASHRAF N，HUSSAIN S M，et al. Toxicity and repellence of plant oils against *Tribolium castaneum* Herbst，*Rhyzopertha dominica*（F.）and *Trogoderma granarium*（E.）［J］. Pakistan Entomologist，2016，38（1）：55-63.

［10］COX P D. Potential for using semiochemicals to protect stored products from insect infestation ［J］. Journal of Stored Products Research，2004，40（1）：1-25.

［11］李隆术. 产品害虫生物性防治技术研究进展 ［J］. 粮食储藏，2005，34（4）：3-7.

［12］李隆术. 储粮病虫综合防治 ［J］. 粮食储藏，2004（5）：3.

［13］梁权. 磷化氢熏蒸基础研究进展与应用 ［J］. 粮食储藏，1994，23（2）：24-34.

［14］陈斌，李隆术. 储藏物害虫生物性防治技术研究现状和展望 ［J］. 植物保护学报，2002，29（3）：272-278.

［15］张国梁. 储粮害虫防护剂应用技术进展 ［J］. 粮食储藏，1994，23（2）：15-23.

［16］MARIN S，RAMOS A J，CANO-SANCHO G，et al. Mycotoxins：Occurrence，toxicology，and exposure assessment ［J］. Food and Chemical Toxicology，2013，60：218-237.

［17］MITCHELL N J，BOWERS E，HURBURGH C，et al. Potential economic losses to the US corn industry from aflatoxin contamination ［J］. Food Additives and Contaminants. Part A：Chemistry，Analysis，Control，Exposure and Risk Assessment，2016，33（3）：481-488.

［18］RHEEDER J P，MARASAS W F O，VISMER H F. Production of fumonisin analogs by *Fusarium* species ［J］. Applied and Environmental Microbiology，2002，68（5）：197-210.

［19］RICHARD J L. Some major mycotoxins and theirmycotoxicoses-an overview ［J］. International Journal of Food Microbiology，2007，119（1-2）：3-10.

［20］YANG J Y，LI J，JIANG Y M，et al. Natural occurrence，analysis，and prevention of mycotoxins in fruits and their processed products ［J］. Critical Reviews in Food Science and Nutrition，2014，54（1）：361-369.

［21］PUEL O，GALTIER P，OSWALD I P. Biosynthesis and toxicological effects of patulin ［J］. Toxins，2010，2（4）：199-206.

［22］刘亚伟，董一威，孙宝利，等. QuEChERS 在食品中农药多残留检测的应用研究进展 ［J］. 食品科学，2009，30（9）：285-289.

［23］GIROLAMO A D，LIPPOLIS V，NORDKVIST E，et al. Rapid and non-invasive analysis of deoxynivalenol in durum and common wheat by fourier-transform near infrared（FT-NIR）spectroscopy ［J］. Food Addit Contam. Part A：Chem Anal Control Expo Risk Assess，2009，26（6）：907-917.

［24］MARAGOS C，MICHAEL A. Capillary electrophoresis of the mycotoxin zearalenone using cyclodextrin-enhanced fluorescence ［J］. Journal of Chromatography A，2007，1143（1-2）：102-110.

［25］LOGRIECO A, ARRIGAN D W M, BRENGEL-PESCE K, et al. DNA arrays, electronic noses and tongues, biosensors and receptors for rapid detection of toxigenic fungi and mycotoxins: A review ［J］. Food Additives and Contaminants: Part A, 2005, 22 (4): 335-344.

［26］PRONYK C, CENKOWSKI S, ABRAMSON D. Superheated steam reduction of deoxynivalenol in naturally contaminated wheat kernels ［J］. Food Control, 2006, 17 (10): 789-796.

［27］PIPER P W. Molecular events associated with acquisition of heat tolerance by the yeast Saccharomyces cerevisiae ［J］. FEMS Microbiology Reviews, 1993, 11 (4): 339-355.

［28］YEMMIREDDY V K, HUNG Y C. Effect of food processing organic matter on photocatalytic bactericidal activity of titanium dioxide (TiO$_2$) ［J］. International Journal of Food Microbiology, 2015, 204: 75-80.

［29］YOKO I, IKUO S, STEPHANIE G, et al. *Nocardioides* sp. strain WSN05-2, isolated from a wheat field, degrades deoxynivalenol, producing the novel intermediate 3 - *epi* - deoxynivalenol ［J］. Applied Microbiology and Biotechnology, 2011, 89: 419-427.

［30］HE J W, BONDY G S, ZHOU T, et al. Toxicology of 3-*epi*-deoxynivalenol, a deoxynivalenol-transformation product by Devosia mutans 17-2-E-8 ［J］. Food and Chemical Toxicology, 2015, 84: 250-259.

［31］宋道冲，庞金玲，黄晓佳. 食品中重金属检测及样品前处理方法研究进展 ［J］. 食品安全质量检测学报，2020，11 (15): 4958-4966.

［32］章海风，陆红梅，路新国. 食品中重金属污染现状及防治对策 ［J］. 中国食物与营养，2010，8: 17-19.

［33］倪新，张艺兵，胡萌，等. 食品和土壤中重金属镉污染及治理对策 ［J］. 山东农业大学学报：自然科学版，2008，3: 419-423.

［34］陈天金，魏益民，潘家荣. 食品中铅对人体危害的风险评估 ［J］. 中国食物与营养，2007，2: 15-18.

第九章 CHAPTER

谷物干法加工

第一节　稻谷碾米

　　稻谷加工主要包括清理、砻谷、砻下物分离、糙米碾米、成品处理及副产品整理等部分，各部分的目的、要求均不同，每一部分又包含多道工序。图9-1是稻谷加工各工段流程图。

一、　稻谷清理

　　稻谷在收割、脱粒、干燥、运输和储藏过程中，难免混入一定数量的杂质，直接影响稻谷加工的安全生产和加工成品质量。因此，加工前稻谷必须进行清理除杂。

　　稻谷中的杂质按化学成分可分为无机杂质和有机杂质：无机杂质是指混入粮食中的泥土、砂石、煤渣、砖瓦块、玻璃碎块、金属物及其他矿物质；有机杂质是指混杂在粮食中的根、茎、叶、颖壳、野生植物种子、异种粮粒、鼠雀粪便、虫蛹、虫尸以及没有食用价值的生芽、病斑、变质粮粒等。习惯上，统称无机杂质和有机杂质为尘芥杂质，称异种粮粒和无食用价值粮粒为粮谷杂质，有毒的病害变质粮粒常称为有害杂质。

　　稻谷中的杂质还可按杂质的颗粒大小分为大杂质、并肩杂质、小杂质；按杂质密度不同可分为重杂质和轻杂质。

　　根据稻谷和杂质的几何性状、空气动力学、密度、导磁性等性质差异，常用的稻谷清理除杂方法有筛选法、风选法、重力分选法、磁选法等。常用的稻谷清理流程为：

　　稻谷清理的要求：稻谷清理后，含杂总量不应超过 0.6%，其中含沙石不应超过 1 粒/kg，含稗不应超过 130 粒/kg。

二、　砻谷及砻下物分离

　　通过对稻谷籽粒施加一定的外力，破坏稻壳与糙米的结合强度，而使稻壳脱离糙米的过程称为砻谷（也称稻谷脱壳）。稻谷经一次砻谷后不能全部成为糙米，因此，砻谷后的物料中主要是糙米、稻壳以及未脱壳的稻谷，这些物料统称为砻下物。在砻下物中，还常含有糙碎米（不足整粒糙米长度 2/3 的碎粒）、未成熟粒、小粒、不透明的粉质粒等。

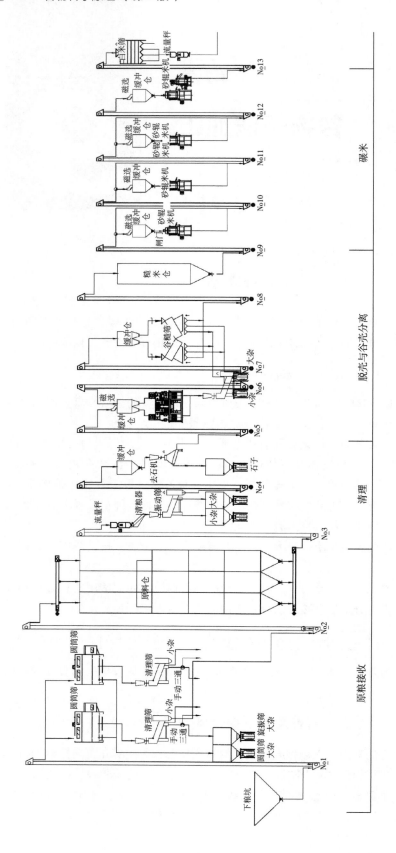

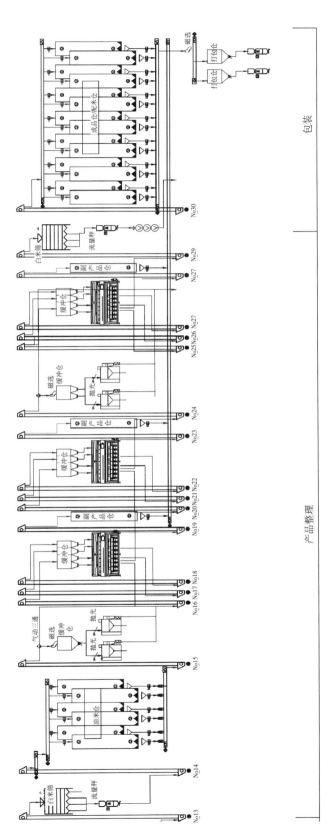

图 9-1 稻谷加工流程图

清理后的稻谷若直接碾米（俗称稻出白），出米率低、成品米质量差，副产品利用率也低，造成稻谷资源的巨大浪费。因此，常规的稻谷加工包括砻谷及砻下物分离工序，即净稻谷要经过砻谷、稻壳分离、谷糙分离、糙米精选等工序，得到的纯净糙米再送入碾米工段。

砻谷的目的是在脱除稻壳的同时尽量保持糙米粒完整，减少碎粒；砻下物分离的目的则是将砻下物进行充分分离，得到相对纯净的糙米、回砻谷、稻壳。糙米送往碾米工段碾白，回砻谷（未脱壳的稻谷）被分选出来后回砻谷机再次脱壳，稻壳作为副产品加以利用，谷糙混合物（未脱壳稻谷和糙米的混合物）则做进一步分离（回筛物料）。

脱壳率是考核砻谷工序的主要工艺指标。粳稻的籽粒结构强度大，脱壳率一般为 80%～90%；籼稻的脱壳率为 75%～85%。在确保一定脱壳率前提下，尽量保持糙米籽粒完整，减少砻下物含碎米量，提高大米出品率。砻下物分离时，谷壳分离要求分离出的稻壳中含饱满粮粒不超过 30 粒/100kg，砻下物中含稻壳量不超过 0.8%；谷糙分离要求分离出的糙米中含稻谷量不超过 40 粒/kg，回砻谷中含糙量不超过 10%。

（一）砻谷

1. 稻谷的工艺特性

稻谷籽粒两顶端，稻壳与糙米间存在空隙；稻谷的内颖壳与外颖壳钩合包裹在糙米的周围，稻壳钩合处结合力较弱，稻壳与糙米间没有结合力；稻壳表面粗糙，质地较脆弱。针对稻谷籽粒和稻壳的上述特性，对稻谷施加适宜的外力，使稻壳变形、破裂，即可达到稻谷脱壳的目的，同时控制和调节外力大小，有助于提高砻谷机的脱壳率，减少脱壳时的糙碎米和糙米表面损伤，降低胶耗。

2. 砻谷的基本方法与原理

根据稻谷脱壳时的受力状况和脱壳方式，稻谷脱壳方法通常分为挤压搓撕脱壳、端压搓撕脱壳和撞击脱壳。

（1）挤压搓撕脱壳　稻谷两侧面受两个具有不同运动速度的工作面的挤压、搓撕作用而脱去颖壳的方法。如图 9-2（1）所示，谷粒两侧分别与甲乙两工作面紧密接触，并受到两工作面的挤压力 F_{j1}、F_{j2}。甲工作面以一定速度向下运动，乙工作面静止不动，甲工作面则对谷粒产生一向下的摩擦力 F_1，使谷粒向下运动，此时乙工作面对谷粒产生一向上的摩擦力 F_2，阻碍谷粒随甲工作面一起向下运动。这样，在谷粒两侧就产生了一对方向相反的摩擦力。在挤压力和摩擦力的作用下，谷壳产生拉伸、剪切、扭转等变形，这些变形统称为搓撕效应。当搓撕效应大于谷壳的结合强度时，谷壳就被撕裂而脱离糙米，达到脱壳的目的。

挤压搓撕脱壳设备主要有对辊式砻谷机和辊带式砻谷机。

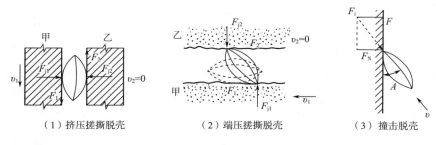

（1）挤压搓撕脱壳　　　　（2）端压搓撕脱壳　　　　（3）撞击脱壳

图 9-2　稻谷脱壳示意图

（2）端压搓撕脱壳 稻谷籽粒两顶端受两个不等速运动工作面的挤压、搓撕作用而脱去颖壳的方法。如图9-2（2）所示，稻谷横卧在甲、乙两工作面之间，稻谷一个侧面与其中一个工作面（甲）接触。当甲工作面高速运动，而乙工作面静止，此时谷粒受到两个作用，一是甲工作面对谷粒产生的摩擦力，另一个是谷粒运动所产生的惯性，并形成一对力偶，从而使谷粒斜立。当斜立后的谷粒顶端与乙工作面接触时，谷粒的两端部同时受到甲、乙两工作面对其施加的压力 F_{j1}、F_{j2}，同时产生一对方向相反的摩擦力 F_1、F_2。在压力和摩擦力的共同作用下，稻壳被脱去。

典型的端压搓撕脱壳设备是砂盘砻谷机。

（3）撞击脱壳 高速运动的稻谷与固定工作面撞击而脱壳的方法。如图9-2（3）所示，借助机械作用力加速的谷粒，以一定的入射角冲向静止的粗糙面，在撞击的一瞬间，谷粒的一端受到较大的撞击力和摩擦力的作用，当这一作用力超过稻谷颖壳的结合强度时，颖壳就被破坏而脱去。

典型的撞击脱壳设备是离心式砻谷机。

3. 胶辊砻谷机

胶辊砻谷机结构形式很多，一般由进料机构、胶辊装置、辊压调节及松紧辊机构、传动机构、稻壳分离装置和机架等部分构成。砻谷机的工作过程见图9-3，稻谷由进料斗通过流量控制装置后，经喂料淌板整流、匀料和加速，准确地进入两胶辊间，谷粒两侧受到一对挤压力和一对方向相反的摩擦力所形成的搓撕作用而脱去稻壳。稻谷脱壳后所得的砻下物流经稻壳分离装置使稻壳与谷糙分开。稻壳由吸风道吸走，稻谷和糙米（谷糙混合物）经出料口流出机外，送入谷糙分离工序。

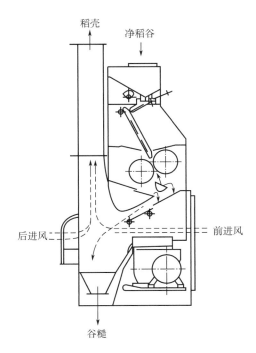

图9-3 胶辊砻谷机工作过程

4. 砻谷机的工艺指标及工艺效果的评定

（1）工艺指标　脱壳率：籼稻75%~85%，粳稻80%~90%；稻壳含粮<30粒/kg；砻下物含壳<0.8%。

（2）工艺效果的评定

①脱壳率：脱壳率是指稻谷经砻谷机一次脱壳后，已脱壳稻谷质量占进机稻谷质量的百分比，计算公式为：

$$\eta_{\mathrm{T}} = \frac{q_{\mathrm{m1}}\omega_1 - q_{\mathrm{m2}}\omega_2}{q_{\mathrm{m1}}\omega_1} \times 100\% \tag{9-1}$$

式中　η_{T}——脱壳率，% ；

q_{m1}——进机物料流量，kg/h；

q_{m2}——吸去稻壳后的砻下物流量，kg/h；

ω_1——进机物料稻谷含量，% ；

ω_2——吸去稻壳后的砻下物中稻谷含量，%。

也可按式（9-2）计算：

$$\eta_{\mathrm{T}} = \frac{\omega_1\omega_{\mathrm{c2}} - \omega_2\omega_{\mathrm{c1}}}{\omega_1\omega_2 k - \omega_1\omega_{\mathrm{c2}}} \times 100\% \tag{9-2}$$

式中　η_{T}——稻谷出糙率，% ；

ω_{c1}——进机物料中糙米含量，% ；

ω_{c2}——吸去谷壳后的砻下物中稻谷含量，%。

②糙碎率：糙碎率是指砻下谷糙混合物中糙碎的质量占混合物总质量的百分比，按式（9-3）计算：

$$S_{\mathrm{c}} = \frac{m_{\mathrm{s}}}{m_{\mathrm{c}} + m_{\mathrm{s}}} \times 100\% \tag{9-3}$$

式中　S_{c}——糙碎率，% ；

m_{s}——碎糙质量，g；

m_{c}——混合物质量，g。

③胶耗：胶耗是指每加工100kg稻谷所消耗的橡胶的质量（g）或一对胶辊所加工的稻谷量，按式（9-4）计算：

$$j_{\mathrm{q}} = \frac{w_1 - w_2}{G} \times 100\% \tag{9-4}$$

式中　j_{q}——胶耗，g/100kg；

w_1——开车前胶辊质量，g；

w_2——停车后胶辊质量，g；

G——实际加工的稻谷质量，kg。

（二）稻壳分离与收集

1. 稻壳分离

（1）稻壳分离的目的、要求和方法　稻壳分离的目的是从砻下物中分离出稻壳。稻壳体积大、相对密度小、摩擦系数大、流动性差。谷糙混合物中如含有大量稻壳，造成谷糙混合物的流动性变差，导致谷糙分离工艺效果显著降低。同样，回砻谷中如混有大量的稻壳，将会降低砻谷机产量、增加能耗和胶耗。

稻壳分离的工艺要求是稻壳分离后谷糙混合物含稻壳率不超过1%、每100kg稻壳中含饱满粮粒不应超过30粒。

稻壳的悬浮速度与稻谷、糙米有较大的差别，因而一般采用风选法将稻壳从砻下物中分离出来。此外，稻壳与稻谷、糙米的密度、容重、摩擦系数等也有较大的差异，利用这些差异，先使砻下物产生良好的自动分级，然后与风选法相配合，有利于提高风选分离效果。

（2）典型稻壳分离设备　依据风源提供方式的不同，稻壳分离设备可分为外配风源式和自带风源式两种，其中外配风源大多采用吸式，前后双面进风（机内处于负压状态），自带风源式多利用循环风。

①外配风源式稻壳分离器（双面进风稻壳分离器）：外配风源式稻壳分离器（图9-4）主要由进料口、可调节溜板、调风门和吸风管等构件组成。

砻下物由进料口通过缓冲槽落到鱼鳞孔溜板上进行自动分级。溜板倾斜角度可调。溜板表面粗糙，又借助于自下而上的气流的作用，稻壳浮于上层，有利于稻壳分离。当物料进入谷壳分离区时，由于吸风口呈喇叭形且具有较适宜的分离长度和风速，稻壳被分离。谷壳分离区前后双面进风，气流穿过物料，有助于稻壳充分分离，并阻止稻壳回流。

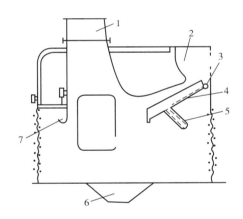

图9-4　双面进风稻壳分离器

1—吸风管　2—进料口　3—缓冲槽　4—鱼鳞孔溜板　5—角度调控　6—出料口　7—调风门

②自带风源式稻壳分离器（循环风式稻壳分离机）：循环风式稻壳分离器（图9-5）主要由喂料机构、风选室、谷糙混合物分离机构、未熟粒分离机构、稻壳分离机构和风机等部分组成。它具有集谷糙与瘪谷等未熟粒的分离以及稻壳的分离于一体、内部气流循环使用、结构紧凑、占地少、能耗低、分离效果较好等特点。

砻下物经扩散器由溜板喂入上风选室，进行第一次风选，并分离出大部分稻壳，然后进入下风选室，进行第二次风选，分离出剩余少量稻壳的同时进行谷糙与未熟粒的分离，最后各物料分别由螺旋输送器从各自出口排出，稻壳的出料口还配有叶轮式闭风器，以减少反向气流干扰。经过稻壳分离后的气流由风机吹回到上、下风选室，进行循环使用。未熟粒的质量和流量可由未熟粒调节阀和反向气流调节阀共同来控制。

2. 稻壳收集

稻壳收集的方法主要有离心沉降和重力沉降两种。

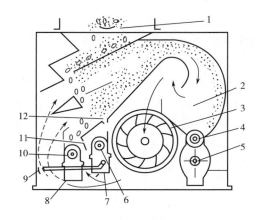

图9-5 循环式稻壳分离机的结构

1—扩散器 2—稻壳分离室 3—风机 4—稻壳螺旋输送器 5—叶轮式闭风器 6—未熟粒螺旋输送器 7—未熟粒出口 8—谷糙混合物出口 9—风流量调节阀 10—谷糙螺旋输送器 11—反向气流调节阀 12—未成熟粒调节阀

（1）重力沉降 稻壳随气流进入沉降室后突然减速，依靠自身的重力而沉降的方法称为重力沉降。沉降室通常建成立方仓结构（稻壳仓）。带有稻壳的气流进入大糠房后，由于空间体积突然扩大，气流速度骤然降低，稻壳及大颗粒灰尘便随自重逐步沉降，气流则由稻壳仓上部经除尘器过滤后排出。

（2）离心沉降 将含有稻壳的气流直接送入离心分离器内，利用离心力和重力的综合作用使稻壳沉降的方法称为离心沉降。

离心分离器又称为旋风分离器、沙克龙。离心分离器对于粒径大于10mm的物料颗粒有较高的分离效率。稻壳离心分离器常用玻璃制造，以延长使用寿命。

离心分离器主要由圆筒体、圆锥体、排出管等部分组成，如图9-6所示。圆筒为分离器收集物料的主要部分，在其内部安装有排气管（也称内圆筒），供废气排出之用。圆筒与排气管同轴安装。圆筒上部侧面有切向安装的进气管，使其气流能沿切向进入圆筒体。圆锥筒上大下小，由于其截面的不断收缩，使气流得以旋转并向中心集中。

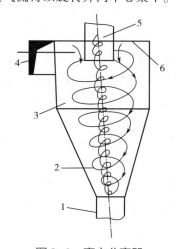

图9-6 离心分离器

1—稻壳出口 2—圆锥筒 3—圆筒 4—进气管 5—排气管 6—上盖

离心沉降法根据离心分离器在气路中所处位置的不同，分为压入式和吸入式两种，如图9-7所示。在压入式中，稻壳要流经风机，风机叶轮极易磨损。在吸入式中，稻壳不流过风机，风机使用寿命长，但是离心分离器的出料口必须配套闭风装置。

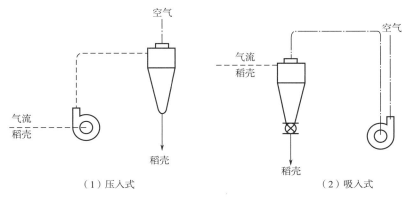

（1）压入式   （2）吸入式

图9-7 离心沉降法

（三）谷糙分离

1. 谷糙混合物的工艺特性

谷糙混合物中主要含糙米、部分稻谷以及极少量的糙碎米和稻壳。糙米与稻谷在粒度上存在差异，糙米的粒度小于稻谷；糙米表面光滑，稻谷表面粗糙；糙米的弹性小于稻谷；糙米的悬浮速度大于稻谷；糙碎米的粒度小于稻谷与糙米；稻壳的悬浮速度远远小于糙米和稻谷。谷糙混合物在工艺特性上的诸多差异是保证良好谷糙分离效果的前提。

2. 谷糙分离的基本方法和原理

稻谷和糙米的粒度、相对密度、容重、摩擦系数、悬浮速度等物理性质有较大的差异。谷糙分离的基本原理就是利用了它们物理性质的差异，借助于谷糙混合物在运动过程中产生的自动分级，即稻谷上浮、糙米下沉，采用适宜的运动形式和装置将稻谷和糙米进行分离和分选。

常用的谷糙分离方法主要有筛选法、相对密度分选法和弹性分离法三种。

（1）筛选法 筛选法是利用稻谷和糙米在粒度的差异及其自动分级特性，配备以合适的筛孔，借助筛面的运动进行谷糙分离。常用的设备是谷糙分离平转筛。

谷糙分离平转筛利用稻谷和糙米在粒度、相对密度以及表面摩擦系数等特性上的差异，使谷糙混合物在筛面上运动过程中产生自动分级，粒度大、相对密度小、表面粗糙的稻谷浮于物料上层，粒度小、相对密度大、表面较光滑的糙米沉于底层。糙米与筛面接触并穿过筛孔，成为筛下物，稻谷被糙米层所阻隔而无法与筛面接触，成为筛上物，实现谷糙分离。

（2）相对密度分离法 相对密度分离法是利用稻谷和糙米在相对密度、表面摩擦系数等性质的差异及其自动分级特性，借助往复振动的粗糙工作面板使得谷糙得以分离。常用的分离设备是重力谷糙分离机。

重力谷糙分离机利用稻谷与糙米在相对密度、表面摩擦系数等特性的差异，借助双向倾斜并作往复振动的粗糙工作面，使谷糙混合物产生自动分级，稻谷"上浮"，糙米"下沉"。糙米在工作面振动作用力和粗糙工作面凸台阻挡的作用下，向上斜移从工作面的斜上部排出。稻谷则在自身重力、工作面振动作用力和进料推力的作用下向下方斜移，由下出口排出，实现谷糙分离，如图9-8所示。

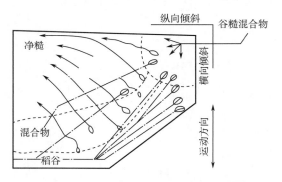

图9-8 谷糙混合物在粗糙工作面上的运动状态

（3）弹性分离法 弹性分离法是利用稻谷与糙米弹性的差异及其自动分级特性而实现谷糙分离。常用的设备是撞击式谷糙分离机（也称巴基机）。

撞击谷糙分离机是利用稻谷和糙米的弹性、相对密度、摩擦系数等特性的差异，借助于具有适宜反弹面的分离槽进行谷糙分离，如图9-9所示。谷糙混合物进入分离槽后，在工作面的往复振动作用下，产生自动分级，稻谷"上浮"，糙米"下沉"。由于稻谷的弹性大且又浮在上层，因而此与分离槽的侧壁发生连续碰撞，产生较大的撞击力使稻谷向分离室上方移动。糙米弹性较小沉在底部，不能与分离槽的侧壁发生连续碰撞，在自身重力、工作面的振动作用力下和进料推力的作用下，顺着分离槽向下方滑动，实现稻谷、糙米的分离。

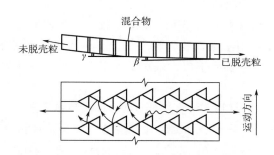

图9-9 谷糙混合物在弹性工作室的运动状态

3. 谷糙分离设备工艺效果评定

（1）工艺指标 净糙含谷小于40粒/kg；回砻谷含糙小于10%；回本机物料与净糙流量之比小于0.4。

（2）工艺效果的评定

①糙米纯度：糙米纯度通常是用糙米含稻谷率表示。糙米含谷率是指经一次谷糙分离后所分离出的净糙中稻谷的质量占净糙总质量的百分比。计算方法如下：

$$P = \frac{m_g}{m_{c2}} \times 100\% \tag{9-5}$$

式中 P——糙米含谷率，%；

m_g——糙米试样中稻谷的质量，g；

m_{c2}——净糙试样总质量，g。

因为糙米中含谷的数量极少，一般是以每千克糙米中含稻谷的粒数表示。

②选糙率：选糙率是指单位时间内选出的糙米质量与进机物料中糙米质量的百分比，计算方法如下：

$$\eta_c = \frac{\omega_2(\omega_c - \omega_{c1})}{\omega(\omega_{c2} - \omega_{c1})} \times 100\% \qquad (9-6)$$

式中　η_c——选糙率，%；

ω_c——进机物料中糙米含量百分比，%；

ω_2——净糙出口净糙小时流量，kg/h；

ω——进机流量，kg/h；

ω_{c1}——回砻谷糙米含量百分比，%；

ω_{c2}——选出的糙米中糙米含量百分比，%。

③回砻谷纯度：回砻谷纯度是指回砻谷中含糙米质量的百分比，计算方法如下：

$$\omega_h = \frac{m}{m_h} \times 100\% \qquad (9-7)$$

式中　ω_h——回砻谷含糙米的百分比，%；

m——回砻谷试样中糙米的质量，g；

m_h——回砻谷试样质量，g。

④稻谷提取率：稻谷提取率是指单位时间内提出稻谷的质量与进机物料中稻谷质量的百分比，计算方法如下：

$$\eta_g = \frac{(1 - \omega_{c1})(\omega_{c2} - \omega_c)}{(1 - \omega_c)(\omega_{c2} - \omega_{c1})} \times 100\% \qquad (9-8)$$

式中　η_g——稻谷提取率，%。

（四）糙米精选

1. 糙米精选的基本方法

利用糙米精选工序清除糙米中的谷粒、糙秕、糙碎、不完善粒、小粒糙米等，得到较为纯净的、完善的、完好的糙米，有利于提高大米的商品价值。

（1）糙中去谷　糙中去谷必须采用较完善的谷糙分离工艺来实现。可以采用谷糙分离平转筛和重力选糙机串联、组合合理流程、加长糙米分选路线来控制糙米中的含谷量。首先利用谷糙分离筛筛理谷糙混合物，只筛选提出回砻谷、浓集糙米（含糙率达95%以上）两种物料，同时筛除小杂质、糙碎、糙秕等，此时严格控制减少回砻谷中的含糙量，目前可采用色选机减少回砻谷中的糙米；然后将浓集的糙米送入重力谷糙分离机进行选糙，此时严格控制减少净糙米中的含谷量，以保证净糙的含谷指标。

（2）糙中去杂、糙碎、不完善粒　糙米精选利用糙米籽粒与糙秕、糙碎、不完善粒、小粒糙米等在粒度、密度等性质的差异，采用筛选法，用适宜的运动形式和装置将糙米中的糙秕、糙碎、不完善粒、小粒糙米等进行分离。常用的糙米精选设备有糙米厚度分级机。

2. 糙米厚度分级机

厚度分级机是根据糙米和其他物料的厚度大小不同进行分级，当物料接触该机的筛筒面时，粒度较小、厚度较小的物料被筛出筒外。厚度分级机可以有效去除糙米中的小杂、谷灰、糙秕、糙碎、不完善粒、小粒糙米等，从而达到糙米精选的目的。

糙米厚度分级机由进料箱、分配器、筛筒、筛筒清理机构、传动装置、机体等部件组成，见图9-10。

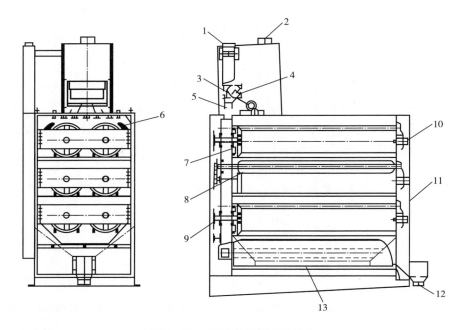

图9-10　厚度分级机主要结构

1—吸风口　2—物料进口　3—电机　4—流量控制阀　5—分配器　6—筛筒　7—进口边筛筒支架
8—橡胶清理刷　9—传动链　10—出口边筛筒支架　11—前门　12—产品出口　13—未熟粒出口

进料箱内设置有压力门、吸风室和振动喂料槽。当物料进入进料箱后，通过吸风室，吸出轻杂；在压力门的控制下流入振动喂料槽，在振动的作用下物料均匀地布满整个槽宽，并借助分配器将物料平均分成6份，分别进入6个八角形的筛筒。筛筒的外轮廓设计成八角形，并按一合适的角度向设备前部倾斜，保证物料在筛筒中流动顺畅；筛网是由一定间距的条形孔的波形钢板制成并折成筒形，筒内辅以加强筋和衬板。筛筒内装有1个橡胶清理刷，当筛筒转动时，清理刷也按一定的速度相向旋转，间歇式对筛板进行拍打清理，防止筛孔堵塞。工作时，物料通过进料箱分配器，被分成相应等分后，进入各自独立的筛筒，随着筛筒的旋转，物料不断翻滚，并借助于旋转作用形成薄壁的料层，使过筛物充分与筛面接触，物料从进料口向出料口流动的过程中得到充分筛理，比筛孔尺寸大的、品质好的糙米沿筛筒的倾斜方向，由筛上物出口排出；不完善粒、糙碎粒等穿过筛筒，由筛下物出口排出。

三、　碾米

采用物理或化学方法部分或全部剥除糙米籽粒表面皮层的过程称为碾米。糙米皮层中粗纤维含量较高，其吸水性、膨胀性都比较差。糙米作为日常主食直接食用不仅蒸煮时间长、出饭率低，而且米饭黏性差、口感不好，加工中碾除糙米皮层有助于提高其食用品质。

糙米碾白中去皮的程度，以工艺指标"加工精度"表示。糙米去皮越多，则成品大米的加工精度（也称精度）越高，加工精度是国家标准中划定大米等级的首要指标。依据糙米籽粒的结构特点，糙米碾白时，要将其背沟处的皮层全部去除，势必会造成淀粉、蛋白质等营养物质的损失和出米率下降。就提高大米营养价值、出米率而言，糙米的皮层不宜去除太多，以免大米营养成分的损失。

碾米的基本要求是合理控制大米的精度，不应片面追求大米的白度，在保证成品大米符合国家标准或者规定的质量指标前提下，尽量保持米粒完整、减少碎米、提高出米率。

（一）糙米的工艺特性

糙米皮层的强度小于胚乳的结构强度；糙米皮层与胚乳间的结合力小于胚乳的结构强度；糙米籽粒的胚与胚乳间的结合力较小，所以碾米时胚易脱落。糙米皮层颜色越深，其皮层结构强度越大，与胚乳的结合越紧。针对糙米籽粒的上述结构特点，对糙米施以适宜的外力，可除去米胚与部分皮层，得到胚乳颗粒（大米）。合理控制外力大小，减少胚乳碎粒（碎米）。

（二）碾米的基本方法

碾米的基本方法可分为物理方法和化学方法两种。目前世界各国普遍采用物理方法碾米。

1. 物理碾米法

物理碾米是运用机械设备产生的机械作用力对糙米进行去皮碾白的方法，所用的机械设备称为碾米机。按机械碾米作用力特性的不同分为摩擦擦离碾白和碾削碾白两种。

（1）摩擦擦离碾白　摩擦擦离碾白是依靠强烈的摩擦擦离作用使糙米碾白的。糙米在碾白室内进行碾白时，米粒与碾白室构件之间和米粒与米粒之间具有相对运动，相互间便有摩擦力产生。当这种摩擦力扩展到糙米皮层与胚乳结合处，并大于糙米皮层与胚乳结合力时，皮层沿着胚乳表面产生相对滑动并将皮层拉断、擦除，使糙米碾白。

擦离碾白所需的摩擦力应大于糙米皮层的结构强度、皮层与胚乳间的结合力，而应小于胚乳的结构强度，这样才能使糙米皮层断裂且沿胚乳表面擦离脱落，同时保持米粒的完整。以摩擦擦离作用为主进行碾白的碾米机主要有铁辊碾米机。此类碾米机的特点是：碾白压力大，机内平均压力为 $200 \sim 1000 \mathrm{g/cm^2}$；碾辊线速度较低，一般在 $2.5 \sim 5.0 \mathrm{m/s}$，离心加速度在 $370 \mathrm{m/s^2}$ 左右。

擦离碾白具有成品大米精度均匀、表面细腻光洁、色泽较好，碾下的米糠含淀粉少等特点。但由于米粒在碾白室内所承受的压力较大，局部压力超过米粒的强度，碾米过程中易产生碎米，碾制强度较低的糙米时更易出碎。擦离碾白适合加工结构强度大、皮层柔软的糙米。

（2）碾削碾白　碾削碾白是借助高速旋转且表面带有锋利砂刃的金刚砂碾辊，对糙米皮层不断地施加碾削力作用，使皮层被削去，糙米得到碾白。碾削碾米的工艺效果主要与金刚砂碾辊表面砂粒的粗细、砂刃的坚利程度、碾辊表面线速有关。以碾削作用为主进行碾白的碾米机是砂辊碾米机。这类碾米机的特点是：碾白压力小，一般为 $50 \mathrm{g/cm^2}$；碾辊线速较高，在 $15 \mathrm{m/s}$ 左右，离心加速度约为 $1700 \mathrm{m/s^2}$。

碾削碾白碾制出的成品大米表面光洁度较差，米色暗淡无光，碾出的米糠片较小，米糠中含有较多的淀粉。因在碾米时所需的碾白压力较小，碾米过程中产生碎米较少，因此碾削碾白适宜于碾制籽粒结构强度小、皮层较硬的糙米。

摩擦擦离碾白、碾削碾白两种碾白方式仅是根据碾米过程中对去皮起主要作用的因素进行区分的。实际上糙米碾白过程十分复杂，所受的机械物理作用是多种多样的和互相交叉的。擦离作用与碾削作用并不单一地存在于碾米机内，任何一种碾米机内这两种作用都有，差别只在于以那一种为主而已。同时利用摩擦擦离作用和碾削作用的混合碾白，可以减少碎米，提高出米率，改善米色，还有利于提高设备的生产能力，降低电耗。目前，我国使用的大部分碾米机基本上都属于混合碾白的类型。这种碾米机的碾辊线速一般为 10m/s 左右，机内平均压力比碾削型碾米机稍大。混合型碾米机充分发挥各种碾白方式的优点，工艺效果良好。

2. 化学碾米法

化学碾米有多种方法，目前用于工业化生产的只有溶剂浸提碾米法。

溶剂浸提碾米法的清理和砻谷等工序与常规碾米法相同，不同之处在于糙米去皮和副产品处理工序。溶剂浸提碾米首先用米糠油将糙米皮层软化，然后在米糠油和（正）己烷混合液中进行湿法机械碾制。去除皮层后的白米再经脱溶工序，利用过热己烷蒸汽和惰性气体脱去己烷溶剂，然后分级、包装，最终得到成品白米。从碾米装置排出的米糠、米糠油和己烷浆经沉淀容器沉淀，完成米糠油抽出和固体米糠离析。沉淀后的米糠浆被泵入离心机脱去混合液，再用新鲜己烷浸渍抽提剩余米糠油，经再一次离心分离后，米糠被送入脱溶装置脱去溶剂，得到脱脂米糠。米糠油与己烷的混合液经蒸馏工序将米糠油与己烷分离。由该方法加工的主产品是大米；副产品有粗糠油和脱脂米糠。

与常规碾米相比，溶剂浸提碾米的优点：碎米少、米温低，成品米色较白、清洁。但是该方法投资费用和生产成本较高、对操作者技能要求较高。

（三）碾米基本原理

碾米过程的机械物理作用十分复杂，在复杂的诸多作用中，碰撞、碾白压力、翻滚和轴向输送是最基本要素，被称之为碾米四要素。

1. 碰撞

碰撞运动是米粒在碾白室内的基本运动之一，有米粒与碾辊、米粒与米粒、米粒与碾白室外壁之间的碰撞。

米粒与碾辊碰撞，获得能量，增加了运动速度，产生擦离作用或碾削作用。该碰撞作用使米粒变形，表现为米粒皮层被切开、断裂和剥离，同时米温升高。米粒与米粒碰撞，主要产生擦离作用，使米粒变形，除去已被碾辊剥离松动的皮层，同时动能减少，运动速度减小，运动方向改变。米粒与碾白室外壁碰撞，主要也是产生擦离作用，继续剥除米粒皮层。

上述碰撞中，米粒与碾辊的碰撞起决定作用。米粒与碾米机构及米粒之间的碰撞过程中，米粒的动能和速度衰减，衰减的动能和速度不断地从碾辊得到补偿，不断地将米粒碾白，直至达到要求的碾白程度。

2. 碾白压力

碰撞运动在碾白室内建立起的压力，称为碾白压力。碰撞剧烈，压力就大，反之则小。不同的碾白形式，碾白压力的形成方式也不尽相同。

（1）摩擦擦离碾白压力 在进行擦离碾白时，碾白室内的米粒必须受到较大的压力，即碾白室内的米粒密度要大。碾白压力主要是由米粒与碾白室构件之间、米粒与米粒之间的相互挤压而形成的。起碾白作用的压力，有碾白室的内压力和外压力，内压力的大小及其分布状况由碾米机的基本结构性能而决定，外压力起调节与补偿内压力的作用。

碾白室的内压力有轴向压力、周向压力和径向压力之分。

①轴向压力：轴向压力是指米粒在碾白室内受到的轴向作用力。当螺旋输送器推进米粒

时，轴向压力逐渐增加；米粒脱离螺旋输送器进入碾辊区时，米粒的密度和阻力均增加，因而轴向压力随之骤增，形成高压区；米粒在前进过程中，因受到轴向阻力的作用，因此轴向压力逐渐减弱。要保持一定的轴向压力，除设计好螺旋输送器外，还要使碾辊的直径与长度有一定的比例，使螺旋输送器产生的轴向压力能克服碾辊长度方向所产生的轴向阻力。碾辊较长时，可在碾辊表面增开螺旋槽或斜槽（筋），以补偿轴向压力的损失，保持米粒以较稳定的轨迹前进，达到良好的碾白效果。

②周向压力：米粒在碾白室内的运动过程中，受碾辊旋转时的圆周力作用而产生周向压力，周向压力的大小随米粒在碾白室内的周向密度的不同而变化。碾辊与碾白室外壁之间的间隙变化、碾白室设置的阻力件（米刀、压筛条）等，都对周向压力的改变起着一定的作用。

③径向压力：米粒在碾白室内受到的径向作用力称为径向压力，径向压力的大小取决于轴向压力和周向压力。径向压力的变化规律与轴向压力和周向压力的变化规律基本一致，在整个碾白室区域内，凡是轴向压力和周向压力比较大的区段，也就是径向压力比较大的区段。

摩擦擦离碾白压力的变化，主要反映在米粒密度的变化上。调节米粒的密度，可以控制与改变碾白压力的大小。

（2）碾削碾白压力　碾削碾白时，米粒在碾白室内的密度较小，呈松散状态，所以在碾削碾白过程中，碾白室内米粒与碾辊、米粒与米粒、米位与米筛之间的多种碰撞作用比摩擦擦离碾白过程中的碰撞作用强，米粒主要是靠与碾辊的碰撞而吸收能量，并产生切割皮层和碾削皮层的作用。

碾削碾白压力可用式（9-9）计算：

$$p = \frac{\rho v^2}{294} \tag{9-9}$$

式中　p——碾削碾白压力，g/cm^2；

ρ——碾白室内米粒密度，kg/m^3；

v——米粒平均速度，m/s。

碾削碾白压力的大小，随着米粒密度和米粒平均速度的增大而增大。米粒密度虽然也影响碾削碾白压力的大小，但不如影响摩擦擦离碾白压力那样显著，碾削碾白压力的大小主要取决于米粒的平均速度。

3. 翻滚

米粒在碾白室内碰撞时，本身有翻转（沿米粒长轴方向），也有滚动（沿米粒短轴方向），此即为米粒的翻滚。米粒在碾白室内的翻滚运动，是米粒进行均匀碾白的必要条件，米粒翻滚不够时，会造成米粒局部碾得不够或者碾得过多（也称"过碾"），造成出米率降低；或者米粒碾白精度不均匀、白米精度达不到规定要求。米粒翻滚过多时，米粒两端易被碾去，也会降低出米率。

4. 轴向输送

轴向输送是保证米粒碾白运动连续不断的必要条件。米粒在碾白室内的轴向输送速度，从总体来看能稳定在某一数值，但在碾白室的各个部位，轴向输送速度是不相同的。输送速度快的部位碾白程度低，速度慢的部位碾白程度高。影响轴向输送速度的因素有多个，可以加以控制。

（四）米粒群体在碾白室内的运动状态

米粒在碾白室内进行碾白时，具有以下特性：米粒不断从碾白室进口向碾白室出口流动，碾白中的米粒处于运动状态；流动的米粒充满整个碾白室，其形状取决于碾白室的形状，其体积与碾白室的体积相同；流动的米粒之间的距离具有可压缩性，增加或减少压力，米粒之间的距离就缩小或增大；在流动的米粒中，刚离开碾辊表面的米粒速度最大，贴近碾白室外壁的米粒速度最小，碾白室径向各层米粒的速度不同，流动的米粒具有黏滞性，各层米粒间有速差和摩擦力存在。米粒在碾白室内碾白时具有的特性与物理学中流体的性质基本相同，所以碾白室中正在碾白的、流动的米粒群体，可视为一种流体，称之为米粒流体。

碾白室内的米粒流体，受到螺旋输送器的轴向推进和高速旋转的碾辊的周向带动作用，而在碾白室内绕碾辊轴线运动。米粒流体在碾白室内的运动速度主要是从碾辊获得的，碾辊速度是决定米粒流体运动速度的主要因素，碾辊的表面状态是影响米粒流体运动速度和控制米粒流体运动方向的重要因素。

（五）碾白室主要部件

碾白室是碾米机的关键工作构件，它主要由碾辊、米筛、米刀或压筛条组成。米筛装在碾辊外围，米筛与碾辊形成的近似环状的空间称为碾白室，米筛与碾辊之间的距离即为碾白间隙。

1. 碾辊

碾米机的碾辊有铁辊、砂辊两大类型。

（1）铁辊　铁辊主要用于擦离碾白，碾白压力大，用于横式或立式碾米机。降低压力后铁辊可用于擦米和抛光。

铁辊表面分布有凸筋，凸筋分为直筋和斜筋两种（图9-11）。筋主要起碾白、输送和搅动米粒翻滚的作用。斜筋铁辊如果用于立式上进料碾米机，则该斜筋还有阻滞物料下落的作用。

筋的前向面与半径的夹角可以从0到后倾一个 β 角，前者碾白作用较强，后者碾白作用较缓和。筋的高度一般小于10mm，有的筋前后高度不等。铁辊喷风口（孔或槽）紧靠筋的后向面根部。

铁辊是用冷模浇制，表面要求光滑圆整，不得有砂眼，表面硬度为45～50HRC。

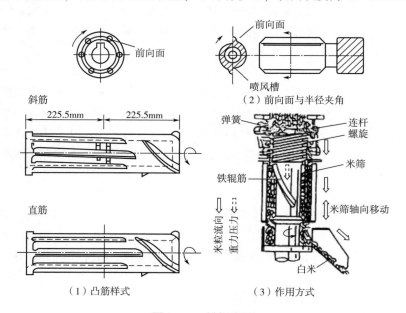

图9-11　铁辊类型

（2）砂辊　主要用于碾削碾白或是以碾削碾白为主摩擦擦离碾白为辅的混合碾白。如图9-12所示，砂辊表面有开槽的，也有带筋的，还有由几个砂环串联组成的。砂辊表面的槽有直槽、斜槽和螺旋槽三种。直槽主要起碾白和搅动米粒翻滚的作用，斜槽和螺旋槽除了起碾白和搅动米粒翻滚的作用外，还有轴向推进米粒的作用，以连续螺旋槽的碾白效果为最好。槽的深度一般为 8~12mm。砂辊表面的筋多为直筋，喷风砂辊多用此种结构，筋位于喷风口的前边，既起碾白和搅动米粒翻滚的作用，又有利于气流的喷出。砂环串联的砂辊，在相邻砂环间有约3mm 的间隙，相当于喷风槽，使气流能自碾辊芯内喷入碾白室。

铁辊、砂辊采用中空结构，由紧固装置固定在传动轴上，随传动轴一起旋转。

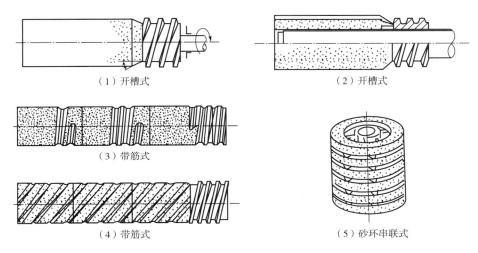

（1）开槽式　　　　　　　　　　（2）开槽式

（3）带筋式

（4）带筋式　　　　　　　　　　（5）砂环串联式

图9-12　砂辊类型

2. 米筛

米筛的作用是与碾辊一起构成碾白室和碾白间隙，并将碾白过程中碾下的米糠及时排出碾白室。米筛内表面鼓起无数个半圆凸点时，还有增强碾白压力的作用。

米筛用薄钢板冲制而成，有半圆弧形米筛、半六角形米筛、平板式米筛和扇状弧形米筛几种，如图 9-13 所示。半圆弧形米筛、半六角形米筛和扇状弧形米筛依靠米刀或压筛条、碾白室横梁、筛框架等构件，呈筒状固定在碾辊周围。平板式米筛依靠压筛条先固定在六角形筛框架上后再套在碾辊外围。

米筛的筛孔尺寸，一般长度为 12mm，宽度有 0.85mm、0.95mm、1.10mm 几种规格。加工籼稻时一般采用小筛孔，加工粳稻时用大筛孔。米筛筛孔的排列方式有直排和斜排两种。

3. 米刀（压筛条）

米刀或压筛条用扁钢或橡胶块制成，一般固定在碾白室上、下横梁或筛框架上。米刀的作用：一是固定米筛，二是局部增压碾白压力。米刀起收缩碾白室周向截面积的作用，以增加局部碾白压力，促进米粒碾白。

通过米刀调节机构（图 9-14）或是改变米刀（压筛条）厚度，可以调节米刀（压筛条）与碾辊之间的距离，一般不应小于 6mm。碾辊旋转一周时的增压次数与米刀（压筛条）数量相同。

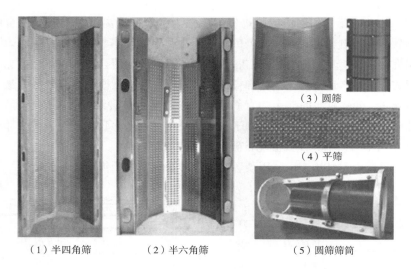

（3）圆筛

（4）平筛

（5）圆筛筛筒

（1）半四角筛　　　　（2）半六角筛

图9-13　米筛类型

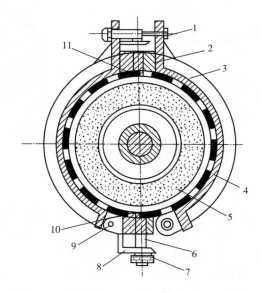

图9-14　米刀调节机构

1—螺栓　2—筛架横梁　3—米筛托架　4—米筛　5—砂辊　6—丝杆　7—米刀调节螺母
8—支承角铁　9—铰链接头　10—米刀　11—压筛条

（六）典型碾米设备

1. 卧式碾米机

卧式碾米机，碾辊主轴呈水平安装方式，碾辊有铁辊、砂辊两大类。

卧式碾米机工作时，米粒靠自重从进料装置流入碾白室内的螺旋输送器内，由螺旋输送器将米粒推送至碾白室内，在高速旋转的碾辊的带动下，米粒从碾白室进口端连续不断地向出口端移动，并在流动的状态下被碾白，米粒群体的运动轨迹近似于一条螺旋线（图9-15）。米粒在围绕碾辊运动过程中受到摩擦擦离或碾削作用，碾去皮层成为白米。碾下的米糠穿过米筛筛孔排出碾白室，由吸糠系统排出。

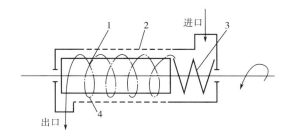

图 9-15　米粒在碾白室内的运动

1—碾辊　2—米筛　3—螺旋输送器　4—米粒流体螺旋线运动轨迹

2. 立式碾米

立式碾米机的碾辊主轴呈垂直安装方式，其碾辊有砂辊、铁辊两大类。立式碾米机有上进料、下出料和下进料、上出料两种物料运动方式。

MNSL6500立式砂辊碾米机是一种下进料、上出料立式碾米机（图9-16）。进料口位于碾白室的底部，进料装置由进料斗及螺旋推进器组成。碾白室由砂辊、筛托架、米刀调节机构、拨料辊、压力门等组成。筛托架采用剖分式结构，方便清理、拆卸、更换。出料口位于碾白室的顶部，装有压力门装置，调节压力门上的压砣，即可调节机内的碾白压力。碾辊采用圆柱砂辊，砂辊上开有螺旋槽；碾辊除配置砂辊外，还可根据工艺需要配置铁辊。吸糠系统由吸糠筒、拨糠辊、吸糠器、喷风风机、风管、外接吸糠风机与外接离心分离器组成。

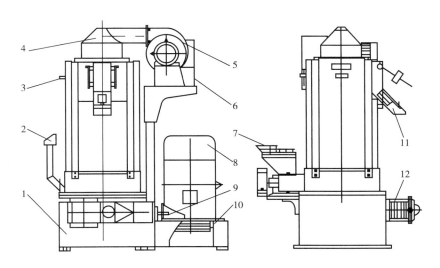

图 9-16　MNSL6500立式砂辊碾米机总体结构

1—机架部件　2—电流表座　3—封板　4—碾白室部装　5—喷风风机　6—喷风调风板　7—进料部装
8—电机　9—电机调节螺栓　10—转动机构　11—出料部件　12—吸糠器部件

碾白过程中米流进入料斗，由螺旋推进器推向碾白室，在进料推力、风力以及碾辊一定转速的相互作用下，米流逆着重力方向自下而上绕碾米辊做螺旋线运动，受到高效碾白作用碾去皮层。由于碾白过程中米粒流体自下而上运行，米流由一台碾米机流出后可直接进入下一台碾米机，可以省去提升设备、简化碾米工艺流程、减少碎米、降低碾米动耗。

（七）碾米工艺效果的评定

1. 加工精度

大米加工精度（碾白精度）是指加工后大米米胚残留以及米粒表面和背沟皮层残留的程度。加工精度越高，大米留皮越少，大米加工精度是评定碾米工艺效果的最基本的指标，也是确定大米等级的第一要素。

按 GB 1354—2018《大米》规定，大米加工精度分为精碾和适碾。

（1）精碾　背沟基本无皮，或有皮不成线，米胚和粒面皮层去净者占 80%~90% 及以上；或留皮度在 2% 以下；

（2）适碾　粒面皮层残留不超过 1/5 的占 75%~85%，其中粳米或优质粳米中有胚的米粒在 20% 以下；或留皮度为 2.0%~7.0%；

（3）留皮度　试样平放，残留皮层、米胚投影面积之和占试样投影面积的比例。

2. 碾减率

糙米在碾白过程中，因皮层及胚的碾除，其体积、质量均有所减少，减少的质量占碾白前糙米质量的百分率称为碾减率，计算方法如下：

$$H = \frac{m_1(1 - x - \beta_1) - m_2(1 - y - \beta_2)}{m_1(1 - x - \beta_1)} \times 100\% \qquad (9\text{-}10)$$

式中　H——碾减率，%；

$\quad\quad m_1$——米机进机流量，t/h；

$\quad\quad m_2$——米机出机流量，t/h；

$\quad\quad x$——进机糙米中的含杂率，包括稻谷、稗子、石子以及通过直径 2mm 圆孔筛的糠屑、米粞等，%；

$\quad\quad y$——出机米中的含杂率，%；

$\quad\quad \beta_1$——进机物料中超指标的碎米率，%；

$\quad\quad \beta_2$——出机物料中超指标的碎米率，%。

碾减率依米粒精度不同而变化，一般为 5%~12%，其中皮层及胚为 4%~10%，胚乳碎片为 0.3%~1.5%，机械损耗为 0.5%~1.0%，水分损耗为 0.4%~0.6%。米粒的精度越高，碾减率越大。

3. 糙出白率与糙出整精米率

（1）糙出白率　糙出白率是指出机白米占进机（头道）糙米的质量百分率，计算方法如下：

$$
\begin{aligned}
C_B &= \frac{m_2(1 - y - \beta_2)}{m_1(1 - x - \beta_1)} \times 100\% \\
&= \frac{m_2(1 - y - \beta_2)}{(m_2 + m_3)(1 - x - \beta_1)} \\
&= (1 - H) \times 100\% \qquad (9\text{-}11)
\end{aligned}
$$

式中　C_B——糙出白率，%；

$\quad\quad m_3$——糠粞混合物流量，kg/h。

加工精度越高，碾减率越大，糙出白率就越低。

（2）糙出整精米率　糙出整精米率是指出机白米中，完整米粒（大米中米粒长度达到本批次大米完整米粒平均长度 4/5 及以上）占进机糙米的百分率。完整米粒越多，则碾米机的工艺性能越好，计算方法如下：

$$N = \frac{m_2(1-y)W}{m_1(1-x)}$$

$$= \frac{m_2(1-y)W}{(m_2+m_3)(1-x)} \tag{9-12}$$

式中　N——糙出整精米率，%；

　　　　W——完整率，%。

四、成品及副产品整理

成品整理一般包括凉米、白米分级、白米抛光、色选等工序。成品整理的目的是通过多道工序除去白米中含有的碎米、糠粉和异色米粒等，使白米在包装前其纯度、等级均符合质量标准要求，米温降至利于其储存的范围，以提高其商品价值，改善其食用品质。

副产品整理的目的是将米糠中的可食用部分分选出来，得到纯净的副产品，提高其综合利用价值；同时将可食部分（完整米粒、大碎米）送入相应工序，进而提高出米率。

（一）成品整理

1. 凉米

凉米是对碾米后升温的大米进行降温的一种工艺过程。凉米的目的是降低米温，排除米粒散发出的湿气，有利于后续加工，降低碎米率，同时也利于成品大米储存。降低米温的方法很多，主要方法是利用凉米仓或专用凉米设备。目前，一般在碾米后设置凉米仓，白米经自然冷却 12~24h 后再进行抛光等处理。专用凉米设备是流化床，它不仅可以降低米温，而且还兼有去湿、吸除糠粉等作用。白米经过凉米后，要求米温降低 3~7℃，爆腰率不超过 3%。

流化床结构简单，主要由进料机构、流化床板、出料机构和机架等部分组成（图9-17）。

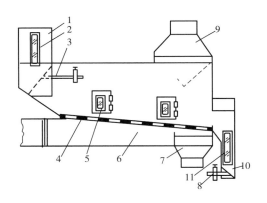

图9-17　流化床结构示意图

1—进料斗　2、5、11—观察窗　3—进料口压力门　4—流化床板　6—冷风分配槽
7—米牺出口　8—出料口调节　9—气流出口　10—出料口

进料机构由进料斗和压力门组成，其作用是调节、控制流量和利用料封（物料厚度）减少漏风量。流化床的关键部件是流化床板，由 1.2~1.5mm 厚的钢板制成，以 3°~5° 的倾斜角设置在流化床内，上面冲有圆孔。流化床板上的孔眼直径为 5mm，分成稀孔区和密孔区，各区

孔眼布置如图9-18所示。进料端设置有导流区，使米粒容易进入流化床，其孔眼大小和开孔率与密眼区相同。孔板上的稀孔区孔距沿米流方向逐渐缩小，以提高降温除湿效果和吸糠效果。出料机构由出料斗和压力门组成，既可出料，又能利用料封减少漏风风量。

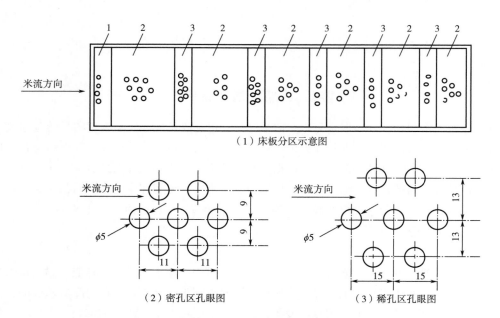

（1）床板分区示意图

图9-18　流化床的孔眼布置（单位：mm）

1—导流区　2—稀孔区　3—穿孔区

工作时，物料由进料斗进入流化床后，与穿过流化床板孔眼的气流充分接触。稀孔区透过孔眼的空气量少，米流在稀孔区只被气流托起并呈流化状态，沿着倾斜的床面浮动前进；密孔区透过的空气量多，促使米粒上下翻动呈半悬浮状态，有利于提高米粒冷却的均匀度。米粒在流化床板上受气流和自身重力的作用流向出口，同时降温散湿，从出米口排出。穿过孔眼的米糠由米糠出口排出，糠粉则随气流一起进入离心分离器。

2. 白米分级

将白米分成不同含碎等级的工艺过程称为白米分级。其目的主要是根据成品质量要求，将白米中超出标准要求的碎米分离出去。白米分级设备主要有白米分级平转筛和滚筒精选机。

（1）MMJM型白米分级平转筛　该设备主要由进料机构、吸糠装置、传动机构、筛体、机架和悬挂装置等组成（图9-19）。筛体内装有两层抽屉式筛格，筛格分为前、后两段。前段筛面配备较大筛孔，后段筛面配备较较小筛孔，可将白米分成四种不同的粒度等级。采用橡皮球清理筛面。

MMJM型白米分级筛的特点是，物料在筛面上具有特殊的运动轨迹：进料端为大椭圆形，以后其长轴不断缩短，至筛面中部时成为圆形，至出料端已逐渐过渡为直线往复运动。因此，进料端物料与筛面的相对速度最大，有利于物料的自动分级；出料端物料与筛面的相对速度最小，有利于物料穿过筛孔，从而有效提高了分级效果。工作时，物料进入料斗后，借助压力门的作用沿筛宽方向均匀流出，经过吸风道吸糠、凉米后进入筛面。物料在筛面产生自动分级，第一层筛的筛上物为整米，筛下物落入第二层筛面；第二层筛的后段筛面分出小碎米，前段筛

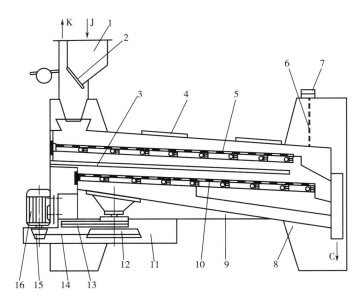

图 9-19 MMJM 白米分级平转筛结构图

1—料斗　2—压力门　3—压筛拉杆　4—观察窗　5—上层筛格　6—钢丝绳　7—钢丝绳调节螺母　8—机架
9—筛体　10—下层筛格　11—防护罩　12—大塔形带轮　13—偏重块　14—三角带
15—小塔形带轮　16—电动机　K—糠粉出口　J—进米口　C—出米口

面的筛上、筛下物分别为一般整米和大碎米；其筛理路线如图 9-20 所示。

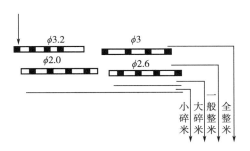

图 9-20　MMJM 型白米分级平转筛筛理路线（单位：mm）

（2）滚筒精选机　滚筒精选机用于精选大米中碎米。滚筒精选机（图 9-21）主要由滚筒、收集槽、螺旋输送器、调节装置和传动机构等组成。滚筒由冲压成半圆形袋孔或马蹄形袋孔的薄钢板（厚 2~2.5mm）制成。

工作时传动装置带动主轴旋转，主轴带动滚筒和收集槽内的螺旋输送器旋转。物料由进料斗进入滚筒，碎米进入袋孔内。当滚筒转到某一角度时，碎米便依靠自身重力脱离袋孔落入收集槽内，由螺旋输送器送至出口排出。整米在滚筒内表面摩擦力的带动下，上升位置较低，仅在滚筒底部运动，借滚筒本身的倾斜度流向另一出口排出机外。

3. 抛光

白米抛光是利用抛光介质，对符合一定精度要求的白米，擦除其米粒表面的附着物（糠粉）的一种工艺过程。其目的是擦除米粒表面的糠粉，有利于大米的储存，延长大米的保质

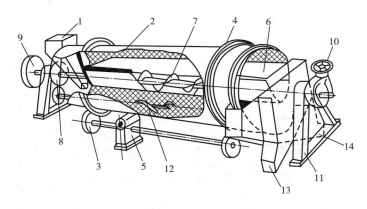

图 9-21　滚筒精选机结构示意图

1—进料斗　2—滚筒　3—滚筒支承轮　4—滚筒外圈　5—减速装置　6—收集槽　7—螺旋输送器
8—传动装置　9—传动轮　10—收集槽位调节手轮　11—机架　12—物料散布器　13—碎米出口　14—整米出口

期；同时也使米粒表面光洁，改善成品的外观色泽，提高大米的商品价值。抛光机分为两大类：一类是软摩擦式抛光机，多数采用铁辊嵌聚氨酯抛光带，或使用牛皮、棕刷等材料刷米，或有合二为一，抛刷结合。这类抛光机的特点是：应用软性材料作摩擦抛光介质，能有效擦离米粒表面的附着物，增加大米的光洁度，几乎不存在对大米表面的再次损伤。但软性材料使用时间长后，容易产生磨损老化，使用寿命较短，同时还可能对米粒本身造成影响。另一类是加水式抛光机，结构与铁辊喷风碾米机相似，对进机白米加水进行碾磨抛光。加水的方式有多种：滴定管加水、压缩空气雾化水、喷风风机雾化水、超声波雾化水等。"雾化水"能在较短的时间内，使米粒达到最大限度的均匀湿润，米粒表面形成具有一定张力的水膜，抛光后米粒光洁度好。目前普遍采用加水式抛光机。白米经着水、润湿以后，进入白米抛光机内，在一定温度下，米粒表面的淀粉胶质化，使得米粒晶莹光洁、不黏附糠粉、不脱落米粉，从而改善其储藏性能，提高其商品价值。

4. 色选

色选是利用光电原理，从大量散粒物料中将异色粒以及外来夹杂物检出并分离的工艺过程，所使用的设备即为色选机。

色选是利用物料之间不同的色泽差异进行分选的。将某一单颗粒物料置于一个光照均衡的环境，如图 9-22 所示，物料两侧受到光电探测器的探照。光电探测器可测量物料反射光的强度，并与标准色板（又称反光板）反射光的强度相比较。色选机将光强差值信号放大处理，当信号大于预定值时，驱动喷射阀，将物料吹出，此为不合格产品。反之，喷射阀不动作，说明被检验的物料是合格产品，沿另一出口排出。

（二）副产品的整理

从碾米及成品处理过程中得到的副产品是糠秕混合物，其中不仅含有米糠、米秕（粒度小于小碎米的胚乳碎粒），而且由于米筛筛孔破裂或因操作不当等原因，往往也会含有一些完整米粒及碎米。米糠具有较高的经济价值，不仅可制取米糠油，也可用作饲料，还可从中提取谷维素、植酸钙等营养成分。米糠中含有米秕、碎米等，会降低米糠的出油率，降低了米糠综合利用的价值。将米糠中的整米选出返回前路米机碾制，可以提高的出米率；米秕、碎米的化学成分与整米基本相同，选出可作为制糖、制酒的原料；碎米还可用于生产高蛋白米粉，制取饮

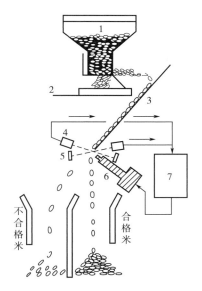

图 9-22 色选原理

1—进料斗 2—振动喂料器 3—通道 4—光电探测器 5—基准色板 6—气流喷射阀 7—放大器

料和酒，制作方便粥等。将米糠、米秕、整米和碎米逐一分出，物尽其用，此即为副产品整理，工艺上称为糠秕分离。

米糠经过整理后要求如下：米糠中不得含有完整米粒和相似整米长度 1/3 以上的米粒，米秕含量不超过 0.5%；米秕内不得含有完整米粒和相似整米长度 1/3 以上的米粒。

常用的糠秕分离设备有糠秕分离器和糠秕分离筛。糠秕分离器利用米糠与米秕、碎米等在悬浮速度上的差异，采用风选法将其分离。糠秕分离筛利用米糠与米秕、碎米等在粒度上的差异，采用筛选法将其分离。

第二节 小麦研磨制粉

一、 小麦制粉概述

小麦制粉主要包括清理、搭配、水分调节、制粉和面粉后处理等部分。

小麦清理主要利用小麦与杂质间的粒度和粒形、相对密度、悬浮速度、导磁性、颜色等方法进行分离或分级，常用的主要分离分选方法有筛选、风选、相对密度分选、磁选、色选、长度分级等。同时小麦清理过程中还要对小麦表面进行处理，主要有打麦、刷麦、碾麦、脱皮、洗麦（目前不建议使用）等方法，目的是清除小麦表面的灰尘、微生物以及部分麦皮、麦毛等。

小麦的水分调节是对小麦进行着水和润麦处理的过程，即利用水、热作用和一定的润麦时间，使小麦的水分重新调整，改善其物理、生化和加工性能，以便获得更好的工艺效果。

小麦搭配是将多种不同类型的小麦按一定配比混配的方法。搭配是小麦制粉生产中的一个重要环节，与生产的稳定、加工成本的高低、产品的质量及质量的稳定、经济效益的好坏等密切相关。

制粉的目的是将经过清理和水分调质后的小麦（净麦）通过机械作用的方法，加工成一定细度要求和不同产品需求的小麦粉，同时分离出副产品。制粉过程的关键是如何将胚乳与麦皮、麦胚尽可能完全地分离，制粉要解决的首要问题，是如何保证高的出粉率和小麦粉中低的麦皮含量。随着社会的发展和进步，专用粉的生产已经成为趋势，对制粉工艺的要求也越来越高，按照食用品质把小麦中不同部位的胚乳分离提纯，按在制品品质进行工艺组合，以生产质量较好的专用小麦粉。制粉过程主要包括研磨、清粉和筛理等部分。

面粉后处理是面粉加工的重要阶段，这个阶段包括面粉的收集与配制、面粉的散存、称量、杀虫、微量元素的添加以及面粉的修饰与营养强化等。

二、 小麦清理

小麦磨粉前清理杂质、水分调节和搭配是在清理间进行的。所谓清理流程是指小麦从开始清理至入磨之前，按入磨净麦的质量要求进行连续处理的生产工艺流程，也称"麦路"。

（一）除杂与分级的原理和方法

1. 利用几何形状的差别

按几何形状的不同分离杂质或进行分级，主要是以麦粒与杂质的宽度、厚度、长度以及形状等方面的差别为依据。

按宽度、厚度的差别，利用具有一定规格筛孔的筛面，使小麦在筛面上发生相对运动，来分离宽度和厚度不同于小麦的大小杂质，或将小麦按宽度、厚度不同进行分级，这种方法称为筛选，常用的设备有振动筛、平面回转筛、旋振筛等。

按长度差别进行分选，是借助圆筒或圆盘工作表面上的袋孔及旋转运动形式，使短粒嵌入袋孔内，长粒留于袋孔外，从而使长于或短于小麦的杂质得以分离。

按颗粒形状差别进行分选，是利用斜面和螺旋面，使球形颗粒杂质产生不同于麦粒的运动速度进行分离的。

按长度和形状差别分选的方法称为精选法。常用的设备有滚筒精选机、碟片精选机和螺旋精选机等。

2. 利用空气动力学性质的差别

小麦和杂质的空气动力学性质一般用悬浮速度表示。根据小麦和杂质悬浮速度的不同，利用一定方向的气流，选择速度大于杂质悬浮速度而小于小麦悬浮速度的气流，便可将小麦与轻杂分离。这种除杂方法称为风选法，常用设备是风选器。

3. 利用相对密度的差别

小麦和杂质由于相对密度不同，可用空气或水作为介质进行分离，前者称为干法重力分选，后者称为湿法重力分选。

干法重力分选借助振动的分级筛面和气流的作用，使相对密度不同的物料分层，轻者上浮或上行，重者下沉或下行，从而达到分离目的。常用的设备有密度去石机、重力分级机等。

湿法重力分选是借助一个特制的水槽，相对密度小于水的杂质浮于水面，相对密度大于水的小麦和沙石等按沉降速度不同分离。常用的设备是去石洗麦机。

4. 利用导磁性质的差别

小麦是非磁性物质，在磁场里不发生磁化现象，而导磁性杂质如含铁、钴、镍等的金属物，在磁场里则被磁化，与磁场的异性磁极相吸引。因此当小麦和其中的磁性杂质通过磁场时便被分离。这种方法称为磁选法，常用的设备有永久磁体、永磁滚筒等。

5. 利用强度和表面结合力差异

通常利用杂质和小麦强度差异对小麦中强度较低的杂质（土块、煤渣等）进行去除；利用小麦表皮和小麦结合力弱等特点对小麦表面进行清理，称为小麦表面处理，常用的表面处理有打麦、碾麦、刷麦、脱皮等方式。

（二）小麦除杂的基本原则

（1）首先清除危害性大的杂质。如磁性杂质、体积较大的沙石及麻绳头等。这些杂质对设备的安全运行有较大的影响，必须先除去。

（2）先易后难、先综合后单项。选用综合除杂能力强的设备，将容易分离的大小杂质、轻杂质首先清除，再清除并肩杂质和表面杂质。

（3）优先选用体积小、效率高、性能可靠的新型设备。

（4）工艺要有一定的灵活性，以适用加工原料品质的变化。

（5）最大限度地发挥设备的除杂效率。除杂方法要完善，并且合理安排各种设备在流程中的位置，以便提高清理工艺的综合除杂效果。

（6）保证工艺过程的连续性。

（7）节约投资、降低消耗。结合厂房建筑，做到合理布局，尽量减少物料的输送环节。

（8）要有完善的除尘、防爆措施，有效的降噪、减震功能，保护环境，保证生产安全、劳动卫生。

（9）根据杂质的种类及数量，安排必要的下脚处理设备，以回收小麦并充分利用下脚中的有用物质，减少浪费。

（三）清理流程组合原则

流程组合时，必须合理安排各类设备在流程中的位置。合理的流程有利于充分发挥设备效率、提高除杂效果、延长机器寿命、降低小麦损耗。

（1）筛选　小麦清理的第一道设备通常是筛选并配套有风选设备，首先清除大杂质、大部分小杂质和轻杂，保证后续设备的正常运转，防止设备和管道堵塞，并尽量减少灰尘对车间的污染。

（2）去石与分级　利用密度去石机、重力分级机和去石洗麦机清除小麦中的并肩石。在清理流程中，去石机应设在筛选之后、打麦和精选之前。

（3）表面处理　表面处理工序应设在小麦中的大杂质、并肩杂除去之后。小麦清理流程中都设有两道表面处理工序，第一道在毛麦清理阶段，一般在筛选、去石之后；第二道在光麦清理阶段，一般设在去石之后。

（4）磁选　小麦在清理过程中，要经多次磁选。第一道磁选设备设在清理流程的最前面，最后一道设在1皮磨之前。此外，在高速旋转设备前也应设磁选。

（5）风选　在清理流程中至少应有三道以上专门的风选设备。风选设备一般和筛选、表面处理配合使用，也可单独设置。

（6）精选　小麦在进入精选机之前，要求尽可能地清除大量的杂质。在着水前使用精选机进行精选，就工艺效果而论是比较好的。打麦与洗麦会造成碎麦，使精选机选出的物料增多，影响精选效果，精选多设在筛选、去石之后。

（7）着水润麦　在设计清理流程时，必须把大量的杂质清除后进行着水润麦，才能获得良好的工艺效果。

（8）麦仓的设置　清理车间的麦仓有保证正常生产、稳定流量，以及进行润麦和小麦搭配的作用。毛麦仓多设在头道麦筛之前。润麦仓的容量随粉间生产能力与润麦时间的长短而定。

（9）计量　为稳定生产，随时考核粉厂生产实绩，需掌控进入清理工序的小麦数量及进入1皮磨的小麦数量，以便计算毛麦及净麦出粉率。一般在进入头道麦筛之前及进入1皮之前各设一道计量设备。

（10）小麦搭配　小麦搭配可以在毛麦清理或光麦清理即将开始的位置进行。若在光麦清理前搭配，不同批次的小麦可以分别进行毛麦清理和水分调节，在小麦从润麦仓出仓时按比例进行搭配。其优点是可以对不同硬度的小麦施以不同的着水量与润麦时间，使硬度较大的小麦能有较高的入磨水分，从而有更好的研磨性能。其缺点是需要较多的麦仓用于周转，品种更换和润麦时间的掌握比较麻烦。硬度差异较大的小麦宜在光麦清理前进行搭配。在毛麦清理前进行搭配的优点就是工艺简单、操作方便。

（四）小麦清理工艺效果的评定

1. 除杂效率

（1）清理间总除杂效率按式（9–13）计算：

$$\eta_{清总} = \frac{(a - b)}{a} \times 100\% \tag{9–13}$$

式中　a——毛麦的总含杂率，%；

　　　b——入磨净麦的总含杂率，%。

（2）各清理设备的除杂效率按式（9–14）计算：

$$\eta_{单机} = \frac{(c - d)}{c} \times 100\% \tag{9–14}$$

式中：c——某设备清理前小麦的含杂率，%；

　　　d——经该设备清理后小麦的含杂率，%。

2. 对除杂效果的要求

经过清理后的小麦，其含杂量应符合如下标准：净麦含尘芥杂质不超过0.3%，其中沙石不得超过0.02%，含其他异种粮谷不超过0.5%。

三、　水分调节

（一）水分调节的基本原理

1. 小麦的吸水性能

小麦的吸水性能是进行水分调节的基础，由于小麦各组成部分的结构和化学成分不同，其吸水性能也不同。胚部和皮层纤维含量高，结构疏松，吸水速度快且水分含量高；胚乳主要由蛋白质和淀粉粒组成，结构紧密，吸水量小，吸水速度较慢。因此，水分在小麦各组成部分的分布是不均匀的。胚部水分最高，皮层次之，胚乳的水分最低。

蛋白质吸水能力强（吸水量大），吸水速度慢，淀粉粒吸水能力弱（吸水量小），吸水速度快，蛋白质含量高的小麦具有较高的吸水量和较长的调质时间。调质处理时，应根据小麦的内在品质和水分高低合理选择调质方法和调质时间。

2. 水热导作用

小麦是一种毛细管多孔体，在这种毛细管多孔体中，水分的扩散转移总是由水分高的部位向水分低的部位移动。在热力的作用下，水分转移的速度会明显加快，这种水分扩散转移受热力影响的现象，称为水热传导作用。小麦水分调节就是利用水扩散和热传导作用达到水分转移目的，水分的渗透速度与温度有着直接的关系，加温调质比室温调质更迅速、更有效。

3. 组织结构的变化

调质过程中，皮层首先吸水膨胀，然后糊粉层和胚乳相继吸水膨胀。由于三者吸水先后、吸水量及膨胀系数不同，在三者之间会产生微量位移，从而使三者之间的结合力受到削弱，使胚乳和皮层易于分离。由于胚乳中蛋白质与淀粉粒吸水能力、吸水速度不同，膨胀程度也不同，引起蛋白质和淀粉颗粒之间产生位移，使胚乳结构变得疏松，强度降低，便于破碎。小麦制粉时要求皮层和胚乳既易于分离，又使胚乳便于破碎。

（二）小麦水分调节

小麦的水分调节，就是通常所说的对小麦进行着水和润麦处理的过程，即利用水、热作用和一定的润麦时间，使小麦的水分重新调整，改善其物理、生化和加工性能，以便获得更好的工艺效果。

1. 小麦加水后的物理和生化变化

（1）皮层吸水后，韧性增加，脆性降低，增加了其抗机械破坏的能力。在研磨过程中利于保持麸片完整，有利于提高面粉质量。

（2）胚乳强度降低。胚乳主要由蛋白质和淀粉组成。着水过程中，蛋白质吸水能力强，吸水速度慢；淀粉粒吸水能力弱，吸水速度快。由于二者吸水能力和吸水速度不同，吸水后膨胀的先后和程度不同，在蛋白质和淀粉颗粒之间产生位移，使胚乳结构疏松，强度降低，易研磨成粉，有利于降低电耗。

（3）麦皮和胚乳易于分离。麦皮、糊粉层和胚乳三者吸水先后不同，吸水量不同，吸水后膨胀系数也不同，使麦皮和胚乳间产生微量位移，利于把胚乳从麦皮上剥刮下来。

（4）使入磨小麦水分适合制粉性能要求。麦堆内部各粒小麦水分均匀分布，且水分在麦粒各部分中有一定的分配。

（5）湿面筋的出率随小麦水分的增加而增加，但湿面筋的品质弱化。

从以上变化结果可以看出，小麦经水分调节后，制粉工艺性能改善，能相应提高出粉率和成品质量，并降低电耗。

2. 小麦经水分调节后的工艺效果。

（1）使入磨小麦有适宜的水分，以适应制粉工艺的要求，保证制粉过程的相对稳定。这对提高生产效率、出粉率和产品质量都十分重要。要求水分均匀性在 0.2% 以内。

（2）保证面粉水分符合国家标准或市场要求。

（3）使入磨小麦有适宜的制粉性能。小麦经水分调节后，皮层韧性增加，胚乳内部结构松散，皮层及糊粉层和胚乳之间的结合力下降，有利于制粉性能的改善。但小麦水分过高，会使制粉过程中在制品流动性下降，造成筛理困难和管道堵塞，影响正常生产。

3. 小麦水分调节的方法

小麦水分调节分为室温水分调节和加温水分调节。室温水分调节是在室温条件下，加室温水或温水（<40℃）；加温水分调节分为温水调质（约46℃）、热水调质（46~52℃）。加温水分调节可以缩短润麦时间，对高水分小麦也可进行水分调节，一定程度上还可以改善面粉的食用品质，但所需设备多、费用高。广泛使用的小麦水分调节方法是室温水分调节。

小麦水分调节（着水和润麦）可以一次完成，也可二次、三次完成，一般在经过毛麦清理以后进行。也可采用预着水、喷雾着水的方法。

（1）预着水　在某种工序前需进行的着水（如脱皮清理前）。

（2）喷雾着水　在入磨前进行喷雾着水，以补充小麦皮层水分，增加皮层韧性，提高面粉的色泽。喷雾着水的着水量为0.2%~0.5%，润麦时间30min左右。

生产中普遍应用的是一次着水，随着对入磨小麦要求越来越高，二次着水越来越受到重视，特别是在润麦效果较差的寒冷天气。三次着水，一般在加工高硬度小麦时应用。

4. 影响小麦水分调节的因素

（1）加水量

①影响加水量的因素：原粮水分和类型。小麦的原始水分有差异，国产小麦相对水分较高，进口小麦的原始水分相对较低；新麦水分较高，陈麦水分较低。制粉工艺上对硬麦和软麦的入磨水分有不同的要求。硬麦吸水量大，需要加入较多的水才能使胚乳充分软化；软麦只需加入较少的水就能使胚乳充分软化，如果加水过多，则会出现剥刮和筛理困难等问题。

小麦粉的水分要求。一是符合小麦粉标准中的水分要求，不能超标，但也不能过低，关系到企业的经济效益；二是要求考虑到小麦粉的安全贮存，特别是高温、潮湿的季节和地区。

加工过程中的水分损耗。小麦胚乳有一定的抗机械破坏力，将胚乳研磨成粉要耗用相应的能量，并损耗相应的水分。小麦制粉过程中影响水分损耗的因素很多，如喷雾着水、制粉工艺（粉路的复杂程度、有无面粉后处理）、研磨的松紧程度、小麦的类型（硬麦还是软麦）、磨辊的新旧、剥刮率和取粉率的大小、气力输送、风量和混合比、小麦粉的粗细度要求等；小麦的入磨水分越高，蒸发量越大；另外，气候条件（温度和湿度）对水分损耗也有较大的影响。

小麦粉的加工精度要求。水分较低的小麦制粉时，麦皮易破碎而混入面粉中，粉色差灰分高。而水分较高的小麦制粉时，麦皮破碎少，粉色好而灰分低；同时，加工高等级面粉时一般采用的粉路较长，加工过程中耗水量也大，所以，加工质量较高的等级粉与专用粉时，宜采用较高的入磨小麦水分；加工质量较低的小麦粉时，可采用较低的入磨小麦水分。

②加水量的计算：入磨小麦水分和小麦的原始水分一旦确定，可采用式（9-15）计算加水量。

$$G_1 = G_2\left(\frac{100-w_1}{100-w_2}-1\right) \tag{9-15}$$

式中　G_1——加水量，kg/h；

G_2——小麦流量，kg/h；

w_1——着水前小麦的水分，%；

w_2——着水后小麦的水分，%。

（2）润麦时间　着水后的小麦，麦粒与麦粒之间的水分是不均匀的。不仅如此，即使在同一粒小麦中，由于各部分的组成成分不同，水分分布也很不均匀，如图 9-23 所示。因此着水后的小麦，必须在一定的时间条件下，进行水分的重新分配，一方面要使各麦粒之间水分均匀分布，另一方面，还要求水分渗透到皮层和胚乳中，在麦粒内部进行分布，使麦粒发生物理和化学变化，使之达到制粉工艺的要求。使水分重新分配的过程就是润麦。

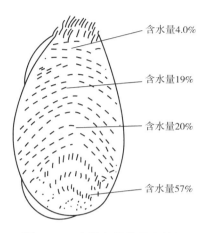

含水量4.0%

含水量19%

含水量20%

含水量57%

图 9-23 麦粒各部分吸水情况

润麦时间主要决定于水分渗入麦粒的速度。影响水分渗入麦粒速度的因素主要有：

①原粮情况：小麦原始水分高，加水量少，水分渗透时间短。当原始水分为 9.6% 时，水分平衡要 15~18h 才能完成；当水分为 12% 时，完成水分平衡时间则为 6~12h。

即使在同一水分情况下，水分渗透速度也不同，这主要是小麦胚乳结构不同而造成的，水分向高蛋白质含量的硬质小麦胚乳内部渗透速度慢，向低蛋白质含量的粉质小麦胚乳内部渗透速度快。

②水分渗透的路线：对于结构完好的小麦籽粒而言，水分渗透的主要路线是：水分→胚→内子叶、糊粉层→胚乳。次要路线是：水分→麦粒皮层→内果皮→管状细胞层→种皮→珠心层→糊粉层→胚乳。但在小麦加工工艺上，水分渗透的主要路线是：水分→表皮→内果皮→管状细胞层→种皮→珠心层→糊粉层 →胚乳。

水分在小麦中的迁移方式和速度，与小麦经受的清理过程（麦皮有无破损）有关。

③麦粒的温度：水分在麦粒中的渗透速度，与温度的高低有着密切的联系。不同温度的水，对不同品种、不同质地的小麦，渗透速度也不同，用温水润麦，水的渗透速度要比室温快得多，润麦时间可以缩短。但在加温水分调节时，也应注意防止水温过高导致蛋白质变性和淀粉糊化，从而影响正常生产以及小麦粉的烘焙品质。一般来讲，当小麦水分高于 17% 时，小麦温度不应超过 46℃；当小麦水分在 17% 以下时，小麦温度不应超过 54℃。

④空气介质：空气介质（主要指车间的温度和湿度）对水分调节有一定的影响。温度高时，水分渗透快；温度低时，水分渗透慢。湿度大时，小麦的水分蒸发少；湿度小时，小麦表皮水分有部分要蒸发到空气中去。因此，在高温、多雨季节要少加水和减少润麦时间，而在气候干燥、气温较低的情况下，则应多加水并增加润麦时间。

⑤加水设备：加水设备对水分对润麦时间影响也较大，采用振动着水或真空润麦更有利于水分进入小麦内部，缩短润麦时间。

5. 最佳入磨水分和实际润麦时间

（1）最佳入磨水分 经过适当润麦后，研磨时耗用功率最少，成品灰分最低，出粉率和产量最高，此时的小麦工艺性能最佳。最佳入磨水分有两个含义：一是麦堆内部各粒小麦水分分布均匀；二是水分在麦粒各部分中有一定的分配比例，皮层水分>胚乳水分>原料小麦水分，一般希望皮层水分和胚乳水分之比为（1.5~2.0）∶1。硬麦的最佳入磨水分15.5%~17.5%，软麦的最佳入磨水分14.0%~15.0%。

（2）实际润麦时间 生产中润麦时间太短，胚乳不能完全松软，胚乳结构不均匀，研磨时轧距不容易调节，会出现研磨不透、筛理困难的现象。润麦时间太长，会导致小麦表皮水分蒸发，使小麦表皮变干，容易破碎，影响制粉性能。实际生产中，采用常规方法对小麦进行着水润麦，考虑到各种影响因素，润麦时间要长一些，一般为18~24h。硬麦或冬季润麦24~30h；软麦或夏季润麦16~24h。

（三）调质设备

1. 强力着水机

强力着水机是常用的干法小麦水分调节设备。具有着水量大且均匀、着水效果稳定的特点。强力着水机的结构如图9-24所示，它由筒体、打板叶轮、锤片、进水管等部分组成。

强力着水机的主要工作机构是一个密闭的筒体和置于筒体内的高速旋转的打板叶轮。小麦和水进入圆筒之后，被打板连续地打击，并将小麦沿工作圆筒抛洒，形成一个环状的"物料流"。在这样的环境中，每粒小麦都能受到多次强烈的撞击和摩擦，使表皮软化和部分撕碎。这为水分快速均匀地渗透到麦粒的各个部位创造了条件。而加入的水在打板高速旋转所产生的离心力的作用下，均匀散开，与小麦充分混合接触，渗入麦粒中。

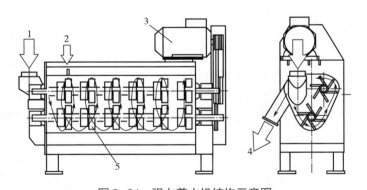

图9-24 强力着水机结构示意图

1—进料口 2—进水口 3—驱动电机 4—出料口 5—打板

2. 着水控制仪

MYFC自动着水控制仪用于小麦着水的自动控制，可与着水机配套使用。主要由麦流通道、测量/控制柜两部分组成。麦流通道连续测定小麦原始水分和流量，根据这些数据和所需要的小麦水分，准确地向着水机供水。

麦流通道由测湿箱、料位平衡箱和麦流量控制箱组成。

测量/控制柜包括湿度测量盒、水量控制盒、气路系统、自动和手动着水系统。

MYFC自动着水控制仪的工作原理如图9-25所示。

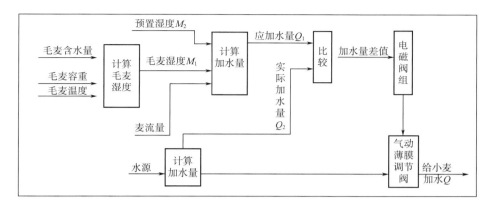

图 9-25　自动着水控制仪的工作原理图

小麦通过水分控制单元测量小麦的容重、水分、流量，通过水分控制单元运算后的控制数据与水量控制单元通讯，发布指令给水量控制单元控制加水量，一定流量的小麦和相应设定控制的加水量在强力着水机中混合，均匀着水混合后的小麦从强力着水机中排出进入润麦仓进行润麦，如图 9-26 所示。

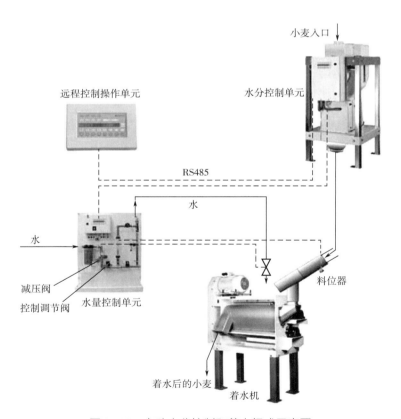

图 9-26　自动水分控制和着水组成示意图

（四）润麦仓

小麦加水后，需要一定的时间让水分向小麦内部渗透以使小麦各部分的水分重新调整，这

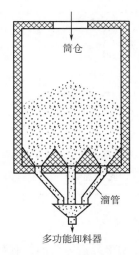

筒仓

溜管

多功能卸料器

图9-27 多出口润麦仓
结构示意图

个过程在麦仓中进行，这种麦仓称作润麦仓。润麦仓一般采用钢筋水泥结构。仓的截面大都是方形的，一般润麦仓的截面为3m×3m或3.5m×3.5m。仓的内壁要求光滑，仓底要做成漏斗形，斗壁与水平夹角一般为55°~65°。为了及时了解和显示润麦仓中物料的多少，以利组织生产和实现生产过程的自动化，必须在仓的上部和下部设置料位器。

为克服小麦出仓时中心部位首先流出现象，一般采用多出口麦仓。多出口麦仓在一定程度上可以克服单出口润麦仓的后进先出缺陷，使仓四周的小麦和中心的小麦具有相同的流动特性，做到先进先出，防止产生自动分级，保证润麦时间和小麦品质的一致性。多出口润麦仓有4出口、9出口、16出口等几种形式，其结构如图9-27所示。

润麦仓容量的大小，影响润麦时间的长短。应根据所需的润麦时间和生产线的产量来确定润麦仓容量的大小。每个润麦仓的仓容不宜过大、仓的数量不能太少，一个生产线至少要有3只润麦仓，以便于各种小麦分开存放和周转。正常生产时，有一个仓在进麦，有一个仓在出麦，两个仓只起一个仓的作用。润麦仓的数量可按式（9-16）计算：

$$Z = \frac{Q \cdot t}{V \cdot r} + \frac{A}{2} \tag{9-16}$$

式中　Z——润麦仓数量，个；

　　　Q——产量，kg/h；

　　　t——润麦时间，h；

　　　V——每个仓的有效体积，m³，约为实际体积的80%；

　　　r——小麦的容重，kg/cm³；

　　　A——同时进、出仓的仓数，取最大值。

四、研磨

（一）研磨的基本方法与原理

1. 研磨的基本原理

研磨的基本原理是利用磨粉机齿辊磨齿的挤压、剪切和剥刮作用将麦粒剥开，从麸片上刮下胚乳，利用磨粉机磨辊的挤压作用或撞击机的撞击作用将胚乳磨成具有一定细度的面粉。研磨时应尽量保持小麦皮层的完整，以保证面粉的质量。

2. 研磨的基本方法

研磨的基本方法有挤压、剪切、剥刮和撞击四种。

（1）挤压　挤压是通过两个相对的工作面同时对小麦或在制品施加压力，使其破碎的研磨方法。在皮磨系统，挤压力通过外部的麦皮一直传到位于中心的胚乳，麦皮与胚乳的受力是相等的，但由于小麦籽粒的各个组成部分的结构强度有很大的差别，所以在受到挤压力以后，胚乳破碎而麦皮却仍然保持相对较完整，因此在皮磨系统挤压研磨的效果比较好。水分不同的小麦籽粒，麦皮的破碎程度以及挤压所需要的力会有所不同。一般而言，使小麦籽粒破坏的挤压力比剪切力要大得多，所以挤压研磨的能耗比较大。

（2）剪切　剪切是通过两个相向运动的磨齿锋面对小麦籽粒施加剪切力，使其断裂的研磨方法。剪切比挤压更容易使小麦籽粒破碎，所以剪切研磨所消耗的能量较少。小麦籽粒最初受到剪切作用的是麦皮，随着麦皮的破裂，胚乳也逐渐暴露出来并受到剪切作用。因此，剪切作用能够同时将麦皮和胚乳破碎，从而使面粉中混入麸星，降低了面粉的加工精度。剪切作用是产生剥刮作用的基础，所以剪切研磨一般用于皮磨系统。

（3）剥刮　在挤压和剪切力的综合作用下产生的摩擦力，通过带有特殊磨齿形状并在一定速比下，对小麦籽粒产生擦撕，此即为剥刮。剥刮的作用是在保持麸皮完整的情况下，实现胚乳和麦皮最大限度地分离，以生产出更加纯净的麦心和粗粉，提高面粉的出率和质量。

（4）撞击　通过高速旋转的部件对物料的打击，使物料与工作部件之间、物料之间反复碰撞、摩擦，使物料破碎的方法，撞击的强度根据打击工作面的尖锐程度和转速不同而变化，不同的物料需要不同的撞击强度。

研磨的主要设备为辊式磨粉机和撞击机。

（二）辊式磨粉机

辊式磨粉机的工作原理是利用一对相向差速转动的磨辊，对均匀地进入研磨区的物料产生一定的挤压力和剪切力，由于两辊转速不同，物料在经过研磨区时，受到挤压、剪切、搓撕等综合作用，使物料破碎。

小麦进入研磨区后，在两辊的夹持下快速向下运动。由于两辊的速差较大，紧贴小麦侧的快辊速度较高，使小麦加速，而紧贴小麦另一侧的慢辊则对小麦的加速起阻滞作用，这样在小麦和两个辊之间都产生了相对运动和摩擦力，从而使麦皮和胚乳受剥刮而分开。

磨粉机主要由机架、磨辊、喂料机构、传动机构、轧距调节机构、磨辊清理机构等构成，图9-28为气压磨粉机的结构示意图。

1. 磨辊分类及要求

磨辊分"齿辊"和"光辊"两种。齿辊是在圆柱面上用拉丝刀切削成磨齿，用于破碎小麦，剥刮麸片上的胚乳。光辊则经磨光后再经喷砂处理，得到绒状的微粗糙表面，常用于心磨、渣磨和尾磨系统，将胚乳粒磨细成粉和处理细小的连粉麸屑。

铸好的磨辊要经过切削加工、磨光，进行静平衡和动平衡试验，使之具有精确的圆柱形，不应有凹腰凸肚和大小头现象，其径向跳动应小于0.05mm，轴向不直度小于0.01mm，轴与辊的同心度偏差不大于0.02mm。

2. 光辊

磨制高精面粉时，心磨系统采用光辊，先将磨辊表面磨光，再经无泽面加工（喷砂处理）。这样，可得到绒状微粗糙表面，使胚乳在研磨时容易磨细成粉，以提高研磨效果。光辊的技术参数主要包含硬度、中凸度和锥度、表面粗糙度三个方面。

（1）硬度　光辊的硬度较齿辊软，易于喷砂，并保证在使用过程中不断有砂粒脱落，形成微粗糙度。如硬度太高，则不易喷砂，造成磨辊表面粗糙度不够，且磨辊易磨光。

（2）中凸度和锥度　光辊工作时研磨压力较大，磨辊会轻微弯曲，磨辊发热也比较严重，发热会导致磨辊的膨胀，尤其是在靠近轴承的地方，发热最厉害，膨胀也最大。轻微弯曲和发热膨胀会导致磨辊出现两头粗中间细的现象，为了避免这种情况，光辊一般加工成带有一定锥度或中凸度的形状，如图9-29所示，当磨辊长度为1m时，中凸度的直径差为15～38μm。如

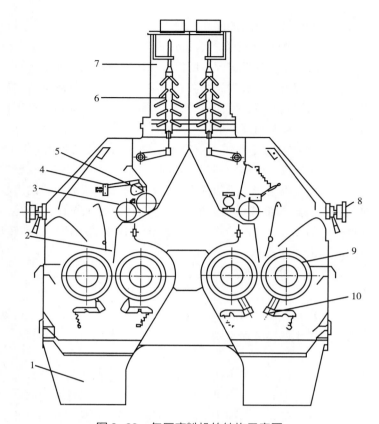

图9-28　气压磨粉机的结构示意图

1—机座　2—导料板　3—喂料辊　4—喂料门传感器　5—喂料活门　6—存料传感器

7—存料筒　8—磨辊轧距调节手轮　9—磨辊　10—刷子或刮刀

两端加工成锥度，则直径差可取 $20 \sim 50\mu m$。磨辊材料、磨辊长度和研磨指标不同，所取的直径差也不同，前路心磨系统锥度或中凸度较大，后路心磨稍小，通常前路系统为 $15 \sim 35\mu m$，中后路系统为 $15 \sim 25\mu m$。

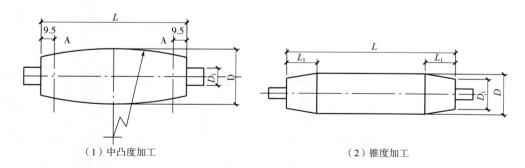

（1）中凸度加工　　　　　　　　　　（2）锥度加工

图9-29　光辊中凸度和锥度（单位：μm）

D—磨辊原直径　D_1—加工后的直径　L—磨辊长度　L_1—锥度部分长度　A—测量 D_1 的位置

（3）表面粗糙度　为了保证光辊的研磨效果，需在光辊表面进行喷砂处理，使磨辊表面形成微粗糙度。粗糙度受磨辊硬度、砂粒种类、喷砂压力和研磨操作指标影响。表 9-1 为不同磨料的喷砂效果。

表 9-1　　　　　　　　　　　　　　　　不同磨料的喷砂效果

名称	规格	粗糙度/μm	砂耗/（kg/m²）
绿碳化硅	TL24	4.0~5.0	2.54~2.88
	TL30	2.5~4.0	
	TL36	2.0~3.0	
黑碳化硅	TL36	1.3~2.0	3.10
棕刚玉	GZ24	2.6~2.9	

3. 齿辊

齿辊的技术参数主要包含齿数、齿型（齿角）、斜度等参数，磨辊间有排列和速比两个参数。

（1）齿数　利用拉丝刀在磨辊表面拉丝形成的尖锐状工作面称为磨齿。磨辊的齿数是指磨辊单位圆周长度内的磨齿数目，以每厘米的磨齿数表示（牙/cm）。英制则以每英寸（1in=2.54cm）磨辊圆周长度内的齿数表示。

磨辊齿数的多少是根据研磨物料的粒度、物料的性质和要求达到的粉碎程度来决定的。入磨物料的颗粒大或要求剥刮率低，齿数就少。磨辊齿数少，则两磨齿间的距离大，齿槽较深，适宜研磨颗粒大的物料。磨辊齿数多，则磨齿间距就小，齿槽浅，适宜研磨颗粒小的物料。磨齿数的多少与物料流量有关，研磨物料的流量大，选用的齿数可稍少；流量小时，选用的磨齿可稍密。

（2）齿型　磨齿的齿型一般以齿角、锋角和钝角的大小来表示。

①齿角、锋角和钝角：如图 9-30（1）所示，齿角是指在磨辊横断面上磨齿两个侧面所形成的夹角。磨齿的两个侧面中，从磨辊周长的切线方向看倾斜度相对较陡的一面称为锋面，倾斜度相对较缓的一面称为钝面。磨齿齿顶与磨辊中心线的连线与锋面形成的夹角称为锋角，与钝面形成的夹角称为钝角［图 9-30（2）］，锋角（α）比钝角（β）要小。图中 abdc 是磨齿的锋面，abfg 是钝面，锋面的面积比钝面要小。

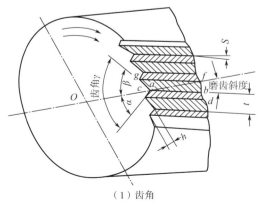

（1）齿角

图 9-30

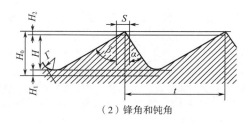

（2）锋角和钝角

图 9-30　磨齿的齿型

拉丝时在磨齿的顶端留有很小的平面，称为齿顶平面，它可使磨辊的研磨作用缓和，减少切碎麦皮的机会，并使磨齿经久耐用。齿数为 6 牙/cm 以下时，齿顶宽度为 0.2~0.3mm；齿数为6~9 牙/cm 时，齿顶宽度为 0.15~0.25mm；齿数为 7~12 牙/cm 时，齿顶宽度为 0.1~0.2mm。

齿数相同时，齿角越小，齿高越高，齿沟深，磨辊破碎能力强，适宜处理大流量物料。

在入磨流量及轧距不变情况下，各项研磨工作指标随齿角的增大有如下变化。随齿角的增大，总剥刮率增加，尤其是 2、3 皮磨，面粉质量有显著提高，色泽更白；单位新生成表面积的耗电量增加。

面粉厂所采用的磨齿角度大体相同，一般在 90°~110°，见表 9-2。

表 9-2　　　　　　　　　　　各国面粉厂采用的磨齿角度

国家	齿角 γ	锋角 α	钝角 β
德国	90°~110°	25°~40°	65°~75°
英国	88°~110°	21°~45°	60°~65°
美国	87°~115°	23°~40°	63°~75°
中国	90°~110°	20°~45°	55°~70°

②前角：在研磨过程中，小麦落入两磨辊间，被慢辊托住，由快辊对小麦进行粉碎。所谓"前角"是指与物料接触并对物料进行破碎的那个角，由于磨辊排列不同，它可以是锋角或者是钝角。物料在磨辊间所受作用力的大小，不仅取决于齿角，更取决于前角。

在皮磨系统，要提取一定数量的麦渣和麦心，则应采用较小的齿角，尤其要采用较小的前角，在加工软麦和水分过高的小麦时更应如此；在前路皮磨，要多出粉少出麦渣、麦心，并为了保持麸片的完整，将麦皮上的胚乳刮净，可采用较大的齿角，尤其应采用较大的前角，在加工硬麦和低水分的小麦更应如此；为了刮净后路皮磨麸片上的胚乳，且不使麦皮过碎，应采用较大的齿角和前角；为了降低磨粉机的动力消耗，可采用较小的齿角和前角。

③后角：磨齿的后角虽然对研磨不起主要作用，但后角的大小表现在磨齿的高度及耐磨性上。当齿角不变而后角增大，则磨齿高度减低，厚度增加。

（3）磨齿的斜度　为了获得更好的研磨效果，在磨辊的轴向磨齿必须与磨辊中心线倾斜成一角度，称为磨齿的斜度。快辊磨齿与慢辊磨齿的倾斜方向相同并保持完全的平行，这样，当一对磨辊相向转动时，快辊磨齿与慢辊磨齿便形成许多交叉点，在磨辊间的轧距小于被研磨物料的情况下，物料就在交叉点上得到粉碎。

磨齿斜度通常以同一磨齿两端在磨辊端面圆周上的距离（弧长，S）与磨辊长度（L）之比表示，如图 9-31 所示。

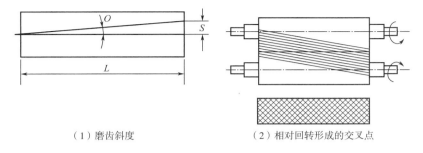

（1）磨齿斜度　　　　　　　　　　（2）相对回转形成的交叉点

图9-31　磨齿的斜度及磨辊相对回转时形成的交叉点

磨齿斜度增大，磨齿交叉点之间的距离越小，交叉点越多。因此，物料在研磨时受到的剪切机会增加，麦皮容易切碎，获得的产品质量较次。

如果用不同的磨齿斜度而要求物料得到相同的粉碎程度，则磨齿斜度大的在研磨过程中依靠剪切力的因素居多，所以动力消耗较低。

对于研磨干而硬的小麦，为防止麦皮过碎，应比研磨软而湿的小麦所采用的磨齿斜度要小。加工高等级面粉，斜度一般先小后大，加工低等级面粉，斜度一般先大后小。目前1皮4%或6%，2皮4%或6%，3皮6%或8%，4皮8%或10%。生产标准粉时，前路一般10%，后路8%。

（4）排列　磨齿有锋角和钝角之分，而磨辊又有快辊与慢辊之分，因此快辊齿角与慢辊齿角的相对排列，按作用于研磨物料的前角来表示，有四种方法，即锋对锋、锋对钝、钝对锋和钝对钝，如图9-32所示。

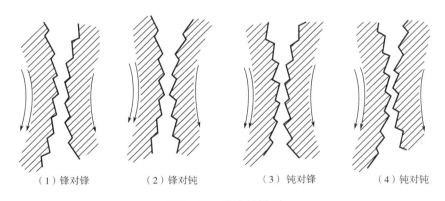

（1）锋对锋　　　　（2）锋对钝　　　　（3）钝对锋　　　　（4）钝对钝

图9-32　磨齿的排列

①锋对锋（F-F）：快辊磨齿锋角向下，慢辊磨齿锋角向上。采用这种排列，磨齿对物料的剪切作用最强，粉碎程度高，而动力消耗低，麸片较碎，麦心多而细粉少，适宜加工水分大或软而韧的小麦。

②锋对钝（F-D）：快辊磨齿锋角向下，慢辊磨齿钝角向上。

③钝对锋（D-F）：快辊磨齿钝角向下，慢辊磨齿锋角向上。

④钝对钝（D-D）：快辊磨齿钝角向下，慢辊磨齿钝角向上。采用这种排列，物料落在慢辊钝面上，同时受到快辊钝面的剥刮作用。研磨作用较缓和，物料受剪切力小而压力较大，磨下物中麸片大，麦渣和麦心少而面粉多，面粉的颗粒细含麸星少，但动力消耗较高。D-D排

列适宜于加工水分低或硬而脆的小麦。

（5）速比　磨辊快、慢辊圆周线速度之比称为速比。小麦在研磨时，从麸片上剥刮胚乳的作用主要是依靠快辊磨齿进行的，速比越大研磨作用越强。当其他条件不变时，研磨物料的粉碎程度与"作用齿数"相关。所谓作用齿数，是指物料在研磨区域内，快辊工作表面对物料作用的齿数。

作用齿数 R_1 与磨辊各参数的关系如下：

$$R_1 = （V_k - V_g）t \times n \tag{9-17}$$

式中　V_k——快辊圆周速度，m/s；

$\quad\quad V_g$——物料粉碎的平均速度，m/s；

$\quad\quad t$——物料在研磨区域内逗留时间，g；

$\quad\quad n$——快辊齿数，牙/cm。

物料在研磨区域逗留的时间可由式（9-18）求得：

$$t = \frac{L}{V_g} = \frac{2L}{V_k + V_m} \tag{9-18}$$

式中　L——研磨区域长度，cm；

$\quad\quad V_m$——慢辊圆周速度，m/s。

所以

$$R_1 = \left(V_k - \frac{V_k + V_m}{2}\right) \times \frac{2L}{V_k + V_m} \times n = Ln\frac{K-1}{K+1} \tag{9-19}$$

从式（9-19）可看出，当 L 和 n 不变，则作用齿数 R_1 仅决定于速比 K。这表明当速比 K 提高时，快辊对物料的作用齿数增加，显然将提高物料被粉碎的程度。

如果提高 K 值而不相应地提高 V_k，则由于 V_m 的减小而使 V_g 降低，这样势必导致磨粉机生产能力的下降。

在制粉生产中，根据产品种类和各道磨粉机的作用不同，应采用不同的速比。在磨制等级粉时，皮磨系统的速比 $K = 2.5 : 1$；渣磨系统 $K = （1.25 \sim 2.0）: 1$；心磨系统 $K = （1.25 \sim 1.5）: 1$。

在磨制高出粉率（85%左右）的面粉时，磨辊一般采用齿辊，各研磨系统都采用速比 $K = 2.5 : 1$。磨制全麦粉时可取较大的速比（$K = 3 : 1$）。

（三）辅助研磨设备

松粉机在制粉过程中主要有三种作用：辅助研磨、松开由于光辊挤压而形成的粉片和杀死部分虫卵。松粉机可分为两类：撞击松粉机和打板松粉机。其中撞击松粉机根据转速、盘直径、撞击柱形状可以分为普通撞击松粉机、强力撞击松粉机、变速撞击松粉机三种。

1. 撞击松粉机

撞击松粉机如图9-33所示，主要由两个圆盘（一个转动一个固定）和固定在圆盘上的柱销组成。其工作原理是，物料进入撞击机，由于离心力的作用，物料由中心向四周甩出并在旋转盘的柱销之间产生强力的撞击，并将物料甩出，再与撞击座圈四周摩擦碰撞后，使物料粉碎，同时杀死虫卵。经处理后的物料从环形料槽沿切向出口离心甩出由出料口处排出。

2. 打板松粉机

打板松粉机的结构如图9-34所示，在机架内装有高速旋转的打板和工作圆筒，打板通过支架固定在主轴上。由传动轮带动，打板为长条形，有四块，具有较高的圆周速度（15.7m/s）。

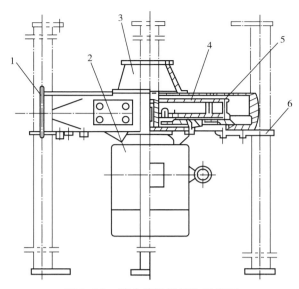

图 9-33　撞击松粉机结构示意图

1—撞击座圈　2—电机　3—进料筒　4—甩盘　5—柱销　6—柱脚

打板松粉机工作时，物料由进料口进入机内，在高速旋转的打板作用下，将物料打击在工作圆筒上，受到强烈的撞击和摩擦，使粉片和预损伤的胚乳粒得到粉碎。长条打板呈现锯齿形，边打击边推进，将物料从进口推向出口排出。

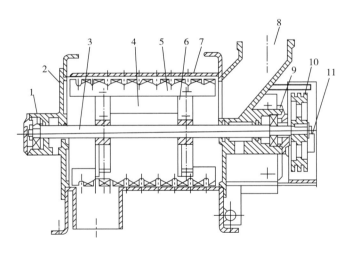

图 9-34　打板松粉机结构示意图

1—轴承　2—轴承座　3—轴　4—门　5—打板　6—星形轮　7—壳体
8—进料口轴承座　9—电动机　10—大皮带轮　11—电机皮带轮

（四）研磨工艺效果的评定

磨粉机的研磨工艺效果通常以剥刮率、取粉率和粒度曲线进行评定。

1. 剥刮率

剥刮率是指一定数量的物料经某道皮磨系统研磨、筛理后，穿过粗筛的数量占物料总量的百分比。生产中常以穿过粗筛的物料流量与该道皮磨系统的入磨物料流量或1皮磨物料流量的比值来计算剥刮率。在测定除1皮以外其他皮磨的剥刮率时，由于入磨物料中可能已含有可穿过粗筛的物料，所以实际剥刮率应按式（9-20）计算：

$$K=\frac{A-B}{1-B}\times100\%$$
(9-20)

式中　K——该道皮磨系统的剥刮率，%；

　　　A——研磨后粗筛筛下物的物料量，%；

　　　B——物料研磨前，已含可穿过粗筛的物料量，%。

皮磨剥刮率的控制对在制品的数量和质量以及物料的平衡有很大影响，因此剥刮率常用于考察皮磨的操作。测定皮磨系统剥刮率的筛号一般为20W。

2. 取粉率

取粉率是指物料经某道系统研磨后，粉筛的筛下物流量占本道系统流量或1皮磨流量的百分比，其计算方法与剥刮率类似，应按式（9-21）计算：

$$L=\frac{A-B}{1-B}\times100\%$$
(9-21)

式中　L——该道研磨磨系统的取粉率，%；

　　　A——研磨后物料的含粉率，%即粉筛筛下物的物料量与取样量之比；

　　　B——入磨物料的含粉率，%即物料研磨前，已含可穿过粉筛的物料量与取样量之比。

如果入磨物料不含粉，则取粉率可直接以研磨后物料的含粉率（A）代替。为便于比较，测定各系统的取粉率的筛号一般为JMP12（112μm），企业也可根据采用工艺中所配筛网测定取粉率。

五、 筛理

在小麦制粉生产过程中，每道磨粉机研磨之后，粉碎物料均为粒度和形状不同的混合物，其中一些细小胚乳已达到面粉的细度要求，需将其分离出去，避免重复研磨，而粒度较大的物料也需按粒度大小分成若干等级，根据粒度大小、品质状况及制粉工艺安排送往下道研磨、清粉或打麸等工序连续处理。制粉厂通常采用筛理的方法完成上述分级任务，常用设备为平筛。

（一）各系统物料的筛理特性及筛理工作的要求

1. 各系统物料的筛理特性

（1）皮磨系统　前路皮磨系统物料容重较高，颗粒体积大小悬殊，且形状不同（麸片多呈片状，粗粒、粗粉和面粉为不规则的粒状），在皮磨剥刮率不很高的情况下，筛理物料温度较低，麸片上含胚乳多而且较硬，大粗粒（麦渣）颗粒较大，含麦皮较少，因而散落性、流动性及自动分级性能良好。在筛理过程中，麸片、粗粒容易上浮，粗粉和面粉易下沉与筛面接触，故麸片、粗粒、粗粉和面粉易于分离。

随着皮磨的逐道剥刮，麸片上的胚乳含量逐渐减少，因而后路皮磨系统筛理物料中麸片多，粗粒、粗粉和面粉较少，大粗粒数量极少。麸片粒度减小、变薄、变轻、变软，刮下的粗粒、粗粉和面粉中含有较多的细小麦皮。后路皮磨物料体积松散，流动滞缓，容重低，颗粒大小差异不如前路系统悬殊，散落性减小，流动性变差，自动分级性能较差。麸片、粗粒、粗粉和面粉间相互粘连性较强，不易分清，因此筛理分级时需要较长的筛理路线。

（2）渣磨系统 渣磨系统研磨的物料主要是皮磨或清粉系统提取的大粗粒。大粗粒中含有胚乳颗粒、粘连麦皮的胚乳颗粒和少量麦皮，这些物料经过渣磨研磨后，麦皮与胚乳分离、胚乳粒度减小。因此筛理物料中含有较多的中小粗粒、粗粉、一定量的面粉和少量麦皮，渣磨采用光辊时还含有一些被压成小片的麦胚。胚片和麦皮粒度较大，其余物料粒度差异不大，散落性中等，筛理时有较好的自动分级性能，粗粒、粗粉和面粉较易分清。

（3）心磨和尾磨系统 心磨系统的作用是将皮磨、渣磨及清粉系统分出的较纯的胚乳颗粒（粗粒、粗粉）磨细成粉，为提高面粉质量，心磨多采用光辊，并配以松粉机辅助研磨，所以筛理物料中面粉含量较高，尤其前路心磨通过光辊研磨和撞击松粉机的联合作用，筛理物料含粉率在50%以上，同时较大的胚乳粒被磨细成为更细小的粗粒和粗粉。心磨筛理物料的特征是：麸屑少，含粉多，颗粒大小差别不显著，散落性较小。要将所含面粉基本筛净，需要较长的筛理路线。

尾磨系统用于处理心磨物料中筛分出的混有少量胚乳粒的麸屑及少量麦胚。经光辊研磨后，胚乳粒被磨碎，麦胚被碾压成较大的薄片，筛理物料中含有一些品质较差的粗粉、面粉，以及较多的麸屑和少量的胚片。若单独提取麦胚，需采用较稀的筛孔将麦胚先筛分出来。

（4）打麸粉（刷麸粉）和吸风粉 用打麸机（刷麸机）处理麸片上残留的胚乳，所获得筛出物称为打麸粉（刷麸粉），气力输送风网中卸料之后的含粉尘气体、制粉间低压除尘风网（含清粉机风网）的含粉尘气体经除尘器过滤后的细小粉粒称为吸风粉。这些物料的特点是粉粒细小而黏性大，吸附性强，容重低而散落性差，流动性能差，筛理时不易自动分级，粉粒易黏附筛面，堵塞筛孔。

2. 筛理工作的要求

鉴于制粉过程中筛理物料的上述特征，筛理时需满足以下要求：

（1）筛理分级种类要多，并能根据原料状况、工艺要求和研磨系统不同，灵活调整分级种类的多少；

（2）具有足够的筛理面积和合理的筛理路线，将面粉筛净、分级物料按粒度分清，并有较高的筛理效率；

（3）能容纳较高的物料流量，筛理物料流动顺畅，在工艺流量波动范围内不易造成堵塞，减少筛理设备使用台数，降低生产成本；

（4）设备结构合理，有足够的刚度，构件间连接牢固，密封性能好，经久耐用。运动参数合理，保证筛理效果，运转平稳，噪声低；

（5）筛格加工精度高，长期使用不变形，与构件间配合紧密，不窜粉、不漏粉。筛格互换性强，便于调整筛网、调整筛路；

（6）隔热性能要好，筛箱内部不结露、不积垢生虫。

（二）筛理的基本原理

1. 筛理物料相对于筛面运动的条件

平筛工作时做平面回转运动，只有当筛面的运动速度达到使物料所受到的离心惯性力大于它与筛面的摩擦阻力时，才能使物料在筛面上产生相对运动。因此，筛理物料相对于筛面运动的必要条件为：

$$m\omega^2 R \geqslant mfg \tag{9-22}$$

式中 m——筛理物料质量，kg；

R——平筛回转半径，m；

ω——平筛回转角速度，r/s；

g——重力加速度，9.8m/s^2；

f——摩擦系数。

$$\omega = \frac{n\pi}{30} \tag{9-23}$$

将式（9-23）代入式（9-22），得平筛的最小临界转速：

$$n = 30\sqrt{\frac{f}{R}} \tag{9-24}$$

式中　n——平筛转速，r/min。

上述平筛转速公式是建立在单颗粒物料的运动分析基础上的，而实际生产中，筛理物料是运动群体，物料层的压力以及运动中的摩擦阻力都要比单颗粒物料大得多。因此，筛体的实际转速要比计算值大。平筛的实际转速为：

$$n = (40\sim50)\sqrt{\frac{f}{R}} \tag{9-25}$$

由此可见，平筛的转速 n 和回转半径 R 的平方根成反比，当平筛的回转半径较小时，其转速应加大，反之亦然。

2. 筛理物料在筛面上的运动轨迹

筛理物料在筛面上的相对运动轨迹半径计算式为：

$$r_x = R\sqrt{1 - \frac{(kgf)^2}{(\omega^2 R)^2}} \tag{9-26}$$

式中　r_x——相对运动轨迹半径，m；

R——平筛回转半径，m；

ω——平筛回转角速度，r/s；

g——重力加速度，m/s^2；

f——摩擦系数；

k——物料层厚度系数，$k>1$。

由式（9-26）得出：

①物料的相对运动轨迹半径 r_x 总小于平筛回转半径 R；

②当 f、ω 一定时，r_x 随 R 增大而增大；

③当 f、R 一定时，r_x 随 ω 增大而增大；

④当 ω、R 一定时，r_x 随 f 增大而减小；

⑤物料层厚度增加即厚度系数 k 增大，r_x 减小。

实际生产中，平筛流量增加时料层加厚，下层物料所受的摩擦阻力增大。物料水分较大、容重较轻、黏性较大时，散落性变差，摩擦系数增大而造成物料的相对运动轨迹半径减小，尤其底层物料运动轨迹半径较小。为不降低筛理效率，可适当增大平筛的转速或回转半径。

3. 平筛的回转半径

高方平筛的筛体通过吊杆悬挂在槽钢下方，两个筛体中间位置装备有可旋转的偏重块，依靠偏重块的旋转使筛体做回转运动（图9-35）。

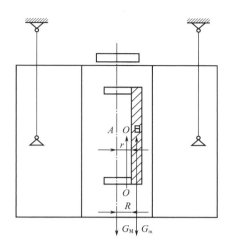

图9-35 为高方平筛的传动平衡示意图

设：筛体的质量（含筛内物料质量，但不含偏重块质量）为G_M，重心位于A；偏重块的质量为G_m，重心位于B；筛体与偏重块的合成重心位于O。偏重块的回转半径为R；筛体绕$O-O$旋转的半径为r。

若忽略水平方向的外力（空气阻力、吊杆的横向弹性作用力等），根据质心运动定理，在水平投影面上，筛体无论作何种运动，整个系统的合成质心位置保持不变。由此可得：

$$G_M \cdot r = G_m(R - r) \tag{9-27}$$

转换后可得出筛体的回转半径为：

$$r = \frac{G_m}{G_M + G_m}R \tag{9-28}$$

可以看出，改变偏重块的回转半径R，可以改变平筛的回转半径。

4. 平筛回转半径与转速

由物料相对筛面运动的条件可知，$mR\omega^2$是使物料在筛面上散开的动力。提高平筛的转速n与回转半径R，均可增大物料在筛面上的运动轨迹半径，延长物料的筛理路线，利于物料分级。在增大平筛的转速n或回转半径R的同时，筛体运动加速度$R\omega^2$也增大，筛体的动载荷加大，对整个筛体及其零部件的应力也随之增大，因此对筛体结构强度的要求也越高。当调整平筛转速与回转半径时，应核算其加速度。平筛回转半径与转速见表9-3。

表9-3　　　　　　　　　　　　　　　　平筛回转半径与转速

项目	1	2	3	4	5	6	7	8
转速/（r/min）	190	200	220	240	260	280	290	250~255
回转半径/mm	50	47.5	42.5	37.5	32.5	27.5	25	32

（三）平筛的主要构件

高方平筛一般由进料装置、筛体、出料装置、筛体吊挂装置、传动机构等组成，如

图9-36所示。筛体由传动机架、筛箱、横梁三部分构成。筛箱通过螺栓与机架连接，并以横梁加固构成一个整体，通过吊杆悬挂在槽钢下方。电动机通过皮带轮带动机架中心固定有偏心块的主轴旋转，偏心块旋转时所产生的离心力使高方平筛在水平面内做回转运动。

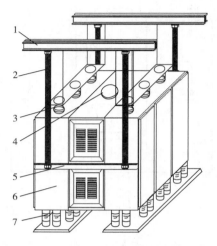

图9-36　高方平筛结构图

1—槽钢　2—吊杆　3—进料装置　4—皮带轮（电动机）　5—横梁　6—筛箱　7—出料筒

1. 筛箱

高方平筛一般有两个筛箱。每个筛箱都被分隔成若干个独立的工作单元，每个单元称为1仓，目前有4仓式、6仓式、8仓式10仓式平筛。

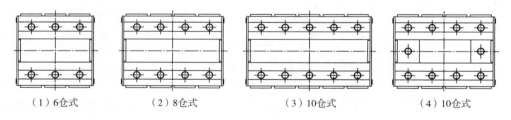

（1）6仓式　　　（2）8仓式　　　　（3）10仓式　　　　（4）10仓式

图9-37　筛箱的分隔形式

在小麦制粉厂的设计中，平筛仓数的选择还与磨粉机、清粉机的台数与布置相关，目前使用较多的是6仓式与8仓式平筛。

2. 筛格

筛格在高方筛筛箱内的安装方式有叠加式和抽屉式，我国大多数采用叠加式。目前常用的筛格尺寸为640mm×640mm与740mm×740mm（730mm×730mm）。筛格由筛框和筛面格组成。筛面格嵌在筛框上部，可以取出更换，见图9-38。

目前常用的是扩大型筛格，如图9-39所示。目前常用的扩大型筛格为A型、B型、E型和H型。

组合筛路时，为尽量减少筛格中通道的占用面积，有时也采用两个通道的筛格，习惯上称之为半扩大型筛格或双通道筛格，见图9-39（6）。

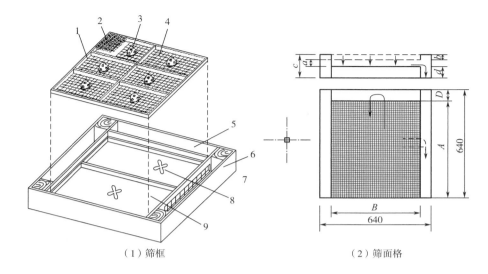

（1）筛框　　　　　　　　　　　（2）筛面格

图 9-38　筛格结构示意图（单位：mm）

1—筛面格　2—筛理筛网　3—清理块　4—钢丝筛网　5—内通道　6—筛框

7—钢丝栅栏　8—推料块　9—收集底板

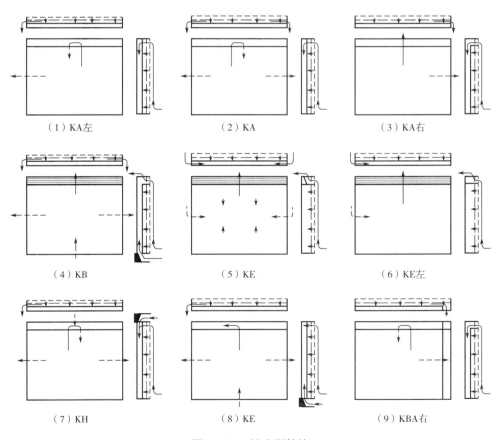

（1）KA左　　　　　　　　　　（2）KA　　　　　　　　　　（3）KA右

（4）KB　　　　　　　　　　　（5）KE　　　　　　　　　　（6）KE左

（7）KH　　　　　　　　　　　（8）KE　　　　　　　　　　（9）KBA右

图 9-39　扩大型筛格

3. 顶格

平筛顶格位于每仓平筛的顶部，其上方与平筛进料筒连接，下部在工作时紧压在第一层筛格上。其作用：一是将筛理物料散落在第一层筛面上或导入后侧外通道；二是配合压紧装置对本仓筛格进行垂直压紧。

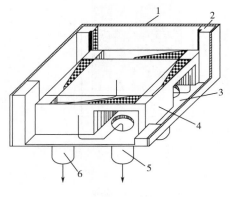

图 9-40 筛仓中的底格

1—筛箱隔板 2—立柱 3—筛箱底板 4—底格

5—外通道出料孔 6—内通道出料孔

4. 底格

底格位于筛仓底层筛格的下方，其作用是将内外通道的筛分物料收集并送入底板上的出料口（图9-40）。

每仓底格上有八个出料口供选用（图9-41）。筛箱的4个侧面各对应两个出料口，一个用作外通道物料出口，另一个用作物料内通道出口。物料流量大时可同时用作外通道出口，如图9-41（3）和（4）中的④、⑤孔常用作皮磨筛路的麸片出口。图9-41中②、④、⑦和⑧为外通道物料出口，其余为内通道物料出口。

底格出口序号按顺时针排列的仓称为右仓，如图9-41中（2）和（4）；逆时针排列的称为左仓。习惯上将位于右侧的筛仓设置为右仓，左侧的筛仓设置为左仓，中间仓根据需要设定，没有特殊要求时一般设为右仓。设计筛路时，在满足筛理要求的前提下，尽量选用靠外侧的出料口，便于生产中取料观察。尤其是流量较大、散落性较差或需经常检查的物料出口，设置时应首选外侧出料口。

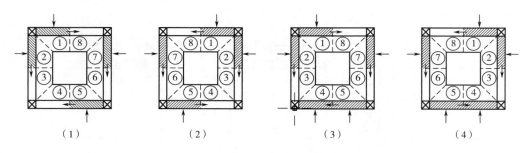

图 9-41 高方平筛出口排列

（四）平筛筛理工艺效果的评定

1. 筛净率

实际筛出物的数量占应筛出物的数量的百分比，称为筛净率。

$$\eta = \frac{q_1}{q_2} \times 100\% \qquad (9-29)$$

式中 η——筛净率,%；

q_1——实际筛出物的数量,%；

q_2——应筛出物的数量,%。

实际生产中分别测出进机物料和筛出物流量，筛出物占进机物料流量的百分比，即为实际

筛出物的数量 q_1。在入筛物料中取出 100g 左右的物料，用与平筛中配置筛孔相同的检验筛筛理 2min，筛下物所占百分比即为应筛出物的数量 q_2。

2. 未筛净率

应筛出而没有筛出的物料数量占应筛出物的数量的百分比，称为未筛净率。

$$H = \frac{q_3}{q_2} \times 100\% \qquad (9-30)$$

式中　H——未筛净率，%；

　　　q_3——应筛出而未筛出物的数量，%。

$q_3 = q_2 - q_1$，故 $H = 1 - \eta$。

评定某一仓平筛的筛理效率时，需对该仓中的粗筛、分级筛、细筛及粉筛逐项进行评定。在实际筛理过程中，筛孔越小，物料越不易穿过，越难以筛理，为简化起见，一般仅评定该仓粉筛的筛理效率。

3. 筛上物含粉率

筛上物所含面粉数量占筛上物数量的百分比（筛上物中面粉所占的百分比），称为筛上物含粉率。

$$X = \frac{F_1}{F_2} \times 100\% \qquad (9-31)$$

式中　X——筛上物含粉率，%；

　　　F_1——筛上物中面粉的数量，%；

　　　F_2——筛上物的数量，%。

六、清粉

物料经研磨、筛理分级后，需进一步研磨成粉。由于筛理设备是按粒度大小分级，分出的粗粒、粗粉中会含有一些连皮胚乳粒和细碎麦皮，其含量随粗粒和粗粉的提取部位、研磨物料特性及粉碎程度等因素的变化而改变。如果将这些粗粒和粗粉直接送往心磨研磨，在胚乳颗粒被磨碎成粉的同时，必然使一些麦皮随之粉碎，从而降低面粉质量。因此，生产高等级和高出粉率的面粉时，需将筛分后的粗粒、粗粉进一步精选。精选之后，分出的细碎麦皮送往相应的细皮磨，连皮胚乳粒送往渣磨或尾磨，胚乳颗粒送往心磨。制粉工艺中，精选粗粒和粗粉的工序称为清粉，所用设备为清粉机。

（一）清粉的基本原理

1. 粗粒粗粉的理化特性

粗粒、粗粉的悬浮速度与灰分的关系见图 9-42。从图中看出：

（1）随着悬浮速度的增加，悬浮颗粒的灰分呈上升趋势，达到最高值后逐渐下降。选取合适的风速，可分离出低灰分的胚乳颗粒；

（2）物料粒度减小曲线左移，即颗粒悬浮速度减小，并且悬浮速度范围缩小。如 22W/24W 的大粗粒的悬浮速度为 0.4~2.9m/s、34W/36W 的中粗粒则为 0.3~1.8m/s、而 54GG/56GG 的粗粉仅为 0.2~1.0m/s。由此可见，同粒度的大粗粒混合物中胚乳粒、连皮胚乳粒、碎麦皮的悬浮速度相差较大，中粗粒次之，而粗粉相差较小。因此，清粉时大粗粒所需风量较大，风速较高且易于调节；粗粉所需风量较小，风速也不易掌握，筛出物料的灰分降低率相对较低。

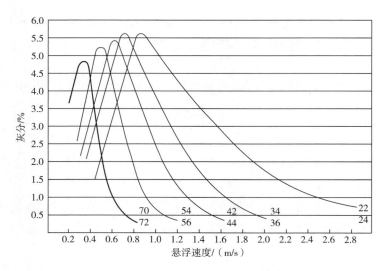

图 9-42　粗粒、粗粉悬浮速度与灰分的关系

　　同一悬浮速度下，悬浮颗粒的灰分取决于其粒度大小。表 9-4 列出了悬浮速度为 1.8m/s 时，不同悬浮颗粒的灰分的变化。因此，要提高粗粒和粗粉的清粉效果，必须在清粉前按粒度将其分级，缩小其粒度差异。

表 9-4　　　　　　　　　　同一悬浮速度下粒度与灰分的关系

悬浮速度/（m/s）	1.8				
粒度	46GG/48GG	40GG/42GG	34GG/36GG	30GG/32GG	24GG/26GG
灰分/%	0.46	0.81	1.57	2.47	3.34

　　2. 清粉机的工作原理

　　清粉机是利用筛分、振动抛掷和风选的联合作用，将粗粒、粗粉混合物分级的。清粉机筛面在振动电机的作用下做往复抛掷运动，落在筛面上的物料被抛掷向前，气流自下而上（图 9-43 中黑色箭头方向）穿过筛面、穿过料层，对抛掷散开的物料产生一向上的、与重力相反的作用力，使得物料在向前推进的过程中，自下而上按以下顺序自动分层：小的纯胚乳颗粒、大的纯胚乳颗粒、较小的混合颗粒、大的混合颗粒、含有少量胚乳的麦皮及较轻的麦皮。各层间无明显界线，尤其大的纯胚乳颗粒与较小的混合颗粒之间区别更小。选取合适的气流速度，使较轻的颗粒处于悬浮和半悬浮状态，较重的颗粒接触筛面，再通过配置适当的筛孔，使纯胚乳颗粒成为筛下物，混合颗粒成为后段筛下物与下层筛上物，麦皮混合物则成为上层筛上物（图 9-43）。

　　清粉机有 3 层筛面，每层筛面前后分为 4 段，筛孔配置由进料端向后逐渐增大，同段下层筛孔比上层筛孔稍密。因此，筛下物中前段物料粒度最小，胚乳纯度较高；后段物料粒度逐渐增大，胚乳纯度逐渐下降，混合颗粒增多。不同纯度的筛下物分别入收集槽内，可合并成 2~3 种，送往不同的制粉系统。筛上物也分为 2~3 种，其中上层较下层物料的粒度大、轻、麦皮含量高。筛上物多送往细皮磨、渣磨、尾磨处理。

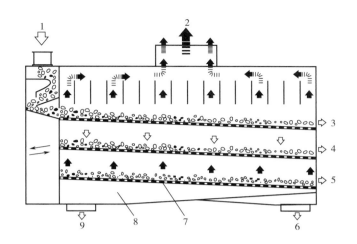

图9-43 清粉机的工作原理图

1—进料 2—吸风 3—第一层筛上物 4—第二层筛上物 5—第三层筛上物

6—后段筛下物 7—筛面 8—筛下物收集槽 9—前段筛下物

（二）清粉机的主要部件

1. 结构

清粉机的主要构件为机架、喂料机构、筛体、吸风装置、出料装置与振动机构等，见图9-44。

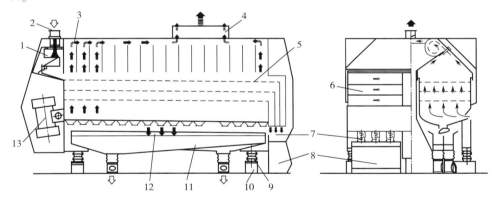

图9-44 清粉机结构示意图

1—喂料机构 2—进料口 3—吸风室 4—总风管 5—筛面 6—筛上物出口 7—筛上物出料调节箱

8—方钢立柱 9—机座 10—集料输送槽 11—筛下物出口 12—振动电机 13—中空橡胶弹簧

2. 筛体

清粉机的机架中有两个结构相同的筛体，每个筛体中有2~3层筛面。每层筛面有四个筛格，通过搭钩相互连接，筛格以抽屉式卡在筛体两侧的滑槽内，可从出料端逐个连续抽出或逐个装入，出料端锁紧（纵向压紧）。

采用振动电机传动的清粉机，筛体由四个空心橡胶弹簧支撑。每个筛体在进料端下方各固定一台振动电机，电机与筛体一起振动。

采用偏心传动的清粉机，筛体通过吊杆悬挂在机架上，筛体前端两侧有两根吊杆，尾端一根。

前后吊杆倾角可不相同，根据需要调节。一般筛体前端料层厚，抛掷角较大，尾端料层薄，抛掷角适当减小。并且通过调整吊杆长度，可以调节筛面倾斜角度。两个筛体的悬吊装置各自独立。

3. 筛格

清粉机筛格宽度有 30mm、46mm 和 49mm 等几种规格，长度均为 50mm。筛格框架采用铝合金制成，中间装有两条承托清理刷的导轨（图9-45）。筛框的四个外侧面制有绷紧筛网的沟槽，当筛网张力减少时，可连续进行 2~3 次绷紧，并可迅速更换筛网。

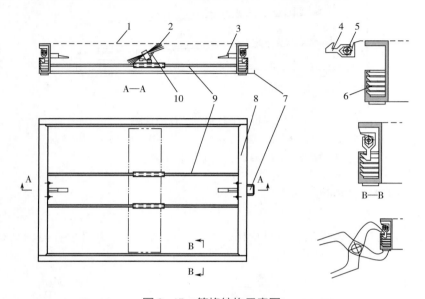

图9-45　筛格结构示意图

1—筛面　2—清理刷　3—换向柱　4—筛面张紧拉钩条　5—塑料杆　6—沟槽
7—挂钩　8—筛框　9—清理刷导轨　10—清理刷导向块

（三）清粉工艺效果的评定

清粉机的工艺效果以物料经清粉后，精选出粗粒、粗粉的数量及相应的灰分降低程度来衡量。清粉机提纯出的粗粒、粗粉数量越多，其灰分与清粉前的物料灰分相差越大，清粉效果越高。

1. 清粉机清分效率

清粉机的清粉效率按式（9-32）计算：

$$\eta = \eta_1 \cdot \eta_2 \tag{9-32}$$

式中　η——清粉机的清粉效率，%；

　　　η_1——粗粒、粗粉筛出率，%；

　　　η_2——精选后粗粒、粗粉灰分降低率，%。

2. 粗粒、粗粉筛出率

粗粒、粗粉筛出率（η_1）为清粉机精选后，提纯的粗粒、粗粉流量占进机物料流量的百分比。

$$\eta_1 = \frac{q}{Q} \times 100\% \tag{9-33}$$

式中　q——清粉机筛出物的流量，kg/h；

Q——进入清粉机物料的流量，kg/h。

3. 灰分降低率

粗粒、粗粉灰分降低率（η_2）为入机物料灰分与筛出物料灰分之差，占入机物料灰分的百分比。

$$\eta_2 = \frac{Z_1 - Z_2}{Z_1} \times 100\% \qquad (9-34)$$

式中　Z_1——进入清粉机物料的灰分，%；

Z_2——清粉机筛下物料的灰分，%。

清粉机的工艺效果如表9-5所示。

表9-5　　　　　　　　　　　　　清粉机的一般工艺效果

物料名称	筛出率/%	灰分降低率/%
大粗粒	45~60	45~60
中、小粗粒	60~75	20~40
粗粉	75~85	20~25

七、　小麦制粉流程

小麦制粉包括研磨、筛理、清粉、撞击（松粉）、打麸（刷麸）等工序，将各工序组合起来，把净麦加工成面粉的生产工艺过程称为小麦制粉流程，简称粉路。小麦制粉流程的合理与否，是影响制粉工艺效果的最关键因素。

（一）常用的制粉方法

1. 在制品不分级制粉法

将小麦研磨后筛出小麦粉，剩下的物料混在一起继续进行第二次研磨，这样重复数次，直到获得一定的出粉率和小麦粉质量。这种方法不提取麦渣和麦心，适合于直接破碎法生产全麦粉或特殊食品用小麦粉，不适合制作高等级的食用小麦粉。

2. 简化物料分级的制粉方法

简化物料分级的制粉方法实质上是在制粉过程的前几道磨（1皮、2皮和1心）大量出粉（70%左右），物料分级很少。一般3~4道皮磨，2~4道心磨，生产特二粉时4~5道心磨，有时还增设1~2道渣磨，通常不用清粉机。该制粉方法的主要特点是：制粉流程短、物料分级少、单位产量高、电耗低，但面粉加工精度较差。

采用该法生产标准粉时，一般出粉率85%左右，吨粉电耗34~40kW·h，磨粉机的产量为5.5~8kg/（cm·h）面粉。采用该法生产国标特制二等粉时，一般出粉率为72%~76%，磨粉机单位产量为4.2~5.0kg/（cm·h）面粉，吨粉电耗40~50kW·h。

3. 物料分级中等的制粉方法

物料分级中等的制粉方法也称为"中路出粉法"。该方法实质上是在制粉过程的前几道心磨（1心、2心和3心）大量出粉（35%~40%），心磨总出粉率55%~60%（占1皮），皮磨总出粉率13%~20%。流程中物料分级较多，一般设置4~5道皮磨，2~3道渣磨，7~8道心磨，2道尾磨，3~4道清粉，大量使用光辊磨粉机，并配以各种技术参数的松粉机。该制粉方法的主要特点：制粉流程长且有一定的宽度，物料分级中等，单位产量较低，电耗较高，但面粉质量较好。

采用该法生产等级粉时，出粉率 73%，面粉平均灰分 0.6% 左右，吨粉电耗 70~75kW·h，磨粉机单位接触长度为 12mm/（100kg·d）左右。

4. 强化物料分级的制粉方法

强化物料分级的制粉方法是在中路出粉方法的基础上改进而成的，主要强调前路物料的分级，要求制粉工艺不仅要有一定的长度，更要有宽度，还要加强清粉，以尽可能保证进入前路心磨物料的纯度。该制粉方法的主要特点是：制粉流程复杂、操作管理难度大、单位产量低、电耗高，但高精度面粉的出率高、灰分低、粉色白。

采用该法生产等级粉，高精度面粉出率比其他方法明显提高，吨粉电耗 73~78kW·h，磨粉机单位接触长度为 12mm/（100kg·d）左右。

5. 磨撞均衡出粉的制粉方法

该制粉方法是在强化物料分级制粉方法基础上，对"理想纯度"的物料，采用"撞击磨粉机"处理，大量出粉，减少物料后推。对于纯度较高的物料，用普通撞击机代替磨粉机。对于中后路系统细料采用普通撞击制粉技术，减少磨粉机流量，减少入磨物料细物料含量，提高研磨效果。该制粉方法一般和物料纯化技术、可控物料后推技术结合使用，可提高产量 20% 左右，磨粉机单位接触长度为 10mm/（100kg·d）左右。

6. 轻刮轻研低流量的制粉方法

该制粉方法是在强化物料分级制粉方法基础上，进一步加强在制品按质量分级，延长和加宽工艺设置，降低磨粉机流量，皮磨系统降低每一道的剥刮率，减少麦皮破碎，强调分层剥刮；加强清粉系统应用，扩大清粉范围，提高物料纯度；细化渣尾磨设置，避免交叉污染；细化心磨设置，心磨系统减轻研磨强度，控制面粉粒度。磨粉机单位接触长度为 16mm/（100kg·d）左右，部分工艺在前路皮磨和前路心磨的采用八辊磨（上、下辊均为相同系统）。

7. 其他制粉方法

（1）剥皮制粉方法　剥皮制粉方法是在小麦制粉前，先剥去 5%~8%（占 1 皮）的麦皮，再进行制粉，故称为剥皮制粉。本方法皮磨可缩短 1~2 道，减少粗皮磨的宽度，心磨缩短 2~3 道，其原因一是由于 2~3 次的着水润麦，降低了心磨物料的强度，二是由于中后路皮磨提心数量的减少，但渣磨系统增加 1~2 道，总的来讲，制粉工艺简化了。剥皮制粉的主要特点是：制粉流程简单、易操作管理、单位产量较高、粉色较白、面粉灰分较高，面粉清洁度较高、麸皮较碎、电耗较高。

采用该法生产等级粉时，出粉率 70%~73%，吨粉电耗 78~85kW·h，磨粉机单位接触长度为 10mm/（100kg·d）。

（2）采用撞击磨的制粉方法　采用撞击磨的制粉方法是在中路出粉方法的基础上，在前路心磨系统或后路皮磨系统采用撞击磨替代磨粉机的一种制粉方法。用于前路心磨时，撞击磨的取粉率可达 60% 以上，且单机产量较高，因此前路心磨系统负荷大大减小，心磨系统的道数缩短。采用撞击磨制粉的主要特点是心磨系统简化、磨粉机和高方筛的设备配备减少、建厂总投资降低。但面粉质量稍差（与中路出粉方法相比）、特别是一号粉的出率降低。

（3）采用八辊磨的制粉方法　采用八辊磨的制粉方法是在中路出粉方法的基础上，将通常的研磨—筛理改成部分或全部研磨—研磨—筛理的一种制粉方法。采用八辊磨制粉（上下辊为不相同系统）的主要特点是节省了筛理面积、节省了气力输送风量、节省了建厂总投资、吨粉电耗较低，但磨粉机单位产量稍低、面粉质量稍差。

（二）皮磨系统

1. 皮磨系统的作用

磨制高等级面粉时，前路皮磨的作用是剥开麦粒，刮下胚乳，提取量多质好的粗粒、粗粉，并尽可能保持麸片的完整；后路皮磨则用以刮净麸片上残留的胚乳。

2. 皮磨系统的道数和磨辊接触长度

皮磨系统的道数主要取决于产品质量、小麦品质和出粉率要求。一般采用4~6道皮磨。

磨制高等级面粉时，皮磨采用轻研细刮的方式，要有较长的皮磨道数，磨制低等级面粉时，前路皮磨以出粉为主，皮磨道数较短。磨制高等级面粉时，皮磨系统的接触长度为6~9mm/（100kg·d），占全部磨辊总长的40%~50%，各道皮磨所分配的数值见表9-6，传统工艺配置表见9-7。

表9-6　　　　　磨制高等级面粉时皮磨系统磨辊接触长度

系统	磨辊接触长度/ [mm/（100kg·d）]	系统	磨辊接触长度/ [mm/（100kg·d）]
预磨	0.8~1.2	4皮	1~1.6
1皮	1~1.3	5皮	1~1.2
2皮	1~2.5	6皮	0.4
3皮	1~1.8		

表9-7　　　　　　　　皮磨系统磨辊接触长度

小麦类型	系统	磨辊接触长度/[mm/（100kg·d）]
硬麦	1皮	0.8~1.2
	2皮	0.8~1.2
	3皮	0.8~1.2
	4皮	0.8~1.2
软麦	1皮	0.8~1.2
	2皮	0.8~1.2
	3皮	0.8~1.2
	4皮	0.8~1.2
	5皮	0.4

3. 皮磨系统的流程

皮磨系统的组成以及每道皮磨研磨后物料的分级情况见图9-46。每道皮磨研磨后的物料，经平筛筛理，从上层的粗筛筛面分出麸片，进入下道皮磨或打麸机处理。1 皮、2 皮（前路皮磨）经分级筛分出的大粗粒送入 1P（清粉机）或 1 渣磨处理，经分级筛分出的中粗粒送入 2P 精选，经细筛分出的小粗粒（或硬粗粉）送入 3P 精选，分出的软粗粉送入前路细心磨研磨，3 皮经分级筛分出的粗物料品质较差，单独送入 4P 精选，分出的细物料可送入 3P 精选，分出的软粗粉送入 2 心或 3 心磨研磨。4 皮经分级筛分出的粗物料一般送入尾磨处理，分出的细物料或粗粉送入中后路心磨研磨。

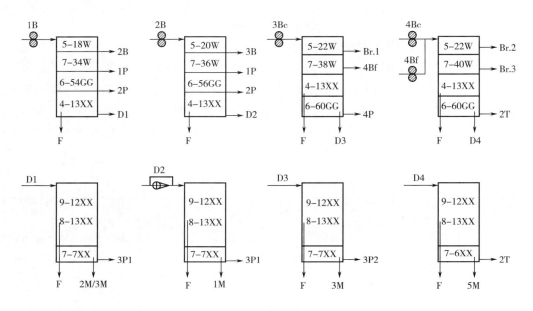

图 9-46　皮磨系统的流程

注：粉路图中，B 表示皮磨系统，D 表示重筛系统，P 表示清粉系统，S 表示渣磨系统，M 表示心磨系统，T 表示尾磨系统，c 表示粗物料，f 表示细物料，Br 表示麦麸，F 表示面粉，如 4Bc 表示 4 皮粗系统，后同。

4. 皮磨系统磨辊的技术参数

皮磨系统磨辊转速通常为前高后低、齿数为前稀后密、斜度为前小后大、齿顶平面为前宽后窄，速比一般为 2.5：1。磨辊技术参数的配置，要依据原料特性、单位流量大小、操作指标等具体情况，进行磨辊表面的各项技术参数合理匹配。

表 9-8　　　　　　　　　　　　皮磨系统磨辊的技术参数

系统	转速/（r/min）	齿数/（牙/cm）	齿角	斜度/%	排列	齿顶平面/mm	速比
1 皮	500~600	3.0~4.0	21°/67° 30°/65° 35°/65° 40°/65°	4~6	D-D	0.2~0.3	2.5：1

续表

系统	转速/（r/min）	齿数/（牙/cm）	齿角	斜度/%	排列	齿顶平面/mm	速比
2 皮	500~600	4.2~5.8	21°/67°	4~6	D-D	0.15~0.25	2.5：1
			30°/65°	4~6	D-D		
			35°/65°	4~6	D-D		
			40°/65°	4~6	D-D		
			50°/65°	4~6	F-F		
3 皮粗	500~550	6~7.0	45°/65°	6~8	D-F	0.1~0.15	2.5：1
			35°/67°	6~8	D-D		
			40°/65°	6~8	D-D		
			50°/65°	6~8	F-F		
3 皮细	500~550	7~8.6	45°/65°	6~8	D-F	0.1	2.5：1
			35°/65°	6~8	D-D		
			50°/65°	6~8	F-F		
4 皮粗	500~550	7.2~8.6	45°/65°	6~10	D-F	0.1	2.5：1
			35°/65°	6~10	D-D		
			50°/65°	6~10	F-F		
4 皮细	500~550	8.2~10.2	45°/65°	8~10	D-F	0.1	2.5：1
			35°/65°	8~10	D-D		
			50°/65°	8~10	F-F		
5 皮粗	500~550	8.2~10.2	50°/65°	10	F-F	0.1	2.5：1
			40°/65°	10	D-D		
5 皮细	500~550	10.2~10.6	50°/65°	10	F-F	0.1	2.5：1
			40°/65°	10	D-D		

5. 皮磨系统的操作指标

皮磨系统的操作指标包括剥刮率、取粉率、在制品的数量（粒度分布）与质量、单位流量等，其中皮磨系统的剥刮率和在制品的数量与质量为重要的操作指标。

（1）剥刮率　皮磨系统各道磨粉机的剥刮率在不同的面粉厂有很大的差别，主要取决于产品质量、原料的品质、单位流量、皮磨系统的长度以及出粉率高低等。尽管各生产线每道皮磨的剥刮率可能存在较大的差异，四道皮磨工艺的前三道皮磨或五道皮磨工艺的前四道皮磨的总剥刮率和总出粉率之间却有着密切的内在联系，即前三道皮磨的总剥刮率≈出粉率+8%。

例如，四道皮磨工艺磨制73%粉时，可把前三道皮磨的剥刮率总定为81%（占1皮百分比）。在扣除清粉机、渣磨、心磨分出的含麸物料后，即可保证生产出粉率73%的面粉。在确定了前三道皮磨总剥刮率81%后，再分别制订各道皮磨的剥刮率，可分配如下：

1 皮剥刮率：20%；

2 皮剥刮率：45%；

3 皮剥刮率：16%。

然后再计算出以本道入机流量为基础的剥刮率，可得：

1 皮剥刮率：20%（占本道）；

2 皮剥刮率：[45%÷（100-20）%]＝56.3%（占本道）；

3 皮剥刮率：[16%÷（100-20-45）%]＝45.7%（占本道）。

为提高皮磨系统的研磨效果，从 2 皮或 3 皮（有时 4 皮）起的后续皮磨，将麸片分成大、小两种，分别进行研磨，称为粗皮磨和细皮磨。分粗细与否的原则是既要考虑研磨效果，又要兼顾工艺的可操作性。

（2）取粉率　皮磨系统的取粉率与剥刮率、原料品质、磨辊表面技术特性等有关。剥刮率高，皮磨取粉率高；剥刮率低，皮磨取粉率低；软质麦多时，皮磨取粉率高；软质麦少时，皮磨取粉率低；磨辊 D-D 排列，取粉率高；F-F 排列，取粉率低。由于 1 皮、4 皮和 5 皮的面粉质量都比较差，因此应尽量少生产皮磨粉。一般情况下，皮磨总取粉 15%～20%（占 1 皮），其中 1 皮取粉 2%～6%、2 皮取粉 5%～10%、3 皮取粉 5%～8%、4 皮取粉 5%～8%（均为占本道的取粉率），生产高精度面粉时应取低限。

（3）皮磨系统的单位流量　各道皮磨的单位流量主要和制粉方法、研磨道数、产品质量、出粉率、设备的技术特性、研磨程度以及物料品质有关。磨制等级粉时，皮磨系统的单位流量见表 9-9，磨制高精度面粉时应取低限。皮磨系统的单位流量是逐渐降低的，皮磨系统的物料随着系统位置的后移，胚乳含量越来越少、麦皮含量越来越多、物料容重降低、流散性变差，后道皮磨的磨粉机流量不宜过大，否则会出现"轧不透"现象。

平筛的单位流量相差较大，选用高限时，应增加筛格高度并增加重筛的筛理面积。

表 9-9　　　　　　　　　　　　磨制等级粉时皮磨系统的流量

系统	磨粉机/ [kg/（cm·d）]	平筛/ [t/（m²·d）]
1 皮	800～1200	9～15
2 皮	450～750	7～10
3 皮	300～450	4.5～7.5
4 皮	250～350	4～6
5 皮	200～300	3～4

（三）渣磨系统

1. 渣磨系统的道数与磨辊接触长度

渣磨主要处理从皮磨或清粉系统提出的带有麦皮的胚乳粒，经磨辊轻微剥刮，使麦皮与胚乳分开，经过筛理，提取质量好的胚乳。渣磨系统的道数一般为 2～3 道，当加工高精度粉、硬质麦或磨辊接触长度较长时，可增加为 3～4 道渣磨；当磨辊接触长度较短时，可减少为 1～2 道渣磨。渣磨系统的磨辊接触长度一般为 0.8～1.2mm/（100kg·d），占全部磨粉机磨辊总长的 4%～12%。

2. 渣磨系统的流程

渣磨系统的流程见图 9-47。

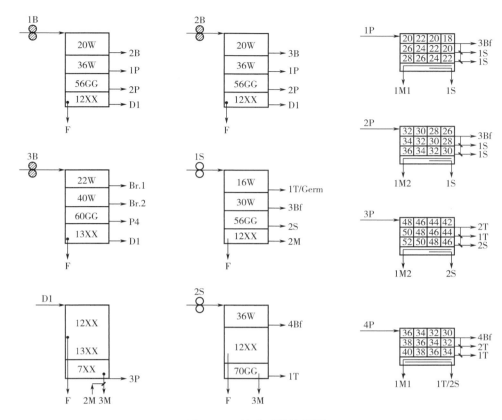

图 9-47　渣磨系统流程图

渣磨系统的筛号配备见流程图。渣磨平筛中分级筛的选配，是根据平筛的流量、筛理物料的特性和达到制粉流程流量平衡的要求而决定的。

3. 渣磨系统磨辊的技术参数

采用齿辊时，一般使用大齿角、密牙齿，小斜度（表 9-10），使用齿辊的特点：磨下物的流散性较好，有利于物料的精选，轧距操作要适当放松，否则会影响面粉质量。

表 9-10　　　　　　　　　　　渣磨系统齿辊磨辊的技术参数

系统	转速/ （r/min）	齿数/ （牙/cm）	齿角	斜度/%	排列	齿顶平面/ mm	速比
1S	550	8~9	40°/70°	8~10	D-D	0.1	（1.5~2.5）：1
2S	500	9~10	40°/70°	8~10	D-D	0.1	（1.5~2.5）：1
3S	500	9~10	40°/70°	8~10	D-D	0.1	（1.5~2.5）：1

磨制高精度面粉时，一般采用光辊，渣磨采用光辊时　一般采用（1.25~2）：1 的速比（表 9-11）。当渣磨的物料需要清粉时，轧距操作可适当放松；当渣磨物料不清粉、心磨物料较多时，渣磨的轧距操作可适当紧一些，多出一些面粉，以减少心磨系统的负荷，当然对面粉的质量会稍有影响。

表 9-11   渣磨系统光辊磨辊的技术参数

系统	速比	中凸度／μm（长度 1000mm 磨辊）	转速／（r/min）（直径 250mm 磨辊）	喷砂
1S	1.25：1	15~30	480~550	喷砂
2S/3S	1.25：1	15~25	400~500	喷砂

4. 渣磨系统的操作指标

渣磨系统的取粉率一般为 5%~25%，当入磨物料较差、使用齿辊或生产高等级面粉时应取低值。

渣磨系统的单位流量见表 9-12，使用齿辊时流量可取上限。

表 9-12   渣磨系统的单位流量

系统	磨粉机／[kg/（cm·d）]		平筛／[t/（m²·d）]
	3 道	2 道	
1 渣	350~500	350~450	5~7
2 渣	300~450	300~400	4~5
3 渣	200~250		3~4

（四）清粉系统

1. 清粉的作用

清粉是将皮磨、渣磨或前路心磨提出的粗粒、粗粉进行精选，按质量分成麦皮、连麸粉粒和纯胚乳粒。将分出的纯净胚乳按品质不同，分别送入相应的心磨研磨，以提高面粉质量。

2. 清粉系统的设置

根据小麦粉加工精度需求，不同的制粉工艺中清粉机的应用差异较大，短粉路和全麦粉工艺中可不设置清粉系统，传统工艺中仅对 1 皮、2 皮、3 皮系统的大、中、小粗粒进行清粉，单位清粉宽度一般在 1mm/（100kg·24h）左右，目前制粉工艺中，强化物料分级与纯化，清粉范围扩大至渣磨、前中路心磨，单位清粉宽度一般在 3~4.5mm/（100kg·24h）。

3. 清粉系统的流程

根据工艺中清粉范围和清粉机来料不同，清粉系统流程差距较大，图 9-48 为常用的清粉系统的流程。

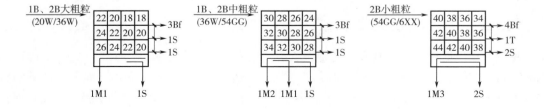

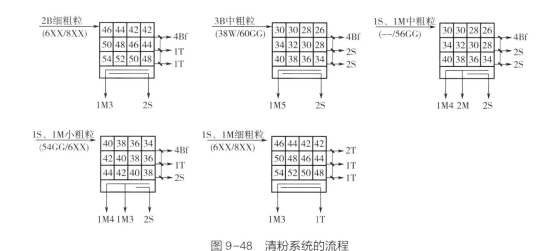

图9-48　清粉系统的流程

4. 清粉机的单位流量

清粉机的单位流量（表9-13）主要和颗粒的粗细度、容重、筛孔的大小及吸风量有关。当颗粒的容重高、流动性好、清粉机筛孔适当放稀、吸风量适量增大时，清粉机的单位流量取高限，否则应取下限。

表9-13　　　　　　　　FQFD46×2×3清粉机的单位流量及吸风量

系统	流量/（kg/h）	风量/（m³/h）
大粗粒	2000~2800	3200~4200
中粗粒	1500~2200	2600~3200
小粗粒	800~1500	2400~2800
细粗粒	400~1000	2000~2500

（五）心磨系统

1. 心磨和松粉机的作用

心磨是将皮磨、渣磨及清粉系统提取的胚乳颗粒磨细成粉，同时尽可能减少麦皮和麦胚的破碎，并通过筛理的方法将小麸片分出送入尾磨、将麦心送入下道心磨处理。从末道心磨平筛分出的筛上物，作为次粉。通常在心磨系统的中后路设置1~2道尾磨，专门处理心磨、渣磨、皮磨或清粉系统的麸屑及部分粒度较小的连麸粉粒，经过尾磨的轻微研磨，由平筛分出麦心送入中、后路心磨研磨。

现代制粉生产线心磨大都采用光辊，物料经光辊研磨后，部分胚乳会形成粉片或粉团，心磨系统经光辊研磨后的物料，立即送入松粉机将粉片打碎，同时将大颗粒的胚乳粉碎成小颗粒，小颗粒的胚乳粉碎成面粉，从而起到辅助研磨的作用。

2. 心磨系统的道数和磨辊接触长度

采用物料分级中等的制粉方法磨制等级粉，一般需要6~8道心磨，1~2道尾磨。从前路皮磨、渣磨或清粉系统获得的心磨物料，不可能一次研磨就全部成粉。此外，中后路皮磨、渣磨系统还将不断地制造品质逐渐变差的心磨物料，为此心磨系统需要有一定的长度。硬度大、水分低的小麦，胚乳硬难以磨细成粉，加之皮磨系统获得的粗粒、粗粉数量较多，因此心磨的道数比加工软麦多，宽度比加工软麦大。心磨系统的接触长度见表9-14。

表9-14　　　　　　　长粉路低流量工艺心磨系统的磨辊接触长度

心磨名称	1M	2M	3M	1T	4M	5M	2T	6M	7M	8M
磨辊接触长度/[mm/(100kg·d)]	2~2.5	1~1.5	0.75~1	0.5~1	0.5~1	0.5~1	0.5~1	0.5	0.5	0.5
总计		3.5~5					3.5~4.5			

3. 心磨系统的流程

心磨系统的流程见图9-49。在前路心磨，物料经研磨后经松粉再筛理，提出一等品质的面粉，再分为麦心（粗粉）和次麦心，麦心进入下道心磨研磨，次麦心为含麸屑较多的胚乳，进入细渣磨或一尾磨处理。中路心磨研磨的是二等品质的麦心（粗粉），物料研磨后经松粉后再筛理，提出二等品质的面粉，分出的次麦心进入二尾磨，麦心进入下道心磨处理。后路心磨研磨的是三等品质的麦心，物料研磨后经松粉机再筛理，最后一道心磨的筛上物作为麸粉饲料。

需要提胚时，一尾磨后的松粉机可以取掉或降低打击作用，以免将压成片状的麦胚打碎。

实际生产中，粉筛和分级筛的筛号，应根据工艺要求、产品质量、原料品质以及加工厂的具体情况进行合理配置。

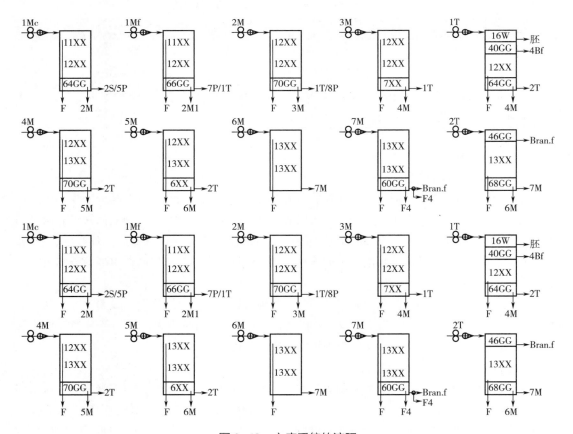

图9-49　心磨系统的流程

第三节　其他谷物加工

一、玉米加工

（一）玉米的清理与水汽调质

1. 玉米清理

玉米清理一般采用两筛、一去石、一磁选、两风选的流程。

筛选是玉米清理中的主要方法，常用的清理设备有振动筛和平面回转筛。振动筛清理玉米时，第一层筛面筛孔为直径 12~17mm 的圆孔、第二层筛面筛孔为直径 2~4mm 的圆孔。平面回转筛清理玉米时，第一层筛面筛孔为直径 17~20mm 的圆孔，用于清理大杂质；第二层筛面筛孔为直径 2~4mm 的圆孔，用于清理小杂质。

去石一般采用干法去石，主要使用密度去石机。玉米粒大、扁平，流动性差，悬浮速度高，使用密度去石机时，技术参数要作适当调整，如增加去石筛板的斜度、鱼鳞孔的高度、筛体的振动次数以及吸风量等。

磁选一般选用永磁筒或永久磁钢，以清除玉米中磁性金属杂质。

玉米的悬浮速度较高，在 12m/s 左右，使用风选设备可有效地去除玉米中的轻杂质。为了不使玉米随杂质一起被吸风分离器吸走，吸口风速应控制在 6~8m/s。

2. 水汽调质

玉米水汽调质（润汽）是指玉米加工时用水或水蒸气湿润玉米籽粒，增加玉米皮和胚的水分，使皮层韧性增加，与胚乳的结合力减少，容易与胚乳分离，胚乳易被粉碎。而玉米胚在吸水后，体积膨胀，质地变韧，在机械力的作用下，易于脱下，并保持完整。润汽能够提高湿度，加快水分向皮层和胚乳渗透的速度。

水汽调质的要求是：被调质的物料必须均匀地喂入和排出；蒸汽的状态必须是尽可能干而饱和；蒸汽在产品中彻底地均匀分布；蒸汽作用在整个持力时间内必须均匀；物料离开蒸汽调节区域后保持恒温。

玉米经水汽调质，胚乳水分含量一般应在 13% 左右，皮层水分 19%~20%。

常用的水汽调质设备有：玉米水汽调质机、SQT3-3T 水汽调质机等。在气温较低的季节或玉米原始水分较低时，常采用水蒸气调质，以提高水汽调质效果。如果玉米原始水分特别低，气温也很低时，应进行两次水汽调质，避免玉米脱皮、破糁时胚的损伤。

（二）玉米脱皮、脱胚与破糁

1. 脱皮、脱胚与破糁的原理和方法

玉米脱皮就是脱掉玉米表面的皮层，它是保证产品质量和提胚的基础工序。玉米胚和玉米胚乳是由皮层包裹的，脱皮后利于胚与胚乳的分离，可提高脱胚效率；将玉米籽粒的皮层大部分脱掉，生产的玉米糁不粘连皮，产品质量提高，脱皮后研磨，有利于提高产品的纯度。

玉米脱皮分为干法和湿法两种，干法脱皮是玉米经过清理后，直接进入脱皮设备进行脱皮，适用于高水分玉米（18%以上）；湿法脱皮是玉米清理后，经水汽调质工序后脱皮，适合低水分玉米。

脱胚与破糁的目的在于利用机械的力量破坏玉米的结构，改变其颗粒形状和大小，使之符合工艺和成品的要求。对脱胚与破糁的要求是：玉米经破碎，应分成4~6瓣，粒形要整齐；破碎后的混合物中，尽量减少整粒和接近整粒的大碎粒，并减少粉和小糁的数量；脱胚效率高，保持胚的完整，不受过分损伤。

2. 分级选胚和提糁

（1）分级 玉米经脱皮、脱胚与破糁后，其在制品经筛理分级，按粒度大小可分为以下几种。

①大碎粒：留存在4.5~5W筛上的物料；

②大渣：穿过5W筛，留存在7W筛上的物料；

③中渣：穿过7W筛，留存在10W筛上的物料；

④小渣：穿过10W筛，留存在14W筛上的物料；

⑤粗粒：穿过14W筛，留存在20W筛上的物料。

经平筛分级后，分出的大碎粒需要重新进入下道脱皮机或回入脱胚机破糁脱胚，分出的胚、糁混合物，进行提糁提胚，分出的粗粒送入研磨系统处理。

（2）选胚与提糁 玉米加工工艺中经常使用的选胚与提糁设备有平筛、吸风分离器、重力分级机、密度选胚机等。

①平筛：平筛的作用是将破糁脱胚后的玉米进行初步分级，为提胚、提糁、磨粉创造有利条件。

平筛设有粗筛、分级筛和粉筛3种筛面，将入筛物料分成4类。留存在粗筛筛面上的为大碎粒，重新回到破糁脱胚机处理；留存在分级筛筛面上的为胚、糁混合物，进入下一工序进行提糁、提胚；留存在粉筛筛面上的为粗粒，进入磨粉机磨成玉米粉；穿过粉筛的为粉，视其质量的好坏，制成品玉米粉或饲料粉。

②风选设备：常用的风选设备有吸式风选器和圆筒风选器。吸式风选器分离玉米皮时，吸风道的风速应控制在5~6m/s，用于胚、糁分离时，吸风道的风速一般为10~11m/s。

③重力分级机：重力分级机类似密度分级去石机，是分离粒度大致相似、密度稍有差别物料的专用设备。

提糁与提胚的一般流程如图9-50所示。

该流程可同时提取大糁、中糁和胚。破糁脱胚后的物料，用平筛按粒度分级并筛出粉，分出的大糁、中糁分别经风选器吸去皮后进入重力分级机，精选出大糁、中糁和胚。重力分级机分出的糁、胚混合物，进入压胚磨，经两次压胚和筛理后，提出纯度较高的玉米胚。

3. 研磨与筛分

（1）研磨 研磨使用的设备是辊式磨粉机。应根据物料的研磨要求、原料水分、成品质量等因素，针对研磨设备的特点和物料性质，对喂料辊技术参数、喂料辊转速和磨辊技术参数进行合理配置。玉米加工磨粉机总平均流量（以进入1皮磨物料量计算）一般为200~300kg/（cm·d）。常用的磨辊技术参数见表9-15。

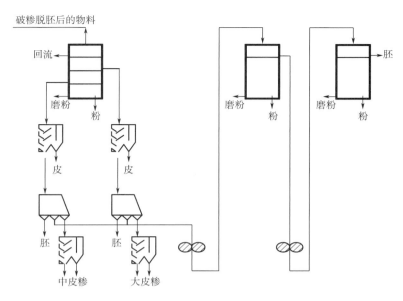

图9-50 提糁与提胚流程图

表9-15 常用的磨辊技术参数

系统	快辊线速 /（m/s）	齿数 /（牙/cm）	齿角	斜度	排列	速比
1皮	6~7	4.5~5.5	30°/60°	1:10	D-D	1.5:1
2皮	6~7	5.5~6.5	30°/60°	1:10	D-D	1.5:1
3皮	6~7	7~8	35°/65°	1:8	F-F	2.5:1
4皮	6~7	8.5	35°/65°	1:8	F-F	2.5:1
5皮	6~7	8.5	35°/65°	1:8	F-F	2.5:1

（2）筛分与精选 筛分设备一般采用高方平筛和小方筛。筛面一般采用钢丝筛网（细物料可用筛绢），提胚用粗筛的筛号：1皮为8~9W，2皮为9~12W，3皮为12~14W，4皮为14~16W。粉筛筛号：提取粗粉用20~32W，提取细粉用40~54W。

新型玉米联产加工工艺中，提高产品出率变得重要，因此将清粉机应用在工艺中，多提取玉米胚乳颗粒，得到低脂肪含量的中、小颗粒的玉米糁和玉米粗粉（350~1000μm），提高低脂肪含量（1%以下）玉米粉的出率。

（三）玉米制粉工艺

根据对成品要求和加工方法不同，玉米干法加工工艺一般可分为：不提胚生产玉米粉工艺、玉米提胚制粉工艺和玉米联产加工工艺。

1. 不提胚生产玉米粉工艺

不提胚生产玉米粉工艺是将玉米经过清理、着水调质后，不去胚直接把整粒玉米破碎，进行逐道研磨和筛理，生产出粗细度和精度不同的各种玉米粉或玉米糁。图9-51是日产20t玉米粉的工艺流程。玉米经清理后，加水浸润，脱皮后的玉米通过吸风分离出玉米皮，然后进入磨粉机研磨提粉，工艺中采用3道研磨，具体技术参数见表9-16。

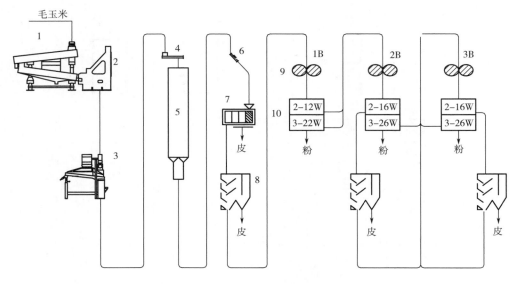

图 9-51　日产 20t 玉米粉工艺流程图

1—振动筛　2—吸风分离器　3—去石机　4—着水机　5—润玉米仓　6—磁选器
7—脱皮机　8—吸风分离器　9—磨粉机　10—平筛

表 9-16　　　　　　　　　　皮磨系统磨辊的技术参数

系统	长度/cm	齿数/（牙/cm）	齿角	斜度/%	排列	速比
1 皮	2×20	4.7	30°/60°	12.5	D-D	3 : 1
2 皮	20	6.3	35°/65°	12.5	F-F	2.5 : 1
3 皮	20	7.9	35°/65°	12.5	F-F	2.5 : 1

2. 玉米提胚制粉工艺

根据玉米脱胚前处理、脱胚设备、胚的分离方法等方面的不同，其工艺可分为全干法脱胚工艺、半湿法脱胚工艺、组合法脱胚工艺和混合法脱胚工艺四种。表 9-17 是四种提胚制粉工艺效果比较。

表 9-17　　　　　　　　　采用四种脱胚系统的提取量比较

杂交黄色凹痕玉米	全干法/%	半湿法/%	组合法/%	混合法/%
酿酒粗渣 1% 脂肪（干基）	48	54	58	20
胚芽 21% 脂肪（干基）	10	6	11	9
细粉末	8	7	6	60
骨粉饲料	34	33	25	11

（1）干法脱胚工艺　干法脱胚工艺用单级着水和撞击式脱胚机组合的脱胚破糁工艺，采用重力分选设备提胚。玉米破糁后的粉碎程度较大，皮层残留量大，适合于玉米食品原料和饲

用玉米粉、玉米胚芽的玉米联产加工，图9-52为日处理140t玉米的干法脱胚工艺流程。

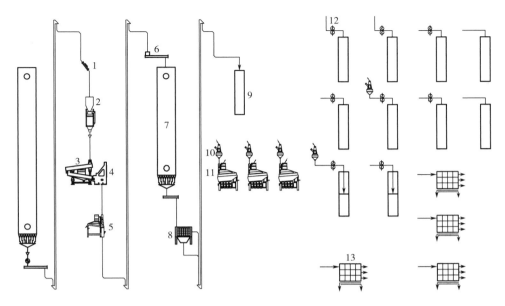

图9-52　干法脱胚工艺流程图

1—磁选器　2—计量秤　3—振动筛　4—吸风分离器　5—去石机　6—着水机　7—润玉米仓
8—撞击式脱胚机　9—平筛　10—涡轮风选器　11—重力分级机　12—磨粉机　13—清粉机

该流程主要由清理、水分调节、脱皮脱胚、研磨、筛分、精选等工序组成。

清理工序包括计量、磁选、筛选、吸风、去石等，以除去玉米中的大杂、小杂、轻杂、并肩石、磁性金属物等。

水分调节工序由强力着水机和润玉米仓组成。采用冷水、热水或蒸汽进行调节，玉米水分控制在15%～16%，玉米加水后，静置1～2h。采用撞击式脱胚机，利用打板撞击和玉米间摩擦力的作用，把玉米破碎成不同形状和大小的碎粒。

玉米经脱胚机后，得到的粗粒粉、胚芽、玉米皮等在制品进入平筛分级，其中的皮和粉尘由吸风系统分离，胚芽、粗颗粒等物料采用重力分级机分离。

研磨、筛分、精选工序主要由辊式磨粉机、平筛、清粉机组成。在研磨、筛分流程中设置的涡轮风选机和清粉机，对中间物料中夹杂的残留皮、胚进一步分离，从而提高产品的纯净程度。

（2）半湿法脱胚工艺　半湿法脱胚工艺采用双极着水和锥形脱胚机组合的脱胚工艺（图9-53）。该工艺适合于生产大颗粒粉，是生产玉米片，玉米米和预熟粉原料的理想脱胚工艺。

该流程由清理、水汽调质、脱胚脱皮、研磨筛分等工序组成。

清理工序和干法脱胚工艺的清理工序类似。

为了提高粗粒粉和胚芽的提取率，对玉米进行两次水汽调质，第一次玉米湿润着水后静置8h，再进一步加水湿润处理10min。水汽调质后，玉米经由锥形脱胚机，通过强烈的擦碾作用，剥落胚芽和皮层，该机生产的玉米糁质量高，数量大，又不产生太多的细小物料。研磨筛分部分可以根据所需的产品种类进行调整。

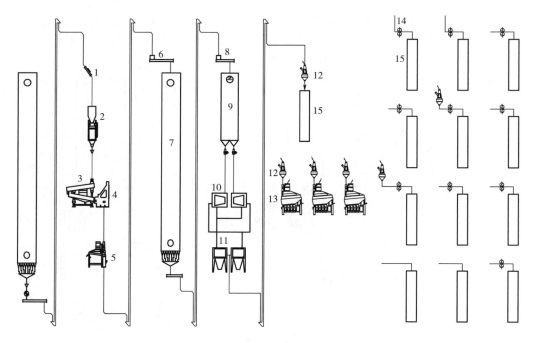

图 9-53 半湿法脱胚工艺流程图

1—磁选器 2—计量秤 3—振动筛 4—吸风分离器 5—去石机 6、8—着水机 7—润玉米仓
9—缓冲仓 10—锥形脱胚机 11—涡轮筛分机 12—涡轮风选器 13—重力分级机 14—磨粉机 15—平筛

半湿法脱胚工艺的优点是：可以生产出制作玉米片、低脂肪含量玉米米、预熟化玉米粉等制品用的各种专用玉米粗粒粉。

（3）组合法半湿法脱胚工艺 组合法脱胚采用双极着水、蒸汽处理、八角打板脱胚机组合的脱胚破糁工艺（图 9-54），该工艺适合加工啤酒用低脂玉米米和优质食用玉米粉。

该流程由清理、水汽调质、脱胚脱皮、研磨精选等工序组成。

清理工序和其他工艺中的清理工序类似。

水汽调质工序分为水调和水汽调两个阶段。清理后的玉米常采用强力着水机进行第一次水分调节，为了得到柔软而富有弹性的胚芽。第一次水分调节的最佳时间为：软玉米 10~14h，玻璃质玉米 14~18h。玉米经过水润调质后，进入水汽调质机。该设备对玉米加入 40~50℃ 的热水，同时直接喷入蒸汽。这样的处理使胚与胚乳水分产生差别，并使皮层和胚乳分离，为后续脱皮脱胚工序创造条件。第二次水汽调质后，玉米需在仓中静置 10min。和干法工艺相反，所有的成品必须经过干燥系统进行干燥处理。

（4）混合法脱胚工艺 混合法脱胚工艺法加工适合于以面粉品质较低、面粉出率高的产品要求（图 9-55）。从此系统提取的胚芽会有大约 15.5% 的水分含量。需对胚芽进行干燥处理。

二、 高粱加工

（一）高粱的清理、砻谷及砻下物分离

1. 高粱的清理

高粱常用的清理方法有风选法、筛选法、密度分选法、磁选法等。清理所采用的设备主要

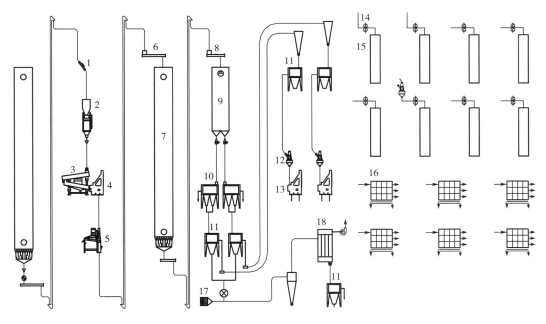

图 9-54　组合法脱胚工艺流程图

1—磁选器　2—计量秤　3—振动筛　4—吸风分离器　5—去石机　6、8—着水机　7—润玉米仓
9—缓冲仓　10—八角打板脱胚机　11—涡轮筛分机　12—涡轮风选器　13—气流式风选机　14—磨粉机
15—平筛　16—清粉机　17—副产品干燥系统　18—除尘器

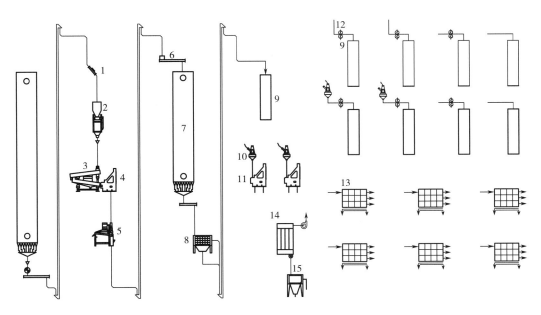

图 9-55　混合法脱胚工艺流程图

1—磁选器　2—计量秤　3—振动筛　4—吸风分离器　5—去石机　6—着水机　7—润玉米仓　8—撞击脱胚机
9—平筛　10—涡轮风选器　11—气流式风选机　12—磨粉机　13—清粉机　14—除尘器
15—涡轮筛分机

有风选器、圆筒初清筛、振动筛、平面回转筛、密度去石机、磁选器等。

风选设备主要用以清理灰尘、高粱壳等轻杂质。高粱的悬浮速度一般为 7.2~9.2m/s，高粱壳的悬浮速度一般为 3.3~4.3m/s，轻杂等的悬浮速度一般为 2~3m/s，因此，风选器的风速应在 5~7m/s，这样，在清除灰尘、轻杂等的同时，也能去除夹杂在原粮中的高粱壳。

筛选设备主要用以清理粒度与高粱存在差异的大杂、中杂和小杂。筛面多采用冲孔筛面。筛孔的配备：一般用于清除大杂时，配 $\Phi 5mm$ 的筛孔，清除小杂时，配 $\Phi 1.5mm$ 的筛孔。其他泥灰等轻型杂质由振动筛自配垂直吸风道清除。

并肩石采用吸式密度去石机或分级密度去石机去除。

磁选设备主要有平板式磁选器、永磁筒、永磁滚筒等。

2. 砻谷及砻下物分离

高粱成熟时，颖果约有 2/3 突出在颖壳外，且内、外颖很薄，呈薄膜状，因此，高粱外壳很容易被脱除。一般只用一道砻谷机脱壳，脱壳后的物料经谷壳分离器分出谷壳，再用谷糙分离平转筛分出未脱壳粒回砻。

（二）高粱碾米

1. 碾米

碾米方法可分为干法碾米和湿法碾米两种。干法碾米是将清理后具有适宜加工水分的高粱，直接进入碾米机碾白的方法。干法碾米包括粗碾和精碾，在粗碾过程中，因带皮种仁表面光滑，籽粒比较坚硬，能够承受较强的作用力，所以粗碾应碾去高粱总糠量的 60%。而精碾的目的是将粗碾后的半成品，在保持籽粒完整的原则下，进一步碾去剩下的果皮、种皮，以达到成品精度要求。干法碾米主要适用于籽粒具有较大强度、较坚硬并具有适宜加工水分的高粱。

湿法碾法的特点是在高粱经清理后，先着水润粮，再进入碾米机碾白。湿法碾米主要适应于低水分、低强度或高水分经烘干后的高粱。高粱着水的目的是使皮层湿润，增加皮层的韧性和摩擦系数，降低皮层与胚乳的结合力，促进碾白，提高出米率。

2. 成品整理与副产品处理

成品整理的目的是清除成品中的糠、碎以及混入成品的少量颖壳。成品整理的主要工序一般包括除糠、除碎、分级等。除糠、除碎一般选用风筛结合设备。除碎筛面一般选择 $\Phi 1.5~2.0mm$ 冲孔筛或 12~18W 的编织筛，除糠筛面选择筛孔为 22W 的编织筛。

副产品处理主要是将米糠中的碎米基因米筛破损等原因而漏进米糠的整米提出。可选用平面回转筛或糠秕分离小方筛等设备进行副产品处理。提取碎米配备的筛孔为 12~20 孔/25.4mm。

3. 工艺流程

图 9-56 所示为高粱米加工工艺流程。

原料进入车间后，首先进行初清，初清后的高粱经计量进入原料仓待加工。清理工段首先采用带有垂直吸风道的振动筛进行除杂，去除原粮中的大、小、轻杂。振动筛的筛面筛孔：上层选 $\Phi 5mm$ 圆孔冲孔筛面，下层选 $\Phi 1.5mm$ 圆孔冲孔筛面，垂直吸风道吸口风速选 5~7m/s，根据原粮中轻杂的情况进行调节。去除大、小、轻杂后的物料进入密度去石机去除并肩石。砻谷工段采用一道离心砻谷机脱壳。砻谷机后配备吸式风选器吸净砻下物中的颖壳，分离风速选用 8m/s 左右。分离谷壳后的物料用谷糙分离平转筛筛出未脱壳粒回砻再脱壳。碾米工段采用多机轻碾的工艺，一般采用三道砂辊碾米机去皮。考虑到高粱皮层较难碾，碾米机选用大辊径

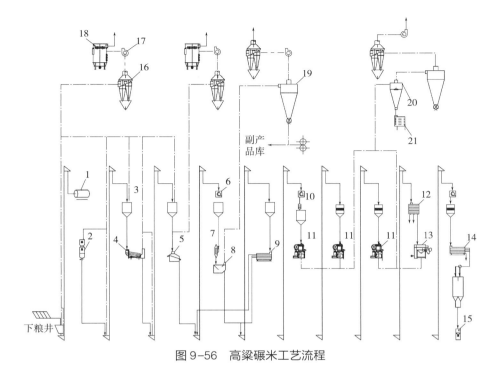

图 9-56　高粱碾米工艺流程

1—初清筛　2—计量秤　3—缓冲仓　4—振动筛　5—去石机　6—磁选器　7—砻谷机　8—谷壳分离器
9—谷糙分离机　10—调制器　11—砂辊米机　12—白米分级筛　13—抛光机　14—检查筛　15—包装机
16—四联刹克龙　17—风机　18—除尘器　19—离心分离器　20—糠栖分离器　21—糠栖分离箱

的碾米机或选用立式砂辊碾米机，并在第一道碾米机前设置了调质设备，对高粱进行着水润糙。一般控制着水量在 0.5%~1.0%、润糙时间 40~60min。白米分级采用白米分级平转筛，分出碎米的同时，可清除高粱米中的糠粉。考虑到碾米采用的是三道砂辊碾米机，为保证成品表面光洁，流程中设置了抛光工序，由于抛光机会产生少量的碎米，抛光工序后又设置了一道白米整理筛除碎。

（三）高粱制粉

1. 高粱干法制粉

（1）干法制粉工艺　干法制粉的目的是尽可能将胚乳、胚和皮层分离，并获得尽可能多的胚乳。而胚乳又可根据市场的需要加工成高粱渣、高粱粉或其他形式的产品。

高粱的制粉有剥皮制粉和带皮制粉两种。剥皮制粉工艺是先脱去皮层后再送入研磨系统研磨制粉，其特点是胚乳较纯净，制粉工艺较简单，制粉所用设备较少。而带皮制粉则是未经脱皮直接进入研磨系统研磨制粉，所用设备较多，制粉工艺相对较复杂。

（2）干法提胚制渣工艺流程　高粱经清理后，进行着水润粮，然后进入各道研磨、筛理系统进行提胚制粉，最终制得的产品有大渣 G1（10W/16W）、中渣 G2（16W/30W）、细渣 G3（30W）和高粱胚 G4，还有高粱皮 B。工艺流程如图 9-57 所示。

高粱干法制粉又有高粱全籽粒制粉和高粱米制粉两种。高粱米制粉是将高粱籽粒先加工成高粱米，然后再将高粱米加工成高粱面粉，高粱面粉的质量好，但出粉率低。用高粱全籽粒制粉的方法基本上与小麦制粉方法相同，这样加工的高粱粉出粉率较高，但食味较差，且不易消化，这主要是高粱果皮含有的单宁没被去净造成的。

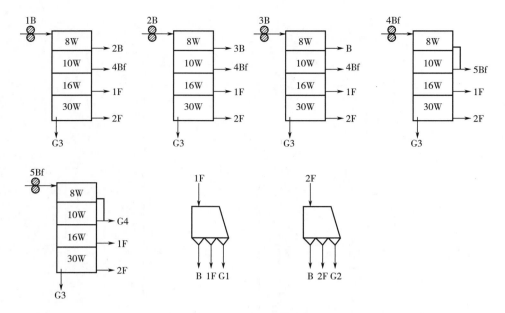

图9-57 干法提胚制渣工艺流程

2. 高粱湿法制粉

湿法制粉工艺的清理、制粉两部分与干法制粉基本相同，但调质处理方法不同。湿法制粉工艺中高粱的调质处理是采用水热处理方法，即热煮、润仓、热焖工艺，一方面增加皮层的韧性，削弱皮层与胚乳的结合力，使胚乳结构松散，利于制粉；另一方面可以减少高粱中单宁和红色素的含量，利于食用和人体消化。

高粱湿法制粉的工艺流程如下：

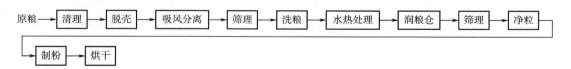

图9-58是高粱湿法制粉的粉路图，制粉系统采用2皮、2心的粉路，出粉率在70%以上。湿法加工的高粱粉水分在21%~22%，一般采用气力烘干设备进行烘干。湿面粉经闭风器喂料进入热风管，温度80~90℃，输运20m后进入两个串联离心分离器沉降，再经闭风器送入冷风管，输送15m后在两个并联离心分离器沉降，使面粉水分降到14%以下，温度降至18.5℃，然后包装。

三、粟加工

（一）粟的清理、砻谷及砻下物分离

1. 粟的清理

粟的清理包括初清、除杂、去石、磁选等工序。清理的方法主要有风选法、筛选法、密度去石法和磁选法等。清理所采用的设备基本上与稻谷加工设备相同，据粟的特点，各设备的技术参数应作相应的调整。

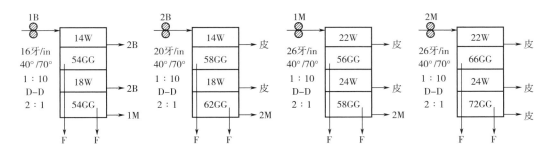

图9-58 高粱湿法制粉粉路图

注：1in=2.54cm

风选设备主要用以清理灰尘、粟壳等轻杂质。风选器的风速应选在4~6m/s。

筛选设备主要用以清理粒度大小与粟存在差异的大杂、中杂和小杂。筛面多采用编织筛面，筛孔的配备一般用于清除大杂时，配8~10W的筛网，清除小杂时，配16~18W的筛网，清除草籽时，配11~12W的筛网。

密度去石机主要清除原料中与粟粒度相近的并肩石。由于粟的颗粒小，选用鱼鳞孔板去石工作面时，要求鱼鳞孔凸起高度1.0mm；若选用编织筛网去石工作面，筛网应选14W为宜。

磁选设备主要是清除粟中的磁性金属杂质。磁选工序一般安排在清理之后、摩擦或打击作用较强的设备之前。

一般清理工段的工序及顺序安排如下：

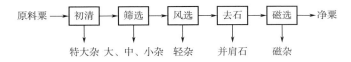

2. 砻谷及砻下物分离

砻谷工段的主要任务是剥去粟的颖壳，得到纯净的糙小米。目前由于砻谷机性能的限制，尚不能一次将所有谷粒都脱壳的同时保证糙米不破碎，所以砻谷机的砻下物是谷粒、谷壳和糙米的混合物。为了得到纯净的糙米，就需对砻下物进行分离，先分出对后续设备工艺效果影响较大的谷壳，再进行谷、糙分离，从而得到纯净的糙米。

（1）砻谷 粟的砻谷与稻谷砻谷相似，砻谷的方法分为挤压搓撕脱壳、端压搓撕脱壳和撞击脱壳三种，由于粟的粒度小，表面光滑且呈球形，脱壳比稻谷困难，多采用四道砻谷机串联组合、连续脱壳工艺。常用的砻谷设备有胶辊砻谷机、胶砖砻谷机和离心砻谷机。

（2）谷壳分离 目前采用的谷壳分离方法主要是风选法，利用粟壳与粟和糙小米悬浮速度的不同将其分出。常用的分离设备有吸式分离器、循环分离器、垂直吸风道等。胶辊砻谷机机座下一般设有谷壳分离器，不需另配，离心砻谷机则需配置谷壳分离器。

（3）谷糙分离 谷糙分离是提取纯净糙小米供碾米的工序，同时将未脱壳的谷粒送回砻谷机脱壳。

由于粟的粒度均匀性较差，且粒度小，绝对偏差值不大，因此采用重力谷糙分离机，糙米进碾米机前，若增设一道糙碎分离工序，对保证后道碾米工序工艺效果具有一定的好处。因为进碾米机前的物料若含有一定量的糙碎和糠皮，会影响到物料的流动性，且糙碎易堵塞碾米机米筛筛孔，影响碾米效果。糙碎分离一般采用筛选设备，如平面回转筛等。

一般砻谷工段的工序及顺序安排如下：

净粟 → 第一道脱壳 → 谷壳分离 → 第二道脱壳 → 谷壳分离 → 谷糙分离 → 磁选 → 净糙米

（二）碾米及成品整理

1. 碾米

小米碾白的方式分为碾削碾白、摩擦擦离碾白两种，常用的碾米设备有砂辊碾米机和铁辊碾米机两大类。通常采用多机轻碾、砂铁组合的碾米工艺，砂辊碾米机主要用于开糙，铁辊碾米机用于对小米进行精碾。考虑到小米的粒度较小，米糠油性较大，因此在碾米机参数选择方面应注意。米机的米筛筛孔一般为 $0.6 \sim 0.8mm$，同时加强喷风和吸糠，以增强米粒在碾白室内的翻滚作用。操作上应适当减小碾白压力，控制碾白中的温度上升，进行低温碾米，尽可能避免油性物质结块，影响米机的正常工作和成品米质量。

2. 产品整理

成品整理一般包括除碎、除糠、抛光、色选等。除碎、除糠一般采用筛选设备进行，除碎筛面一般选择筛孔为（12×12）孔/25.4mm 的编织筛，除糠筛面选择筛孔为（22×22）孔/25.4mm 的编织筛。

加工精洁免淘洗小米时，需对产品进行抛光和色选。由于小米糠粉含脂肪较高，黏性较大，出糠阻力大，容易堵塞米筛筛孔，因此抛光机应加大吸风，加湿时应注意控制加水量。

一般碾米工段的工序及顺序安排如下：

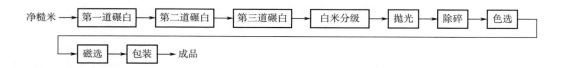

四、 大麦加工

（一）大麦的清理

大麦清理方法与小麦清理的方法基本相同。

风选设备主要用以清理灰尘、大麦壳等轻杂质。风选器的风速应选在 $6 \sim 7m/s$。筛选设备筛面多采用冲孔筛面，筛孔的配备一般用于清除大杂时，配 $\Phi10mm$ 的筛孔，清除小杂时，配 $\Phi2.5mm$ 的筛孔，其他泥灰等轻型杂质由振动筛自配垂直吸风道清除。去石设备采用吸式密度去石机或分级密度去石机。精选设备采用碟片滚筒组合精选机。打麦设备采用卧式或立式打麦机。磁选设备主要有平板式磁选器、永磁筒、永磁滚筒等。

一般清理工段的工序及顺序安排如下：

（二）大麦制米

1. 脱壳

大麦脱壳多采用碾削的方法进行，脱壳设备的主要工作构件为横式金刚砂辊筒，一般选用较大直径（700mm）、较长长度（1600mm）、有较高圆周速度（21～22m/s）的金刚砂辊筒。大麦在辊筒与托板、筛板之间，受到碾削、摩擦作用脱下外壳，碾成糠皮通过筛孔排出。若在脱壳前对大麦进行着水润麦，使壳与颖果有一定的相对位移，其脱壳效果更佳。经脱壳后的物料采用吸风分离装置清除谷壳，以便碾米。

2. 碾米及成品整理

由大麦碾成的大麦米分为大麦米和珠形大麦米两种。大麦米是脱去麦壳以后的大麦粒，经碾米机粗碾或精碾后得到完整的米粒。珠形大麦米则是先将脱壳大麦粒切断，按大小分级，再分别送入碾米机中碾制成圆球形珠形大麦米，这种米的出品率为67%。

清理脱壳后的净大麦在碾制前一般需进行着水润麦，经着水润麦后净麦的含水量一般为15%左右。大麦的碾制通常用横式或立式砂辊碾米机。若加工珠形大麦米还需对大麦米进行精碾抛光。

碾麦后的大麦米经筛选设备进行分级。一般采用筛孔孔径分别为2.5mm、2.0mm和1.5mm的白米分级平转筛，将大麦米分成粒度不同的三种规格。大麦米的出米率，皮麦为70%～75%，裸大麦为80%～85%。大麦珍珠米采用筛孔孔径为2.5～2.8mm、1.5mm和0.56mm的白米分级平转筛，按每层筛面上的成品依次分大、中、小三级，珍珠米产量各为1/3，0.56mm的筛下物为糠屑。

（三）大麦制粉

大麦制粉有不同的加工方式，皮大麦一般经脱壳制成大麦米后再制粉，裸大麦可用来直接制粉，也可制成大麦米后制粉。

采用研磨法对大麦米制粉时，粉路一般为一皮、一渣、四心工艺。

大麦粉的加工工艺流程如下：

大麦脱壳和碾皮采用砂辊碾米机。碾皮后制粉，大麦粉质量好。

（四）大麦片加工

生产大麦片的工艺流程如下：

大麦 ⟶ 清理 ⟶ 脱壳 ⟶ 碾皮 ⟶ 蒸煮 ⟶ 压片 ⟶ 烘干 ⟶ 冷却 ⟶ 筛选 ⟶ 包装 ⟶ 成品

（1）清理 清理原粮大麦的工艺与设备，基本上和加工小麦相同。设备工作参数应根据大麦的物理特性而定。

（2）脱壳、颖果分离 同大麦米加工。

（3）碾皮 采用卧式或者立式砂辊碾米机。

（4）蒸煮 直接用100℃蒸汽处理20min。

（5）烘干 将蒸汽处理后的大麦籽粒送入烘干系统，除去水分后进行冷却。

（6）切割 采用籽粒切割机将大麦籽粒切割至原籽粒大小的1/4。

（7）压片 切割后的籽粒在100℃蒸汽处理20min，使其水分达到17%，然后进入双辊轧片机碾压成薄片。

（8）烘干　将压好的大麦片放入 200℃ 的烘箱中。烘烤时间为 1～2min，或根据压片厚度确定，水分含量应低于 3%。冷却后装入包装袋即可销售。

五、燕麦加工

（一）燕麦的清理

燕麦清理中利用初清筛、振动筛、去石机等可以把一般杂质去除，利用滚筒精选机可以把异种粮粒清除。针对国产裸燕麦的特点，燕麦清理包括一般清理、特种清理和多次清理，是一种较复杂的系统清理。

一般清理即对普通杂质的清理。特种清理根据不同对象采用不同的专用设备。对于有稃燕麦的清理可采用滚筒精选机或巴基机，以巴基机效果较为理想。清理莜麦时可用筛选设备和滚筒精选机组合进行清理，也可用色选机进行清理；筛选和精选组合清理较经济，色选机清理去除效果较好。

（二）有稃燕麦的脱壳及分离

由于燕麦壳较光滑，结合又紧密，一般采用离心撞击砻谷机进行脱壳。脱壳后的混合物料经吸风分离器吸净谷壳，剩下的脱壳燕麦和未脱壳燕麦混合物，经巴基机或滚筒精选机进行谷糙分离。由于壳燕麦中有一种野燕麦，长度与大粒脱壳燕麦粒长度相近，因此采用巴基机分离效果较好，利用二者的弹性不同进行分离。

（三）燕麦制米

燕麦制米工艺流程包括热处理、碾米及成品整理。

（1）热处理　由于燕麦胚乳质地较松脆、易碎，碾米时为了降低碎米率，简化脱皮流程，并使产品增进风味、提高蒸煮性、提高营养价值和产品的耐藏性，在去皮前先经蒸煮烘干，使胚乳的黏结力增强。

清理、脱壳后的燕麦放置在蒸制器中，用 110～120℃ 的温度，蒸约几分钟，然后用干燥机烘干至含水量在 9%～10% 为宜。

（2）碾米　燕麦碾皮选用一般的砂辊喷风碾米机，即可很好地完成这一工艺任务。

（3）成品整理　去皮后的燕麦米经筛选设备除去碎米，即为蒸制燕麦米。

（四）燕麦制粉

1. 燕麦营养粉加工

（1）生产工艺流程

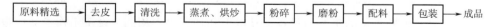

原料精选 → 去皮 → 清洗 → 蒸煮、烘炒 → 粉碎 → 磨粉 → 配料 → 包装 → 成品

（2）操作要点

①去皮、脱茸毛、清洗：以裸燕麦为主要原料，由于燕麦籽粒上包被有茸毛，可采用立式塔型砂辊碾米机对其进行处理。将经过上述处理的燕麦利用清水进行清洗，以去除其他杂质。

②蒸煮、烘炒：蒸煮和烘炒是燕麦熟化，同时也起灭菌的作用。

③磨粉、配料：蒸煮、烘炒后的主、辅料按照一定的比例进行调配后，通过磨粉机进行磨制，细度要求达到 80 目以上。

2. 膳食燕麦粉

膳食燕麦粉是燕麦片的高级产品,主要用于加工婴儿食品,生产工艺的四个主要工序应实施以下加强措施。

(1)清理 增加带着水装置的着水螺旋以提高极干燥燕麦的水分。

(2)脱壳 脱壳之前必须用圆筒分级机把燕麦按厚度分级,以便脱壳机能对所加工的各种物料做出最佳参数调节。

(3)压片和烘干 燕麦片经过摇动筛后打包。

(4)研磨 把燕麦片研磨成膳食燕麦粉。

(五)燕麦片加工

燕麦原粮有两种:一种是带壳燕麦,另一种是不带壳燕麦,它们的加工方法不同。

国外的品种一般为带壳燕麦,其加工工艺一般为:

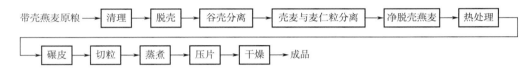

国产燕麦主要为不带壳燕麦,又称莜麦,是我国特有的古老燕麦品种,我国莜麦加工工艺一般为:

一般燕麦片的加工工艺主要包括清理、脱壳、水热处理、切割、压片等五道工序。

(1)清理 大部分大宗粮食清理设备可以应用于燕麦。

(2)脱壳 脱壳即从燕麦籽粒上除去颖壳。产量较高时,使用圆筒分级机把进入脱壳分离流程的燕麦按厚度进行分级。

(3)水热处理 水热处理目的就在于钝化脂肪酶,使产品具有较长的保质期。使用的设备主要有:立式蒸汽调节机(施加直接蒸汽完成脂肪酶的钝化)、窑式烘干机(除去水分,冷却燕麦籽粒)。

(4)切割 将水热处理后的中间产品利用切割机进行切割,切割后的小燕麦颗粒的粒度约为原籽粒长度的1/4。切割时产生的粗粉在平筛中分离,吸风分离器除去黏附于小燕麦籽粒上的糠皮碎片,袋孔分离机分离出全部未切割的整粒送回切割机。

(5)蒸煮 燕麦粒必须经过蒸煮,才能使淀粉部分或全部糊化,并彻底杀灭酶类和细菌,以达到食用目的。蒸煮温度100~120℃,时间5~10min。

(6)压片 与整粒燕麦相比,麦片在水中煮沸时,淀粉能更迅速糊化,食用后也更容易消化吸收。轧制优质麦片不仅与物料的熟化度、含水量、温度等有关,也与轧片机的性能有关。燕麦轧片机与油料轧片机类似,但较精密,其基本要求:

①喂料均匀;

②辊径在500mm左右,表面具有较高的硬度和加工精度,具有合理的线速;

③辊间压力可调节并能控制,最大压力为0.5t/cm;

④辊间距离可精确调节至0.50mm、0.40mm、0.30mm、0.20mm;

⑤轧热料辊内有水冷却系统,辊面有清理机构;

⑥稳定的传动和较低的噪声。

（7）干燥　经轧片机轧制后的燕麦片，由于水分较高，必须经过干燥，把麦片水分降到10%以下，才能进行包装、储存。常用的燕麦片干燥机为热气流斜面式干燥机，使燕麦片在悬浮状态下受热气流干燥，适合燕麦片加工的干燥设备还有翻板干燥机、带式干燥机振动流化床干燥机等。

（8）包装　燕麦片和大米、面粉不同，其含油率达10%。为提高燕麦片的保质期，一般可采用以下方法：杀酶、挥发、灭菌、绝氧。燕麦片的包装有两种，即袋装和罐装，以涂铝塑料膜袋装较普遍。

（六）燕麦麸皮生产

麸皮是燕麦制粉中的主要副产品。美国谷物化学师协会对加工得到的燕麦麸皮的定义：燕麦麸所含有的总膳食纤维（TDF）至少16%，水溶膳食纤维（SDF）至少占总膳食纤维的1/3，总β-葡聚糖至少5.5%。

生产燕麦麸皮的原料为燕麦片和脱壳燕麦粒。两者一般都已经过水热处理，使脂肪裂解、脂肪酶钝化。多数情况采用脱壳燕麦籽粒作为原料。用辊式磨粉机经过1~4道研细，按研细道数得到或多或少的燕麦麸皮。一般道数多时燕麦麸皮得率低，其总膳食纤维含量较高。

燕麦麸皮加工方法不同，产品中膳食纤维总量及可溶性膳食纤维含量也有差别，如表9-18所示。

表9-18　　　　　　　　　　富含膳食纤维的燕麦产品

加工方法	产品	来源	膳食纤维含量（干基）/%	
			总膳食纤维	可溶性膳食纤维
干碾磨	燕麦颖壳麸皮	颖壳	65~98	1~2
	燕麦麸皮	皮、胚、糊粉层、胚乳	18~25	8~12
提取油脂后干碾磨	燕麦麸皮	皮、胚、糊粉层、胚乳	30~40	12~20
提取淀粉	燕麦麸皮（纤维组分）		50~60	20~25

六、荞麦加工

（一）荞麦的清理、脱壳与分离

1. 荞麦的清理

荞麦原料的清理除杂工艺与一般的粮食加工清理基本相同。

一般清理工段的工序如下：

2. 荞麦的分级

荞麦的粒度范围大，必须先按大小分级，使荞麦粒度均匀一致，脱壳时工艺参数才易掌握和调控，有利于提高脱壳率、减少碎粒。

在分级工艺设计中，若产量较大，可以选用制粉设备中的高方平筛作为分级设备，产量较小时，可以选用平面回转筛、高效振动筛、白米分级筛等作为荞麦分级设备，荞麦的二次分级工艺流程如下：

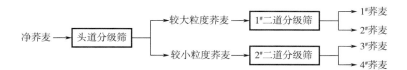

3. 荞麦的水热处理

水热处理工序的设置与否，视工厂实际需要而定。经清理的荞麦果实通过水热处理可以软化皮壳，提高脱壳分离效果，提高整壳率；荞麦通过水热处理可以改善色泽和消除苦味。

一般水热处理的工序及顺序安排如下：

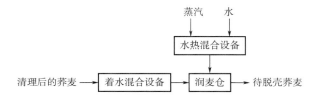

4. 荞麦的脱壳与壳仁分离

荞麦加工工艺的重点是荞麦脱壳，荞麦脱壳和其他谷物不大相同，由于荞麦呈锥形三面体，外壳有凸出的棱，通过较轻的挤压搓撕作用撕裂三瓣壳中的一瓣，种子就能从壳中释放出来。当荞麦分级正确，砻谷机参数选择正确，外壳就能在不完全破坏的情况下使其开口从而与种仁分离。

经过荞麦脱壳机脱壳后的荞麦壳、仁混合物，可采用吸风分离器进行荞麦皮壳的分离。

然后用谷糙分离平转筛或撞击谷糙分离机进行分离，分出的未脱壳荞麦返回粒度较小的脱壳系统继续脱壳，已脱壳种仁进入碾米工序加工。

一般脱壳的工艺流程如下：

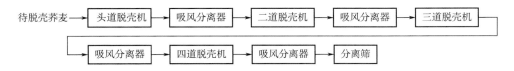

（二）荞麦制米

荞麦果实脱壳后得到的种子是加工荞麦米、掺和粉的原料。因为荞麦的壳实际上是木质化后的果皮，因此，荞麦碾米主要是碾去种皮、珠心层和糊粉层。由于荞麦籽粒结构较疏松，一般采用砂辊碾米机进行去皮。去皮后的荞麦米经筛选除碎后，称重包装，即得荞麦米产品。

（三）荞麦制粉

生产荞麦粉的原料是荞麦种子或荞麦米。

1. "冷"碾磨加工方法

用钢辊磨破碎，筛理分级后用砂盘磨磨成荞麦粗粉，称为"冷"研磨。所得产品是健康食品，比之纯用钢辊磨研制的产品具有更为有益于健康的、活性的营养。

2. 钢辊磨制粉方法

传统的制粉工艺是将荞麦果实经过清理后直接入磨制粉，荞麦粉的皮层含量高，面粉质量较差。新的制粉工艺是将荞麦果实脱壳后分离出种子入磨制粉，荞麦粉的质量好，制粉一般采用1皮、1渣、4心工艺。种子经1皮破碎后，分出渣和心，渣进入渣磨，心进入心磨，制粉原理和小麦制粉基本相同，但粉路较短。

由于荞麦籽粒结构呈三棱状，种皮部分与胚乳结合紧密，端点受力集中，为了提高加工精度及出粉率，其工艺流程应采用剥皮制粉法来替代粉碎制粉法，其工艺流程如下：

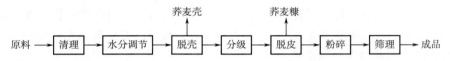

操作要点：

（1）荞麦原料的粒度差直接影响脱壳效率，如荞麦粒度差别大，可采用分级加工；清理工序根据原料的含杂情况，采用筛理、去石、风选、磁选、计量等工序。

（2）水分调节是本工艺的关键工序，一般工艺条件下，荞麦水分含量17%～19%，润麦15～20min，必要时可采用喷雾着水装置，以确保较高的脱壳率。

（3）荞麦的脱壳率不仅受荞麦水分高低的影响，而且还受脱壳设备胶辊轧距、硬度、速差及诸多因素的影响。根据工艺要求，一般一次脱壳率保持在70%～80%。

（四）荞麦片加工

生产荞麦片的工艺流程如下：

荞麦米通过齿辊磨加工和筛理后得到荞麦糁，最后将荞麦糁经过压片机加工后得到荞麦片。

本章参考文献

［1］田建珍，温纪平. 小麦加工工艺与设备［M］. 北京：科技出版社，2011.

［2］朱永义. 谷物加工工艺与设备［M］. 北京：科技出版社，2003.

［3］阮少兰，郑学玲. 杂粮加工工艺学［M］. 北京：中国轻工业出版社，2011.

［4］郭祯祥. 粮食加工与综合利用工艺学［M］. 郑州：河南科学技术出版社，2016.

谷物湿法加工

谷物湿法加工通常致力于使皮层和胚与胚乳完全分离，得到相应的产品。谷物湿法加工的主要产品是淀粉、蛋白质等。谷物湿法加工产品的纯度比较高。小麦、稻谷和玉米是世界三大主要粮食作物，本章将对谷物湿法加工生产玉米淀粉、小麦面筋蛋白及小麦淀粉、大米淀粉及水磨米粉等进行介绍。

第一节　玉米淀粉的生产

自然界中含有淀粉的农作物和野生植物很多，但适合工业化生产淀粉的原料却不多。生产淀粉的原料必须产量大，淀粉含量高，价格低，易于贮藏和加工，副产品能够充分利用。目前世界淀粉总产量的80%以上为玉米淀粉。玉米作为淀粉的生产原料具有两大优势：一是可以常年贮存，生产不受季节的限制；二是玉米籽粒各部分都有较高的经济价值，比薯类更利于综合利用。

淀粉工业用玉米原料的选择，一方面是玉米品种的选择，另一方面是玉米品质的选择。对于普通淀粉的生产，粉质玉米和马齿型玉米是最适宜的，而高直链淀粉玉米和蜡质玉米可以满足特殊用途淀粉生产的需要。

玉米淀粉是与玉米粒中的蛋白质、脂肪、纤维素、无机盐等组分共存的，但淀粉在植物中是以颗粒的形式存在，因此只要把淀粉颗粒分离出来也就完成了淀粉的提取。湿法工艺是利用淀粉颗粒不溶于冷水的性质，将玉米破碎后释放出的淀粉颗粒，再以水为媒介利用淀粉颗粒与其他成分的密度或溶解度不同完成分离。湿法分离效果好，所得淀粉品质和其他副产品纯度高，其中淀粉纯度高达99%以上，是目前世界各国普遍采用的淀粉提取方法。

湿磨法淀粉提取工艺流程设计的思路是从玉米的化学组成出发，按由易到难的顺序将非淀粉成分逐一从淀粉中分离去除，最终得到纯净的淀粉。

尽管世界各国采用的湿法淀粉提取工艺和设备不尽相同，但基本工艺过程是一致的。玉米经清理去杂后，在亚硫酸溶液中浸泡之后破碎，分离出玉米胚芽，再将玉米胚乳磨细，分离出玉米皮，从淀粉和蛋白质的混合悬浮液中分离出蛋白质，洗涤淀粉，从中分离出可溶性物质后，进行机械脱水和干燥，制成玉米淀粉。玉米淀粉生产流程如下。

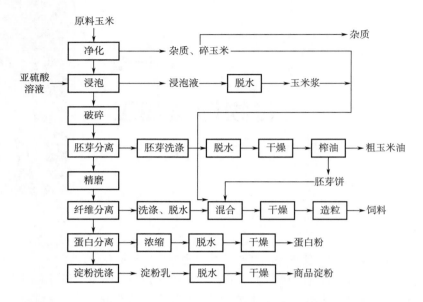

玉米通过上述湿法分离过程可以获得五种产物：浸泡液、胚芽、皮渣（纤维）、麸质（蛋白质）和淀粉。由于玉米籽粒化学成分中淀粉所占的比例最大，所以习惯上称淀粉为主产品，而将其余产物称为副产品。

淀粉和各种副产品收率之和称为湿法提取玉米淀粉的产品收率。产品收率关系到玉米资源的利用率和企业的经济效益，那些规模小、设备落后、产品得率较低的企业绝大多数被生产规模大、技术先进、产品得率高的企业所取代。近年来，我国涌现出一批技术装备先进的大型淀粉深加工企业，规模和效益接近或达到了国际先进水平。图10-1是国外某技术先进企业100kg绝干玉米加工所得产物。

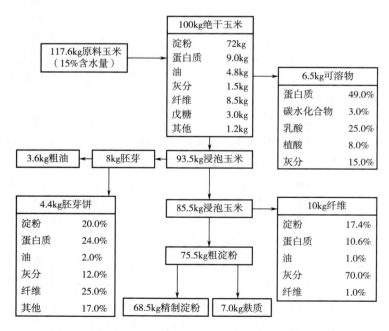

图10-1　国外某企业100kg绝干玉米加工所得产物

目前，玉米深加工企业都注重新产品开发和延长产业链，图10-1只是玉米深加工产业链中的基础产品，生产出的淀粉可以部分或全部进一步转化为淀粉糖、变性淀粉或淀粉发酵产品等其他深加工产品，副产品也将进一步综合利用。

世界各国玉米湿法加工所用机械设备和生产流程存在一定差异，这是由于技术的演化在空间和时间上的不同所造成的。依据使用设备的不同，世界上玉米淀粉生产工艺大体分为两类，即美式工艺和欧洲工艺，分类情况如表10-1所示。

表10-1　　　　　　　　　　世界范围湿法提取玉米淀粉工艺类型

工艺类型	胚芽分离设备	纤维分离设备	蛋白分离与淀粉洗涤设备
美式工艺	旋流器	曲筛	离心机加旋流器
欧洲工艺	旋流器	锥形筛	离心机

美式工艺设备的特点是采用曲筛分离纤维，比锥形筛性能稳定，清洗方便，筛孔不易堵塞。用分离机加旋流器分离蛋白质比全分离机工作性能稳定，清洗方便，能耗低，占地面积小。因此，美式工艺节能、生产稳定的特点适合我国国情，是建厂的首选方案。欧洲工艺能耗高，操作稳定性也不占优势。

一、原料的选择与清理

玉米在种植、收割、干燥、贮藏、运输过程中，会混入多种杂质，为了保证产品质量和安全生产，保护机器设备，必须从玉米中清除各种杂质，可以采用筛选、相对密度去石去杂等方法。

玉米中杂质如果在加工过程中得不到及时清理，一方面，会混入产品中影响产品的质量；另一方面，秸秆、绳头等容易堵塞设备进出口和管道，沙石、金属等容易损坏运转的设备，将造成设备工作效率降低，甚至影响安全生产。因此，及时清除玉米中所含的各种杂质是非常必要的。原料玉米的杂质含量一般为1.0%~1.5%。

（一）杂质分类

合理地对玉米中杂质进行分类是实现杂质分离的前提。杂质的分类方法有很多种。按化学成分分类，玉米中的杂质可分为无机杂质（泥土，渣石、玻璃、金属物等）和有机杂质（根、茎、叶、绳头、异种粮粒、鼠雀粪便、虫尸、病变粒等）两大类。生产中比较适用的分类方法是按杂质的物理性状分类，有利于按不同的物理特性选择清理设备，如按杂质颗粒大小分为大杂质、中杂质、小杂质、并肩杂质；按相对密度大小（与玉米比较）分为重/轻杂质；按磁性分为磁性杂质和非磁性杂质。

（二）杂质分离原理

玉米与杂质的分离是借助二者在物理特性方面的差异来完成的。玉米和杂质之间的物理特性有较大的差异，为了保证分离放率必须选择差异显著的特性作为分离依据。根据以上杂质额物理形状分类，分离方法有四种：风选法（依据空气动力学特性的不同）、筛选法（依据颗粒大小的不同）、干法或湿法密度分选法（依据相对密度的不同）、磁选法（依据磁性的不同）。

二、玉米浸泡

玉米浸泡是玉米淀粉生产中的重要工序之一。浸泡的效果直接影响以后各道工序以及产品的质量和出品率。

玉米浸泡的适宜条件与玉米品种、类型及贮藏时间等因素布关。一般操作条件为：将玉米淹没在含有 0.1%~0.2% SO_2 的水中，温度控制在 48~52℃，浸泡时间为 30~50h。浸泡结束时玉米含水约 45%，充分软化，可用手挤压来检查玉米粒是否泡好。

（一）浸泡的目的

玉米浸泡是为了软化玉米，降低玉米籽粒的机械强度，减少破碎能耗。这主要是由于淀粉颗粒本身吸收水分润胀而软化，同时由于淀粉颗粒与蛋白质之间吸水速度不同，膨胀速度不同产生内应力，削弱了玉米籽粒各部分之间的结合力；改变玉米籽粒各部分的机械性能，便于皮层、胚芽和胚乳的分离。吸水后皮层和胚芽韧性增加，破碎过程中易于保持皮层和胚芽的完整，而胚乳强度降低易于粉碎，根据二者的差别可以利用破碎的方法将它们分离成性状和粒度不同的物料；抑制杂菌繁殖，起到防腐杀菌的作用；提取可溶性物质，浸泡工序可溶出玉米籽粒中约 70% 的可溶性物质，占玉米干物质总量的 6%~7%，其中包含 70% 的无机盐、42% 的可溶性碳水化合物和 16% 的可溶性蛋白质；破坏胚乳中蛋白质网，释放淀粉颗粒。亚硫酸能使紧密包裹在淀粉颗粒外的蛋白质网破散或溶解，从而使淀粉颗粒游离出来，浸泡过程中，玉米籽粒各部分的化学组成变化情况见表 10-2。

表 10-2　　　　　　　　玉米浸泡前后干物质的变化（干基）　　　　　单位:%

组分	各组分含量（干物质）		组分	各组分含量（干物质）	
	浸泡前	浸泡后		浸泡前	浸泡后
淀粉	69.80	74.7	戊聚糖	4.93	5.27
蛋白质	11.23	8.42	可溶性糖	3.1	1.73
纤维	2.32	2.48	灰分	1.63	0.52
脂肪	5.06	5.40	其他物质	1.52	1.48

玉米浸泡过程中通常需要一定浓度的亚硫酸水溶液来浸泡玉米。亚硫酸水溶液是通过燃烧硫黄产生二氧化硫气体并溶解于水中形成的。

1. 亚硫酸的作用

亚硫酸在浸泡过程中发挥多种作用，这是由于它兼有氧化和还原作用的性质所决定的。亚硫酸可作用于玉米的种皮，使半渗透性的表皮变成全渗透性表皮，可以加速可溶性物质的溶出；亚硫酸可拆开蛋白质分子之间的二硫键，将蛋白质网状结构破坏，有利于淀粉颗粒从包裹它的蛋白质网中释放出来；亚硫酸盐离子与蛋白质基团反应形成易溶于水的硫代硫酸盐，使部分蛋白质由不溶性转化为可溶性；亚硫酸还具有防腐作用，可以有效抑制霉菌、腐败菌等微生物的生长。也有人用乙酸、盐酸、乳酸等试剂浸泡玉米，但是效果都不如亚硫酸。亚硫酸还具有制取工艺简单、价格便宜的特点。

2. 乳酸的作用

玉米本身带有乳酸菌，在亚硫酸浸泡环境中唯一不被抑制的微生物就是乳酸菌。随着浸泡过程的进行，玉米中可溶性物质逐渐溶解到浸泡液中，这些物质可作为乳酸菌发酵的营养源，同时浸泡的温度、pH 等条件也适合乳酸菌生长，因此浸泡的过程也是乳酸菌发酵的过程，乳酸菌的数量和转化成的乳酸的浓度逐渐增加。浸泡好的浸泡液中乳酸含量可达干物质的 1.0%~1.2%。

乳酸菌可以将溶解出来的糖转变成乳酸，乳酸具有抑制其他微生物繁殖的作用，一旦乳酸杆菌发酵旺盛，其他微生物生长就会受到抑制，但乳酸杆菌本身对乳酸也有一定耐受限制，其最大累积乳酸量为22%。乳酸的作用还体现在能促进玉米蛋白质软化和膨胀，有利于释放淀粉颗粒；乳酸不挥发，可保留在浓缩液中，保持溶液中镁离子和钙离子处于溶解状态，从而减少蒸发设备结垢发生；随着浸泡过程的进行，亚硫酸被消耗，浓度降低，抑菌能力降低，而不断产生的乳酸，能维持浸泡液的 pH 在较低水平，补偿亚硫酸抑菌能力的降低。但过量的乳酸在能增加蛋白质溶解度的同时也会促进蛋白质变性，使淀粉和蛋白质的分离更加困难。乳酸和亚硫酸也会协同发生作用，使玉米淀粉结构发生变化，因此应当控制乳酸发酵在适当的程度，防止淀粉结构发生变化而影响产品质量。

（二）浸泡效果的影响因素

1. 浸泡温度

浸泡温度对玉米浸泡效果影响较大。温度增高，可使玉米粒的膨胀速度加快，缩短浸泡时间。但温度超过 55℃ 会抑制乳酸菌的生长；超过 60℃ 会引起蛋白质变性，不易与淀粉分开；超过 65℃ 会造成淀粉糊化，影响工艺操作性能，致使淀粉收率和质量下降。温度过低，浸泡效率低，杂菌易生长繁殖；浸泡最适温度为 48~52℃，最高不能超过 55℃。病变、霉变的或干燥过度玉米，以及角质率较高的玉米应选择温度在 51~53℃ 条件下浸泡。浸泡过程中避免温度不稳定，若已经软化的玉米遇到冷水，会引起膨胀的玉米收缩，致使研磨效果下降。

2. 浸泡时间

浸泡时间的选择要综合考虑最大限度地实现浸泡目的，以及浸泡时间过长带来的不利影响。浸泡开始的 10~12h 可溶物从玉米中溶出最多，在这段时间浸出全部可溶物的 60%，以后的 30~40h 仅还能浸出 10%，其余残留的 30% 的可溶物，要在以后的其他工序中除去。矿物质主要在浸泡前段浸出；蛋白质在整个浸泡过程中均衡浸出；胚芽中含氮物质在浸泡后 24h 内浸出，以后骤然减少。浸泡时间过长，细胞壁的纤维强度下降，玉米粒破碎过程中将产生大量细纤维渣，不利于纤维分离。浸泡时间过短，蛋白质网不能被充分破坏，可溶性物质不能充分浸出。玉米浸泡时间一般控制在 48~50h，成熟度低的玉米或过于干燥的玉米为 55~60h，高水分玉米为 40~50h。

3. 亚硫酸的浓度

亚硫酸的浓度（以 SO_2 含量计）对玉米浸泡效果至关重要，其浓度过高或过低都会对浸泡产生不利影响。SO_2 浓度在 0.10%~0.20% 时浸出蛋白质最多，提高或降低 SO_2 浓度，蛋白质浸出量都会降低。当 SO_2 的浓度提高到 0.35% 以上时，高酸性会抑制乳酸菌的繁殖，同时蛋白质也会分解成氨基酸，容易被淀粉吸附，造成洗涤困难而影响淀粉质量。但 SO_2 的浓度低于 0.20% 时，浸泡过程会变得比较缓慢，淀粉抽提率偏低。

4. 亚硫酸的用量

用量一般为每 100kg 绝干玉米消耗亚硫酸溶液 180~210kg，国内企业用量会低于此指标。

（三）浸泡方法

在工业化生产中，浸泡玉米使用浸泡罐，这些罐之间的联系及组合方式可形成不同的浸泡工艺。玉米浸泡方法包括静止浸泡法、逆流浸泡法和连续浸泡法。

1. 静止浸泡法

静止浸泡法为单罐浸泡，包括单桶静止浸泡法和单桶循环浸泡法。但由于静止浸泡法的浸提效果不理想，一般很少采用。

2. 逆流浸泡法

为了促进玉米籽粒中可溶性物质的溶出，提高浸泡效果，大型玉米淀粉厂只采用逆流浸泡法。这种方法又称扩散法，是把若干个浸泡罐用管路连接起来，组成一个相互之间的浸泡液可以循环的浸泡罐组。浸泡过程中玉米在浸泡罐内静止，用泵将浸泡液在罐内一边自身循环，一边向前一级罐内输送，始终保持新的亚硫酸溶液与浸泡时间最长（即将结束浸泡）的玉米籽粒接触，而新入罐的玉米籽粒与即将排出的浸泡液接触，以保持玉米和浸泡液中可溶性物质的浓度差，使玉米籽粒中可溶性物质被充分浸提，玉米籽粒中可溶性物质含量降低更多，因而使淀粉洗涤工序的操作变得更加容易。用这种工艺，浸泡水中可溶性物质的浓度可达到 7% ~ 9%，玉米籽粒中的可溶性成分被充分浸提，为以后工序的操作创造好的条件。玉米浸泡液的进一步浓缩也可节省能源。

3. 连续浸泡法

在逆流浸泡的基础上，罐内装入的玉米通过卸料口和空气升液器也实现罐与罐之间的循环，并且与浸泡液的循环方向相反，这样进一步加大了玉米浸泡水之间可溶性物质的浓度差，可达到理想的浸泡效果。但是连续浸泡法工艺、设备布置比较复杂。

三、 玉米籽粒的破碎和胚芽的分离洗涤

玉米经过浸泡之后，进入淀粉乳的提取工序。其作用是将玉米籽粒各组成部分分开，分离出胚芽和纤维皮渣，获得淀粉乳。工艺过程包括破碎脱胚、精磨分离纤维。其原理是利用玉米籽粒各部分机械强度不同，通过机械作用予以分开，再按照粒度、密度等物理特性的差别进行分离。

（一）玉米籽粒的破碎

将软化的玉米在粉碎机中加水粉碎，其目的是破碎玉米籽粒，使胚芽脱离而又不被磨成碎片。由于浸泡，胚芽膨胀并有韧性。为了使胚芽脱离籽粒，需经两道粉碎工艺，即粗粉碎和二次粉碎。浸泡后的玉米进入冲击式破碎机，进行第一次破碎。将玉米籽粒破碎成 4~6 瓣，经胚芽分离后，再进行第二次破碎，使剩下的胚芽进一步与胚乳分离。第二次破碎，使玉米籽粒分为 10~12 瓣。

湿法玉米淀粉生产的通用粗破碎设备又称脱胚磨，由于脱胚磨的主要结构为带凸齿的动盘和定盘，所以脱胚磨又称凸齿磨。凸齿磨主要由齿盘、主轴齿盘间隙调节装置、主轴支承结构和电机、机座等组成，如图 10-2 所示。

脱胚磨的主要工作部件是一对相对的齿盘，选用牙齿条缝齿盘，其中一个转动，另一个固定不动，两齿盘呈凹凸形，即动盘和静盘上同心排列的齿相互交错。齿盘上梯形齿呈同心圆分布，在半径较小处，齿的间隙大；半径较大处，齿的间隙小。物料在重力作用下从进料管自由落入机壳内，经拨料板迅速进入动、静盘之间。由于两齿盘的相对旋转运动和凸齿在盘上内疏外密的特殊布置，物料在两盘间受凸齿的机械作用扰动外，还受自身产生的离心力作用，在动、静齿缝间隙向外运动。玉米粒运动时，最初的齿间距大，玉米整粒破碎，有利于进料；运动到齿盘外端部时，齿间距变小，物料受离心力较大，粉碎作用加强，这样玉米粒在动、静齿盘及凸齿的剪切、挤压和搓撕作用下被破碎。

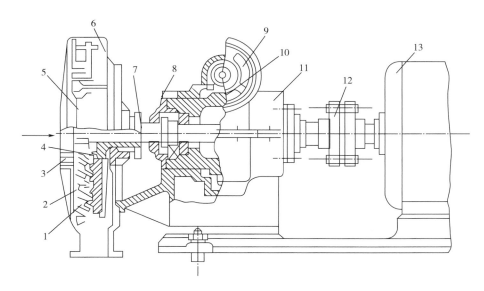

图 10-2 脱胚磨结构示意图

1—动齿盘 2—静齿盘 3—螺孔 4—拨料棒 5—门盖 6—外壳 7—主轴 8—注油孔
9—调节手轮 10—轴承座 11—支撑座 12—联轴器 13—电机

破碎质量关系到后而工序的正常操作和胚芽收率的高低。因此，对影响破碎质量的因素要引起足够的重视。当玉米品种不同或经使用一定时间凸齿磨损后，要调整齿盘间隙，使胚芽得到最大的分离而破裂率最低。

（二）胚芽分离

玉米破碎后，几乎全部胚芽都与胚乳分离而呈游离状态，但是胚芽还混合在皮渣、胚乳块、淀粉乳组成的磨下物中。要想把胚芽从混合物中提取出来，需要经过两道筛分工艺：第一步，将胚芽与皮渣、胚乳块等大颗粒物料分离开来，分离的原理是胚芽的密度比其他组分的小，利用离心分离设备或气浮槽分离，但是所获得的胚芽是悬浮在淀粉乳中的；第二步，将胚芽与淀粉乳分离，分离的原理是淀粉乳是由淀粉颗、麸质颗粒和水溶性物质组成，胚芽粒度要比它们大得多，利用筛分的方法予以分离。

分离胚芽所用的离心分离设备是旋液分离器，用于胚芽分离时也称胚芽旋流器。其工作原理是利用物料中各组分密度不同借助离心力来分离；从胚芽旋流器溢流出来的胚芽是游离在淀粉乳中的，要使胚芽与淀粉乳分离开来，需要利用重力曲筛进行湿法筛分，并用水清洗夹带在胚芽中的游离淀粉。

旋液分离器由带进料喷嘴的圆柱室、壳体（分离室）、溢流（胚芽）出料管、进料管、底物出料管，上部及底部排出喷嘴组成，如图 10-3 所示。破碎的玉米物料进入收集器，在 0.25~0.5MPa 压力下泵入旋液分离器，破碎玉米的较重颗粒做旋转运动，并在离心力作用下抛向锥体的内壁，沿着内壁移向底部出口喷嘴。胚芽和部分玉米皮壳密度较小，被集中在设备的中心部位，经过顶部出口喷嘴及接收室排出旋液分离器。

胚芽分离工艺指标：胚芽洗涤水 SO_2 含量 0.025%~0.03%；料浆温度 35℃左右；提胚率 ≥98%；胚芽洗涤后游离淀粉含量运 ≤1.0%。

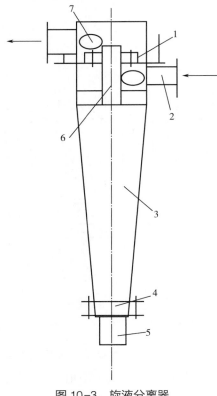

图 10-3　旋液分离器

1—圆柱室　2—产品进入管　3—壳体
4—可换喷嘴　5—连接管
6—胚芽排出喷嘴　7—胚芽接收室

（三）玉米破碎与胚芽分离效果的影响因素

1. 除沙器工作压力

玉米破碎前要用除沙器去沙，降低破碎设备的磨损程度，除沙器正常工作的压力：进口压力 0.12～0.20MPa；溢流口出料压力 0.04～0.08MPa；冲洗水的压力 0.5～0.6MPa。

2. 玉米破碎效果的影响因素

（1）玉米品种　与破碎效果关系较大，粉质玉米和白马齿玉米质地软、易破碎，硬黄玉米角质多、难破碎，其他玉米品种的破碎强度介于二者之间。

（2）浸泡质量　浸泡好的玉米质地软，容易破碎，各组成部分也易于分离；浸泡不好或浸泡后用冷水冲洗的玉米，籽粒质地硬化，胚芽失去弹性而易碎，分离与洗涤困难，产品收率和质量降低。

（3）物料稠度　即浆料中总悬浮物质的含量，单位为 g/L。进料稠度过高，破碎缓冲力大，破碎不充分，并且容易堵塞设备和管道；稠度低，磨下物稀薄，不能发挥破碎设备和后续设备的产能，浪费能源。一般破碎机进料稠度控制在 250～300g/L。

3. 胚芽分离效果的影响因素

（1）料浆稠度　进料稠度过低有利于胚芽分离，但会造成设备产能浪费；稠度过高，物料黏稠，轻、重质分层不清，胚芽分离困难，提取率低。

（2）进料压力　进料压力影响到物料在旋流器内旋流速度，压力太小，达不到离心分离效果；压力太大，浪费能源。一般第一级旋流器进料压力控制在 0.25～0.5MPa；第二级控制在 0.12～0.20MPa。

（3）溢流底流流量比　流量比可以通过调整溢流出口和底流出口的阀门实现。浆料在旋流器内受离心力作用分成了重质的底层、轻质的上层和互混的中间过渡层，而旋流器只有上下两个出口，因此，一台设备无法将轻、重质物料截然分开。调整溢流底流流量比，就是控制中间层的流向。溢流流量放大，则中间层向上流动，胚芽纯度降低，底流获得较纯的重质；反之，底流流量放大，溢流流量变小，中间层向下流动，溢流得到较纯的胚芽，底流纯度降低。此流量比的控制视具体流程而定。

四、纤维的分离和洗涤

玉米经过破碎和胚芽分离之后，所得浆料中含有皮渣、胚乳碎块、细胞壁、淀粉颗粒和麸质，其中皮渣、细胞壁和胚乳碎块中的淀粉颗粒仍然包裹在蛋白质网和纤维组织内。精磨目的就是将蛋白质网和纤维组织中包裹的淀粉颗粒释放出来，为进一步提纯淀粉创造条件。

精磨后浆料中含有游离的淀粉颗粒、麸质微粒、纤维（粗、细皮渣）和可溶性物质，除了纤维皮渣外，其他组分在水中呈乳状悬浮液，故称淀粉乳。纤维分离的目的就是把纤维与淀粉乳中其他组分分离开来，从而使淀粉乳得到进一步的提纯。

精磨与纤维分离飞洗涤工艺流程应根据生产规模、原料特性、产品质量和生产工艺要求而定。图10-4为常用的精磨与纤维分离工艺流程，它由1次精磨、6道纤维洗涤工序组成。

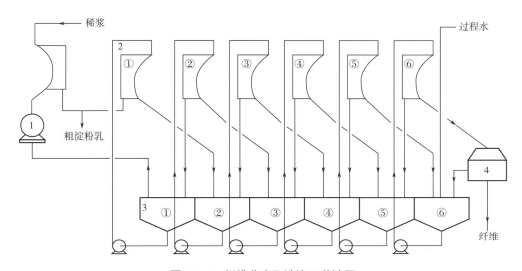

图 10-4 纤维分离和洗涤工艺流程
1—细磨 2—压力曲筛 3—洗涤槽 4—离心筛

（一）破碎粒精磨

1. 冲击磨

目前应用最为普遍的是冲击磨，常用形式为立式针型冲击磨。冲击磨具有以下特点：作用力主要为正压力，而剪切力较小，因此碎纤维少，皮渣更多地保留为薄片状，有利于曲筛的筛分，降低筛下物淀粉中的细纤维含量，麸质蛋白也易从皮渣中分离出来，有效控制了产品灰分，提高产品质量；立式针型冲击磨利用离心力冲击原理，使纤维中联结的淀粉颗粒最大限度完整地松脱出来，分离出的淀粉质量好、收率高。此外，该设备具有结构紧凑、运行可靠、操作简便、生产能力大、占地面积小等特点。

2. 高压微粉碎技术

高压微粉碎技术又称高压分解技术，是一项新兴的细磨技术。它的原理类似于高压均质器，首先用泵将初破碎并分离了胚芽的物料在高压下通过分离阀，物料通过此阀时在很小的缝隙中喷出，因压力骤减而形成很高的速度，物料受到强力的剪切和碰撞，细胞被强烈地破碎，从而使淀粉颗粒与纤维、蛋白质分离。高压处理常常使淀粉颗粒易于损伤，但完整的淀粉颗粒仍占多数。高压分解技术生产的淀粉具有较高的糊化温度和较低的冷黏度。

（二）纤维分离

1. 纤维分离原理

纤维分离是根据纤维和淀粉乳中其他组分粒度差异，采用筛分的方法进行分离的。淀粉和麸质颗粒粒度分别为 $3\sim30\mu m$ 和 $1\sim2\mu m$。筛分时通过筛网成为筛下物，而纤维细渣颗粒在 $65\mu m$ 以上，能够被细筛截留。

2. 纤维分离方式

通常采用压力曲筛对纤维进行分离洗涤，压力曲筛筛缝不易堵塞；能做出精确的筛分，很少维修，生产效率高，占地面积小。压力曲筛是一种依靠压力对低稠度湿物料进行液体和固形物分离及分级的高效筛分设备，结构与重力曲筛相近，由壳体、给料器、筛网、淀粉乳接收器、纤维皮渣接收漏斗组成，如图10-5所示。

曲筛是带有120°弧形的筛面，筛条的横截面为模型，边角尖锐。运行时，湿物料用高压泵打入进料箱，物料以0.3~0.4MPa压力从喷嘴高速喷出，在10~20m/s的速度下从切线方向引向有一定弧度的凹形筛面，高的喷射速度使浆料在筛面上受到重力、离心力及筛条对物料的阻力（切向力）作用。由于各力的作用，物料与筛缝成直角流过筛面，楔形筛条的锋利刃口即对物料产生切割作用，使曲筛既有分离效果，又有破碎作用。在料浆下面，物料撞在筛条的锋利刃上，即被切分并通过长形筛孔流入筛箱中，筛上物继续沿筛面下流时被滤去水分，从筛面下端排出。进料中的淀粉及大量水分通过筛缝成为筛下物，而纤维细渣则从筛面的末端流出成为筛上物。淀粉颗粒与棱条接触时，其重心在棱的下面，从而落向下方成为筛下物。纤维细渣与棱条接触时，其重心在棱的上面，从而留在上方成为筛上物。

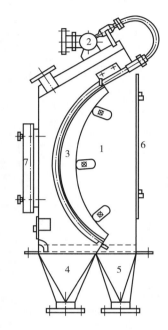

图 10-5 压力曲筛结构示意图
1—壳体 2—给料器 3—筛网
4—淀粉乳接收器 5—纤维
皮渣接收漏斗 6—前门
7—后门

压力曲筛由于其分级粒度大致为筛孔尺寸的一半，所以排入筛下的颗粒粒度比筛孔尺寸要小得多，从而减少了堵塞的可能性。筛条的刃口将进料抹刮成薄薄的一层，使水和细料均匀分散，从而使物料易于分级，同时整个筛面得到自行清理。曲筛工作时，穿过筛缝的筛下物量在很大程度上取决于如何使浆液同筛面很好地保持接触。曲筛所进行的按颗粒大小分离取决于楔形筛条之间空隙的大小及物料在曲筛筛面上的流速。筛孔越小，对流速的要求越高。

为适应不同生产能力要求，减少生产设备投资，有的淀粉设备厂将一道标准型号的压力曲筛改制为两道压力曲筛使用，即在同一筛体内将筛面、喷嘴隔成两半，进料、出料管道也各做两套。这样小型玉米淀粉厂在投资额不大的情况下也可采用压力曲筛作筛分设备。

（三）精磨与纤维分离效果影响因素

1. 影响精磨效果的主要因素

（1）物料稠度 精磨设备进料稠度以高为好，过低会引起甩盘振动、电流增加。一般要求进料稠度不低于30%，最好能达到50%，因此在精磨设备前要加一台曲筛，分离除去大部分淀粉乳。

（2）浸泡效果 精磨后纤维中残留的结合淀粉的多少，除了取决于精磨设备的工作效率外，还与玉米的浸泡程度有关。浸泡好的玉米，淀粉颗粒与蛋白质和纤维联结松弛，容易脱离。

（3）沙石含量 精磨设备为高速旋转设备，如果物料中含有沙石、金属杂质等，势必增加设备磨损，甚至损坏设备，因此在精磨设备前要增加一道除沙器。

2. 影响洗涤筛分的因素

（1）洗水温度 纤维洗涤使用的是过程水，要求洗水中悬浮物不超过 0.08%。热水洗涤效果好，在皮渣洗涤过程中，浆料温度应保持在 40~45℃。

（2）亚硫酸 纤维洗涤用水要保持 0.05% 的亚硫酸浓度，一是为了防腐，二是防止蛋白质沉淀。蛋白质等电点为 5.3，如果酸度不够，可溶性蛋白质会达到等电点而沉淀，沉淀在筛网上会堵塞筛孔，降低效率。但是等电点也不能太低，否则会影响淀粉质量。筛洗系统一般要求 0.45%~0.50% 的亚硫酸浓度，调整淀粉乳 pH 为 4.3~4.5。

（3）适宜的筛孔尺寸是保证筛分效果的关键，筛孔大小视物料特性和操作压力等条件而定。一般冲击磨前的曲筛和第 1 级洗涤曲筛筛缝为 50μm，后 5 级洗涤曲筛的筛缝为 75μm。

五、 淀粉与蛋白质的分离

玉米经过纤维分离后获得的淀粉乳，其干物质中除淀粉外还有许多的非淀粉类物质，这种淀粉乳习惯上称为粗淀粉乳，其化学组成如表 10-3 所示。由表可见，蛋白质含量在非淀粉类杂质中占主要部分，蛋白质的组成多数为非水溶性蛋白。淀粉乳的精制分为两个步骤：首先要尽可能多的除去非水溶性蛋白质，在生产工艺上称为麸质分离；然后去除其他杂质，在生产工艺上称为淀粉洗涤。

表 10-3　　　　　　　　　粗淀粉乳中干物质化学组成 （ 干基 ）　　　　　　单位:%

项目	含量	项目	含量
淀粉	88~92	可溶性物质	2.40~2.50
蛋白质	6~8	二氧化碳	0.03~0.04
脂肪	0.5~1.0	细渣及痕量细沙	0.05~0.10
灰分	0.2~0.4		

1. 麸质分离

为了获得高纯度淀粉，特别是适合制取针剂葡萄糖和变性淀粉的需要，需要对粗淀粉进行精制，精制主要是清除非淀粉类物质，分离麸质（蛋白质及其吸附物）。分离的依据是淀粉的相对密度大于蛋白质，因此可采用大型连续离心分离机或旋液分离器将它们分离开来。分离所得到的相对密度较小的麸质中含有 60%~70% 的蛋白（干基）。

2. 淀粉洗涤精制

麸质分离后，淀粉乳中还残留 0.2%~0.3% 的水溶性蛋白质、无机盐、酸、可溶性糖等可溶性物质，以及少量麸质、细纤维渣、细砂等不溶性物质。淀粉洗涤的目的就是把这些杂质去除，得到纯度符合标准的淀粉产品。

淀粉洗涤的原理是以水为媒介，将水溶性物质量溶解状态冲洗出去，将密度小于淀粉的细纤维和麸质漂洗出去，可以说淀粉洗涤是淀粉精制的主要工艺过程。

淀粉洗涤并不需要单独的设备和工艺，而是与麸质分离组合在一起。只是按麸质分离的方法加长了工艺流程，并在流程的最后阶段加入新水，新水按逆流的方式对淀粉进行洗涤。

3. 麸质分离与淀粉洗涤效果影响因素

（1）细沙与粗粒　精磨工序获得的粗淀粉乳中含有微量的细沙，操作过程可能残留或混入粗粒，细沙会加重对离心机转鼓的磨损，增加产品的灰分，粗粒容易堵塞离心机和旋流器的微孔通道，因此粗淀粉乳在进入离心分离机之前要进行除沙和清除粗粒。除沙采用二级旋流器法，第一级为多台并联，用于从大量目的淀粉乳中浓聚细沙，第二级带有细沙收集器，用于精制少量的物料。粗粒采用带筛网的旋转过滤器清除，过滤器网孔不得大于旋流器进口的 $1/3$，即 $0.8mm$。

（2）进料浓度　物料浓度影响淀粉乳的相对密度、黏度等特性，也影响分离时淀粉的沉积厚度，从而影响麸质分离效果。进料浓度过高时，淀粉沉淀层变厚，离心机底流喷嘴排料能力不够，会增加溢流淀粉流失量；进料浓度过低时，淀粉沉淀层变薄，离心机底流喷嘴排料能力充裕，会增加底流淀粉中蛋白质残留量。因此麸质分离时要保持适当的物料浓度；粗淀粉乳进入主分离机之前，需要经过一道预浓缩离心机去除部分清液。预浓缩离心机底流喷嘴较大，麸质与淀粉可以一同从底流排出，溢流为澄清液体，可以作为过程水直接用于浸泡系统。

（3）物料温度　淀粉乳温度对离心机和旋流器的分离操作影响较大，适当提高温度可以保证淀粉乳低黏度，提高分离效率。但温度过高会使淀粉颗粒膨胀，甚至糊化，严重影响沉降分离效率。分离机和旋流器适宜的进料温度为 $40℃$。

（4）洗水　最适宜的洗水量为每 $1t$ 绝干淀粉 $3.0t$ 左右。水量增加，增加生产设备和污水处理负担，降低生产能力；水量减少，达不到洗涤效果。洗涤水应该用软水，硬度要求不高于 $1.427mmol/L$，只有用软化后的净水洗涤淀粉，才能保证淀粉的质量，防止金属离子在旋流管结垢。洗水温度保持 $40～43℃$。为了防止生产设备和管道被腐蚀，整个生产过程应该保持 SO_2 浓度为 $0.03％～0.04％$，在洗水中也可以添加少量亚硫酸，但以保证产品 SO_2 含量不超标为限。

六、 淀粉的干燥

精制后的淀粉乳，浓度一般为 $36％～38％$，如不作为后续的生产原料，还必须进行脱水和干燥，才能成为商品淀粉。在现代玉米深加工企业中，精制淀粉乳的处理有两种方式：一是直接送往淀粉糖、变性淀粉、发酵制品等车间作为原料继续转化深加工产品；二是进行脱水、干燥、筛检、包装，有的还需要漂白，最终成为商品淀粉。

如果不是直接用来生产淀粉糖，则需进行脱水干燥。淀粉乳的脱水干燥一般分为两步，即机械脱水和气流干燥。

（1）机械脱水　在离心式过滤机中进行，可排除淀粉乳中总水分的 $73％$，干燥能排除总水分的 $15％$，还有大约 $14％$ 的水分残留在干淀粉中。从离心机中出来的脱水淀粉，含水量为 $37％～38％$，这些水分均匀地分布在淀粉各部分之中。因此，只有用干燥的方法才能排除这些水分。

（2）气流干燥　气流干燥是目前淀粉干燥广泛应用的方式。气流干燥时空气温度可加热到 $140～160℃$，湿淀粉在热空气中分散良好，干燥的有效面积很大，淀粉粒中的水分瞬间汽化，大部分热量消耗在水分汽化上，淀粉本身的温度一般不超过 $60～65℃$。所以，可保证淀粉的质量。经气流干燥后，淀粉的含水量可降低至 $12％～14％$，符合商品淀粉的含水量标准。

七、 玉米淀粉生产过程中的水环流

水环流是指净水利用一次以后不直接排出系统，而是在系统环流再次或多次利用，最后随成品带出，做到极少排放或不排放。

（一）水环流的意义

湿磨法加工玉米淀粉过程中用水量很大，要高出玉米量的几倍，甚至几十倍。从玉米籽粒的输送到各种主、副产品的制造都离不开水，而加入的水除部分随同产品被带走外，都需从系统排出。湿磨法加工玉米淀粉是由干到湿再转干的过程，即"干—湿—干"，玉米籽粒本身为干态，一般含水分14%以内，而成品淀粉的水分指标也是14%以内，其他副产品除玉米浆外都低于12%，玉米油基本不含水分。这表明生产过程加入多少水，就需利用机械及热力除去多少水，在排放这些水的同时还会带走大量干物质。因此，应尽可能使生产用水得到充分利用。

（二）水环流的原则

水环流遵循以下几个原则：

（1）净水用在最后一次洗涤淀粉，如采用12级旋流器洗涤淀粉，则净水只用来洗涤经11级洗涤后的淀粉，其他各用水点均不用净水；

（2）充分利用过程水，即生产过程排出的水（通称工艺水），主要是从分离麸质工序排出的浓缩上清液；

（3）严格按照逆流原理，保持洗涤水与物料有一定的浓度差，使洗涤水发挥最大作用；

（4）注意利用循环水的热量，根据循环水的水质及温度情况，确定回水部位；

（5）采取有效措施和严格、合理的控制指标，保持循环水的品质，过程水中悬浮物含量不能超过0.08%，不能含其他有害物质；

（6）保持必要的循环水贮备装置，不仅能维持正常生产还要保证开停车的需要；

（7）注意生产过程的防腐和清洁卫生，循环水要保持一定的 SO_2 浓度，一般不得低于0.03%。

（三）水环流的流程

湿磨法生产玉米淀粉的水环流流程如下。

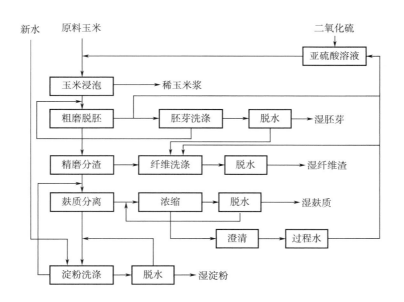

八、　玉米淀粉生产副产品的综合利用

玉米淀粉生产的副产品具有较高的应用价值，主要有浸泡液、胚芽、纤维、麸质水等，这些副产物进行深加工可得到玉米浆、玉米胚芽油、食用纤维、麸质粉、玉米黄色素、玉米醇溶蛋白（玉米朊）等系列产品。玉米淀粉生产的副产品综合利用可归纳如下。

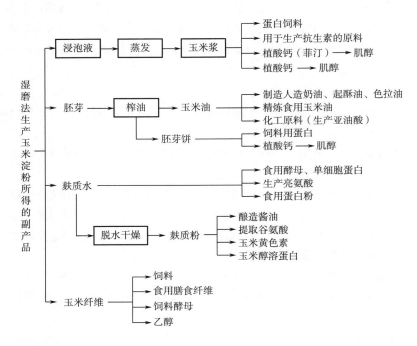

（一）浸泡液的综合利用

玉米籽粒中的可溶性物质，如可溶性糖、可溶性蛋白质、氨基酸、肌醇磷酸、微量元素等在玉米浸泡工序大部分转移到浸泡液中。排出的饱和浸泡液可生产玉米浆，提取植酸及作培养基等。

1. 玉米浆

饱和的浸泡液称稀浸泡液，含干物质5%~8%，蒸发后约含50%干物质的棕褐色、黏稠状的浓浸泡液，称玉米浆。对稀浸泡液进行蒸发浓缩的设备是循环升膜式双效蒸发器或三效蒸发器，对稀浸泡液进行负压蒸发。玉米浆主要是送至纤维干燥系统，与脱水后的纤维混合，制成一种含高蛋白、无机盐、维生素的粉状物，用作饲料添加剂原料。剩余部分可作为成品玉米浆直接装桶或进一步通过喷雾干燥加工成玉米浆粉。玉米浆粉是玉米浆的更新换代产品。玉米浆粉呈褐色至淡黄色，蛋白质含量≥42%，水分含量≤8%，广泛应用于抗生素工业（青霉素、红霉素、庆大霉素、金霉素等）、维生素（维生素C、维生素乌等）、氨基酸（味精、赖氨酸、苯丙氨酸等）、酶制剂（淀粉酶、糖化酶等）等发酵工业，以及在生物发酵过程中作水溶性植物蛋白及水溶性维生素等营养元素补充剂。

2. 植酸钙及肌醇

从浸泡液提取植酸钙、植酸，工艺简单，投资少，经济效益高，无环境污染。有条件可进一步加大投资生产肌醇。植酸和肌醇在食品、医药、化工、稀土元素富集等方面都有广泛的

用途。

（二）胚芽的综合利用

胚芽可用于榨油和生产饲料或作食品添加剂。玉米淀粉的湿磨加工工艺中，经旋液分离器分离出的胚芽，常用重力曲筛进行筛分和洗涤，洗涤后进行机械脱水，以减少胚芽中的水分，以便减少干燥系统蒸汽耗量。工业上主要用螺旋挤压脱水机对胚芽进行脱水处理，采用管束式干燥机进行干燥。干燥后的胚芽含水 3%~8%，通过气力输送机运送到榨油车间进行榨油。

1. 榨油

玉米胚芽营养丰富，主要含有脂肪、蛋白质、淀粉、戊糖、纤维和无机盐等。生产淀粉过程中分离出的胚芽，含油量高达 50% 左右，是制作玉米油的原料。制得的胚芽油经过精炼加工成为高级食用植物油。

从玉米胚芽中提取玉米油有三种方法：一是压榨法，适合中小型油厂；二是溶剂浸出法，适合大型油厂；三是近年来发展的新方法——水酶法。采用压榨法生产玉米胚芽油，胚芽油的产出率最高只能达到 65%。有些大型企业在采用压榨法的基础上同时又采用溶剂浸出法生产玉米胚芽油，这两种工艺技术使玉米胚芽油的产出率可达 97%。

玉米油含 90% 左右的不饱和脂肪酸，主要是油酸和亚油酸，特别是亚油酸占油脂总量的50% 左右，是所有植物油中亚油酸含量最高的，富含维生素 E 和植物甾醇（降血脂药物中类固醇的原料来源）。

2. 饲料

胚芽榨油后所得的胚芽饼是一种以蛋白质为主的营养物质，可用作饲料。

3. 食品添加剂

利用溶剂浸出法提取玉米油所得的胚芽粕，经过脱臭处理，成为营养价值很高的食品加工原料，可在糕点、饼干、面包等食品中添加使用。在饼干中添加胚芽饼，能提高饼干松脆度；在面包中添加胚芽饼达 20% 时，使面包的蛋白质含量大大提高，而外观、膨松度、口感等均和原来无大差异。利用这种胚芽饼，还可提取分离蛋白质并制取高质量的玉米胚蛋白饮料。

（三）纤维的综合利用

1. 纤维脱水与干燥

玉米纤维经逆流洗涤后，含有较高的水分，进入脱水系统之前纤维含水量为 95%，经筛网离心机脱水和卧式螺旋挤压机脱水后，水分降至 60%~65%，然后由管束干燥机干燥到水分在13% 以下，即为干纤维（干皮渣）。

2. 皮渣的综合利用

玉米皮渣主要是以纤维为主的多糖物质和微量分离时未被提取出来的淀粉。玉米皮渣经挤压脱水，再经加热干燥，成为干皮渣。干皮渣经过粉碎，再按比例与胚芽饼、蛋白粉、玉米浆等其他副产品调配成饲料。若进一步精加工，加入适量豆饼，可制成优质配合饲料。因为玉米皮渣中糖类较多，既有五碳糖，又有六碳糖，饲料酵母对五碳糖、六碳糖等均能代谢，所以利用玉米皮渣水解物培养饲料酵母，可得到高蛋白单细胞酵母。

另外，玉米皮渣在未经生物、化学、物理加工前，难以显示其纤维成分的生理活性。通过分离手段去除玉米皮中的淀粉、蛋白质、脂肪等物质可制成食用纤维，用作高纤维食品的添加剂。日本研究者建议用酶制剂分解玉米皮，使淀粉、脂肪、蛋白质降解而除去，精制玉米纤维半纤维素含量达 60%~80%。将这种食物纤维制成饼干，含量在 2% 时，口感很好。

（四）麸质的综合利用

从淀粉乳中分离出的黄浆水又称麸质，含蛋白质8%~15%，含淀粉5%~8%，其他干物质2%~4%。黄浆水中的蛋白质属于水不溶性蛋白，主要是醇溶蛋白。干燥后得含水量10%~12%的蛋白粉，蛋白含量可高达60%~70%。麸质可用于提取醇溶蛋白、玉米黄色素和作饲料。

1. 纤维脱水与干燥

麸质浓缩的方法主要有沉降法浓缩、气浮分离法浓缩、麸质浓缩机浓缩及气浮槽加浓缩机等几种方法。现代大型淀粉企业普遍采用麸质浓缩机浓缩麸质。浓缩原理与淀粉和麸质分离原理相同。但由于麸质相对密度小、颗粒小，经浓缩机浓缩时往往因溢流而带走一部分细小的麸质颗粒，造成溢流（过程水）悬浮物含量过高。如果来料麸质水浓度低就更难浓缩，有的工厂在主分离机（淀粉与麸质分离机）前增加一台淀粉乳预浓缩机，不仅提高了主分离机的生产能力，还提高了进入浓缩机的麸质水浓度，以提高浓缩效果，使干物质为1.5%~3%（质量分数）的来料麸质水，浓缩后干物质含量达9%以上，而浓缩机溢流干物质在0.5%以内。

2. 麸质脱水与干燥

麸质水浓缩后需要进一步脱水，使水分降低到70%以下，可采用真空转鼓吸滤机进行脱水。脱水后的麸质落入混料螺旋输送机，与部分回粉混合后进入回粉螺旋输送机。干燥后物料作为主回粉也进入回粉螺旋输送机，然后送入锤式磨粉碎，磨后物料均匀地进入麸质干燥机进行干燥，干燥后麸质水分含量为8%~10%。出料后经返料螺旋输送机运送到振动筛，筛上物作为回料返至回粉螺旋输送机，筛下物中的一部分作为麸质脱水后混合料"回粉"，另一部分由输送风机送到包装工序进行包装，成为玉米蛋白粉成品。

3. 蛋白粉的综合利用

玉米蛋白粉中通常由50%~75%的蛋白质、15%~30%的淀粉、少量的脂类物质、纤维素、玉米黄素和叶黄素组成。其中的蛋白质主要为玉米醇溶蛋白（60%）、谷蛋白（22%）、球蛋白（12%）和白蛋白。醇溶蛋白有独特的溶解性和成膜性，可作为食品的保鲜剂，在医药行业作为药片的包衣剂、湿法制粒的黏合剂和药物缓释剂。谷蛋白可作为食用蛋白，用作植物蛋白补充剂或火腿肠填充剂。其脂质部分含有玉米黄色素、叶黄素和胡萝卜素，是生产天然食用黄色素的优质原料。此外，因为玉米蛋白粉含有较多谷氨酸、亮氨酸和苯丙氨酸等氨基酸，所以它也可以用来制备这些氨基酸及生产味精。

第二节　小麦淀粉和小麦蛋白的生产

在世界范围内，小麦的种植面积略高于玉米，但小麦产量远低于玉米，小麦淀粉产量也远远低于玉米淀粉，只有新西兰、澳大利亚等少数国家的淀粉生产以小麦为原料。中国是世界上小麦产量最大的国家，年产量达1.3亿t，占世界总产量的19%。在国内，小麦产量接近玉米，低于稻米2.0亿t的产量，国内长期以来小麦淀粉产量很少，2012年小麦淀粉产量仅为4.51万t，2017年增长至12.10万t，随着中原地区主要淀粉加工企业小麦淀粉与深加工的稳定生产、规模迅速扩大，2018年小麦淀粉产量大幅增加，达到83.35万t，同比2017年增长589%。

相对于其他淀粉，小麦淀粉的生产有其独特之处。小麦胚乳中蛋白质含量高达12.9%，比玉米的8.0%、稻米的7.4%高得多，而且小麦的蛋白质遇水后会形成网状有弹性的面筋，这使小麦淀粉与蛋白质的分离比玉米困难得多。

小麦高蛋白质含量及其蛋白质可形成面筋的特性，使小麦淀粉生产的产品结构与众不同，主要产品既包括淀粉也包括活性小麦面筋粉（又称谷朊粉），同时获得含有大量不易分离的戊糖类物质与黏结性蛋白质的B级淀粉，B级淀粉占10%～20%，影响优质淀粉（A级淀粉）的收率。

谷朊粉主要成分是小麦谷蛋白和胶蛋白，其蛋白质含量为75%～85%，脂肪含量为1.0%～1.25%。吸水后的谷朊粉会形成蛋白质水化物——湿面筋，它具有很强的黏弹性、成膜性（保气性）、热凝固性、乳化性等，是一种天然的面粉品质改良剂，在制作面包、面条等食品时添加2%，能增加面团的筋力，改变产品的柔软性、韧性和口感。

选择原料要兼顾淀粉和谷朊粉的品质与得率。硬质小麦作原料时，面筋粉收率高，但由于面筋网络坚固，淀粉洗脱难、收率低；软质小麦的淀粉含量高、颗粒大，淀粉收率高，但面筋力较差。因此，两者按一定比例搭配使用可以改善生产工艺效果和各种产品的得率，一般要求调配筋率不低于24%。

小麦籽粒结构特性和蛋白质特性，也决定了小麦淀粉生产工艺的多样性。从生产原料来分有以小麦籽粒为原料的，也有以小麦粉为原料的，国内企业多数以小麦粉为原料生产小麦淀粉。

以小麦粉为原料的淀粉生产工艺也有多种，但它们的生产原理基本相同都是利用小麦蛋白质可以形成不溶于水的面筋网的特性，加水于小麦粉中，让离散的蛋白质分子结合成面筋网，然后利用洗涤的办法将淀粉颗粒从面筋网中洗脱出来，其基本工艺流程如下：

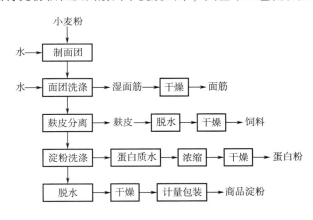

一、　小麦面筋蛋白

早在1745年意大利科学家Beceari就从小麦中分离出小麦蛋白质——小麦面筋，之后小麦淀粉和面筋的生产技术得到了迅速发展。我国生产小麦面筋的历史很长，如烤麸、水面筋等，很早就是我国人民的食品之一。

小麦面筋的价值在于其活性。所谓小麦面筋是指小麦粉经过水洗，分离出的不溶于水的络合蛋白质，新提取的小麦面筋呈胶状，脱水后为乳白色粉末，与水混合后仍能恢复其原有的活性。不是所有的小麦蛋白质都是小麦面筋，只有那些不溶于水，并与水混合后能生成一种紧密的可以膨胀的有弹性物质的小麦蛋白质，才称为"小麦面筋"。它是一种天然植物蛋白，其蛋白质含量在75%左右。主要化学成分为麦醇溶蛋白（gliadin）与麦谷蛋白（glutenin），两者的比例接近1∶1。小麦面筋的化学成分如表10-4所示。

表 10-4 小麦面筋的化学成分 单位:%

成分	比例	成分	比例
麦胶蛋白	43.02	淀粉	6.45
麦谷蛋白	39.10	糖类	2.13
其他蛋白	4.41	脂肪	2.80

麦胶蛋白分子呈球状，相对分子质量较小（25000~100000），具有较好的延伸性；麦谷蛋白分子为纤维状，相对分子质量较大（100000以上），具有较强的弹性。它们在液体中即使水分过剩仍然具有黏弹性，这是小麦面筋与其他一切食用蛋白的最大区别。这种特异性是由于小麦面筋极性低（10%），放出正电荷，而其他蛋白质的极性通常为30%~45%，放出负电荷。因此小麦面筋能排出过量的游离水，使面筋互相紧密地结合在一起，而不分散，具有成团、成膜和立体网络的功能。

高质量的面筋可吸收两倍面筋量的水，小麦面筋的这种吸水性可以增加产品得率，并可延长食品的货价期。小麦面筋的吸水性和黏弹性相结合就产生"活性"，所以小麦面筋的粉状产品被称为谷朊粉或活性面筋粉。小麦面筋在干燥前烧煮，则会产生不可逆变性，不再具有吸水性和黏弹性，活性面筋粉的质量指标见表10-5。

表 10-5 活性面筋粉的质量指标

项目	用于特质粉生产的活性面筋粉	用标准粉生产的活性面筋粉
颜色	淡黄	淡黄
气味	正常	正常
吸水率/%	150	130
粗蛋白（干基 N×5.7）/%	75	75
灰分/%	<1	<1.2
水分/%	7~10	7~10

二、 小麦淀粉

生产小麦淀粉，主要是因为能同时生产有价值的小麦面筋，而不是因为对小麦淀粉有任何特殊的需求。在湿法制备小麦面筋过程中，由于水合作用，小麦面筋形成一个黏聚性很强的黏聚体，因此能把淀粉分离出来。

洗涤面筋产生的小麦淀粉乳由两部分组成：主体部分在工业上称为 A 淀粉，A 淀粉含有大颗粒的晶体淀粉粒及一部分小颗粒球形淀粉粒；另一部分称为 B 淀粉，由小的淀粉粒、戊糖或细胞壁物质及损伤的淀粉粒组成。以小麦粉为原料生产面筋和淀粉的缺点之一是小麦粉含有在干法加工过程中所产生的损伤淀粉。淀粉又称为尾淀粉或刮浆淀粉（squeegee），含量可达淀粉总量的20%，价值要比 A 淀粉低得多。

小麦淀粉制取过程中不使用二氧化硫，原因有两个：一是由于仅用水即能软化小麦粉颗粒，从而使蛋白质和淀粉分离，故不需使用二氧化硫；二是二氧化硫能损坏活性小麦面筋的活性，从而降低其使用价值。

三、　谷朊粉和小麦淀粉的生产工艺

谷朊粉的生产可以分成两大部分：先分离出湿面筋，再对湿面筋进行干燥。面筋的分离方法有湿法、干法、溶剂法等多种方法，见表 10-6。工业上以小麦粉为原料分离小麦面筋技术如表 10-6 所示。目前普遍采用的是湿法分离，其基本原理是利用面筋蛋白与淀粉两者相对密度不同进行离心分离。谷朊粉的生产工艺过程如下：

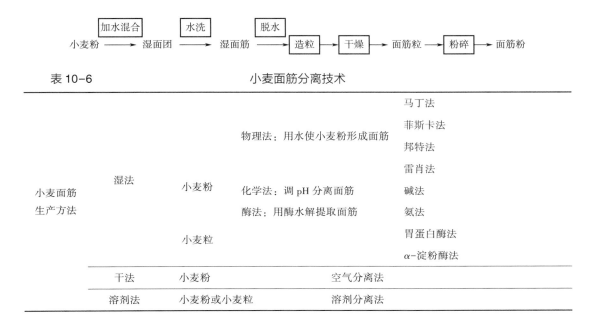

表 10-6　　　　　　　　　　　　　小麦面筋分离技术

小麦面筋生产方法	湿法	小麦粉	物理法：用水使小麦粉形成面筋	马丁法
				菲斯卡法
				邦特法
			化学法：调 pH 分离面筋	雷肖法
				碱法
			酶法：用酶水解提取面筋	氨法
		小麦粒		胃蛋白酶法
				α-淀粉酶法
	干法	小麦粉	空气分离法	
	溶剂法	小麦粉或小麦粒	溶剂分离法	

（一）马丁法

将小麦粉和水以 0.4：（0.6~1）的比例在搅拌器内混合揉成面团，放置 0.5~1h，再用水冲洗，去除淀粉和浆液即得面筋。这种古老的操作方法，作业简便，面筋得率高，质量好（若分离软麦粉可添加少量的无机盐，尤其是 NaCl）。但是，马丁法在水洗过程中有 8%~10%，甚至 20% 可溶性盐类，蛋白质，游离糖类等物质随水流失，而且用水量大，一般为小麦粉质量的 10~17 倍。马丁法是一种传统方法。

马丁法工艺过程如下：

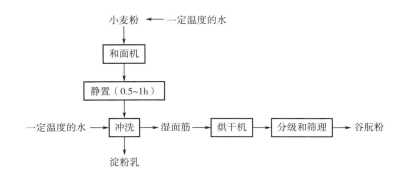

（二）拜特法——连续式工艺

拜特法产生于第二次世界大战期间，也可称为变性马丁法，它与马丁法的区别在于熟面团的处理，马丁法是水洗面团得到面筋，拜特法是将面团浸在水中切成面筋粒，用筛子筛理而得到面筋。

拜特法工艺过程如下：

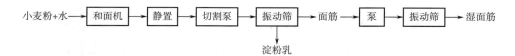

具体操作是将小麦粉与水（水温40~50℃）连续加入双螺旋搅拌器，外螺旋叶将物料搅入底部而内螺旋叶以相反方向作用。水与小麦粉的比例范围是（0.7~1.8）∶1［软麦粉（0.7~1.2）∶1，硬麦粉（1.2~1.6）∶1，蛋白含量很高的小麦粉可高达1.8∶1］。混合后的浆液静置片刻之后进入切割泵，同时加入冷水［水与混合液之比是（2~5）∶1］，在泵叶的激烈搅拌下面筋与淀粉分离，这时的面筋呈小粒凝乳状，经60~150目振动筛筛理，筛出面筋凝乳，再用水喷洒使面筋从筛上落下，这时获得的面筋其干基蛋白质含量为65%，经第二道振动筛水洗后的面筋其干基蛋白质含量为75%~80%（干基）。此法的用水量最多为小麦粉质量的10倍，比较经济，而且设备较马丁法先进。

（三）雷肖法

将小麦粉与水以1∶（1.2~2.0）比例放在卧式搅拌器内混合成均匀的液浆，用离心器将液浆分成轻相（面筋相）和重相（淀粉相）两部分，淀粉相经水冲洗后干燥得一级淀粉；面筋相用泵打入静置器，在30~50℃静置10~90min，使面筋水解成线状物，如果温度超过60℃，面筋就会部分或全部变性凝固，但低于25℃不能水解。最后再加水进入第二级混合器，并激烈搅拌混合生成大块面筋后分离取出。

这种方法的特点是不但可以得到纯淀粉，而且可以得到非常纯的天然面筋，面筋的蛋白含量在80%以上；工艺时间短，细菌污染极小；用少量水，工艺水可以循环利用。雷肖法工艺过程如下：

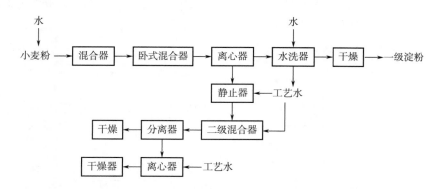

（四）旋水分离法

将小麦粉与水以1∶1.5的比例充分混合后用泵导入旋水分离器，分离器内温度为30~50℃，轻相面筋在分离器内形成线状，用筛（孔径0.3~0.2mm）滤出轻相（面筋），并将重相淀粉从浆水中分离出来，为使淀粉与纤维分离，最后一道工序要用新鲜水洗，洗出 A 级淀粉，余下的浆液再经过旋水分离器和筛网提出 B 级淀粉及可溶性物质。

（五）全麦粒分离法

近年来，对用小麦而不是用干法加工的小麦粉生产面筋和淀粉进行了多次尝试。以整麦粒为原料具有若干优点：一是可省去干法加工的工本费用并避免干法加工所产生的损伤；二是在购买小麦的时候，能详细说明所需小麦的类型及蛋白质含量，从而保证了产品的质量。化学法与法均以全麦为原料，通过加水和添加剂浸泡，分离出面筋、淀粉、麸皮和胚芽四种物质，这种全麦分离在工艺过程中需添加一定量的试剂从而提高成本。

不添加任何化学试剂的全麦分离法的工艺过程如下：

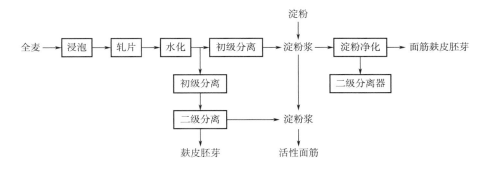

四、　小麦湿面筋的干燥

小麦粉湿法分离所得的面筋必须干燥才能成粉，但如果温度控制不当，生产出的小麦粉就失去活性。20 世纪 60 年代工业上普遍采用的干燥方法之一是气力式环形烘干机，其生产的面筋粉粒细，色浅黄，活性好，水分 10%（质量分数），蛋白质 80%（质量分数干基）。

干燥小麦面筋的其他方法：

（1）真空干燥　真空干燥是生产活性面筋的最早方法之一。湿面筋在真空干燥之前必须先切成小块装入盘内，加热后面筋块要膨胀，盘与盘之间要留有余地，面筋干燥后取出再磨成面筋粉。这种面筋粉为淡色，绝大部分保持自然活性。

（2）喷雾干燥　为了保证面筋能顺利喷出，需先稀释再由泵打入喷嘴，使之喷出细物质活性面筋粉。稀释试剂常为氨、二氧化碳和有机酸等。

（3）圆筒干燥　圆筒干燥分双圆筒和单圆筒，喷雾干燥的面筋液也可用于这种形式干燥并可添加氨、二氧化碳和乙酸，这是一种分散干燥法，干燥后的面筋变性最少。

（4）冷冻干燥　冷冻干燥的面筋粉生产面包时烘焙性能损失最小，面包体积最大。若冷冻前采用干冰和液氮就能生产出白色、高质量的面筋粉。

第三节　大米淀粉和大米蛋白的生产

米粉在米制品中占有重要地位，它的产量大，品种多。我国米粉以选料上乘、做工精细、洁白油润、韧滑爽口为特色，远销东南亚、澳大利亚、新西兰和欧美。

大米淀粉以复粒形式牢牢地包含在蛋白质间质中，单个淀粉粒很小（直径为 $4 \sim 8 \mu m$），呈多角形，是粒度最小的淀粉，可用于化妆品和变性淀粉的生产原料，虽然还没有大规模生产，但因其独特的功能特性和较高的附加值日渐为研究者所重视，如用变性米淀粉制备脂肪替代品等。

大米蛋白由于其独特的低过敏特性，可用于婴儿食品的制备，也有较好的开发应用前景。

与玉米、小麦和马铃薯淀粉相比，当前稻米淀粉的价格较高，因而其用途受到限制。Schoch 将其用途归纳为化妆用粉、纤维织物的上浆剂、制作果冻和布丁的原料。在欧盟，低直链稻米淀粉用于婴儿食品、专用纸、照相纸和洗衣。非食品用途主要是利用米淀粉颗粒较小这一优点。

制造淀粉有两种方法：一种是像用马铃薯和甘薯制造淀粉那样，经过磨碎和水洗以分离淀粉；另一种是玉米淀粉制造中采用的经亚硫酸、碱等浸泡处理后，通过磨碎、水洗而获得淀粉。用米制造淀粉也可以采用这两种方法。但是，米与薯类不同，其蛋白质含量较高，因而用这两种方法制得的产品蛋白质含量不同。水磨糯米粉按薯类淀粉的制造方式生产，主要以糯米作原料，将其精白、用水浸渍、磨碎而制成。纯大米淀粉用与制造玉米淀粉相类似的方法生产，将精白大米用氢氧化钠等碱液浸渍处理，经磨碎、水洗而制成，它是蛋白质含量比前者少的纯淀粉。

一、 水磨糯米粉的加工

糙糯米精白到 $89\% \sim 90\%$ 后，用水充分洗涤，浸渍一夜。为防止微生物的生长繁殖，也有用流水浸渍的。将水沥干，然后一边添加 $1 \sim 2$ 倍的水，一边送入水磨机磨成乳液。此乳液用 $80 \sim 100$ 目的筛子进行筛分，分离掉粗粒。粗粒返回水磨机再磨碎一次。通过筛孔的乳液送往压榨机，脱水到含水分 $40\% \sim 45\%$，称为生粉。此生粉经切成小方块整形之后，用 60℃ 左右的热风进行干燥即为成品。工艺过程如下：

精米 → 水洗 → 水浸渍 → 水磨 → 筛分 → 糯米淀粉乳液 → 压榨 → 整形 → 干燥 → 成品
　　　　　　　　　　　　　　　　　↓
　　　　　　　　　　　　　　　　白渣

水磨糯米粉大多作为糕点原料被用来制作团子、皮糖。黏性的强弱是评价水磨糯米粉质量的重要因素。原料米的种类以及淀粉的粒度对其黏性的强弱有较大影响。因此，在为制造水磨糯米粉而设定各个工序时必须充分考虑粒度分布。原料米要考虑吸水量和吸水分布。吸水少的米粒外围部分容易形成粗粉，内侧部分由于吸水多容易成为细粉。用米粒内外吸水性能不同的早稻制得的粉，比用水稻制得的粒度粗，只能制出做硬团子的水磨糯米粉，而用水稻则容易制出粒度均匀而物理性能弱的偏黏的制品。水浸渍的条件也要加以考虑，如用高温长时间进行浸渍，这样由于米粒组织软化，粒度分布变得均匀，就容易变成细粉，物理性能便减弱，一般在 30℃ 浸渍 $8h$ 或在 5℃ 浸渍 $12h$ 以上的，其物理性能较好。水磨时的加水量也能对粒度分布带来影响，加水量少，粒度细。一般以米量的 $1 \sim 2$ 倍为最好。

二、 米淀粉的加工

通过水磨制造的水磨糯米粉，其蛋白质含量是比较高的。这是由于米中的蛋白质分布在细胞壁和淀粉粒的外围，而且蛋白质中大部分是碱溶性的谷蛋白，它不溶于水，所以单用水磨、水洗不能将其除去。因而要制造高纯度的大米淀粉,需要通过碱、表面活性剂甚至利用超声波来除去蛋白质。用碱法时,碱会给一部分淀粉带来损伤,因而在实验室里常采用表面活性剂或超声波法,不过在实际制造时,要以经济效益为主,所以采用了费用便宜的碱法。

其工艺流程如下:

将精白米放在 0.2%~0.5% 氢氧化钠溶液(以下简称碱液)里浸渍,碱液的用量为米的两倍左右。在浸渍过程中,每隔 6h 搅拌一次,共浸渍 24h,搅拌以空气搅拌效果为好。经过浸渍,米粒中 50% 的蛋白质可被溶出,米粒软化,用于即可将其破碎。在经过浸渍的米粒中加入 1~2 倍量的碱液,用磨碎机进行水磨。乳液用 150 目筛将粗粒筛去。粗粒液可以再次送入磨碎机磨碎,但这一部分的蛋白质含量较高,可以作饲料。筛分完的淀粉乳液,放入沉淀槽通过沉淀法进行粒度分级,分级处理完的淀粉乳用水洗型的分离器水洗 4~6 次,以除去蛋白与碱。水洗过的淀粉乳经离心式脱水机或过滤式脱水机脱水取得湿粉,然后用流动式干燥机进行干燥,最后经粉碎机粉碎便成产品。

三、 米蛋白的回收利用

稻米淀粉的传统生产法使稻米蛋白被破坏,蛋白质回收率较低。碱对蛋白质的作用可能导致有害人体健康的物质产生,使优质的稻米蛋白变成只能用作饲料的蛋白粉。因此,近年来人们一直在寻求生产稻米淀粉的同时能有效利用稻米蛋白的方法。旋流分离法工艺流程如下:

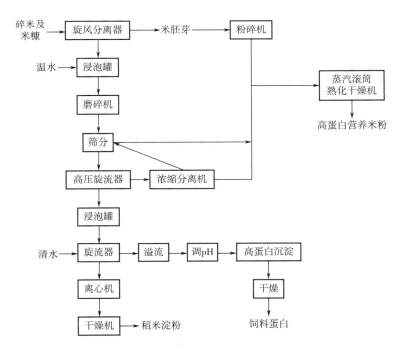

将清除杂质的碎米和米糠经多级旋风分离器分离出米胚芽，剩余物料送入浸泡罐，用 30～45℃温水浸泡 6～8h，用磨碎机磨碎，用 120 目筛分离出含蛋白质较高的粗粉。分离粗粉后的浆料经高压泵送入旋液分离器，含蛋白质较多的轻颗粒随液体从溢流口排出，经浓缩分离机浓缩后与粗粉合并，再与米胚芽粉碎物料及少量添加剂混合，进入蒸汽滚筒熟化干燥机干燥得到不大于 6 目的片状高蛋白营养米粉。从旋液分离器排出的浓稠底流加入 0.5% 碱液浸泡 3～6h，排出浸泡液，用离心机分离水稀释后泵入三级旋液分离器洗涤淀粉，清水从最后一级加入。从第一级排出的溢流与碱液浸出液合并，调节 pH 以沉淀回收其中的蛋白质。将洗涤干净的淀粉乳离心脱水、干燥得稻米淀粉。

四、 水磨糯米粉和米淀粉的用途

水磨糯米粉是传统中式糕点的生产原料，用来做汤圆、团子、年糕、皮糖点心等。

米淀粉是一种颗粒微小的天然有机物，主要是以生淀粉的形式直接加以使用：做印像纸用，能很好地吸着碱性色素，而且能够很好固定在纸表面的凹处，可以获得印字和印像鲜明、不易擦掉的照片和拷贝；在制造化妆品方面，它能很好地固定于皮肤的凹点，化妆后的剥落少；在食品和橡胶工业上作为手粉、撒粉等润滑剂用。

思政小课堂

"大食物观"的时代背景

（1）随着食物消费需求升级，我国食物消费向多元型转变。我国的口粮需求下降，非主粮食物消费快速增长，副食产品增长速度明显快于粮食和油料等口粮产品。其中我国粮食人均产量增长 1.5 倍、油料人均产量增长 4.5 倍、水果人均产量增长 26.8 倍、猪牛禽人均产量超过 60 千克、禽蛋人均产量增长 9 倍、水产品人均产量增长 10 倍、蔬菜的人均产量超 500 千克。

（2）我国食物供给体系仍存在种养粗放式、产业中低端、监管不规范、安全不可控、科技依赖性等风险隐患，因此食品安全问题依然严峻。具体表现：病原微生物、环境污染等自然因素引起的食品安全问题，新技术、新工艺的不当利用引起的食品安全问题，全球食品供应链加大了食品安全监管难度。

（3）2020 年我国粮食产量达到了 13390 亿斤，实现了粮食生产的"十七连丰"，但是，据测算我国一年的食物浪费总量为 1.2 亿吨，食物浪费问题已经对我国经济高质量发展构成重大威胁。

（4）随着"绿水青山就是金山银山""长江大保护"等新时代生态文明思想不断深入人心，实现农业的可持续发展、生态保护和农业现代化均衡发展已成为亟待解决的问题。

本章参考文献

［1］国娜，和秀广．谷物与谷物化学概论［M］．北京：化学工业出版社，2017．

［2］卞科，郑学玲．谷物化学［M］．北京：科学出版社，2017．

［3］马涛，肖志刚．谷物加工工艺学［M］．北京：科学出版社，2009．

［4］吴非，韩翠萍．谷物科学与生物技术［M］．北京：化学工业出版社，2012．

［5］KENT N L，EVERS A D. Kent's technology of cereals：An introduction for students of food science and agriculture［M］．5th ed. New York，USA：Pergamon，2017．

谷物副产物的加工与利用

第一节 稻谷副产物的加工与利用

稻谷加工副产物是指在制米前后被去除的稻米外缘结构，主要包括稻壳、米糠、米胚和碎米。稻壳是稻米最外层的外颖和内颖等结构，一般在垄谷的过程中得到，占稻米原粮的 18%~28%。米胚与米糠是糙米的最外缘结构，两者共占稻米原粮的 7%~9%；由于米胚与胚乳结合不牢固，往往在碾米的过程中混入米糠。碎米是由大米成品分级获得的副产品。在不同的稻米加工工艺中，碎米的出品率变化较大。随着稻米加工工艺的不断改进，目前碎米率已降至糙米质量的 8%~11%。各稻米加工产物占稻谷质量的比例见表 11-1。

在稻米加工副产品中，米糠、碎米和米胚均含有丰富的营养组分，可用于加工食品，而稻壳富含木质化纤维和二氧化硅等，主要用于非食品行业，如发电、制板、加工吸附材料等。目前，稻米加工副产品的利用率仍然很低，亟待开发利用。

表 11-1　　　　　　　　　常见稻米产品及副产物的得率和组成

稻米加工产品	稻壳	糙米	米糠	细米糠	大米	整粒米	大碎米	酿酒米
碾制得率/%	18~28	72~82	4~5	3~4	64~74	56	9	3

一、 米糠、 米胚的结构、 组成、 性质和加工

（一）米糠的结构、组成、性质和功能

米糠是糙米在碾白过程中被碾下的外缘皮层、部分米胚与碎米的混合物。一般占稻米质量的 5%~7%。从组织结构的角度，米糠包含果皮、种皮、珠心层、糊粉层、胚芽和少量胚乳（图 11-1）。一般地，果皮和种皮被称为外糠层或黄米糠，糊粉层、胚芽和外胚乳被称为内糠层或白米糠。

从化学组成的角度，米糠含有约 18% 的油脂、15% 的蛋白、10% 的淀粉、10% 的灰分以及大量膳食纤维（表 11-2）。此外，米糠还是内源性酶、维生素、矿物质等营养组分的富集体（表 11-3，表 11-4）。由于包含大量胚芽和糊粉层，米糠中维生素组成较为全面，尤其是维生素 E 和 B 族维生素。

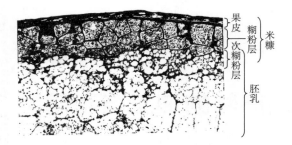

图 11-1　稻米外缘结构的组成

表 11-2　　　　　　　　　　　　　　　米糠和米胚的宏量营养素组成

宏量营养素含量	米糠	米胚	精白米
总碳水化合物/%	35~50	15~30	72~80
蛋白质/%	12~17	17~26	6~9
脂肪/%	13~22	17~40	0.7~2
膳食纤维/%	23~30	7~10	1.8~2.8
灰分/%	8~12	6~10	0.6~1.2
水分/%	10~15	10~13	12~16

表 11-3　　　　　　　　　　　　　　　米糠和米胚的微量营养素组成

维生素含量/%		米糠	米胚	精白米
脂溶性维生素	β~胡萝卜素/IU	317	98	痕量
	维生素 D/IU	20	6.3	痕量
	维生素 E/IU	36.5	21.3	痕量
	维生素 K/（μg/g）	2.1	3.6	痕量
水溶性维生素	维生素 C/（μg/g）	21.9	25~30	0.2
	维生素 B_1/（μg/g）	10~28	45~76	微量
	维生素 B_2/（μg/g）	1.7~3.4	2.7~5.0	0.1~0.4
	维生素 B_5/（μg/g）	28~71	3~13	3.4~7.7
	维生素 B_6/（μg/g）	10~32	15~16	0.4~6.2
	维生素 B_{12}/（μg/g）	0.005	0.011	0.001
	维生素 PP（烟酸）/（kg/g）	240~590	15~99	8~26
	维生素 H/（μg/g）	0.16~0.47	0.26~0.58	0.005~0.07
	肌醇/（μg/g）	4600~9270	3725~4700	100~125
	叶酸/（kg/g）	0.5~1.5	0.9~4.3	0.06~0.16

表 11-4　　　　　　　　　　　　　　　米糠和米胚的矿物质含量

稻米副产物含量/（μg/g）	钙	铁	镁	锰	钾	锌
米糠	250~1310	130~530	860~12300	110~880	13200~22700	50~160

续表

稻米副产物含量/（μg/g）	钙	铁	镁	锰	钾	锌
米胚	510~2750	110~490	6000~15300	120~140	3800~21500	100~300
精白米	46~385	2~27	170~700	10~33	140~1200	3~21

1. 米糠脂肪及其有益伴随物

米糠中脂肪含量达 13%~22%，与大豆中油脂的含量相当。米胚中的脂肪含量则更高，一般在 30% 以上。米糠和米胚中油脂的脂肪酸以亚油酸、亚麻酸等不饱和脂肪酸为主，不饱和脂肪酸与饱和脂肪酸的比例为 80∶20。同时，还含有大量的有益油脂伴随物，是一种理想型食用油脂（表 11-5）。

表 11-5　　　　　　　　　　　　　　米糠和米胚的脂类组成

油脂组成	米糠	米胚
饱和脂肪酸/%	13~23	19~23
不饱和脂肪酸/%	70~87	70~81
单不饱和/%	40~50	37~44
多不饱和/%	30~45	33-46
（类）胡萝卜素/（mg/kg）	200~300	1.3
谷维素/%	1.8~3.0	1.0~1.1
甾醇/%	3.0~3.5	2.5~4.5
维生素 E/%	0.1~0.15	0.2~0.25

所谓的油脂伴随物是指一类由石油醚、乙醚、苯、氯仿等有机溶剂从油料中萃取出的非三酰甘油成分，包括类脂物和非类脂物。虽然油脂伴随物是油脂中的少量和次要组分，但往往具有一定的有益生理功能。米糠油中的有益油脂伴随物主要包括谷维素、甾醇、胡萝卜素、叶绿素、维生素 E 等。

米糠油中谷维素的含量达 1.8%~3.0%，在所有植物油中的含量最高。其谷维素以环木菠萝醇类阿魏酸酯为主，其次为甾醇类阿魏酸酯。米糠中谷维素的含量受气候、稻米品种和提取工艺的影响。一般而言，高寒产地的稻谷米糠中谷维素含量高于热带稻谷；晚稻米糠中谷维素含量高于早稻米糠；高温压榨或浸提的米糠油中谷维素含量高于低温工艺。

谷维素已被证实具有较好的抗氧化、抗炎、抗高血脂、抑制胆固醇合成等生理功能。其中，降胆固醇和降脂是谷维素生理功能中的研究热点之一。谷维素的降血脂作用主要基于三方面原理：抑制胆固醇的合成、抑制胆固醇的吸收、促进胆固醇的转化和排出。谷维素还可以增强胰岛素的分泌，提高机体对胰岛素的敏感性，促进脂肪组织的氧化和分解等，起到预防肥胖和糖尿病的作用。然而，目前由于谷维素成分复杂，发挥生理功能的确切有效成分及机制尚未十分明确，制约着米糠谷维素在功能食品及药品中的应用，这也是未来米糠谷维素研究的内容之一。

米糠中的维生素 E 含量并不高，为 90~168mg/100g，但其所含的 γ-三烯生育酚远高出一般谷物制品（表11-6）。临床试验证明，维生素 E 具有多种生理功能，包括防止低密度脂蛋白的氧化，提高高密度脂蛋白的浓度，阻止脂质在血管壁上的沉积等，从而改善动脉粥样硬化，预防心脑血管疾病；同时，维生素 E 还具有清除自由基、延缓衰老、抗癌等潜在功能，是米糠中的重要的功能性植物化学素之一。

表 11-6　　　　　　　　　　　米糠和米胚的脂类组成　　　　　　　　　　单位：mg/kg

谷物及其副产物	维生素 E 含量				三烯生育酚含量				合计
	α-型	β-型	γ-型	δ-型	α-型	β-型	γ-型	δ-型	
米糠	3	15	4	2	1	14	22	29	90
糙米	6	1	1	—	4		1		22
白米	1	—	1		1		2		4
麦胚	239	90	—		30	100			459
燕麦	5	1			11	2			19
大麦	2	4		1	11	3	2		23
玉米	6		45		3		5		59
小麦麸皮	16	10			13	55			94
大麦麸皮	11	16	36	4	36	25	19	11	158

2. 米糠多糖

米糠中碳水化合物主要包括淀粉、纤维素和半纤维素（戊聚糖）。此处多糖是指非淀粉类多糖，包括水溶性和水不溶性多糖。其中，水溶性多糖的主要来源于半纤维素，主要由木糖、阿拉伯糖、葡萄糖等组成。米糠多糖，尤其是水溶性多糖，具有抗肿瘤、抗病毒、增强免疫调节和调脂降糖等多种生理功能。同时，米糠多糖的溶解性好、颜色浅，是良好的食品添加剂或辅料。米糠中的不溶性膳食纤维具有促进调节肠道菌群、促进肠道健康，也可以开发为膳食纤维补充剂等保健品。

3. 米糠蛋白质

米糠中含有丰富的蛋白质，且蛋白质的氨基酸组成与推荐模式较为接近，尤其是赖氨酸；同时，米糠蛋白不含胰蛋白酶抑制剂和凝集素等致敏性因子，是一种高营养性、低过敏性的优质植物蛋白。

米糠蛋白主要源于糊粉层中内源性酶类和部分米胚蛋白，其水溶性蛋白达70%，以清蛋白（37%）和球蛋白（36%）为主，谷蛋白（22%）和醇溶蛋白（5%）的含量较少。米糠中清蛋白、球蛋白、醇溶蛋白和谷蛋白的分子量大小分别为 10k～100k、10k～150k、33k～150k 和 25k～100k。其中，清蛋白和球蛋白是单链组成的低分子量蛋白质，主要在稻谷萌芽时发挥一定生理功能。米糠蛋白具有良好的应用特性，其溶解性明显高于大米蛋白，乳化性和稳定性可与大豆分离蛋白媲美。总之，米糠蛋白是一种营养好、应用特性强的理想蛋白强化剂。

4. 米糠其他植物化学素

植酸及植酸盐广泛存在于禾本科谷物的外缘结构中，尤其是糊粉层细胞内。在米糠和麸皮等谷物外缘结构中，80%的磷和80%～90%的钙镁以植酸盐形式存在。因此，植酸盐又称为植酸钙镁。不同谷物制品中植酸盐的含量也明显不同（表 11-7）。一般而言，植酸盐和植酸酶往往相伴而生。在种子萌发或者一定温湿度及 pH 条件下（55℃，pH＝5.5），植酸酶可被激活，将植酸盐水解成磷酸盐和肌醇，供种子萌发利用。因此，米糠、麸皮等富含植酸盐的谷物产品是提取植酸盐和植酸酶的优质原料。

　　由于植酸或植酸盐可以水解得到肌醇，因此，米糠来源的植酸盐普遍用作生产肌醇的重要原料。肌醇，即环己六醇，是一种糖醇，一般可视为维生素，被广泛用于医药和发酵工业，具有治疗脂代谢失调、降低血液胆固醇、增强肝功能和防止脱发等生理功能；在发酵和食品工业中，肌醇也可作为微生物的生长因子。

表 11-7　　　　　　　　　　　　　常见谷物及其制品中植酸盐的含量　　　　　　　　　　　单位：%

谷物产品	植酸盐	灰分
米糠	9.5~11.0	6.6~10.0
糙米	1.0~1.2	0.70~0.81
米胚	0.9~1.0	3.7~4.4
麦麸	2.0~5.0	4.00~6.50
麦胚	约3.3	4.3~4.5
小麦	0.6~1.0	1.0~1.1
玉米	1.3~1.5	0.2~0.25

　　米糠中的 γ-氨基丁酸（GABA，$NH_2-CH_2-CH_2-CH_2-COOH$）主要源于其所含的米胚。研究表明，米胚中 γ-氨基丁酸的含量达 250~500mg/kg，分别约为糙米和精米中含量的 5 倍和 25 倍。因此，米糠也可以作为提取 γ-氨基丁酸的重要原料。γ-氨基丁酸是中枢神经系统的主要抑制性神经递质，介导 40% 以上的抑制性神经传导。同时，γ-氨基丁酸具有活化脑血流、强化氧供量、增强脑细胞代谢、活化肾功能、改善肝功能、防止肥胖、促进乙醇代谢等生理功能；γ-氨基丁酸还含有抑制脯氨酸内肽酶产生的脑功能有关肽分解亢进的有效成分，可以防止阿尔茨海默病；γ-氨基丁酸作用于延髓的血管运动中枢，可以抑制抗利尿激素后叶加压素分泌，扩张血管从而降低血压。

（二）米糠的加工和利用

　　米糠的利用途径主要包括两类：一是米糠经脱脂，将米糠油和米糠饼分别加以利用；二是米糠的全脂利用，即米糠不经脱脂直接利用，一般用作饲料和发酵基料。米糠加工利用的总体路线如下。

　　1. 米糠的稳定化处理

　　米糠中所含的脂类、脂肪酶（脂肪酶和脂肪氧合酶）等是其劣变的主要原因。在完整的稻米籽粒中，脂肪酶存在于糊粉层细胞中，而脂类集中在糊粉层与胚芽中，两者互不接触，不易劣变。然而，经碾米得到米糠后，种皮、糊粉层、胚芽等的细胞被碾碎，内容物泄漏，使得脂肪酶和脂肪极易接触，并催化脂肪产生游离脂肪酸和甘油，导致酸价升高。同时，不饱和脂肪酸被脂肪氧合酶催化发生链式反应生成氢过氧化物，进而生成酮、醛、酸、醇等，导致米糠产生异味。因此，米糠在加工储藏过程中极易酸败劣变。储藏时间越长，酸价越高，颜色越深，米糠味越浓烈，出油率也随之降低（表11-8）。

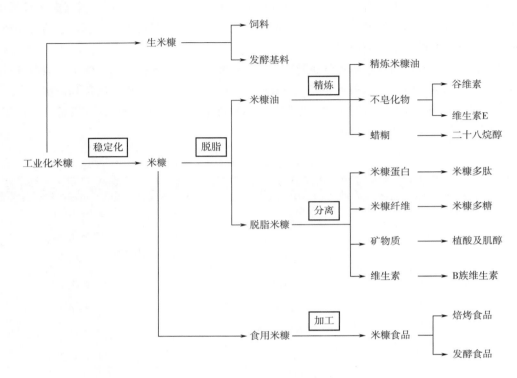

表11-8   常见谷物及其制品中植酸的含量

储藏时间	酸价/（mg/100g）	气味	出油率/%	毛油精炼率/%
当日新鲜米糠	<10	正常	12.5~13.5	84~91
3~5d	15~18	浓烈糠味	10~11	73~76
7~10d	20~25	浓烈糠味	8~11	63~70
15~18d	28~30	浓烈糠味	—	56~59

米糠品质劣变的主要原因在于脂肪酶类对脂肪的催化。钝化或灭活米糠内源性脂肪酶（脂肪水解酶和脂肪氧合酶）是其稳定化的有效方法。常见的稳定化方法包括非热法和热处理法两类。其中，非热法包括低温储藏法、辐照法、化学法等，其整体的效果不佳。由于米糠脂肪酶类的最适催化温度较低（35~45℃），且不耐热，因此，热处理法被普遍用于米糠的稳定化。常用的热处理方法包括干热法、湿热法和间接热处理法。

（1）干热处理法　工业上一般采用烘箱、流化床、气流干燥器等设备对米糠进行干热处理，主要目的是通过加热使得脂肪酶类全部或部分失活，同时减少物料水分，降低水分活度，抑制酶解过程。该方法具有设备投资少、简单易行的优点。但是，该法能源消耗大，无法完全抑制酶活，因此，当处理后的米糠被储藏一段时间后，仍会酸败劣变。

（2）湿热处理法　湿热法一般需要物料在一定含水量条件下，通过高温实现米糠的灭活或钝化。例如，常压和加压蒸汽法、挤压膨化法等。由于水分含量增加，湿热处理的灭酶效果远高于干热法，而且还能有效杀灭微生物及虫卵，提高米糠的保质性。但是，湿热法往往需要将米糠含水量增加至 20% 或更高，不利于后期米糠油脂萃取，需要二次干燥处理，成本较高。

目前，效果好且易工业化的湿热稳定法主要是过热蒸汽法和挤压膨化法。过热蒸汽法可实现米糠中脂肪酶的瞬时灭活，且对含水量影响较小。但是，其设备成本高，处理量有限。挤压法主要采用挤压膨化机在高温（130~150℃）、高压、高剪切力的条件下，实现脂肪酶的灭活，延长米糠的贮藏性。一般要求物料具有一定的含水量。由于处理时间较短，经挤压膨化后的米糠颜色淡黄、营养素损失较少，出油率也有所提升。

（3）新型物理处理法　所谓的新型物理处理法是指光、电、磁等方式实现物理场产生热效应，通过间接热效应实现米糠中脂肪酶的钝化或灭活，也可称为间接热处理法。主要包括红外法、欧姆加热法、微波法。

红外处理法是指红外以电磁波的形式传递能量，米糠可直接吸收红外能量而无须借助任何传导介质，随后食品内部分子剧烈振动产生热量。与传统对流干燥相比，红外热处理具有加热快、能耗低、热效率高、对产品损伤小等优点，但对米糠的灭酶效果一般，酶活的残留率较高。另外，红外波多被表层物料吸收，对中下层物料的升温效率不足，灭酶效果一般。

欧姆加热法主要是利用低频交流电穿透具有介电性的物料时，将电能转化为热能并实现酶钝化或灭活。欧姆加热具有加热速度快、物料受热均匀、成本低的优点，是一种颇具潜力的热稳定化方法。但是，欧姆加热处理米糠后，脂肪酶的残留酶活高达 30%~40%，远低于湿热处理法。同时，该方法仍停留在理论研究阶段，缺乏配套的装备。

微波对物料的穿透能力强，加热惯性小、选择性强且能耗低。相对于红外处理法，微波处理对米糠的稳定化效果较好，酶活残留率相对较低，米糠的保质期可长达 90d 以上。然而，现有的微波稳定化过程中，微波加热腔中易出现温度场分布不均和"冷点"，影响稳定化效果。因而，近年来，国内外正致力于建立连续进料的微波加热技术和装备来解决物料受热不均的问题。

2. 米糠油脂及其副产物加工

米糠制油的工艺一般为传统压榨法和浸出法。压榨法具有工艺简单、投资少、操作维修方便的优点；缺点是出油率低。浸出法的优点是出油率高、糠饼品质好、生产规模大；但缺点是技术比较复杂，生产安全性差。在米糠制油的过程中，还可以获得大量的制油副产品，包括谷维素、甾醇、糠蜡、维生素 E 和脂肪酸，可以作为米糠制油的增值产品。具体制油副产物和产生阶段见表 11-9。

表 11-9　　　　　　　　　　　　　米糠油精炼油脚的组成

精炼阶段	油脚名称	比例/%	主要组成
过滤	滤渣回收油	0.6~3.0	脂肪酸及氧化油，可回收脂肪酸 75%~80%
脱胶	胶脂	3~5	磷脂 10%~20%，单、双甘油酯 20%~30%，不皂化物 6%~9%，脂肪酸 70%~80%
碱炼	皂脚酸化油	20~30	脂肪酸 70%~80%，不皂化物 6%~12%，谷维素 2%~10%
脱蜡	蜡油	5~10	蜡 15%~25%，中性油 60%~70%，谷维素 1.5%~2.5%

续表

精炼阶段	油脚名称	比例/%	主要组成
脱色	白土回收油	0.6~1.2	甾醇和谷维素含量高于毛油，其余同上
脱臭	脱臭馏出物	0.2~0.5	维生素 E 5%~15%，甾醇 10%~15%，脂肪酸 20%~30%，单、双甘油酯 15%~25%

（1）谷维素　谷维素即阿魏酸酯，具有较高的脂溶性，同时具有酚酸的性质。因此，可以被皂化为相应的酚酸钠，以提高其在水中的溶剂性。在米糠毛油提取的过程中，经过两次碱炼后，在皂脚中可富集得到米糠油中80%以上的谷维素。然后，利用谷维素与糠蜡、脂肪醇、甾醇在碱性甲醇中的溶解度明显不同的特性，实现谷维素钠盐与其他组分的分离。最后，通过有机酸酸化谷维素钠盐得到谷维素成品。

（2）甾醇　甾醇可在脱色和脱臭的过程中得到富集。具体提取路线：以皂脚为原料，通过甲醇碱液使其皂化，使得甾醇富集在皂渣中；然后，经丙酮萃取、脱溶浓缩、脱色重结晶等过程得到甾醇产品。

（3）维生素 E　在脱臭馏出物中，一般含有5%~15%的维生素 E。一般提取工艺：脱臭馏出物经过酯化，经蒸馏去除脂肪酸酯，然后对残渣进行分子蒸馏，得到维生素 E 的粗提物，再经过精制得到维生素 E 成品。

（4）糠蜡　与其他油脂不同，米糠油在精炼脱蜡过程中获得大量的蜡糊。可以从蜡糊中尽量得到糠蜡。主要方法包括压榨皂化法和溶剂萃取法两种。

3. 米糠纤维及多糖的加工

米糠膳食纤维，也可称为米糠营养纤维，主要以米糠为原料，经过挤压膨化后，利用淀粉酶去除内表面的淀粉后，经过滤、气流干燥得到成品。米糠纤维的质量指标见表 11-10。米糠膳食纤维富含米糠多糖和不溶性膳食纤维，具有调脂降糖、减肥通便的功能，且颜色适中，气味良好，可作为焙烤食品、休闲食品及糕点的功能性添加剂。

表 11-10　　　　　　　　　　　米糠纤维的产品质量指标

营养组成	指标/%	营养组成	指标/%
膳食纤维	≥40	含水量	2~7
蛋白质	≤15	细菌总数	≤10000
脂肪	≤20	大肠杆菌	≤3
灰分	≤15	沙门菌	不得检出

米糠多糖的常用提取方法包括热水提法、酸碱法、酶法、物理场辅助提取法（超声波、微波和高压脉冲等）等，经处理后，基于米糠多糖在溶液中溶解性、分子质量、极性、电荷特性等差异实现分离和富集。在米糠多糖萃取前，一般采用挤压、粉碎等手段降低米糠颗粒大小和多糖分子状态，以提高提取的效率。此类预处理方法可以提高米糠多糖的水溶性，降低多糖分子质量和分子黏度。由于米糠多糖保持生物活性的最低相对分子质量不低于10000。因此，预处理可能影响米糠多糖的功能性。

4. 米糠蛋白的加工和应用

（1）米糠蛋白的提取　米糠蛋白的营养价值十分丰富，但在天然状态下，易被植酸、纤维素等吸附结合，不易消化吸收。因此，为了提高米糠蛋白的消化吸收率，需要将米糠蛋白提取出来。由于米糠中含量较多的二硫键，并易与植酸、半纤维素等聚集，因此，米糠蛋白较难被普通溶剂（弱酸、盐、醇等）提取，高浓度碱、一定浓度的盐溶液或添加二硫键解聚剂等可以提高米糠蛋白的提取率。

米糠蛋白的主要提取方法包括碱法、酶法和物理场法，或者上述三种方法的结合。pH 是影响米糠蛋白溶解率的主要因素之一。米糠蛋白的等电点在 pH＝4～5，在酸性范围内，米糠蛋白的溶解度变化不大；在碱性条件下，其溶解度随着 pH 的增加显著增大，当 pH 大于 12 时，90% 以上的米糠蛋白可以溶出。另外，粉碎、均质、挤压膨化、脱溶方式等预处理也会影响米糠蛋白提取效率。

在各种酶制剂中，蛋白酶可以显著提高米糠蛋白的提取率，研究表明，碱性条件下，较低的水解度即可提高米糠蛋白的提取率达 90% 以上。同时，蛋白酶结合二硫键解聚剂（Na_2SO_3 或者 SDS）可在较低水解度条件下，显著提升米糠蛋白的提取效率。蛋白酶还可以提高米糠蛋白的加工特性和风味。例如，提高米糠蛋白的溶解性、乳化活性和稳定性；利用风味酶可以改善米糠蛋白经酶解后的苦味。植酸酶和木聚糖酶也可以大幅度提高米糠蛋白的提取率。

除了酶法和碱法外，还可以利用超声波、微波、动态微射流等辅助酶法或碱法对米糠蛋白进行提取。一般在提取的同时，可以实现米糠蛋白性质的改良，例如，利用超声波暴露蛋白的疏水基团，提高溶解性；利用动态高压微射流提高米糠蛋白的起泡性和乳化性。

（2）米糠蛋白的应用　米糠蛋白提取物或水解物可以广泛用于各类食品中，如焙烤食品、饮料、糖果、酱料和其他调味产品。主要基于米糠蛋白的营养性以及乳化性、发泡性、凝胶性等品质改良特性。其应用主要分为两类：一是作为食品配料，例如，作为蛋糕糊的发泡剂、液态食品的稳定剂和增稠剂；作为肉制品中乳化剂和增稠剂。二是作为功能食品或调味品加工原料。米糠蛋白经酶水解后可以得到具有生理活性的功能多肽，可作为功能性食品或者保健品。例如，将米糠蛋白中的清蛋白进行水解可得到具有增强免疫力作用的活性肽；通过酶解米糠蛋白获得谷氨酸、天冬氨酸等风味增强剂。

二、　碎米的组成和加工利用

（一）碎米的化学组成

碎米是碾米过程中破碎的胚乳颗粒，根据碎米粒径的大小，可分为大碎米（占完整米粒的 1/2～3/4）和酿酒米（占完整米粒的 1/4）。占糙米质量的 10%～15%，其比例与稻谷品种、新鲜度、加工工艺等密切相关。碎米的化学组成与精白米相近，含有约 77% 的淀粉和约 8% 的蛋白，但由于其粒径不一、外观差、蒸煮特性不佳，价格只有精米的 1/3～1/2，一般被视为稻米加工的副产品。

（二）碎米的加工和利用

淀粉是碎米中的主要组分，占碎米的 75% 以上。不同稻米品种（糯、粳、籼）的直链淀粉比例差异大（2%～40%）。大米淀粉具有独特的结构和性质，包括低致敏、易消化、良好的冻融稳定性等。在食品行业，大米淀粉主要作为脂肪模拟物、酥脆剂、黏合剂等。由于直链淀粉组成不同，普通大米和糯米的淀粉所应用的食品种类不同。大米淀粉的低致敏性也使其被广泛用于婴幼儿和老年人食品。

1. 大米淀粉的加工

在大米胚乳内部，淀粉粒以复粒形式存在，单个淀粉粒的大小为 $2\sim10\mu m$。在胚乳中，大米蛋白（结晶体和球蛋白）与淀粉复粒紧密结合，以 $1\sim3\mu m$ 的微粒形式存在，其显微结构见图 11-2。要提取淀粉或蛋白，需要利用物理、化学等方法将淀粉和蛋白微粒剥离，然后再去除或富集其中的一种组分，得到大米淀粉和大米蛋白。

（1）传统方法 采用传统的碱法工艺可溶解掉 80% 的大米蛋白，然后过滤得到纯度较高的大米淀粉。具体流程：在 0.3%~0.5% NaOH 溶液中浸泡 24h（一定温度下浸泡，实现大米的软化，利于碎米中蛋白质的溶出），然后，在碱液中对大米进行湿法碾磨，释放出淀粉，形成淀粉乳；随后将淀粉乳静止悬浮 10~24h，进一步溶解大米蛋白。最后，过滤除去细胞壁，再经过水洗、中和、干燥得到大米淀粉。这个工艺所得淀粉所含蛋白含量小于 1%。然而，由于该工艺中使用了碱、盐等，对副产物大米蛋白的味道有一定的影响，所加工蛋白一般不适于作为食品原料。

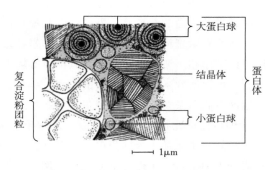

图 11-2 稻米籽粒（碎米） 中蛋白的分布与结合状态

（2）机械方法 湿磨结合过滤、旋流分离是另一种大米淀粉的加工工艺。主要原理是利用湿法粉碎将大米淀粉团粒与蛋白质从胚乳中释放出来，此时淀粉团粒集中在 $10\sim20\mu m$ 的组分中，然后通过过滤、旋流等物理手段对大米淀粉进行富集，得到蛋白质含量为 0.25%~7% 的淀粉组分。湿法旋流是目前分离大米蛋白和淀粉的主要物理方法，其主要结构及原理见图 11-3。此方法得到的大米淀粉产品与传统碱法相似，但是糊化特性和功能性仍存在明显差异。机械法加工大米淀粉的优势在于可以加工不同蛋白质和脂肪含量的大米淀粉，所得大米蛋白具有良好的口味，可以广泛用于食品行业。另外，产生的废水不会对环境产生负面影响。

2. 大米蛋白的加工

与其他谷物蛋白相比，大米蛋白的分离较为困难。大米蛋白往往与大米淀粉的提取相关联。在许多工艺中，大米蛋白被作为提取大米淀粉产生的副产物。目前，常用的大米蛋白的提取方法包括碱法、酸法和酶法三类。

（1）碱法 碎米蛋白中 80% 的是大分子的谷蛋白，其分子间通过二硫键和疏水基团进行交联而凝聚，仅溶解于 pH 小于 3 或者大于 10 的溶液中。因此，工业上普遍采用碱法提取碎米蛋白，即在碱性溶液中将蛋白质溶解，然后调节 pH，利用等电点沉淀法回收蛋白质。研究表明，在较大的料液比时，用 0.1mol/L 的 NaOH 溶液，可提取得到大米粉中 95% 以上的大米蛋白。虽然碱法提取大米蛋白具有成本低、提取率高、脂质易分离等优点，但碱处理会使得蛋白

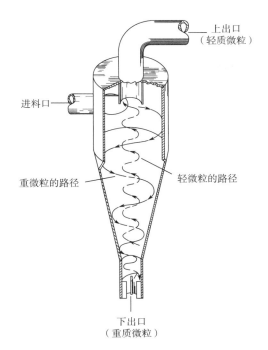

图 11-3　旋流器的结构示意图

质的特性发生变化，产生一些有害物质。

（2）酶法　一般可分为蛋白酶法和淀粉酶法。相对于碱法提取，酶法提取过程相对温和，所需液固比小，有利于固形物的浓缩，节水降耗，可以避免碱法的缺点；同时，可提高大米蛋白的乳化性和起泡性等。蛋白酶提取法是利用蛋白酶水解大米蛋白，使其变成可溶性多肽而被提取出来，同时，提取蛋白后的碎米还可以用来提取高品质的大米淀粉，一般利用酶法可提取70%以上的大米蛋白。也可以利用淀粉酶将大米淀粉水解成糊精等可溶性成分，从而得到大米蛋白。

3. 重组米

基于碎米的营养组成与稻米相似，以碎米粉为原料，添加维生素、矿物质、硒等外源营养组分，利用挤压重组技术可加工成营养重组米，实现碎米的营养增值。目前，一般采用挤压的方法实现重组，因此，重组米又称为挤压人造米。双螺杆挤压技术是常用的重组米生产手段。经过挤压所得的重组米在外观上与传统大米并没有太大差别，但在挤压过程中大米的主要成分会发生一定程度的变化，影响其蒸煮特性、质构品质、消化率等。目前，已有部分功能性重组米被成功研发，如高纤维重组米、富硒重组米等。

4. 其他传统食品

大米的主要食用方式是作为米饭和米粥，还有一些传统米制品，如米粉、米线、米糕等，一般需要以粉碎后的米粉为原料。因此，利用碎米加工具有明显的成本优势。在亚洲国家，如中国、日本、泰国等，碎米被广泛用于制作米粉、米糕，以及作为肉制品添加剂；米粉还可以代替部分小麦粉，用于制作面条、通心粉、米面包、蛋糕等面制品，也可将碎米粉碎后用来加工大米豆腐、米乳汁等食品。

三、 稻壳的组成、 加工与利用

稻壳是稻谷的主要副产物之一，占稻谷质量的18%～20%，世界年产量超亿吨。随着稻米加工的工厂化，稻壳资源利于集中收集，使其成为重要的易开发生物质资源。目前，国内外对稻壳的加工利用研究较为广泛，但主要集中在非食品领域，形成规模化利用的途径不多。因此，稻壳仍然是一种有待开发的稻米副产物之一。

（一）稻壳的组成、结构和物理特性

稻壳呈薄壳状，长约5mm，宽2.5～5mm，厚不足0.5mm，由外颖、内颖、护颖和小穗轴等组成。稻壳富含纤维素、木质素和灰分，坚韧粗糙，表面摩擦力大，其蛋白、脂肪等含量极低（表11-11）。

表11-11　　　　　　　　　　　　　稻壳的化学组成

组成	粗纤维	木质素	灰分	蛋白	脂肪
含量/%	40.8	34.0	21.1	4.5	1.7

稻壳中灰分含量很高，主要成分是二氧化硅。在水稻生长的过程中，硅以单硅酸Si(OH)$_4$的形式被水稻吸收，最终以二氧化硅的形式沉积在稻壳表面（突起结构），并与多糖部分结合，其宏观和表面微观结构见图11-4。此外，稻壳还含有钾、钙、铁、铝等多种微量元素。

（1）稻壳形貌　　　　　　　　　　　　　　　　（2）稻壳微观结构

图11-4　稻壳的形貌和结构

（二）稻壳的加工和应用

在工业上，稻壳主要被用作发电燃料、型材原料，这主要基于其较高的燃烧值和纤维比例。稻壳经燃烧后得到稻壳灰（rice husk ash，RHA），一般约占稻壳质量的20%，其中60%～97%的成分是二氧化硅，且主要以无定型的形式存在。因此，目前主对稻壳灰中的硅和碳进行加工研究，如加工成白炭黑、水玻璃、活性炭以及碳化硅等，具体工艺流程见图11-5。目前主要分为两种加工工艺。一种是以稻壳灰为原料，制备含硅的产品，如水玻璃、白炭黑、耐火材料等；另一种是对稻壳灰进行特殊处理，制备高纯硅产品，如介孔二氧化硅、高纯硅等。

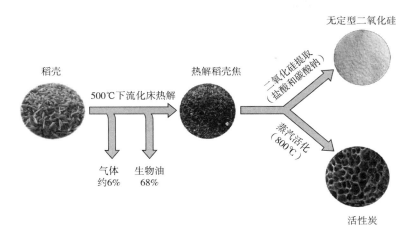

图 11-5　稻壳焦联产制备白炭黑和多孔碳材料流程图

1. 稻壳灰制备白炭黑

白炭黑是白色的无定型硅酸及硅酸盐的总称，其主要成分是颗粒微小、均匀、表面活性低的高纯二氧化硅，其分子式为 $SiO_2 \cdot nH_2O$。白炭黑主要用作橡胶、塑料、医药、牙膏、化妆品行业的加工助剂。目前，普通白炭黑供大于求，而高性能的白炭黑则供不应求。利用稻壳制备白炭黑的方法一般分为传统沉淀法和新兴沉淀法。

白炭黑的粒子与炭黑的粒子有些相似，呈球形，粒子之间互相接触，互相接触的粒子连锁呈枝状。不同品种的白炭黑的连接程度不同。键枝结构彼此以氢键互相作用，形成一团团的聚集体网形立体结构，常称之为二次结构。这种二次结构受到外力拉开或被破坏后又可重新形成聚集。白炭黑的结构大小程度常用它的吸油值来表示，结构越大，吸油值越大，其微粒越小，比表面积大。显微观察表明，白炭黑具有似葡萄串一样的聚集体，具有较高比表面积。X 射线衍射图证明，白炭黑的整体结构为无定型态，但不同方法制得的白炭黑，其无定型结构有一定的差别。

白炭黑微粒的直径很小，在 $0.01 \sim 1 \mu m$，其细小微粒表面有不同的羟基存在，故显示出亲水性。红外光谱研究证实，白炭黑粒子表面羟基有三种类型：隔离羟基、相邻羟基、硅氧基（图 11-6）。

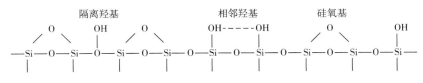

图 11-6　白炭黑中羟基的结构示意图

传统沉淀法的主要流程：将稻壳灰与 NaOH 混合反应，使二氧化硅浸出生成硅酸钠，除去多余的炭黑部分，然后将硅酸钠与硫酸反应生成硫酸钠和硅酸，最后将硅酸干燥脱水后制成白炭黑。此方法具有明显缺点。由于稻壳很难燃烧完全，含有大量杂质。因此，该方法制备的白炭黑性能较差；同时，该方法需要烧碱和硫酸，会产生大量的废水，会对环境造成二次污染。

新方法实质上也是沉淀法，不同之处在于参与反应的硅酸钠与碳酸氢钠在反应生成单硅酸之前就已均分布在混合液中，然后，控制碱液中水合二氧化硅浓度及析出温度，使处于饱和状态的单硅酸以沉淀相变析出，得到原始粒径和比表面积适中且分散性良好的产品。当溶液中水合二氧化硅浓度较小或溶液温度较高，即过饱和度较小时，晶核形成数量较少，导致粒子生长速度增大，最终得到粒径大、比表面积小和表面活性差的白炭黑产品。当溶液中水合二氧化硅浓度较大或溶液温度较低，即过饱和度较大时，晶核形成数量急剧增加，产生爆炸性成核，过饱和度迅速降低，导致粒子生长速度减慢，最终得到原始粒径小、比表面积大和胶凝性强的白炭黑产品。通过该方法得到的白炭黑结构更加均匀、性能更稳定。

2. 稻壳灰制备水玻璃

水玻璃是由碱金属氧化物和二氧化硅结合而成的可溶性碱金属硅酸盐材料，又称泡花碱。水玻璃可根据碱金属的种类分为钠水玻璃和钾水玻璃，其分子式分别为 $Na_2O \cdot nSiO_2$ 和 $K_2O \cdot nSiO_2$。式中的系数 n 称为模数，即水玻璃中二氧化硅和碱金属氧化物的物质的量比。模数是水玻璃的重要性质参数，对水玻璃的黏度、密度、沸点及煮沸时的特征、凝固点，以及冷冻时的特征和化学性质都有影响。

稻壳制备水玻璃具有明显的优势。首先，稻壳中所含 SiO_2 具有良好的碱溶性，利于水玻璃形成。在自然界中，大多数矿物型 SiO_2 以晶体形式存在，不能与碱发生水解反应。唯有稻壳、稻草等禾本科植物含有的无定形 SiO_2 能在一定温度和碱浓度下被水解。其次，以稻壳灰为原料，调整碱的用量，可以制成高模数水玻璃，这是现有水玻璃生产工艺难以实现的。另外，由于稻壳灰中不含砷、铅等有害重金属，其所制备的水玻璃产品的水溶性、透明度、稳定性等，都优于火法制得的水玻璃。因此，利用稻壳灰加工水玻璃不仅能扩大水玻璃的使用范围，满足生产特殊产品的需要，还可以提高水玻璃制备白炭黑、硅胶、硅溶胶等产品的质量，降低成本，尤其可用于食品、医药等工业。

3. 稻壳灰加工吸附剂和活性炭

稻壳灰颗粒结构为整齐排列的蜂窝状，其结构骨架主要由二氧化硅和少量钠盐、钾盐组成。在骨架中的蜂窝内充填着无定形碳，具有很强的吸附能力，其吸附效果比单一结构的硅酸盐要强（图 11-7）。利用不同工艺制成的稻壳灰吸附剂的用途不同，碱性制品用于脱酸，而酸性制品用于脱色，主要原因在于酸、碱性灰的物理性质不同，酸性灰经强酸处理后发生结构变化，碱性灰使游离脂肪酸分解产生容易吸附的极性化合物。研究表明，酸化稻壳灰可以于油脂脱色或废水中重金属离子、染料及有害气体等的脱除。鉴于稻壳灰吸附能力强，原料便宜，容易加工，利用稻壳灰加工吸附剂是一条稻壳利用的新途径。

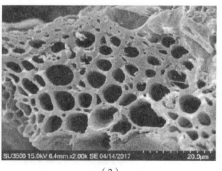

（1） （2）

图 11-7 稻壳灰制备的活性炭的微观结构图

另外，稻壳灰的含碳量较高，也是制备活性炭的优质原料。在稻壳灰制备白炭黑的过程中，SiO_2 与 NaOH 发生反应，SiO_2 的浸出和水蒸气作用使剩余炭（含碳量达90%以上）表面产生许多微孔，从而使炭质具有较好的活化作用。该工艺只需将生产水玻璃后的稻壳灰用20%的盐酸在蒸汽作用下处理大约40min，过滤洗涤至 pH 为 5.5～7.0，然后干燥粉碎即可得到活性炭产品。因此，由稻壳灰制备活性炭的工艺比传统的气体活化、化学活化法的工艺流程简便易行，生产成本低廉。

4. 稻壳灰制备碳化硅

碳化硅（SiC）是一种人工合成的新型材料，一般由高纯的硅石与灰分较低的石油焦加工而成。其产品形式有三种：碳化硅纤维、碳化硅晶须和碳化硅陶瓷。碳化硅陶瓷具有硬度高，耐高温、耐磨、热膨胀系数小，以及抗热震、耐化学腐蚀性等诸多优点。在石油、化工、机械、航天、核能等领域得到广泛应用。

稻壳合成碳化硅始于20世纪70年代中期。由于碳化硅具有良好的应用前景，国内外纷纷展开利用稻壳、稻壳灰等制备碳化硅。目前，美国 Advanced Composite Materials、American Matrix 及日本 Tokai carbide 等公司都已经实现了碳化硅的工业化生产；在国内，中国科学院沈阳金属研究所、上海硅酸盐研究所都以炭黑+硅源为原料合成碳化硅，中国矿业大学采用稻壳为原料合成碳化硅，并进行了中试研究。

另外，稻壳还可以用于制备木糖、木聚糖和糠醛等食品或化工原料，也是提高稻米副产价值的重要手段。总之，稻壳作为稻米加工的重要副产物，具有独特的组成、结构和特性，具有较大开发的潜在价值。

第二节　小麦副产物的加工与利用

小麦加工副产物主要包括小麦麸皮（麦麸）、麦胚、次粉等，其中麦麸所占比例最大，其次是次粉，麦胚的比例最小。小麦加工副产物一般是小麦籽粒的外缘部分，富含大量的营养和功能组分，但目前未被重视，是一类极具开发价值的谷物食品原料。

一、麦麸的结构、功能与利用

麦麸是小麦籽粒的主要外缘结构，也是小麦加工产业的主要副产物之一，在我国的年产量多达2000万t。麦麸的营养组成丰富，是小麦籽粒中膳食纤维、维生素、矿物质、酚类、酶类、脂类等营养功能组分的主要富集体之一，可被加工为食品级的膳食纤维、功能性多糖、蛋白质及营养强化剂等，具有较高的食品化价值和经济价值。

（一）麦麸的结构和物理特性

麦麸是小麦制粉过程中获得的籽粒外缘结构层的总称，一般由外果皮、中间层（内果皮、种皮、透明层）、糊粉层和部分胚乳组成（图11-8）。基于细胞显微结构、化学组成的差异，可将麦麸结构层分为糊粉层和非糊粉层两类。其中，糊粉层为厚实细胞，是麦麸中绝大部分B族维生素、矿物质、酶类、矿物质、脂类、植酸等营养成分的富集体；非糊粉层则为中空纤维细胞，富含纤维素、阿拉伯木聚糖、木质素、阿魏酰聚体等组分。

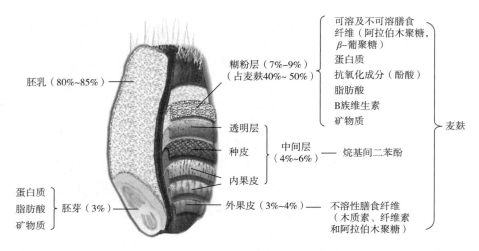

图 11-8　小麦籽粒外源结构及营养组分的分布

1. 麦麸的显微结构

（1）麦麸糊粉层　糊粉层（aleurone layer）是麦麸中唯一的活细胞层，由单层的厚实细胞组成。在结构层次上，麦麸糊粉层的外侧、内侧分别与透明层和胚乳紧密结合。从植物学观点，糊粉层是胚乳的最外层，包裹着整个小麦籽粒。在细胞形态结构上，糊粉层细胞是由细胞壁（2~3μm）包裹细胞内容物构成的近立方体细胞，细胞间紧密相连构成厚度为约50μm的单层细胞层（图11-9）。糊粉层细胞壁的表面较为平滑，主要由β-葡聚糖和木聚糖构成，含有较为丰富的可溶性膳食纤维，且具有一定的通透性；而细胞内容物则由微球颗粒组成，主要包括脂肪磷脂球和蛋白-多糖微粒，含有供籽粒萌发所需的酶类、B族维生素、矿物质、脂肪酸和植酸等。

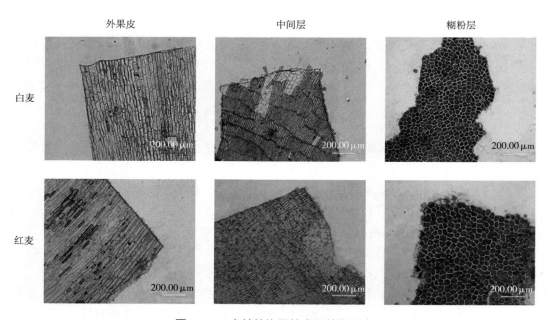

图 11-9　麦麸结构层的表面结构形态

（2）非糊粉层 非糊粉层指除糊粉层外的麦麸结构层，主要包括果皮、种皮和珠心层。从细胞形态的角度，非糊粉层由纵横交错的纤维状或片状细胞（二倍体细胞）构成，无明显细胞内容物（图11-9）。基于分离的难易程度，国外学者一般将内果皮、种皮、珠心层（透明层）合称为中间层（intermediate layer，IL），而将外果皮（outer pericarp）单独列为一层。

从截面上，外果皮只是部分与内果皮粘连，这是其易被剥离的原因之一。内果皮由横状细胞和管状细胞组成，内、外果皮的细胞大小相似，与籽粒长轴平行排列，细胞间有空隙。种皮和透明层是两层膜状细胞层。其中，种皮是麦麸中色素的主要富集部位，决定着小麦籽粒的颜色深浅以及种子的休眠时间。白麦的种皮不含色素，呈淡黄色；而红麦的种皮较厚，富含色素，呈棕黄色。种皮具有半渗透性，是防止病菌、害虫侵袭和自然损伤的天然屏障。种皮和珠心层的结合部位也是全麦粉标志物之一的烷基间苯二酚（alkylresorcinols，ARs）的富集部位。内侧的珠心层（透明层）厚度约为7μm，与糊粉层间的结合面大，黏附紧密，在粉碎过程中往往难以分离。

2. 麦麸的物理特性

麦麸的物理及化学特性是其精深加工的基础，尤其是对粉碎、分离、酶解、化学降解等过程。

（1）麦麸的吸湿特性 水分是影响麦麸加工特性的重要因素。例如，干燥特性、破碎特性、结块性、复配特性。因此，麦麸的吸水和吸湿特性对于麦麸的加工利用至关重要。麦麸及其结构层的吸湿和解湿曲线见图11-10。随着相对湿度的增加，麦麸及其结构层的水分含量逐渐增高；当环境的相对湿度小于52%时，麦麸结构层的吸湿能力呈现一定的差异性。相同条件下，糊粉层吸水量略高于非糊粉层结构，中间层吸水量最少。在麦麸中，中间层含大量的疏水成分和结构，包括脂类成分和致密的膜状结构，是阻止水分直接进入胚乳的屏障。随着相对湿度的增加（大于52%），麦麸及其结构层的吸湿曲线趋于一致。另外，麦麸的吸湿能力受小麦品种的影响。一般而言，白麦大于红麦，软麦大于硬麦。

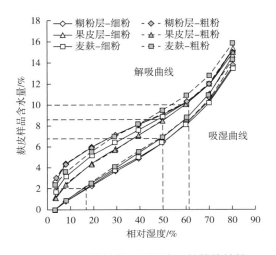

图11-10 麦麸在不同温度下的拉伸特性

（2）机械破碎特性 在应力-应变试验中，麦麸，中间层和糊粉层表现出弹塑性行为，而外果皮则表现出弹性行为（图11-11）。在纵向上，外果皮决定了麸皮的最大应力，在径向上，麸皮应力-应变性能主要有糊粉层和中间层决定。无论测试方向如何，麸皮断裂所需的应力为中间层和糊粉层强度之和。在纵向上，中间层对麸皮拉伸性有一定作用，但在径向上，所有结构层均对麸皮拉伸性能起到一定作用。总之，麦麸结构层的力学特性具有一定各向异性，这为结构层间的分离提供了一定的基础。

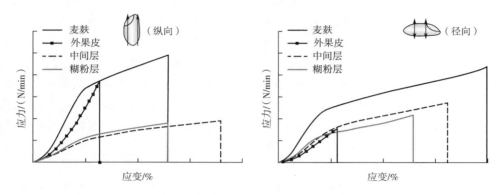

图 11-11　麦麸及其结构层在不同方向上的应力-应变特性

（3）电学特性　介电特性，一般用相对介电常数或相对电容率衡量，是表征电介质或绝缘材料介电性能的一个重要参数。材料的介电常数越大，则相同电压条件下该材料可储存的静电能越大。研究表明，外果皮富集物在最低频率下的相对介电常数接近于空气；而在较低频率下，麦麸糊粉层的介电常数为外果皮的 3~5 倍。这可能与外果皮、糊粉层的结构差异有关。外果皮是中空细胞，即细胞内部充满空气，因而其介电性与空气相近；而糊粉层细胞内容物富含油脂、蛋白质及矿物质等，其介电性则远高于空气。研究还表明，由于糊粉层和外果皮易吸水，而中间层中的珠心层疏水性较强，因此，糊粉层和外果皮的介电性随水分含量增加而产生差异。

外果皮和糊粉层也具有不同的电阻特性。外果皮和糊粉层的电阻率均随着压力的增大而逐渐降低。当压力大于 150kg 时，比电阻率趋于稳定。此时，糊粉层的比电阻率约为外果皮的 5 倍。另外，作为典型的谷物生物质，麦麸结构层的化学组成和结构明显不同，使得结构层之间的摩擦带电特性也具有明显差异，为结构层的电场分离奠定了基础。

（二）麦麸的化学组成和营养功能

麦麸含有丰富的非淀粉多糖、脂类、蛋白、维生素、矿物质和微量活性组分，具有较高的营养价值（表 11-12）。

表 11-12　　　　　　　　　　　　　　麦麸的化学组成成分

宏量营养成分	含量/（g/100g）	微量营养成分	含量
总碳水化合物	45~65	植酸（mg/g）	3~5
淀粉	10~20	B 族维生素/（mg/g）	2~3
蛋白质	12~18	维生素 E/（mg/g）	0.1~0.2
脂类	3~5	酚酸/（mg/g）	4~6
膳食纤维	35~50	烷基间苯二酚/（mg/g）	3~5

续表

宏量营养成分	含量/（g/100g）	微量营养成分	含量
可溶性膳食纤维	2.0~3.0	植物甾醇/（mg/g）	0.1~0.2
灰分	4~6	木酚素/（μg/g）	0.1~0.2

1. 宏量和微量营养素

麦麸中碳水化合物主要包括细胞壁多糖和淀粉。细胞壁多糖（cell wall polysaccharides）包含戊聚糖（阿拉伯木聚糖）、纤维素等不溶性多糖，以及 β-D-葡聚糖等可溶性多糖；由于麦麸含有多层结构层，因此，其多糖具有一定的富集性。其中不溶性膳食纤维富集在果皮和中间层中，以纤维素、戊聚糖为主；可溶性膳食纤维则主要集中在糊粉层壁中，以 β-葡聚糖为主。麦麸中的淀粉主要来源于麦麸内侧（糊粉层）粘连的胚乳，受制粉工艺的影响，淀粉含量一般为10%~20%。

麦麸富含蛋白质，但蛋白组成明显不同与小麦胚乳中的蛋白（表11-13）。麦麸蛋白以清蛋白和球蛋白为主，作为面筋形成基础的谷蛋白和醇溶蛋白（麦胶蛋白）的含量较低。同时，麦麸中谷蛋白和醇溶蛋白的化学组成和分子质量也明显小于胚乳蛋白。这也是小麦麸皮蛋白含量较高，但不能形成面筋网络的重要原因之一。

表11-13　　　　　　　　　　麦麸中蛋白的含量及组成　　　　　　　　单位:%

蛋白来源	粗蛋白总量	谷蛋白	醇溶蛋白	清蛋白	球蛋白
麦麸	11~13	13~29	8~18	18~32	12~35
胚乳	8~18	20~30	58~68	5~10	5~10

麦麸中的其他营养组分也具有明显结构富集性。脂类主要分布在糊粉层和种皮中，包括多不饱和脂肪酸、烷基间苯二酚（alkylresorcinols，ARs）等。其中，烷基间苯二酚可作为麦麸或全麦食品标记物。麦麸中酶、B族维生素、矿物质等微量营养素的主要富集在糊粉层细胞内容物中。与其他谷物类似，麦麸富含B族维生素，几乎不含维生素C和维生素A。麦麸中80%以上的矿物质集中在糊粉层，以磷和钾为主，其中植酸盐是磷的主要存在形式，同时，麦麸中还有大量的铁、钙、镁、锌等。

2. 植物化学素

除了宏量及微量营养素外，麦麸中还含有大量植物化学物质，包括酚类化合物、木质素和植物甾醇。这类化合物具有很好的抗氧化、抗菌、消炎等功能，是全麦食品防癌、抗衰老等保健功能的重要物质基础。其中，酚类化合物主要包括阿魏酸（单体+聚体）、香豆酸、香草酸及烷基间二苯酚等。

阿魏酸是麦麸中含量最多的酚酸，主要以单体的形式与阿拉伯糖结合，是细胞壁交联的关键组分，在糊粉层细胞壁和透明层的含量较高。烷基间二苯酚（ARs）是麦麸中一类酚脂，主要富集在中间层中。基于烷基间二苯酚在麦麸中的富集性和稳定性，一般将其作为鉴定食品中麦麸添加量的标示物。此外，麦麸的糊粉层中还含有一定量木酚素和植物甾醇，具有降低某种癌症发病率的潜在作用。

表 11-14   麦麸结构层中主要营养成分及分布

主要成分		果皮（外+内）	种皮	糊粉层
膳食纤维	不溶性	***	***	**
	可溶性	—	—	*
细胞壁	木聚糖	***	***	***
	β-葡聚糖	—	—	***
	纤维素	***	**	—
	木质素	**	***	—
	蛋白质	—	—	**
	脂类	—	*	*
	淀粉	—	—	—
B 族维生素	硫胺素（B_1）	—	—	*
	核黄素（B_2）	—	—	*
	烟酸（B_3）	—	—	***
	泛酸（B_5）	—	—	**
	吡哆醇（B_6）	—	—	***
	生物素（B_7）	—	—	***
	叶酸（B_9）	—	—	***
维生素 E	α-维生素 E	—	—	*
	α-三烯生育酚	—	—	*
	植酸	—	—	***
	总植物甾醇	—	*	**
	阿魏酸单体	*	*	***
	阿魏酸聚体	***	*	—
	木酚素	—	—	***
矿物质	铁	*	*	**
	锌	*	*	**
	镁	*	*	***
	锰	*	*	**

注：* 代表其中存在；** 代表富含；*** 代表含量极高；"—"代表不含或含量甚微

    营养流行病学研究表明，增加全谷物的摄入可以有效降低血糖、血脂，预防肥胖、Ⅱ型糖尿病、心脑血管病和部分癌症的发生，具体的作用机制见图 11-12。作为消费量最大的全谷物食品，全麦食品的保健功能主要归因于麦麸和麦胚中的生物活性成分的协同作用。营养学研究表明，麦麸中的生理活性组分并非均匀分布，而是富集在糊粉层中（表 11-14）。麦麸糊粉层中的功能性组分主要包括膳食纤维、维生素、矿物质、酚类化合物、木酚素和植物甾醇等，其主要功能包括促进肠道蠕动、平衡营养、抗氧化和抗衰老、消炎抑菌、预防结肠癌等。麦麸中主要营养成分的保健功能见表 11-15。

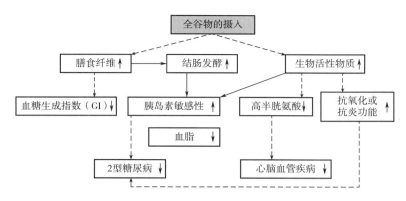

图 11-12　全谷物食品的保健功能机理示意图

表 11-15　　　　　　　　　　　　　麦麸中主要营养成分及其功能特性

主要营养组分		营养评价及保健功能
蛋白质	富含缬氨酸、苏氨酸、赖氨酸	赖氨酸含量高，必需氨基酸平衡，是面筋蛋白的极好补充
脂类	富含亚麻酸和亚油酸	多不饱和脂肪酸比例高，抑制血栓形成，降低血压及消炎作用
膳食纤维	阿拉伯木聚糖 纤维素及木质素 β-葡聚糖	膳食纤维含量高，可溶性膳食纤维比例高，可延缓血糖升高，增加粪便体积和短链脂肪酸含量，吸附肠道毒素，降低结肠癌发病率
B 族维生素	硫胺素（B_1） 核黄素（B_2） 烟酸（B_3） 泛酸（B_5） 吡哆醇（B_6） 叶酸（B_9）	体内代谢的重要成分，参与辅酶的合成和代谢
维生素 E	α-维生素 E α-三烯生育酚	抗氧化剂，抑制致癌物的生成
矿物质	植酸及其盐类	谷物中磷的主要存在形式，抗氧化剂，可有效降低胆固醇；抑制肾结石形成和血管钙化，降低部分癌症发病率
	钾 镁 钙 铁 锌	参与体内代谢和结构构建，作为酶的辅因子或辅基，参与酶催化过程，维持体内代谢平衡

续表

主要营养组分		营养评价及保健功能
阿魏酸	反式：顺式≈4：1	谷物中重要的抗氧化剂，在结肠中释放，是谷物在肠道末端重要的抗氧化剂
植物甾醇	主要为谷甾醇	降低血清胆固醇，降低结肠癌风险
木酚素	开环异落叶松树脂酚和罗汉松树脂酚	抗氧化剂，转化吸收后具有雌性激素活性，可消除自由基并黏合 DNA，具有潜在的抗癌作用

麦麸糊粉层不仅营养丰富，而且色泽较浅，加工适应性好，生理活性成分的消化率和生物利用率也远高于其他结构层。利用麦麸糊粉层加工的面粉制品在动物体内及人体内均有很好的生理功能。由此可见，麦麸糊粉层中富集了大量对人体健康有益的营养组分，在抑制慢性病发病率方面发挥着重要的作用。因此，小麦糊粉层及其产品已经逐渐成为谷物加工领域的研究热点。

2011 年，美国谷物化学家协会（American Association of Cereal Chemists，AACC）专门成立的国际糊粉层特别小组，并定义了糊粉层。基于糊粉层的营养高富集性和小麦麸皮产量大的特性，小麦糊粉层的分离技术也成为小麦麸皮加工的前沿热点，国内外粮食加工巨头均有涉足。其中，瑞士布勒集团、美国嘉吉公司及我国中粮集团等都纷纷展开了相关的小麦糊粉层产品及营养特性的研究。

（三）麦麸的深加工及利用

麦麸是小麦中营养功能组分的富集体之一，但由于其结构组成复杂，富含纤维、不耐贮组分（脂肪、酶）以及抗营养组分（如植酸盐）等，加工食品的品质、稳定性和口感不佳。因此，一般将麦麸中的功能性组分进行分离、富集或提取后作为食品配料。

谷物组分的分离、富集方法一般分为湿法和干法两类。湿法分离是指在某个单元或全程有溶剂参与的加工过程，与干法加工相对。在湿法加工过程中，水、酸、碱、酶等一般被用来溶解、水解或弱化原料组分间的结合，实现目标组分的解离或溶出。最后通过萃取、离心、过滤、反渗透等物理单元，分离提纯得到高纯度糖类、蛋白、小分子等单一目标组分。湿法分离的优势在于可以获得高纯度的单一营养组分；其缺点是不利于保留营养组分的原始结构特性，工艺较复杂、能耗高、会产生废水。

干法分离是指全过程中没有水或溶剂参与的分离、富集技术。相对于湿法分离，干法分离具有以下明显优势：一是利于保持营养组分的原始结构与特性，并发挥组分间的协同增效作用，尤其是水溶性营养组分；二是所得产品无须二次干燥，能耗低，易保藏和储运；三是全过程无废水，绿色环保。其劣势在于，所得组分的纯度相对较低，难以获得高纯度单一营养组分。目前，干法分离技术已经广泛用于麦麸中蛋白、膳食纤维、多糖、酚类等营养组分的分离和富集，是麦麸深加工的重要技术手段。

1. 麦麸的湿法深加工技术

麦麸中营养功能组分的湿法分离和提取技术路线见图 11-13。该分离过程主要包括湿法研磨、酶法辅助提取、灭酶、离心分级、提纯、干燥等，最终获得麦麸蛋白、多糖、膳食纤维、维生素、矿物质、酚类物质等。

（1）麦麸蛋白的提取　麸皮中含有丰富的蛋白质，其质量分数在 12%~18%，所含清蛋白、球蛋白、醇溶蛋白和谷蛋白的比例较均匀，是一种资源丰富的植物蛋白资源（表 11-13）。从组织结构的角度，麦麸中的蛋白质主要来源于麦麸糊粉层。因此，一般需将麦麸糊粉层细胞进行破碎或水解其细胞壁，以破除蛋白的溶出屏障。

湿法分离麦麸蛋白的常用流程：

分离出的麦麸蛋白可直接用于食品加工，提高食品的蛋白含量和质构特性等，也可以将麦麸蛋白改性后生产蛋白质水解液等。

相似的，麦麸中含有丰富的植酸酶、淀粉酶、脂肪酶等，本质属于活性蛋白质。也有工艺用于分离麦麸中酶类，例如，分离植酸酶、β-淀粉酶。由于酶蛋白的性质相近，一般采用联产工艺，例如，采用粉碎、过滤、盐析、透析、冻干的方式同时提取植酸酶和 β-淀粉酶。

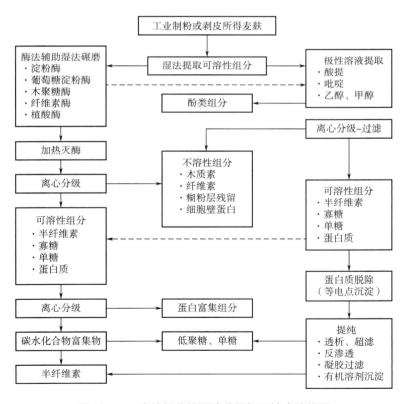

图 11-13　麦麸组分的湿法分级加工技术路线图

（2）麦麸膳食纤维和多糖的提取　麦麸含有丰富的膳食纤维（40% 左右），主要是细胞壁多糖，可分为可溶性和不溶性。麦麸中的细胞壁多糖主要由纤维素、戊聚糖、β-D-葡聚糖等组成。作为小麦中膳食纤维的重要来源，麦麸多糖是全麦食品发挥调脂降糖和维持肠道健康等生理功能的重要物质基础。

一般而言，麦麸中细胞壁多糖可被加工成两类具有生理功能的产品，即膳食纤维和可溶性多糖或低聚糖。其中膳食纤维的制备流程相对简单、粗放；而可溶性多糖或低聚糖的加工工艺则相对复杂烦琐。

麦麸膳食纤维的制备方法一般分为酶法、酸碱法，主要目的是去除麦麸中的蛋白质和淀粉，获得不溶性的细胞壁。其中，酶法具有绿色、高效的特性，被广泛应用。具体制备工艺如下：

麦麸 → 粉碎 → 酶解除淀粉和蛋白质 → 灭酶 → 干燥 → 膳食纤维 → 漂白处理 → 粉碎 →

精制麦麸膳食纤维

麦麸多糖或低聚糖多指溶解性较好的阿拉伯木聚糖（戊聚糖）、低聚木糖、阿魏酸低聚糖等。其制备方法有两类：一类是先分离出细胞壁物质，然后再制备麸皮多糖；另一类是从麸皮中制备粗纤维素，然后再制备麸皮多糖。前者制备方案如下：

麸皮 → 微粉碎 → 酶解除淀粉 → 水解除蛋白 → 离心过滤细胞壁物质 → 木聚糖酶（纤维素酶）降解 →

过滤脱色 → 提纯 → 干燥 → 麸皮多糖

麦麸纤维和多糖具有广泛的食品用途。麦麸膳食纤维具有吸水、吸油、保水及保香等特性，可在焙烤食品、糕点、果酱、肉制品、冲调制品等食品中起到膳食纤维强化、水分保质、增稠，以及辅助成型等作用。麸皮多糖的黏性较高，并具有较强的吸水、持水性能，可作为保湿剂、增稠剂、乳化稳定剂等食品添加剂。另外，麸皮多糖还可用来加工可食用膜。

（3）酚类物质的提取　酚酸或酚类化合物是谷物中较多的抗氧化组分，尤其在麦麸中含量较高。因此，麦麸是提取酚类物质的优质原料之一。麦麸中的主要抗氧化剂为阿魏酸、香草酸、香豆酸。麦麸富含游离碱溶性阿魏酸，含量在 $0.5\% \sim 0.7\%$，是提取阿魏酸的优质原料。

麸皮中酚酸的提取工艺：

麸皮 → 脱脂 → 碱水解 → 中和 → 过滤 → 有机溶剂萃取 → 浓缩脱溶 → 冷冻干燥 →

酚酸（阿魏酸）提取物

麦麸酚酸的提取物具有非常好的抗氧化特性，是一种较好的天然抗氧化剂来源。另外，由于提取物中酚酸之间的协同增效作用，酚酸复合物具有潜在的抗癌活性。

另外，麦麸中存在大量结合态阿魏酸或阿魏酰聚合物，是细胞壁多糖，尤其是阿拉伯木聚糖的交联组分。因此，也可提取或富集结合态阿魏酸得到功能性的低聚糖多糖，其中阿魏酰低聚糖是典型组分之一。

2. 麦麸组分的干法分离和利用

干法分离是麦麸加工利用的另一个重要手段。目前，干法加工麦麸组分的工艺大致分为两类：一类以获得组织化的麦麸结构层为目的；另一类是以富集大分子为目的。具体分级利用路线见图 11-14。

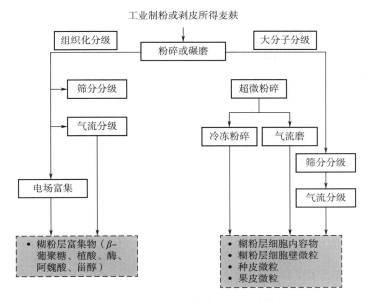

图 11-14 麦麸的干法分级利用路线图

（1）麦麸结构层的干法分离富集 该分离策略以获得较高纯度的麦麸糊粉层细胞为目标，主要包括麦麸的干法破碎、干法富集两个核心环节。以麦麸为原料，利用破碎机将麦麸结构层解离开来，获得麦麸结构层的混合粉体。然后，利用麦麸各结构层在沉降系数、粒径及电学等物理特性方面的差异，利用气流分级、筛分及电场分离等技术富集得到外果皮和糊粉层等。

粉碎或研磨是麦麸营养组分干法分离的重要环节，这也是麦麸高效湿法利用的必要环节之一。干法粉碎在组织化分级过程中的主要目的是实现麦麸结构的破碎和离散，获得结构较为完整的结构层微粒，同时降低微粒的粒径，为进一步分级提供优质的原料。

干法分级是麦麸组织化分级的另一个重要环节，主要方式包括筛分、气流分级和电场分离。主要目标是实现糊粉层与非糊粉层的分离。气流分级和筛分是粉体分级领域的常用手段，主要基于粉体的粒径、密度、形状等物理特性差异实现分级。因此，针对粒径和密度较为相近的麦麸结构层，其分离富集的效果十分有限。近些年来，电场分离技术被用于麦麸等谷物物料的分离。其基本原理是由于粉体的化学组成、几何形状差异，在一定条件下的荷电性质不同，最终在高压静电场所受电场力不同而实现分离或富集。对于麦麸而言，电场分离主要是基于糊粉层与其他结构层在电学特性上的差异，该技术最早始于 1988 年公开的专利，经静电分离可获得纯度达 95% 的高纯糊粉层。目前，该技术已在瑞士布勒和嘉吉集团等初步应用，其糊粉层产品的显微结构见图 11-15。麦麸糊粉层含有丰富的 β-葡聚糖、矿物质、蛋白质和脂类，是麦麸中的营养富集体。最新的研究也表明，糊粉层易消化、色泽浅、加工特性均优于麦麸，是麦麸深加工的重要高值产品之一。

（2）麦麸蛋白的干法富集 干法分离麦麸蛋白本质上对麦麸糊粉层细胞内容物的分离。其要点是首先对麦麸进行超微粉碎，实现糊粉层细胞的破碎，然后，利用蛋白质与细胞壁、淀粉等在形状、粒径和相对密度的不同，利用筛分、气流分级等方式进行分级，从而获得较高纯度的蛋白质。

典型的麦麸蛋白的干法分级如下：麦麸经超微粉碎后，利用气流分级或筛分获得粒径小、相对密度小的轻质组分即为麦麸蛋白富集物。经干法分级后，麦麸蛋白含量可从 14% 提高至

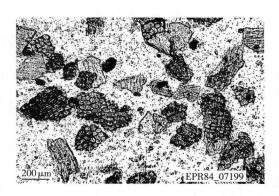

图11-15　干法分离得到小麦糊粉层富集物微粒

22%。同时，麦麸蛋白的干法富集物富含脂肪、酶、维生素和矿物质，需要进行稳定化处理，提高保藏特性。

麦麸蛋白可作为浓缩蛋白应用于食品，增加蛋白质含量，提高食品的营养价值和品质等；也可将麦麸蛋白改性，提高其功能特性，或生产蛋白水解产品。麦麸蛋白具有鸡蛋蛋白的功能，可作发泡剂用于面包、糕点的制作，并能防止食品老化；麦麸蛋白用于鱼肉、火腿肠时，可增加产品的弹性和保油性；麦麸蛋白还可以作为乳化剂，制作乳酪或高蛋白乳酸饮料。

（3）麦麸纤维的干法富集　干法富集麦麸纤维主要是获取麦麸的细胞壁。主要基于超微粉碎、气流分级和筛分，电场分离也是较好的选择之一。经超微粉碎后，麦麸微粒的粒径可达约10μm，绝大部分的麦麸结构层细胞均已破碎。此时，可以利用细胞壁与麦麸蛋白质微粒、淀粉等在相对密度、粒径等方面的差异实现分离。由于气流分级和筛分技术的缺陷，麦麸纤维的干法富集效果受粉碎效果的影响较大，过小的粒径会造成筛网堵塞或难以分级。干法富集得到的麦麸纤维纯度较湿法低，但由于粒径较小，其整体色泽和加工品质差距较小。麦麸纤维可以作为膳食纤维补充剂、水分保质剂、增稠剂等，同时也可以进一步提取麦麸多糖、酚类物质等。

二、麦胚的加工与利用

小麦胚芽又称麦胚，由胚轴和盾片两部分组成，一般占小麦籽粒质量的2.5%~3.5%。在制粉过程中，麦胚易混入到麦麸和次粉中，可通过气流分级等方式分离得到。小麦胚芽富含脂肪、蛋白、维生素、类胡萝卜素等功能组分，被称为天赐营养源，具有明确的营养保健功能。尽管麦胚的营养丰富，但目前的食品化利用率仍相对较低。

（一）麦胚的组成、结构与功能

1. 麦胚的化学组成

新鲜的麦胚呈乳黄色，营养价值极高，所含蛋白质、脂肪、矿物质和维生素分别约占小麦籽粒总含量的8%、20%、8%和6%。其主要化学组成见表11-16。

表11-16　　　　　　　　　　小麦胚芽的主要化学组成（湿基）

宏量营养成分	麦胚/%	麦麸/%	小麦粉/%
总碳水化合物	约50	50.7~59.2	68.5~70.0
淀粉	约20	15~20	78

续表

宏量营养成分	麦胚/%	麦麸/%	小麦粉/%
粗蛋白	27.7~28.4	9.60~17.1	8.8~13.0
脂肪	9.4~9.7	2.90~4.82	14.4~16.0
膳食纤维	10.4~14.1	35~50	12.0~14.0
可溶性膳食纤维	4.0~4.3	2.0~3.0	2.5~2.7
灰分	4.3~4.5	4.0~6.5	1.7~1.8
水分	6.6~6.8	10.0~13.0	13.5

麦胚是天然维生素的重要来源（表11-17），小麦中的绝大部分维生素 E 都来源于麦胚。同时，麦胚中的硫胺素（B_1）、烟酸（B_3）和吡哆醇（B_6）等含量也较高。麦胚中含有15%以上的脂肪，其中不饱和脂肪酸占80%以上。此外，麦胚还含有丰富的二十八烷醇（约10mg/100g）、磷脂（0.8%~2.0%）和不皂化物（2%~6%，其中甾醇占60%~80%）。

表11-17　　　　　　　　　麦胚与其他小麦结构中维生素的含量对比　　　　　　　单位：$\mu g/g$

微量营养成分	麦胚	小麦粉	小麦麸	糊粉层富集物
维生素 E/IU	181~320	17~20	76~95	20
维生素 B_1	15~20	0.8~2.6	5.2~8.9	14
维生素 B_2	5.0~10	0.3~0.6	3.2~5.8	20
维生素 B_3	10~23	3.0~6.3	22~25	49
维生素 B_5	36~68	7.0~15	136~296	329
维生素 B_6	4.9~33	0.4~2.8	7.3~16	13
叶酸	1.9~5.2	0.05	0.8~2.6	158
胆碱/（mg/g）	2.65~4.10	约2.11		
维生素 H	0.2~0.3	0.01~0.03	0.2~0.5	

2. 麦胚的营养与功能

麦胚作为小麦籽粒萌发的源泉，除了含有大量的蛋白、脂肪、维生素之外，还含有大量的生理活性成分，如谷胱甘肽、维生素 E、麦胚凝集素、二十八烷醇和脂多糖等，具有潜在的保健功能。《本草纲目》中记载，麦胚可治心悸失眠、养心安神、养肝气、止泻、降压、健胃。现代研究也表明，麦胚及其制剂具有降血脂、降胆固醇、抗动脉粥样硬化、提高心脏功能、抗肿瘤、提高机体免疫里等功能。

（1）谷胱甘肽　谷胱甘肽（L-glutathione），即 N-（N-γ-谷氨酰-L-半胱氨酰）甘氨酸，由谷氨酸、半胱氨酸和甘氨酸通过肽键缩合而成的肽，其分子结构如下：

谷胱甘肽有氧化性和还原性两种。其所含的巯基（—SH）极易被氧化，两分子还原型谷胱甘肽脱氢后以二硫键（—S—S—）相连形成氧化型谷胱甘肽。还原型谷胱甘肽在生物体内起重要功能作用。麦胚中的谷胱甘肽含量高达 $0.98 \sim 1.07mg/g$。

谷胱甘肽是人体内一种重要的自由基清除剂，具有抗氧化、延缓衰老、促进婴幼儿发育、解毒、增强免疫力等作用。其生物学功能与谷胱甘肽的分子结构密切关系。例如，谷胱甘肽分子中的巯基参与中和氧自由基、解毒等重要功能；其所含的 γ-谷氨酰胺键能维持分子的稳定性，并参与转运氨基酸；谷胱甘肽还可以中和氧自由基，减轻心肌和消化道组织损伤，有效保护心脏，并减少放疗后腹泻的发生。谷胱甘肽是组织中主要的非蛋白质的巯基化合物，能降低含巯基的酶和防止血红蛋白以及其他辅助因子受氧化损伤。谷胱甘肽还可使维生素 E 恢复还原态。缺乏或耗竭谷胱甘肽会促使许多化学物质或环境因素产生或加重中毒。

谷胱甘肽作为食品添加剂还可以提升加工品质。在面制品加工中加入谷胱甘肽可减少和面用水量、改善面团流变特性、控制面团黏度、降低面团强度，从而使得面团更易混合及挤压成型，并缩短干燥时间。在谷类、豆类、果蔬和土豆加工过程中加入谷胱甘肽可防止酶促和非酶促的褐变。在奶酪生产中加入谷胱甘肽，可增强风味，提高奶酪质量和加快奶酪的成熟。谷胱甘肽具有抗氧化作用．在酸奶中加入谷胱甘肽能起到抗氧剂的稳定质量作用。在鱼类、肉和禽类食品加工中加入可抑制核酸分解、强化食品的风味并大大延长保鲜期。谷胱甘肽可以较有效地防止冷冻鱼片的鱼皮褪色、鱼肉的褐变；在保持和增强新鲜海鲜的特有风味上也有重要作用；在与谷氨酸、核酸类呈味剂混合共存时，会有很强的肉类风味。

（2）维生素 E　麦胚油中的天然维生素 E 的生理活性是合成维生素 E 的近 30 倍，在体内具有防止过氧化脂质生成、保护细胞膜、抑制自由基、促进人体新陈代谢、延缓机体的衰老、改善肝脏功能。通过压榨法或浸出法制得的麦胚油营养价值很高，也可作为天然化妆品的原料。脱脂后的麦胚的营养成分也十分丰富，可作为脱脂奶粉的代用品。

（3）二十八烷醇　二十八烷醇是天然存在的高级醇，主要存在于糠蜡、麦胚油、蔗蜡及蜂蜡等天然产物中。二十八烷醇的化学名称是 1-二十八烷醇或 n-二十八烷醇，俗名蒙旦醇或高粱醇，结构式 $CH_3（CH_2）_2CH_2OH$，白色粉末或鳞片状晶体，熔点 $81 \sim 83℃$，溶于热乙醇、乙醚、石油醚等有机溶剂，不溶于水，对酸、碱、光、热稳定，不易吸潮，无毒。研究发现二十八烷醇具有增强耐力、提高反应敏锐性，强化心脏机能，消除肌肉疼痛，改变新陈代谢的比率，降低收缩期血压等功效，是一种理想的运动食品强化剂。

（4）其他生理活性成分

①黄酮类物质：主要是黄酮和花色素。黄酮类化合物的主要生理活性包括：调节毛细血管脆性和渗透性，保护心血管系统；抗氧化；螯合金属调节酶和膜的活性等。

②凝集素：指麦胚中一类能与专一性糖结合，能借氢键和疏水作用特异结合 N-乙酰葡糖胺、N-乙酰神经氨酸及其衍生物和寡聚糖的蛋白质或糖蛋白。麦胚凝集素具有抗微生物和抗诱变性等多种生物效应，是当前研究最多、应用最广的凝集素之一。麦胚凝集素与脂肪细胞反应，有类似胰岛素的作用，能激活葡萄糖氧化酶，降低血糖含量，能诱导巨噬细胞溶解肿瘤细胞，刺激人体的 T 细胞分泌白细胞介素-2（IL-2）。麦胚凝集素在医学领域、生物化学、免疫学和组织细胞学中已被广泛应用。

③脂多糖和胆碱等：麦胚脂多糖具有增强人体免疫力的功能。此外，麦胚中胆碱的含量高达 $2.65 \sim 4.10mg/g$，可在体内生成乙酰胆碱，起到提升记忆力的作用。胚中还含有多种生物活

性酶类，如含硒的谷胱甘肽过氧化酶，也是一种优良的天然抗氧化成分。

（二）麦胚的加工与利用

1. 麦胚的物理分选

由于小麦原料或麦胚的霉变，麦胚中往往含有大量黑胚或霉胚，影响小麦胚芽的品质和食用安全性。因此，在麦胚加工前，需对麦胚进行物理分选。

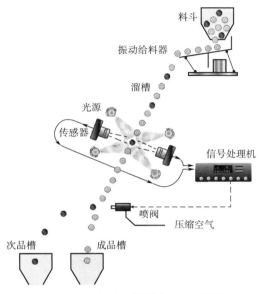

图 11-16　色选机的基本原理和构造

光电分选是目前较为先进和有效的麦胚分选技术。主要根据物料的光学特性差异，利用光电探测技术将颗粒物料中的异色颗粒自动剔除。色选机主要由给料系统、光学检测系统、信号处理系统和分离执行系统四部分组成（图 11-16）。其主要技术参数包括：处理量（速度）、色选精度、带出比等。按照技术迭代，可分为传统光电技术色选机、电荷耦合元件技术色选机、红外技术色选机和 X 射线技术色选机。其中，基于高速电荷耦合元件芯片及数据处理系统的色选机较为先进。

不同类型的光电色选机适用的物料明显不同，对于小麦胚芽而言，采用传统色选机和电荷耦合元件色选机均可达到较好的效果。经过 1~2 次光电色选后，麦胚中绝大部分黑胚可被剔除，成品的色泽金黄、均一（图 11-17）。

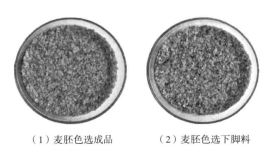

（1）麦胚色选成品　　　　　（2）麦胚色选下脚料

图 11-17　光电色选对麦麸黑点和霉点的去除效果

2. 麦胚的稳定化处理

麦胚含有多种丰富的脂类和酶类，在制粉过程中易受到碾压作用，使得脂肪酶和脂肪氧化酶被激活。其中，脂肪酶将脂肪迅速分解成游离脂肪酸，引起酸价的上升；同时，游离脂肪酸在脂肪氧化酶的作用下，进一步氧化酸败，造成麦胚酸败变质，严重影响麦胚的深加工和再利用。麦胚中的虫害和微生物也是影响其稳定性因素之一。为了提高麦胚的贮藏稳定性，延长保质期，需要对麦胚进行稳定化处理。

小麦胚芽的稳定化方法可分为物理法、化学法和生物法（图11-18）。选择何种稳定化方法，需要从以下三方面进行考量：一是能否钝化或灭活脂肪酶和脂肪氧化酶。二是能否有效杀死麦胚中的微生物和虫卵，防止微生物和虫害引起的麦胚变质。三是能否保留小麦胚芽中天然抗氧化成分及其他营养成分。

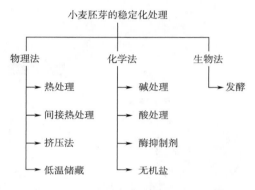

图 11-18 小麦胚芽稳定化处理方法

（1）麦胚的化学方法 化学稳定处理通过使用酸、碱、无机盐、添加酶抑制剂等手段，在一定程度来抑制酶活性。但经化学稳定处理会使麦胚颜色变深，麦胚香味消失，盐含量增加，造成麦胚不同程度的污染，严重影响消费者对麦胚的需求。随着人们对食品安全的重视，稳定化的处理会更加倾向于绿色、无污染的处理方法。

（2）麦胚的稳定化物理方法 目前，低温储藏法、热处理法、挤压法和辐射等处理法为常用的物理稳定化方法。直接或间接的热效应对麦胚的稳定化效果要好于其他方式。

直接热处理包括干热法和湿热法。干热法是利用烘箱、流化床等设备对小麦胚芽进行干燥处理，使麦胚水分含量降低到安全水分，从而抑制脂肪酶和脂肪氧化酶活性，延长麦胚保质期。干热处理对麦胚的稳定化效果与温度、时间相关。随着温度的升高和时间的延长，灭酶的效果越好，小麦胚芽的贮藏时间明显延长，但温度过高易产生焦煳味。高温烘烤结合低温储藏可以达到钝化脂肪酶的效果。一般130℃时，脂肪酶和脂肪氧化酶的灭酶率可达到70%以上。相对于烘箱等装备，流化床是一种在线处理装备，可节省了麦麸稳定化的时间，减少麦胚的过热和焦煳概率，利于保持麦胚的色泽和风味。常用的流化床类型包括单层流化床、多层多室型、喷泉式等形式。

湿热法包括了常压蒸汽和高压蒸汽，通过除去麦胚中自由巯基（—SH）的原理，来钝化脂肪氧化酶的活性，麦胚中自由巯基（—SH）易与一种极不稳定的多硫化铵相互作用，会影响小麦胚芽的保质期。湿热法处理20~30min即可以实现麦胚的高效灭活，并且麦胚营养成分的损失也相对较少。

新型的物理稳定化方法主要包括微波、挤压膨化、红外法以及电子束。微波稳定化主要基于其产生的热效应，在加速麦胚失去水分，抑制麦胚中酶的生物活性，起到钝化麦胚的作用。其灭酶效果与物料含水量、微波功率、处理时间等相关。研究结果表明，麦胚的含水量较高时，微波的灭酶效果相对好，有利于提高麦胚贮藏稳定性；当微波烘干后麦胚的水分含量降到4%，可以有效抑制酶的活性，延长了麦胚的贮藏期。由于微波的加热效果快，稳定化时间短，可缩短至10min以内，因此，对脂肪酸组成、含量以及维生素的影响较小。

挤压膨化是基于高温、高压和高剪切的综合环境实现物料中酶的钝化、微生物酶活、脂肪的结合等，从而提高麦胚的稳定性和贮藏时间。挤压法还可以去除麦胚生腥味，增香，并改善麦胚的口感，甚至可以将麦胚直接制成膨化食品。相对于其他稳定化方法，挤压膨化作用时间要短得多（几秒到几十秒）。因此，可避免小麦胚芽营养品质的损失，保存麦胚原有的营养价值。

除了以上几种技术方法外，红外、辐照、电磁炒制等均可以用于麦胚的稳定化处理，但稳定化的效果需要不断改进。总之，单一的稳定化处理难以保证麦胚品质，可以探索两种或两种以上技术串联结合的稳定化方法，实现不同技术间的优势互补，在提高麦胚的稳定性的同时，尽量保持麦胚原有的营养特性和食用品质。

3. 麦胚的食品化利用

小麦胚芽经过稳定化处理、脱脂、粉碎、焙烤等加工过程后，可以加工得到麦胚油、麦胚蛋白、即食小麦胚芽，并可以用于加工挂面、焙烤食品等，具体加工路线可参考图11-19。

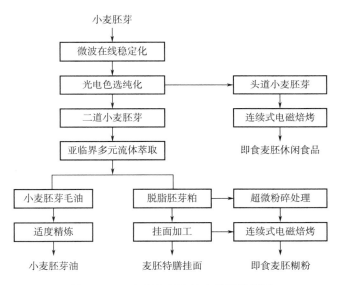

图 11-19　小麦胚芽的综合利用路线图

（1）麦胚油　麦胚富含脂肪，且脂肪中的80%的脂肪酸为亚油酸、亚麻酸等不饱和脂肪酸。此外，维生素E、二十八碳醇含量也很高，可以加工成高营养的食用油，也可以用于化妆品、医药品中作为稳定剂、抗氧化剂等。

小麦胚芽中油脂提取方法有三种：机械压榨法、常压溶剂浸出法和加压流体萃取法。为保留小麦胚芽油的营养和功能性，一般采用低温浸出或加压溶剂处理法。后者包括超临界流体 CO_2 提取法和亚临界流体（丙烷、丁烷）法。此类萃取技术具有低温、节能、高分离效果、无污染等特点，适合于产品纯度要求高、不耐高温、易挥发的物质的萃取。这项技术提取的小麦胚芽油，具有出油率高（10%）、维生素 E 含量高（3.38mg/g）、油色好、易于控制、无毒等特点；同时，在萃取过程还可以添加夹带剂，提高对维生素 E 等有益油脂伴随物的选择性萃取效果。

小麦胚芽油富含维生素 E，含量高达 0.5%，远高于大豆油、玉米油、米糠油等食用油，是国际上公认的最理想的天然维生素宝库。同时，麦胚油中生物活性最高的 D-α-维生素 E 占维生素 E 总量的 50% 左右，还含有一定量的三烯生育酚。因此，小麦胚芽油可以作为提取天然维生素 E 的优质原料。麦胚油中维生素 E 的提取与精制方法主要有两种：一种是使用有机溶剂直接提取浓缩维生素 E；另一种是利用分子蒸馏或短程蒸馏技术提取浓缩维生素 E。相较于前者，分子蒸馏法浓缩天然维生素 E 具有工艺路线短、维生素 E 损失少、收率高、产品色味纯正等优点。分子蒸馏法收集的馏分溶于丙酮，用低温结晶法脱去甾醇，碱液皂化、乙醚萃取出不皂化物。真空蒸发脱除溶剂后，再次利用分子蒸馏精制，可获得维生素 E 精制馏分。短程蒸馏在原理上与分子蒸馏相类似，但对真空度的要求比分子蒸馏法低。

麦胚油除作为高品质的食用油之外，还可以制成保健食品，以供不同年龄及不同健康状况的消费者食用。例如，以小麦胚油为主（85%~95%），与蛋黄卵磷脂混合可以制成的明胶胶囊。此外，小麦胚油还可用作糖果、面包、饼干、糕点等的添加剂。

（2）麦胚蛋白　经过脱脂后获得麦胚饼粕，可以经粉碎后制作富含蛋白的营养粉，也可以作为提取蛋白的起始原料。目前，麦胚蛋白的利用主要集中在两个方面：一是制备麦胚分离蛋白。采用碱溶酸沉的方法得到麦胚分离蛋白，用作食品制造中的功能性配料。二是生产麦胚蛋白饮料。利用麦胚蛋白优良的营养特性和乳化功能，生产液体的或者固体的植物蛋白饮料。此外，还有将麦胚蛋白水解制取氨基酸，制造调味品方面的利用。

麦胚蛋白的可以作为营养补充剂、乳化剂、起泡剂、持水剂等用于食品加工中。麦胚蛋白作为添加剂加入到焙烤食品、烤制肉制品中可散发出坚果的芳香。同时，将麦胚蛋白加入肉制品中，可以降低成本，提高产率。随着植物蛋白肉的逐渐兴起，麦麸蛋白等已经受到学术界的重视。

（3）麦胚片和麦胚粉（糊）　麦胚经过稳定化或脱脂后可以作为即食食品，如麦胚片和麦胚粉。麦胚经烘烤或远红外加热后，会产生浓郁的香味，可作为即食麦胚片；也可以经过脱脂处理，制备成脱脂麦胚，再经过粉碎或超微粉碎制成麦胚粉（糊），从而直接冲调和作为食品配料。脱脂麦胚片或粉可作为面包，饼干的配料，可使面包、饼干等产品的皮色、风味和营养价值得到改善和提高。麦胚粉添加到挂面、方便面中，不仅可以提高其蛋白质、各种矿物质及维生素的含量，还可以改善面条的口感和功能特性。

三、次粉的加工与利用

（一）小麦次粉的组成、结构与功能

小麦次粉也称尾粉，是麦麸、胚及面粉之外的小麦制粉副产物，由少量糊粉层、外层胚乳、细麸和少量麦胚组成，占麦粒总重的 3%~5%。次粉富含脂肪、蛋白质和淀粉，具有较高的营养价值，但由于外观差和食用安全差，一般只作为饲料使用。表 11-18 是国内主要小麦的次粉与麦麸、麦胚的化学组成对比。

表 11-18　　　　　　　　　麦胚与其他小麦副产物的化学组成对比

宏量营养成分	麦胚/（g/100g）	麦麸/（g/100g）	次粉/（g/100g）
总碳水化合物	约50	50.7~59.2	68.5~70.0
淀粉	约20	15~20	30~60
粗蛋白	27.7~28.4	9.6~17.1	13.6~15.4
脂肪	9.4~9.7	2.9~4.8	4.5~5.5
膳食纤维	10.4~14.1	35~50	2.5~7.5
可溶性膳食纤维	4.0~4.3	2.0~3.0	2.5~2.7
灰分	4.3~4.5	4.0~6.5	1.5~3.6
水分	6.6~6.8	10.0~13.0	11.0~13.5

（二）小麦次粉的加工利用

由于小麦在制粉前后收储藏、加工（润麦）过程中易滋生细菌、真菌等微生物，并产生大量生物毒素，使得次粉和麦麸成为被微生物污染最严重的谷物原料之一。因此，次粉与麦麸一般不适用于加工食品，主要作为禽、畜、鱼的饲料。随着现代粮食收储机械、加工技术和装备的发展，麦麸和次粉等副产物的卫生品质在逐渐提升，也可以用于加工焙烤或休闲食品。

次粉具有较高的能量和营养价值，是一种良好的饲用资源。在预混合饲料生产中，由于次粉的颗粒较小，可确保微量预混料在饲料中混合均匀度。次粉中胚乳含量较高，也可进一步加工制造面筋、蛋白、淀粉，或酿造酱油、醋、酒等。

第三节　其他谷物副产物的加工与利用

除了稻米和小麦外，玉米、大麦、燕麦、高粱和小麦等也存在大量麸皮、胚芽等副产物。与麦麸等相似，绝大部分的谷物麸皮和胚芽的营养丰富，也是谷物中营养组分的富集体（表11-19），可用来提取蛋白、多糖、脂肪、膳食纤维及植物化学素，也可进一步加工成功能组分，作为食品原料或配料。

表 11-19　　　　　　　　　常见谷物麸皮中的主要化学组成对比

谷物种类	蛋白含量	脂肪含量	膳食纤维含量	可溶性膳食纤维含量	碳水化合物含量	灰分含量
米糠	11.8~15.6	6.0~19.7	27.0	2.5	31.10~52.3	6.60~10.0
麦麸	9.60~17.1	2.9~4.8	48.0	2.4	50.70~59.2	4.00~6.50
玉米麸	6.59~11.50	1.2~8.1	60~80	2.1	58.90~62.6	0.85~3.40
燕麦麸	11.19~14.0	3.0~10.6	24.7	11.7	55.60~61.4	1.45~6.30
大麦麸	8.80~16.70	2.8~5.0	72.5	3.1	51.90~58.40	3.07~5.0
黑小麦麸	约14.60	2.60	35.8	5.3	58.00	4.20
高粱麸	7.7~15.0	4.6~4.7	—	—	54.30~64.10	2.10~3.00
小米麸	约11.5	8.0	—	—	56.00	10.5

一、 玉米加工副产物

玉米加工一般先通过干法或湿法提胚方法，得到主产品胚乳和胚芽。胚乳再经粉碎、磨浆和分离，得到主产品淀粉乳，以及玉米浆、胚芽、麸质（玉米皮）等副产品，其主要化学组成见表11-20。随着玉米深加工技术的发展，玉米副产物的利用也越来越受到重视。

表 11-20　　　　　　　玉米籽粒主要结构部位的化学组成（干基）　　　　单位:%

产品名称	占比	淀粉含量	蛋白质含量	脂肪含量	灰分含量	粗纤维含量	可溶性糖含量
整粒玉米	100	67.8~74.0	8.1~11.5	3.98~5.8	1.27~1.52	1.8~3.5	1.61~2.22
玉米胚乳	80.3~83.5	83.9~88.9	6.7~11.1	0.7~1.1	0.22~0.46	0.9	0.47~0.82
玉米胚	10.5~13.1	5.1~10.0	17.3~20.0	31.1~38.9	9.38~11.3	2.4~5.2	10.0~12.5
玉米冠	0.8~1.1	约5.3	9.1~10.7	3.7~3.9	1.4~2.0		约1.5
玉米皮	4.4~6.2	3.5~10.4	2.9~3.9	0.7~1.2	0.29~1.0	6.6	0.19~0.52

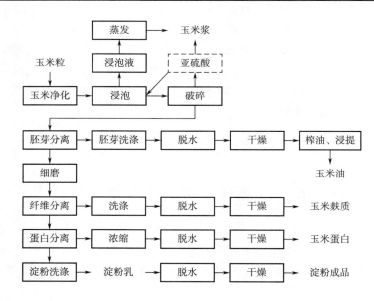

（一）玉米副产物的化学组成和营养

1. 玉米胚芽

与其他谷物胚芽相比较，玉米胚芽的体积和质量占整个籽粒的比例较大，体积约占籽粒的1/4，质量占10%~15%。玉米胚芽的营养丰富，集中了玉米中84%的脂肪、83%的矿物质和22%的蛋白质。玉米胚芽中脂肪含量较高，一般在34%左右，其不饱和脂肪的比例高达85%，且含有大量磷脂、谷甾醇等油脂伴随物。同时，玉米胚经过脱脂得到的胚饼含有较高的蛋白质，可以作为蛋白补充剂或添加剂。

2. 玉米皮

玉米皮一般由果皮、种皮、糊粉层及其内侧的少量胚乳组成，理论上皮层为玉米籽粒的5%~6%，但由于在加工过程中，玉米皮与胚乳未被完全分离，导致玉米皮中淀粉含量较高。因此，玉米皮率一般达到玉米原料的14%~20%。

　　玉米皮中细胞壁多糖的含量较高，因此，其总纤维、半纤维素和纤维素的含量均远远高于米糠、麸皮等（表11-21）。玉米皮中不溶性纤维相对密度较高，这主要是由于玉米麸皮细胞壁多糖的交联程度较高，体现在阿魏酰聚合体的含量非常高。因此，玉米麸皮是加工阿魏酰低聚糖的优质原料。同时，由于玉米麸皮膳食纤维含量高、结构合理，具有良好的功能性，如降血脂、降低血胆固醇、调节肠道健康、抗癌等。

　　近些年，国内开始将玉米皮膳食纤维应用到冰淇淋蛋糕、乳制品、酥性饼干、面制品等产品中，发现玉米皮膳食纤维的添加不仅能提高营养价值，还能改善产品品质。除了提取膳食纤维，未经处理的玉米皮中还含有一定含量的脂类。另外，玉米皮还可以通过发酵制备糖、醇和有机酸。以上研究都为玉米皮的高效利用开辟了多种途径。

表11-21　　　　　　　　　玉米皮与主要谷物麸皮中非淀粉多糖的组成

产品名称	含量/%			
	总纤维素	半纤维素	纤维素	木质素
米糠	26.0	14.0	7.6	7.6
麦麸	47.2	32.1	11.5	3.6
玉米皮	59.5	43.8	14.7	1.0

3. 玉米浆和玉米麸质

　　玉米浆和玉米麸质都是玉米蛋白质的富集体。玉米浆是玉米湿法加工过程中浸泡液的浓缩物，其干物质的得率一般为玉米的4%~7%。玉米浆一般用作饲料或发酵培养基。除了蛋白质，玉米浆还含有维生素B、矿物质、植酸盐和色素等。

　　玉米麸质是湿法生产淀粉过程中从淀粉乳中分离出的沉淀物，也称黄浆水。其干物质中蛋白质含量达60%以上，又称为玉米蛋白粉，出品率为玉米的3%~5%。但因其缺乏赖氨酸、色氨酸等人体必需氨基酸，生物学效价较低，常作为饲料蛋白出售。

（二）玉米副产物的加工利用

1. 玉米胚的利用

　　玉米胚的油脂和蛋白含量高，目前主要用于制油、加工蛋白和加工食品。由于玉米胚含有大量脂肪酶，易变质，故玉米胚加工前需经灭解处理。玉米胚的制油与其他油料类似，先采用浸出法或压榨法制得毛油，再经精炼获得味纯色清、营养丰富和性质稳定的精制油。其中，浸出法的出油率高，胚芽粕质量好，适合于大规模加工。

　　精制玉米胚芽油中脂肪酸比例合理，亚油酸、亚麻酸和花生四烯酸等多不饱和脂肪酸的比例高达60%（表11-22，表11-23），长期食用可以提高血液中不饱和脂肪酸的比例，改善血脂代谢。因此，玉米胚芽油是生产调和营养油、色拉油、烹调油、人造奶油、蛋黄酱等油脂产品的上好原料。

表11-22　　　　　　　　　精制玉米胚芽油脂肪酸组成和主要油脂伴随物

成分	多不饱和脂肪酸/（g/kg）	单不饱和脂肪酸/（g/kg）	饱和脂肪酸/（g/kg）	不皂化物/（g/kg）	植物甾醇/（g/kg）	维生素E/（mg/kg）
含量	610	250	130	12	1	700

表11-23　　　　　　　　　　　　　　　玉米胚芽油的脂肪酸组成

脂肪酸	含量/%	脂肪酸	含量/%
月桂酸	0.04~0.3	亚油酸（Δ5，9）	约0.3
豆蔻酸	10.0~14.9	亚油酸（Δ5，9）	约1.0
棕榈油酸	约0.4	亚油酸（Δ5，9）	约1.2
十七碳油酸	约0.1	亚麻酸	0.3~2.7
硬脂酸	1.2~2.9	花生酸	0.2~0.6
油酸（Δ9）	26.7~37.2	花生四烯酸（Δ11）	约1.0
油酸（Δ11）	约1.6	鲨鱼烯酸	微量
亚油酸（Δ9，11）	44.3~60.3		

玉米胚制油后获得的玉米胚芽饼，其主要化学成分见表11-24。玉米胚芽饼的蛋白质较高，是较好的蛋白补充剂。然而，由于玉米胚芽饼往往含有较多的玉米纤维，且有一种异味，所以一般作为饲料处理。如果可分离得到高纯度胚芽，并采用浸出法制油后得到玉米胚芽粉，最后经过脱溶脱臭处理，就可以将其作为一种风味、加工性能和营养价值均良好的食品原料。

表11-24　　　　　　　　　　　　　　　玉米胚芽饼的主要成分

成分	水分	粗蛋白	粗脂肪	粗纤维	灰分	无氮浸出物
含量/%	7.5~9.5	23~25	3.0~9.8	7.0~9.0	1.4~2.6	42~53

2. 玉米皮的利用

作为玉米籽粒的外缘结构，玉米皮中的膳食纤维含量极高（表11-21），纤维素和半纤维素的总含量几乎占玉米皮一半。同时，由于与胚乳分离不彻底，玉米皮中残留大量的淀粉，使得玉米皮的产量达到20%，远高于理论的5%~6%。因此，玉米皮可以作为发酵的基料。目前，玉米皮可以加工膳食纤维、低聚糖、抗氧化组分以及制取酵母等。

（1）制取膳食纤维　工业化的玉米皮富含细胞壁多糖和淀粉，如不经加工，不仅生理活性不明显，而且会影响食品的口感和消化性。因此，须除去玉米皮中的淀粉、蛋白质和脂肪等杂质，才能获得具有一定生理功能的玉米膳食纤维，用作高纤维食品的原料。

研究证明，玉米纤维的活性成分主要是半纤维素，特别是可溶性纤维。可采用酶法、酸法、蒸汽爆破等方法提高玉米皮中可溶性膳食纤维的含量。其中，酶法水解玉米皮具有绿色、低耗等优点。此外，玉米膳食纤维还可以添加到饼干、豆酱、豆腐、肉制品、汤料基料中，起到成型、保鲜、保水和风味物质载体等作用。

（2）制备阿魏酰低聚糖　谷物中阿魏酸主要以低聚糖阿魏酸酯的形式结合在植物细胞壁多糖上。低聚糖阿魏酸酯是泛指一类阿魏酸与低聚糖酯化形成的物质。其结构与低聚糖的组成、聚合度、阿魏酸的结合位点以及阿魏酸聚合形式（二聚、三聚、四聚）等有关（图11-20）。因为不同谷物细胞壁的多糖结构和单糖组成不同，阿魏酸的含量、结构、性质往往不同。玉米皮中纤维素、半纤维素等细胞壁组分含量较高。研究表明，玉米麸皮中阿魏酸的含量是麦麸、大麦、燕麦麸皮中阿魏酸含量的5~6倍，是制备阿魏酰低聚糖的优质原料。

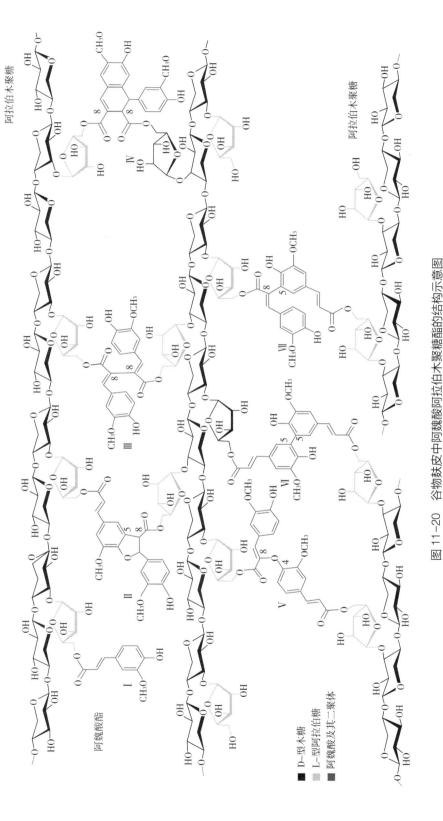

图 11-20　谷物麸皮中阿魏酸阿拉伯木聚糖酯的结构示意图

I 代表阿魏酸的结合位点，II－VII 分别代表 8-5′阿魏酸二聚体香豆酮形式，8-8′，8-8′ aryltetralin form，8-O-4′，5-5′和 8-5′阿魏酸二聚体的结合位置

（3）制取酒精和饲料酵母　玉米皮含有丰富细胞壁多糖和淀粉，其中六碳糖和五碳糖各占约50%，是制取酒精和微生物发酵的良好基质。由于饲料酵母对六碳糖和五碳糖均能利用，因此，玉米皮可作为制取饲料酵母的重要原料。经发酵的最终产品中，饲料酵母的含量可达23%，利于提高动物性饲料中蛋白质的含量，同时降低饲料成本。

3. 玉米浆和玉米蛋白粉的利用

玉米用亚硫酸溶液浸泡时，玉米籽粒中约15%的蛋白质、60%的矿物质和50%左右的水溶性糖类被溶出。同时由于亚硫酸和大量乳酸（乳酸菌产生）的存在，浸泡液的酸度较高（pH 2~4），使部分溶出物发生水解或酸化作用，如部分蛋白质水解成氨基酸。这些水溶性物质组成了玉米浸泡水的主要成分（表11-25）。

表11-25　　　　　　　　　　　　玉米浆的化学组成

产品名称	蛋白质	氨基酸	总糖	还原糖	灰分	植酸	B族维生素
湿基/（mg/mL）	16~30	8~12	6~8	4~6	10~11	4	0.7~1.5
干基/%	45	17	11	8	19	7	2

玉米浆是固形物浓度为70%左右的玉米浸泡水浓缩物，为暗棕色的膏状物。玉米浸泡水的浓缩不仅减小了体积，增加了浓度，而且方便储运。

玉米蛋白粉又称麸质，是从淀粉乳分离蛋白时得到的黄浆水的干燥物，其化学组成见表11-26。玉米蛋白中大部分为醇溶蛋白，具有很强的水不溶性、耐热性和耐脂性，可作为食品被膜剂，起到防潮、防腐、防氧化和增加光泽等作用。醇溶蛋白还可以作为药物的载体，起到缓释药物的功能。

表11-26　　　　　　　　　　　　玉米蛋白的化学组成

成分	蛋白质	淀粉	脂肪	纤维	灰分
含量/%	50~70	15~25	3~8	8~15	2~10

（1）醇溶蛋白的制备　以玉米蛋白粉中制取醇溶蛋白有两类工艺。一是两步法，先用烃类溶剂脱除玉米蛋白粉中的脂肪和色素，然后用醇类萃取、分离和精制得到醇溶蛋白；二是一步法，直接用异丙醇萃取得到醇溶蛋白，然后经冷却、沉淀、干燥得到成品。一步法的工艺简单、操作方便安全。具体流程如下：用含0.25%氢氧化钠的88%异丙醇水溶液在60℃浸提玉米蛋白粉，离心分离残渣。然后，将澄清的浸出液冷却到-15℃，醇溶蛋白沉淀于底部，去除上清液，得到含30%左右的醇溶蛋白，脱溶干燥后得到醇溶蛋白粉成品。此法获得的醇溶蛋白含有3%~4%的脂肪，可用异丙醇水溶液进一步处理。这种玉米醇溶蛋白不仅易溶于90%的乙醇，而且可溶于碱性溶液，可作为静电纺丝原料，用甲醛处理后得到很好的纤维。

（2）制备谷氨酸　玉米蛋白的谷氨酸含量达22%，可以作为生产调味料的原料。玉米蛋白加工谷氨酸的工艺为：

玉米蛋白粉 ⟶ 水解脱色 ⟶ 离子交换 ⟶ 精制干燥 ⟶ 成品

具体原理和流程如下：当溶液的pH小于谷氨酸等电点（pI = 3.22）时，谷氨酸的净电荷为正，反之为负。在一定的 pH 条件下，利用离子交换树脂可有效分离出谷氨酸。此外，玉米蛋白还可以加工亮氨酸。亮氨酸是必需氨基酸，在医药和临床方面有重要用途。可利用亮氨酸等电点（pI＝5.98）与谷氨酸的等电点差异较大的特点，进行 pH 梯度洗脱分离谷氨酸和亮氨酸，再精制获得谷氨酸和亮氨酸两种产品。

（3）加工蛋白食品　玉米蛋白粉富含蛋白质，可以直接作为食品配料。同时，由于玉米蛋白质具有鲜艳的黄色，还可以改善食品的色泽。但是，玉米蛋白粉具有不愉快的风味，一般需进行脱臭处理后，才能作为食品的配料。常用的脱臭处理为：利用乙酸乙酯和水（94∶4）的二元溶剂，在料水比 1∶8、温度 70℃ 的条件下，萃取 0.5～1h。分离后蛋白质用热水洗涤残余溶剂，最后真空低温干燥得到安全无异味的玉米蛋白粉。

脱臭处理后的玉米蛋白粉可制造许多食品。例如，以玉米蛋白粉为主料，配以奶粉、白砂糖、淀粉，混匀后经均质、巴氏消毒、冷却、硬化制成的冰淇淋，色泽鲜黄、口味良好、成本低廉。添加玉米蛋白粉的香肠不仅口感好，而且弹性和保水性达到原有产品的水平；玉米蛋白还可以代替大豆发酵制酱和酱油。

在使用玉米蛋白粉加工食品时需注意，玉米蛋白为非全价蛋白，要考虑食品的氨基酸平衡。例如，将玉米蛋白与大豆蛋白组合复配，从而达到氨基酸互补的目的。用 37% 的玉米蛋白粉和 63% 的大豆粉的复配物，其氨基酸构成可与联合国粮食及农业组织和世界卫生组织推荐的氨基酸模式接近。

（4）制备类胡萝卜素　玉米富含类胡萝卜素，玉米籽粒和玉米蛋白粉中类胡萝卜素的含量分别达 19～30mg/kg 和 200～390mg/kg。玉米中类胡萝卜素主要由胡萝卜素（carotene）和叶黄素（xanthophylls）两类组成。其中，胡萝卜素包括 α-胡萝卜素（α-carotene）和 β-胡萝卜素（β-carotene）；叶黄素包括玉米黄素（zeaxanthin）、黄体素（lutein）、新黄质（neoxanthin）、金莲花黄素（lolixanthin）和隐黄素（cryptoxanthin）。其中，玉米黄素和黄体素互为同分异构体，在玉米蛋白粉中含量较高，具有强抗氧化能力。

玉米中类胡萝卜素及黄体素、玉米黄素的工艺流程如下：

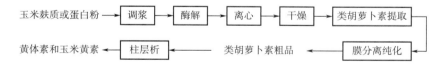

类胡萝卜素除具有良好的着色性外，还具有众多生理功能，如抗氧化、抗溃疡、抗癌，抗衰老、保护视网膜，预防心血管疾病等。研究表明，玉米类胡萝卜素具有保护视力、防止肌肉退化、减少心血管疾病和癌症发病率等生理功能。

近年来，流行病学的研究发现，黄体素具有保护视力功能，尤其是在预防老年黄斑变性，改善老年人视力方面具有独特的功效。为了保护视网膜细胞的精细结构不被破坏，黄体素和玉米黄素会被人体逐渐消耗掉，必须及时得到补充。玉米黄素可通过黄体素在视网膜内的代谢而产生，机体不能自身合成黄体素，只能依靠外界摄取。因此，黄体素的补充显得尤为重要。另外，黄体素和玉米黄素在预防癌乳腺癌的发生、抑制肿瘤的发展，降低心肌梗死的发病率方面也具有独特的功效。

二、 燕麦和大麦加工副产物

（一）燕麦和大麦的麸皮结构、组成与营养

燕麦和大麦是两种重要的高价值谷物，在世界范围有广泛的种植，一直是人类饮食的重要组成部分。在所有谷物中，燕麦和大麦中的β-葡聚糖含量最高，其所含的β-葡聚糖是其发挥功能性的重要物质基础之一（表11-27）。

表11-27 不同谷物中 β-葡聚糖的含量和溶解性

谷物种类	燕麦	小麦	玉米	糙米	黑麦	大麦（脱皮）
β-葡聚糖总量/%	4.40	0.83	0.30	0.11	2.07	4.20
可溶性β-葡聚糖含量/%	3.88	0.33	0.20	微量	0.83	2.90
葡聚糖溶解比例/%	88	40	67	—	40	69

1. 燕麦和大麦麸皮的结构与组成

燕麦分为皮燕麦和裸燕麦（莜麦）两类，主要区别在于籽粒是否带壳。燕麦籽粒主要由燕麦壳、麸皮、胚芽和胚乳组成，其显微结构和主要组成见图11-21。燕麦壳和麸皮是燕麦籽粒的外层结构，富含矿物质、维生素和细胞壁多糖。细胞壁多糖主要包括纤维素、阿拉伯木聚糖和β-葡聚糖。与其他谷物相似，燕麦麸皮包括果皮、种皮、糊粉层、次糊粉层和部分胚乳。糊粉层和亚糊粉层的细胞壁较厚，而胚乳的细胞壁较薄，两者均富含β-葡聚糖。从籽粒中心到外缘结构，燕麦蛋白和脂质的含量逐渐增加，而淀粉的含量则递减。

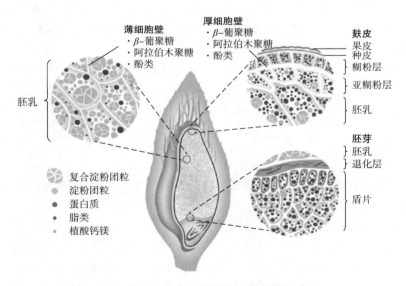

图11-21 燕麦籽粒结构及其主要组成

不同于其他谷物，燕麦整个籽粒均富含β-葡聚糖和油脂（糊粉层和亚糊粉层中β-葡聚糖含量更高），这是燕麦具有独特营养和加工特性的基础。燕麦中β-葡聚糖不仅含量高，其水溶性比例也远高于其他谷物β-葡聚糖，这主要是由于其所含β-1，3和β-1，4-葡聚糖的比例较

高（表11-28）。因此，燕麦和大麦一般作为人体摄入β-葡聚糖的主要来源。

　　与燕麦相似，大麦也分为皮大麦（带壳）和裸大麦（无壳）两类。前者一般称为大麦，后者在中国也被称为青稞。成熟的大麦籽粒主要由壳（内稃和外稃）、果皮、种皮、糊粉层、亚糊粉层、胚芽和胚乳组成（图11-22）。皮大麦的外壳"粘"到颖果上，裸大麦的外壳则易脱离。果皮包含保护性组织，但不像外壳那样木质化；种皮位于果皮内侧，几乎覆盖整个籽粒。胚乳占大麦籽粒的比例最大，由糊粉层、亚糊粉层和胚乳组成，含有大量淀粉和蛋白质。不同于其他禾本科谷物，大麦糊粉层由3~4层细胞组成。

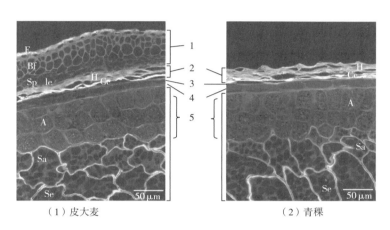

（1）皮大麦　　　　　　　　　　　　　（2）青稞

图11-22　大麦和青稞麸皮的显微结构

1—大麦壳　2—果皮　3—种皮　4—珠心层　5—糊粉层

　　大麦籽粒的非淀粉多糖是构成壳、麸皮、糊粉层和胚乳组织细胞壁的重要组分。与燕麦相似，大麦中β-葡聚糖分布在整个糊粉层和胚乳中，而不仅仅在籽粒的外层结构中。大麦糊粉层厚壁细胞壁主要由阿拉伯木聚糖和β-葡聚糖组成，胚乳的细胞壁中β-葡聚糖的含量高于阿拉伯木聚糖。

　　2. 燕麦和大麦中β-葡聚糖的营养与功能

　　（1）燕麦及大麦β-葡聚糖的分子结构　　燕麦和大麦中的β-葡聚糖在人类健康中具有重要作用。葡聚糖在人体内的许多生理功能均与其浓度的大小有关，而其浓度取决于分子结构、分子质量。谷物中葡聚糖的分子量随品种、产地、提取方法和测定方法的不同而不同。燕麦β-葡聚糖的相对分子质量大于其他谷物β-葡聚糖。在浓度一致的条件下，燕麦麸皮β-葡聚糖的黏度大于胚乳β-葡聚糖，因此，可以推测燕麦麸皮中的β-葡聚糖相对分子质量高于胚乳中β-葡聚糖。

表11-28　　　　　　　　　　　　　常见谷物中β-葡聚糖的分子结构特性

名称	大麦	燕麦	黑麦	小麦
β-葡聚糖相对分子质量	$3.1\times10^3 \sim 2.7\times10^6$	$6.5\times10^3 \sim 3.1\times10^6$	$2.1\times10^3 \sim 1.1\times10^6$	$2.1\times10^5 \sim 4.9\times10^5$
DP3/DP4	1.8~3.5	1.5~2.3	1.9~3.0	3.0~4.5
β-1，4-/β-1，3-糖苷键	2.8~3.3	2.1~2.4	2.8~3.4	3.0~3.8

燕麦和大麦β-葡聚糖的含量达4%~7%。在燕麦中，麸皮中β-葡聚糖的含量是胚乳中含量的1.5~2倍，而大麦籽粒β-葡聚糖的分布较为均匀。燕麦和大麦的β-葡聚糖主要是由D-型葡萄糖以β-1，4-和β-1，3-糖苷键连接而成的线型多糖（图11-23，表11-28），这是其具有良好水溶性的结构基础。大部分学者认为，燕麦β-葡聚糖分子中每隔2个或3个β-1，4-糖苷键就有1个β-1，3-糖苷键。

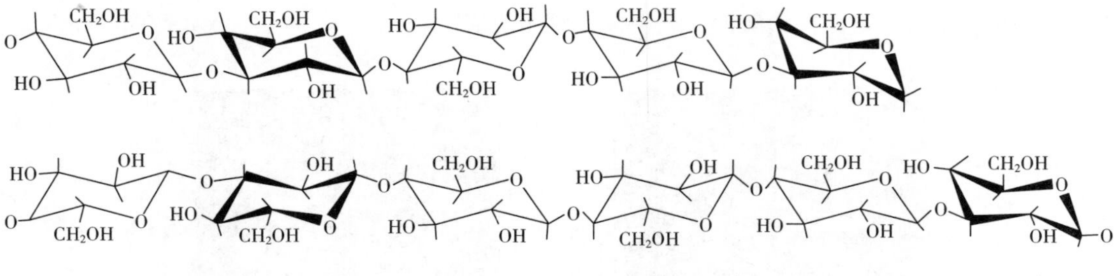

图11-23　谷物 β-葡聚糖的分子结构

（2）燕麦（大麦）β-葡聚糖的营养功能和加工特性　目前，已证实β-葡聚糖具有降血脂、降胆固醇、改善胰岛素敏感性、调节免疫等多种生理活性。同时，燕麦中的β-葡聚糖的高黏度性能使其具有潜在食品应用价值。高纯度谷物β-葡聚糖呈白色，无味、无臭，较稳定，几乎不受pH影响；不溶于乙醇、丙酮等有机溶剂，具有较强持水性。谷物β-葡聚糖有诸多优点，如对热、酸、碱等稳定，可作为乳化剂、增稠剂、稳定剂。

①β-葡聚糖的营养功能特性：降血脂作用。众多研究证据已表明，β-葡聚糖可显著降低血清中胆固醇和低密度脂蛋白的含量，主要原因是β-葡聚糖可在肠内形成高黏度的环境，阻碍了胆汁酸和胆固醇的吸收。可能的具体机制包括四个方面：第一，β-葡聚糖在小肠中与胆酸结合，降低了回流到肝脏的胆酸，胆酸的绝对缺乏导致机体将胆固醇合成胆酸，从而降低了胆固醇含量。第二，β-葡聚糖在大肠中由细菌发酵产生短链脂肪酸，限制了HMG-CoA还原酵素的作用，或因增加LDL-胆固醇而抑制肝脏中胆固醇的合成。第三，高黏度的β-葡聚糖延缓了胃的排空时间，因此降低了餐后胰岛素浓度，从而进一步影响了HMG-CoA还原酵素的调节作用，降低肝脏中胆固醇的合成。第四，β-葡聚糖可能因增加小肠黏度而阻碍脂肪与胆固醇的吸收。大多数人体实验表明，每天服用相当于含8gβ-葡聚糖的燕麦麸皮或食品可有效降低血脂含量。

降血糖作用。谷物β-葡聚糖还显示出一定的降血糖作用。以燕麦或大麦为受试材料的大量研究证明，服用燕麦食品有显著降低血糖含量的作用。β-葡聚糖的浓度、相对分子质量、服用剂量与健康人体的血糖和胰岛素水平的均有关系。人体实验表明，每天服用含有约5gβ-葡聚糖的燕麦食品，可起到较好的降低血糖的效果。其改善血糖的机制主要包括：β-葡聚糖在胃肠道中形成黏性膜，使食物营养素的消化吸收过程变慢，并在整个消化道中进行吸收；胃的排空、肠的蠕动以及营养素消化吸收的变慢减轻了血糖和胰岛素的反应。其他的假说包括：大肠中短链脂肪酸的产生与吸收也对血葡萄糖的消耗与代谢产生影响；胃肠道激素的分泌也间接影响了胰岛素的分泌，同时加强了与胰岛素受体的结合。

增强免疫能力。燕麦葡聚糖还具有明显提高机体免疫功能的作用。小鼠实验表明，灌胃β-葡聚糖后的肿瘤小鼠血清中白细胞介素含量明显升高，表明β-葡聚糖具有刺激小鼠巨噬细胞释放促癌细胞坏死因子和内源白细胞介素的能力，也有研究表明，经灌胃或腹腔注射 β-葡聚糖的小鼠血清中免疫球蛋白数量和 *Eimeria vermiformis* 病抗原数量明显增加，说明 β-葡聚糖具有提高小鼠免疫功能的作用。

②β-葡聚糖的理化特性：流变学性质。燕麦胶的水溶液在浓度大于 0.2% 时表现为非牛顿流体的剪切变稀行为，可作为食品增稠剂。与未水解的 β-葡聚糖相比，适当水解的 β-葡聚糖具有更大的凝胶形成趋势，易于形成网格结构。原因在于部分水解使 β-葡聚糖分子变小，移动能力增大，导致葡聚糖分子间接触概率提高，黏度增大。一般而言，β-葡聚糖浓度大于 5% 时可形成凝胶，且凝胶强度随浓度的增大而增强，且凝胶为可逆凝胶，其溶解温度范围为 58~62℃。

乳化稳定性。β-葡聚糖还具有较好的提高泡沫质量和增强乳化稳定性的能力，但这种能力低于乳清蛋白。当在乳清蛋白液中加入 β-葡聚糖后，可显著改善泡沫质量和乳化稳定性。当乳清蛋白和 β-葡聚糖共同添加时，微粒直径显著减小，并且乳化液的抗相分离能力明显增强。脂肪替代物。研究表明，轻度水解的淀粉糊精与燕麦 β-葡聚糖的混合物具有类似脂肪的特性和口感，可作为脂肪替代物降低食品总热量。淀粉糊精的分子结构、大小以及 β-葡聚糖含量都对混合物特性有明显影响。混合物中 β-葡聚糖含量较低时，混合物表现为剪切稀化，而 β-葡聚糖含量较高时则表现为剪切增稠。

（二）燕麦和大麦麸皮的加工与利用

目前，燕麦主要用来加工燕麦片、燕麦碎（钢切燕麦）、燕麦粉，燕麦麸或者提取燕麦油脂、燕麦葡聚糖等，燕麦的主要加工路线和产品见图 11-24。

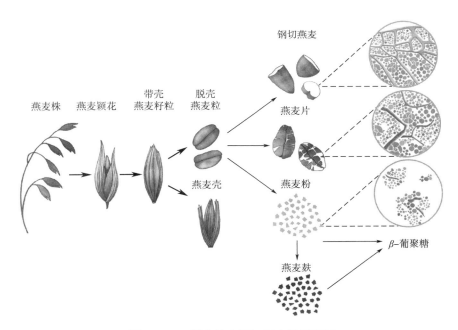

图 11-24 燕麦的主要加工产品示意图

1. β-葡聚糖的提取和利用

燕麦（麸皮）和大麦是 β-葡聚糖的重要富集体，其可溶性膳食纤维占总膳食纤维的 1/3

以上，是β-葡聚糖来源的优质原料。燕麦的提取方法主要包括四类，即水法、酸法、碱法和酶法，各种方法具有各自优缺点（表11-29）。

表11-29　　　　　　　　　　不同方法提取燕麦葡聚糖的优缺点对比

提取方法	优点	缺点
酸法	β-葡聚糖得率高，耗时少	生产成本高
碱法	β-葡聚糖纯度较高，得率高	葡聚糖分子易解聚，生物效用低
水法	β-葡聚糖的纯度高，活性好	耗时长，得率较低
酶法	保持β-葡聚糖特性，得率较高	

利用以上四种方法均可得到较高纯度的β-葡聚糖，但原料品质、粒径、pH、温度、分离纯化方法等都对葡聚糖的结构、组成和功能有明显影响。当原料粒径小于0.5mm时，可到较高的产品得率；在提取的过程中，还需利用75%乙醇对β-葡聚糖酶回流灭活；在提取β-葡聚糖过程中，较低的pH将降低β-葡聚糖的分子质量，低分子质量的葡聚糖的黏度下降，导致其生理功能降低，这是提取过程应该尽量避免的。在获取产品之前，需要去除产品中的残留的淀粉和蛋白质。不同工艺对谷物原料中β-葡聚糖的提取率和产品纯度参见表11-30。

表11-30　　　　　　　　　不同提取方法中谷物 β-葡聚糖的得率和纯度

提取方法	来源	提取时间/h	提取率/%	葡聚糖纯度/%
酸法（高氯酸）	大麦和麦芽	2~3	4.3~6.0	72
酸法（柠檬酸）	大麦	10~12	4.65	80
	燕麦	9~10	6.97	—
	大麦麸皮	20~24	5.6~11.9	73~77
碱法（NaOH）	燕麦麸皮	—	3.9~8.0	87~95
	小麦麸皮	96~120	2.2~2.5	92
	大麦	10~12	3.97	78.1
碱法（Na$_2$CO$_3$）	燕麦麸皮	10~12	8.57	49~66
	燕麦	9~10	5.0	—
水法	燕麦	122~144	2.1~3.9	90.4~93.7
	大麦	168	2.5~5.4	85~91
酶法	大麦	14~16	5.2	81.4
	燕麦	14~16	13.9	—

2. 膳食纤维的制备

为改善燕麦、大麦等谷物麸皮的微观结构、激活被束缚的活性组分、提高其营养保健功效、改善口感和加工品质，需要采用预处理调质、超细粉碎、挤压膨化、酶转化及造粒赋形等多种技术生产高纤维食品基料。具体工艺为：

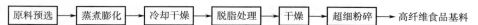
原料预选 → 蒸煮膨化 → 冷却干燥 → 脱脂处理 → 干燥 → 超细粉碎 → 高纤维食品基料

目前，已商业化的谷物纤维包括燕麦麸、燕麦胶、燕麦糊精等产品，其中燕麦胶中膳食纤维和葡聚糖的含量和纯度最高。（表 11-31）

表 11-31　　　　　　　商业燕麦纤维产品的主要成分（干物质）　　　　　单位：g/kg

产品	加工方法	总膳食纤维	β-葡聚糖	蛋白质	脂肪	灰分
燕麦粉	磨粉	60~90	35~50	120~180	50~100	17~30
燕麦麸	干燥磨粉	120~240	55~90	120~200	50~110	21~56
燕麦胶	提取、脱溶	—	600~800	70~220	1~10	30
小麦麸皮	提取、粉碎	320~450	60~150	170~240	30~50	40~65
燕麦糊精	酶法水解	—	16~102	19~43	3~6	14~42
麦麸提取物	干法分离	230~350	60~150	170~240	30~50	40~65

燕麦和大麦麸皮中的膳食纤维和 β-葡聚糖在治疗许多慢性疾病，特别是在降低低密度脂蛋白、血糖，预防乳腺癌与肥胖等方面有着重要作用，若将其加工成主食产品，将极大促进其广泛使用，提升其对人类的健康效应。

思政小课堂

贯彻"大食物观"要把握好五个重要原则

（1）守住国家粮食安全底线是贯彻大食物观的首要任务。大宗粮食作物的安全供给是大食物观的核心基础，没有大宗粮食作物的安全供给，推进大食物观就是空中楼阁。

（2）坚持"绿水青山就是金山银山"是贯彻大食物观的根本前提。落实大食物观必须遵循生态系统物质循环规律与生态平衡规律，构建食物生产力与生态系统资源承载力平衡的大食物体系。

（3）追求人民生命健康是贯彻大食物观的核心目标。面向未来食物消费需求变化趋势，传统的食物供给体系已经难以满足人民生命健康的迫切需要，必须全方位、多途径开发多元化食物资源，实现各类食物供求平衡，更好满足人民群众日益多元化的食物消费需求。

（4）强化科技支撑能力是贯彻大食物观的根本出路。科学开发大食物的根本出路在于科技创新，必须强化科技创新支撑能力，把"藏粮于地、藏粮于技"真正落实到位。

（5）完善政策法规体系是贯彻大食物观的重要保障。食物安全问题是一个涉及社会、经济、科技、政策、体制等方面的系统工程，需要完善政策法规体系，为大食物观的贯彻落实提供重要保障。

本章参考文献

［1］ MILLER J，WHISTLER R. Starch chemistry and technology ［M］.3rd ed. Amsterdam，NLD：Elsevier，2009.

［2］于秋生，李子廷，王华川，等 . 白糠综合利用工艺研究 ［J］. 食品科技，2013，38（2）：159-162，166.

［3］SAUNDERS R M. Rice bran：Composition and potential food uses［J］. Food Reviews International，1985，1（3）：465-495.

［4］KAWAKATSU T，TAKAIWA F. 4-Rice proteins and essential amino acids［M］//BAO J. Rice：chemistry and technology. 4th ed. St. Paul，USA：AACC International，2019.

［5］张书平. 稻壳热解多联产及其产物改性应用的基础研究［D］. 南京：东南大学，2018.

［6］ALVAREZ J，LOPEZ G，AMUTIO M，et al. Upgrading the rice husk char obtained by flash pyrolysis for the production of amorphous silica and high quality activated carbon［J］. Bioresour Technol，2014，170：132-137.

［7］SURGET A，BARRON C. Histologie du grain de blé［J］. Industrie des Céréales，2005，145：3-7.

［8］BURI R，VON REDING W，GAVIN M. Description and characterization of wheat aleurone［J］. Cereal Foods World，2004，49（5）：274-282.

［9］ANTOINE C，LULLIEN-PELLERIN V，ABECASSIS J，et al. Nutritional interest of the wheat seed aleurone layer［J］. Sciences Des Aliments，2002，22（5）：545-556.

［10］JERKOVIC A，KRIEGEL A M，BRADNER J R，et al. Strategic distribution of protective proteins within bran layers of wheat protects the nutrient-rich endosperm［J］. Plant Physiology，2010，152（3）：1459-1470.

［11］WANG J，SUO G，DE WIT M，et al. Dietary fibre enrichment from defatted rice bran by dry fractionation［J］. Journal of Food Engineering，2016，186：50-57.

［12］KHAN K，SHEWRY P R，et al. Wheat：chemistry and technology［M］. St. Paul，USA：AACC International，2009.

［13］刘亚伟. 小麦精深加工：分离重组转化技术［M］. 北京：化学工业出版社，2005.

［14］KAMAL-ELDIN A，POURU A，ELIASSON C，et al. Alkylresorcinols as antioxidants：hydrogen donation and peroxyl radical-scavenging effects［J］. Journal of the Science of Food and Agriculture，2001，81（3）：353-356.

［15］BARRON C，SURGET A，ROUAU X. Relative amounts of tissues in mature wheat（*Triticum aestivum* L.）grain and their carbohydrate and phenolic acid composition［J］. Journal of Cereal Science，2007，45（1）：88-96.

［16］LANDBERG R，KAMAL-ELDIN A，SALMENKALLIO-MARTTILA M，et al. Localization of alkylresorcinols in wheat，rye and barley kernels［J］. Journal of Cereal Science，2008，48（2）：401-406.

［17］ROSS A B，KAMAL-ELDIN A，AMAN P. Dietary alkylresorcinols：Absorption，bioactivities，and possible use as biomarkers of whole-grain wheat-and rye-rich foods［J］. Nutrition Reviews，2004，62（3）：81-95.

［18］周厚德，刘玉环，李瑞贞，等. 全麦中烷基间苯二酚的研究概述［J］. 食品科学，2008，29（8）：680-684.

［19］JANSSON E，LANDBERG R，KAMAL-ELDIN A，et al. Presence of alkylresorcinols，potential whole grain biomarkers，in human adipose tissue［J］. British Journal of Nutrition，2010，104（5）：633-636.

［20］NURMI T，LAMPI A M，NYSTRÖM L，et al. Distribution and composition of phytosterols and steryl ferulates in wheat grain and bran fractions［J］. Journal of Cereal Science，2012，56（2）：379-388.

［21］HEMERY Y，ROUAU X，LULLIEN-PELLERIN V，et al. Dry processes to develop wheat fractions and products with enhanced nutritional quality［J］. Journal of Cereal Science，2007，46（3）：327-347.

［22］HEMERY Y，ROUAU X，DRAGAN C，et al. Electrostatic properties of wheat bran and its constitutive layers：Influence of particle size，composition，and moisture content［J］. Journal of Food Engineering, 2009, 93: 114-124.

［23］BACIC A, STONE B. Chemistry and organization of aleurone cell wall components from wheat and barley［J］. Functional Plant Biology, 1981, 8 (5): 475-495.

［24］FARDET A. New hypotheses for the health-protective mechanisms of whole-grain cereals: What is beyond fibre［J］. Nutrition Research Reviews, 2010, 23 (1): 65-134.

［25］陈中伟. 麦麸糊粉层细胞簇的机械剥离及电场富集研究［D］. 无锡: 江南大学, 2015.

［26］SOUKOULIS C, APREA E. Cereal bran fractionation: Processing techniques for the recovery of functional components and their applications to the food industry［J］. Recent Patents on Food, Nutrition & Agriculture, 2012, 4 (1): 61-77.

［27］BOUKID F, FOLLONI S, RANIERI R, et al. A compendium of wheat germ: Separation, stabilization and food applications［J］. Trends in Food Science and Technology, 2018, 78: 120-133.

［28］GHAFOOR K, OZCAN M M, AL-JUHAIMI F, et al. Nutritional composition, extraction, and utilization of wheat germ oil: A review［J］. European Journal of Lipid Science and Technology, 2017, 119 (7): 9.

［29］STEVENSON L, PHILLIPS F, O'SULLIVAN K, et al. Wheat bran: its composition and benefits to health, a European perspective［J］. International Journal of Food Sciences and Nutrition, 2012, 63 (8): 1001-1013.

［30］CHINMA C E, RAMAKRISHNAN Y, ILOWEFAH M, et al. Properties of cereal brans: A review ［J］. Cereal Chemistry, 2015, 92 (1): 1-7.

［31］RAUSCH K, RASKIN L, BELYEA R, et al. Nitrogen and sulfur concentrations and flow rates of corn wet-milling streams［J］. Cereal Chemistry, 2007, 84: 260-264.

［32］SHEWRY P R, ULLRICH S E, SHEWRY P R, et al. Barley: chemistry and technology［M］. 2nd ed. St. Paul, USA: AACC International, 2014.

［33］BEHALL, K M, JUDITH H. Oats: Chemistry and Technology［M］. 2nd. St Paul, USA: AACC International, 2011.

［34］FRONT M. Oats: Chemistry and Technology［M］. 2nd ed. St. Paul, USA: AACC International, Inc. 2011.

［35］GRUNDY M M, FARDET A, TOSH S M, et al. Processing of oat: the impact on oat´s cholesterol lowering effect［J］. Food Function, 2018, 9 (3): 1328-1343.

［36］MAHESHWARI G, SOWRIRAJAN S, JOSEPH B. Extraction and isolation of beta-glucan from grain sources-a review［J］. Journal of Food Science, 2017, 82 (7): 1535-1545.

［37］OLIVEIRA D M, MOTA T R, OLIVA B, et al. Feruloyl esterases: Biocatalysts to overcome biomass recalcitrance and for the production of bioactive compounds［J］. Bioresource Technology, 2019, 278: 408-423.

第十二章

CHAPTER

全谷物和全谷物食品

12

　　谷物作为人类膳食的主要来源，对人类营养和体质的改善具有至关重要的作用。随着谷物加工技术的进步，长期以来，人类一直努力将谷物精细化加工，生产更为精细的面粉和大米等，从而提高谷物食品的外观、口感和风味，但是同时也造成了膳食纤维、矿物元素、维生素等营养素的流失。近年来，随着超重、肥胖、心脑血管疾病等慢性病的发病率逐渐提高，谷物科学合理的加工和消费成为解决世界范围内健康问题的重要方法和途径，获得了社会各界的广泛关注。

　　从 20 世纪 80 年代开始，发达国家对谷物中的营养元素进行了大量的深入研究，发现全谷物中含有丰富的具有抗氧化、抗衰老等功能特性的生理活性物质及膳食纤维，这些生理活性成分能够以单个组分或协同增效的方式为人体提供各种保健功能。2016 年 10 月 25 日，中共中央、国务院印发并实施了《"健康中国 2030"规划纲要》。其中提到引导合理膳食，重点解决微量营养素缺乏、部分人群油脂等高热能食物摄入过多等问题。全谷物食品营养均衡，是合理膳食重要的组成部分。研究表明全谷物食品的摄入能够降低心血管疾病、癌症、糖尿病等疾病的发病率。随着研究的深入和认识的增加，全谷物食品的重要性受到越来越多的重视。

第一节　全谷物的营养及功能

　　全谷物（whole grain）包含许多重要的营养成分，包括蛋白质、淀粉、脂肪、低聚糖、膳食纤维、维生素 E、B 族维生素（维生素 B_1、维生素 B_2、维生素 B_3 和叶酸）、矿物元素（铁、镁和硒等）、植物化学物质及抗氧化活性物质等，且全谷物中饱和脂肪、钠和单糖含量很低。早在新石器时代，我们的祖先食用的谷物基本上就是我们现在所指的"全谷物"，随着谷物加工技术和社会经济发展水平的提高，人们逐渐认识到身体健康与谷物营养之间的关系。

一、　全谷物的发展历史

　　随着一万多年前农业的出现，全谷物成为人类饮食的核心。至少在过去的 4000 年里，世界上大多数人口一直依赖全谷物作为饮食的主要组成部分。近 100 多年来，精制谷物被引入人类社会。在引进加工精制谷物的技术之前，人们用磨来研磨谷物并生产少量的面粉。传统磨坊在将麸皮和胚芽与胚乳完全分离方面效率低下。1873 年开始出现了辊磨，并被广泛应用以满足消费者对精粮产品日益增长的需求。从 1873 年到 20 世纪 70 年代，全谷物消费量急剧下降，辊磨的出现是一个重要因素。随着社会经济发展和谷物加工技术的提高，人们开始追求口感和美味，将含有大量营养素和生理活性组分的皮层与胚芽作为所谓的"副产物"。随着时间的推移，这种谷物消费方式导致肠道疾病及心脑血管等慢性疾病的发生率日益增加。随着人类对膳食纤维功能的认识及维生素的发现，人们开始反思精细化加工的谷物消费方式，并开始提倡全谷物饮食。

早在公元前 4 世纪，古希腊名医希波克拉底（Hippocrates）就提出了"食为药，药为食"（Let food be thy medicine and thy medicine be food）的假说，我国也自古就有"药食同源"的说法。几千年来，人类都以完整的谷物（如全麦粒）、碎谷物（如碾碎的干小麦和蒸粗麦粉）、面包等烘焙食品、面条等蒸煮类食品的形式食用全谷物。在过去的 200 年中，通常建议摄入全谷物以预防便秘。"纤维假说"首次发表于 1972 年，表明大量未加工的植物性食物，特别是富含膳食纤维的淀粉类食品，可以预防 2 型糖尿病和大肠疾病。

现有的科学文献基础表明，全谷物的消费对保持人类的健康有有益的作用。然而，到目前为止，大多数关于疾病预防的支持性证据都来自于观察性研究。例如，在 1992 年，美国的一项对于 31208 人的群体研究结果表明，与食用白面包相比，长期摄入 100% 全麦面包的人群患非致死性冠心病（CHD）的概率降低 44%，致死性非致死性冠心病患病率降低 11%。1998 年，美国艾奥瓦州女性健康研究中心的研究人员发现，每日至少摄取一餐全谷物的人群非致死性冠心病死亡风险降低了近三分之一。2005 年，美国医学研究所（IOM）食品与营养委员会发布的膳食纤维摄入量饮食参考，主要就是基于全谷物的研究。应进一步扩大有关评价特定全谷物和全谷物食品的营养组成对血糖负荷、健康促进作用等的临床干预作用。越来越多的数据表明，全谷物的消耗量是膳食质量和营养摄入的良好指标。研究表明，将全谷物作为均衡饮食的一部分，可以降低非致死性冠心病和许多其他慢性疾病的发生率，包括肥胖症、2 型糖尿病以及癌症等，并能够促进胃肠道功能。全谷物的健康促进作用主要源于其所含的丰富的营养素、膳食纤维和生物活性物质等的协同效应。

二、 全谷物的组成成分分析

（一）全谷物的基本组成

尽管不同的谷物籽粒结构有所不同，但是其基本结构是相同的（图 12-1）。从解剖学的角度，谷物籽粒主要由三个组分组成：胚乳、胚芽和皮层。胚乳是谷物中占比最大的部分，含有丰富的碳水化合物、蛋白质以及少量维生素和矿物质，是人类的主要食物和能量来源。

胚芽中含有丰富的蛋白质、多种 B 族维生素（硫胺素、烟酸、核黄素和泛酸等）、维生素 E、矿物质（钙、镁、钾、磷、钠和铁）等、抗氧化活性成分以及各种健康脂肪酸；胚芽蛋白中含有人体必需的 8 种氨基酸，其中亮氨酸、苏氨酸、赖氨酸等氨基酸含量较高；胚芽中脂类物质主要是亚麻酸、亚油酸、油酸、棕榈酸和磷脂，其中不饱和脂肪酸含量高达 80% 以上，所以胚芽也是一种理想的营养油脂补充剂。

皮层是谷物中最复杂的组织，其中含有多种高浓度的生物活性物质。皮层中含有多种不同的组织，每层组织中含不同的组分和生物活性物质，包括水溶性和水不溶性的膳食纤维，主要以戊聚糖、细胞壁纤维素和交联 β-葡聚糖的形式存在。糊粉层，通常占皮层质量的 50%~70%，是已知天然烟酸最丰富的来源，同时还含有大量 B 族维生素、矿物质、富含精氨酸和赖氨酸的蛋白质、不饱和脂肪酸以及桂皮酸、黄酮类物质、维生素 E、木质素、花青素和原花青素等抗氧化活性物质。

全谷物提供了独特而有效的膳食生物活性物质，在基本营养之外会影响人体健康。谷物精加工过程中去除了大部分的皮层和胚芽，仅保留了胚乳，所含的营养素较单一，长期食用不能满足机体对必需营养物质的需求。精制谷物产品包括白面粉、脱胚玉米粉、白面包和精白米等。在精制过程中，在全谷物中发现的膳食生物活性物质有多达 75% 会丢失。与精制谷物相比，大多数粗粮提供更多的蛋白质、膳食纤维，以及十几种维生素和矿物质。20 世纪 40 年代初，美国规定精制粉必须添加一些维生素 B（硫胺素、核黄素和烟酸）和铁。

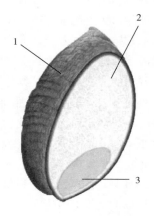

图 12-1　谷物籽粒解剖简图
1—皮层　2—胚乳　3—胚芽

（二）全谷物主要的营养健康因子

许多研究表明，全谷物对健康的促进作用不仅局限于其膳食纤维含量。有研究表明，即便在控制了膳食纤维摄入量的情况下，全谷物对心脏病的有益作用仍然存在。尽管全谷物中的膳食纤维和其他必需营养素可能对其健康效应起主要作用，但饮食中的生物活性成分无疑在健康维护和疾病预防方面发挥协同作用。美国国立卫生研究院（National Institutes of Health）膳食补充剂办公室将膳食生物活性物质定义为"构成食品和膳食补充剂成分的化合物，但满足人类基本营养需求所需的化合物除外，这些化合物能够促进健康状况的改变"。全谷物中存在的大多数促进健康的膳食生物活性物质都存在于谷物籽粒的胚芽和麸皮部分，包括但不限于酚类化合物、植物甾醇、维生素 E、膳食纤维、木酚素、烷基间苯二酚、植酸、γ-谷维素、燕麦生物碱、肉桂酸、阿魏酸、肌醇和甜菜碱。尽管很多研究都集中在全谷物的单一成分上（例如，特定的膳食生物活性物质或纤维），然而流行病学证据表明，与单一成分相比，全谷物食品可以提供对慢性疾病最大程度的保护。有些生物活性物质是特定存在于某些谷物的，如大米中的 γ-谷氨酰胺，燕麦和大麦中的 β-葡聚糖，燕麦中的燕麦酰胺和皂素，以及黑麦中的烷基间苯二酚，尽管这些化合物在小麦等其他谷物中也以相对较少的数量存在。

（三）全谷物的健康促进作用

尽管相关证据还在不断涌现，但已有的观察性研究一致表明，每天食用 2~3 份全谷类食品对健康有益（主要是降低心血管疾病和 2 型糖尿病的风险）。全谷物富含维生素、矿物质、膳食纤维、木质素、β-葡聚糖、菊粉、多种植物化学物质、植物甾醇、植酸盐和鞘脂类。全谷物中的大多数生物活性物质来自其独特的麸皮和胚芽结构。目前的科学研究表明，在全谷物（和其他植物性食品）中存在的不同类型的膳食生物活性物质会具有协同作用，从而促进健康。植物会在某些环境因素（包括紫外线、抗冻性和病原体等）下合成多种生物活性成分。食用后，生物活性物质可能会保持其保护性并在体内作为抗氧化剂或抗炎剂发挥作用。

尽管目前的研究总体上都表明全谷物生物活性物质对许多慢性健康状况有影响，但需要注意的是，许多有关全谷物生物活性物质的功效和生物潜力的研究仅限于小型短期临床试验和人群研究，因此不能用来确定因果关系。还需要进一步的长期临床研究，以证实全谷物生物活性物对已建立的生物学机制以及对慢性疾病的替代终点和临床终点的影响。表 12-1 中列举了目前在全谷物中发现的膳食生物活性物质及其潜在的生理功能。

表 12-1　　　　　全谷物中已知的膳食生物活性物质及其潜在生理功能

生物活性物质	生理功能
酚类：酚酸和黄酮类（如花青素、燕麦酰胺、阿魏酸、香草酸和咖啡酸）	抗氧化剂 消炎 血胆固醇和葡萄糖调节
类胡萝卜素（如叶黄素、玉米黄素、β-隐黄素、β-胡萝卜素、α-胡萝卜素）	维生素原 抗氧化剂 黄斑视网膜组成/功能
维生素 E	抗氧化剂 细胞膜完整性的维持 免疫功能调节 DNA 修复
γ-谷维素	抗氧化剂 血胆固醇调节
植物甾醇和甾醇	通过抑制吸收和增加排泄来调节血液胆固醇
谷物纤维	降低患心血管疾病、糖尿病和某些癌症的风险 体重管理
β-葡聚糖	血胆固醇和葡萄糖调节 免疫功能调节
抗性淀粉、菊粉和低聚糖	调节肠道微生物群

续表

生物活性物质	生理功能
	改善消化健康（粪便量、转运时间、结肠健康），提高免疫功能，降低炎症反应
	降低患胃肠道癌症的风险
	血糖调节
	脂肪代谢调节
	能量摄入的监管
木酚素	抗氧化剂
	植物雌激素作用
植酸	抗氧化剂
	金属离子螯合剂
酶抑制剂（如淀粉酶和蛋白酶抑制剂）	血胆固醇和葡萄糖调节
	降低某些癌症（如乳腺癌和结肠癌）的风险

第二节　全谷物的定义、标准及法规

全谷物与全谷物食品在疾病预防与营养方面的作用远远优于精加工谷物，这已经逐步成为国际学术界的共识，全谷物受到越来越多的重视（表12-2）。国际上第一个全谷物的专题会议于1993年由美国农业部、通用磨坊及美国膳食协会等机构联合发起，在华盛顿召开；1997年在巴黎召开了第一个欧洲全谷物会议；2002年美国全谷物理事会（Whole Grain Council，WGC）在波士顿成立；2005年，欧盟为了增加全谷物食品的摄入以降低糖尿病等慢性疾病的发病率，启动了"健康谷物"研究计划项目，该项目致力于制定健康谷物食品的标准，研究开发富含低聚糖、膳食纤维及其他功能性物质的全谷物食品；2011年4月，以"大力发展全谷物食品满足公众健康要求"为主题的"全谷物"食品发展国际论坛在北京召开。

表12-2　　国际全谷物发展的标志性事件

年份	国家/地区	标志性事件
1993	美国	国际上第一个全谷物专题会议
1997	法国	欧洲第一个全谷物会议
2001	芬兰	全谷物与健康国际会议
2002	美国	成立美国全谷物理事会（Whole Grains Council，WGC）

续表

年份	国家/地区	标志性事件
2007	美国	成立"win"的全谷物国际网络组织
2009	丹麦	成立丹麦全谷物联盟
2005	欧盟	启动"健康谷物"综合研究计划项目
2011	中国	"全谷物"食品发展国际论坛
2014	奥地利	国际谷物科学与技术协会国际全谷物峰会
2017	奥地利	国际谷物科学与技术协会国际全谷物峰会——维也纳全谷物宣言

　　目前，国际上还没有统一全谷物配料与全谷物食品的定义，随着国际全谷物市场的不断发展，形成一个国际统一的全谷物定义标准，并制定一个适合我国国情的全谷物食品标准体系，已经成为当务之急。目前，很多组织机构发布了相应的全谷物定义，各国对于全谷物的定义取决于这些权威机构的有关标准和法规（表12-3）。

表 12-3　　　　　　　　　　　各组织机构对全谷物的定义

年份	组织机构	全谷物定义
1999	美国谷物化学家协会（AACC）	完整、碾碎、破碎或压片的颖果，基本的组成包括淀粉质胚乳、胚芽与麸皮，各组成部分的相对比例与完整颖果一样
2004	美国全谷物理事会（WGC）	与美国谷物化学家协会定义的基本相同，都是包括所有禾本科谷物，同时也包括籽粒苋、荞麦，以及藜麦等假谷物，表述上的不同在于全谷物的营养物质的平衡与天然谷物相近，而不是完全一致
2006	美国食品和药物管理局	进一步明确了全谷物的种类范围，提出全谷物包括籽粒苋、大麦、荞麦、碾碎的小麦、玉米、小米、昆诺阿藜、稻米、黑麦、燕麦、高粱、埃塞俄比亚画眉草、黑小麦、小麦与野生稻米，豆类、油料与薯类不属于全谷物
2008	丹麦技术大学/丹麦国家食品研究所	与美国谷物化学家协会定义的基本相同，不同之处是不包括野生稻米及假谷物类
2010	欧盟健康谷物协会	①全谷物是指去除谷物的外壳等不可食部分后的完整、碾碎、破碎或压片的颖果，基本的结构组成包括淀粉质胚乳、胚芽与麸皮，相对比例与天然完整颖果一样；②允许在加工过程中有少量损失，以去除细菌、霉菌、农药残留及重金属等杂质，但损失量不能超过谷物的2%，麸皮损失量不能超过麸皮总量的10%；③全谷物的各解剖学部分的相对组成比例应考虑不同年份、不同品种、不同批次等合理正常的变幅；④全麦粉生产应按照GMP的要求来进行

续表

年份	组织机构	全谷物定义
2015	中国粮油标准化技术委员会	全麦粉：以整粒小麦为原料，经制粉工艺制成的，且小麦胚乳、胚芽与麸皮的相对比例与天然完整颖果基本一致的小麦全粉
2021	中国营养学会	指未经加工、保留完整颖果结构的谷物籽粒；或虽经碾磨、粉碎、挤压等加工方式，但皮层、糊粉层、胚乳、胚芽的相对比例仍与完整颖果基本保持一致的谷物

在我国，近年来随着全谷物产业的不断发展，对全谷物标准的关注与需求日益增强。我国虽然建立了一些全谷物相关标准，但标准数量很少，缺乏完整的全谷物标准体系，标准的建立还跟不上产品发展的步伐，导致市场上的全谷物食品质量参差不齐，制约我国全谷物的发展。除了使用100%全谷物原料制备的食品称为全谷物食品，多数全谷物食品是采用添加一定比例全谷物原料进行制作。另外，目前市场上也有添加小麦麸皮、燕麦麸皮、米糠等的面粉等产品和食品，因此需要制定按全谷物概念和营养组分添加的产品的标准和规程。

2015年7月，由国家粮食和物资储备局科学研究院起草的我国第一个全谷物产品行业标准 LS/T 3244—2015《全麦粉》正式发布并实施，该标准首次采用烷基间苯二酚（ARs）作为全麦粉的品质指标，为我国健康谷物产品——全麦粉及其产品的发展奠定了良好的基础。此外，"健康谷物及其产品术语""全麦挂面""易煮全谷物""糙米米粉""燕麦片""发芽糙米"等多项全谷物行业标准或国家标准得到立项批准。2018年12月，由中国焙烤食品糖制品工业协会发布实施了几项全谷物食品的团体标准，包括 T/CABCI 004—2018《全谷物冲调谷物制品》、T/CABCI 002—2018《全谷物焙烤食品》、T/CABCI 003—2018《全谷物膨化食品》等；还有其他全谷物的相关标准，比如 DB34/T 3259—2018《全谷物粉 燕麦粉生产加工技术规程》、DB34/T 3258—2018《全谷物粉 荞麦粉生产加工技术规程》等也正在逐渐完善实施，为我国全谷物标准体系的建设做出了很多有益的探索。2021年，中国营养学会讨论通过了《全谷物及全谷物食品定义及标识通用规范》，首次对全谷物和全谷物食品的定义标识做了明确规定。

未来，我们需要进一步围绕全谷物定义、原料、检测方法、加工技术规程、加工新产品等开展深入研究，加强与国际组织合作交流，逐步建立并完善适合我国国情的全谷物标准体系。

第三节 常见全谷物原料及其潜在活性成分

一、小麦

小麦是世界上种植最广泛的谷物，年平均种植面积约2.3亿 hm^2。小麦是许多国家的主食，它的流行源于小麦面粉的高品质和多功能性，使其具有独特的烘焙和蒸煮特性。小麦在温带气候下生长良好，生长期短。此外，它具有非常丰富的营养成分，富含蛋白质和膳食纤维，是许多微量营养素，特别是铁和锌的良好或极好的来源，同时含有许多对健康有益的植物化学物质。

（一）分类

普通小麦是根据其籽粒硬度（硬质小麦和软质小麦）、生长习性（冬小麦和春小麦）以及籽粒颜色（白皮小麦和红皮小麦）对其进行分类以供销售和最终使用的。我国小麦种植面积大，分布范围广，不同区域及不同的自然条件决定了我国小麦的不同类型，以适应不同的生态环境。我国有三大自然麦区，分别是北方冬麦区（包括河南、山东、河北、陕西、山西等）、南方冬麦区（包括江苏、安徽、四川、湖北）和春麦区（包括黑龙江、新疆、甘肃等）。一般来说，北方冬麦区生产的小麦蛋白质含量高，面筋质量好，南方麦区的小麦则品质较差。

（二）潜在活性成分

1. 酚酸

酚酸是小麦中重要的酚类化合物，主要包括羟基苯甲酸类和羟基肉桂酸两类衍生物。羟基苯甲酸类衍生物包括对羟基苯甲酸、儿茶酸、香草酸、水杨酸和没食子酸；羟基肉桂酸衍生物包括香豆酸、咖啡酸、阿魏酸和芥子酸。酚酸广泛存在于各种谷物的皮层（糊粉层中含量较多）以及胚细胞壁部分，在胚乳部分仅有少量存在。小麦含有许多酚酸，主要是阿魏酸和阿魏酸脱氢二聚体。咖啡酸、芥子酸和对香豆酸的相对含量较低。阿魏酸是一种强抗氧化剂，因为自由基能够从苯环上的羟基中提取氢，并通过其共轭双键体系使阿魏酸上的未配对电子离域，其在结肠内被吸收后，会以其共轭形式（如葡糖醛酸）跨越结肠上皮细胞在血浆的水相中发挥其抗氧化作用。据报道，食用纯化阿魏酸有许多潜在的健康益处。在 ApoE 基因敲除小鼠（一种在几个月内发生自发性动脉粥样硬化的动物模型，被认为是研究饮食对动脉粥样硬化影响的良好模型）实验中，饮食中饲喂 0.2%阿魏酸的小鼠动脉中没有脂肪斑，而对照组 80%的小鼠则显示脂肪斑。与单纯高脂饮食相比，在高脂饮食喂养的小鼠中，加入 0.5%阿魏酸可减缓体重增加，降低血浆和肝胆固醇以及氧化应激。此外，在用致癌物诱导的大鼠中，饲喂阿魏酸（250mg/kg）的大鼠结肠瘤明显少于未饲喂阿魏酸的对照饮食的大鼠。然而，小麦研磨会大大降低各种酚酸的浓度。例如，精白面粉中阿魏酸的含量不足全麦面粉的 15%（图 12-2）。

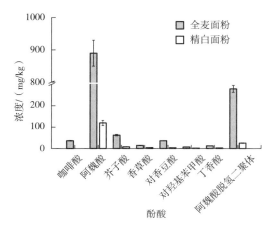

图 12-2 全麦面粉和精白面粉中各类酚酸浓度对比

2. 烷基间苯二酚

小麦还是烷基间苯二酚的重要来源，仅次于黑麦（分别约为750mg/kg和950mg/kg）。烷基间苯二酚是一类具有两亲性的特殊酚类类脂，具有潜在的生物活性。含0.4%烷基间苯二酚的饲料喂养的大鼠肝脏胆固醇比对照组低。此外，在饲喂高脂肪/高蔗糖饮食的小鼠中，添加0.4%的烷基间苯二酚可减少肝脏脂肪堆积和空腹血糖，并降低胰岛素抵抗。烷基间苯二酚具有抗氧化性，并且在生物膜中抗氧化性相对较高，是由于其苯环上两个间位的羟基具有清除自由基和给出质子的能力，在生物膜上时，它能够插入膜中，与相邻的磷脂以氢键的方式结合，增强了其抗氧化性，低浓度的谷物烷基间苯二酚就可以保护红细胞膜避免发生过氧化氢诱导的脂质过氧化。和酚酸一样，烷基间苯二酚也主要在麸皮中富集，而在生产精白面粉时，绝大部分会消失，所以烷基间苯二酚一般被认为是全谷物的一种生物标记。同时，烷基间苯二酚很容易在挤压、发酵或烘烤过程中分解。

3. 植物甾醇

植物甾醇是植物甾醇类和甾烷醇的总称，在结构上与胆固醇类似。小麦富含植物甾醇，仅次于黑麦。据报道，小麦中总甾醇含量约为78.3mg/100g，其中谷甾醇含量约占53%、菜油甾醇含量为16%、甾烷醇含量为22%，其他植物甾醇含量为10%。植物甾醇，也称植物固醇，可以通过减少肠道胆固醇吸收而降低血浆胆固醇。小麦胚芽脂质是植物甾醇的主要来源（492mg/100g）。

相比之下，小麦中的类胡萝卜素含量相对较低，特别是与谷物中类胡萝卜素含量最高的玉米相比。叶黄素是小麦中含量最高的类胡萝卜素，其次是玉米黄素和β-胡萝卜素。硬粒小麦中的类胡萝卜素含量高于普通小麦。

不同类型的小麦中生物活性成分含量有所不同。科学家通过对148个不同白小麦基因型与24个红小麦基因型的比较，发现红小麦的总酚、总黄酮和总抗氧化活性平均较高，而类胡萝卜素则相对较低。

二、燕麦

（一）发展史和营养组成

已知最早的燕麦栽培可以追溯到青铜器时代。全球每年燕麦产量在2000万~2500万t。燕麦可以以多种形式供人类食用，如燕麦谷粒、燕麦片、燕麦粉和膨化燕麦粒等。燕麦谷粒是未经精细加工的初级产品，可以直接蒸煮食用，有时也添加到面包中。燕麦片是经水分调节后在高温下滚筒压制而成，燕麦片可以添加到粥、面包等产品中进一步烹调食用，也可以作为谷物早餐加入牛奶中直接食用。膨化燕麦粒则可由水分调节后的谷粒在高温下经挤压膨化或烘烤而成。自20世纪60年代以来，世界各国对燕麦的消费量一直在持续增长。根据国际谷物理事会（International Grains Council）的全球供需预测，由于对燕麦的健康益处的大量报道，人类对燕麦的消费量预计将继续增加，其会成为早餐谷物的重要组成部分。

燕麦含有蛋白质、脂肪、膳食纤维等大量营养素和酚酸、维生素、矿物质等微量营养素。燕麦粉由约66.2%的碳水化合物、16.9%的蛋白质、10.6%的总膳食纤维、8.2%的水、6.9%的脂类和其他微量组分组成。燕麦中的微量营养素不仅包括微量矿物质，还包括维生素和植物化学物质，如类胡萝卜素、酚酸、黄酮类化合物、燕麦生物碱（AVAs）和皂苷。根据中国前预防医学科学院营养与食品卫生研究所的分析结果，燕麦中蛋白质和脂肪含量在各类谷物中较高，人体必需的 8 种氨基酸含量很高且组成平衡。燕麦中赖氨酸含量为小麦、稻米的 2 倍以上，色氨酸含量约为小麦、稻米的 1.7 倍。另外，燕麦中油酸和亚油酸、钙、磷、铁、维生素 B_2 等含量均较高。

（二）潜在活性成分

1. β-葡聚糖

燕麦中膳食纤维的含量与玉米、大麦和高粱相当。燕麦中既有可溶性纤维，也有不可溶性纤维，两者的质量比约为 1∶1。燕麦中的可溶性纤维主要由 β-葡聚糖（可达80%以上）组成，对燕麦的胶黏特性和健康益处发挥重要作用。不溶性纤维部分主要由纤维素和其他非纤维素多糖组成，如阿拉伯木聚糖。β-葡聚糖是一种非淀粉多糖（结构如图12-3），主要存在于燕麦和大麦中。β-葡聚糖即使在低浓度（约0.3%）时也具有很高的黏性，这一重要的物理特性可以增加食糜在胃肠道中的黏度而有利于消化，同时可在胃壁上形成一层保护膜，是胃溃疡患者的良好食物。更重要的是，β-葡聚糖能降低低密度胆固醇含量，降低心血管疾病发生的概率，欧美科学家建议每日食用燕麦片不少于60g。

β-葡聚糖的高黏性还能够抑制胃的排空，延缓小肠中葡萄糖的吸收，从而有效延缓餐后血液中葡萄糖的上升速率。研究发现，大多数淀粉食材在打碎、磨粉、制浆之后，消化速率和预期血糖反应都会上升，而这些加工对燕麦的影响相对较小。此外 β-葡聚糖虽不能被小肠吸收，但在大肠中可以被发酵，产生丙酸、丁酸等短链脂肪酸，这些脂肪酸既能抑制腐败菌，又能促进肠道细胞更新和有益菌的增殖，因此能够有效预防便秘和肠癌，改善肠道环境。

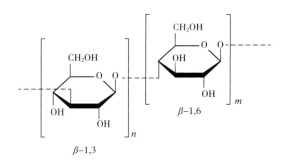

图 12-3　燕麦中 β-葡聚糖的结构

2. 酚酸

膳食酚酸是植物界中数量最多的次级代谢产物和生物活性物质。燕麦中有三种主要形式的酚酸，分别为游离、共轭（酯化）和结合形式。游离形式的酚酸约占总酚酸的 25%，主要为阿魏酸、香草酸和对香豆酸。酯化和结合形式的酚酸占 75%，以阿魏酸、香草酸、芥子酸、对香豆酸和对羟基苯甲酸为主要成分。酯化和结合酚酸通常与甘油、长链一元醇和蛋白质发生酯化结合在一起，需要酸、碱和（或）酶水解来释放。

3. 黄酮类化合物

黄酮类化合物是一类广泛存在的次级代谢产物，在植物生理学中具有多种重要作用。人体不能直接合成黄酮，只能从食品中获得。黄酮类化合物的结构是由两个芳香环（A 环和 B 环）连接一个含氧杂环，称为 C 环。根据 C 环结构不同，可分为黄酮醇、黄酮、黄烷醇、黄烷酮、花青素和异黄酮。山奈酚是燕麦中含量最高的黄酮醇，约为 57.8mg/kg，与高粱相当。燕麦中除了山柰酚外，还含有山柰酚-3-芸香糖苷、槲皮素、黄酮（即异牡荆素、芹菜素、木犀草素和麦黄酮）和黄烷酮（包括高圣草酚）。黄酮类化合物是很强的抗氧化剂，可有效清除人体内的自由基，抗氧化能力可达维生素 E 的 10 倍之多，这种抗氧化能力可以阻止细胞的退化、衰老，也可阻止癌症的发生。黄酮类还可以促进血液循环，降低胆固醇含量，这些作用降低了心脑血管疾病的发病率。

4. 燕麦生物碱

燕麦生物碱（AVAs）也称燕麦蒽酰胺，为燕麦所特有。燕麦生物碱的化学结构由一系列邻氨基苯甲酸及其衍生物和一系列肉桂酸及其衍生物经过酰胺键连接而成。燕麦中大多数燕麦生物碱由咖啡酸（2c）、阿魏酸（2f）或 p-香豆酸（2p）组成（图 12-4），燕麦生物碱在燕麦中的含量在 30~775.5mg/kg。由于燕麦生物碱同分异构体的性质过于相似，难以区分，因此很难用高效液相色谱（HPLC）和液相色谱-质谱（LC-MS）等技术对不同结构的燕麦生物碱进行量化。燕麦生物碱具有很强的抗氧化、抗炎、抗过敏和抗癌等生物学功能。由于其这种性质，胶态燕麦粉可以用于皮肤的消炎止痒。2003 年，美国食品和药物管理局认可胶态燕麦粉作为缓解各种皮肤疾病的保护剂，其主要功效成分为燕麦生物碱。

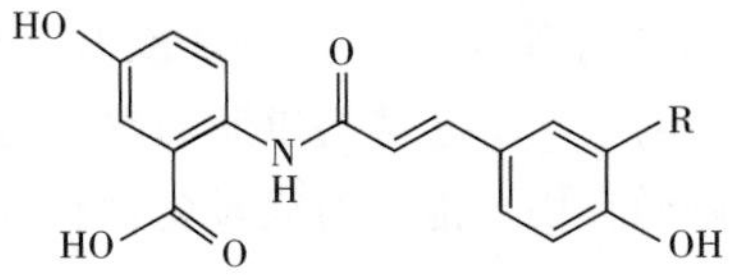

咖啡酸，R=OH；阿魏酸，R=OCH₃；香豆酸，R=H

图 12-4　燕麦生物碱的化学结构

5. 皂苷

皂苷（皂素）是一种甾体或三萜类苷类化合物，广泛存在于大量植物和植物产品中，因与水混合振摇时可生成持久性的似肥皂泡沫状物而得名。皂苷类化合物在人类和动物营养中具有重要作用，其主要功效是抗菌作用，并具有解热、镇静、抗癌等生物活性。在日常食用的谷物中，只有燕麦含有皂苷。

三、稻谷

（一）营养组成

稻谷自古以来就是世界各国人民的主要粮食作物，在世界上 100 多个国家广泛种植。稻米作为主食在人类饮食中具有重要的地位。一粒完整的稻谷由外壳（颖壳）和糙米（果实）两部分组成，稻谷经砻谷机去壳以后得到糙米。从植物学的角度来讲，糙米就是完整的果实，也就是所谓的全谷物稻米，包括果皮和种皮（高度愈合在一起）、胚芽、胚乳三部分。在稻米精加工过程中，糙米经过碾白除去果皮、种皮以及胚芽，得到我们平时所食用的大米，也就是精白米，其主要为胚乳。

由于糙米在结构上保留了几乎全部的米糠层（皮层），其蒸煮后的口感难以被人接受，因而目前尚无法取代精白米成为日常主食，但糙米中所含有的对人体健康有益的营养成分和生物活性物质（表 12-4）已受到越来越多的关注。与其他全谷物相比，糙米的总蛋白和总纤维含量较低，但其含有一系列独特的生物活性纤维、脂质、氨基酸/肽、维生素（主要是 B 族维生素和维生素 E）及植物化学物质，这些物质在促进人类健康方面发挥着重要作用。糙米的营养价值主要集中在米糠层。

表 12-4　　　　　　　　　　糙米与精米中的典型营养和生物活性物质及分布

营养/活性成分	主要分布	糙米中含量/（mg/100g）	精米中含量/（mg/100g）
硫胺素（维生素 B_1）	糊粉层	0.24~0.45	0.04~0.126
核黄素（维生素 B_2）	糊粉层	0.075~0.086	0.011~0.037
维生素 E	胚	1.31	痕量
γ-谷维素	皮层与胚	30~50	3~6
阿魏酸	皮层	0.321	0.11
植酸	糊粉层	560~850	痕量
木酚素	皮层	占皮层含量的 1%	痕量

（二）潜在活性成分

1. γ-谷维素

γ-谷维素是阿魏酸酯和植物甾醇发生酯化反应的产物，它具有很多生物活性，其中包括降低胆固醇、抗肿瘤、抗衰老、预防糖尿病和抗氧化作用等。有研究表明米糠及米糠油中的降血脂功能因子主要为 γ-谷维素；口服糙米中的 γ-谷维素对小鼠摄食行为和兴奋平衡有较好的调控作用，可改善葡萄糖不耐效应。

2. γ-氨基丁酸

γ-氨基丁酸（GABA）是一种非蛋白质氨基酸，具有较高的生理活性。糙米中含有丰富的 γ-氨基丁酸，糙米经发芽后 γ-氨基丁酸含量进一步提高，可达 10 倍左右。γ-氨基丁酸的主要生理功能在于能够参与机体神经性功能，目前已被作为医药原料用于降压药、利尿剂、安定剂中。γ-氨基丁酸能参与脑血管血压的调节，有研究表明，γ-氨基丁酸能促进大脑血液流动，增强脑部供氧，对因脑血栓、脑动脉硬化引起的头痛、耳鸣、神经衰弱等症状具有临床疗效，此外，γ-氨基丁酸还具有调节心律不齐、调节垂体激素分泌、胃酸分泌等功能。富含 γ-氨基丁酸的功能性稻米的研究越来越广泛。

3. 植酸

植酸（IP_6）是以肌醇磷酸钙镁复盐的形式存在于谷类中。植酸钙镁是一种无色无定形粉末，微溶于水，不溶于乙醇等有机溶剂，在酸性水溶液中易解离成植酸和金属离子。传统上，植酸是一种抗营养因子，植酸的存在对糙米中矿物元素、蛋白质等营养素的吸收不利。但就现代营养学看来，植酸又是一种食品功能因子，具有很强的抗氧化性，还能够预防肝癌和脂肪肝、抗炎症、降血脂、防止肾结石等。从植物种子中提取出的植酸钙镁含有丰富的肌醇，能作为工业生产肌醇的原料。

除上述植物活性物质之外，糙米中还存在少量酚酸、植物甾醇、木酚素、烷基间苯二酚、叶酸、二十八醇、谷胱甘肽等，这些物质具有不可低估的生理功能。长期补充糙米或发芽糙米制品对人体健康十分有利。

四、玉米

玉米是世界主要粮食作物之一，也是继小麦、稻谷之后的第三大主粮。玉米环境适应性强，产量大，现代科技发展已培育出香玉米、甜玉米、糯玉米以及彩色玉米等，品种繁多。

玉米含有多种营养成分，其中胡萝卜素、维生素 B_2 和脂肪含量丰富。其脂肪含量是稻谷和小麦的 2 倍，主要集中在玉米胚芽中。玉米脂肪酸组成中亚油酸占 50% 以上，并含较多的卵磷脂和谷甾醇以及丰富的维生素 E。因此玉米具有降低胆固醇、防止动脉粥样硬化和高血压的作用，并能刺激脑细胞，增强记忆力。玉米皮层较厚，含有大量的膳食纤维，能促进肠道蠕动，预防肠道疾病。玉米中最具代表性的几类生物活性物质如下。

（一）酚类化合物

酚类化合物被定义为具有一个或多个芳香环和一个或多个羟基的化学物质，通常可以分为酚酸类、黄酮类、二苯乙烯类、香豆素类和单宁类。黄酮类化合物和酚酸是玉米中的主要酚类化合物。

1. 酚酸

酚酸是玉米中的主要植物化学成分之一。使玉米具有一定的酸味、苦味和涩味，其味道阈值为 40~90mg/kg。普通玉米中含量最多的酚酸为以结合形式存在的阿魏酸。在玉米中酚酸除具有较高的生理活性和保健价值外，天然酚酸如反式肉桂酸和阿魏酸还是有效的玉米黄曲霉和寄生曲霉的杀菌剂。

2. 黄酮类

黄酮类化合物是玉米中含量最多的一类酚类化合物。流行病学研究表明，摄入黄酮类化合物可以降低患慢性病的风险，包括心血管疾病（CVD）、糖尿病和癌症。花青素是玉米中的水溶性黄酮类化合物，根据 pH 和浓度的不同，颜色可由紫色变为粉红色。果皮中花青素含量最高（高达 50%），糊粉层中也含有少量的花青素。不同籽粒颜色的玉米花青素含量不同；紫玉米中花青素含量最高，约为 141.7mg/100g（玉米粉），黄粒玉米中花青素含量较低。玉米中的花青素已被证实具有抗氧化、抗炎、抑制脂肪积累和抗癌等生物活性和健康益处。

（二）类胡萝卜素

类胡萝卜素是可提供黄色、橙色和红色的一类天然色素。在自然界中已发现的类胡萝卜素有 600 多种。它们有促进健康的生理功能，是维生素 A 原和抗氧化剂。类胡萝卜素由于其化学结构的中心部分具有一系列共轭双键，具有光吸收和独特的单重态氧淬灭能力。类胡萝卜素是油溶性化合物，因此每餐中摄入的类胡萝卜素需要 3~5g 脂肪/油来促进吸收。某些加工工序如机械均质和热加工可增加类胡萝卜素的生物利用度。

1. 胡萝卜素

β-胡萝卜素和 α-胡萝卜素是维生素 A 原类胡萝卜素，它们可以在人体内转化为视黄醇（维生素 A），而叶黄素不具备这一功能。理论上，一分子的 β-胡萝卜素可以通过酶促反应主要在肠黏膜中转化为两分子的视黄醇。维生素 A 原转化为视黄醇是由人体生理需求驱动的，如果体内视黄醇含量充足，就会抑制其转化。

2. 叶黄素类

主要包括叶黄素（lutein）和玉米黄素（zeaxanthin）。与其他类胡萝卜素不同，叶黄素不能转化为维生素 A。叶黄素和玉米黄素可被选择性地吸收到眼睛的黄斑区域，并可吸收 90% 的蓝光（450~470nm），因此可防止短波光到达眼睛的关键部位并造成氧化损伤。

3. 植物甾醇

玉米油中富含植物甾醇，大多数植物油含有1~5g/kg的植物甾醇，而玉米油含有5.13~9.79g/kg，油脂精炼前含量则更高。玉米籽粒中，胚芽部分含油量最高（24.2%~30.7%），胚乳和果皮部分含油量仅为0.4%~1.2%。谷甾醇是玉米中最主要的植物甾醇，占从玉米中提取的总甾醇的77%~87%，其次是菜油甾醇，占13%~23%。市面上的玉米胚芽油产品多以"富含植物甾醇"为宣传点。

五、 青稞

青稞属于禾本科大麦属，也称无壳大麦或裸麦，是我国青藏高原地区最主要的农作物之一，具有抗寒、耐旱、耐瘠薄、生长期短、适应性强、抗逆性强、产量稳定、易栽培等优点，青稞是具有广泛应用前景的经济作物，现已被用于特色食品、功能食品、酿酒和饮料等多个领域。青稞是一种具有保健功能的特色谷物，有"三高两低"（高蛋白、高纤维、高维生素和低脂肪、低糖）的组分特性，食用全青稞符合人体营养膳食结构的需要。此外，全青稞的预测血糖指数（pGI）在39.4~47.5，被认为是低血糖生成指数食品，适合糖尿病人食用。特殊的生长环境导致青稞具有极强的抗逆性，富含纤维素、β-葡聚糖、酚类化合物、维生素E和γ-氨基丁酸等生物活性成分。这些生物活性成分使青稞具有良好的预防心血管疾病、预防糖尿病、抗氧化、抗癌、降血压、降血脂、改善肠道菌群等作用。

（一）β-葡聚糖

青稞是β-葡聚糖含量最高的麦类作物，是食物中可溶性膳食纤维的最佳来源，与其他谷物相比具有独特优势。β-葡聚糖是青稞中最具代表性的生物活性物质，目前我国所培育出的β-葡聚糖质量分数最高的青稞品种为86.2g/kg，是小麦的50多倍，显著高于世界青稞品种的平均水平。青稞β-葡聚糖呈致密蜂窝状小孔结构，使其油脂、胆固醇和葡萄糖吸附能力优于燕麦β-葡聚糖和酵母β-葡聚糖，在降血糖和降低血脂方面具有综合优势。

（二）酚类化合物

研究表明，青稞中的酚类化合物平均水平高于小麦、稻米、玉米和燕麦，主要是酚酸和黄酮类化合物。青稞中80%左右的总酚分布在麸皮和胚芽部位，其中黑色品种青稞的总酚、总黄酮和花青素含量最高。阿魏酸是青稞中存在的主要酚酸，对炎症、糖尿病、心血管疾病、细胞凋亡、癌症和神经退行性疾病具有有益作用。青稞中的多酚以结合型为主，青稞结合型多酚可在体外模拟胃肠道消化和体外发酵过程中被释放出来，改善青稞中酚类化合物的生物有效性，提高青稞的抗氧化活性，促进胃肠消化，降低结肠癌的患病概率，在全谷物食品的营养功能中具有重要作用。

六、 荞麦

（一）分类和营养组成

荞麦是蓼科荞麦属双子叶植物。从严格的定义上来讲，荞麦并不属于禾本科的谷物，被称作"假谷物"或"伪谷物"（pseudo cereal grains），但由于其消费方式与谷物相似，因此习惯上也被归为广义的谷物。我国是世界荞麦的主产区之一，也是世界荞麦的起源中心和遗传多样性中心。我国的荞麦栽培种主要为甜荞和苦荞。其中，甜荞又称为普通荞麦（*Fagopyrum es-*

culentum），分布较为广泛，主产区集中在我国内蒙古、山西、陕西、甘肃、宁夏等地。苦荞又称为鞑靼荞麦（*F. tartarium*），主产区集中在云南、贵州、四川、西藏以及陕西、甘肃、山西的中南部，多分布在海拔 1500~3000m 的山区、高原和高寒地区。

荞麦营养丰富，含淀粉、蛋白质、脂肪、多种维生素、矿质元素、膳食纤维、非淀粉多糖等。荞麦蛋白氨基酸种类齐全，配比合理，富含赖氨酸和精氨酸，可弥补其他谷物碱性氨基酸的不足。此外，荞麦中含有很多独特的生物活性成分，如荞麦多糖、芦丁、槲皮素、山柰酚等，具有降血压、降血脂、抗氧化等多种活性功能，是药食兼用作物。苦荞种子中生物活性成分的平均含量远高于甜荞。

（二）潜在活性成分

1. 蒽醌类

蒽醌类成分广泛存在于蓼科植物中，主要以糖苷形式存在，具有抗菌、保肝、抗癌等生物功能。大黄素是荞麦中主要的蒽醌类化合物，在荞麦植株各部位均有发现，且以荞麦麸皮中含量相对较高。

2. 酚类

酚酸和黄酮类化合物是荞麦中的主要酚类化合物。目前，采用高效液相色谱、质谱和核磁共振等技术从荞麦（特别是苦荞麦）中鉴定出多种酚酸成分，包括对羟基苯甲酸、原儿茶酸、咖啡酸、绿原酸、没食子酸、阿魏酸、对香豆酸、丁香酸。这些酚酸主要以游离形式存在于麸皮中。研究表明，苦荞麸皮中酚酸含量最高的是对羟基苯甲酸，其次是咖啡酸、绿原酸和原儿茶酸，且在荞麦壳中原儿茶酸含量最高。

3. 黄酮类

荞麦黄酮类化合物以其丰富的相对含量、独特的组成和生物活性，近年来引起了国内外学者的广泛关注，是荞麦多酚最主要的成分。黄酮醇是苦荞中的主要黄酮类成分，近年来已经从苦荞中鉴定出芦丁、异槲皮素、山楂醇、槲皮素-3-O-β-D-半乳糖苷、槲皮素-3-O-β-D-葡萄糖苷、山楂醇-3-O-β-d-半乳糖苷、山楂醇-3-O-β-D-葡萄糖苷、槲皮素-3-O-α-L-鼠李糖苷、槲皮素-3-O-半乳糖基鼠李糖苷，槲皮素-3-O-β-D-木糖基-（1，2）-α-L-鼠李糖苷等黄酮醇类成分。黄酮类化合物具有较强的抗氧化性，可降低患慢性病的风险。此外，荞麦中的芦丁还可以作为治疗静脉曲张的药剂。

不同的谷物在加工特性及营养和生物活性成分组成上各具特色，上述谷物在全谷物主食、谷物早餐、冲调粉、糕点等全谷物食品的开发中作为主要原料，对人体健康发挥着重要作用。除此之外，黑麦、小米（粟）、高粱、薏米等谷物以及假谷物中的籽粒苋、奇亚籽等也越来越多地被引入到工业化全谷物食品生产中。

第四节　全谷物食品及其加工

一、　常见的谷物加工技术

相比谷物的精细加工，全谷物的加工面临更大的挑战，不仅要保留营养，更要满足现代消费者对食品色、香、味以及质构和口感的越来越高的要求。另外，由于皮层和胚芽的保留，贮藏稳定性及安全性也成为全谷物加工业中存在的难题。加工技术的革新与进步是全谷物产业发展的基础。

（一）制粉

谷物制粉，顾名思义就是将谷物碾磨成粉末。

1. 全麦粉

小麦粉制粉技术的发展主要经历了三个过程。一是石磨谷物加工时期。随着远古时期农业的发展，开始出现了石磨的谷物。传统的石磨（图12-5）通常是将整粒小麦磨粉后，经过简单筛理得到小麦粉，这种小麦粉在很大程度上保留了谷物麸皮与胚芽的营养组分。随着更加复杂的石磨设计与更加精细的筛网的出现，石磨小麦粉的精度逐渐提高。二是19世纪70年代，由于辊磨的出现而发展起来的精细化机械制粉工业时期。麸皮、胚芽等成为制粉工业的副产物。三是新兴全麦粉加工技术。与其他谷物制粉不同，生产全麦粉的关键在于保护面筋蛋白和淀粉的质量不受损坏。使用现代粉碎机进行一次性磨粉，其加工过程通常较为剧烈，对面筋和淀粉造成很大的破坏，所生产的全麦粉加工品质较差。为避免过度研磨对面筋蛋白和淀粉的破坏，目前多数制粉厂采用的是用辊式磨粉机先将麸皮和胚芽与面粉分离，然后采用锤式粉碎机、盘式粉碎机等传统研磨设备或球磨机、超微粉碎等新型设备将麸皮与胚芽分别粉碎成细小的颗粒，再将麸皮与胚芽按一定比例回添到面粉中，与面粉均匀混合形成复合型全麦粉。

与普通精白面粉相比，全麦粉的保质期较短。一是由于小麦麸皮中微生物含量较高，二是由于麸皮胚芽中富含不饱和脂肪酸和活性酶，容易酸败而产生不良风味。一般情况下，未处理的全麦粉贮藏期较短，为2个月左右。如果将分离后的麸皮和胚芽经过稳定化处理，主要是采用热处理、挤压处理、超高压等技术进行杀菌、灭酶处理，再回添到面粉中，其保质期可与普通精制小麦粉相近。

图12-5　传统石磨

2. 机械粉碎杂粮全粉

其他杂粮因不含面筋蛋白，在制粉时主要考虑其粒度和口感。以燕麦粉为例，普通燕麦粉的工业生产方式为：

燕麦原粮清理 → 淘洗 → 炒制 → 碾磨制粉 → 机械/气流筛分

随着制粉技术的不断发展，超微粉碎技术逐渐被引入到杂粮粉生产中，粉碎后的物料通过分级轮实现粗、细粉的分离，粗粉流入粉碎腔再次粉磨，净化的气体由引风机排出。粉碎后的粉体可按不同粒度分级收集，也可不进行分级收集得到谷物全粉。这一技术显著改善了杂粮粉制品的口感。

谷物制粉工艺体现了从天然到过度加工再回归天然的趋势，然而随着现代消费者对风味和口感以及食品安全的要求愈加苛刻，对加工技术的要求也就越来越高。

（二）热加工

常见的谷物传统热加工方式有焙烤、蒸煮、微波、红外烘烤，以及高压蒸汽处理等。热处理是谷物熟化的重要过程，同时热处理可以杀死谷物中的微生物，并灭活脂肪氧化酶等导致全谷物食品品质劣变的氧化酶类，提高全谷物产品贮藏稳定性。焙烤、红外烘烤等热处理方式还会使谷物产生特殊的香味物质，如大麦茶、荞麦茶等风味的产生。热加工对谷物食品的营养成分有较大影响，特别是 B 族维生素以及一些热敏性生物活性物质。

（三）营养强化

谷物营养强化是指向谷物中外源添加或通过生物技术（如发芽等）提高某些特定营养素含量。将谷物作为营养素强化载体在发达国家已较为成熟，近 20 年来在我国也取得了较快的发展。目前，精制小麦粉和大米营养强化主要是添加维生素 B_1、维生素 B_2、叶酸、烟酸、钙、铁、锌等。营养强化会对谷物食品色泽、风味等产生影响。尽管营养强化后小麦粉和稻米有与全谷物相当或含量更高的强化营养素（维生素和矿物质），但全谷物中的纤维、微量元素、脂类及天然抗氧化剂等植物营养素难以通过营养强化实现补充。

（四）挤压加工

挤压加工是通过水分、机械剪切、热能与压力等综合作用力形成的高温、高压的短时的新型加工方式，与传统的加工方式相比，挤压加工具有连续、高效的优点，广泛应用于谷物早餐食品的加工，也用于谷物冲调粉等的预熟化处理。研究表明，食品经挤压后可提高消化性，同时营养素的利用率也大幅度增强。但经挤压加工后，大部分谷物总酚、维生素等抗氧化活性物质含量显著减少。

二、 全谷物食品的定义与标准

全谷物食品，顾名思义，就是以全谷物为原料加工而成的食品，但全谷物食品并不是所谓的"完整谷物颗粒"食品，也并非所有含有全谷物原料的食品都可以定义为全谷物食品。长期以来，究竟什么是全谷物食品，哪些食品可以标注为全谷物食品，是消费者、食品研发人员、食品生产商以及政府有关监管部门普遍关注的问题。如果使用 100% 的全谷物原料，比如一碗糙米饭或者燕麦粥，或者用 100% 全麦粉制作的面包，那么毫无疑问这些属于全谷物食品；但当一种食品的原料中同时含有全谷物和经过精细加工或营养强化的谷物成分时，答案就变得复杂。对于一个食品产品而言，每份或每 100 克产品中至少含有多少克或多大比例的全谷物的原料，这成为每个国家对全谷物食品标签标识的依据，因此一种产品是否属于全谷物食品，取决于每个国家的有关法规规定，以下列举的是各个国家现行的规定，我国相关标签标识的标准也于 2021 年正式讨论通过（表 12-5）。

表 12-5　　　　　　　　　　　不同国家有关全谷物食品的现行有关标准和法规

国家与时间	机构和标准法规	全谷物食品的基本要求	其他限制与备注
美国 1999/2003 年	美国食品和药物管理局"全谷物食品健康声明"	至少食品总质量的 51% 是全谷物原料	对脂肪和胆固醇有限制
美国和国际 2005 年 1 月	美国全谷物理事会"美国全谷物食品标签""国际全谷物食品标签"	基本标签：每份量（serving）中至少有 8g 全谷物原料；100% 标签：每份量中至少有 16g，并且所含谷物原料都是全谷物	无
美国 2005 年 10 月	美国农业部食品安全与检测服务中心（USDA/FSIS）"过渡政策指南"	每份量中至少有 8g 全谷物原料；至少 51% 的谷物原料是全谷物	无
美国 2006 年 8 月	美国全谷物理事会"全谷物食品标签（含禽肉的谷物食品）"	基本标签：每份量中至少有 8g 全谷物原料，而且至少 51% 的谷物原料是全谷物；100% 标签：每份量中至少有 16g 全谷物原料，而且所有谷物原料都是全谷物	适用于含禽肉类谷物食品，所以属于美国农业部的食品安全与检测服务中心管辖
英国 2007 年 11 月	"英国全谷物食品指导报告"	对那些在包装盒上声称"含有全谷物"的食品，工作小组建议这些食品每份量中必须含有最低 8g 的全谷物原料	包装上有引人注目的全谷物含量的食品需要注明"定量性原料声明"
加拿大 2007 年 12 月	全谷物理事会"加拿大全谷物食品标签"	基本标签：每份量中至少有 8g 全谷物原料；100% 标签：每份量中至少有 16g，并且所有原料都是全谷类	无
美国 2007 年 12 月	美国农业部食品与营养服务中心（USDA/FNS）"妇女、婴儿与儿童过渡法规"	一般来说，全谷物必须是第一个注明的食品原料，而且食品必须符合美国食品与药物管理局规定的全谷食品健康声明要求	只有某些谷物产品符合要求：在大米、大麦、小麦片或燕麦粥中不能添加糖、盐或油；早餐谷物有含糖量的限制与含铁量的要求
丹麦 2007 年和 2008 年	丹麦国家食品学会（DTU）"全谷物食品报告"	以干基计算，每类食品中全谷物含量与总谷物含量的比例必须不低于一定值： 面粉、谷物和大米为 100% 面包≥50%（或 30% 的面包总质量） 薄脆饼干、早餐谷物和意大利通心面≥60%	只有被列举的食品才能有资格被称为全谷物食品。不包括全谷曲奇饼干、全谷蛋糕和全谷华夫饼干等产品

续表

国家与时间	机构和标准法规	全谷物食品的基本要求	其他限制与备注
美国 2008 年	美国农业部食品与营养服务中心（USDA/FNS）"美国校园更健康饮食的挑战"	对大多数全谷物食品，全谷物必须是包装上列出的第一个原材料；或者所有全谷物原料的总质量必须多于其他任何原料。如果全谷物原料的总质量多于任何其他谷物原料，该类食品也可称为全谷物食品	必须符合《儿童营养计划食品购买指南》中使用的谷物食品/面包的食用份量（多数情况下，每份量不少于 14.75g 谷物）
瑞典 1989 丹麦 2009 挪威 2009	瑞典国家食品管理局 "Keyhole Symbol"	以干基计算，每类食品中全谷物原料含量与总谷物原料含量的必须不低于一定值： 面粉、粉和谷物为 100% 薄脆饼干、麦片粥和意大利通心面 ≥50% 面包、三明治和卷饼 ≥25% 比萨饼、波兰饺子及其他风味派 ≥15%	只适合于此处列出的品种。对脂肪、糖和钠盐有限量。对某些品种有最低纤维量要求
美国 2009 年 10 月	美国国家科学院药物研究所 "学校餐饮：健康儿童的结构单元"报告	号召学校提供"富含全谷物"食品。符合该标准的食品必须满足以下任何一个要求：（1）每份量中含有至少 8g 的全谷物原料；（2）达到 FDA 全谷食品的健康声明规定（全谷物原料的质量占总质量的 51% 及以上）；（3）对单一原料的食品（如面包），全谷物的重量应该是第一位；对混合原料的食品（比萨、玉米热狗），全谷物应该作为第一个谷物原料	必须符合《儿童营养计划食品购买指南》中使用的谷物食品/面包的食用份量（多数情况下，每份量不少于 14.75g 谷物）。注意：报告建议逐渐将标准提高到每份量食品含 8g 以上全谷物原料
德国		在包装上采用"全谷物食品"的标签名称，必须符合以下要求： 面包和裸麦面包：至少含有 90% 全谷物原料 意大利通心面：含 100% 全谷物原料	无
荷兰	荷兰烘焙中心	如果面包采用 100% 全谷物粉制作，则可以合法称为全谷物面包。虽然对其他食品还没有相应法规，但通常惯例是"采用 50% 的规定"，即当一个产品中的谷物原料含量一半以上是全谷物原料时，则可称之为全谷物食品	在包装上不许使用诸如 20%，30%，50% 或 80% 全谷物之类的描述。对面包而言，此类描述是非法的

续表

国家与时间	机构和标准法规	全谷物食品的基本要求	其他限制与备注
澳大利亚 2009 年 8 月	Go Grains	澳大利亚对全谷物食品的定义还没有政府法规，但是 Go Grains 鼓励生产者在给食品打上"全谷物食品"的标签时要确保食品中至少含有 10% 的全谷物原料或者每份量至少含有 4.8g 全谷物原料	无
中国 2021 年 3 月	中国营养学会	（1）100% 全谷物食品：以谷物、水及必需的加工助剂（如酵母）制成的谷物制品，谷物原料 100% 来自谷物，如粥、饼、面条等； （2）全谷物食品：以谷物、水及其他配料制成的谷物制品，全谷物是除水外第一配料，且不少于食品总质量（以干基计）的 51%； （3）含全谷物食品：以谷物、水及其他配料制成的谷物制品，全谷物是谷物的主要来源，不小于谷物原料的 51% 且大于食品总质量（以干基计）的 25%	无

三、 全谷物食品的产品形式及加工技术

全谷物几乎含有影响人体健康的所有营养素，除了蛋白质和淀粉外，其他的营养健康因子主要存在于其胚芽和皮层中。全谷物食品可以提供更多的蛋白质、膳食纤维、不饱和脂肪酸和一些重要的天然维生素、矿物质，还含有一些果蔬食品中没有的，营养价值较高的抗氧化剂，所以尝试食用全谷物食品是改善营养健康饮食的良好开始。对于全谷物加工主要是将原料全谷物经除杂、调质、脱壳、碾制或研磨，最后加工成可以食用的、符合不同质量标准的粒状或粉末成品，之后在此基础上通过蒸煮、焙烤、挤压膨化等技术进一步加工成可直接食用或经简单烹调即可食用的全谷物食品。

（一）全谷物产品形式

全谷物食品的开发与市场正处于快速发展的阶段，全谷物产品种类逐年迅速增加。美国全谷物理事会（WGC）公布的数据显示，截至 2012 年 11 月，全球获批使用全谷物食品标签的产品总数已超过 8000 种，由分布在 19 个国家的 335 个相关食品公司生产。在获批使用全谷物食品标签的产品中，面包、麦片和休闲食品所占比例最大（图 12-6）。归结起来，市场上的全谷物食品主要有以下几种产品形式。

1. 全谷物食品主食类

谷物的完整颖果直接加工或者分别经过碾碎、破碎或压片加工后进行蒸、煮或焙烤制成的

主食食品。其基本组成（包括淀粉质胚乳、胚芽与麸皮）与各组成部分的相对比例与完整颖果一样。全谷物食品中保留原汁原味的全谷物成分，作为传统主食历史较为悠远。目前，市场上主要有全麦面粉、全麦面包、全麦面条、全麦馒头、全麦片、玉米面包、玉米面条、糙米等全谷物食品；还有高粱面、高粱馒头、谷子和荞麦等杂粮全谷物主食食品。

2. 全谷物食品即食冲调类

该类产品以普通全谷物为基料，也可以辅以糖、调味剂、脂肪或其他配料等形成不同风味的产品；除此之外，还有通过添加水果、坚果等辅料形成混合型谷物食品，主要有燕麦片、玉米片、荞麦片、谷物早餐等。该类食品一般在食用前只需要经过沸水冲调或者不需要经过任何处理即可食用。由于其方便、快捷和高营养价值多作为早餐主食，深受消费者的喜爱。

3. 鲜食全谷物食品类

鲜食全谷物食品是比较特殊的一类食品，它们虽然属于菜肴系列，但是也满足全谷物的定义。鲜食全谷物是未成熟的青麦仁、玉米粒、毛豆、豌豆、黑豆、蚕豆等谷物（或广义谷物）经过简单的粗加工制得的。鲜食全谷物食品可以通过速冻贮藏技术来延长保质期，并且其营养成分损失很小。

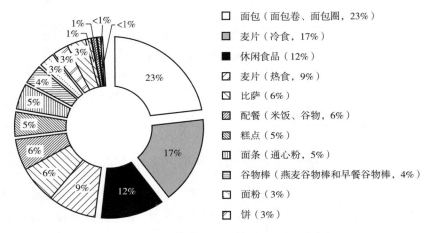

图 12-6　获准使用全谷物食品标签的产品中不同种类全谷物食品所占比例

（二）谷物早餐的生产工艺

本节以谷物早餐为例简要介绍全谷物食品生产工艺。谷物早餐是以大米、玉米、燕麦和小麦等谷物为原料，将其加工成片状或多孔状物料，加入牛奶中或者是稍微煮沸就能够食用的一类早餐食品，其加工方式多样、形状各异，有时可加入干燥的果蔬颗粒。谷物早餐起源于美国，是出现较早的一类全谷物食品，包括片状谷物早餐、挤压膨化谷物早餐、焙烤膨化谷物早餐、喷射膨化谷物早餐等几大类，在国外市场已较为普遍。谷物早餐的加工工艺主要包括蒸煮、质构转化、成型三个步骤。

1. 蒸煮

首先将谷物进行蒸煮，使谷物中的淀粉发生糊化形成淀粉基质，其中蒸煮温度是该加工工艺的关键技术；谷物受热的方式有直接加热蒸煮器表面通过热传导使物料升温、热蒸汽喷射在产品上和黏性产品通过内剪切或强烈混合摩擦生热三种。现代工业化蒸煮设备已实现了运用计

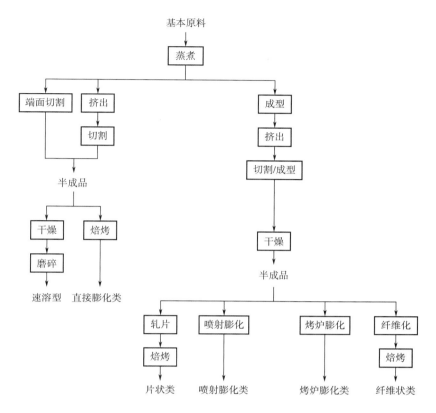

算机程序运算对水蒸气进入和排放的自动控制，提高了操作安全性，并可精确控制蒸煮时间，同时可提高蒸煮颗粒均匀度。

2. 质构转化

对蒸煮好的产品经过成型、切割、干燥、焙烤等操作，使水蒸气释放出来，形成疏松多孔的松脆结构，此时产品为半成品。质构转化是谷物早餐食品加工中的重要工艺环节，对后续成型有直接影响。

3. 成型

（1）片状谷物早餐 片状谷物早餐通常使用双辊压片机成型或滚筒干燥成型。双辊压片机可将蒸煮和质构转化后的颗粒状物料直接通过双辊挤压力的作用压成薄片状。滚筒干燥由一个或多个内部可加热的旋转滚筒组成，滚筒可设计为中空形式以便通入蒸汽进行加热，或采用电加热方式进行加热，并通过滚筒壁将热量传给物料。糊状物料由于黏附力的作用在滚筒表面成膜并迅速被干燥，干燥好的物料由刮刀刮下，产品为片状，再进行相应加工，以取得所需形状的产品。

（2）挤压膨化谷物早餐 谷物在挤压膨化机中经过螺杆、螺桨的推力作用，谷物向前成轴向移动，同时螺桨与谷物、谷物与机筒以及谷物内部产生机械摩擦。随着机腔内部压力的逐渐增大，温度也不断升高。在高温、高压、高剪切力的作用下，淀粉糊化、裂解，蛋白质变性、重组，纤维发生部分降解、细化，致病菌被杀死，酶类失活。在强大的压力差下，物料由模孔瞬间喷出，水分急骤汽化，物料膨化，形成酥松、多孔、酥脆的膨化产品。其中挤压膨化技术的关键工艺在于对温度、压力和剪切力的控制。

（3）喷射膨化谷物早餐 多采用连续喷射膨化设备，将谷物原料预热后，将其送入喷枪加热室中，然后对喷枪加热室加热，通过向喷枪加热室注入一定的水蒸气使加热室内压力变大，然后打开加热室阀门，使内部原料重新回到常压状态下，得到喷射膨化产品。

四、 我国全谷物食品的消费现状及发展展望

（一）我国全谷物食品的消费现状

自 20 世纪 80 年代以来，全谷物食品的营养、健康及其加工逐渐引起了发达国家的学术界、工业界与政府部门等的高度关注，尤其是在过去的 20~30 年里，发达国家对全谷物的兴趣变得尤为突出。

近年来，我国慢性疾病的发病率逐年提高，加上政府、相关组织和媒体的引导和宣传，人们的健康意识不断增强，越来越多的消费者开始注重营养平衡与合理膳食，全谷物食品的健康增强作用也逐渐深入人心。目前，国内市场上已经出现了全麦粉、全麦挂面、糙米和发芽糙米、谷物早餐及杂粮产品等全谷物食品，并开展了相关研究。但与发达国家相比，还相对落后、缺乏系统性。

首先，目前我国谷物市场仍以精白米面食品为主，全谷物所占比例不高。在发达国家，全麦粉及其制品、发芽糙米及其制品、燕麦等全谷物食品发展迅速；虽然国内也不断有同类产品出现，但受加工技术、饮食习惯和认知程度的限制，发展仍不够理想。从近几年的统计数据来看，加工精度高的特等米、标准一等米、特制一等粉、特制二等粉等产品仍占有绝对优势。

其次，国民的健康意识仍有待提高。目前，我国消费者对全谷物食品的营养价值还缺乏全面的认识。长期以精白米面为主的饮食习惯使消费者对于新的健康知识和信息适应性差，尚不能结合自身特点，主动加以完善，形成新的饮食习惯。

最后，标准、法规发展滞后。从 20 世纪开始，美国、英国、瑞典、荷兰等部分西方国家都结合本国实际相继出台了一系列全谷物食品标准和法规。我国在该方面相对滞后，直到 2015 年 7 月，由国家粮食和物资储备局科学研究院起草的我国第一个全谷物产品行业标准——"LS/T 3244—2015《全麦粉》"正式发布并实施。

（二）全谷物食品发展展望

随着我国居民营养性疾病发病率不断升高以及对全谷物营养健康作用研究的不断深入，我国对全谷物产品的开发与推广工作也在不断加强。为推进我国全谷物市场的发展，2011 年 4 月在北京召开了"全谷物"食品发展国际论坛，相关机构也多次组织研讨会及专题论坛。自"十二五"以来，我国粮油工业发展规划中一直将发展全谷物食品列为重点发展方向，明确提出要推进全谷物营养健康食品的研发和产业化，提高专用米、配合米、营养强化米、发芽糙米、留胚米等所占的比例，加强杂粮加工专用设备和关键技术研发，加快开发杂粮系列化传统食品和健康方便新食品，支持企业建设绿色、有机杂粮生产基地等。这些相关政策表明了我国对发展全谷物食品的日益重视。《"健康中国 2030"规划纲要》提出了全民营养与健康的重大战略。众所周知，民以食为天，饮食的营养与健康是国家全民营养健康战略的重要组成部分，而健康主食则必将成为促进饮食健康的主要内容。在这一国家战略的影响下，以全麦、糙米、谷物早餐等为代表的全谷物主食食品必将迎来高速发展阶段。

总而言之，无论在欧美等发达国家还是在我国，对全谷物的热衷与兴趣都在快速增长，政府、科研单位、工业界、健康组织均非常重视全谷物食品的研发和宣传教育工作，消费者对全谷物保健作用的关注程度在不断提高，购买全谷物的意愿也不断增强。可以预见，全谷物食品

市场必将在世界范围内得到快速的发展，将会对我们的膳食结构与粮食消费观念，直至人类健康产生深远的影响。

思政小课堂

谷物是膳食的重要组成部分。根据加工程度不同，谷物可分为精制谷物和全谷物，其中全谷物的特点是保留了谷物的胚乳、胚芽和麸皮，且相对比例与完整谷物相同。全谷物既可以是完整的谷物籽粒，也可以是碾磨、粉碎、压片等简单处理后的产品。2021 年 5 月 29 日，科信食品与健康信息交流中心联合中国疾病预防控制中心营养与健康所、国家粮食和物资储备局科学研究院、农业农村部食物与营养发展研究所、中国农业科学院农产品加工研究所、中国农学会食物与营养分会、中华预防医学会健康传播分会、中华预防医学会食品卫生分会 8 家专业机构发布《全谷物与健康的科学共识（2021）》（以下简称《共识》），以帮助消费者更全面了解全谷物与健康的关系，促进公众养成食用全谷物的膳食习惯。《共识》指出，全谷物含有丰富的可发酵膳食纤维，如燕麦和青稞中的 β-葡聚糖等成分不仅可以改善便秘，刺激肠道有益菌如双歧杆菌和乳酸杆菌的生长，还可促进肠道菌群的稳定性和多样性，从而降低肠道疾病风险，如可以降低肠道癌症风险。食用全谷物还有助于维持健康体重，可降低糖尿病、心血管疾病和某些癌症的患病风险。《共识》还对全谷物和全谷物食品的定义、全谷物与健康的科学共识等进行了分析和解读，有利于帮助公众逐步改变"精、细、白"的主食消费习惯，提高全谷物在膳食结构中的比例。

本章参考文献

［1］谭斌，乔聪聪．中国全谷物食品产业的困境、机遇与发展思考［J］．生物产业技术，2019（6）：64-74.

［2］侯国泉．全谷物食品——营养健康益处［J］．农业机械，2011（5）：34-35.

［3］鞠兴荣，何荣，易起达，等．全谷物食品对人体健康最重要的营养健康因子［J］．粮食与食品工业，2011，18（6）：1-6，16.

［4］汪丽萍，谭斌，刘明，等．全谷物中生理活性物质的研究进展与展望［J］．中国食品学报，2012，12（8）：141-147.

［5］侯国泉．全谷物食品——定义与标准法规［J］．农业机械，2011（2）：17-18.

［6］郭顺堂．我国全谷物食品的开发及存在的问题［J］．北京工商大学学报：自然科学版，2012，30（5）：11-15.

［7］张珺．不同加工中糙米主要活性物质变化及富含 γ-氨基丁酸糙米米线研究［D］．长沙：湖南农业大学，2015.

［8］JOHNSON J，WALLACE T C. Whole grains and their bioactives：composition and health［M］. Chichester，UK：Wiley & Sons Ltd，2019.

［9］MARQUART L，JACOBS JR D R，MCINTOSH G H，et al. Whole grains and health［M］. Chichester，UK：Wiley & Sons Ltd，2008.

［10］王春玲．全谷物营养与健康指南［M］．北京：化学工业出版社，2014.

［11］冯健．一种新型谷物营养方便早餐食品的加工工艺优化研究［D］．北京：中国农业机械化科学研究院，2011.

CHAPTER

第十三章

发酵面制食品

13

发酵面制食品（发酵面食）以面粉为主要原料，经过和面—成型—醒发—熟制而成，是全球人民的主要主食品种之一。发酵是发酵面食制作过程中最重要的步骤，直接影响产品的最终质量。目前，面食发酵方法主要包括化学膨松剂发酵、酵母发酵和老面发酵。它们的发酵原理基本上一致，即利用发酵剂在面团中产生大量二氧化碳，使面团充分膨胀，从而使食品膨松、酥脆或柔软可口，形成我们所熟悉的各种发酵面食。但是，由于它们化学成分和产气机理有很大差异，会对发酵面食本身产生不同影响。

第一节　化学发酵面制食品

由小麦粉制成的化学发酵面制品种类琳琅满目，包括曲奇、蛋糕、咸饼干和椒盐脆饼干等。饼干不仅在外观和口味上有所不同，而且在生产时所需的加工工艺也各不相同。

化学发酵面制品大部分是由软质小麦面粉制成。如果原料来源中缺少软质小麦，也可以采用硬质小麦代替。然而，使硬质小麦变硬的影响因素显然也会对由这种小麦制成的面粉为原料的食品质地产生影响。因此，用硬麦粉制得的曲奇几乎总是比用软麦粉制得的相同产品的质地坚硬。

一、化学发酵的概念及化学发酵剂

能够使面制食品发酵膨松的四种气体是空气、水蒸气、二氧化碳和氨。空气（混合气体）有助于发酵面制品的发酵。水也存在于所有烘焙产品中，但其膨松作用相当有限，主要是因为它的沸点相对较高。仅当产品以非常快的速度加热时，水蒸气才是有效的发酵剂，如撒盐饼干。与面包相反，本节中描述的产品是由碳酸氢盐或碳酸盐与酸的化学反应，或者碳酸氢铵（NH_4HCO_3）的分解产生二氧化碳进行发酵的。

二氧化碳的最常见来源是碳酸氢钠或碳酸氢铵。碳酸氢钠（$NaHCO_3$）与酸（HA）反应如下：

$$NaHCO_3 + HA \longrightarrow NaA + CO_2 + H_2O$$

　　碳酸氢铵加热后，在以下反应中释放出三种气体：

$$NH_4HCO_3 \longrightarrow NH_3 + CO_2 + H_2O$$

　　碳酸氢铵只能用于最终水分含量小于或等于5%的产品中。如果采用碳酸氢铵生产时，终产品具有较高的水分含量，则产品中将残留部分的氨，使食品不可食用。因此，碳酸氢铵仅限于在干饼干和一些点心饼干的生产中使用。在此类产品中，碳酸氢铵的优势是加热反应后不会残留盐。残留的盐会影响产品的风味或面团的流变学特性，或两者均受影响。碳酸氢钾也是产生发酵作用的二氧化碳潜在来源。但是它具有一定的吸湿特性并给产品带来轻微的苦味，通常并不使用。

　　碳酸氢钠（小苏打，baking soda）具有相对较低的成本和较高的纯度，易于处理且无毒，最终产品相对无味，这些优势使得它成为迄今为止最受欢迎的膨松剂。它的主要缺点是碱度高，有可能使产品的局部pH过高而不利于产品品质。

　　若要理解二氧化碳作为发酵气体的应用，必须了解其化学性质。它与水反应形成碳酸（H_2CO_3），反应如下：

$$CO_2 + H_2O \longrightarrow H_2CO_3$$

　　二氧化碳可以以游离CO_2的形式存在，也可以以碳酸氢盐（HCO_3^-）或碳酸盐（CO_3^{2-}）这两种离子形式之一存在。每种溶液中二者的相对比例取决于溶液的pH和温度。图13-1是CO_2以三种不同形式存在时的pH。如果pH保持在8.0以上，则不会有发酵气体（CO_2）可用。许多软质小麦产品最终的pH接近7.0，其中只有一部分CO_2处于气态。

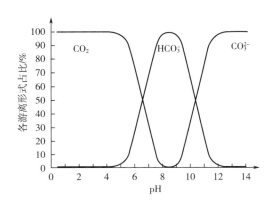

图13-1　二氧化碳（CO_2）、碳酸氢盐（HCO_3^-）和碳酸盐（CO_3^{2-}）
三种不同存在形式的百分比与pH的关系

　　碳酸氢钠（$NaHCO_3$）易溶于水，当与面糊或面团混合时会迅速溶解。此时，上述混合体系的pH将提高到不释放二氧化碳的程度。碳酸氢钠在水性系统中加热，会分解成二氧化碳和碳酸钠（Na_2CO_3），如下所示：

$$2NaHCO_3 \longrightarrow Na_2CO_3 + CO_2 + H_2O$$

　　当将酸与$NaHCO_3$一起添加到面糊或面团系统中时，可以获得更高的二氧化碳产量，并且可以更好地控制其释放速率。烘焙中使用的许多成分都是酸的来源，比如酸味果品或乳酪。

　　如果配方不含酸，则必须使用小苏打和酸（即泡打粉）的组合。泡打粉是一种复配膨松剂，由小苏打、一种或多种酸盐和稀释剂混合而成。GB 1886.245—2016《食品安全国家标准食品添加剂复配膨松剂》规定泡打粉的有效二氧化碳产率不得少于12%。该规定有效地确定了小苏打的水平。所使用的一种或多种酸取决于它们的中和值。惰性稀释剂通常是干燥的淀粉，其主要功能是分隔泡打粉中的酸性粉末及碱性粉末，避免它们过早反应。泡打粉在保存时也应尽量避免受潮，否则会提早失效。

发酵粉有两种：单作用或双作用。双效泡打粉含有两种酸性粉末，其中一种酸性粉末在低温时与苏打粉作用，而另外一种酸性粉末则在焙烤时与苏打粉完全作用。

泡打粉制剂中所需的酸量取决于小苏打粉量和酸的中和值。由于使用的酸多是酸性盐，其反应的化学计量通常不清楚，因此提出了中和值的概念。

通常，产品 pH 不应受到发酵反应的影响。然而，若酸的用量不正确，则会改变产品的性质和口味。例如，过量的小苏打通常会使产品具有肥皂味。许多产品的颜色也高度依赖于 pH。

用于烘焙工业中的膨松酸有数种。通常这些酸在不同温度下的反应速率会有所不同（图13-2）。表13-1列出了最常见的膨松酸的性质。

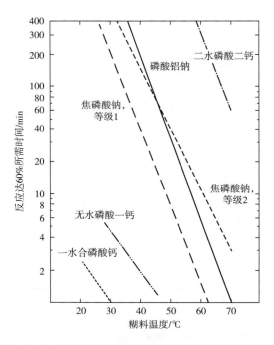

图 13-2　不同膨松酸的反应速率与糊料温度的关系

表 13-1　　　　　　　　　　　　　　　　常见膨松酸的特性

膨松酸	化学式	中和值	相对反应速率[1]
酒石（酒石酸一钾）	$KHC_4H_4O_6$	45	1
一水磷酸二氢钙	$Ca(H_2PO_4)_2 \cdot H_2O$	80	1
磷酸二氢钙	$Ca(H_2PO_4)_2$	83.5	2
酸式焦磷酸钠	$Na_2H_2P_2O_7$	72	3
磷酸铝钠	$AlNa_3(PO_4)_2$	100	4

续表

膨松酸	化学式	中和值	相对反应速率[①]
硫酸铝钠	NaAl（SO$_4$）$_2$	100	4
二水磷酸氢钙	CaHPO$_4$·2H$_2$O	33	5[②]
葡萄糖-δ-内酯	C$_6$H$_{10}$O$_6$	50	—[③]

注：①相对速率：温度由低至高 1＝在室温下反应，5＝在烘烤温度下反应。

　　②用作膨松酸反应太慢，用于调节最终的 pH。

　　③除温度以外，反应速率取决于很多种因素。

　　塔塔粉（cream of tartar，酒石酸的单钾盐），是葡萄酒生产中的副产物，即原始的膨松酸，它在室温下容易反应。由于它相对昂贵，因此在大多数应用中已被磷酸二氢钙替代。磷酸二氢钙在室温下也易于反应，被广泛用作双效泡打粉中的速效成分。

　　市场上在售的有几种焦磷酸钠（sodium acid pyrophosphates，SAPPs），依据制备方法不同，它们的反应速率各不相同。焦磷酸钠广泛用于罐装饼干和蛋糕甜甜圈中，两者都有独特的发酵要求，只有焦磷酸钠才能满足要求。使用焦磷酸钠的主要问题是它们会在口腔中残留"余味"，即所谓的"焦糖"味，在这些产品中非常明显。余味的产生是由牙齿中的钙与磷酸氢钠中的钠交换引起的，而磷酸氢钠是由酵解反应产生的，是分解焦磷酸盐的酶作用的结果。通过向配方中添加各种形式的钙以限制磷酸氢钠的作用仅起部分效果。

　　磷酸铝钠（SALP）广泛用作双效泡打粉中的第二种（高温）酸，也用于商业烘焙中。它不仅是一种良好的膨松酸，而且还能增强产品的内部组织结构。硫酸钠铝（SAS）在磷酸铝钠（SALP）上市之前，是泡打粉中最常见的第二酸（高温酸）。现在它仍在某些配方中使用。硫酸钠铝的主要问题是对产品的内部组织结构有弱化的影响以及稍有涩味。

　　磷酸氢钙不是酸性盐，因此不能产生发酵反应。但在较高的温度下，由于盐的歧化作用可产生酸性反应。通常，要在非常高的温度下，这一歧化作用才偶尔使得该盐能起膨松酸的作用，但是它对于调节产品的最终 pH 是有用的。

　　葡萄糖酸-δ-内酯是一种内酯，它能水解产生酸。它的水解可在较宽的温度范围内发生，故在焙烤食品中的应用受到一定限制。由它制备的产品倾向于带有些许的苦味。它的主要优点是不像其他膨松酸那样产生无机盐。

　　膨松酸除明显的影响产气量和产气速率外，在某些情况下还会影响产品的口味，膨松反应产生的盐还会影响产品的流变学特性。通常二价或三价的离子能增加产品的弹性，而硫酸根离子则趋于使产品的弹性降低。这些离子可能通过与面糊中的蛋白质形成离子交联而起作用。

二、　饼干的类型

　　饼干通常由软小麦粉生产，其特点是配方中糖和起酥油含量高，水分含量相对较低。欧洲和英国生产的类似产品被称为"biscuits"。美国生产的"biscuits"更确切地讲是化学发酵面包。饼干品种之间差异很大，不仅在配方上不同，而且制作方式也不一样。此外，有些产品不符合上述饼干的定义，但仍被称为饼干，主要是因为没有别的合适的名称。

　　在工业化生产中，饼干是在长隧道烤箱中烘烤的。通常，这种烤箱的烘烤区域宽约 1m，长 30~150m。将饼干置于钢带上，钢带将产品以所需的烘烤时间通过烤箱（图 13-3）。饼干可以根据其面团的特性进行分类。饼干进行分类的最好方法是根据面团置于烘烤带上的方式而定，根据这种分类方式可以将饼干分为四种基本类型。

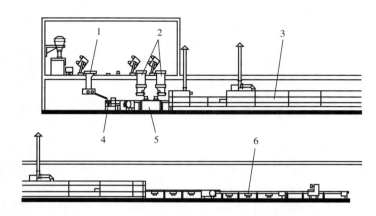

图 13-3　可以产生多种类型饼干的典型生产线

1—预压片机　2—软面团压片机　3—喷射烤炉　4—回转成型机　5—切割机　6—冷却传输机

（一）回转成型饼干

这种饼干是将面团压入旋转滚筒上的凹槽中，当滚筒转动半圈时，面团即从凹槽中脱出而置于烘烤带上。面团的稠度必须使得面团能够填满凹槽而不留空隙，但仍能从凹槽中易于脱出而不变形。烘烤期间，饼干不胀起也不扩展。任何移动都会使饼干上的浮雕式图案变形。

回转成型饼干的配方（表 13-2）的特点是糖与起酥油含量高，含水量相当低（<20%，基于面粉且包括面粉中的水分）。典型的面团酥松易碎，成块且黏稠，几乎没有弹性。面团在混合过程中不能形成湿面筋。这种面团的黏合性大部分来自所用的增塑性起酥油。

表 13-2　　　　　　　　　　　　回转成型饼干的典型配方　　　　　　　　　　　单位:%

配料	比例（基于面粉用量）	配料	比例（基于面粉用量）
面粉（软麦粉）	100	炼乳	6.0
糖	20	全蛋	3.5
起酥油	25	奶油	1.2
酸奶油	0.5	卵磷脂	0.3
碳酸氢钠	0.5	麦芽粉	1.4
食盐	1.5	水（变量）	约 10.0

回转成型饼干生产起来是很经济的，面团中仅添加少量的水，从而在烘烤过程中将这些水除去所需的能量较少。如果能生产出合意的产品，通常采用回转式模辊。用回转成型设备生产饼干的典型例子是奥利奥（Oreo）和 Hydrox 曲奇。

（二）机械切割饼干

这类饼干的生产过程包括旋转切割面团和压制面团。将面团制成连续的面带并将其切割成型（图 13-4 和图 13-5）。典型的例子是动物饼干、人形姜饼等。该配方的用水量比回转成型饼干配方中的用水量大得多。与大多数饼干相比，这类饼干糖含量相对较低。由于加水多，加糖少，又将面团压成面带，其中会形成湿面筋。湿面筋的形成会阻止这类饼干的扩展和变形。

图 13-4 面带通过旋转切割连续生产饼干

图 13-5 面带旋转切割成块，边角料提起

（三）金属丝切割饼干

金属丝切割饼干是通过挤压将相对较软的面团从孔口挤出，并采用金属丝将其切割成所需的大小制备而成。面团的黏度必须足以使其黏结成块，但又要有足够的松散性，以在被金属丝切割时能清清爽爽地分离开来。一种典型的配方是（基于面粉用量）：50%~75%的糖，50%~60%的起酥油和最多15%的鸡蛋；或者如果不使用鸡蛋，则包含40%~60%的糖，15%~50%的起酥油，和8%~35%的水。金属丝切割机可以处理多种面团，并能生产出许多种类的产品。金属丝切割饼在烘烤时会胀起并扩展，产品的最终大小取决于所用的配方和面粉。除了巧克力薄片饼干和燕麦饼干这些普通饼干之外，还可用通过共挤出法生产出带无花果和枣馅的饼干来。

（四）糖粉华夫饼干

这类饼干实际上不完全符合饼干的定义，但无其他更合适的名称。冰淇淋蛋筒（ice cream cone）和糖粉华夫饼干与其他饼干不同，其配方（表13-3）中不含糖，基本上不含脂肪，并且含水量也很大。

表 13-3　　　　　　　　　　华夫饼干或蛋卷冰淇淋卷的典型配方　　　　　　　　　　单位:%

配料	比例（基于干面粉的用量）	配料	比例（基于干面粉的用量）
面粉	100	食盐	0.5

续表

配料	比例（基于干面粉的用量）	配料	比例（基于干面粉的用量）
水	135	卵磷脂	1.5
碳酸氢钠	0.375	椰子油	1

　　面粉一般为低提取率的白麦面粉，红麦面粉中的麸星会影响产品的外观。如果面粉的筋力太差，会导致华夫饼干密度过大；如果面粉的筋力太强，则华夫饼干就会硬而坚实。通常将配料混合成无团块的面糊。混合过度或者将混合适度的物料保存过长时间，都会导致面筋从水性混合物中分离。因此，实际生产中的做法是小批量生产，使每批物料能在相对较短的时间内完成生产。

　　即使配方中存在碳酸氢钠，但其主要功能是调节 pH，而不是作为膨松剂。该产品的发酵主要是水产生的蒸汽引起的。烘烤通常在一个密闭的盘式系统中进行（图 13-6）。若干套烤盘以环形链条穿过加热室，烤盘可自动打开以装满物料。这种生产方式的主要问题是粘在烤盘上的物料会进入下一作业周期，物料两次灌充会溢出烤盘，使之不能正常工作。

图 13-6　糖华夫饼烘烤单元

　　烘烤后，将产品切成册页状，馅料夹在各层之间。馅料通常由脂肪、糖、调味料和谷物粉组成。这类产品的破碎率很高，尤其是冰淇淋蛋筒。

三、 饼干质量评价

　　与所有质量评价一样，必须首先规定构成良好质量的指标是什么。通常饼干的质量可概括为三个基本方面。

　　一是饼干的大小，包括宽度和高度。如果饼干盒是在生产前预定的，带有适当标签（包括净重），那么我们就能明白饼干尺寸的重要性。对于多数饼干，最终饼干的大小很大程度上取决于饼干面团在烤箱中的摆盘方式。如果饼干胀发太大，就不能完好地装入盒中而不破碎；如果胀发太小，包装盒不能完全填满，净重就会出现差错。回转成型饼干或者回转切割饼干可以避免这一问题，这两种饼干均不胀发，但并不是所有类型的饼干均可以用这样的设备生产。

二是饼干的口感，优质饼干必须具有酥软的口感。

三是饼干的表面。具有窄而浅的裂纹的饼干被认为是最理想的。而饼干的这种品质并非严格地由饼干面粉的质量决定。

优质饼干酥软的口感主要来自两个因素：第一是采用的脂肪或起酥油，正如其名称一样，它能使产品酥脆，"起酥油"一词即来自这个用途；第二个因素是面粉，通常优质面粉会使产品口感柔和。

四、 饼干烘烤期间发生的现象

（一）饼干面团的制备

制作饼干面团时，混合工序的主要作用是形成均匀的混合物，并使空气进入面团。生产高质量的产品，往往第一步需要将其奶油化（creaming，即混入糖和起酥油）。奶油化的优点在本章关于蛋糕的部分进行讨论。通常，我们不希望在混合过程中形成湿面筋。湿面筋的形成会使产品变硬，通常使得饼干不胀发。因此，在乳化之后的第二步中，添加面粉时尽量少搅拌。然而，在面团中形成少量湿面筋是有益的，这有利于将面团压片与切割。有时使面团平衡（通常）30min以确保产品质量的稳定。

通常，延缓湿面筋的形成不是什么大问题。大多数饼干配方中含大量的糖和脂肪，并且由于碳酸氢钠的存在，pH也相对较高，因此面筋蛋白的水合不易发生。如果面筋蛋白不能水合，则湿面筋就不会形成，糖对面筋的生长具有极大的影响。

（二）饼干焙烤

饼干面团在烤箱中受热时发生了许多变化，可以通过在差示扫描量热仪（DSC）中加热饼干面团来显示（图13-7）。

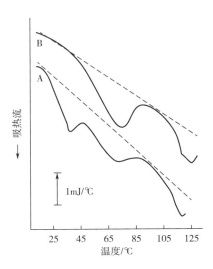

图 13-7 饼干面团（A）和不含起酥油的饼干面团（B）差示扫描量热分析图（虚线是基线）

1. 脂肪融化和糖溶解

首先，面团中的起酥油融化。面团的可塑性一部分是由起酥油造成的，因此包含融化了的起酥油的面团在重力的作用下具有较大的自由流动性。第二个热变化就是糖的溶解。在混合期间只有约一半的蔗糖溶解，其余部分直至面团受热前仍为结晶形式。面团被加热以后剩余部分的糖才溶解。

当糖溶解时，物料系统中溶液的体积增大。每克糖溶于1.0g水时，将产生约1.6cm³的溶液。这一结果的影响之一如图13-8所示，由图可见，添加干糖会将粉状物料系统变成悬浮液。总溶液的增加对饼干面团具有显著的影响，增加的溶剂使面团变黏。因此，如果我们用糖浆而不是结晶蔗糖来生产饼干，获得的将是加工效果不佳的黏性面团。

图 13-8　淀粉-水混合物（1∶1，左）和淀粉-水-糖混合物（1∶1∶1，右）

2. 淀粉糊化缺失

在差示扫描量热仪中持续加热饼干面团，在约115℃时会产生额外的吸热，据说这是淀粉糊化造成的。由于湿的饼干面团在烘烤过程中达不到这一温度，因此可以认为淀粉在饼干烘烤过程中不会胶凝。将干燥的饼干芯粉碎并在差示扫描量热仪中加热可以确认这一点。实验发现，吸热作用的大小与未烘烤的饼干面团中的吸热作用相等，这表明淀粉在曲奇烘烤期间未糊化。然而，饼干的配方很多，糖分低和（或）水含量高的曲奇可能会有部分淀粉糊化。

3. 饼干烘烤的基本机制

采用延时摄影技术，可以对用优质和劣质曲奇粉制作的糖脆饼的烘烤过程中饼皮胀发过程进行监测。如图13-9所示，面粉品质对饼干在烘烤过程中的横向和纵向尺寸变化有显著影响。在饼干烘烤的前2min，劣质和优质饼干面团的烘烤行为均相似。这两种饼干的宽度和高度都会由于发酵气体的产生而增加。在烘焙过程的第3分钟，用优质饼干粉烘焙出来的饼干比用劣质饼干粉烘焙出来的饼干胀发得更快，持续的时间更长。由优质饼干粉制成的饼干无法承受自身的质量，结构在重力作用下崩塌。在整个烘烤周期中，饼干的膨胀（直径增加）和高度降低伴随着进行性的结构崩塌。在10min的烘烤周期中，最后1min的结构崩塌最明显。相比之下，用劣质饼干粉制作的饼干在烘烤过程中可以耐受结构崩塌。

饼干横向和纵向胀发与物料的黏度有关。在烘烤温度下，由优质饼干粉制成的曲奇面团的黏度低于由劣质饼干粉制成的曲奇面团，因此在重力作用下更易流动而显示出更大的膨胀性。于是，饼干面团黏性的潜在机制是什么便成了一个值得关注的问题。如上所述，虽然小麦粉中的淀粉和可溶性淀粉可能会影响饼干的胀发，但可以排除淀粉糊化的影响。烘烤过程中黏度变化似乎与小麦蛋白有关。在混合过程中，糖脆饼配方中的小麦蛋白没有形成连续的面筋网络；

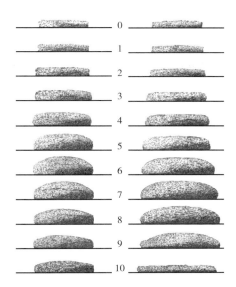

图 13-9 sugar snap 饼干烘焙延时摄影

(图片展示了在 sugar snap 饼干烘焙过程的延时摄影照片，左侧饼干面粉质量较差，
右侧饼干面粉质量较好。烘烤时间以分钟为单位，从上到下增加)

当在烘烤过程，面团在被加热时，小麦面筋蛋白会经历玻璃化转变而获得流动性，并形成连续的面筋网络结构。连续的面筋网络结构足以阻止饼干面团的流动。

在用劣质面粉制成的饼干面团中，这种连续的面筋网络形成的时间较早，这种连续的面筋网络形成得较早，并且似乎足够坚固，足以应对烘烤过程中的膨胀和扩散性，以及防止结构崩塌。

除了面筋结构对黏度的影响外，当使用不同品质的面粉进行饼干烘焙时，作为饼干体系中的主要成分之一的蔗糖可能会对饼干直径的差异产生影响。蔗糖可以起增塑剂的作用，但由于分子质量较大，它的功效远不如水。抗塑剂可以提高玻璃化转变温度。因此，与水相比，蔗糖可以通过充当抗增塑剂来发挥作用。由优质饼干面粉制成的饼干面团的 T_g（玻璃化转变温度）比由劣质饼干面粉制成的饼干面团的 T_g 更高。当饼干物料系统经过 T_g 并进入柔韧性（橡胶）区（面筋蛋白形成网状结构，使黏度增加到足以阻止面团流动的程度）时，凝固（即阻止饼干胀发）是可能的；优质饼干面粉制成的面团将有更多的时间胀发，从而导致更大的饼干直径。

4. 饼干裂纹的形成

某些饼干（如姜味饼干）的表面会出现裂纹，这些裂纹在烘烤过程中产生。该现象可做如下解释：烘烤过程中水分从饼干表面迅速散失，烤箱中的热空气可以容纳大量水蒸气；随着表面水分的流失，饼干内部水分向表面扩散，从而使糖（不具挥发性）浓缩。蔗糖是饼干中最常用的糖，而其特殊性质之一就是容易结晶。事实上，烘烤期间饼干表面将会有蔗糖结晶出现。蔗糖结晶不再保持水分，使表面湿润可塑。这样随着发酵系统使饼干膨胀，从而引起表面干裂，形成具有裂纹的表面。少量高果糖玉米糖浆或某些其他糖（如葡萄糖、果糖或麦芽糖）会干扰蔗糖的结晶，从而破坏其产生裂纹的能力（图 13-10）。对市售的饼干进行抽查，即可看出哪种含有玉米糖浆，哪种不含。

5. 饼干质构的形成

除那些干燥至水分含量极低的饼干外，基本上所有的饼干刚从烤箱中出来时都是非常柔软

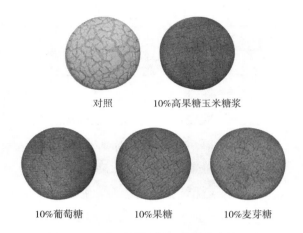

对照　　　　　　10%高果糖玉米糖浆

10%葡萄糖　　　　10%果糖　　　　10%麦芽糖

图13-10　各种糖对饼干破裂模式的影响

的，随着时间延长，将逐渐变硬并往往也变脆。有些饼干，如糖脆饼干或姜脆饼干，当它们裂开时会发出一种噼啪声，这似乎是蔗糖结晶所致。当糖溶解时，糖浆使饼干具有柔韧性。如果要保持饼干的柔软，可以添加糖或其他干扰蔗糖结晶的物质。如果允许蔗糖结晶，则与糖结合的水不再受糖的控制，并且可以自由迁移至其他成分中。饼干在烘烤后水分含量较低（2%～5%），其淀粉和蛋白质仍然呈玻璃状，因此很脆。正是这种脆性的断裂导致了饼干的脆度。图13-11为饼干质构随时间变化曲线，以随着时间推移使饼干破裂所需的力表示。

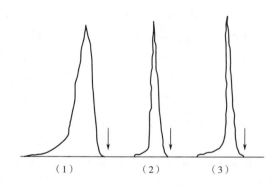

（1）　　　　　　（2）　　　　　　（3）

图13-11　在烘烤后1d（1）、3d（2）和5d（3）
内压缩糖脆饼干的力与时间对比曲线，箭头表示起点

6. 小结

当将饼干面团放入烤箱并开始加热时，起酥油熔化并赋予面团更多的流动性。与此同时，糖溶解会使得流动相增加，这也增加了面团的流动性，使其在重力作用下得以扩散。饼干的物料系统变得活跃，并向各个方向胀发。饼干继续胀发，直到系统的黏度变得太大。因为淀粉并未糊化，因此黏度的增加可能是面粉中蛋白质的一种特性。在一些饼干中，表面裂纹是蔗糖结晶的结果；当吃糖脆饼干时，所听到的咔嚓声也是糖结晶的结果。

五、薄脆饼干

我们给薄脆饼干的定义也是相当概括性的，因为薄脆饼干有许多种类型。通常薄脆饼干含糖很少或不含糖，但含有中度至较高水平的脂肪（10%～20%，基于面粉质量）。其面团通常含水量低（20%～30%）。膨松剂或水蒸气是其化学发酵剂。

（一）咸薄脆饼干

咸薄脆饼干的特点是发酵时间长，质地特别轻薄。它们是通过二次发酵（海绵发酵）和面团发酵工艺制成的，其配方类似于表13-4中给出的配方。

表13-4   咸薄脆饼干的典型配方

配料	酵头面团/%	面团/%
面粉	65.0	35.0
水	25.0	……
酵母	0.4	……
熟猪油	……	11.0
食盐	……	1.8
苏打	……	0.45

注：配料基于面粉用量；经常将缓冲剂加入酵头面团中。

1. 二次发酵

二次发酵通常为16h。在该发酵过程中，pH从约6.0降至约4.0。通常用一种接种物使pH下降，这种接种物在工业上被称为"缓冲剂"，通常是老酵头。咸薄脆饼干的品质变化很大，这与所用老酵头的活性和数量有关。微生物在发酵过程中发生的变化中起重要作用。面粉中所含的能被酵母或细菌利用的碳水化合物是有限的，因此，在面团中酵母和细菌将竞争可发酵底物。如果使用低水平的酵母并添加大量缓冲剂（接种物），细菌将在竞争中占据上风；如果增加酵母的用量，酵母将在竞争中获胜。

在发酵过程中，面团改性，故弹性变小。面粉中含有一种其最适pH为4.1蛋白酶，该酶的作用被认为对改变面团的特性很重要。这也可能是酵头面团pH必须达到4.1的原因。

2. 面团发酵

发酵后，将酵头面团与其他配料和剩下的面粉混合。面团配料中含有足够的碳酸氢钠以使面团的pH上升至7.0以上。为了获得良好的口味和口感，烤制的咸薄脆饼干的pH应约为7.2。通常，烘烤会使pH降低约0.1。面团发酵时间通常为6h。由于pH高，因此酵母发酵占主导地位。除酵母引起的变化以外，该面团还变得松弛。

3. 面团加工

通常，在配制酵头面团24h之后，就可以对面团进行加工了（图13-12）。面团被分成4层（图13-13和图13-14），每层0.3cm（压延迭层）。面团迭层之后，加压将面团通过辊筒，使厚度从2.5cm减小到0.30cm。这要经过多道压延，并且涉及90°"转向"，这样使得面团在两个方向上都得到压延，并增强这两个方向上的筋力。压片后，将面团切割冲印（图13-15）。通常使用旋转切割机进行切割，该机按规定尺寸将面带切割成一块块咸薄脆饼干坯料。切割后，将面团进行冲印处理。冲印的目的是将面团的顶面和底面连接在一起，这样就不会分成几层。冲印是通过具有约0.15cm直径钝端的针头进行，冲印针必须完全穿过面片。坯料冲印后，用盐处理（约为面团质量的2.5%），然后进行烘烤。

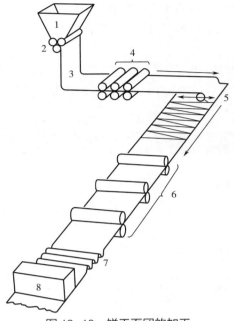

图 13-12　饼干面团的加工

1—面团加料斗　2—面团成型辊　3—面带　4—压薄辊　5—迭层机　6—最终压薄辊　7—松弛卷曲　8—切割冲印机

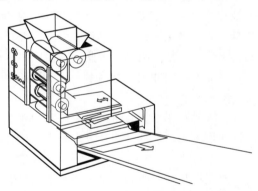

图 13-13　饼干生产线的成型辊和层压机透视图

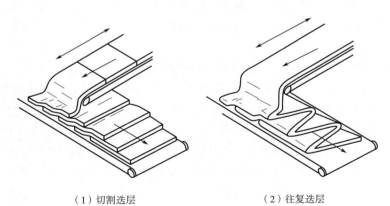

（1）切割迭层　　　　　　　　（2）往复迭层

图 13-14　饼干面团切割迭层和往复迭层

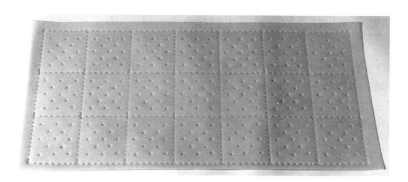

图 13-15 切割冲印之后的薄脆饼干面团

4. 饼干烘烤

通常，烤箱的烘烤室约 100m 长、1m 宽。烘烤面是一个网状带，因此水分能从饼干的底部散失，否则，薄脆饼干将在烘烤过程中卷曲。

烘烤时间通常为 2.5min，温度约 230℃。迅速加热使水仍在面团中时即发生汽化，从而使通过冲印点连接在一起的薄脆饼干的各层蓬松（图 13-16）。加热速度慢时仅能使表面的水分散失，故而不能引起蓬松。烘烤后，将薄脆饼干缓慢冷却，以防止它们产生裂缝（check），这些微小裂缝会使其在运输过程中破裂。然后，将大片的薄脆饼干机械切割成小片进行包装。咸薄饼干的许多质构特征和合意性在很大程度上取决于其较低的水分含量。一般从烤炉中出来的新鲜薄脆饼干含水量约 2%，必须包装好以保持低水分，即使水分稍有增加，也会降低产品的合意性。

（二）零食薄脆饼干

传统上，零食薄脆饼干是原味或奶酪味的。近年来，用于生产零食薄脆饼干的调味剂的类型愈发丰富。全麦粉、碎小麦、各种蔬菜和药草都可用作薄脆饼干的原料。同时还存在尺寸大小"一口食"（一口即可吃掉）的新趋势，由于这种制作工艺会产生大量的废面团，传统上并没有规模化生产。市场上也有许多低脂或无脂产品。无脂产品的口感坚实，这清楚地表明起酥油在控制这类产品质地上的重要作用。

零食薄脆饼干的配方种类比撒盐饼干多得多。通常，零食薄脆饼干包含更多的起酥油和较多的调味辅料。它们通常采用不含酵母，发酵时间不长，是化学发酵。将所有配料一次和成，静置，压延迭层，然后切割、冲印。切割成的形状通常比撒盐饼干更为独特，这样就导致产生更多需要重新添加到面团中边角料。通常，零食薄脆饼干的质构比咸薄脆饼干干硬。

六、蛋糕

与饼干类似，蛋糕的配方中也有较高含量的糖和脂肪。两者之间的区别在于，蛋糕水分含量较高。由于蛋糕中的糖分的物质的量浓度比饼干中的低得多，蛋糕中的淀粉在烘烤过程中会发生糊化。由于这种差异，蛋糕

图 13-16 薄脆饼干

在烘烤时凝固成松软的产品。凝固至少部分由淀粉糊化和鸡蛋蛋白变性所致。在饼干中，淀粉不会糊化，或者在低糖配方中只能溶胀到一定程度，因此结构松散。

由于蛋糕松软的结构很重要，我们必须致力于如何获得这样的蛋糕结构。化学发酵或酵母都不能产生新气泡，因此，必须在混合过程中使空气以小气泡的形式混入糊料中。在面包加工中，可以通过翻揉增加气泡的数量，但在蛋糕加工中，所有气泡必须在混合时形成，并且某些气泡还会在此过程的后期损失。

烤箱中蛋糕的凝结可能部分由淀粉糊化和鸡蛋蛋白凝结造成。当淀粉糊化时，它能结合的水的量可从其自身质量约30%增加到其自身质量的数倍。蛋清的凝结涉及至少三种现象：变性，凝聚和胶凝，是一个复杂的过程。以上变化过程极大地增加了面糊的黏度，面糊形成坚实的块状结构。配方中的糖浓度会影响淀粉糊化的温度。鸡蛋蛋白质变性的温度也受糖浓度影响。因此，蛋糕面糊从流体转变为固体时的转变温度受蛋糕配方的影响。如果转变温度低于水的沸点，蛋糕能形成固体系统；如果高于水的沸点，面糊将不会凝固，蛋糕塌陷成软糖状。

好的蛋糕面糊体系必须在加热过程中保持足够的黏度，以保持淀粉呈悬浮状态。如果淀粉发生沉降，则在蛋糕盘的底部会形成一层坚韧的橡胶层，而在顶部则形成轻质的蓬松泡沫状结构。较高的黏度还可以防止气泡碰撞聚合成更大的气泡。大气泡因具有较大的浮力将升至蛋糕表面并破裂消失。

正确选择蛋糕发酵粉（泡打粉）很重要。通常使用双效泡打粉，低温酸在室温下作用使面糊形成核，高温酸在烤箱阶段起作用。必须准确控制发酵时间，确保在面糊仍能膨胀时产生气体；但如果过早，将会有大量气体扩散出去。然而，气体也不能产生太晚，太晚不仅面糊不会膨胀，而且蛋糕的颗粒会被过度膨胀的压力破坏。正确选择泡打粉除了对气体的产生进行控制外，还具有其他作用。二价和三价阳离子，如钙（+2价）和铝（+3价）倾向于赋予蛋糕心更大的弹性。相反的，硫酸根离子倾向于削弱蛋糕心的弹性。不同的泡打粉使用的最适 pH 也略有不同，如磷酸二氢钠为 pH 7.3，而磷酸铝为 pH 7.1。不同的 pH 将影响改变蛋糕心的感官品质，pH 仅改变 0.2 个单位，对蛋糕心的白度就会产生非常明显的影响。

通常，蛋糕粉的粒度越细越好。因此，大多数蛋糕粉都会进行针磨以减小其粒度。针磨虽然增加了样品中的破损淀粉含量，但这似乎并未影响蛋糕粉的品质。在实际生产中，有多种不同的蛋白配方。

（一）夹心蛋糕

表 13-5 列出了白色夹心蛋糕的典型配方。这是一种高糖分蛋糕，其中糖含量多于面粉，使用的面粉通常是氯化的。配方中的蛋清的重要作用在于提供蛋白质，有助于将空气引入到液相中。同时，鸡蛋蛋白质（卵清蛋白）变性，有助于组织结构的形成。如下所述，起酥油在多级混合蛋糕中是重要的，这是因为它能在乳化期间引入空气。起酥油之所以重要，还因为它会使蛋糕更柔软。

糖的显著功能除了作为甜味剂外，还具有软化蛋糕心的作用，这可能是淀粉的凝聚作用被延缓所致。常将还原糖以牛奶的形式添加到配方中，牛奶提供乳糖（是葡萄糖的来源），以产生美拉德反应。蔗糖为非还原糖，由于该配方不含将蔗糖水解成还原糖的酵母，因此蔗糖不会产生褐变。同时，由于 pH 呈碱性，蔗糖也不发生化学水解。因此，当蔗糖是配方中唯一的糖时，不会发生褐变，蛋糕表面会非常白。

表 13-5　　　　　　　　　　　白色夹心蛋糕的典型配方

配料	比例（基于面粉用量）	配料	比例（基于面粉用量）
面粉	100	牛奶（鲜）	95
糖	140	泡打粉	1.3
起酥油	55	食盐	0.7
蛋清（鲜）	76		

1. 面糊混合过程

夹心蛋糕的面糊混合过程分为三种不同的类型，具体取决于空气如何混入面糊中。文献中发现的许多混淆是由于没有明确定义讨论的是什么类型的蛋糕。

（1）多级混合　第一种类型的蛋糕是通过多级搅拌生产的。这是一个经典的程序，第一步从乳化开始。脂肪和糖混合形成奶油。乳化的目的是把空气和脂肪结合在一起，接下来的两个甚至三个混合步骤将液体和面粉混合，最终形成面糊。乳化步骤也可用于某些类型的饼干。乳化的优点是可形成大量的气孔，产生细腻的质地。而且，由于脂肪中含有空气，所以面糊可以放置很长一段时间，因此是稳定的。随着面糊的加热和起酥油的融化，空气被释放到水相中，在水相中气体可以在其中扩散，从而使蛋糕膨松。通过乳化程序制作的蛋糕通常有非常细的质构。

（2）单级混合　第二种蛋糕是用单级搅拌制成的。这种类型的蛋糕是作为一个组合被购买的。要制作单级混合类型的蛋糕混合料，必须将混合料通过蛋糕整理机，这实质上是一台磨床。显然，整理的（精加工）目的是把起酥油和面粉结合起来。如果用显微镜检查成品混合物，即使混合物中含有20%~25%的脂肪，也检查不到游离脂肪。据推测，游离脂肪会破坏由于混合而产生的水性泡沫的稳定性。

消费者只需添加液体并混合即可。在这种情况下，空气直接与水相结合。这是可以实现的，单硬脂酸丙二醇酯是用于此目的的常见乳化剂。

当将空气直接掺入水相中时，面糊的稳定性不如奶油面糊。气体会在面糊中扩散，并且由于小气泡中的压力大于大气泡中的压力，因此会有小气泡倾向于消失而大气泡倾向于变大的趋势。这种现象是由扩散控制的。气体从小气泡扩散到水相，然后进入大气泡。由于较大的气泡浮力大，能够克服面糊中的高黏度，上升至表面而消失。因此，这样的面糊在烘烤之前不应长时间放置。单级混合的蛋糕一般都很精致，不适合运输。因此，它们不适合商业化。

（3）机械式空气引入　在第三类蛋糕中，空气通过机械方法而不是通过乳化剂直接引入水相中。这种类型的蛋糕是使用高速混合机进行商业生产的。

2. 面粉

制作高糖分蛋糕的面粉必须用氯气处理。使用未氯化的面粉会使蛋糕在烤箱中坍塌。文献表明，氯几乎与所有面粉成分发生反应，与面粉的反应速度相当快，而与淀粉的反应速度要慢得多。然而，分离和重构研究表明，与淀粉的反应是改善烘焙性能的原因。氯的实际重要作用似乎是形成氧化的淀粉，该淀粉的溶胀速率比未处理的淀粉要快。与未氧化面粉相比，在相同温度下可获得黏性更高的面糊。面糊黏度的增加可防止蛋糕在烤箱中塌陷，在某种程度上，从烤箱中取出后也不会发生塌陷。氯气的使用量是至关重要的。当氯与有机物反应时，通常会产生盐酸。因此，面粉的 pH 通常是衡量反应程度和加氯量的良好指标。一般来说，大多数高糖分蛋糕的 pH 都要求在 4.7~4.9。

3. 蛋清

蛋清的添加有助于蛋糕质构的形成。蛋清中的蛋白质在室温下通过加入气泡来增加黏度。此外，蛋清蛋白会在加热过程中凝固，因此在较高的温度下黏度会大大增加。图 13-17 显示，新鲜蛋清比蛋清粉更有效。蛋清粉乎在干燥过程中发生变性，它们在差示扫描量热曲线中没有出现变性峰（图 13-18）。此外，蛋清是葡萄糖的来源，因此有助于美拉德褐变。

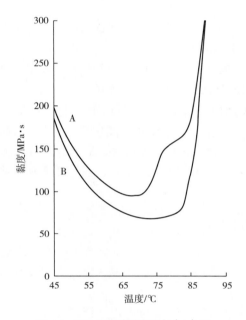

图 13-17 添加新鲜蛋清（A）和蛋清粉（B）的面糊黏度与温度曲线图

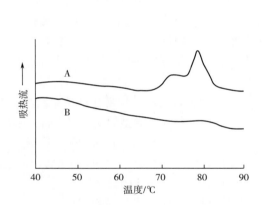

图 13-18 新鲜蛋清（A）和复水后蛋清粉（B）的差示扫描量热曲线

4. 起酥油

单甘油酯和二甘油酯乳化温度和起酥油对 AACC 国际白夹心蛋糕配方制成的蛋糕糊黏度的影响见表 13-6。在常温下，面糊的黏度随着面糊中起酥油的增加而增加。然而，当加热时，面糊的最低黏度随起酥油水平的增加而降低。这表明，虽然起酥油增加了黏度，但一旦它融化形成液相，其在烤箱中的黏度就会降低。在烘焙过程中，蛋糕糊的黏度是非常重要的。黏度过低会使大气泡上升到表面并逸出。黏度太低还能让淀粉颗粒在蛋糕盘底部堆积，并在烘烤过程中形成一层橡胶层。

表 13-6　　　　　　　　　起酥油不同添加量白夹心蛋糕糊的影响

起酥油[1]	黏度/mPa·s		起始温度[2]/℃	起始斜率[3]/（mPa·s/℃）	蛋糕体积/cm³
	在室温下	加热的面糊			
30	1540±20	108±5	83±0.5	81	995±10

续表

起酥油[1]	黏度/mPa·s		起始温度[2]/℃	起始斜率[3]/ (mPa·s/℃)	蛋糕体积/cm³
	在室温下	加热的面糊			
50[4]	1950±25	85±5	83±0.5	56	995±10
80	2250±25	50±5	83±0.5	43	845±5

注：①基于面粉重。

②糊化起始温度。

③淀粉溶胀率。

④对照。

蛋糕配方中的起酥油水平不影响淀粉何时开始糊化（表13-6）。然而，高水平的起酥油降低了黏度增加的速率。这表明起酥油降低了淀粉溶胀的速率。

5. 乳化剂

在高糖单级蛋糕的配方中加入某些乳化剂是在混合过程中使面糊中充分混入空气的必要条件。乳化剂会增加面糊的黏度。据推测，这反映了面糊中引入了额外的空气。从含有乳化剂的面糊相对密度降低也可以看出空气的掺入。在整个加热过程中，含有乳化剂的面糊保持较高的黏度。它们的存在还改变了黏度的增加速率。在这方面，它们的作用与起酥油的作用相当。

6. 糖类

糖会增加淀粉糊化的温度。因此，随着面糊中糖含量的增加，黏度快速增加的起始温度也随之升高。糖含量对面糊黏度的影响可能不太明显。在环境温度下，黏度随着糖含量的增加而增加。然而，当温度升高到黏度最小的时候，黏度随着面糊中糖含量的增加而大大降低。

黏度的变化可解释如下：在环境温度下，大部分添加的糖仍然是固体，因为没有足够的水溶解它们，固体颗粒是高黏度的原因。随着温度升高，更多的糖被溶解，不仅固体颗粒的数量减少，而且流动相的数量和体积也增加，这两个因素都会降低黏度。

（二）天使蛋糕

除了比较标准的白夹心蛋糕外，天使蛋糕的配方见表13-7，其仅使用少量面粉。所用的面粉筋力较弱，时常采用小麦淀粉稀释。蛋清是天使蛋糕配方中最重要的成分。通常，首先要将鸡蛋清打发至硬性发泡（stiff peaks formed），然后用轻巧的翻折手法（folding）拌入面粉等其他的材料，以免破坏泡沫。面粉的作用似乎是提供糊化的淀粉，从而去除多余的游离水。添加塔塔粉是为了降低pH，从而提高蛋清的搅打效果。该配方不含膨松剂，由蛋清泡沫中夹带的空气支撑蛋糕的质构。必须注意不要在配方中加入任何脂肪，因为脂肪会使泡沫不稳定。实际上，塑料容器也不能使用，因为它们残留的脂肪足以破坏泡沫。

表13-7　　　　　　　　　　　　天使蛋糕的典型配方　　　　　　　　　　　　单位:%

配料	比例（基于面粉用量）	配料	比例（基于面粉用量）
面粉	100	蛋清（鲜）	500
糖	500	塔塔粉	20

（三）磅蛋糕

还有一种使用空气发酵的蛋糕是"磅"蛋糕，也称为"马德拉"蛋糕。磅蛋糕的原始配方为面粉、黄油、鸡蛋和糖各 1 磅（454g）。按这种配方制成的蛋糕料重、营养丰富、价格昂贵。表 13-8 列出了典型的磅蛋糕配方，这种配方生产出的蛋糕较柔软，食味好且耐保存。

表 13-8 　　　　　　　　　　　　　　磅蛋糕的典型配方　　　　　　　　　　　　　　单位:%

配料	比例（基于面粉用量）	配料	比例（基于面粉用量）
面粉	100	鸡蛋（全蛋，鲜）	50
糖	100	牛奶（鲜）	50
起酥油	50		

磅蛋糕通常是用搅打奶油的方法制作的。这样一来，空气就被掺入脂肪中。搅匀后，加入鸡蛋。糖进入溶液，形成油包水型乳剂，气孔仅分散在脂肪相中。加入面粉使系统变成多相结构。面粉颗粒悬浮在面糊的水相中。不同配料的功能类似于夹心蛋糕。

七、面包干

面包干（biscuits）实际上是一种化学发酵面包或小面包。近年来它已经变得非常流行，特别是在快餐食品企业中更是如此。化学膨松剂会使面团变硬，具有相当厚的气泡壁，从而使终产品的结构颗粒粗糙。其风味受苏打和发酵酸味的影响。生产过程非常简单：混合面团，压延到所需的厚度，切割后烘烤而成。

化学发酵面包干的一种变型是听装的冷藏销售型。饼干听罐实际上是衬有金属箔的纸板容器。面团经混合、压延，切成适当大小后置于听罐中。添加到听罐中的面团的体积比听罐的体积小得多，必须仔细控制两个体积的比例。将听罐密封后置于醒发箱中，控制箱内温度至足以激发发酵系统而又不会损害面团特性，让面团醒发，即膨发充满全听罐。听罐中剩余的空气可通过金属箔渗透到空气中，而不是面团中。面团产生的压力约为 0.1MPa，在这种情况下通常稳定 60~90d。由于面团不是无菌的，微生物最终将破坏面包干的质量。pH 下降，听罐中的压力就上升到危险水平，面团变得极酥。这些因素显然都限制了产品的保质期。

冷藏面包干的发酵酸要求十分严格，它在面团混合或压延期间不能起反应，而必须在醒发室内起反应。能满足此要求的发酵酸仅有某些焦磷酸钠。

第二节　酵母发酵面制食品

小麦面粉与水混合后可以形成面团，所以小麦在谷物中具有独特的地位。小麦面团可以保留发酵或化学膨松过程中产生的气体，制成发酵产品，该特性是发酵面制食品非常受欢迎的原因。

本节内容介绍基于面团的酵母发酵产品。就其本质而言，讨论主要限于小麦粉系统。除了黑麦面粉以外，在世界任何地方都很难找到用其他谷物面粉制成的酵母发酵产品。实际上，纯黑麦面粉制成的酵母发酵产品也很少，其常被作为调味剂添加到小麦面粉为基础的制品中，而不是作为最主要的面团成分。

目前最受欢迎的酵母发酵产品是面包。世界上面包的消费量非常惊人，其大小、形状、质地和味道变化多样。如面包大小差异很大，市场销售中有几十克的小面包条到重达几磅或几千克的面包。面包皮的颜色和质地变化，可以从中国馒头的薄而白到裸麦粉粗面包的厚而黑。这种多样性存在的原因很复杂，很难理清。其中的多数产品与传统习惯、消费的其他食物以及面包在饮食中所占比例有关。便利和经济是工业化领域中两个非常重要的因素。超市面包比零售烘焙店的面包更方便，通常也更便宜。然而，它可能不会在烘焙后的24h内到达超市货架，因此不太新鲜。除了满足消费者对便利性的需求，面包制造工业需要提供生产许多天后仍保持柔软并令人满意的产品。在世界上的一些地方，面包在生产后的几个小时内就被消费掉，大部分在生产后一天内被消费掉。许多这样的面包在烘烤后的第二天确实不能吃。另一个因素是北美、澳大利亚、阿根廷、俄罗斯、匈牙利、中东和印度旁遮普等地区面包小麦粉的品质与典型的欧洲小麦粉品质之间的差异。

在接下来的内容中，将主要讨论面包制作过程的不同工艺过程及作用、所使用的原材料及其特定成分的作用，以及所获产品的质量等内容。本节主要介绍面包相关知识，对其他产品仅做简要介绍。

一、 面包粉的品质

在改良面粉质量时，总是必须考虑它的最终用途，如适用于制作面包的面粉可能不适用于饼干、蛋糕等产品。本节中对面粉品质的讨论仅限于在面包制作中的应用，将面包体积作为面粉加工成面包时的主要品质参数进行重点关注。

面包粉通常由硬质小麦制成，具有相对较高的蛋白质含量。然而，在世界各地，面包是由软质小麦或硬质小麦制成的。所以，籽粒硬度并不是做面包的必要条件，蛋白质含量条件更重要。实际上，用含有低水平（如8%）蛋白质的面粉制作高质量的面包似乎是不可能的。显然，面粉中的蛋白质含量对面包制作起到很重要的作用。然而，蛋白质含量本身并不总是保证良好的面包质量。因此，优质面包生产所用面粉需要含有一定量和品质的小麦粉蛋白。

面粉中的蛋白质可以通过几种技术进行定量测定。然而，蛋白质质量不能这么容易确定。事实上，面包制作品质最可靠的评估方法仍是进行面包制作测试。当然，面包制作测试的选择是至关重要的，决不能在任何因素上有所限制，这样面粉的持气性和产生大体积的能力才能充分表现出来。文献中有许多这样的测试。

图13-19显示了典型的回归曲线，该回归曲线与面包体积有关，其中，面包体积是对来自两种不同小麦品种的不同蛋白质含量的面粉样品进行面包制作测试而确定的。线条A表示来自优质面包小麦品种的样品，即生产大体积面包的品种。线条B表示来自劣质面包小麦品种的样品。该图清楚地显示了蛋白质含量和蛋白质品质的影响。蛋白质高于约8%时，这种曲线基本上是直的，表明蛋白质含量和面包体积之间具有显著的相关性。直线斜率表示单位蛋白质变化下面包增加的体积，是衡量面粉品质的一个指标。利用合适的面包制作程序加工小麦粉，明确它们的蛋白质含量，可以快速评估一个小麦品种的蛋白质质量。对于生产不同体积面包的不同品种面粉，可以使用这种类型的图来确定哪种面粉的蛋白质质量更好。在图13-19的情况下，含有12.0%蛋白质的品种A面粉（在使用100g面粉的标准化面包制作试验中）生产的面包体积为1040cm³，而具有相同蛋白质含量的品种B面粉在相同条件下面粉生产的面包体积为800cm³。该图清楚地表明，来自品种A的面粉具有较大斜率，因此该品种比品种B更适合于制作面包。

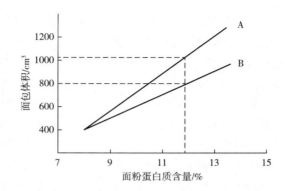

图 13-19　面粉蛋白质含量和品质对面包体积（100g 面粉制作）的影响

　　有趣的是，图中两条回归曲线相交处的蛋白质含量约为 8%。因此，当面粉蛋白质含量低时，蛋白质质量不是一个重要因素，面包体积与蛋白质含量的比率不是面包制作质量的真正衡量标准，因为蛋白质含量与面包体积之间的线性关系并不完全适用于蛋白质含量低至 0 的情况。事实上，由 100g 不含蛋白质的面粉制成面包体积仍约为 400cm³。因为回归曲线都在大约 8% 的蛋白质含量处相交，只需要知道单个样本的面包体积和蛋白质含量来确定线的斜率，从而估计样本的蛋白质质量。当然，基于多个不同蛋白质含量样品的面包制作结果时，该评估方法的准确性要好很多。

　　尽管面包体积作为蛋白质含量函数的图很有用，但它不能证明面包体积对蛋白质含量和品质的依赖性，只具有统计学关系。有研究将优质和劣质面粉分成面筋、淀粉和水可萃取物等组分，然后将这些组分复配为原始面粉或将面包制作优质面粉的面筋与劣质面粉的淀粉、水可萃取物复配，或将面包制作劣质面粉的面筋与优质面粉的淀粉、水可萃取物复配，结果表明，面筋蛋白部分控制着面粉的混合要求和面包的最终体积。这也有效证明了蛋白质是造成面包体积差异的原因。

二、 面包制作配方和系统

　　面包制作配方中的物料可以分为必需品和非必需品，可以使用多种不同的程序。特定程序的细节取决于诸多因素，包括传统习惯、可用能源的成本和类型、可用面粉的类型和品质一致性、需求面包的类型以及面包制作和消费之间的时间等。

（一）面包制作配方

　　最简单的面包配方由面粉、酵母、盐和水组成，缺少了其中的任何一种必要成分，产品就不是面包。其他成分都不是必需的，但经常出现在配方中，如糖、各种酶制剂（包括麦芽糖和木聚糖内切酶）、表面活性剂、氧化剂、脂肪和防止霉菌的添加剂。

　　1. 基本成分

　　面粉是主要成分，与水结合，负责形成面包的结构。混合之后共同负责形成黏弹性的面团来保持气体。水既是增塑剂又是溶剂。没有水，面团就不能形成，发酵也不会发生。

　　酵母将可发酵碳水化合物转化为二氧化碳和乙醇。发酵过程中产生的气体提供了浮力，生产出一个轻的发酵面包。此外，酵母对面团的流变特性有极其显著的影响。酵母的作用和影响将在本章后面详细讨论。

盐的用量通常为面粉质量的 1%～2%。世界许多地方通过法律规定盐的最高使用量。盐有助于味道的改善，并影响面团的流变特性。盐使面团变得更加强韧，这大概是通过屏蔽面团蛋白质上的电荷来实现的。

2. 非必需成分

在法律允许的情况下，面包可以含有一些非必需成分。一般来说，在允许的情况下，面粉厂、面包店都可以添加不必要的成分到面包中。

糖的添加通常在面包店进行。适当的添加量下，糖可以被酵母发酵，并给面包提供甜味。由于面团中有了特定的酶，面粉中的受损淀粉就能产生足够的麦芽糖来维持发酵，而且不需要添加糖来产气。但是，在多数生产条件下，添加的糖被用于发酵。

优质（未发芽）小麦粉仅含有低水平的 α-淀粉酶，通常在面粉厂将 α-淀粉酶添加到面包粉中。此外，面包店可以添加一些淀粉酶（α-淀粉酶或麦芽淀粉酶），以提高面包的保质期。

木聚糖内切酶可以作为面包体积增强剂加入。在许多情况下，它们是在面包店添加的，而不考虑之前在工厂添加的情况。

各种乳化剂，也被称为表面活性剂，通常在面包店中进行添加。与面团中的面筋蛋白相互作用时，乳化剂起到面团稳定剂的作用。在烘焙过程中与糊化淀粉复合时，乳化剂起面包屑软化剂的作用。一些乳化剂还可以通过改变体系的界面张力 γ 来改变混合过程中形成的气泡大小，因此它们影响面包切片表面的外观。面团稳定剂（图 13-20）包括硬脂酰乳酸钠、乙氧基化单酰基甘油（也称为乙氧基化单甘油）、单酰基和二酰基甘油的二乙酰酒石酸酯（也称为单酰基和二酰基甘油酯的二乙酰酒石酸酯），用量约为面粉质量的 0.5%，对面团强化作用的机理或理论基础仍不完全清楚。有人认为乳化剂在面筋和淀粉之间形成液体层状膜，从而改善面筋的成膜性能。

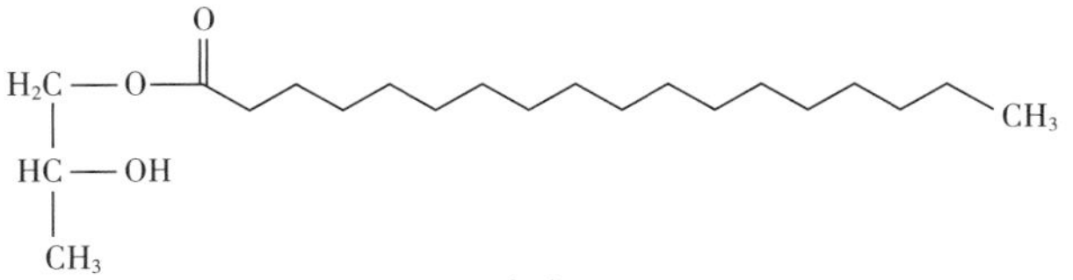

（1）

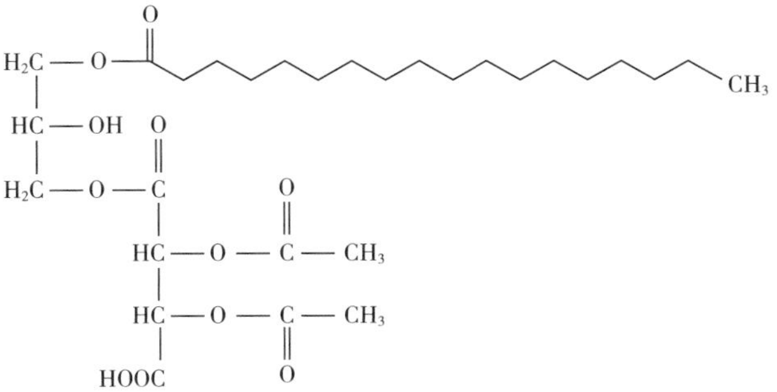

（2）

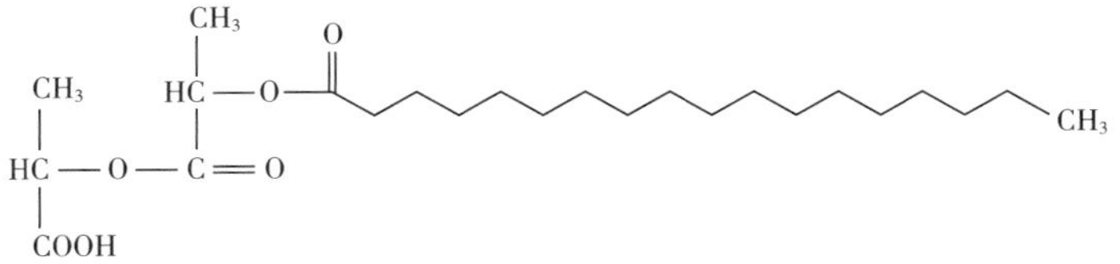

（3）

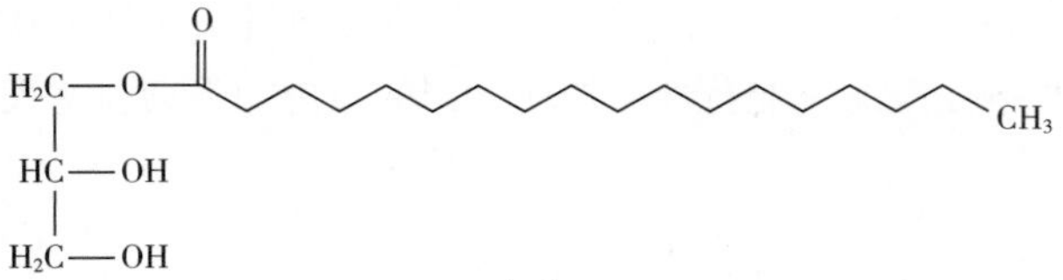

（4）

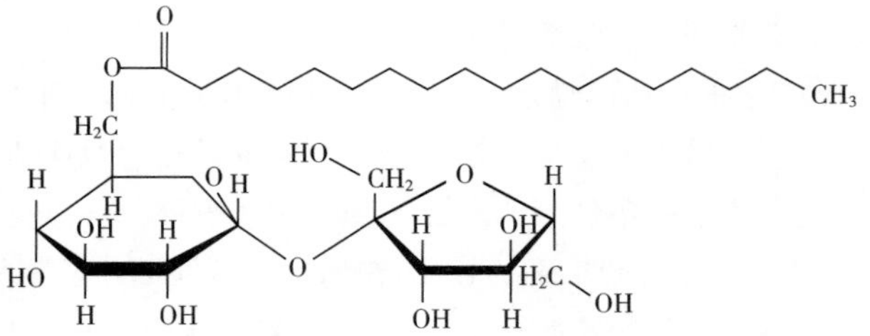

（5）

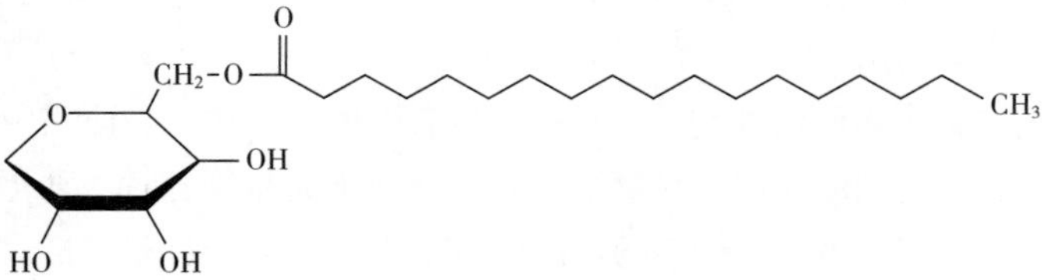

（6）

图 13-20 蛋糕混合料或面包制作中常用乳化剂的结构

（1）为丙二醇单硬脂酸脂；（2）为1-甘油单硬脂酸酯的二乙酰酒石酸酯；（3）为硬脂酰乳酸酯；
（4）为1-单硬脂酸甘油酯；（5）为蔗糖单硬脂酸酯；（6）为脱水山梨醇单硬脂酸酯

　　面包制作中充当氧化剂的成分包括抗坏血酸、溴酸钾、偶氮二甲酰胺和过氧化钙，一般在磨坊、面包店均可添加。添加百万分之几的氧化剂，就能提高面团强度，使面包具有更好的体积和质地，下文将进一步讨论它们的作用。

　　脂肪或起酥油通常在面包店进行添加，起到塑化面团的作用。面团中增加起酥油含量时，要求相应减少水分含量，以保持面团的一致性，反之亦然。此外，起酥油通常会增加10%的面包体积。最后，在配方中添加脂肪可以使面包在更长的时间内保持柔软和美味（图13-21）。

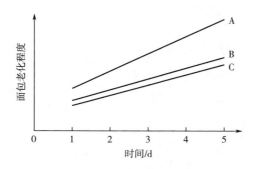

**图 13-21 对照面包（A）、含有起酥油的面包（B）、
含有起酥油和单酰基甘油的面包（C）的老化速率对比**

为了增加面包的柔软度，从而延长保质期，面包配方通常含有表面活性剂，可能与前面描述的面团强化剂相同或者不同。面包店中最常用的化合物是单酰基甘油（图 13-21），也称为单甘油酯，一般用量为面粉质量的 0.5%。

最后，最常用于控制霉菌生长的添加剂是丙酸钙。

（二）面包制作系统

制作面包的过程可以分为三个基本操作单元：混合或面团形成、发酵和烘焙。可以使用不同的制作工艺。

1. 一次发酵法

最简单的面包制作方法是一次发酵法，在欧洲许多地方普遍使用。在该系统中，所有配方成分被混合成一个成熟的面团，然后进行发酵。在发酵过程中，将面团翻揉一次或数次。发酵后，将面团分成面包大小的块状，揉圆、成型，放入烤盘中，再进行一次发酵（即醒发）以增大体积。达到所要求的尺寸后，再置入烤箱中烘烤。一次发酵法的发酵时间长短变化很大，长可达 3h，短则基本无发酵时间。具体工艺流程如下：

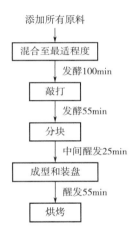

一般来说，一次发酵法制成的面包比用其他方法制作的面包更有嚼劲，具有较粗糙的蜂窝状结构，但其风味较差。该工艺对时间非常敏感。对于商业中常见的大批次生产，时间敏感性可能是一个问题。因为，同一批次先烤制的发酵正合适，后烤制的则容易发酵过度。

2. 二次发酵法

北美最受欢迎的烘焙方法是二次发酵法。采用这种方法，先将约三分之二的面粉、部分水和酵母混合在一起，刚好形成一个疏松的面团，称为"酵头"。酵头发酵时间达 3~5h 后，将其与剩余配方原料混合，揉和成成熟的面团，中间醒发 20~30min，使面团松弛。然后将面团分块、成型和醒发，操作和一次发酵法一样。二次发酵法生产的面包柔软、具有微细的海绵状结构、风味良好。二次发酵法最大的一个优点是不易受发酵和加工时间变化的影响。因此，该方法更适合工业化生产，工艺流程如下：

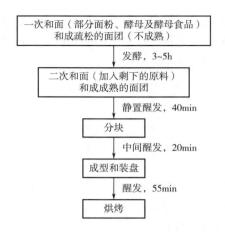

3. 液体发酵法

许多其他的面包制作方法可以看作是上述两种方法的改良。这些方法包括液体法或酶原法，该法发酵在液体罐中进行，而不是以酵头发酵进行。在这种情况下，部分或全部面粉被保留在发酵步骤之外。

4. 短时烘焙法

短时烘焙法在英国和澳大利亚很流行。在英国，约80%的面包都采用了Chorleywood法进行生产。该法在半真空条件下混合面团，然后，基本上是一种不发酵的速制过程。这种方法具有经济实惠的特点，生产的面包在英国很受欢迎。澳大利亚的短时烘焙法不同于Chorleywood方法，因为它使用更多的氧化剂来膨松面团。

三、 一次发酵法制作面包

通过讨论一次发酵法生产白面包的不同工艺阶段，可以很好地描述面包制作过程中出现的现象。这些工艺过程包括面团形成、发酵、成型、醒发和烘焙。在部分工艺阶段中，讨论了短时烘焙法制作面包工艺的部分原理，也注意到了可以提高面包质量的几种方法。最后，讨论了面包老化和面包固化现象。

（一）面团形成

在大多数含有小麦面粉的食品体系中，一开始都要将面粉、水和其他各种配料混合形成面团。面团不仅仅是将面粉和水随便混合一下就能形成的。当小麦面粉和水以不同比例混合时，会出现各种情况，水大大过量时形成浓浆，面粉大大过量时形成干而稍有黏性的物料，中间水平时容易形成有黏性的面团。面团形成的主要步骤包括面粉颗粒的混合和充分水合。同时，必须注意不要把面团搅拌过度。

1. 面粉颗粒中水的扩散

通过磨辊获得的用于制作面包的小麦面粉通常利用132μm筛孔的筛子进行筛分。与淀粉和蛋白质相比，面粉颗粒相当致密且大。相比之下，淀粉颗粒（5~10μm和25~40μm），尤其是蛋白质分子要小得多。

当水加入到如此致密的面粉颗粒中时，颗粒表面迅速水合。实际上，有大量的水可以润湿颗粒的表面。相比之下，水渗透颗粒的速度很慢。水向面粉颗粒中心运动的唯一驱动力是扩散，这个过程是缓慢的。

2. 面粉和水的混合

混合开始为面粉和水的相互作用提供了更多的途径。当水合颗粒相互摩擦时，混合器缸或混合器叶片的水合表面被去除，新的颗粒层暴露于系统中过量的水中。随着这种情况重复多次，面粉颗粒慢慢变得完全磨损和水合。随着越来越多的游离水水合蛋白质和淀粉，系统对延伸的抵抗力逐渐增加。因此，用混合仪产生的混合曲线的高度逐渐增加到一个峰值（图13-22）。

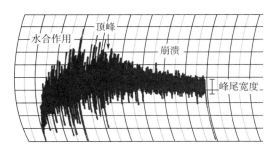

图 13-22　混合曲线图（已标记出曲线"尾部"的宽度）

面包制作行业中，混合到峰值的面团有多个名称，如"混合面团""流动性最小的面团"或"最佳混合面团"，这些术语都意味着面团混合已经到达终点，也意味着这些面团达到了用于制作面包的状态。所有的面粉颗粒都需要进行水合，所以明显出现了峰值或平稳期。如果面粉颗粒没有全部水合，那么继续混合将增加抗延伸力，将最大阻力值增大，并需要更长的混合时间。

在这个最大值下，面团达到最佳的混合状态，因为此时所有的蛋白质和淀粉都被水合了。未水合的蛋白质或淀粉不能以任何有益的方式在面团中相互作用。面团形成的本质是面粉颗粒完全水合的结果。对最佳混合和随后冷冻干燥的面团进行扫描电子显微拍照（图13-23），显示没有完整的面粉颗粒，而是蛋白质原纤维与黏附性淀粉颗粒的随机混合物。这种混合物在自然状态下存在于面团中。在面团制备过程中，淀粉明显吸收水分，并可能在面团的连续蛋白质基质中充当惰性填料。

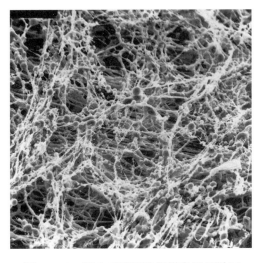

图 13-23　混合后面团的扫描电子显微图

成熟面团有松弛的趋势。当混合到最佳状态，静置一段时间后，必须经过适度混合才能恢复面团拉伸阻力至原始水平。这说明面团成熟是一个可逆的过程。事实上，我们可以使面团成熟，也允许其松弛，然后再次使其成熟，这些现象意味着面团成熟过程中可能形成氢键或疏水作用，或两者均有。

3. 影响混合特性的因素

图 13-24 显示了各种面粉的混合曲线。每种面粉的混合峰值出现在不同的时间。此外，为了达到最佳水合作用，不同面粉的混合所需的功不同，正如曲线下面积的差异所示，这基本上测定了混合面团所需的功。这种差异在很大程度上与小麦粉面筋蛋白部分形成面团的能力有关。

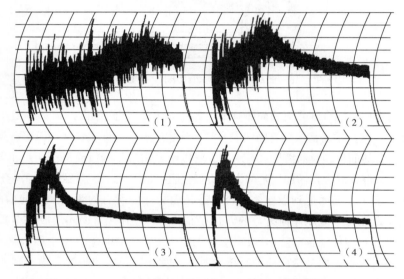

图 13-24　硬质冬小麦的混合曲线图，表现出极好的（1）、
良好的（2）、差的（3）和极差的（4）混合特性

混合形成黏弹性是面团一个重要的特点。具有连续性是形成弹性系统的先决条件。当然，淀粉颗粒不是这些面团特性形成的原因，因为它们在面团中显然是不连续的。虽然麦醇溶蛋白分子量太小，不能使面团系统形成连续性，但麦谷蛋白可以起到这个作用，因为它们具有高分子量且相互缠绕。

几个现象对于理解谷蛋白在面团形成中的作用很重要。第一，半胱氨酸、亚硫酸氢钠及相关化合物等化学试剂在缩短混合时间和降低面团强度方面非常有效。这些试剂显然是通过参与巯基-二硫键交换反应来破坏谷蛋白中的二硫键，从而使蛋白质分子变小。这些较小的蛋白质分子更容易水合，从而缩短混合时间。第二，一些研究表明面团强度与高分子量谷蛋白含量有关。在这种情况下，更具体地说，许多研究工作关注在组成谷蛋白的高分子量亚基上。有研究表明，这些亚基的缺乏导致面团非常脆弱，某些亚基比其他亚基具有更好的强度。

然而，不仅仅是谷蛋白的高分子量及其缠绕能力和醇溶蛋白的黏性是面团黏弹性形成的原因。第一个因素是由于氨基酸谷氨酰胺的优势，面筋蛋白的酰胺含量很高。因为这种氨基酸可以形成氢键，表明系统中有大量的氢键。证明其形成大量氢键的依据，一方面，混合面粉与氧化氘（D₂O）而不是与 H₂O（图 13-25）形成更强的面团；另一方面，混合面粉与尿素溶液而不是与水形成更弱的面团（图 13-26）。实际上，当氘化氢增加氢键时，尿素会破坏氢键。

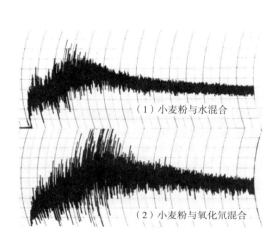

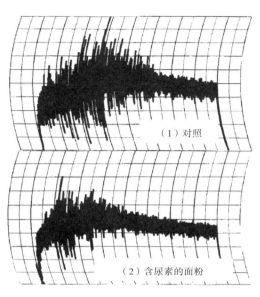

图 13-25　小麦粉与水或氧化氘的混合图　　图 13-26　对照面粉和含 1.5% 尿素的面粉的混合图

第二个因素是谷蛋白上缺乏大量电荷，表明链之间几乎没有电荷排斥。

第三个因素是，它们的疏水氨基酸很可能有助于疏水作用。

总体而言，这些因素清楚地表明，完全水合的面团强度和弹性与高分子量谷蛋白的存在有关，高分子量谷蛋白通过自身缠绕、氢键和疏水相互作用与醇溶蛋白和其他谷蛋白组分相互作用形成巨大的团状实体。在这个模型中，醇溶蛋白充当增塑剂，削弱谷蛋白链之间的相互作用，这增加了面团的流动特性。

4. 混合过度

面团达到最佳状态后，继续混合会形成具有"混合过度"光泽的湿、黏面团，通常称之为崩塌面团。一旦面筋蛋白由于混合发生水合作用，所得面团的延展阻力将使面筋中的二硫键逐步被机械混合作用破坏。由此产生的高反应性噻吩基可用于二硫键的重新形成或与其他成分的反应。尽管二硫键的随机更新形成可能不会影响面团强度，但与 α，β-不饱和羰基化合物（如富马酸、马来酸或阿魏酸）的反应会导致面团结构被破坏。根据上述情况，脂氧合酶（如具有酶活性的大豆粉）可以逆转过度混合过程中活化的双键化合物对面团崩塌的影响，可能是因为酶在面筋蛋白中产生了其他自由基。氮气环境中混合也可以防止面团的过度混合，表明这一过程与氧化有关，但作用机理尚不清楚。

综上所述，长链蛋白质分子的连续混合使其在流动方向上排列，从而降低混合阻力，形成的剪切稀释作用不依赖于面团系统中氧气的存在，所以不是面团过度混合的原因。

5. 面团混合中的空气掺入

面团混合的另一个重要方面是空气的掺入。如图 13-27 所示，当面团变得有黏性时，空气开始掺入，引起密度降低。掺入的气泡大小取决于系统中的界面张力 γ，它可能受到表面活性剂使用的影响。在最佳混合点时，通常已经掺入了可加入空气总量的一半。这种空气，尤其是氮气含量，对大多数烘焙产品很重要，因为它形成了气泡，可供二氧化碳后续扩散到里面去。实际上，因为氮气难溶于水（因此也不溶于面团的水相，而二氧化碳和氧气都溶于水），所以氮气提供了必需的核。如下所述，酵母产生的二氧化碳必须扩散到预先存在的气泡中。因为，如果面团不含气室，最终面包的纹理会非常粗糙，只有几个大的气室。换句话说，混合过程中捕获的氮气为随后的气体膨胀或面团发酵提供了核。

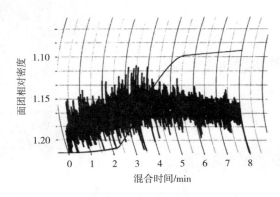

图 13-27　面团密度降低随混合时间的变化情况

在面包制作过程中，如 Chorleywood 工艺，混合是在部分真空下进行的。初步看来，这似乎对面包品质不利，因为它会限制空气吸收。然而，适度真空是有好处的，因为产生的小气泡在减压条件下膨胀，在混合过程中可以细分形成更多的气泡。产生的气泡越多，烘焙产品的纹理就越细。

（二）发酵和气体保留

发酵过程的结果是面团发酵且面团体积增加。为了阐明所发生的现象，必须从几个方面进行讨论。主要内容包括酵母的作用、气体滞留的原因，以及面筋、非淀粉多糖和脂类在这一过程中的作用。酵母对面团流变特性的影响也是重点关注的内容。

1. 发酵

酵母是一种活的生物体，储存过程中处于休眠状态。休眠既可由干燥引起（如活性干酵母），也可由低温造成（如压缩或破碎酵母）。商业生产中产品总是受到细菌的污染，主要是乳酸杆菌。这些微生物在普通面包制作过程中似乎并不重要，因为发酵时间太短，无法造成影响。

当酵母被掺入面团时，合适的条件使其活化。面包发酵是一个厌氧过程。因此，酵母在面团发酵过程中很少生长。在实际生产中，当发酵开始后，面团中的氧气被酵母和细菌迅速消耗。此后进入厌氧发酵，除非通过再次混合向面团体系中掺入氧气。葡萄糖的发酵反应为

$$C_6H_{12}O_6 \longrightarrow 2CO_2 + 2CH_3CH_2OH + 66.5kJ/mol$$

酵母也可以很容易地发酵非还原性蔗糖，因为它有一个非常高效的转化酶系统，可以快速地将蔗糖水解成葡萄糖和果糖，这两种物质都很容易发酵。

在酵母活性最大的条件下，葡萄糖的利用率约为每克固体酵母每小时利用 0.75~3.0g。使用这些数据估算它在典型的一次发酵法面包制作过程中的消耗量，包括 3h 的发酵和

55min 的醒发，以面粉质量的 2.0% 添加压缩酵母（29%，固体），可以估算葡萄糖消耗量为 1.74~6.96g/100g。据报道，基于发酵产物和面团发酵所需的二氧化碳量，4h 发酵和醒发过程中，估算蔗糖消耗量为 3.50g/100g。然而，这个结果未考虑二氧化碳扩散至空气中的损失。有研究人员估算，在一次发酵法的发酵过程中，从混合到醒发结束，大约消耗 2.0% 的糖（基于面粉质量）。该值仅说明了蔗糖的消耗，未包括面粉中自然存在的可发酵碳水化合物。

因此，酵母发酵的主要产物是二氧化碳和乙醇。随着二氧化碳的产生，面团的酸碱度降低，水相中二氧化碳逐渐饱和。实际过程中，刚从搅拌器取出的面团 pH 通常约为 6.0。发酵过程中，pH 降至 5.0 左右。pH 的快速下降最初是由二氧化碳溶解在水中引起的，其次是面团中的细菌慢慢合成了有机酸。面粉本身以及辅料配方中的牛奶或大豆蛋白是很好的缓冲剂，有助于控制 pH。发酵结束时，大部分发酵气体以二氧化碳（CO_2）的形式存在，少量以碳酸氢盐（HCO_3^-）或碳酸盐（CO_3^{2-}）存在。

2. 气体保留

发酵面团的体积开始增加需要一段时间。面包面团气体"生成"曲线中的最初滞后是因为面团水相必须先被二氧化碳饱和，然后才能测定其变化或损失。二氧化碳在水相中的溶解度与温度成反比，并受酸碱度的影响。因此，只有在水相饱和后，二氧化碳才能使体系起发。一旦水相饱和，发酵气体扩散到预先存在的气室，因为发酵气体不能形成新的气泡。气泡力学确实表明，气泡中的压力（p）与气泡半径（r）和界面张力（γ）之间的关系如下：

$$p = 2\gamma/r$$

因此，在界面张力 γ 不变的系统中，如果 r 接近零，那么开始一个新气泡所需的压力 p 是无穷大的。因此，单个二氧化碳分子不能产生气泡，一旦面团水相饱和，分子必须扩散到预先存在的气室或面团周围的空气中。

3. 酵母和面团流变学

除了具有产气能力，酵母还影响面团的流变学。测量发酵后的面团宽高比（即展开，图 13-28）用于指示其黏性-流动性和弹性。相比于弹性较大的面团，黏性较大的面团具有较高的延伸率。从图 13-29 可以看出，面粉-水面团在 3h 后具有较大的延伸率，表明面粉-水面团的黏流特性占主导地位。当酵母添加到这样的面团中，其延伸率降低。经过 3h 发酵后，面团从一个有很大黏性的状态变成一个有弹性的状态。面团向弹性变化的趋势与添加氧化剂时的效果相同。因此，酵母具有明显的氧化作用。分别用水或酵母发酵上清液与面粉混合进行延伸性实验评价，未发现类似的作用效果，表明酵母细胞导致了面团流变学性质的变化。此外，发酵引起的 pH 变化对面团的延伸率影响不大。

图 13-28　小麦面粉面团"延伸"试验测定步骤

面团经过混合、发酵和成型。静置一段时间后，面团的宽度（W）与高度（H）比值即为延伸性

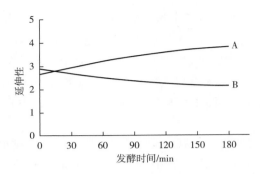

图 13-29　水和面粉（A）或面粉、水和酵母（B）组成的面团
延伸性（宽度 W/高度 H）随时间的变化情况

4. 面筋和阿拉伯木聚糖在气体保留中的作用

谷物化学的观点认为二氧化碳被面筋蛋白所保持，面筋蛋白形成薄片或薄膜状，其形状犹如一个橡皮球。因此，从这个角度来看，水合面筋膜形成封闭的储气气球（气室），防止二氧化碳流失。对这一观念必须提出质疑，因为没有理由假设这种水合气室膜是半渗透性的，因此它们会让二氧化碳扩散到气室中，同时阻止气体离开气室。实际上，无须屏障，气泡中的二氧化碳也不会扩散出来，这是因为气泡周围的水相被二氧化碳所饱和，而且酵母不断产生更多的发酵气体。因此，气体保留不是一个神秘的事情，只是扩散定律的应用，不同小麦粉气体滞留能力的差异可能归因于它们（脂质和阿拉伯木聚糖单独或相互作用后）减缓气体扩散的程度。

水溶性阿拉伯木聚糖在某种程度上可能像发酵过程中的面筋一样起作用。它在面粉中的浓度通常仅为 0.5%，由于其具有增强黏度的作用，可以减缓二氧化碳从面团中扩散出来的速度，有助于气体的保留。初步看来，面粉中水不溶性阿拉伯木聚糖的浓度（通常为 1.5%）似乎太低，不足以在面包制作过程中发挥作用，但我们应该认识到它的含量通常约为面包中面筋含量的 15%。除了具有很高的保水能力，它在发酵阶段的作用似乎相当有限。

5. 搅打和重新混合

根据发酵方法的不同，通常会在发酵过程中对面团进行搅打或重新混合操作，然后继续发酵。这种做法有两个原因。

首先，搅打或重新混合细分气室，形成更多且更小的气室。在这个过程中，大部分二氧化碳被释放到空气中，但是该过程的主要作用是通过细分产生新的气室。因此，除了在面团制作阶段形成气泡，新气泡是通过搅打或再混合产生的。

其次，搅打或再混合的另一个重要好处是面团成分的再分配。酵母细胞在面团中是不可移动的。因此，它们依赖于扩散在周围的糖。随着发酵的进行，扩散距离变大，发酵速度随着营养物质的浓度降低而降低。搅打或再混合使酵母细胞和可发酵糖再次结合在一起。在无时间或短时间发酵制作面包系统中，搅打是不适用的，因为面团没有足够的时间膨胀，最终结果通常是面包中的颗粒更粗糙（即气室更少）。有效解决这个问题的方法是在部分真空条件下进行混合，使面团膨胀，并允许气室在面团未膨胀时发生分裂。

6. 总结

综上所述，在混合面包面团中，水不溶性面筋蛋白在高度水合后构成连续相，淀粉和气泡作为不连续相（图 13-30）。面团的黏性流动特性在很大程度上受醇溶蛋白控制，而其弹性受谷蛋白控制。酵母细胞也分散在整个水相系统中，发酵糖并产生二氧化碳。二氧化碳在水相中产生，并使水饱和。一旦水相饱和，新生成的二氧化碳必须转移到别处。因为它不能形成新的气泡，所以先前存在的气泡是唯一选择。二氧化碳进入气泡并增加面团压力。面团的黏滞流动特性允许气泡膨胀，从而平衡压力。最终的结果是，面团的总体积增大，即面团发酵了。

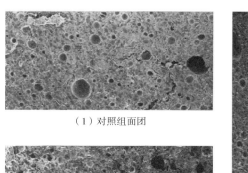

（1）对照组面团

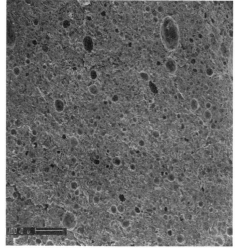

（2）含3%起酥油的面团

（3）含0.5%硬脂酰乳酸钠的面团

图 13-30　冷冻干燥面团的扫描电子显微镜照片

（三）成型和醒发

发酵过程中面团的机械搅打或压片会使面筋原纤维排列整齐（图 13-31）。发酵后，面团被分成一个个面包大小的小块，室温下静置一段时间。面团松弛后，准备成型，基本上是先压片，然后卷曲、滚动，并施加额外的压力。当面团通过多组辊之间挤压后，它被压成不同方向的薄片。在一个方向上继续加工将使蛋白质原纤维排列整齐，形成了一个方向上强力、与压片方向呈90°的方向上弱力的面团。成型后，将面包翻面，最后一圈面朝下放在锅底（图 13-32）。

图 13-31　发酵后面团的扫描电镜照片（注意面筋纤维的排列）

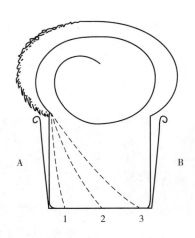

图 13-32　盘中面包的剖视图

螺旋实线表示面团摺卷界面，虚线表示三个点的面团折痕界面；开口和碎片在 A 面。

此时，面团可以进行醒发。最后的发酵步骤通常在 30~35℃ 和 85% 相对湿度下进行。因为氧化的面团现在仅有有限的黏性流动特性，不再在重力作用下流动，而是由于发酵膨胀将盘充满。醒发通常需要 55~65min，在此期间面团体积会大大增加。

完全醒发的面团中二氧化碳含量约为发酵过程产生总量的 45%。在发酵、冲压、成型和醒发过程中，气体平衡被打破。

（四）烘烤

面包的烘烤速度通常是相当稳定的。面包烘烤速度是由热量渗入面团的速度决定的，这是很难改变的。提高烤箱温度只会略微加快烘烤速度。较高的温度会导致面包内部形成较大的温度和湿度梯度，但不会显著改变面包中心升高到目标温度所需的时间。将一条面包烘烤过程中发生的变化分为可见变化和不可见变化是有好处的。一旦两者都处理好了，对讨论是什么决定了烤箱中面包膨胀的终点（即烘烤弹性消失）以及理解最终产品中面包屑的结构是很有用的。同样，对讨论面筋、阿拉伯木聚糖和脂类等决定最终产品体积的因素的作用具有启发性。

1. 外部变化

当醒发后的面团放入烤箱时，产品吸收的大部分热量通过烤盘散发出来。因此，面团温度上升的速度取决于空气和烤盘表面的热传递。面团的导热效率不如金属盘。因此，从烘焙面包的外部到中心形成了明确的温度梯度。

一旦面包放进烤箱，有三个明显的变化，其中两个迅速变得明显：第一是面团立即膨胀，第二是表面干燥，第三是外皮褐变。

醒发后的面团放入烤箱时，它会迅速膨胀。这就是众所周知的烘焙弹性现象。一旦完成，烘焙弹性是一种不可逆的现象，因为当面包从烤箱中取出时，面团不会收缩到原始的大小。然而，当在烘焙弹性出现期间从烤箱中取出面包时，面团确实会收缩。

几个因素是造成烘焙弹性的原因。首先，在 55℃ 左右被杀死之前，酵母随着温度升高变得非常活跃；因此，这段时间内会产生更多的二氧化碳。第二，水相中的二氧化碳的溶解度随温度升高而变小，导致更多的二氧化碳进入气泡。第三，气泡中的二氧化碳和其他气体随温度升高均会膨胀。最后，只要水-乙醇共沸物在面团中形成，烘箱加热期间水-乙醇共沸物（沸点为 78℃）

的蒸发很可能大大有助于面团的整体膨胀。如果没有形成共沸物，那么水和乙醇的蒸发也很重要。一般来说，烘焙弹性持续不到8min。剩余的烘焙时间确保面包中心温度接近100℃。

暴露在烤箱空气中的面团表面会迅速形成面包皮。面包皮的形成是因为面团的表面变干了。干燥的高温空气使面团表面的水分蒸发得非常快。然而，由于蒸发水分消耗热量，面包皮保持凉爽。因此，面包皮中的大部分淀粉在成品面包中保持其双折射。如果需要更厚、更重的面包皮，一般会在烤箱中加入蒸汽。蒸汽减缓了水蒸发的速度，表面烹饪的程度更大，产生了更厚的面包皮。面包皮或外皮的形成并不是面包气体滞留的原因，因为气体滞留是由面团内部的性质控制，而不是由表面控制。

烘烤后期是所有面包皮发生褐变的时候。它是还原糖（如葡萄糖和果糖）与蛋白质、肽或氨基酸上的游离氮基团之间发生美拉德反应的结果。褐变发生在烘烤后期，是因为它在脱水系统中反应得更快，需要更高的温度。在烘烤过程中，只有当表面水分蒸发速度大大降低时，面包皮上才能达到反应所需条件。面包瓤不会出现褐变，因为其脱水程度不足以发生美拉德反应。

当面包从烤箱中取出并冷却时，它不会塌陷。仅这一点就说明该面包系统的气体是连续的。如果面包仍然只是一个面筋连续的系统，而不是一个气体连续系统，当气体冷却时，产生的压力差会导致面包破裂。

2. 质地变化

迫使空气通过面团和面包的简单实验表明，在面团中，面筋是连续相，气室是不连续相。因此，面团可以用来吹泡泡，就像在吹泡仪里做的那样。相比之下，一片面包有一个开孔的海绵状结构，对空气的通过没有阻力。空气自由通过，表明面包不仅是面筋连续的，而且是气体连续的。因此，当面团转化为面包时，它就不再能够保留气体。

烘烤不同时间的面团内部结构（图13-33）显示了面团和每个面包的面包瓤区域之间的明显界限。其与烘烤过程中形成的温度梯度一致。因此，人们可以得出结论，温度是面团转化为面包的原因。

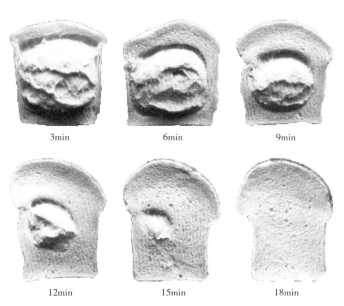

3min   6min   9min

12min   15min   18min

图13-33 烘焙过程中面团的剖视图

在加热面团系统引起的变化中，最突出的是淀粉糊化。在烘烤过程中，面包面团中的淀粉大约在65℃开始糊化（即其晶体熔化）。这也是上述面团和面包瓤之间发生分界的温度。图13-34显示支链淀粉晶体在很宽的温度范围内熔化延伸。同样需要重视的是，在面团中存在的水分含量下，淀粉会在很宽的温度范围内膨胀。在这些条件下的糊化和膨胀过程中，淀粉的颗粒特性在很大程度上得以保留。部分溶解的直链淀粉与某些添加的脂质（非三酰甘油）或一些内源小麦极性脂质形成包合物，新鲜面包瓤的"V"形晶体证明了这一点。糊化过程使气室的连续壁（主要是蛋白质）变得更坚固，因为这个过程需要从系统中吸取水分。虽然面粉中含有大量的β-淀粉酶，但这种酶在完整的淀粉颗粒上是没有活性的，而且在淀粉糊化前被加热灭活。相反，麦芽和真菌α-淀粉酶都有活性。这些酶在淀粉糊化和自身变性之前的时间内具有活性。麦芽α-淀粉酶比真菌α-淀粉酶作用的持续时间久。当淀粉糊化时，细菌淀粉酶也具有活性，并且在烘烤过程中不一定发生变性的。相反，麦芽或真菌α-淀粉酶在烘烤糊化的初始阶段具有部分活性，而在烘烤后期失活。

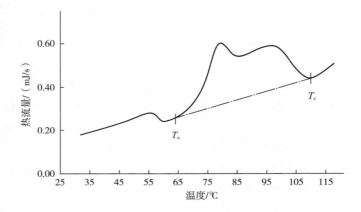

图 13-34　无酵母面包面团的差示扫描量热仪热谱图

[显示吸热转变的起始温度（T_o）和结束温度（T_c）（面团的总吸热量约为 3.75J/g，热谱图显示淀粉晶体约在65℃开始熔化，并且由于面团中有限的水含量，它在很宽的温度范围内延伸）]

烘烤过程中，面筋蛋白会发生剧烈变化（图 13-35）。首先，作为淀粉糊化的结果，水从面筋蛋白中排出。增塑剂的减少改变了面筋特性。其次，面筋会经历应变硬化，也就是说，当它被拉伸得很薄以覆盖膨胀的气室时，拉伸面筋所需的力会增加。最后，热量通过形成新的二硫键使谷蛋白交联度增大。初始仅有麦谷蛋白-麦谷蛋白发生交联，但是在超过90℃的条件下，二硫键形成并连接麦胶蛋白和麦谷蛋白。

3. 烘烤弹性的消失

当面包面团在电阻烘箱中加热烘烤时，基本上没有温度梯度，面团加热均匀。当人们用这种方法烘烤面团时，直到面团温度达到约72℃时，二氧化碳几乎没有损失。在该温度下，大量二氧化碳从随后部分烘烤的面包中释放出来。此时，面团失去了保留二氧化碳的能力，不再膨胀（图 13-36）。

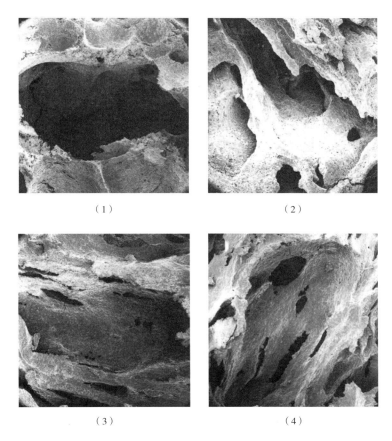

（1）　　　　　　　　　　　　（2）

（3）　　　　　　　　　　　　（4）

图13-35　烘烤至28℃（1）、70℃（2）、88℃（3）
和95℃（4）的面团和面包剖面的扫描电子显微镜照片

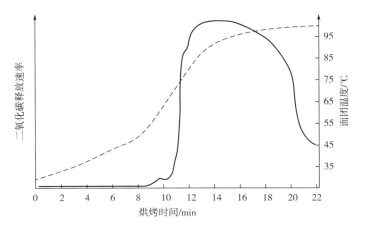

图13-36　电阻炉中烘烤发酵面团过程中二氧化碳释放速率
（实线，任意单位）与温度（虚线）的关系

　　然而，在传统烘烤中，面包在烘烤过程中存在明显的温度梯度。因此，前文描述的淀粉和
面筋变化是从面包的外部向中心发生的，其结果是膨胀先在外层停止，但在面包内部继续。面

包外层内的气体变得连续，面包皮变得坚固，导致它们不再因面包中心的压力而膨胀。取而代之的是，内部压力的增加导致了面包结构破裂和撕碎，即当面包膨胀时，新的面团暴露在烤箱温度下形成面包外部区域。随着面包的破裂，这使得面包有更多的膨胀和持续的烘烤。当面团向面包的转变发生在面包的更深处，生面团中心产生的压力不足以产生更多的碎片时，或者当转变已经到达面包的中心并且不再产生压力时，烘焙弹性停止。

4. 面包瓤结构

一条面包的瓤结构或纹理不是气室的随机集合，而是一个有组织的系统，可以告诉我们更多关于面包的信息。在没有附加应力的水环境中，气室是圆形的，因为这种形状使它们的表面积最小，因此自由能最小。这种气室在蛋糕或用连续面包制作系统制作的面包中很明显（图13-37）。据此可以推测，在这些系统中，作用在气室上的外力在各个方向上都是相等的。在传统制作的面包中，许多气室是细长的，这表明气室上的面团作用力是不均匀的。因此，拉伸程度是面团强度和面包咀嚼性的评价指标。

（1）　　　　　　　　　　　　　　　　（2）

图 13-37 连续烘焙工艺（1）和二次发酵法（2）生产的面包瓤纹理

在成型过程中，面团被压成薄片，然后卷成圆筒。气室在圆柱体周围拉长。如果面团弹性很足，气室伸长状态会持续到醒发阶段。在烘焙过程中，面团暴露表面的外皮在与烤盘接触的一侧或两侧破裂。对于具有强弹力的面团，破裂往往发生在面包最后一圈的一侧。当破裂发生时，面包在该方向膨胀，引起面包外部"破裂和撕碎"，并形成一个好的、界限清晰的滑移面（即面团内部膨胀时，细长气室相互滑动移位的区域）。如果面包坯在其他面上破裂，面包瓤纹理就不是那么有条理，变得很难评价。即使能够对其进行评价，也变得更难了。在由完全氧化和成熟面团制作的面包中，人们会期望大量的气室被拉长，具有明显的滑移面。在未充分氧化的面团中，也称为"未发酵面团"，明显形成许多小而圆且壁很薄的气室，而滑移面不明显。过度氧化的面团导致面包具有较大的圆形气室，气室壁厚，滑移面非常突出。

5. 面筋和面包体积

面包面团中的气室壁含有面筋。在发酵温度下，气体滞留是发酵气体扩散受限的结果，这又导致面团体积增大。在这种气体产生和扩散的条件下，净效应是系统中扩散出来的气体比它产生的气体少。一旦面团进入烤箱，单个气室中的压力就会大大增加，并且由于气室膨胀，气室壁变薄，同时变得更硬，直到破裂。面粉蛋白质含量和面包体积之间的关系（图13-19）是可以理解的，因为蛋白质决定了面包制作过程中任何一点的气室壁厚度。因此，面粉蛋白质的质量与蛋白质允许气体气室壁膨胀的方式有关。由于气体扩散迅速，弹性不足的面筋导致面包体积小。在一定程度上的弹性增大可以获得更大的面包体积，但是面筋弹性过度会妨碍气室的膨胀，造成面包体积更小。因此，面团可能太弱或太强。过强的面团被称为"巴基（bucky）"，产生的面包体积、面包瓤和匀称性都很差。实际生产中，可以通过使用氧化剂和/或还原剂来改变面筋的特性以生产符合要求的面包。

6. 氧化剂和还原剂对面筋的影响

面筋中作用最突出的化学键是二硫键，负责连接谷蛋白亚基。因此，对面团硫醇-二硫化物体系有显著作用的氧化剂和还原剂可以影响谷蛋白亚基的聚合度，从而改变面团的力学和流变性质。

低浓度的内源性谷胱甘肽（谷胱甘肽-SH）通过与聚合谷蛋白（谷蛋白-S-S-谷蛋白）的巯基-二硫化物交换反应使面团变软并增加其延伸性：

谷蛋白-S-S-谷蛋白+谷胱甘肽-SH ⟶ 谷蛋白-S-S-谷胱甘肽+谷蛋白-SH

化学氧化剂（如碘酸钾、溴酸钾）与低分子量的硫醇化合物（如面粉中的还原型谷胱甘肽）发生反应，形成不能改变面团流变学特性的二硫化物。也有可能它们在面筋蛋白分子间形成二硫键，从而增加面团强度。溴酸钾是所有常用氧化剂中作用最慢的，是美国和某些其他国家历史上最常见的面包改良剂之一。然而，毒理学研究表明溴酸钾可能致癌，因此它的用量已经大幅度缩减。现在，溴酸钾仍然可以在美国使用，但用量比过去少很多。此外，如果使用，添加量必须很少，成品中含量不超过 $20\mu g/kg$，并且必须在标签上标明。面筋和溴酸钾的总反应：

溴酸钾+6 谷蛋白-SH ⟶6 溴化钾+3 谷蛋白-S-S-谷蛋白

溴酸钾是一种在发酵和烘烤过程中起作用的慢效氧化剂。溴酸钾的时间依赖性效应至少部分原因可能是发酵过程中面团 pH 的变化，因为它在较低 pH 下反应更快。相反，碘酸钾是一种速效氧化剂，在混合过程中发挥作用。

偶氮二甲酰胺经常被用作替代氧化剂。面团形成后，它会迅速完全转化为面包中稳定的、人体无法代谢的、无毒的缩二脲。过氧化钙也被用作氧化剂，主要是形成过氧化氢作为氧化剂，能引起水溶性阿拉伯木聚糖的聚合。聚合使面团变干，并允许加入更多的水。面包中过氧化氢和氧化剂的另一个来源是葡萄糖氧化酶（EC 1.1.3.4）。

抗坏血酸（通常称为 AH_2）也能增大面包的体积。抗坏血酸对面团流变学有快速和时间依赖性的影响。

维生素 C 的立体异构体，非对映体 1-抗坏血酸在增强面团弹力、可处理性和烘烤特性等方面具有最好的效果。抗坏血酸的另外三种立体异构体对面团只有很弱的氧化作用。

这种立体专一性表明至少有一种酶推动其在面包制作中的作用。参与非对映体 1-抗坏血酸转化的酶是抗坏血酸氧化酶。该酶利用分子氧（O_2）作为底物。氧化抗坏血酸（通常称为A）在面粉中谷胱甘肽脱氢酶氧化内源性谷胱甘肽的过程中充当电子受体，显著降低还原型谷胱甘肽的浓度，否则还原型谷胱甘肽与面筋中的二硫键反应而削弱面团。涉及的反应如下：

2 抗坏血酸+氧气⟶氧化抗坏血酸+2 水

氧化抗坏血酸+2 谷胱甘肽-SH ⟶抗坏血酸+谷胱甘肽-S-S-谷胱甘肽

可以加入还原剂如半胱氨酸、谷胱甘肽和焦亚硫酸钠来弱化面团结构，这对 bucky 面团是有好处的。

7. 阿拉伯木聚糖与面包体积

有一种假设认为，水溶性阿拉伯木聚糖在烘焙的初始阶段对面团黏度和气体扩散有影响，进而改变面包的制作效果。相反，水不溶性阿拉伯木聚糖会降低面包品质。正如前文所述，水不溶性阿拉伯木聚糖含量通常是形成气室壁的面筋含量的15%，可能会干扰气室壁。在这种情况下，能够水解水不溶性阿拉伯木聚糖的木聚糖内切酶在面包制作过程中特别有用。同样，与由高蛋白含量的面粉制得的面包相比，此类酶始终能够更好地增加由低蛋白面粉制得的面包的体积，这一事实与它们对气孔壁破裂的影响是一致的。

8. 脂质和面包体积

用石油醚对面粉进行脱脂处理，不破坏面筋，得到的面粉仍能生产出符合要求但体积更小的面包。当脂质被回添到面粉中，面包体积就恢复到原来的大小。研究表明，极性脂质尤其是糖脂在这一现象中的作用最为重要。

脂肪酶在面包制作中的应用是最近才出现的。比较特别的是1，3-特异性脂肪酶可以优先从甘油三酯中脱除1-位、3-位脂肪酸，添加后能够改善面团的流变学性质，并可以作为化学面团增筋乳化剂的替代物进行使用。部分释放的多不饱和脂肪酸被小麦脂肪氧合酶氧化，产生羟基过氧化物和自由基。这些化合物可以氧化其他成分，如蛋白质和类胡萝卜素，从而影响面团的流变特性和面包瓤的颜色。

脂质的功能很可能与它们对气室稳定性的影响有关。在这方面，极性脂质的积极作用归因于它们在气室的气液界面形成单层脂质的能力，从而增加面团的气体保留。最后，值得注意的是，面包面团中添加少量起酥油可增加面包体积，并形成均匀细密、气室壁薄的面包瓤结构。文献报道中提出了众多假设，都不能很好地解释这种作用机制。

（五）面包老化

在储藏过程中，面包逐渐失去了它的吸引力。面包随着时间而发生的不良变化统称为"老化"，主要包括面包皮变硬、面包瓤变紧、风味丧失、面包瓤的不透明度增加及可溶性淀粉的含量降低。

1. 面包硬化

储存温度影响面包的硬度。当储存温度低于其玻璃化转变温度时，面包硬化就停止了。在略高于冰点温度时，面包硬化速度比在较高温度下快。

（1）面包皮的变化　面包皮与面包瓤发生的变化不同。当面包刚出炉时，面包皮只含2%~5%的水分。此时，面包皮是松脆的。当水分从面包瓤中扩散出来时，面包皮失去其脆性而变硬，从玻璃状变成皮革状或橡胶状。

（2）面包瓤的变化　面包瓤中发生的变化要复杂得多。大约在170年前，人们发现面包瓤的老化不是因为干燥，即使没有水分流失，面包瓤也能老化。

因为能够结晶的直链淀粉在面包冷却时已经结晶，所以直链淀粉只对最初的面包瓤硬度有影响，而对面包瓤硬化没有作用。直链淀粉是面包中必不可少的组分。利用不含直链淀粉的硬质小麦面粉生产面包，面包瓤特征非常差。添加直链淀粉-脂质复合乳化剂可以生成更软的面包，这可能是因为在烘焙过程中，淀粉溶胀减少，因此对面包结构的整体刚性影响较小。

面包硬化过程中，支链淀粉出现回生，外链形成双螺旋结构并结晶。一般认为结晶既有分子间的，也有分子内的。回生也可能是面包瓤不透明度增加的原因，推测这是其折射率发生变化所致。

　　尽管推测出硬化和回生是同一个现象，但没有确凿的证据表明两者有因果联系。实际上，面包中淀粉结晶的程度或品质通常与面包瓤硬度相关性较差。人们意识到硬度是一种长期的流变特性，结构化网络的形成很可能是面包硬度提高中比结晶程度或品质更重要的因素。面包中的面筋连续相也很有可能与支链淀粉和（或）直链淀粉一起参与网络的形成，并逐步互连为多个晶体和非晶体区域。

　　在这种情况下，推测模型是直链淀粉的结晶增加了颗粒的刚性，并形成了由互连的微晶和面筋组成的结构化网络。这样的网络决定了面包最初的硬度。

　　在储存过程中，支链淀粉结晶导致的类似现象将有助于面包瓤老化。这种观点的证据是，将不新鲜的面包加热到 50~60℃，可以暂时恢复至新鲜状态。这一加热过程引起支链淀粉微晶的熔化。然而，进一步加热可使面包瓤硬度下降（图 13-38），这有效说明了面包硬化不仅仅是支链淀粉的回生引起的。

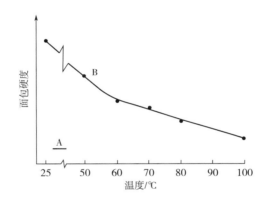

图 13-38　不同温度下加热一定时间对室温下储存 5d 的面包硬度的影响（B）

将储藏 5d 的面包（B）加热到 100℃，硬度可以降低到与新鲜面包（A）几乎相同

2. 作为抗老化剂的淀粉酶

　　在没有淀粉酶的情况下，面筋和糊化淀粉是有效交联的。如前文所述，在面包冷却过程中，直链淀粉的分子重组形成由相互连接的微晶组成的网络，这是最初面包硬度的形成原因。在储存过程中，由支链淀粉结晶产生的类似现象有助于面包瓤老化。

　　某些淀粉酶具有抗老化作用，因此会延缓烘焙食品的硬化。有研究人员认为，淀粉酶降解淀粉过程中产生特定大小的糊精，通过干扰支链淀粉的再结合和回生和/或老化面包中淀粉-蛋白质交联的形成而发挥抗老化作用。也有研究人员认为淀粉酶的抗老化作用是淀粉结构的影响，淀粉结构由于酶的作用而被修饰并且具有不同的回生特性。

　　在这种情况下，通过研究来自嗜热脂肪芽孢杆菌的产麦芽淀粉酶或来自枯草芽孢杆菌的 α-淀粉酶的作用，可以深入了解面包的老化过程。虽然这两种酶都是有效的抗老化剂，但与第二种酶相比，添加第一种酶生产的面包瓤非常有弹性，具有令人满意的食用品质，使其成为一种广泛使用的酶制剂。

　　与 α-淀粉酶相比，麦芽淀粉酶具有一些独特的结构和淀粉降解特性。在烘焙过程中，淀粉糊化后，麦芽淀粉酶主要分解淀粉产生麦芽糖，除了主要的外在活性外，该酶还具有一些内在活性，正如它对小麦直链淀粉和 β-极限糊精的作用。研究认为麦芽淀粉酶通过其外在作用对支链淀粉外链产生主要影响。因为支链淀粉的非还原端含量比直链淀粉高得多，支链淀粉是其主要底物。

淀粉酶分解缩短支链淀粉外链长度极大地抑制了淀粉的重结晶，因此可以清楚地解释其抗老化作用机理。同时，研究认为酶的内在作用增强了直链淀粉的结晶，可能是因为其增加了直链淀粉的流动性。这些作用导致最初的面包硬度增加。用麦芽淀粉酶处理过的面包具有极好的恢复性，一种解释方法是，当支链淀粉的外链在储存过程中不再结晶时，它们不再从无定形面筋相中提取水分以结合到晶体结构中。因此，面筋保持良好的可塑性。

与嗜热脂肪芽孢杆菌所产麦芽淀粉酶作用不同，枯草芽孢杆菌 α-淀粉酶在烘焙过程中主要以内切方式水解淀粉。因此，它缩短支链淀粉外链的程度较小，不会严重抑制淀粉重结晶。然而，它的内切作用仍然可以清楚地解释其抗老化作用，因为它降解大分子支链淀粉结构。虽然如此，该酶导致所得面包的弹性较差，因为它不能抑制支链淀粉外链的结晶以及从无定形面筋相中提取水结合到晶体结构中。

四、 其他酵母发酵面制食品

除了经典的白面包，还有许多其他类型的发酵产品，如馒头、非白小麦面包（全麦面包）、黑麦面包、酸面包、无面筋蛋白面包、冷冻面团、酥皮糕点和其他甜面团等，下面就主要品种做一些基本介绍。

（一）馒头

馒头是将小麦粉、水和酵母等原料混合、揉制成面团，经过发酵、成型、醒发、气蒸等工艺制成，素有"东方面包"的雅称。馒头具有色白、皮软、光润、形松、淡麦香等特点。不同风味的实心馒头、各色卷类和包以馅心的各种美味包子和馒头，是我国人民、海外华侨的家常美食。

（二）全麦面包

由 100% 全麦制成的面包，以及由全麦和白面粉混合制成的面包，正在迅速普及。大多数全麦面包含有部分全麦面粉和部分高强度白面粉。谷朊粉也可以添加到配方中，用于提高面包的体积。整体而言，除了面粉类型和谷朊粉的添加，全麦面包配方与白面包配方基本类似。这种面包体积适中，非常可口。

（三）黑麦面包

黑麦面粉在持气能力和生产薄面包能力方面仅次于小麦粉。黑麦粉的持气能力主要来自面粉中含有的阿拉伯木聚糖，而不是蛋白质。

在欧洲，一些面包是由 100% 黑麦面粉制成的。然而，这种类型的面包在北美地区很少见到。大多数在北美地区出售的黑麦面包都是用白面粉制成的，其中加入足量的黑麦粉来获得满意的味道和外观。

黑麦面粉通常以浅色或深色面粉的形式生产。浅色黑麦只是精制面粉，而深色面粉更有可能是加入低等级面粉的普通面粉。

不同类型的面粉用于生产颜色各异和风味不同的产品。黑麦面包的类型变化很大，从只含有少量黑麦的白面包到颜色更深、密度更大的面包。黑麦面粉不具有小麦中的面筋类型，因此生产出体积小而致密的面包。美国的黑麦面包生产有两种特色化的做法：一种是大多数北美地区黑麦面包配方都含有完整或者破碎后的葛缕子种子；另一种是白面包中含有的黑麦刚好满足贴上标签的要求，然后将焦糖作为颜色的来源添加到白面包中，所得产品作为黑麦面包进行销售。

（四）酸面团面包

在面包酵母商业化之前，酸性系统是唯一可用的发酵剂。酸是面粉或大气中自然存在的有机体的混合物。它们主要是细菌，但也含有一些野生酵母。酵母通常产生气体，细菌主要负责产酸，部分细菌也产生气体。

变酸可以通过几种技术实现。用老面团是最简单的。随着面团变老，酵母活性随 pH 降低而降低。在较低 pH 条件下，细菌仍然有较高活性。

随着时间的推移，生物体可获得的营养受到限制；然而，随着新面粉的加入和发酵剂的进一步发酵和重构，细菌变得更加占优势。

但是，必须防止 pH 过低，因为 pH 低于 3.7 时腐败细菌占据优势，气味变得难闻。一般来说这不是问题，因为面粉起到一种相对较好的缓冲作用。酸味的适宜性取决于产生的风味和获得的产气速率。一般来说，酸面团的产气能力低于商品酵母。因此，酸面团面包的检验时间较长，大约几个小时。酸面团面包通常制成圆形面包，在烤箱中用蒸汽烘烤，形成厚厚的外壳。

（五）无面筋面包

许多报告认为面包可以在没有面筋的情况下生产。有人会说这种产品不是面包。明确地说，它们的质构与我们对小麦面包的期望差距很大。两种不同的现象似乎是无面筋系统保留持气能力的原因。一是试剂的使用能够显著增加系统的水黏度；二是乳化剂的使用可以增强淀粉的连续性。如一些已报道的配方系统含有刺槐豆胶或黄原胶，而另一些系统使用的是表面活性剂。这些报道清楚地表明，这些试剂确实引起了无面筋淀粉系统的气体滞留。这些面粉系统的共同点似乎是添加剂减缓了气体的扩散。

（六）甜面团

甜面团是指糖含量超过面粉质量 10% 的面团。在这样的面团系统中，酵母转化酶迅速将蔗糖转化为葡萄糖和果糖，可以增加面团的渗透压。虽然酵母具有一定的耐渗透性，但在如此高的糖含量下，面团的发酵速度明显较慢。这就是制作甜面团通常添加高含量酵母的原因。除了糖对酵母的影响之外，大多数甜面团并不表现出任何特别的黏性，尤其是当面团在热的状态下时。保持面团处于低温环境具有一定的优势。目前，已经开发出特定的具有更高耐渗透性的酵母用于生产这些甜面团。

酥皮糕点、羊角面包和丹麦甜甜圈是由一层层的面团和起酥油或黄油制作而成。与其他甜面团不同，酥皮糕点面团中不含酵母。为了获得层状结构，面团被加工成特定的大小；其中，三分之二的面团被脂肪覆盖，面团在两层脂肪的作用下被折叠为三层。然后，面团被反复压成薄片和重叠，与脂肪相互作用产生层状结构。为了使面团系统正常工作，脂肪必须保持其连续性。因此，脂肪必须有合适的软化点和流变性能。因为脂肪性质随温度变化很快，所以面团温度需要小心控制。一种常见的做法是将面团压片几次，然后将其放回冷藏室静置并冷却，然后再进行后续一系列的压片操作。

（七）冷冻面团

冷冻面团的使用，尤其是在商店、面包房，有几个优点。例如，烘烤不需要训练有素的人员。此外，超市新鲜出炉的面包香味具有明显的优势，冷冻面团可以保存到需要时再解冻使用，减少浪费。其他优势包括使用训练有素的人员在中心位置生产大量面团，容易实现相对致密的冷冻面团的长距离运输。

冷冻面团的主要缺点是冷冻储存后产品的性能不稳定。一般来说，没有发酵的面团冷冻比发酵过的面团冷冻表现更好。即使发酵时间相对较短也会影响面团的冷冻效果，因此，冷冻面团需要较长的时间去研究和验证。由此来看，发酵产物对冷冻面团应用中的酵母似乎有害。同样重要的是，在正常的工业条件下，酵母可能不会发酵。酵母周围的水会结冰，但酵母细胞质可能只是过冷，因为它在-35℃左右才会结冰。

冷冻面团的另一个缺点是面团中冰晶的生长。随着冰晶在储存过程中的生长，蛋白质中的水分被去除。解冻后，这些水不会回到蛋白质中，反而会产生结构粗糙、湿而黏的面团。面团的再混合或压片可以消除这个问题，但在烘烤操作中这通常不是一个可行的选择。

快速冷冻可能是可取的，因为它限制了发酵时间。然而，这很难实现。带有气室的面包面团是一种相当好的导热绝缘体。因此，除了在面团表面，很难改变内部任何一点冷冻或解冻的速度。

为获得最佳产品质量，良好的工业操作包括保持恒定冷冻温度、冷冻前消除发酵、在配方中使用强小麦粉或活性小麦面筋，以及使用抗坏血酸作为氧化剂等措施。此外，冷冻面团系统中，抗坏血酸似乎比其他氧化剂呈现更好的作用效果，但详细机理尚不清楚。

本章参考文献

［1］吴孟. 面包糕点饼干工艺学［M］. 北京：中国商业出版社，1992.

［2］ZYDENBOS S, HUMPHREY-TAYLOR V. Biscuits, cookies, and crackers ｜ Nature of the products ［M］//CABALLERO B. Encyclopedia of food sciences and nutrition. 2nd ed. Oxford, UK：Academic Press, 2003：524-528.

［3］陆启玉. 粮油食品加工工艺学［M］. 北京：中国轻工业出版社，2005.

［4］BELLIDO G G, SCANLON M G, SAPIRSTEIN H D, et al. Use of a pressuremeter to measure the kinetics of carbon dioxide evolution in chemically leavened wheat flour dough［J］. Journal of Agricultural and Food Chemistry, 2008, 56（21）：9855-9861.

［5］YILDIZ Ö, DOGĂN İ S. Functional properties of leavening acids used in chemically leavened products. ［J］. GIDA-Journal of Food, 2009, 34（6）：395-401.

［6］DELCOUR J A, HOSENEY R C. Chemically leavened products, principles of cereal science and technology［M］. St. Paul, USA：AACC International, 2010：177-199.

［7］韩琦. 酵母和化学发酵粉的区别［J］. 食品开发，2010（2）：32-33.

［8］BELLIDO G G, SCANLON M G, PAGE J H. Measurement of dough specific volume in chemically leavened dough systems［J］. Journal of Cereal Science, 2009, 49（2）：212-218.

［9］KWEON M, SLADE L, LEVINE H. Development of a benchtop baking method for chemically leavened crackers. Ⅰ. identification of a diagnostic formula and procedure［J］. Cereal Chemistry, 2011, 88（1）：19-24.

［10］KWEON M, SLADE L, LEVINE H. Development of a benchtop baking method for chemically leavened crackers. Ⅱ. Validation of the method［J］. Cereal Chemistry, 2011, 88（1）：25-30.

［11］PATEL M J, NG J, HAWKINS W E, et al. Effects of fungal alpha-amylase on chemically leavened wheat flour doughs［J］. Journal of Cereal Science, 2012, 56（3）：644-651.

［12］邵志明. 中式面点［M］. 上海：上海交通大学出版社，2014.

［13］魏强华. 食品加工技术［M］. 重庆：重庆大学出版社，2014.

［14］王潍青. 面食的酵母发酵与化学发酵［J］. 食品与健康，2016（7）：11.

［15］ARI-AKIN P，MILLER R A. Starch-hydrocolloid interaction in chemically leavened gluten-free sorghum bread［J］. Cereal Chemistry，2017，94（5）：897-902.

［16］张兰威. 发酵食品工艺学［M］. 北京：中国轻工业出版社，2011.

［17］楚炎沛. 发酵面制品的创新与发展［J］. 现代面粉工业，2016（6）：19-22.

［18］孙含. 酵母对面团发酵影响的进展［J］. 现代面粉工业，2018（3）：56-56.

［19］李里特. 中国传统发酵面制品创新与面食现代化［J］. 粮食与食品工业，2009，16（5）：1-3.

［20］冷越，王学东，吕庆云，等. 不同酵母在发酵面制品中的应用研究［J］. 中国粮油学报，2018，33（11）：28-33.

［21］董彬，姚娟，冷建新. 常用几种面食发酵方法对比［J］. 粮食与油脂，2005（11）：14-15.

［22］GHIASI K，HOSENEY R C，ZELE ZNAK，et al. Effect of waxy barley starch and reheating on firmness of bread crumb［J］. Cereal Chemistry，1984，61（4）：281-285.

第十四章

CHAPTER

非发酵面制品

14

　　非发酵面制品如面条、通心粉、水饺、馄饨等，是广受欢迎的主食食品。其加工工艺简单，不需要经过化学或生物发酵，且食用方便，因此在方便食品和速冻食品中占有重要的地位。非发酵面制品中最具代表性的工业化产品即为起源于中国的面条制品以及意大利面产品。面条与意大利面在制作的原材料和加工工艺上都存在不同，面条通常采用普通小麦面粉，经压片切条工艺制成；而意大利面则选用硬质小麦（杜伦麦）粉经挤压工艺加工而成。前者的消费群体主要集中在中国、日本、韩国等亚洲国家，后者则主要集中在意大利、德国和美国等欧美国家。

第一节　面条制品

一、　面条的起源和发展

　　面条类产品作为中国及其他亚洲国家人们的传统主食，含有人类所需的各种营养成分，包括脂肪、蛋白质、碳水化合物、矿物质及维生素等，深受消费者的喜爱。

　　关于面条的起源，过去一直在中国、意大利以及阿拉伯国家之间存在争议而没有定论。2005 年，中国考古学家在 *Nature*（英国《自然》杂志）上发表关于面条起源的文章，他们在青海喇家遗址发现了迄今为止世界上最古老的面条实物，距今已有 4000 多年，无可辩驳地证明了面条起源于中国，这一偶然发现结束了一直以来关于面条起源国的争议。他们的研究还发现，这种最早的面条是由小米和高粱两种谷物制成的，即使是今天要做出这种又长又细的面条也需要有娴熟的技术，这显示了当时相当高的食品加工和烹调技术水平。如今，在我国西北的一些地区，人们现在仍用小米制作面条，它比小麦面条有更硬的质地，被称为铁丝面。

　　在此之前，中国关于面条的最早记载在 2000 多年前的汉代，当时被称为水饼；唐代初期宫廷中则有冬天要做"汤饼"（热汤面），夏天要做"冷淘"（过水凉面）的传统。宋代时，面条进入新的发展阶段，已有"面条"的名词，形状为长条，花样较多，如素面、煎面、鸡丝面、三鲜面、银丝冷淘、菜面等；元代时则开始出现了"干（挂）面条"的记载，在《饮膳正要》中载有"春盘面""山药面""羊皮面""秀秃麻面"等二十多种不同形状、尺寸及地方风味的面条品种。当今市场上的面条大多由那个时代发展而来。明清时期面条又有更进一步的发展，如北京的"炸酱面"、扬州的"裙带面"、福建的"八珍面"等；清代发明的"伊府面"，据考证是现代方便面的前身和雏形。

中国手工面条及其加工技术在大约 1200 年前流传至日本。然而，面条的生产在日本得到了革新性的发展，使面条生产进入了工业化时代。1958 年日清公司生产出第一包方便面（当时称为鸡汤面），自此方便面逐渐成为一种主流的方便食品，其消费群体遍布亚洲甚至全世界。

在面条类产品生产机器化、工业化的今天，尽管手工面的生产效率已远远不能满足标准，但由于其食用品质上的优越性，仍非常受到人们的欢迎，作为一种传统食品而长久不衰。现代面条生产技术如真空和面、波纹压延、逐层压延等技术均是基于模仿手工湿面的面筋网络结构及面条口感而逐步发展起来的。

二、 面条的分类

面条类食品发展至今，已逐渐成为国际化食品，在生产技术方面已经产生了质的飞跃，朝着工业化程度越来越高、食用越来越方便的方向发展，并按照工艺过程产生了不同品种。各个地域独具特色的配方与加工工艺，赋予了面条多种多样的分类系统。世界各国对于面条的命名各不相同，也造成了一定的混乱，如拉面在日本主要是指鲜湿碱面条，而在韩国则多指方便即食面。

面条的分类可基于原材料、添加盐的种类、加工方法甚至是形状大小。如按使用或添加的原料可分为荞麦面、玉米面条、米线、绿豆面条、藻类面、蔬菜面以及鸡肉面、鱼面等；按添加盐的种类主要可分为白盐面条（添加 $NaCl$）和黄碱面条（添加碱式盐如 Na_2CO_3、K_2CO_3 等）。

加工工艺对面条的食用品质和保藏特性起着最为重要的作用，也是最为直观的分类标准。目前市场上常见的面条产品根据加工工艺主要可分为生鲜面、半干面、挂面、蒸面/煮面、冷冻熟面、方便面等。

三、 面条制品的加工工艺

面条的生产工艺简单，包括基本加工单元和后续加工单元。基本加工单元包括经小麦粉、水、盐或碱充分混匀，使面粉颗粒和配料均匀吸水，其他配料还可以包括淀粉、蛋清粉、食用胶、着色剂以及防腐剂等。原料混匀搅拌后得到松散的面团，经复合、静置熟化（醒发）、压片、切条，得到的生鲜面条经进一步加工，得到各种各样的产品，如图 14-1 所示。

搅拌：与面包和馒头等面制品搅拌后形成的面团不同，面条搅拌时因加水量有限（通常为 28%~40%），搅拌后呈颗粒状的面絮，面筋网络未能充分吸水形成。一般来说，加水量越高，面筋网络形成越充分，面条的口感较好，但过高的加水量不利于后续操作。现代制面工艺中的真空和面技术可较大程度的提高面条搅拌时的加水量并使其在后续加工过程中不发生粘连，提升产品品质。搅拌时间过短或过长对面条的品质都是不利的。

复合：现代制面工艺中通常会设置复合工序，通过波纹压延技术将搅拌好的面絮压成较厚的面带，有利于面筋网络的充分形成。

静置熟化（醒发）：经搅拌后得到的面絮或经复合压延后得到的面带经过 20~30min 的静

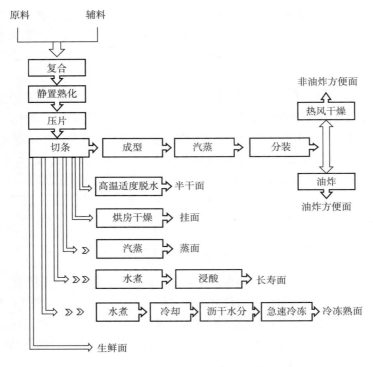

图 14-1　面条制品的加工工艺

置熟化过程，有些工艺中该过程长达 2~3h，目的是使水分在体系内分布均匀，同时消除搅拌和复合过程中产生的应力，使面筋网络进一步形成。

压片：将搅拌后得到的面絮或经复合压延得到的面带通过两个圆柱形压辊（表面可带有波纹）压成一定厚度的面带，实际生产中设置多组压辊，间距逐渐缩小，将面带逐步压延至合适的厚度进行切条（图 14-2）。由于面片始终在同一方向进行压延，因此压片过程有利于面筋纤维的定向排列，使面条在纵向上具有较高的强度。压延速率和压延比是压片工序中的最重要的两个因素，压延速率指压辊的转速，也就是面片通过压辊的速率；压延比是指压延后面片的厚度除以压延前面片的厚度；这两个因素的控制对于调控面条的品质至关重要。

图 14-2　连续压延过程

切条：经逐步压延得到的适当厚度的面片经过一对圆辊式切刀，得到粗细均匀的长条。通过调节切刀凹槽间距的大小可以调节最终面条的粗细，通过不同的切面设计可得到扁平状、圆形、波浪形等不同形状的面条产品，图14-3为实际生产中的切条工序以及不同形式的切刀。

（1）切条工序

（2）圆形切刀

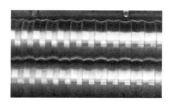

（3）扁平切刀（宽）

（4）扁平切刀（细）

（5）椭圆切刀

图14-3　切条工序及不同形式的切刀

（一）生鲜面

生鲜湿面是面条的传统形式，未经二次加工单元。通常刚制作出的面条含水量在32%～38%，包括手擀面、中式白盐生鲜面、黄碱生鲜面等。生鲜面具有干面制品所不具备的新鲜、爽口、有嚼劲和较好的面香风味等特点，非常受欢迎。然而，由于水分含量高，生鲜面在室温下放置，特别是夏天高温环境下，极易发生粘连、褐变、酸败以及霉变等品质劣变问题，不耐贮藏。这成为一直以来制约其工业化生产的"瓶颈"。因此目前生鲜面大多数仍处在家庭或小作坊式生产模式，卫生条件和产品质量都难以保证；消费方式也主要是即买即食，极不方便。生鲜面的制作通常选用筋力较高的面粉，产品具有较好的弹性和咀嚼性。

（二）半干面

由于生鲜面水分含量高、不易流通和保藏的缺点，为便于包装运输，现代加工工艺中常将鲜湿面条经适度脱水将其水分含量降低至20%～28%，这类生鲜面也称为半干面，这类面条一方面保留了鲜湿面条原有的天然风味与口感，另一方面克服了其在运输过程中的粘连问题，同时在一定程度上延长了保质期，是更利于工业化生产的一类面条制品。适度脱水工艺通常包括高温短时脱水（100～130℃，30～200s）和中低温长时间脱水（50～70℃，5～20min），采用隧道式脱水装备；高温脱水过程中能杀死大部分微生物，有利于半干面的保藏，但脱水速率过快容易使面条内部产生气孔，对面条质构有一定的影响。

水分含量的控制对于半干面的贮藏稳定性至关重要。研究表明，当含水量超过24%时，半干面中微生物生长速率大幅度增加，保质期显著缩短（图14-4）。实际生产中，将半干面水分含量控制在23%左右，再结合酒精保鲜和适当添加防腐剂，可将半干面保质期延长至3～6个月（4～10℃）。随着现代消费者对天然健康食品的要求日益增长，开发绿色、安全的生鲜面和半干面保鲜技术，是目前业内的共性研究问题。

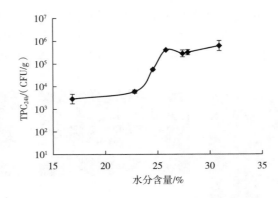

图14-4　水分含量与半干面中微生物生长速率的关系

（三）挂面

挂面是生鲜湿面条经一定的干燥工艺使其含水量降至10%～12%而制得的，最初的挂面多在阳光下自然悬挂干燥，并因此而得名。直到今天中国北方某些地方仍然保留这种传统的干燥方法。为提高干燥效率，使干燥过程水分挥发更加均匀，现代挂面生产企业大都设置了专门的干燥室（烘房），通过控制一定的温度和湿度，使干燥过程更高效，得到的挂面品质较好。

当湿面条进入干燥室内与热空气直接接触时，面条表面首先受热温度上升，引起表面水分蒸发，这一过程称为"表面汽化"。随着"表面汽化"的进行，面条表面的水分含量降低而内部水分含量仍较高，由此产生了内外水分差。当热空气的能量逐渐转移到面条内部，使其温度上升，并借助内外水分差所产生的推动力，内部水分就向表面转移，这一过程称为"水分转移"。在面条干燥中，随"表面汽化"和"水分转移"两过程的协调进行，面条逐渐被干燥。挂面干燥过程中的关键问题，就是要控制内部水分转移速度等于或略大于表面水分汽化速度。实际生产中多采用三阶段干燥法，逐步脱除水分，防止产生"酥面"现象。

挂面因便于储藏和运输而受到消费者和生产厂家的欢迎，工业化程度较高。但由于挂面干燥过程中内部气孔缩小，阻碍了蒸煮过程中水分从表面向面条中心扩散，使复水时间变长，易造成面条表面因过度蒸煮而发黏呈糊状，而中心尚未充分煮熟。长时间干燥过程会对面条本身造成一定的损伤，因此大多数挂面存在难煮、口感差、风味损失等问题。挂面中通常可添加变性淀粉或食用胶体以促进水分的迁移以缩短蒸煮时间。大多数挂面为白盐面条，也有少数黄碱面条。随现代消费者对产品营养与口味多样化的要求的不断提高，对挂面品质也提出了越来越高的要求。

（四）蒸面

蒸面是刚制作出的生鲜面经蒸制后包装出售的一种面条类产品形式。面条可蒸至半熟至全熟。最初的家庭手工制面时代多采用蒸笼，现代工业中已经出现了自动化的蒸制工艺流程及设备，将生鲜面平铺在湿热输送带上，进入隧道式蒸锅进行蒸制，蒸制的同时面条表面间歇性喷水。经蒸制后的面条水分含量可高达50%～60%，表面易粘连，因此在包装前通常进行涂油处理，有时为减少粘连并提高保存期也在汽蒸后适当挥发水分，使水分含量降至30%左右，制作过程较为烦琐，成本高。蒸面可在食用前再经短时间沸水处理或直接炒制食用。蒸面多为黄碱面条，少量的碱能促进淀粉的糊化。最受欢迎的蒸面形式为云吞面，在东南亚地区及中国南方较为盛行，而在日本较为流行的蒸面形式则为日式炒面。

（五）煮面（即食湿面）

煮面是鲜面条经沸水预煮后所得到的一种面条形式。通常可分为部分煮制（九成熟）及充分煮制两类，煮后面条立即浸入冷水中，沥干表面水分后批量或包装销售。部分煮制的面条水分含量通常在55%~60%，室温下可以保存2d左右，通常以即买即食的形式出售或供酒店等场所消费。

煮面产品中最为熟知的为LL面，为英文Long Life的缩写，即长寿面。它是一种经充分蒸煮的面条类产品。长寿面经蒸煮、冷水冲洗后、通常经历一步酸浸的过程，之后完全密封包装、高温蒸汽杀菌、冷风冷却制得。酸浸过程也为长寿面所特有，即利用可食用有机酸或其他酸性物质将面条pH调节到4.5以下，创造一个不利于微生物生长繁殖的环境，提高后续的杀菌效率，可较大程度的延长产品保质期，通常其常温保质期可达到6个月。但由于水分含量过高，不易维持产品原有的质构，口感较软，且食用时通常需加入一定的碱以中和酸味。

（六）冷冻面

冷冻面是经过蒸煮或不经过蒸煮的面条成型后速冻，在-18℃以下销售的面条类食品。根据其生产工艺的不同，冷冻面条可以分为两类：一为冷冻熟面，面条煮至最佳食用状态下快速冷却后冷冻，食用时只需复热解冻或经简单调理；二为冷冻生面，即生鲜面直接经快速冷冻后得到，食用时须加热解冻并进行煮沸。由于冷冻生面食用时较烦琐、费时，生产量较少，一般所说冷冻面即指冷冻熟面。冷冻是食品保藏的有效手段之一，使食品最大程度地保留原有的营养价值和食用品质，并赋予其较高的安全性与食用方便性。冷冻面条自1974年在日本上市以后，发展非常迅速。相对于日本来说，冷冻熟面在我国起步较晚，2002年云鹤首次推出速冻刀削面，宣告了中国冷冻面条的正式上市；冷冻面条也因其营养、便捷、健康而越来越被中国消费者所关注，目前国内市场上最为常见的是湾仔码头的系列冷冻面产品。冷冻面可不添加防腐剂，保存期长，但需冷冻，价格昂贵，对保存期间的品质要求高，因此销量仍然有限，普及度不高。冷冻面的主要品质问题在于长期冷冻过程中冰晶的形成对其质地造成的影响，贮藏过程中应尽量避免温度波动。

（七）方便面

方便面又称速食面、快餐面，是一种经短时间煮制或热水泡熟即可食用的干面制品，主要分为油炸和非油炸方便面，通常水分含量较低，贮藏时间较长。

1. 油炸方便面

现在人们所说的方便面，一般指油炸型方便面。经特定切刀出丝成型的生鲜面条先经过汽蒸熟化，再进行油炸，经冷却后包装；油炸前还可以进行调味，生产不同风味的油炸方便面。方便面的油炸一般采用棕榈油，吸油率低且不易氧化。清朝时期扬州知府伊秉绶家中的厨师研制的"伊府面"，被认为是方便面的雏形。1958年日清食品株式会社创始人安藤百福发明了现代意义的方便面，并使其在日本实现了工业化，进而迅速传遍东南亚。自1984年中国第一包方便面在上海益民四厂诞生开始，油炸方便面就以其方便、快捷、风味多样化、符合中国饮食文化背景的优势走进了中国市场。油炸方便面保存期长，食用方便，但由于在油炸过程损失的营养素较多，且较易产生一些有害物质，在营养和健康上不理想，越来越难以满足现代消费者的需求。

2. 非油炸方便面

随着消费者对食品营养健康越来越高的要求，油炸方便面高脂、高热量的特点使其销量近几年来出现了下滑，这也使得采用传统的热风干燥所制得的非油炸方便面得到了一定程度的发展。但热风干燥方便面通常存在以下两点主要问题：一是不能形成油炸方便面所形成的微小空穴，复水性远差于油炸方便面；二是由于面条含水量较低，在糊化过程中淀粉分子未能吸收足够的水分而膨胀，故面条不能充分糊化，熟化度较低，直接影响面条的浸泡韧性和口感。为弥补这些不足，研究者不断尝试将微波干燥、冷冻干燥、远红外辐射加热脱水等干燥技术运用到非油炸方便面的生产中，改善了其复水性，但这些干燥方法的成本偏高，处理量有限，不利于实现规模化生产。

四、 面条生产用原辅料

（一）面粉

作为制作面条的主要原料，面粉品质对最终产品的质量起到了决定性的作用。小麦粉的主要化学成分为蛋白质、碳水化合物、脂肪、水分、灰分、酶及维生素等。各种成分从不同方面影响面条的感官品质和内在品质。

1. 蛋白质

小麦蛋白是一种独一无二的谷物蛋白，面粉中蛋白质的含量和质量均对面条品质有重要影响。蛋白质含量与面条色泽、蒸煮品质、蒸煮后的面条质构特性都高度相关。面条色泽随着小麦籽粒蛋白质含量的增加而有变暗的趋势；同时，在一定范围内，面粉的蛋白质含量与面条硬度和咀嚼性呈正相关。制作优质面条一般要求面粉的蛋白质含量在 10%~12%，对"筋道感"要求较高的面条种类其面粉蛋白质含量一般要求在 12.5%~13.5%。

相对于蛋白质的含量，蛋白质的质量对面条的品质而言是更为重要的因素。蛋白质质量主要反映在其流变学性质方面，包括面粉粉质特性、面筋强度、SDS 沉降值等，它们与蛋白质含量无必然联系。研究表明，面条的韧性、硬度和黏弹性与面粉吸水率、沉降值、面团稳定时间、评价值、延伸性和拉伸面积等指标呈显著正相关，与面团弱化度呈显著负相关。但面团强度过大会导致加工过程困难，煮面时间过长，从而造成煮后面条表面粗糙，感官评分降低。

2. 淀粉

淀粉占小麦籽粒胚乳的 70% 以上，对小麦产量和加工品质有重要影响。自 20 世纪 80 年代以来，国外学者就把面条品质改良的重点放在对淀粉质量的改良上，认为淀粉对面条品质起着主要的作用。

（1）直链淀粉的含量与比例 小麦淀粉由直链淀粉和支链淀粉构成，直链淀粉含量和比例对淀粉黏度和膨胀势都有较大影响，是影响面条品质的重要因素。好的面条品质应该具有一个合适的直链淀粉与支链淀粉比例，直链淀粉含量偏低或中等的小麦粉制成的面条品质好，其在面条软度、黏性、光滑性、口感和综合评分等品质参数上有较好的表现，但直链淀粉含量与面条食用品质之间并不是简单的线性关系。

（2）淀粉糊化特性 大量研究表明，面条的硬度和口感质量与峰值黏度、谷值黏度和最终黏度等糊化特性密切相关。通常对于面粉品质而言，峰值黏度是最重要的淀粉质量指标，其与面条的质量评分结果呈显著正相关。

（3）淀粉膨胀势 膨胀势反映了淀粉（或面粉）在糊化过程中的吸水力和在一定条件下离心后其糊浆的持水力。许多研究表明小麦粉中淀粉的膨胀势与面条软度、光滑性、食味、适口性呈正相关，与面条评分的相关性极显著。小麦淀粉的峰值黏度高、膨胀势高与白盐面条的理想软度、弹性、食用品质相关，可作为白盐面条的品质预测指标。然而，膨胀势法在评价黄碱面条时其相关性仍存在着争议。由于膨胀势能反应不同小麦品种在黏度性状和面条蒸煮品质上的差异，可以作为面条专用粉育种的选择指标。

（4）破损淀粉含量　小麦在研磨制粉时，部分淀粉颗粒的外被膜会受到破坏，称之为破损淀粉。破损淀粉对面条品质会产生较大影响，随破损淀粉的增加面团的最佳吸水量增大，熟面条的表面硬度降低；破损淀粉含量的上升，从而导致蒸煮损失和蛋白质损失的增大及面条品质的劣变。破损淀粉数量也影响面条的白度，完整的淀粉粒能反射更多的光，随着破损淀粉数量的增加，反射光会减少，面条色泽变暗。

（5）降落数值　面粉的降落数值与面条黏度也呈较大的相关性，降落数值低，面条黏度高。当降落数值过低时，面条会出现大量断条，还会使面条质地和色泽变差；面条生产用粉其降落数值最好在300s以上。

总体来说，要生产出高质量的面条，一般要求面粉中淀粉达到峰值黏度的温度低、峰值黏度高、膨胀体积大，破损淀粉少，降落数值不能太低，直链淀粉含量要有一定的限制。

3. 脂质

面粉中的脂质含量很低，通常为1.0%~2.0%。但对面条的蒸煮过程和质构特性有一定的影响。脂类物质通过与直链淀粉结合形成复合物，可减少面条表面游离的直链淀粉数量。从而减少蒸煮过程中直链淀粉的损失。游离脂含量过多或过少，都会引起面条硬度和黏合性的下降。面粉中含有少量的脂类，可以提高面条的拉伸强度和延伸性，特别是极性脂对面条保持良好的流变性质及一定的机械强度至关重要。此外，一定含量的脂类物质还有利于面条色泽的改善。

4. 灰分

灰分对面条的品质的影响主要是面条的色泽和贮藏稳定性。灰分含量是面粉精度的指标，出粉率低，面粉越精细，灰分就越少。同一种小麦，出粉率高，其灰分含量越高，麸星和麦胚较多，因而面条的颜色较深，表面发暗。同时，灰分含量高的面粉各种氧化酶活性通常也较高，在面条贮藏期间，由于氧化酪氨酸或一些多酚类物质产生黑色素，使面条变暗、贮藏性差。

5. 酶类

（1）多酚氧化酶　鲜面条的色泽及其稳定性与面粉中多酚氧化酶（PPO）的含量高度相关。近几年，有关多酚氧化酶影响面条色泽稳定性的研究较多，研究表明，面团及鲜面条在加工和放置过程中发生褐变（变成暗灰或褐色）与多酚氧化酶含量高度相关。多酚氧化酶能够将酚类化合物氧化成醌类，醌类化合物进一步参与各种氧化反应生成黑色素物质。

（2）α-淀粉酶　α-淀粉酶可将淀粉分解成糊精，然后进一步生成麦芽糖，在馒头和面包的制作中，这一作用可为酵母发酵提供小分子的糖。面条制作过程中虽没有发酵作用，但α-淀粉酶对面条的品质同样会产生影响，其活性可以通过降落数值来反映，α-淀粉酶活性越强，降落数值越小。在糊化过程中，α-淀粉酶使小麦粉中淀粉发生水解，会导致面条口感发黏。淀粉酶如果活性太强，使降落值过低，还会出现断条的现象。

（3）蛋白酶　面粉中所含蛋白酶类的多少与活力高低绝大部分取决于小麦品种，通常面粉中固有的蛋白酶不会对面筋蛋白进行分解作用，但由于新小麦制得的面粉中硫氢基（即—SH）的存在，会促使面粉中的蛋白酶活化，分解面粉中的蛋白质，使面筋的数量减少。面粉中蛋白酶活力偏高会导致面团的吸水率、形成时间、稳定时间下降，弱化度提高，延伸性和抗延伸性都下降。因此新小麦在加工成面粉之前应放置一段时间。

（二）面条中常用辅料

1. 食盐

食盐（NaCl）在不同类型食品中发挥着很多功能特性，如增强风味、改善质构、提色以及防腐保鲜。食盐在面条类产品中广泛应用，其作用首先是增强面条的风味，同时添加食盐能够改善面团的流变学特性，增强面筋和面团的稳定性，进而改善面条的质构和食用品质，特别是弹性和表面光滑性。图 14-5 所示为添加 NaCl 和 K_2CO_3 后面团粉质特性的变化。

2. 碱式盐

黄碱面条一般呈亮黄色，口感上硬度较大。其制作时添加 0.5%~2% 的碱式盐，最常用的碱式盐为碳酸钠与碳酸钾的混合物，有些地区也使用碳酸氢钠、磷酸钠以及氢氧化钠。添加碱式盐对面条的风味、色泽及质构特性均有显著的影响。黄碱面条的 pH 高于白盐面条，通常可达 9~11，pH 的大小主要由碱式盐的添加量和类型所决定。黄碱面条所呈现出的亮黄色是面粉中的天然黄酮类化合物与碱式盐发生化学反应的结果。面条的黄色程度与所使用的碱式盐（种类与添加量）以及小麦品种和面粉中黄色素的含量有关。碱性盐同样能改善面团的流变学特性、淀粉糊化性能以及面条蒸煮特性，从而使黄碱面条具有独特的坚韧而富有弹性的食用品质。添加碱式盐对面团强度和面条质构的影响主要是由于其促进了面筋蛋白组分的交联。

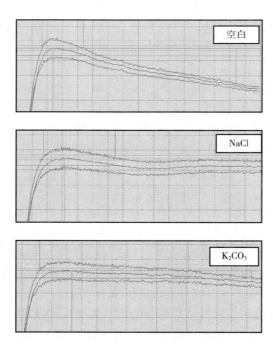

图 14-5　食盐（NaCl）和碱式盐（K_2CO_3）对面团粉质特性的影响

3. 磷酸盐

实际生产中，磷酸盐是高效的面条品质改良剂，且被美国食品和药物管理局认为是公认安全（generally recognized as safe，GRAS）的食品添加剂。此外，磷也是人体的必需元素，这一营养素不能在人体内生物合成，因此只能通过食物获得。

磷酸盐是广泛应用的食品添加剂，可作为持水剂、缓冲剂、螯合剂或分散剂等。作为面条品质改良剂，磷酸盐能够显著增强面条的弹性，防止断条。面团制备过程中，磷酸盐能有效增强面筋强度和网络状结构，增加持水能力，能够抑制生鲜面条的褐变，降低面条的蒸煮损失。磷酸盐，包括正磷酸盐和焦磷酸盐，可以影响淀粉糊化黏度和蛋白质功能特性，从而影响面条的质地。不同种类和添加量的磷酸盐对面条最终品质有不同的影响。三聚磷酸钠、六偏磷酸钠和焦磷酸钠是面条制品中常用的磷酸盐，三者通常以一定的比例混合使用，称为复合磷酸盐。总的来说，磷酸盐可以降低小麦面条的硬度，增加面条的弹性、黏聚力和回复性。

4. 食用胶

食用亲水胶体如瓜尔胶、海藻胶、黄原胶、刺槐豆胶、魔芋粉等，因其对健康的影响，可作为谷物产品中的膳食纤维来源。大多数食用胶可用于面条产品中，以增强面团结构，给产品带来理想的口感。面团中添加食用胶会影响蛋白质-淀粉基质的韧性，从而影响面条的蒸煮和食用品质。食用胶通常可被用作面筋增强剂，使面团结构更强，有利于面条的质地。

5. 蛋白质

面粉中蛋白质的含量和组成，特别是面筋蛋白，对面条制品的蒸煮和食用质量至关重要。在面条中添加额外的蛋白质主要是为了提高营养价值和维持面团的牢固结构，包括小麦蛋白、豆类蛋白、鸡蛋蛋白、酪蛋白、大米蛋白等。一些外源蛋白可以强化面团中的面筋蛋白，从而增强面条面团的结构，改善最终面条产品的质构。例如，当面粉筋力较弱时，可以额外添加适量的谷朊粉（面筋粉），可以显著改善面团稳定性和面条的质地，但过量添加谷朊粉会使面团过于坚韧而不利于后续操作；添加蛋清粉可以使面条产品具有较好的抗断裂性能和耐煮性，降低蒸煮损失；添加大豆蛋白或大豆粉可以改善面团特性，增加面条硬度，同时添加大豆粉还能改善面条色泽。

6. 淀粉

淀粉也是面条中最常用的添加剂之一。外源淀粉在面条中的应用主要是为了改善产品的外观、表面光滑度和口感。在面条中加入原淀粉或改性淀粉可以获得更好的光泽度和口感。用于面条制品的淀粉一般胶凝温度低，糊化黏度高。最常用的天然淀粉有马铃薯淀粉、木薯淀粉和蜡质玉米淀粉，它们可以改善最终产品的糊化和蒸煮性能。以绿豆淀粉和食用美人蕉淀粉为原料，可增加面条的通透感，呈现出较透明的状态。

现如今，天然淀粉的各种改性衍生物因其良好的加工性能，在食品和非食品工业中受到越来越多的关注。改性淀粉的发展主要是为了弥补天然淀粉在黏度、增稠能力、剪切变稀性能、老化特性和疏水性等方面的不足。在面条加工工业中最常用的改性淀粉有酯化淀粉、交联淀粉、预糊化淀粉等。酯化淀粉和交联淀粉具有较好的增稠性、成膜能力、贮存稳定性和糊化性能，适当添加这些改性淀粉可以增加小麦粉的亲水性，使其吸水膨胀后形成均匀致密的网状结构，提高面团质量。预糊化淀粉具有冷水可溶解性，适用于制作面条，尤其适用于油炸方便面和即食面条的制作。此外，预糊化淀粉还可作为黏合剂，在原料（小麦粉）中面筋蛋白含量或质量较低时尤其适用；它会产生黏弹性和致密的面团，改善面条的质地和口感。但过量的淀粉，无论是天然淀粉还是改性淀粉，都会稀释面筋蛋白，抑制面筋网络的形成，从而增加断条率和蒸煮损失，以及蒸煮后面条的黏度。

第二节　意大利面

　　意大利面（pasta）是以硬质杜伦小麦（durum wheat）粉为原料，经搅拌、揉捏、熟化、挤出成型、干燥（或不干燥）等工艺制成的，是西方国家的重要主食。意大利面历史悠久，形成了形式不同、形状各异的一大类产品。

图14-6　不同类型的意大利面产品

　　意大利是世界上最大的意大利面生产国，每年生产约350万t意大利面，其中一半出口到世界各地。尽管意大利面在世界各地都有消费，但人均年消费量差异相当大。美国的消费量是每人每年9kg，而意大利的消费量是每人每年28kg；在其他欧洲国家，如比利时，每人每年的平均消费量为4~5kg；意大利面在亚洲国家的消费量则很低。

　　最常见的意大利面品种为通心粉（macaroni）和意式细面（spaghetti）。美国《食品标识标准》（Standards of Identity for Food）中规定通心粉必须是管状、空心的，直径大于0.11in但不超过0.27in；而意式细面必须是线状而非管状，且直径大于0.06in，小于0.11in。意大利和欧盟都没有关于意大利面形状和名称的标准。由于其悠久的传统，意大利有很多不同类型的意大利面产品。尽管如此，意大利对于制作意大利面的原材料要求非常严格。制作意大利面的基本原料是硬质粗粒小麦粉，而不允许使用面包小麦粉。如今，在大多数西欧国家以及美国，仅使用硬质粗粒小麦粉作为原料已经成为一种惯例；但是在东欧以及拉丁美洲的一些国家，仍然使用普通小麦粉制作意大利面，尽管这些国家也越来越多地采用意大利的标准。

　　将意大利面定义为一种由硬质粗粒小麦粉经挤压而成的产品，可以和各式各样的亚洲面条类产品区分开来，同时这一定义也排除了北非用硬质粗粒小麦粉制成的蒸粉（couscous）。蒸粉制作过程中，粗粒小麦粉经蒸制团聚成直径约2mm的颗粒，所得产品可以进行干燥并在食用前复蒸，也可以直接食用。即使存在定义上的限制，但意大利面的产品类型、形状和尺寸数量都非常大。

一、　意大利面原料——硬质杜伦小麦

一般认为，生产意大利面最理想的原料是硬质小麦的粗粉，而不是其他小麦面粉。硬质杜伦小麦是四倍体，而普通小麦是六倍体。硬质小麦胚乳富含类胡萝卜素，使意大利面呈现黄色。由于颜色直接决定了消费者的可接受程度，因此硬质杜伦麦的天然色泽成为其品质好坏的评价指标之一。

未经蒸煮的意大利面应呈现均一的黄色，消费者对于半透明状的均一的亮黄色产品接受度较高。另外意大利面产品应具有较高的机械强度，使其在包装和运输过程中能够维持原有的形状和大小。蒸煮过程中，产品应能保持完整性，蒸煮用水中淀粉含量较少。蒸煮后的意大利面应有嚼劲，表面不粘牙，并具有较高的耐煮性。

与普通面包小麦品种相比，杜伦小麦的面筋较弱，因此不适合制作面包等对筋力要求比较高的产品，仅在北非和印度的一些地区有使用杜伦小麦制作面包的传统。尽管如此，杜伦小麦却能赋予意大利面较好的嚼劲。这可能是由于杜伦小麦最突出的特点是它的硬度，这种谷物具有非常高的物理坚硬度，比普通硬麦坚硬得多。杜伦小麦通常碾磨成粗粒小麦粉而不是碾磨成细粉，因为碾磨过程不可避免地会导致破损淀粉含量的升高。碾磨产生的细粉也可以作为副产物，但一般来说其价值低于粗粒小麦粉。细粉可以用来做面条，也可用来制作意大利面，所制得的产品耐煮性较粗粒小麦粉差。在很多国家，当杜伦小麦价格较高时，通常也采用将普通小麦粉与粗粒杜伦小麦粉混合作为原料生产意大利面，其色泽和耐煮性与杜伦麦意大利面有一定差距。

二、　意大利面的生产工艺

意大利面的生产流程主要包括：水合和搅拌以获得均一的面团基质，然后经进一步揉捏，经模具挤出成型，干燥和包装。

（一）水合和搅拌

在粗粒小麦粉中加入水得到最终含水量在30%左右的面团（絮），与面条类似，其加水量约为面包类面团加水量的一半，因此得到的面团较干。在粗粒小麦粉与水混合搅拌的过程中，逐渐形成大小均匀的团块状面絮。团块的大小可用于判断合适的加水量。加水过多会形成较大的团块，最终形成连续的面团，而过少则会形成小团块和面粉状的外观，表明水化不足。

混合搅拌通常在密闭的真空搅拌机中进行。搅拌机中空气的存在有两方面不利影响。首先，当面团被挤压机螺杆挤压时，空气会溶解在面团的水相中，当面团离开挤压机模具时，压力瞬间消除，挤出物内部会出现小气泡，这些小气泡使挤出的产品看起来不透明，干扰了对黄色的感知；同样，气泡也会在干燥的意大利面产品中产生脆弱点。其次，所有粗粒小麦粉中都含有一定活性的脂氧合酶，在分子氧的作用下，脂氧合酶会氧化小麦粉中的多不饱和游离脂肪酸；与此同时，氧气的存在还会氧化和漂白类胡萝卜素。因此，搅拌过程中混入的氧含量应尽可能低。

（二）揉捏和挤出

面团从搅拌机进入螺旋挤压机，在螺杆的揉捏和挤压作用下到达挤压机出口模具端。揉捏和挤压力的双重作用使面团光滑、均匀，从而可以被挤出，由于这一过程不断产生多余热量，因此挤压机外壁夹层通需要冷却水进行冷却。一般来说，面团的温度保持在45℃以下，由于

面团温度低、水分含量少，面团挤出模具时基本不膨胀，在挤出过程中不发生淀粉的糊化。

挤压机模具一般由青铜制成，生产中也可以使用不锈钢和特氟龙涂层模具。青铜模具可以生产出优质的意大利面产品，但容易迅速磨损，因为意大利面产品较粗糙且对软青铜有一定的腐蚀性。磨损后的青铜模具容易产生畸形的产品。青铜模具在不使用时也必须彻底清洗或冷冻保存。否则，残留的面团滋生细菌而产生酸，使模具出现凹陷腐蚀，产生劣质产品。不锈钢和特氟龙模具都比青铜更光滑，可以提高生产效率，得到表面更平滑、颜色更亮黄的产品。但产品表面特性的变化也会改变其蒸煮特性，使产品蒸煮过程中水分渗透较慢，蒸煮时间长，表面因过度蒸煮而易趋于糊状。

（三）干燥——产品品质的决定性因素

经挤压之后的产品仍含有约30%的水分，为便于运输和贮存，需将其水分含量降低到12%左右。干燥过程是一个精细的操作环节，干燥过快或过慢都会导致严重的质量缺陷。当干燥速度过快时，最初只有表层被干燥且由于水分流失而导致表面收缩，随着干燥过程的推移，内层也逐渐干燥收缩，内部收缩会导致外层开裂并形成细微的发丝状裂缝。这一变化使产品透明度和光滑性变差，同时也降低了其机械强度。如果干燥太慢，较长的意大利面产品如意式细面等会因自身重量而产生拉伸。此外，如果干燥时间过长，产品会变酸甚至霉变。除此之外，意大利面煮后的嚼劲、表面黏性和完整性，以及淀粉的流失，都与干燥工序有关。理想的意大利面应具有较高的耐煮性和较低的蒸煮损失。

显然，面筋蛋白的含量与质量对干燥过程产品品质的变化起着关键作用。在干燥过程中，由于工艺参数特别是干燥温度的改变，面筋蛋白的性质会受到一定程度的影响。在温和的条件下干燥时，蛋白质几乎不发生聚合，因此在最初蒸煮时未形成较强的面筋网络。相比之下，当意大利面在较高的温度下干燥时，会发生蛋白质聚合，因此在最初蒸煮时，就已经存在大量聚合的蛋白质。

意大利面的煮后最佳品质取决于蒸煮过程中蛋白质性质的变化以及它如何能够防止淀粉流失至蒸煮用水中。在蒸煮过程中，淀粉颗粒吸水膨胀从而体积增大，对蛋白质结构施加压力。此外，在进一步蒸煮过程中，蛋白质聚合强化了其网络结构，使其能够更好地承受和包裹膨胀的淀粉颗粒。当在蒸煮过程中的蛋白质聚合不能弥补在干燥过程中的聚合不足时，就会产生较大的蒸煮损失。而在过高温度下干燥的意大利面中的蛋白质在干燥过程已经发生了一定程度的聚合，这会使蛋白变得坚硬以至于在蒸煮过程中难以膨胀并束缚住糊化的淀粉颗粒，同样会导致意大利面质量低劣。

由此可见，意大利面的干燥是一个非常精细的过程。标准的干燥程序中，首先使产品的外表面快速干燥，通常在相对湿度为58%~64%的环境下，在30min内去除产品中40%的水分，从而使产品外部相对干燥，而内部保持湿润。这一过程可称为"表面汽化"或"表面硬化"。在快速干燥期之后是所谓的"排汗期"，将产品放置在80~85℃的相对潮湿的空气中，使内部水分发生转移，水分含量变得更加均匀。排汗期之后是最终干燥阶段，使产品水分含量达到12%左右。通常，"排汗"和干燥交替进行，使水分从内部迁移到外部，然后除去迁移到表面的水分。通常整个干燥周期的最后有一个相对较长的稳定期，使产品在其最终水分上达到平衡。

本章参考文献

[1] DELCOUR J A, HOSENEY R C. Principles of cereal science and technology [M]. 3rd ed. St Paul,

USA：AACC International，2010.

［2］FU B X. Asian noodles：History，classification，raw materials，and processing［J］. Food Research International，2008，41（9）：888-902.

［3］HOU G G. Asian noodles：Science，technology，and processing［M］. New Jersey，USA：Wiley，2010.

［4］李曼. 生鲜面制品的品质劣变机制及调控研究［D］. 无锡：江南大学，2014.

［5］刘锐，张影全，武亮，等. 挂面生产工艺及设备研发进展［J］. 食品与机械，2016，32（5）：204-208.